KSSC-21-02

KDS 41 31 00 : 2019 에 따른

# 강구조설계

한국강구조학회

도서출판
구미서관

# 머리말

건축구조에 대한 설계기준은 국토교통부에 의해 2005년 건축구조기준(KBC2005)으로 제정된 후 2009년(KBC2009)과 2016년(KBC2016)으로 개정되었다. 2019년에는 국토교통부에서는 건축구조뿐만 아니라 건설분야에 관련된 모든 설계기준들에 대해 코드를 부여하여 통합관리하는 방침을 정하였다. 건축구조기준은 KDS 41 00 00의 코드로 분류되고 있으며, 건축물 강구조 설계기준은 KDS 41 31 00의 코드로 분류되었다. 이에 따라 한국강구조학회에서는 대학교재로 사용하던 "강구조설계"를 KDS 41 31 00 기준을 바탕으로 전면 개정하게 되었다.

건축 강구조의 설계기준과 강구조학 교재에 관한 연혁을 살펴보면 다음과 같다.

강구조설계기준으로 **강구조한계상태설계기준(1997)**이 제정되었다. 앞에서 언급한 바와 같이 2005년 4월에는 건축구조 관련 설계기준들이 **건축구조설계기준(KBC2005)**으로 통합하여 제정되었으며 국제화 추세에 따라 SI단위가 채택되었다. 2009년에는 건축구조설계기준(KBC2005)을 **건축구조기준(KBC2009)**으로 명칭을 변경하고 내용이 개정되었다. 또한 2009년에는 한국강구조학회가 건축과 토목분야를 통합한 **하중저항계수설계법에 의한 강구조설계기준(2009)**을 제정하였고 2014년에 개정되었다. **건축구조기준**은 2016년에 **KBC2016**으로 개정되었으며 강재의 새로운 **KS규격**이 **KBC2016**에 반영되었다.

한국강구조학회의 강구조학에 관한 대학교재 출판물을 정리하면 다음과 같다.

2000년 7월 강구조의 설계 (1편 총론, 2편 허용응력도설계법, 3편 한계상태설계법)
2004년 3월 전면개정 강구조의 설계 (1편 한계상태설계법, 2편 허용응력도설계법)
2006년 2월 KBC2005 강구조설계 (1편 한계상태설계법, 2편 허용응력도설계법)
2009년 2월 KBC2009 강구조설계
2016년 2월 2016개정판 강구조설계 (KBC2016(안)에 근거함)
2018년 2월 KBC2016, KS 신규격에 따른 강구조설계
2021년 2월 KDS 41 31 00:2019에 따른 강구조설계

설계기준 개정에 대응하여 한국강구조학회에서는 강구조교육을 위한 대학교재를 개정하여 왔고 실무자들에게도 많은 도움이 되었다고 본다. 건축과 토목의 강구조용어는 그동안 서로 통일되어 있지 않았으나 한국강구조학회의 **하중저항계수설계법에 의한 강구조설계기준** 제정을 계기로 2016개정판부터 용어가 통일되었다. 이 점은 더욱 의미가 있다고 볼 수 있다

강구조학은 대학의 교과과정에 따라 한 학기 또는 두 학기를 개설하고 있다. 이 책은 두 학기 강의를 진행하는 쪽으로 맞추어져 있다.

이 교재는 한국강구조학회 강구조교재편찬위원회를 중심으로 한 전국 대학의 수많은 교수님들의 몇 차례에 걸친 설계기준의 개정과 KS규격의 변화에 대한 신속한 대응과 지속적인 노고의 결실이라고 할 수 있다.

특히 후학들을 위해 이 교재의 기틀을 마련하고 초판이 나올 수 있도록 해주신 최문식 초대 집필위원장님과 지속적으로 교재를 개정하고 발전시켜주신 이명재 전집필위원장님, 그리고 교재의 집필과 개정에 참여해주신 모든 집필위원님들께 고개 숙여 감사드린다. 또한 이 책의 출판을 위해 아낌없는 후원을 해주신 구미서관에 감사드린다.

2021년 2월

집필위원장 **오 상 훈**

# 차 례

## 제3장 설계개념 및 하중



## 제4장 접합의 기본

## 제6장 압축재



## 제7장 휨재

# 제1장 강구조의 개요

## 1.1 개요

철기시대 이래로 인간은 철을 사용하여 왔으며, 18세기 산업혁명 이후에 철의 수요가 급속도로 증가하고 이에 따른 대량생산이 뒤따라 철강산업이 급속히 발전하게 되었으며, 이제는 철과 관련되지 않는 분야가 없을 정도로 모든 분야에 철이 사용되고 있다. 섬세한 최첨단의 강철실을 사용한 우주복에서, 자동차, 전자제품 부품 그리고 건축구조물, 교량, 석유시추선 등 용도가 너무나 광범위하여 우리는 철과 삶을 더불어 하고 있다고 해도 과언이 아니다.

강재는 재료적 특성이 강도와 인성이 우수하여 건물이나 교량 등의 건설에서 가장 중요한 구조재료로 사용되어 왔다. 특히 강구조는 공장제작 및 현장조립에 따른 현장작업의 간편, 공사기간의 단축, 인건비의 절감 등에 의한 경제성 부여 등으로 수요가 늘어나고 있으며, 최근 건축물의 고층화, 대형화, 장스팬화 등에 따라 강구조의 이용이 절대적으로 요구되고 있다. 아울러 강구조는 공장에서 제작된 부재를 고장력볼트 또는 용접 등의 방법에 의해 조립하는 구조이므로 건축기술자는 무엇보다도 다양한 접합기술에 대한 이해와 지식을 가져야 한다.

그리고 강구조의 설계는 구조물의 안전성만 고려한 단순구조가 아닌, 경제성, 기능성, 시공성, 사용성 그리고 하이테크 건축으로서의 예술성 등도 고려되어야 하며 무엇보다도 강구조의 특성이 실제로 활용될 수 있어야 한다.

## 1.2 강구조의 역사

철은 초기에 400~800℃의 저온에서 생산되는 단철로 연장이나 장식용으로 사용되었으나, 건축물에 이용된 것은 독일에서 목탄을 이용하여 1,200℃정도의 고온으로 탄소함유량이 높은 선철이 나오면서부터이다.

그러나 목탄을 사용하는 고로는 목탄의 대량공급에 문제가 있어서 당시 연료로 사용하던 석탄으로 대체를 생각하게 되었으나, 석탄 속의 유황성분 제거와 고온에 견딜 수 있는 노(爐)의 제작이 문제였다. 에이브라함 다아비(Abraham Darby) 1세(1677~1717)는 석탄을 코크스로 대체한 코크스고로법을 개발하여 철의 대량생산을 가능하게 하였다.

철이 구조물에 최초로 사용된 것은 건축물이 아니고 1779년 에이브라함 다아비 3세가 건설한 영국의 콜브룩데일세번(Coalbrookdale Severn)강의 아이언브리지(Iron Bridge)이다(그림 1.1). 이 다리는 주철을 사용하였으며 스팬 30.6m, 높이 13.9m의 반아치교로 지금도 사용되고 있을 정도로 튼튼하여 당시 영국철강산업과 기술수준을 보여주고 있으며, 1986년 세계유산으로 지정되었다.

1885년 고층건물의 선구자인 윌리암 르 배론 제니(William Le Baron Jenney)의 설계에 의해 압연형강을 사용한 미국 최초의 고층건물인 10층 홈 인슈어런스빌딩(Home Insurance Building)이 시카고에 건설되었다. 이 건물은 6층까지는 주철재의 기둥, 연철재의 보를 사용하였고, 그 이상의 층은 압연형강을 사용하였다. 이를 계기로 미국, 특히 시카고파라 불리는 시카고 건축가들이 기능주의를 바탕으로 한 새로운 건축형태로 단순명쾌한 공법인 강구조건축을 고층건물에 적용하기 시작하였다.

**그림 1.1** 아이언 브리지

**그림 1.2** 수정궁

19세기에는 십여 차례 박람회가 개최되어 강재가 본격적인 건축재료로 사용되는 전환점이 되었다. 대표적인 건축물로서는 런던박람회 전시관인 1851년 건설된 수정궁(1939년 소실, 그림 1.2)이 있다. 이 건물은 정원사인 조셉 팍스톤(Joseph Paxton)이 설계한 것으로 높이 33m, 길이 536m, 면적 83,700m$^2$의 규모이며 압축재는 주철, 기타 부재는 연철을 사용하였다.

1889년 파리박람회를 위한 유명한 에펠탑(그림 1.3)과 기계관이 건설되었다. 에펠탑은 알렉산더 구스타프 에펠(Alexander Gustave Eiffel)이 설계하였으며, 높이 300m, 7,300톤의 연철을 사용하였고, 기계관은 높이 45m, 크기 115m×420m의 규모로 건설되었다. 이 건축물이 주철, 연철시대의 최후를 장식하는 대형구조물이 되었다.

19세기 말부터 주철과 연철을 강으로 대체하게 되는데 이것은 1856년에 헨리 벳세머(Henry Bessemer)의 전로법과 1864년 지멘스-마르텐(Siemens-Marten)의 평로법의 발명으로 우수한 강철을 대량으로 공급할 수 있게 되었다.

1908년 베들레헴사에서 H형강의 생산과 더불어 구조시스템의 개발이 건축물의 급속한 고층화를 촉진하게 되어 뉴욕에 1930년 크라이슬러빌딩, 1931년 엠파이어스테이트빌딩(그림 1.4)이 세워졌다. 이후 구조용 강재가 양산되고 강구조이론이 정립되어 강구조 설계기준이 제정되면서 1969년 죤핸코크센터, 1972년 세계무역센터 그리고 1974년 시카고에 당시 세계최고의 강구조건축물인 110층 443m의 시어스타워가 건설되어 건축물의 초고층화시대를 열었다.

**그림 1.3** 에펠탑

**그림 1.4** 엠파이어 스테이트빌딩

그리고 1993년 일본 최고의 고층건물 70층 랜드마크타워(그림 1.5), 1997년 유럽최고의 고층건물 60층 코메르츠은행(그림 1.6)이 독일에 세워졌고, 1998년 초고층건물인 88층 진마오빌딩이 건설되고, 1998년 말레이시아에는 페트로나스 트윈빌딩(88층, 452m), 2003년 대만에 타이페이101 금융센터(101층, 508m), 그리고 2015년 중국 상하이에 중국 최고의 상하이타워(118층, 632m)가 건설되었다. 2001년에 테러에 의해 붕괴된 뉴욕의 월드트레이드센터는 2014년 그림 1.7과 같이 재건축되었다. 그리고 2008년 개장한 북경 올림픽 주경기장(그림 1.8)은 일명 새둥지로 불리며 강재를 이용하여 구조미를 표현한 구조물로 평가된다. 또한 그림 1.9, 그림 1.10은 각각 독일 뮌헨의 BMW 월드, 캐나다 토론토의 Royal Ontario 박물관으로 타구조로는 해결하기 곤란한 비정형구조를 강구조로 해결한 사례이다.

**그림 1.5** 랜드마크타워

**그림 1.6** 코메르츠 은행

**표 1.1** 외국의 주요 강구조건축

| 건물명 | 완공연도 | 위 치 | 층수 | 높이(m) | 비 고 |
|---|---|---|---|---|---|
| 에펠탑 | 1889 | 파리 | - | 300 | 연철사용 |
| 홈인슈어런스빌딩 | 1885 | 시카고 | 10 | 55 | 미국 최초의 고층건물 |
| 엠파이어스테이트빌딩 | 1931 | 뉴욕 | 102 | 381 | 가새-강접골조 |
| 존핸코크센터 | 1969 | 시카고 | 100 | 344 | 트러스튜블러구조 |
| 세계무역센터 | 1972 | 뉴욕 | 110 | 417 | 골조튜블러 |
| 시어스타워 | 1974 | 시카고 | 110 | 443 | 강구조 |
| 랜드마크타워 | 1993 | 요코하마 | 70 | 296 | 일본 최고 강구조건축 |
| 코메르츠 은행 | 1997 | 프랑크푸르트 | 60 | 259 | 유럽 최고(합성구조) |
| 친마오 빌딩 | 1998 | 상하이 | 88 | 421 | 합성구조 |
| 페트로나스 타워 | 1998 | 쿠알라룸푸르 | 88 | 452 | 합성구조 |
| 타이베이 101 | 2003 | 타이베이 | 101 | 508 | CFT구조 |
| 니나타워 | 2007 | 홍콩 | 80 | 318 | 강구조 |
| 상하이 국제금융센터 | 2008 | 상하이 | 101 | 508 | 강구조 |
| 월드트레이드센터 | 2014 | 뉴욕 | 104 | 417 | 강구조(코어 RC조) |
| 상하이 타워 | 2015 | 상하이 | 118 | 632 | 중국최고(강구조) |

**그림 1.7** 월드트레이드센터

**그림 1.8** 북경 올림픽 주경기장

**그림 1.9** BMW 월드

**그림 1.10** Royal Ontario 박물관

우리나라의 강구조의 역사를 보면 건축물에 처음 사용된 시기는 불분명하다. 1910년 준공된 덕수궁 석조전 지붕 및 바닥 그리고 서울역, 중앙청의 지붕구조 등 부분적으로 강구조로 건설되었으며, 1950년대에 전후복구사업 등으로 리벳공법의 조립기둥과 트러스보를 이용한 공장, 강당 등이 건설되기 시작하였다. 그러나 강구조고층건물은 1969년 H형강을 사용한 한진빌딩을 효시로 하여, 1970년대에 들어와서는 해외건설의 호황, POSCO(포항제철) 등의 철강재의 국내생산 등으로 고층화현상이 본격적으로 시작되어 삼일빌딩, 대우빌딩, 동방생명빌딩, 롯데호텔 등이 건설되었다.

1980년대에는 건축물이 더욱 고층화되어 1984년 60층(249m) 대한생명빌딩(현 한화생명빌딩; 63빌딩)이 세워졌으며, 1987년에 한국종합무역센터(코엑스), 1994년에 TMCP강을 사용한 포스코센터, 2001년에 동부금융센터(그림 1.11)가 건설되었다. 강구조 주상복합의 건설 확대로 인하여 69층(264m) 타워팰리스 Ⅲ, 69층(256m) 하이페리온이 2003년에 완공되었다. 그리고 2000년대에 들어 21세기 새로운 건축 형태로 비정형 건축물에 대한 관심과 수요가 증가하고 있으며 2007년에 서울중앙우체국청사가 건설되었으며 2010년에 인천송도에는 동북아트레이드센터(그림 1.12, 68층, 305m)가 건설되었다. 또한 동대문디자인플라자&파크가 건설되었다.

장스팬구조물로서는 2008년에 건설된 인천송도의 컨벤시아(그림 1.13)를 대표적으로 들 수 있다. 그리고 부산영상벤처센터는 85m의 초장스팬 캔틸레버구조로서 강구조만이 해결할 수 있는 특수건축물이라 하겠다(그림 1.14).

이와 같이 강재의 우수한 성질을 이용한 강구조 건축물의 랜드마크화 및 초고층화는 더욱 촉진될 것으로 전망된다.

**표 1.2** 한국의 주요 강구조건축

| 건물명 | 완공년도 | 위 치 | 층 수 | 높이(m) | 비 고 |
|---|---|---|---|---|---|
| 한진빌딩 | 1969 | 서울 | 23 | 82 | 최초 강구조고층건축 |
| 삼일빌딩 | 1971 | 서울 | 31 | 114 | |
| 대한생명빌딩 | 1984 | 서울 | 60 | 249 | |
| 무역센터 | 1987 | 서울 | 55 | 229 | 50mm 국산후판사용 |
| 엘지트윈타워 | 1990 | 서울 | 34 | 135 | 합성구조 |
| 포스코센터 | 1994 | 서울 | 33 | 136 | 최초 TMCP강 사용 |
| 동부금융센터 | 2001 | 서울 | 35 | 152 | 가새골조 |
| 하이페리온 | 2003 | 서울 | 69 | 256 | 주상복합건물 |
| 타워팰리스 | 2003 | 서울 | 69 | 264 | 주상복합건물 |
| 송도 컨벤시아 | 2008 | 인천 | – | – | 장스팬구조(108m×90m) |
| 동북아트레이드센터 | 2010 | 인천 | 68 | 305 | |
| 부산영상벤처센터 | 2011 | 부산 | – | – | 장스팬구조(85m 캔틸레버) |
| 서울대 관정도서관 | 2015 | 서울 | 8 | – | 메가트러스구조(112m) |
| 인천국제공항 제2여객터미널 | 2017 | 인천 | – | – | HSA650사용 메가트러스구조 |
| 여의도 파크원 | 2020 | 서울 | 69 | 333 | 120mm 국산후판 사용 |

**그림 1.11** 동부금융센터

**그림 1.12** 동북아트레이드센터

**그림 1.13** 송도 컨벤시아

**그림 1.14** 부산영상벤처센터

**그림 1.15** 서울대 관정도서관

**그림 1.16** 인천국제공항 제2여객터미널

## 1.3 강구조의 특성

강구조는 철근콘크리트 구조에 비교하여 강재라는 구조재료적 특성과 조립구조법이라는 특성 때문에 많은 장점을 갖고 있다. 그러나 건물의 용도, 규모, 형태별로, 그리고 특수한 여건 등에 따라 달라질 수 있으므로 장점을 극대화하고 단점에 대비할 필요가 있다. 강구조의 장단점은 다음과 같다.

1) 장점

가) 단위면적당 강도 및 강성이 크다.
나) 인성이 커서 변형에 유리하고 소성변형능력이 우수하다.
다) 재료가 균질하다.
라) 세장한 부재가 가능하다.
마) 공사기간을 단축할 수 있다.
바) 초고층, 장스팬구조 설계에 유리하다.
사) 기존건축물의 증축, 보수가 용이하다.
아) 환경친화적인 재료이다.
자) 하이테크 건축재료이다.

2) 단점

가) 내화성을 고려해야 한다.
나) 부식 방지를 위한 유지관리가 필요하다.
다) 접합부의 신중한 설계와 용접부의 검사가 필요하다.
라) 좌굴의 영향이 크다.
마) 처짐 및 진동을 고려해야 한다.
바) 반복하중에 따른 피로에 의한 파단의 우려가 있다.

## 1.4 강재의 친환경성

건축물에서 가장 널리 사용되는 구조재료는 강재와 콘크리트이다. 건식 공법인 강재를 이용한 시공은 습식 공법인 콘크리트에 비하여 물의 사용량이 적고, 시공 중 소음과 먼지의 발생량이 적고, 골재 등의 채취로 인한 자연 훼손이 적은 장점을 가지고 있는 것으로 인식되어 왔다. 그러나 2005년 교토의정서가 발효되기 전까지 이러한 강재의 친환경성은 정량화되어 평가되지 않았다. 이러한 이유로 최근까지 건축구조재료의 생산 및 사용에 지구 자원 및 에너지의 소비 그리고 이로 인한 폐기물, 수질오염, 대기오염 등의 환경오염의 영향을 고려하지 않았다.

교토의정서에 따르면 의무감축 당사국들은 1990년 배출량을 기준으로 2008년에서 2012년까지 이산화탄소 배출량을 평균 5.2% 이하로 줄이도록 하였다. 감축에 성공한 나라는 감량한 양만큼의 탄소배출권을 사고 팔 수 있게 된다. 이에 따라 이산화탄소 배출량이 많은 재료를 생산하는 기업들은 이산화탄소 배출량을 줄이거나 배출권을 사야하며 이미 시카고기후거래소 및 유럽기후거래소에서는 이산화탄소의 현물 및 선물 거래가 시작되었다.

2015년 12월에는 파리에서 유엔 195개국은 파리 기후변화협정을 체결하여 지구의 기온 상승을 1.5도 이내로 억제시키기로 하고 5년마다 상향목표를 제출하도록 하였다.

이러한 이유로 최근 구조재료의 환경영향분석에 대한 연구가 활발하게 진행되고 있다. 구조재료의 환경영향발생 정도에 대한 평가는 일반적으로 생산, 시공, 유지관리, 폐기의 수명주기(life cycle) 동안 소비되는 에너지 소비량, 이산화탄소 배출량 등으로 평가하게 된다. 현재까지의 연구결과에 따르면 구조시스템에 따라 차이가 있지만 막연하게 인식되었던 강재의 장점들인 친환경성이 다른 구조재료에 비하여 정량적으로 우수하며 그 우수성이 경제적인 가치로 환산될 수 있는 것으로 평가되고 있다.

## 1.5 강구조설계 현황

각국의 강구조에 대한 설계기준의 발전과정을 보면, 미국은 1921년에 조직된 AISC (American Institute of Steel Construction)가 1923년에 **허용응력도설계법에 따른 강구조설계기준**을 제정하였으며 한계상태설계법인 **AISC-LRFD(하중저항계수설계법)**을 1986년에 제정한 이후 수차례 보완 개정하였다. 일본의 경우는 1941년에 **철골구조계산규준**이 제정되고 2000년에 한계상태설계지침이 마련되었다. 유럽의 경우는 1992년 **Eurocode 3(한계상태설계법, CEN)**을 발표하였다.

우리나라는 1973년에 처음으로 허용응력설계법에 따른 **강구조계산규준 및 해설**이 대한건축학회에서 제정되어 1983년에 1차 개정되고, 한국강구조학회에서 **허용응력설계법에 의한 강구조설계기준**이 2003년에 제정되었다. 1997년에는 **한계상태설계법에 의한 강구조 한계상태설계기준**이 제정되어 2004년에 수정, 보완되었으며 2005년 4월에는 그동안 분산되어 관리, 운영되었던 각종 구조설계기준을 통합한 **건축구조설계기준(Korean Building Code-Structural, KBCS)**을 제정하여 모든 건축구조설계의 지침이 되도록 하였다. 2005년에 제정된 건축구조설계기준은 2009년에 **건축구조기준**으로 명칭이 변경되고 재개정되었으며 2016년에 다시 개정되었다. 이 기준에서 강구조관련은 제 7장에 수록되어 있다.

2016년 국토교통부에 의해 건설기준 코드체계 전환에 따라 코드화로 통합 정비되어 건축물 강구조 설계기준은 KDS 41 31 00으로 제정되었으며, 2019년도에 최종 개정되었다.

또한 2009년에는 한국강구조학회에서 건축구조와 토목구조를 위한 공통기준으로 **하중저항계수법에 의한 강구조설계기준**을 제정하고 2014년에 개정되었다. 이 내용 또한 건축구조기준과 동일한 내용으로 되어 있다.

2016년 12월에는 건설 강재에 관하여 **KS표기**를 인장강도에서 항복강도로 변경하고 일부 강재의 항복강도를 조정하는 등 **한국산업표준(KS)**의 개정이 있었고, 이 내용이 건축구조기준에 반영되었다.

## 연습문제

**1)** 철이 최초로 사용된 구조물을 기술하시오.

[답] 영국 콜브룩데일세번강의 아이언브리지(Iron Bridge)

**2)** 강구조의 장점을 기술하시오.

[답] ① 단위면적당 강도 및 강성이 크다.
② 인성이 커서 변형에 유리하고 소성변형능력이 우수하다.
③ 재료가 균질하다.
④ 세장한 부재가 가능하다.
⑤ 공사기간을 단축할 수 있다.
⑥ 초고층, 장스팬구조 설계에 유리하다.
⑦ 기존건축물의 증축, 보수가 용이하다.
⑧ 환경친화적인 재료이다.
⑨ 하이테크 건축재료이다.

**3)** 강구조의 단점을 기술하시오.

[답] ① 내화성을 고려해야 한다.
② 부식 방지를 위한 유지관리가 필요하다.
③ 접합부의 신중한 설계와 용접부의 검사가 필요하다.
④ 좌굴의 영향이 크다.
⑤ 처짐 및 진동을 고려해야 한다.
⑥ 반복하중에 따른 피로에 의한 파단의 우려가 있다.

**4)** 건축구조기준에서 강구조설계는 어떤 설계법에 근거하고 있는지 기술하시오.

[답] 한계상태설계법

## 참고문헌

1.1 국토교통부 (2019), "건축물 강구조 설계기준 (KDS 41 31 00 : 2019)"
1.2 대한건축학회 (2016). "건축구조기준"
1.3 한국강구조학회 (2014). "하중저항계수설계법에 의한 강구조설계기준"
1.4 Hawkes, Nigel (1993). "Structures", Macmillan
1.5 Holberton, Paul (1998). "The World of Architecture", Crescent
1.6 National Geographic Society (1992). "The Builders"
1.7 Judith Dupre (1996). "Skyscrapers". Black Dog & Leventhal publishers

Design of Steel Structures

# 제2장 강 재

## 2.1 개요

일반적으로 강구조 또는 철골구조로 불리고 있지만 실제로 사용되고 있는 재료는 순철(pure iron)이 아니고 강(steel)이다. 그 차이는 탄소를 포함한 철 이외의 다른 원소가 어떤 비율로 포함되어 있는지에 따르며, 그 함유량에 의해서 성질이 많이 달라진다. 건축에 가장 많이 사용되고 있는 강은 약 0.12~0.30%의 탄소를 함유하고 있는 연강(mild steel)이다. 이 적은 양의 탄소가 포함됨에 따라 결정구조가 변하고 구조용에 적합한 강도와 연성을 가지는 강(steel)으로 변하게 된다.

오늘날 강재 생산기술의 발달과 경제적이며 안전성 있는 구조설계에 대한 요구가 증가함에 따라 사용목적에 맞추어서 다양한 종류의 강재가 생산되고 있다. 경제적이며 안전한 구조설계를 위해서는 건축물의 공간계획에 따른 구조부재의 크기와 형태가 부합하여야 하고, 다양한 하중조건에 대하여 구조적으로 안전해야 하며, 경제적 측면에서 수급이 가능한 강재를 선택하고, 사용 강재의 기계적, 화학적 성질을 파악하여 구조설계에 반영되도록 해야 한다.

## 2.2 강재의 제법

강재는 철광석을 제선, 제강, 성형의 제련 과정을 차례로 거치면서 얻어진다. 그림 2.1에 나타난 바와 같이 이러한 일련의 제련과정은 구조용 강재의 재료적인 성질과 성능에 영향을 미친다.

### 1) 제선(製銑)

강재의 원료가 되는 철광석에서 선철을 뽑아내는 과정을 제선과정이라 한다. 이 과정에서는 철광석을 석탄에서 뽑아낸 코크스, 석회석과 함께 용광로에 투입하고 용광로 하부에 뜨거운 공기를 불어넣는다. 이 때 환원작용을 통해 철광석의 산소가 분리되고 불순물(광재, slag)들은 비중에 따라 분리되어 선철(銑鐵)이 용광로의 하부에 남게 된다.

### 2) 제강(製鋼)

그림 2.1과 같이 고로에서 선철의 성질을 변화시켜 강재를 만들거나 또는 고철을 전기로에서 용융시켜서 강재를 만드는 것을 제강이라 한다.

보통 강재는 95% 이상이 철로 이루어져 있고, 나머지 부분을 그 이외의 구성물질이 차지한다. 이 나머지 성분들은 강재의 성질을 좌우하는 중요한 역할을 하는데, 이러한 화학성분을 조절하여 여러 종류의 강재와 합금 등을 만들어 낸다.

제강공정이 발달해서 선철의 탄소량을 효율적으로 줄이고 강재의 질에 나쁜 영향을 미치는 다른 원소들을 선택적으로 제거하고 동시에 성질을 개선하기 위한 원소를 필요에 따라 첨가하여, 강의 성질을 제어할 수 있게 되었다. 선철을 산화제, 용제 등과 함께 제강로에 넣어서 탄소의 함유량을 줄이고 인, 황 등의 불순물을 제거하여 강성과 연성을 증가시킨다.

제강 과정에서 가스가 발생하는 경우가 있는데, 탈산제(Si, Al, Mn 등)를 충분히 사용하여 강재에 기포발생을 방지한 강재를 킬드강(killed steel)이라 하며, 탈산이 충분하지 못하여 생긴 기포에 의하여 강재의 질이 균질하지 못한 강을 림드강(rimmed steel)이라 한다(표 2.1).

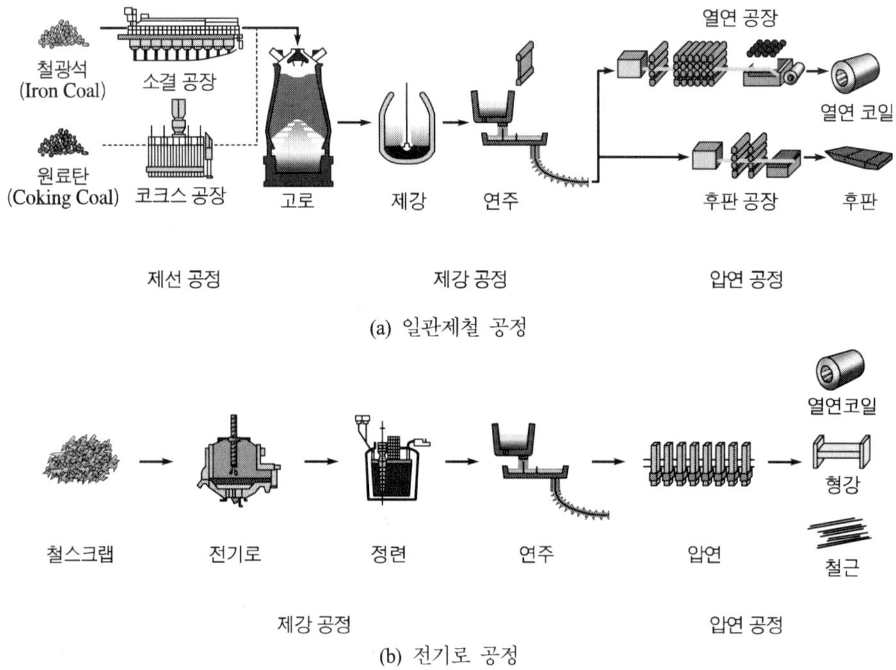


**그림 2.1** 철강제품의 제조과정

### 3) 압연(壓延)

제강과정을 통해서 얻은 강재를 일정한 형태와 단면성능을 갖는 부재로 만드는 과정을 압연이라고 한다. 노(爐)에서 용융상태의 강재는 블룸(bloom), 빌렛(billet) 또는 슬래브(slab)판으로 성형되며 압연과정을 통하여 구조용 강재가 생산된다. 압연은 열간압연과 냉간압연으로 나누어진다. 열간압연은 강재를 고온으로 가열하여 회전하는 롤러 사이를 여러 번 반복 통과시켜 원하는 형태를 만드는 방법이며, 냉간압연은 얇은 두께의 강판을 상온에서 프레스를 사용해서 찍어내는 성형방법이다. 열간압연은 봉강이나 형강 등을 만드는 데에 쓰이고 냉간압연은 박판이나 경량 형강의 성형에 주로 쓰인다.

**표 2.1** 강재의 종류와 특징

| | 특 성 | 용 도 |
|---|---|---|
| 림드강 | 강괴가 가스를 방출하면서 내부에서 기포가 빠져나가지 못하여 균질하지 못한 성질을 갖는다. 반면에 표면은 양호하다. | 표면의 평활을 요구하는 도금강판 |
| 반 킬드강 | 림드강과 킬드강의 중간적 성질 | 일반구조용 강재 |
| 완전 킬드강 | 탈산제로 기포가 생기는 것을 방지하여 화학성분과 재질의 균질성이 우수하다. 비교적 고가의 강괴이다. | 용접구조용 강재, 조선용 두꺼운 판, 보일러용 강판, 기계구조용 강재, 와이어로프용 선재 등 |

## 2.3 강재의 화학적 성질

### 2.3.1 구조용 강재의 화학적 조성

강재는 철(Fe)을 주성분으로 하여 다양한 원소를 함유하고 있는 합금이다. 철 이외의 원소는 극소량이 함유되어도 표 2.2에 나타난 바와 같이 강재의 성질에 큰 영향을 미친다. 대표적인 합금원소는 탄소(C), 규소(Si), 망간(Mn), 인(P), 황(S)이며, 이를 주요 5원소라고 부른다. 이외에도 용도에 따라 극소량 원소를 의도적으로 첨가하나, 강구조에 이용되는 강재는 대부분 5원소로 규정된다.

### 2.3.2 화학적 조성과 열처리에 따른 구조용 강재의 분류

강재의 화학적 성질에 따른 구조용 강재의 분류는 아래와 같이 크게 네 가지로 나누어진다.

1) 탄소강(carbon steel, mild steel)

탄소강은 가격이 싸고 성질이 비교적 우수해 가장 널리 이용하는 강재이다. 탄소량에 따라서 강도와 인성이 결정되는데, 탄소량이 증가하면 강도는 증가하지만 반대로 인성은 감소한다. 탄소강의 성분 중에서 인성과 용접성에 나쁜 영향을 미치는 황과 인 성분을 억제하여야 한다. 탄소강은 탄소 함유량에 따라 저탄소강(0.15% 미만), 연탄소강(0.15~0.29%), 중탄소강(0.30~0.59%), 고탄소강(0.6~1.7%)으로 나누며, 연탄소강(인장강도 410N/mm$^2$ 이하, SS275급)은 주로 구조용 강재로 쓰이며, 중탄소강과 고탄소강은 상대적으로 용접성이 떨어진다.

2) 고강도 저합금강(high-strength low alloy steels)

고강도 저합금강은 고강도와 인성 및 용접성을 동시에 확보하기 위해 개발된 강재로 합금원소를 일부 첨가시켜 성능을 개선한 강재이다. 구조용 합금강은 망간(Mn)과 탄소(C)의 증가 대신 합금원소(Cr, Mo, V 등)를 사용하여 일반 탄소강에 비하여 고강도를 얻으면서 인성의 감소를 억제시키고 적절한 용접성을 확보하는데에 그 특징이 있다.

3) QT강(quenching and tempering steels)

QT강은 담금질(quenching)과 뜨임(tempering)의 열처리를 통하여 얻어낸 고강도강을 말한다. 담금질은 강을 가열한 후 급랭시켜 강의 조직을 변화시켜 강재의 강도와 경도를 향상시키는 작업이며, 뜨임은 담금질에 의해 생긴 강재의 조직을 변화시켜 안정된 조직에 근접시키는 동시에 잔류응력을 감소시키는 것을 목적으로 적당한 온도로 가열, 냉각시키는 작업으로서, 강재의 인성을 증가시키기 위하여 실시한다. 이러한 열처리강은 용접방법이나 부재의 연성 요구 정도 등을 고려하여 적용을 판단하여야 한다.

4) TMCP강(thermo mechanical control process steels)

최근 구조물의 고층화, 대형화, 장스팬화에 따라 용접성과 내진성이 뛰어난 극후판(極厚版)의 고강도 · 고성능 강재가 필요하게 되었다. 이를 위하여 압연 가공과정 중 열처리 공정을 동시에 수행함으로써 압연온도와 냉각조건을 제어하여 높은 강도와 인성을 갖는 저탄소당량의 TMCP강 또는 제어 열처리강을 개발하게 되었다. 따라서 TMCP 강재는 판두께 40mm 이상의 후판인 경우라도 항복강도의 변화가 없고, 용접성이 우수하여 현장용접이음에 대한 대응이 우수하다. 또한, 소성변형능력이 뛰어나 초고층 강구조 건물 및 장대교량에 적합하다. KS D 3515(용접구조용 압연강재)에서 TMCP 강재는 강종의 명칭 뒤에 "TMC" 라는 기호를 추가하여 표시하도록 되어 있다. 일반적으로 많이 사용되는 TMCP 강재로는 SM355-TMC, SM420-TMC, SM460-TMC 등이 있다.

**표 2.2** 강재를 구성하는 주요 원소

| 종 류 | 함유량 | 특 성 |
|---|---|---|
| 철(Fe) | 98% 이상 | 강재의 대부분을 차지하는 구성요소이다. |
| 탄소(C) | 0.04-2% | 강재에서 철 다음으로 중요한 요소이며 탄소량이 증가하면 강도는 증가하나, 연성이나 용접성은 떨어진다. 따라서 강재에서 탄소량은 강재의 성질에 결정적인 영향을 미친다. |
| 망간(Mn) | 0.5-1.7% | 탄소와 비슷한 성질을 가지며, 강재의 등급에 따라서 원하는 강재의 성질을 얻기 위해 탄소와 복합적으로 사용한다. 산소, 황과 함께 열간압연과정에서도 필요한 원소이다. |
| 크롬(Cr) | 0.1-0.9% | 니켈, 구리와 함께 부식을 방지하기 위해서 쓰이는 화학성분이다. 따라서 스테인리스강에는 주요 구성성분이 된다. |
| 니켈(Ni) | - | 강재의 부식방지를 위해 사용되며 저온에서 취성파괴에 대한 인성(fracture toughness)을 증가시키는 역할을 한다. |
| 인(P), 황(S) | - | 두 물질은 공통적으로 강재의 취성을 증가시켜 바람직하지 못한 성질을 가져온다. 따라서 강재의 성분비에서 일정량 이상이 사용되지 못하도록 규제하고 있다. 하지만 강재의 기계가공성을 증가시키는 역할을 한다. |
| 규소(Si) | 0.4% 이하 | 강재에 주로 사용되는 탈산제 중 하나이다. |
| 구리(Cu) | 0.2% 이하 | 강재의 주요한 부식 방지제 중 하나이다. |

### 2.3.3 강재의 용접성

강재의 용접성은 화학성분에 큰 영향을 받는다. 특히 여러 성분 중 탄소량에 의해서 큰 영향을 받는데, 강재의 용접성을 나타내는 지표로서 탄소를 포함한 용접성에 영향을 미치는 원소의 함유량으로 계산되는 탄소당량($C_{eq}$) 및 용접균열 감수성 조성($P_{CM}$)을 들 수 있다. 보통 KS제품의 강재는 강재검사증명서(mill sheet)가 첨부되어 있으며, 이 강재검사증명서에서 강재의 화학분석 값으로부터 강재의 용접성을 추정할 수 있다.

탄소당량($C_{eq}$ : carbon equivalent, %, KS)

$$C_{eq} = \mathrm{C} + \mathrm{Mn}/6 + (\mathrm{Cr} + \mathrm{Mo} + \mathrm{V})/5 + (\mathrm{Ni} + \mathrm{Cu})/15 \tag{2.1}$$

**표 2.3** SM 강종의 탄소당량

| 종류의 기호 | 탄소당량(%) | | |
|---|---|---|---|
| | 두께 50이하 | 50 초과 100 이하 | 100을 초과하는 것 |
| SM275 A, B, C, D | 0.40 이하 | 0.42 이하 | 주문자와 제조자 사이의 협정에 따름 |
| SM355 A, B, C, D | 0.45 이하 | 0.47 이하 | |
| SM420 A, B, C, D | 0.46 이하 | 0.48 이하 | |
| SM460 B, C | 0.47 이하 | 0.49 이하 | - |

용접균열 감수성조성($P_{cm}$,%, KS)

$$P_{cm}(\%) = C + Si/30 + Mn/20 + Cu/20 + Ni/60 + Cr/20 + Mo/15 + V/10 + 5B \tag{2.2}$$

**표 2.4** SM 강종의 용접균열 감수성

| 종류의 기호 | 용접균열 감수성(%) | | |
|---|---|---|---|
| | 두께 50이하 | 50 초과 100 이하 | 100을 초과하는 것 |
| SM275 A, B, C, D | 0.26 이하 | 0.28 이하 | 주문자와 제조자 사이의 협정에 따름 |
| SM355 A, B, C, D | 0.27 이하 | 0.29 이하 | |
| SM420 A, B, C, D | 0.28 이하 | 0.30 이하 | |
| SM460 B, C | 0.30 이하 | 0.32 이하 | - |

(여기서 C, Mn 등의 원소 기호가 나타내는 것은 강재에서 각 원소의 성분비이다.)

## 2.4 강재의 기계적 성질

### 2.4.1 응력-변형도 관계

강재의 기계적인 성질은 구조물의 강도를 결정하는 매우 중요한 성질로서, 이를 알아보기 위한 가장 유용한 방법은 응력-변형도 곡선을 이용하는 것이다. 응력-변형도 곡선은 KS에서 정하는 시편의 크기, 재하방법 및 재하속도 등이 표준화된 인장시험을 통해 얻어진다.

그림 2.2는 탄소강(연강, mild steel)의 인장시험을 통한 응력과 변형도의 관계를 나타낸 것이다. 곡선의 변화에 따라서 탄성영역(elastic range), 소성영역(plastic range), 변형도 경화영역(strain hardening range), 파괴영역(necking and failure range)으로 나누며, 각 구간의 특징은 다음과 같다.

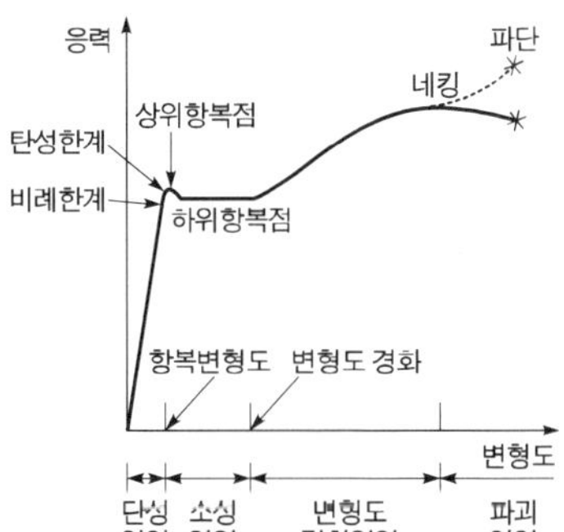


**그림 2.2** 탄소강의 응력-변형도 곡선

1) **탄성영역** : 응력(stress)과 변형도(strain)가 탄성관계를 가지는 영역
2) **항복영역(소성흐름)** : 응력의 증가 없이 변형도만 증가하는 영역
3) **변형도 경화영역** : 항복영역 이후 변형도가 증가하면서 응력이 비선형석으로 증가되는 영역
4) **파괴영역** : 변형도는 증가하지만 응력은 오히려 줄어드는 부분이다. 이 부분에서는 네킹(necking)현상에 의하여 단면적이 현저하게 감소한다.

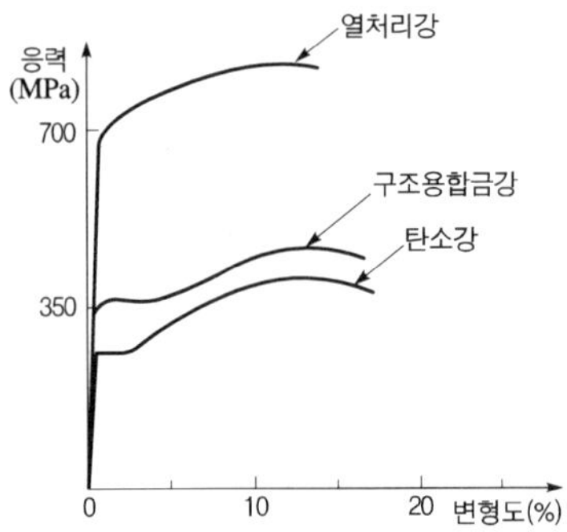


**그림 2.3** 탄소강, 합금강과 열처리강의 응력-변형도 곡선의 비교

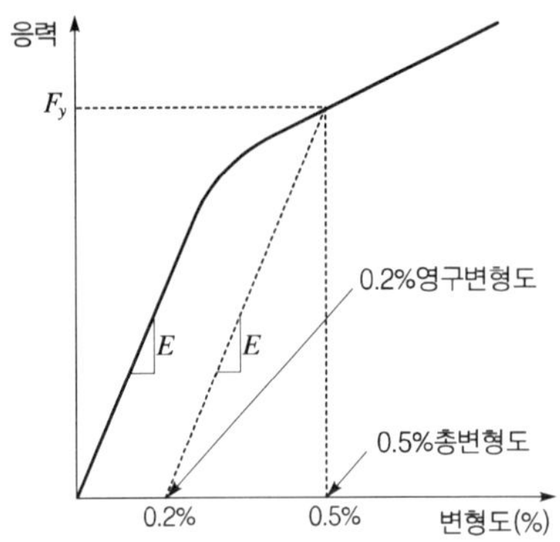


**그림 2.4** 고강도강의 항복강도

그림 2.3은 탄소강, 구조용 합금강과 열처리강의 응력-변형도를 비교한 것이다. 여기서 나타난 바와 같이 탄소강의 경우는 항복점이 명확한데 비하여 구조용 합금강이나 열처리강의 경우는 항복점이 명확하지 않다.

응력-변형도 곡선으로부터 관찰되는 중요한 강재의 기계적인 성질은 다음과 같다(그림 2.2 참조).

1) **비례한도(proportional limit)** : 응력과 변형도가 비례하여 선형관계를 유지하는 한계의 응력을 나타낸다. 응력과 변형도 사이에 후크의 법칙이 성립되는 구간이며, 이때의 변형도에 대한 응력의 비를 강재의 탄성계수 $E$라 한다. 강재의 탄성계수는 210,000N/mm$^2$이다.
2) **탄성한도(elastic limit)** : 하중을 비례한도보다 다소 높은 응력까지 높인 후 하중을 제거하면 원점으로 되돌아가는 지점을 탄성한도라 한다.
3) **항복점** : 금속재료의 항복점은 응력의 증가 없이 변형도가 크게 증가하기 시작하는 지점의 응력을 말한다. 상항복점과 하항복점이 있다.
4) **항복강도($F_y$)** : 강재의 항복강도는 하항복점을 의미한다. 그런데 구조용 강재에 따라서는 응력-변형도 곡선에서 항복점이 뚜렷하게 보이지 않을 경우는, 그림 2.4에 나타난 바와 같이 제하(unloading)시에 0.2%의 영구 변형도를 가지는 점의 응력을 항복강도($F_y$)로 정의하거나, 0.5%의 총변형도에 해당하는 응력을 항복강도로 정의하기도 한다.
5) **인장강도($F_u$)** : 인장강도는 인장시험에서 시험편이 받을 수 있는 최대응력, 즉 변형도 경화영역의 최대응력을 가리킨다.
6) **항복비(yield ratio)** : 항복비는 인장강도에 대한 항복강도의 비로 정의된다.
7) **전단탄성계수(G)** : 비례한도 내에서의 전단변형도에 대한 전단응력의 비를 전단탄성계수라 한다. 탄성계수와 전단탄성계수 사이에는 다음과 같은 선형적인 비례관계를 가진다. 여기서 $\nu$는 포아송비이다.

$$G = \frac{E}{2(1+\nu)} \tag{2.3}$$

8) **포와송비($\nu$)** : 인장이나 압축을 받는 부재의 하중작용방향의 변형도에 대한 가로방향의 변형도 비의 절대값으로 정의된다. 강재의 경우 0.3이다.
9) **연성(ductility)** : 재료가 하중을 받아 항복 후 파괴에 이르기까지 소성변형을 할 수 있는 능력을 연성이라 한다.
10) **연신율** : 인장시험편의 파단 후의 표점간 거리와 시험전의 표점간 거리의 차이를 시험 전의 표점간 거리에 대한 백분율로 나타낸 것이다.
11) **단면수축율** : 인장시험편의 파단 후의 단면적과 시험 전의 단면적의 차이를 시험전의 단면적에 대한 백분율로 나타낸 것이다.
12) **인성(toughness)** : 인성은 재료의 변형에너지를 흡수할 수 있는 능력을 의미한다. 그림 2.5에 나타낸 바와 같이 응력-변형도 곡선에서 면적으로 정의되며 인성은 재료의 강도와 연성에 의하여 결정된다. 노치인성은 노치(notch)가 있는

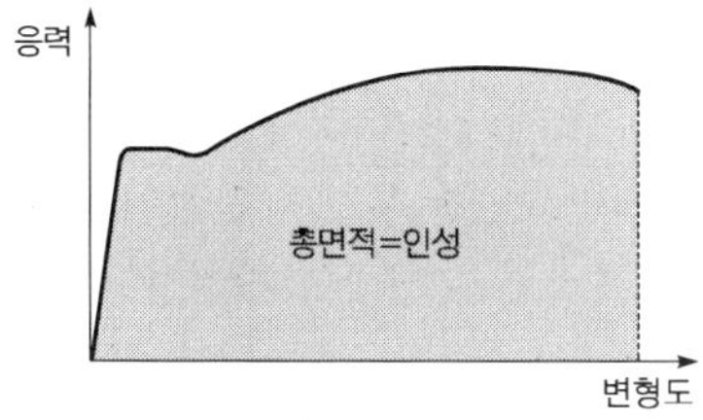


**그림 2.5** 인성

재료의 취성파괴에 대한 저항능력을 의미한다. 그리고 낮은 온도나 고속재하의 조건에서 큰 소성변형이 반복적으로 작용하는 경우에는, 강재는 충분한 에너지 흡수를 못하고 점성도 없이 마치 유리와 같이 부서져 버리는데, 이러한 파괴에 관한 특성을 파괴인성이라 한다.

13) **충격강도** : 강재에 충격력이 가해지면 정적인 시험에 비해 변형속도가 매우 빠르므로 강재가 충분히 변형할 여유가 없이 파괴한다. 연성파괴하는 재료도 결함이 있으면 충격력을 받아 취성파괴 할 수도 있다. 이때의 강도를 충격강도라 하며, 보통 샤르피(charpy)충격시험기를 이용하여 KS B 0809, KS B 0810에 따라 시험한다.

## 2.4.2 반복 및 충격하중에 대한 강재의 특성

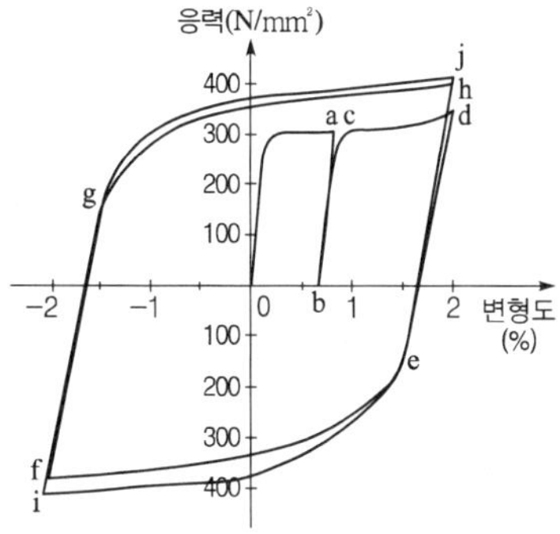


**그림 2.6** 강재의 응력과 변형도의 관계

일반적인 단조(monotonic)재하 하중조건에 대한 강재의 거동은 2.4.1절에서 소개된 응력-변형도 곡선과 같다. 그러나 반복하중, 충격하중 등에 대해서는 다른 형태의 거동 및 파괴양상을 나타낸다.

그림 2.6은 인장과 압축력을 교대로 받은 경우의 응력과 변형도의 관계를 나타낸다. 먼저 O점에서 인장하중을 가하면 항복해서 a점에 도달한다. 여기서 일단 하중을 서서히 낮추면 응력-변형도 곡선은 최초의 탄성구배와 평행한 직선ab가 된다. 하중 0(zero)에서는 점b가 되고 ob의 소성변형이 잔류한다. 점b에서 하중을 높히면 bcd가 되며 도중에 제하(除荷)가 없이 oacd로 진행한 것 같은 곡선이 된다. 점d에서 하중을 낮추어 계속해서 압축을 가하면 def로 변화하고, 여기서 하중의 방향을 바꾸면 이번에는 fgh로 변한다. def로 변화할 때, 곡선의 구배가 급히 저하하는 점e의 응력도는 보통의 압축응력도보다 상당히 낮은 응력에서 강성이 저하하고 소성적인 거동이 현저해지는 것을 알 수가 있다. 이것을 바우싱거(Baushinger)효과라 한다.

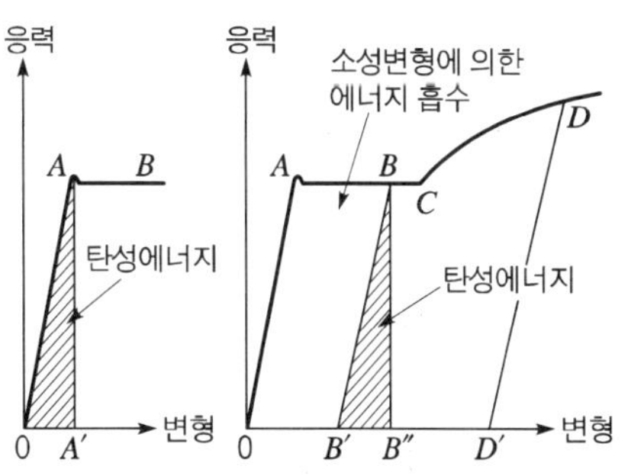


**그림 2.7** 강재의 에너지 흡수

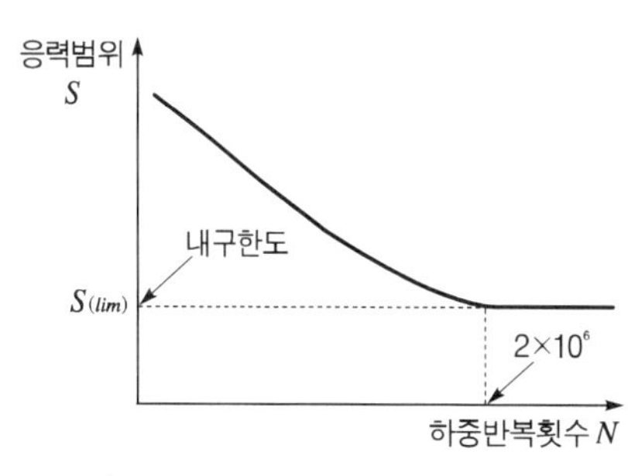


**그림 2.8** S-N 곡선

1) 취성파괴(brittle failure)

부재의 응력이 탄성한계 내에서 충격하중에 의하여 부재가 갑작스럽게 파괴되는 것을 취성파괴라고 한다. 취성파괴는 주위 온도의 저하로 인한 부재의 인성이 감소되어 에너지 흡수능력이 저하되는 경우와 하중의 갑작스러운 집중(충격현상)이 취성파괴의 외적 요인이라 할 수 있고, 부재의 가공이나 접합시의 결함으로 인해서 생긴 균열 등은 부재 자체의 취성파괴 요인이라 할 수 있다.

2) 에너지 흡수

큰 지진동을 받아서 소성영역까지 변형했을 때, 지진이 사라져도 잔류응력이 남은 건물은 기울어진 채로 서있게 된다. 그러나 강재의 소성영역을 유효하게 사용하는 것이 내진설계상 유리하므로, 에너지 개념을 사용해서 고찰할 필요가 있다.

그림 2.7에서, 탄성한계인 A점에서는 그 때까지 작용한 힘에 의해서 △OAA'의 면적에 상당하는 탄성에너지가 축적된다. 힘을 제거하면 곧 A점으로 되돌아가지만 그 때까지 축적되어 있던 것과 같은 양의 에너지는 방출되어 흡수된 에너지는 0이 된다. A점을 넘어 소성영역에서는, B점에서 힘을 제거하면 B'점으로 되돌아 간다. B점까지 가해진 힘에 의해서 투입되는 에너지는 □OABB'의 면적이 되지만, B점에서 B'점에 이르는 과정에서 △BB'B"의 면적에 해당하는 탄성에너지가 방출된다. 그러면 □OABB'의 면적에 해당하는 에너지가 어딘가로 사라지게 된다. 이 부분은 강재가 소성변형하는 과정에서 흡수하는 것으로, 그 대부분은 열로 변환되어 강재의 온도가 높아지게 된다. 이것을 소성변형에 의한 에너지 흡수라고 한다. 즉 강재는 소성화에 의해서 지진으로 건물에 투입된 에너지를 흡수해서 열로 변환하여 축적하는 장치역할을 한다.

3) 피로(fatigue failure)

피로현상은 구조체가 항복강도 이하의 강도를 유발하는 반복하중을 장기간 받을 때, 균열이 심화되는 경우를 가리킨다.

부재의 금속 조직의 불연속으로 인한 응력집중으로 인해 미세한 균열에 장기간에 걸친 하중이 반복됨으로써 균열이 증가한다. 피로는 주변 환경과 하중 재하방법, 부재의 형태에 의하여 영향을 받는다. 일반적인 피로시험의 결과가 그림 2.8 S-N 곡선으로서, 구조물이 받을 수 있는 응력범위 S와 하중 반복횟수 N은 대략적으로 반비례 관계를 가지지만 하중반복횟수와 관계없이 구조물이 견딜 수 있는 응력범위가 일정한 값을 유지하게 되는, 그 값을 내구한도(피로강도)라 한다.

### 2.4.3 라멜라 테어링(lamellar tearing)

열간압연에 의해 생산되는 강재는 그림 2.9와 같이 압연이 진행되는 방향의 단면과 교차되는 단면이 서로 다른 기계적 성질을 가진다. 예를 들면, 탄성범위 안에서는 서로 비슷한 거동을 보이지만 압연 진행 방향과 교차되는 단면의 연성능력은 압연 진행방향의 단면에 비해 떨어진다. 특히 그림 2.9의 압연 진행방향과 교차되는 단면 중에서 Z방향과 같이 두께가 얇은 판에 수직인 하중이 작용하면 변형의 집중현상과 작은 연성능력으로 인하여 취성파괴가 일어날 수 있는데, 이것을 라멜라 테어링(lamellar tearing)이라 한다.

라멜라 테어링의 주요 원인 중의 하나는 용접 후에 부재에 일어나는 수축현상(shrinkage)인데 그림 2.10에 몇 가지 예가 있다. 그러나 용접에 의한 라멜라 테어링은 용접의 상세를 합리적으로 계획함으로써 줄일 수 있다. 그림 2.11과 같이 용접되는 부분이 압연이 진행되는 방향과 일치하도록 함으로써 부재의 수축이 비교적 변형에 강한 부재의 길이 방향으로 생기게 하면 라멜라 테어링을 줄일 수 있다.

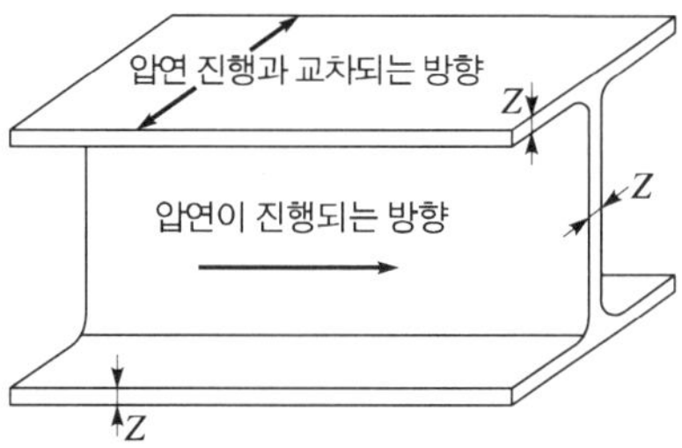


**그림 2.9** 열간압연에 의한 강재의 방향성

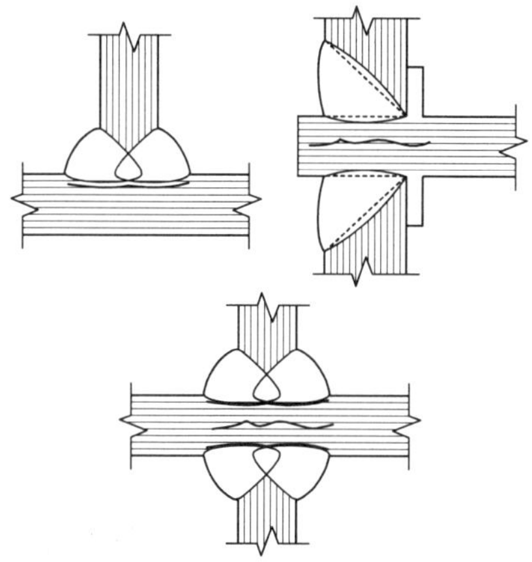

**그림 2.10** 용접에 의한 라멜라 테어링

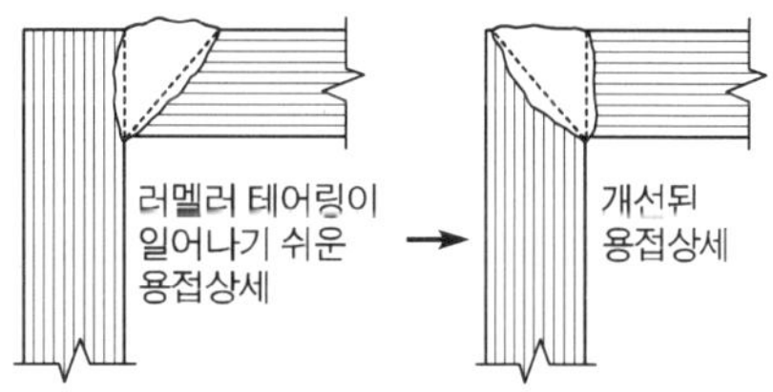


**그림 2.11** 라멜라 테어링의 방지를 위한 용접상세의 개선

## 2.4.4 온도에 따른 강재의 성질 변화

앞 절에서 기술한 강재의 성질은 주로 상온에서의 강재의 성질에 관한 것이다. 그러나 화재나 용접 또는 기후의 변화 등으로 인한 주변의 급격한 온도 변화가 발생할 경우 강재의 성질은 상온에서의 성질과는 큰 차이를 나타낸다.

1) 고온에서의 거동

실제 강구조물이 상온보다 높은 온도에 노출되는 상황은 화재가 발생한 경우이며 이러한 고온에서는 강도와 강성이 변화한다.

그림 2.12는 고온에서의 인장강도($F_u$), 항복강도($F_y$) 및 탄성계수($E$)의 변화를 나타내고 있다. 약 130~200℃까지는 큰 변화가 일어나지 않으나 약 200℃를 초과하면 강재의 거동은 비선형적인 특성을 나타낸다. 온도가 증가함에 따라 강도와 강

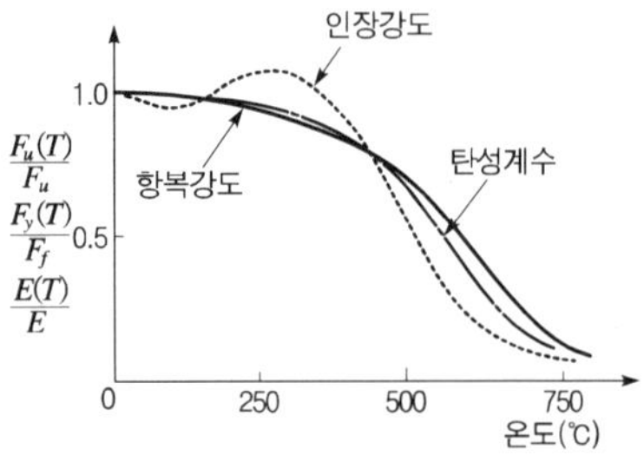


**그림 2.12** 강도, 강성과 온도와의 관계

성이 저하되고 약 500℃ 이상에서는 심한 변화가 시작된다.

인장강도는 100~300℃ 사이에서 변형도 노화현상(strain aging)에 의해서 일시적으로 소폭 증가하는 특이한 현상을 보이나, 그 이상의 온도에서는 강도가 감소하며 약 600℃ 정도에서 인장강도와 항복강도는 상온에서 강도와 비교하여 절반정도로 감소된다.

탄성계수변화는 강재 변형과 직접적인 관계가 있으므로 매우 중요하다. 600℃ 정도에서의 강성은 상온에서의 60% 정도로 감소된다. 또한 온도가 250 ~300℃의 온도에서는 강재의 크리프(creep) 현상도 증가된다.

2) 저온에서의 거동

일반적으로 강재는 온도가 낮아짐에 따라 인장강도, 항복점, 탄성계수는 증가하며, 연성, 단면수축 인성은 급격히 감소한다. 또한 천이온도 이하에서는 물리적인 성질이 바뀌며, 노치나 균열 등의 결함이 있는 부재에 충격하중이 작용하면 취성파괴가 일어난다. 또한 연성과 인성이 감소함에 따라 변형능력이 줄어들어 결국 취성파괴와 같은 현상이 일어나기 쉽다.

## 2.5 구조용 강재

### 2.5.1 구조용 강재의 종류

1) 구조용 강재의 명칭

우리나라에서 생산되는 구조용 강재는 한국산업표준(KS)에 의하여 강재의 재료, 성분, 단면성능 및 크기가 분류된다. 표 2.5는 구조용 강재의 KS에 의한 분류이다. 각 강재 명칭의 첫 번째 문자 S는 steel을 의미하고, 두 번째 문자는 제품의 형상이나 용도 및 강종을 나타낸다. 또한, 함께 쓰인 숫자는 각 강종의 항복강도(N/mm$^2$, MPa), 재료의 종류 또는 번호를 표시한다. SM355A에서 마지막의 A는 충격흡수에너지에 의한 강재의 품질을 의미하며, A · B · C · D 순으로 A보다는 D가 충격특성이 향상되는 고품질의 강을 의미한다. 특히 C, D 강재는 저온에서 사용되는 구조물과 취성파괴가 문제가 되는 특수한 부위에 사용된다.

**표 2.5** 구조용 강재의 KS규격

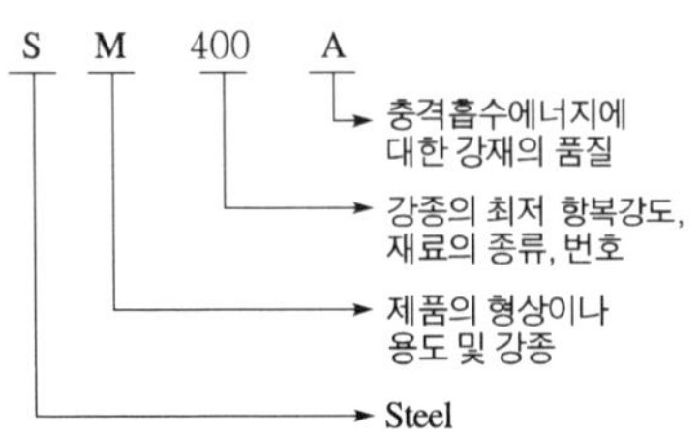


| 번 호 | 명 칭 |
|---|---|
| KS D 3503 | 일반 구조용 압연강재<br>(SS275) |
| KS D 3515 | 용접 구조용 압연강재<br>(SM275A, B, C, D, SM355A, B, C, D, -TMC,<br>SM420A, B, C, D, -TMC, SM460B, C, -TMC) |
| KS D 3529 | 용접 구조용 내후성 열간 압연 강재<br>(SMA275AW, AP, BW, BP, CW, CP<br>SMA355AW, AP, BW, BP, CW, CP) |

| 번 호 | 명 칭 |
|---|---|
| KS D 3530[1)] | 일반 구조용 경량형강<br>(SSC275) |
| KS D 3558[1)] | 일반 구조용 용접경량 H형강<br>(SWH275, SWH275L) |
| KS D 3602[1)] | 강제갑판(데크플레이트)<br>(SDP1, 2, 3) |
| KS D 3632[1)] | 건축구조용 탄소강관<br>(SNT275E, SNT355E, SNT275A, SNT355A) |
| KS D 3861[1)] | 건축구조용 압연강재<br>(SN275A, B, C, SN355B, C) |
| KS D 3866[1)] | 건축구조용 열간압연 형강<br>(SHN275, SHN355) |
| KS D 3864[1)] | 건축구조용 각형 탄소 강관<br>(SNRT295E, SNRT275A, SNRT355A) |
| KS D 5994[1)] | 건축구조용 고성능 압연강재<br>(HSA650) |
| KS D 3503[2)] | 일반 구조용 압연강재<br>(SS315, SS410) |
| KS D 3566[2)] | 일반 구조용 탄소강관<br>(SGT275, SGT355) |
| KS D 3568[2)] | 일반 구조용 각형강관<br>(SRT375, SRT355) |
| KS D 3710[2)] | 탄소강 단강품<br>(SF490A, SF540A) |
| KS B 1010[3)] | 마찰 접합용 고장력 6각 볼트·6각 너트·평와셔 세트<br>(1종 : F8T/F10/F35, 2종 : F10T/F10/F35,<br>3종 : F13T/F13/F35 ) |

주 1) 냉간가공재 및 주강의 재질 규격
주 2) 용접하지 않는 부분에 사용되는 강재의 재질 규격
주 3) 각각 볼트/너트/와셔의 종류

제철기술의 발달로, 특정 용도에 맞추어서 다양한 강재가 개발되어 실용화되고 있다. 우리나라에서는 초고층 및 대공간 건축물에 이러한 강재가 다양하게 사용되고 있다. 대표적인 TMCP 강재 적용사례로는 인천공항(1단계, 2001년 준공), 아셈타워(41층, 2002년 준공), 동북아트레이드센터(68층, 305m, 2010년 준공) 등이 있고 SN 강재 적용사례로는 송도 컨벤시아(2008년 준공) 등이 있다. 또한 근년에 들어와 항복강도가 650N/mm$^2$ 이상 되는 초고강도강이 일본 등에서 개발을 시작하여 우리 국내에서도 POSCO, 현대제철에서도 생산이 가능하게 되었다.

SS : 일반구조용강이라 하며, 강판, 강대 및 형강으로 적용두께 100mm 이하로 제한하고 있으나 150mm 이하까지 필요에 따라 제조할 수 있다.

SM : 용접구조용강이라 하며, 강도는 증대시키나 용접성을 저하시키는 특징을 가지는 탄소에 대하여 첨가량의 상한치를 강화하여 SS강재에 비해 용접성을 개선시킨 강종이다. 원래는 조선용으로 개발되어 SM (Steel Marine)으로 명명되었으나, 건축구조에서도 광범위하게 사용되었다.

TMCP : 강재의 두께가 증가하면 압연 후의 냉각속도가 길어져 강도가 저하되며, 이를 해결하기 위하여 별도의 열간제어압연 프로세스(Thermo-Mechanical Control Process)를 적용한 강재이다. TMCP강은 열처리와 압연공정을 조합하여 강재의 결정조직을 미세화한 것으로 일반적인 열간압연강재보다도 탄소당량이 낮아도 강도를 발현할 수 있으며, 두께 40mm 이상 80mm 이하 후판에서도 항복강도가 저하되지 않는다.

SN : 건축구조용압연강(Steel New)이라 하며, 건축물의 내진성능 확보를 위해 필수적인 소성변형능력을 보증하기 위하여 새로운 규정을 적용하고 있다. 보통 구조용강에서는 항복점의 하한치와 용접성만을 보증하고 있으나, 소성변형능력을 보증하기 위하여 항복비를 80%이하로 제한하고 있으며, 항복점의 상한치 제한 등에 의해 품질의 편차를 줄이고, 탄소량, 인・황과 같은 불순물의 엄격한 제한 등에 의해 용접성 및 냉간 가공성을 향상시키고, 공칭치수를 엄격히 제어하여 철저한 품질관리가 가능하도록 하였다.

보통 구조용강에서는 충격특성에 의해 A·B·C·D재로 구분하고 있으나, SN강에서의 A·B·C재의 사용구분은 다음과 같이 규정하고 있다.

A : 소성변형성능을 기대하지 않는 부재 혹은 부위에 사용하는 강종

B : 소성변형성능을 기대하는 일반 구조부위에 광범위하게 사용하는 강종

C : 용접 가공 시를 포함하여 판두께 방향으로 큰 인장응력을 받는 부재 또는 부위에 사용하는 강종

SHN : 건축구조용 압연형강이라 하며, 대표적으로 H형강에 주로 적용되고 있다. SN강에 준하는 성능을 발휘할 수 있는 강종 특성을 가지고 있다.

SNT, SNRT : SN강재와 같이, 용접성, 냉간가공성이 배려된 원형강관과 각형강관이다.

HSA강 : 인장강도 800N/mm$^2$, 항복강도 650N/mm$^2$ 이상 되는 초고강도강

## 2) 신소재

### (1) 내후성강(SMA강)

강재의 녹 등의 부식발생과 그 방지는 구조용 강재에서는 중요한 문제이다. 강재를 옥외에서 비를 맞게 하던지 일부가 수중이나 바닷물에 노출되어 사용해야 되는 경우에는 방청대책이 필요하게 된다. 이런 경우에 대표적인 수단은 부식상태를 보고 강재의 두께를 키우거나 방청도료를 바르지만, 강재 그 자체의 성분을 바꿔서 부식의 진행을 억제하는 것에 내부식성강이 있다. 내부식성강에는 다양한 환경조건에 따라 대응하기 위해서 종류도 풍부하다. 특히 건축구조용으로서는 대기나 해양 등의 자연의 부식환경에 대한 저항력을 높인 내후성강이 있다. 내후성강은 외기

중의 산소를 차단하기 위하여 강재 표면에 미세조직의 안정녹을 발생시켜 강재 내부에 산소가 침투하지 못하게 하여 부식의 진행을 방지하여 내후성능(耐候性能)을 향상시킨 강재이다.

**(2) 내화강(FR강)**

강구조 건물에서는 설치공사가 끝나면 모든 중요 구조부재에는 내화피복을 하여 정해진 시간내에는 강재가 어느 온도 이상으로 올라가지 않도록 하고 있다. 이 피복공사를 통한 내화성능 확보방법은 많은 시간이 소요되고 내화재를 사용하기 때문에 작업환경이 나쁘다. 보통의 강재는 고온에서 내력이 저하하고 자중에도 견디지 못하게 된다. 이러한 점을 개선한 내화강은 크롬, 몰리브덴 등의 원소를 첨가한 것으로서 600℃의 고온에서도 항복점이 상온의 2/3 이상 유지할 수 있는 성능을 갖고 있다. 고온에서의 강도 개선을 통해 내화피복을 저감시킬 수 있으며, 외부에 설치되어 열부하가 작은 부위에서는 내화피복을 생략할 수도 있다.

**(3) 스테인리스강**

스테인리스강은 고가의 크롬(Cr)을 약 11%이상 포함하고 있으며 내식성을 향상시키기 위해 니켈(Ni)을 추가하기도 한다. 최근에는 스테인리스강의 우수한 내식성과 소성변형능력으로 별도의 방청처리가 필요없는 내외장재의 마감재뿐만 아니라 구조용 부재로도 사용되고 있다. 화학성분 및 미세구조에 따라 스테인리스강은 오스테나이트계, 페라이트계, 마르텐사이트계, 석출경화계, 듀플렉스계로 분리되며 재료강도, 탄성계수, 연신율 등의 재료적 성질이 상이하다. 탄소강에 비해 명확한 항복흐름(plastic flow)이 나타나지 않는 비선형성을 나타내며 이러한 재료적 특성을 반영을 국내구조기준이 마련 중이다.

**(4) 저항복강**

보다 안정된 내진성을 확보하기 위해서, 지진 시에 기둥이나 보의 소성변형으로 에너지를 흡수시키지 않고, 에너지 흡수 전용의 구조요소(감쇠장치)를 별도로 설치하는 경우가 있다. 이 경우, 강재자체의 특성으로서 감쇠장치에 적합한 기계적인 성질을 추구한 것을 저항복강이라 한다. 보통 구조용 강재보다 항복강도가 낮고 연성이 매우 높아 기둥이나 보보다 먼저 항복하고 우수한 소성변형능력에 의해 지진 에너지를 흡수하는 역할을 기대하는 강재이다. 비좌굴가새, 내진벽, 샛기둥 등의 형태로 제진구조에서 감쇠장치로 주로 사용된다.

## 2.5.2 강재의 종류와 치수표시법

쓰임새에 따라 일정한 단면형태를 가지며, 열간압연된 구조용 강재인 압연형강를 비롯하여, 강관, 강판 및 강봉, 그리고 냉간성형강 등이 있으며, 각각 종류에 따라 치수표시법이 다르다.

### 1) H형강 및 I형강

그림 2.13(a)와 (b)의 형강들은 단면형태에 따라서 H형강과 I형강이라 불린다. H형강 및 I형강은 주로 기둥과 보 등의 구조용으로 사용된다. H형강은 가장 널리

쓰이는 형강으로서 단면의 치수표시법은 H−$H$(단면의 춤)×$B$(플랜지의 폭)×$t_1$(웨브의 두께)×$t_2$(플랜지의 두께)로 표시하며 이때 단위는 mm이다. H형강은 플랜지의 두께가 일정하게 유지되며 단면성능이 우수하며 접합 등의 시공성이 뛰어난 장점을 갖는다.

I형강은 형태가 H형강과 비슷하나 플랜지의 두께가 안쪽에서 외부로 점차 줄어드는 변단면형상을 갖는다(그림 2.13(b)).

### 2) ㄷ형강(channel)

ㄷ형강은 그림 2.13(c)와 같이 한 축에 대하여 대칭이며, 안쪽면이 경사진 플랜지를 가진다. 휨재로 쓰일 때 비틀림 현상에 주의해야 한다. 단면성능은 떨어지지만 접합 시공성이 우수하여 가새 등에 많이 쓰인다.

### 3) ㄱ형강(angle)

ㄱ형강은 그림 2.13(d)와 같이 직교 방향의 두 요소로 이루어진다. 두 요소의 길이가 같고 다름에 따라 등변 ㄱ형강, 부등변 ㄱ형강이라 한다. 표시 방법은 L−A(장축의 길이)×B(단축의 길이)×t이다.

### 4) T형강

T형강은 그림 2.13(e)와 같이 하나의 플랜지와 하나의 웨브로 구성된 형강이다. T형강은 H형강의 중앙을 절단하여 만드는 것이 보통이나 I형강을 절단하여 사용하기도 한다. T형강은 쓰임새가 독특한 데, 트러스 부재나 기둥−보 접합부 등에 쓰인다.

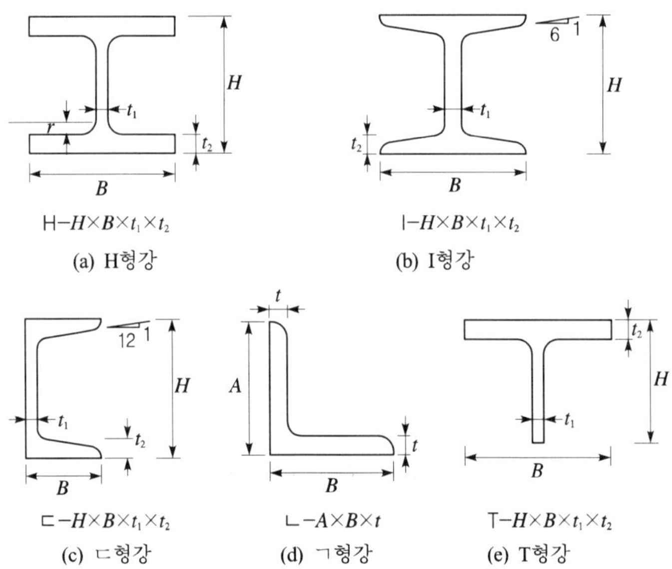


그림 2.13 압연형강

### 5) 강관

강관은 제조형식에 따라서, 압연에 의해서 만들어진 이음매 없는(seamless) 강관과 용접에 의해서 만들어진 이음매가 있는 강관으로 나눈다.

그림 2.14(a)와 (b)는 각각 원형강관과 각형강관이다. 각형강관은 주로 원형강관

을 성형하여 만들어진다. 따라서 사각형 강관의 모서리는 둥근 형태를 나타내는 경우가 일반적이다.

### 6) 강봉 및 강판

강판과 강봉의 구별은 그림 2.15에서 나타난 바와 같이 부재의 폭으로 결정된다. 강봉의 폭은 주로 9~22mm의 것을 이용하고 강판의 폭은 이보다 넓다. 강구조에서 강판은 주로 보나 기둥의 보강, 이음매의 이음판 등의 2차 부재나 임의의 크기 및 형태를 갖는 부재를 용접에 의하여 조립하여 사용한다. 강봉은 주로 정사각형, 직사각형, 원형 또는 육각형의 단면을 갖는다. 구조설계시에 강판 등의 치수를 임의로 정하는 것은 비경제적이고 비효율적이기 때문에 규격화되어 있는 부재를 선택해서 쓰는 것이 바람직하다.

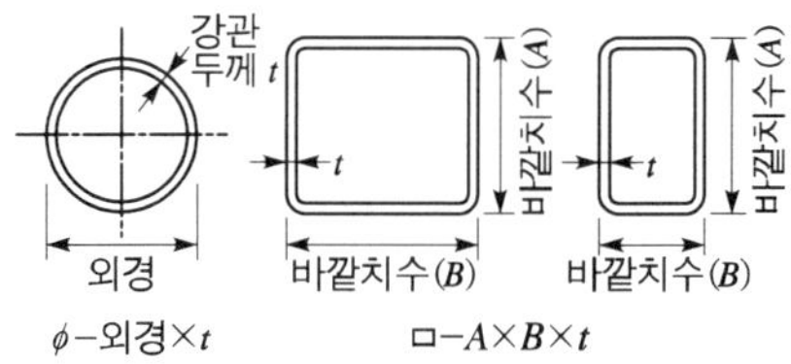


(a) 원형강관 (b) 각형강관

**그림 2.14** 강관의 종류 및 치수 표시법

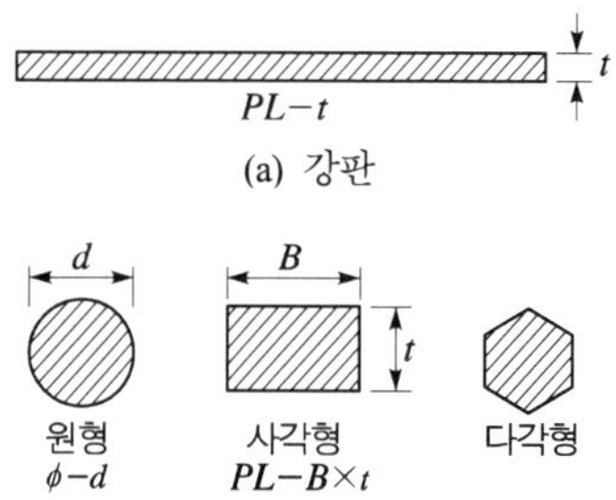


(b) 강봉

**그림 2.15** 강판과 강봉

### 7) 냉간성형강

두께가 얇은 강판을 냉간압연에 의해 여러 가지 단면형상으로 만든 형강을 냉간성형강이라 하며, 냉간성형강은 그림 2.16에 나타나 있다. 단면이 얇아서 국부좌굴에 약한 단점을 가지나, 시공의 용이성으로 인해 저층의 주택, 가설물 등의 건설에 많이 쓰인다. 냉간성형강은 적용강종이나 단면특성에 따라 냉간성형 강구조설계기준을 적용한다.

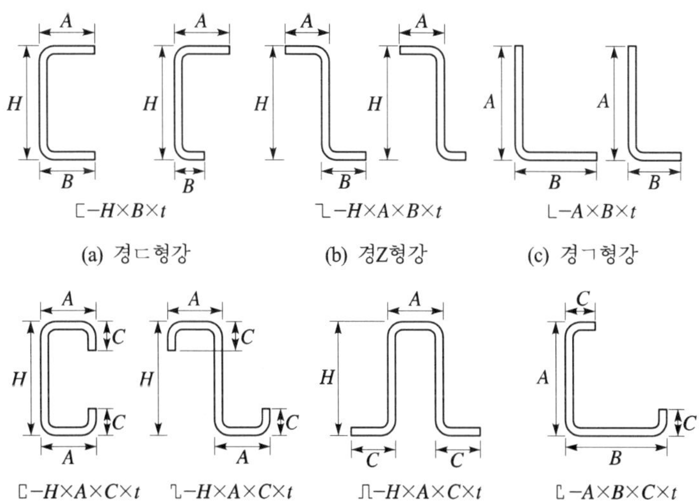


(a) 경ㄷ형강 (b) 경Z형강 (c) 경ㄱ형강

(d) 립ㄷ형강 (e) 립Z형강 (f) 모자형강 (g) 립ㄱ형강

**그림 2.16** 냉간성형강의 종류 및 치수표시법

## 2.6 재료의 강도

### 2.6.1 구조용 강재

구조용 강재의 항복강도 $F_y$ 및 인장강도 $F_u$는 표 2.6과 같다. 다만, 강재 판 두께 100mm(HSA650, SM355-TMC, SM420-TMC, SM460-TMC인 경우 80mm) 초과인 경우 건축구조기준 제2장 구조실험 및 검사의 규정(KDS 41 10 10)에 따라 안전성이 인정되어야 한다. 그리고 냉간가공재로서 원형강관은 SGT275, SGT355가 있고 각형강관은 SRT275, SRT355가 있다.

**표 2.6** 주요 구조용 강재의 재료강도(N/mm²)

<table>
<tr><th>강도</th><th>강재 기호<br>판두께</th><th>SS275</th><th>SM275<br>SMA275</th><th>SM355<br>SMA355</th><th>SM420</th><th>SM460</th><th>SN275</th><th>SN355</th><th>SHN275</th><th>SHN355</th></tr>
<tr><td rowspan="4">$F_y$</td><td>16mm 이하</td><td>275</td><td>275</td><td>355</td><td>420</td><td>460</td><td rowspan="2">275</td><td rowspan="2">355</td><td rowspan="3">275</td><td rowspan="3">355</td></tr>
<tr><td>16mm 초과<br>40mm 이하</td><td>265</td><td>265</td><td>345</td><td>410</td><td>450</td></tr>
<tr><td>40mm 초과<br>75mm 이하</td><td rowspan="2">245</td><td>255</td><td>335</td><td>400</td><td>430</td><td rowspan="2">255</td><td rowspan="2">335</td></tr>
<tr><td>75mm 초과<br>100mm 이하</td><td>245</td><td>325</td><td>390</td><td>420</td><td>–</td><td>–</td></tr>
<tr><td rowspan="2">$F_u$</td><td>75mm 이하</td><td rowspan="2">410</td><td rowspan="2">410</td><td rowspan="2">490</td><td rowspan="2">520</td><td rowspan="2">570</td><td rowspan="2">410</td><td rowspan="2">490</td><td>410</td><td>490</td></tr>
<tr><td>75mm 초과<br>100mm 이하</td><td>–</td><td>–</td></tr>
</table>

| 강도 | 강재 기호 / 판두께 | SM275-TMC[1] | SM355-TMC[1] | SM420-TMC[1] | SM460-TMC[1] | HSA650[1] |
|---|---|---|---|---|---|---|
| $F_y$ | 80mm 이하 | 275 | 355 | 420 | 460 | 650 |
| $F_u$ | 80mm 이하 | 410 | 490 | 520 | 570 | 800 |

주 1) TMC강재 및 HSA 650강재의 적용두께는 80mm 이하

**표 2.7** 냉간가공재 및 주강의 재료강도(N/mm²)

<table>
<tr><th colspan="2">강재 기호</th><th>SSC275<br>SWH275</th><th>SGT275<br>SRT275<br>SNT275</th><th>SNT355</th><th>SNRT275A</th><th>SNRT295E</th><th>SNRT355A</th></tr>
<tr><td colspan="2">판두께<br>(mm)</td><td>2.3~6.0[1]</td><td colspan="2">2.3~40.0[2]</td><td colspan="3">6.0~40.0[2]</td></tr>
<tr><td rowspan="2">강도</td><td>$F_y$</td><td>275</td><td>275</td><td>355</td><td>275</td><td>295</td><td>355</td></tr>
<tr><td>$F_u$</td><td>410</td><td>410</td><td>490</td><td>410</td><td>400</td><td>490</td></tr>
</table>

주 1) SWH275의 판두께는 12mm 이하

주 2) SGT275, SRT275, SNRT295E의 판두께는 22mm 이하

**표 2.8** 용접하지 않는 부분에 사용하는 강재 등의 재료강도(N/mm²)

| 강도 | 강재 기호 / 판두께 | SS315 | SS410 | SGT355<br>SRT355 | SF490A | SF540A |
|---|---|---|---|---|---|---|
| $F_y$ | 16mm 이하 | 315 | 410 | 355 | 245 | 275 |
| | 16mm 초과<br>40mm 이하 | 305 | 400 | | | |
| | 40mm 초과<br>100mm 이하 | 295 | – | – | – | – |
| $F_u$ | 40mm 이하 | 490 | 540 | 500 | 490 | 540 |
| | 40mm 초과<br>100mm 이하 | | – | – | – | – |

주) 1) SRT355의 판두께는 30mm 이하

형강의 플랜지와 웨브의 두께차이로 인하여 플랜지와 웨브의 항복강도가 서로 다른 경우, 강도 산정 시 압연 H형강은 플랜지와 웨브 구분 없이 플랜지의 항복강도를 적용한다(ㄷ형강 및 T형강도 해당). 이는 일반적으로 두께가 얇은 웨브의 항복강도가 플랜지의 항복강도와 같거나 크므로 플랜지의 항복강도로 설계하는 것이 보수적인 설계가 되기 때문이다. 단, 조립 H형강은 압연형강과 달리 특수한 경우도 있을 수 있으므로 플랜지와 웨브를 구분하여 각각의 항복강도를 적용한다.

### 2.6.2 접합재료의 강도

고장력볼트의 재료강도는 표 2.9에 나타낸 값으로 한다. 또한 일반볼트의 재료강도는 표 2.10과 같고, 표에서 규정하는 것 이외의 중볼트에 대한 항복강도 및 인장강도는 「KS B 1002」에 정해진 항복강도 및 인장강도의 최솟값으로 한다.

**표 2.9** 고장력볼트의 재료강도(N/mm²)

| 볼트등급 / 최소강도 | F8T | F10T | F13T[1] |
|---|---|---|---|
| $F_y$ | 640 | 900 | 1170 |
| $F_u$ | 800 | 1000 | 1300 |

주) 1) KS B 1010에 의하여 수소지연파괴민감도에 대하여 합격된 시험성적표가 첨부된 제품에 한하여 사용하여야 한다.

**표 2.10** 일반볼트의 재료강도(N/mm²)

| 강도구분 | 최소강도[1] |
|---|---|
| $F_y$ | 240 |
| $F_u$ | 400 |

주) 1) KS B 1002에 따른 강도 구분

### 2.6.3 재료정수

구조용 강재의 재료정수는 일반적으로 표 2.11에 나타낸 값으로 한다.

표 2.11 강재의 재료정수

| 정수 / 재료 | 탄성계수 $E$(Mpa) | 전단탄성계수 $G$(Mpa) | 포아송비 $\nu$ | 선팽창계수 $\alpha$(1/℃) |
|---|---|---|---|---|
| 강 재 | 210,000 | 81,000 | 0.3 | 0.000012 |

### 2.6.4 항복조건

2.4 강재의 기계적 성질에서 항복강도($F_y$)를 정의하였으나 이것은 단일 응력이 작용했을 때를 말한다. 강재는 일반적인 상태로는 수직응력($\sigma$)과 전단응력($v$)을 동시에 받는다. 이러한 경우 강재가 항복할 때를 항복조건이라 하고 강재의 경우는 폰 미세스(von Mises)가 제안한 다음 식을 사용한다.

$$F_y = \sqrt{\sigma^2 + 3v^2} \tag{2.4}$$

이 식은 접합부의 조합응력 검토 등에서 사용된다.

다만 필릿용접부의 응력산정에는 필릿용접의 저항은 전단항복에 상당하는 것으로 가정하여 다음 식을 사용한다.

$$F_y = \sqrt{\sigma^2 + v^2} \tag{2.5}$$

## 2.7 시험방법

강구조물을 설계할 때 구조물에 적합한 기계적 성질을 갖는 강재를 선택해야 한다. 강재의 기계적 성질은 인장시험, 휨시험, 충격시험, 경도시험 및 피로시험 등의 재료시험에 의하여 결정된다. 그리고 이러한 강재의 재료시험은 하중을 가하는 속도, 시험체의 크기, 시험장소의 환경 등에 의해 영향을 받으므로 일정한 규준을 정할 필요가 있다. 한국산업표준(KS)에서는 강재의 시험편 및 시험방법에 대해 아래 항목에 규정하고 있다.

금속 재료 인장 시험편 - KS B 0801
금속 재료 인장 시험방법 - KS B 0802
금속 재료 굽힘 시험 - KS B 0804
금속 재료 충격 시험편 - KS B 0809
금속 재료 충격 시험방법 - KS B 0810

## 연습문제

**1)** 강재의 인장시험 결과(예, SS275)를 이용한 응력(stress)–변형도(strain)관계를 그리고 다음 각 문항에 대하여 기술하시오.

① 탄성계수 또는 영계수($E$)

② 항복강도($F_y$)

③ 인장강도($F_u$)

④ 항복비

[답] 기존 인장시험 데이터를 이용해서 직접 구해본다.

**2)** SS275, SM275, SM355–TMC의 $F_y$, $F_u$값에 대하여 기술하시오(40mm 초과 75mm 이하의 판 두께).

[답] $F_y$

SS275 $F_y$ = 265N/mm$^2$

SM275 $F_y$ = 265N/mm$^2$

SM355–TMC $F_y$ = 355N/mm$^2$

$F_u$

SS275 $F_u$ = 410N/mm$^2$

SM275 $F_u$ = 410N/mm$^2$

SM355–TMC $F_u$ = 490N/mm$^2$

**3)** H–400×200×8×13 형강의 단면치수를 표기하고, 단위 m당 중량을 구하시오.

[답] 단위중량이 $6.47\times10^{-1}$N/mm이므로

단위 m당 중량은 $6.47\times10^{-1}\times1000$ = 647N

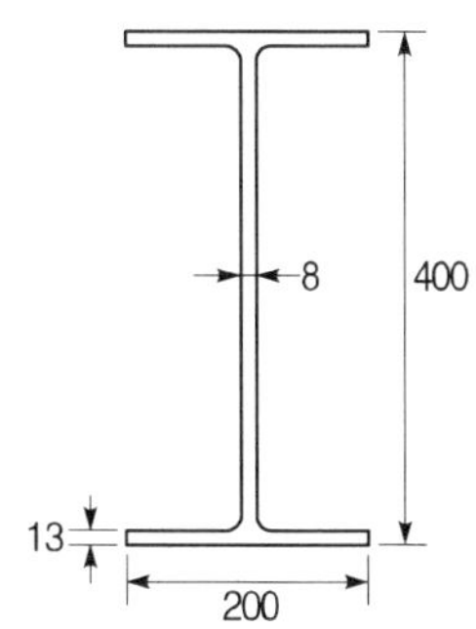

**4)** 비례한도 내에 있는 강재의 변형도가 $\epsilon = 0.0006$일 때 강재의 응력을 구하시오.

[답] 비례한도 내에서는 후크의 법칙이 성립하므로

$$\sigma = E \cdot \epsilon = 210{,}000 \times 0.0006 = 126\,\mathrm{N/mm^2}$$

**5)** SM재의 A,B,C재와 SN재의 A,B,C재의 차이점에 대하여 설명하시오.

[답] SM재의 A,B,C의 구분은 샤르피 흡수에너지의 규정임
A종 : 규정 없음, B종: 27J(0℃), C종 47J (0℃)
SN재의 A, B, C의 구준은 사용부위의 차이임
A종 : 용접없는 2차부재, B종 : 구조부재 혹은 용접부재,
C 종 : 판두께 방향으로 인장력이 많이 발생하는 부재

## 참고문헌


2.1 국토교통부 (2019). "건축물 강구조 설계기준 (KDS 41 31 00 : 2019)"

2.2 대한건축학회 (2016). "건축구조기준, 제7장 강구조"

2.3 한국강구조학회 (2014). "하중저항계수설계법에 의한 강구조설계기준"

2.4 한국강구조학회 (1995). "강구조편람 (제1권)", 구미서관, pp 1-202.

2.5 한국기술표준원 (2016). 한국산업표준(KS)

2.6 Byars, Snyder and Plants (1925). "Engineering Mechanics of Material of Deformable Bodies", Harper Collins Publisher, pp 69-111.

2.7 Salmon, Charles G. and Johnson, John E. (1996). "Steel Structures-design and behavior-4th", Harper Collins Publisher, pp 62-65.

2.8 Gaylord, Edwin H. Jr and Stallmeyer, James E. (1957). "Design of Steel Structures", McGraw Hill, pp 33-113.

2.9 Geschwindner, Louise F., Disque, Robert O. and Bjorhovde, Reidar (1994). "Load and Resistance Factor Design of Steel Structures", Prentice Hall, pp 88-141.

2.10 高梨晃一 (1988). 最新 鐵骨構造, 森北出版社, pp 8-9.

2.11 한국강구조학회 (2000). SM 570강재의 구조설계, 포항산업과학연구원

2.12 http://www.posco.co.kr

2.13 http://www.hyundai-steel.com

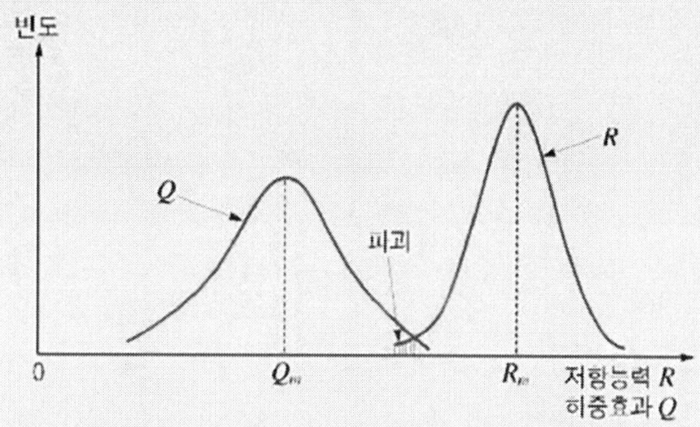


Design of Steel Structures

# 제3장 설계개념 및 하중

## 3.1 설계법의 종류

강구조물의 구조설계에는 허용응력설계법과 한계상태설계법의 두 가지 설계원리가 사용되고 있다. 허용응력설계법은 지난 100여 년 동안 주된 설계법으로서 사용되어 오고 있지만 최근의 구조설계는 보다 이상적이고 확률을 바탕으로 한 한계상태설계법으로 바뀌어가고 있다.

허용응력설계법에서는 최대응력이 허용응력보다 작아지도록 단면력과 관성모멘트와 같은 단면특성을 갖는 부재를 선택한다. 허용응력은 재료의 탄성영역에 속하고 항복응력보다 작다. 허용응력은 항복응력이나 최대강도를 안전율로 나누어 구한다. 이 설계방법은 탄성설계법이라고도 불린다. 국내에서는 1990년대 말에 이르기까지 강구조건물의 구조설계는 거의 허용응력설계법에 의하여 이루어졌으나, 건축구조기준에서는 한계상태설계법만 규정하고 있다. 허용응력설계법은 강재의 비선형거동과 하중의 특성을 적절히 반영하지 못하는 한계로 인하여 한계상태설계법으로 대체되고 있는 것이 세계적인 추세이다.

## 3.2 한계상태설계법

일반적으로 구조물을 설계하는데 있어 구조물에 작용하는 하중에 의해 부재나 구조물이 발생하는 휨모멘트, 전단력, 변위, 가속도 등 여러 형태의 하중효과가 구조물이 가지고 있는 구조체로서의 저항능력보다 크게 되면 구조물은 파괴상태에 이르게 되고 저항능력보다 작게 되면 안전한 상태가 된다. 그리고 구조물에 작용하는 하중효과가 저항능력과 같게 되면 구조물은 한계상태(limit state)에 이르렀다고 말한다.

그런데 위에서 기술한 구조물에 작용하는 하중이나 구조물의 저항능력은 실제로는 일정하게 정해져 있는 확정적인 값이 아니라 불확실성을 갖고 있는 확률 변수로 취급하게 된다. 따라서 이러한 확률 변수들은 확률통계적인 접근방법으로 다루게 된다.

구조물의 저항능력을 확률변수 $R$, 작용하는 하중효과를 확률변수 $Q$로 나타내면, $R$과 $Q$는 서로 독립이라고 가정하며 다음과 같은 관계로 정의할 수 있다.

$R > Q$이면 안전
$R < Q$이면 파괴
$R = Q$이면 한계상태

위의 정의로부터 구조물에 하중이 계속 작용하게 되면 구조물은 안전한 상태에서 한계상태를 거쳐서 파괴상태에 이르게 된다는 사실을 알 수 있다. 따라서 구조물이 파괴상태에 도달하지 않기 위해서는 구조물에 작용하는 여러 형태의 하중효과가 구조물의 모든 한계상태보다 작게 설계되어야 한다.

이와 같은 구조물의 한계상태에는 두 종류가 있다. 구조물의 예상수명기간 내에 발생 가능한 최대하중에 대해서 구조적으로 안전성을 확보하도록 하는 강도한계상태(strength limit state)와 구조물의 성능과 관계되는 사용성한계상태(serviceability limit state)가 있다. 구조물이 강도한계상태를 초과하면 전체적으로 파괴되거나 부분적으로 파괴에 이르게 되는 반면에 구조물이 사용성한계상태에 이르게 되면 구조물이 바로 파괴에 이르지는 않지만 구조물의 기능이나 성능이 저하되어 인간이 사용하기에 부적합하다는 것을 의미한다.

강구조물에서 강도한계상태에 미치는 요소를 살펴보면 골조의 불안정성, 기둥의 좌굴, 보의 횡좌굴, 접합부 파괴, 인장부재의 전단면 항복, 피로파괴, 취성파괴 등이 있다. 사용성한계상태는 대체로 부재의 과다한 탄성변형, 부재의 과다한 잔류변형, 바닥재의 진동, 장기변형과 같은 요소로 이루어진다.

구조물이 사용성한계상태에 도달하더라도 구조물에 직접적인 파괴가 발생하지 않는다. 그러나 허용된 범위 내에서 구조물이 거동의 한계를 나타내게 되므로 구조물 설계시 강도한계상태와 같이 중요하게 다루어야 한다.

이와 같이 한계상태설계법(limit state design, LSD)은 구조물의 강도한계상태와 사용성한계상태에 대해 확률·통계적인 방법으로 접근하여 구조물을 안전하게 설계하고자 하는 합리적인 설계법이라고 말할 수 있다.

## 3.3 구조물의 저항능력

구조물을 구성하는 저항요소인 보나 기둥 혹은 접합부 등은 각각 서로 다른 저항능력을 가지고 있으므로 이에 따른 저항계수는 서로 다르다. 저항요소 $R$속에는 구조재료의 역학적 특성이나 단면 사이즈결정에 있어서의 가변성, 그리고 부재의 공칭강도(nominal strength)를 결정하는 해석방법의 부정확성 등 불확실성을 내포하고 있다. 그러므로 이러한 점들을 고려하여 저항계수를 결정하게 된다.

하중계수(load factor) $\gamma$와 저항계수(resistance factor) $\phi$는 KDS 41 10 15 및 KDS 41 31 00에 규정되어 있다. 저항계수 $\phi$는 부재 및 접합부의 응력상태에 따라 정해진다.

## 3.4 강도한계상태

이상에서와 같이 구조물의 저항능력이 하중효과보다 크면 구조물은 안전하지만, 작은 경우에는 구조물은 파괴에 도달하게 되며, 저항능력이 하중효과와 동일한 경우는 구조물이 강도의 한계상태에 도달하였다고 한다.

여기에서 하중효과란 작용하는 하중에 불확실성과 잠정적인 과다한 하중의 작용효과를 고려한 것으로서 작용하중에 하중계수를 곱한 값으로 구조물의 소요강도를 나타내고, 저항능력은 구조물의 공칭강도에 시공시의 제반 불확실성을 고려한 저항계수를 곱한 값으로 구조물의 설계강도를 나타내고 있다. 강도한계상태는 다음 식으로 규정하고 있다.

$$R_u \leq \phi R_n \tag{3.1}$$

여기서, $\phi$ : 저항계수
$R_n$ : 공칭강도
$R_u$ : 소요강도($R_u = \sum_{i=1} \gamma_i Q_i$)
$\gamma_i$ : 하중계수
$Q_i$ : 하중효과

여기에서 하중계수는 일반적으로 1.0보다 큰 값을, 저항계수는 1.0보다 작은 값을 사용한다. 다만 하중계수는 하중조합 시에 1.0보다 작은 경우도 있다.

## 3.5 사용성한계상태

구조물을 안전하게 설계하는 데는 강도한계상태에 대한 안전의 확보뿐만 아니라 하중계수가 1.0인 사용하중상태 하에서의 사용성한계상태에 대한 사용성문제를 고려하여야 한다. 사용성한계상태설계는 건물의 기능, 외관, 유지관리, 내구성 및 사용자의 편리함을 일정한 기준 이상으로 확보하도록 하는데 있다. 이러한 사용성한계상태와 관련된 사항은 대체적으로 다음과 같이 구조물의 변형과 진동 등으로 대표해서 나다낼 수 있다.

### 1) 구조물의 변형

각종 하중에 의한 구조물의 변형은 탄성적인 거동에 의한 것으로 간주하며, 이러한 거동은 구조물의 형태, 사용하중 등에 따라 다르게 된다. 예를 들면, 구조물의 수평변형에서는 외벽이나 칸막이벽 등과 같은 비구조재의 손상방지라든가, 외장재의 분리나 창 등의 변형에 의한 기능 상실 등을 생각할 수 있다. 건물의 구조는 바람이나 지진 등 수평하중에 의한 수평변위로 인하여 발생하는 불쾌감, 마감재의 손상, 구조물의 피해 및 인접건물과의 충돌 등을 일으키지 않도록 충분한 수평강성을 확보하도록 하고 있다. 또한 온도변화에 의한 외부기둥의 변형과 보나 바닥구조와 같은 구조물의 변형은 구조물의 기능과 성능저하를 초래할 뿐만 아니라 거주자의 심리적 불안감을 일으키기도 한다.

### 2) 구조물의 진동

바닥구조의 진동은 구조물의 성능저하는 물론 거주자에게 심리적 불안감이나 불쾌감을 주기 때문에 이러한 문제를 해결하기 위해서는 구조물의 강성과 고유진동수 및 감쇠효과 등을 고려한 동적해석(dynamic analysis)을 수행해야 하는 경우도 있다. 특히 구조물의 진동으로 인한 변위뿐만 아니라 속도나 가속도 응답이 거주자에게 심리적 불안을 일으킬 수도 있으므로 주의해야 한다. 이러한 구조물의 진동응답을 감소시키기 위해서는 구조물의 고유진동수와 외력의 진동수 성분이 일치할 때 발생하는 공진현상이 발생하지 않도록 해야 하며, 구조물의 진동을 감소시키기 위해 감쇠효과를 증대시키는 방법에 대한 고려도 필요하다. 특히 고층건물의 경우 풍하중에 의한 수평방향의 가속도로 인하여 불안감이 없도록 구조물의 형상, 강성, 질량 및 진동모드 등을 고려하여야 한다.

3) 피로

일정한 기준에 의하여 설계된 건물의 부재 및 접합부는 피로에 대해 별도로 고려하지 않아도 좋으나 반복하중을 받는 크레인 주행보 및 기계장치 등의 지지구조물은 피로에 대비한 설계를 수행하여야 한다.

## 3.6 하중의 종류

건축물에 작용하는 공칭하중의 종류로는 구조재와 마감재의 자중인 고정하중과 건물의 용도에 따라 적재되는 물품과 사람의 중량 등에 의한 활하중, 지붕의 활하중이 있으며, 이외에도 풍하중, 적설하중, 지진하중, 빗물하중, 수압, 토압, 온도, 초기변형에 의한 하중 등이 있다.

### 3.6.1 고정하중

고정하중은 건축물의 자중과 모든 영구 시공물의 중량에 의한 하중을 의미한다. 고정하중을 산정하는 가장 정확한 방법은 실제 구조물과 영구 시공물의 중량을 측정하는 것인데, 이는 현실적으로 어렵다. 따라서 고정하중을 산정하기 위해서는 건축물의 재료에 따른 고정하중을 수록한 자료나 기준을 이용한다. 이러한 자료 및 기준에 의하여 계산된 고정하중과 실제 고정하중 사이에는 어느 정도의 오차가 있을 수 있는데, 이는 다른 하중의 산정 시에 발생하는 오차에 비해 작은 값이므로 무시할 수 있다.

### 3.6.2 활하중

활하중이란 구조물의 사용과 점유에 의해 발생하는 하중, 즉 인간이나 물품, 기기, 저장물 등의 중량에 의한 하중을 의미한다. 활하중을 발생시키는 요소, 즉 인간이나 점유물 등은 수시로 이동할 가능성이 있기 때문에 활하중의 정확한 분포를 예측하기 힘들고 시간에 따른 활하중의 변동 폭도 비교적 크다. 때에 따라서는 활하중이 거의 없는 경우도 있을 수 있고 고정하중의 몇 배에 해당하는 값을 갖는 경우도 있어서 기준에 의한 활하중과는 상당한 차이를 가질 수도 있다.

활하중은 건물의 용도에 따라 정해지고 보통 단위면적당 등분포하중으로 주어지며 예측 가능한 최댓값을 사용한다.

**표 3.1** 용도별 기본등분포활하중

| 용 도 | | 구조물의 부분 | 활하중(kN/m$^2$) |
|---|---|---|---|
| 1 | 주택 | 주거용 건축물의 거실 | 2.0 |
| | | 공동주택의 공용실 | 5.0 |
| 2 | 병원 | 병실 | 2.0 |
| | | 수술실, 공용실, 실험실 | 3.0 |
| | | 1층 외의 모든 층 복도 | 4.0 |
| 3 | 숙박시설 | 객실 | 2.0 |
| | | 공용실 | 5.0 |
| 4 | 사무실 | 일반 사무실 | 2.5 |
| | | 특수용도 사무실 | 5.0 |
| | | 문서보관실 | 5.0 |
| | | 1층 이외의 모든 층 복도 | 4.0 |
| 5 | 학교 | 교실 | 3.0 |
| | | 일반 실험실 | 3.0 |
| | | 중량물 실험실 | 5.0 |
| | | 1층 외의 모든 층 복도 | 4.0 |
| 6 | 판매장 | 상점, 백화점 (1층) | 5.0 |
| | | 상점, 백화점 (2층 이상) | 4.0 |
| | | 창고형 매장 | 6.0 |
| 7 | 집회 및 유흥장 | 모든 층 복도 | 5.0 |
| | | 무대 | 7.0 |
| | | 식당 | 5.0 |
| | | 주방 | 7.0 |
| | | 극장 및 집회장 (고정좌석) | 4.0 |
| | | 집회장 (이동좌석) | 5.0 |
| | | 연회장, 무도장 | 5.0 |
| 8 | 체육시설 | 체육관 바닥, 옥외 경기장 | 5.0 |
| | | 스탠드 (고정좌석) | 4.0 |
| | | 스탠드 (이동좌석) | 5.0 |
| 9 | 도서관 | 열람실 | 3.0 |
| | | 서고 | 7.5 |
| | | 1층 외의 모든 층 복도 | 4.0 |
| 10 | 주차장 및 옥외차도[1)] | 총중량 30kN 이하의 차량(옥내) | 3.0 |
| | | 총중량 30kN 이하의 차량(옥외) | 5.0 |
| | | 총중량 30kN 초과 90kN 이하의 차량 | 6.0 |
| | | 총중량 90kN 초과 180kN 이하의 차량 | 12.0 |
| | | 옥외 차도와 차도 양측의 보도 | 12.0 |
| 11 | 창고 | 경량품 저장창고 | 6.0 |
| | | 중량품 저장창고 | 12.0 |

| 용 도 | | 구조물의 부분 | 활하중(kN/m²) |
|---|---|---|---|
| 12 | 공장 | 경공업 공장 | 6.0 |
| | | 중공업 공장 | 12.0 |
| 13 | 지붕 | 점유 · 사용하지 않는 지붕(지붕 활하중) | 1.0 |
| | | 산책로 용도 | 3.0 |
| | | 정원 및 집회 용도 | 5.0 |
| | | 출입이 제한된 조경구역 | 1.0 |
| | | 헬리콥터 이착륙장 | 5.0 |
| 14 | 기계실 | 공조실, 전기실, 기계실 등 | 5.0 |
| 15 | 광장 | 옥외 광장 | 12.0 |
| 16 | 발코니 | 출입 바닥 활하중의 1.5배(최대 5.0kN/m²) | |
| 17 | 로비 및 복도 | 로비, 1층 복도 | 5.0 |
| | | 1층 이외의 모든 층 복도(병원, 사무실, 학교, 집회 및 유흥장, 도서관은 별도 규정) | 출입 바닥 활하중 |
| 18 | 계단 | 단독주택 또는 2세대 거주 주택 | 2.0 |
| | | 기타의 계단 | 5.0 |

1) 총중량 90kN 초과 180kN 이하인 차량은 KDS 41 10 15 3.4의 규정에 따를 수 있다.
총중량 180kN을 초과하는 중량차량의 활하중은 KDS 41 10 153.4의 규정에 따라야 한다.

## 1) 활하중의 저감

### (1) 저감계수

지붕활하중을 제외한 등분포활하중은 부재의 영향면적이 $36\text{m}^2$ 이상인 경우 표 3.1의 기본등분포활하중에 다음의 활하중저감계수 $C$를 곱하여 저감할 수 있다.

$$C = 0.3 + \frac{4.2}{\sqrt{A}} = 0.3 + \frac{4.2}{\sqrt{K_{LL}A_t}} \tag{3.2}$$

여기서, $C$ : 활하중저감계수

$A$ : 영향면적(단, $A \geq 36\text{m}^2$)

$K_{LL}$ : 부하면적계수

$A_t$ : 부하면적

### (2) 영향면적($A = K_{LL}A_t$)

영향면적은 기둥 및 기초에서는 부하면적의 4배, 보에서는 부하면적의 2배, 슬래브에서는 부하면적을 적용한다. 단, 부하면적 중 켄틸레버 부분은 4배 또는 2배를 적용하지 않고 영향면적에 단순 합산한다.

### (3) 제한사항

가. 1개 층을 지지하는 부재의 저감계수 $C$는 0.5 이상, 2개 층 이상을 지지하는 부재의 저감계수 $C$는 0.4 이상으로 한다.

나. $5\text{kN/m}^2$를 초과하는 활하중은 저감할 수 없으나 2개 층 이상을 지지하는 부재의 저감계수 $C$는 0.8까지 적용할 수 있다.

다. 활하중 5kN/m$^2$ 이하의 공중집회 용도에 대해서는 활하중을 저감할 수 없다.
라. 승용차 전용 주차장의 활하중은 저감할 수 없으나 2개 층 이상을 지지하는 부재의 저감계수 $C$는 0.8까지 적용할 수 있다.
마. 1방향 슬래브의 영향면적은 슬래브 경간에 슬래브 폭을 곱하여 산정한다. 이때 슬래브 폭은 슬래브 경간의 1.5배 이하로 한다.

2) 지붕활하중의 저감

지붕활하중은 이 조항의 규정에 따라 저감할 수 있다.

**(1) 부하면적과 지붕의 물매에 따른 저감**

표 3.1의 지붕활하중 $L_0$은 부재의 부하면적과 지붕의 물매에 따라 식에 의하여 저감할 수 있다.

$$L_r = L_0 R_1 R_2 \quad (0.6 \le L_r \le 1.0) \tag{3.3}$$

여기서, $L_r$ : 수평투영면적에 대한 지붕활하중(kN/m$^2$)

저감계수 $R_1$과 $R_2$는 다음 식으로 계산한다.

$$R_1 = \begin{cases} 1.0 & (A_t \le 20.0\text{m}^2) \\ 1.2 - 0.01A_t & (20.0\text{m}^2 < A_t < 60.0\text{m}^2) \\ 0.6 & (A_t \ge 60.0\text{m}^2) \end{cases} \tag{3.4}$$

여기서, $A_t$ : 부재의 부하면적(m$^2$)

$$R_2 = \begin{cases} 1.0 & (F \le 1/3) \\ 1.2 - 0.6F & (1/3 < F < 1) \\ 0.6 & (F \ge 1) \end{cases} \tag{3.5}$$

여기서, $F$ : 경사지붕의 물매
아치 및 돔의 (높이/경간)×8/3

**(2) 용도에 따른 저감**

지붕을 정원 및 집회 등의 용도로 점유 · 사용하는 경우에는 활하중의 저감을 적용하여 활하중을 저감한다.

**예제 3.1**

그림 3.1에서 단층구조로서 기둥 A1, B2가 지지하고 있는 고정하중을 부하면적을 이용해서 비교하시오. 여기서, 콘크리트의 슬래브 무게는 3.0kN/m$^2$, 설비, 보, 천정의 무게는 0.6kN/m$^2$이 작용하고 경량칸막이가 0.4kN/m$^2$로 작용하고 있다. 또한 외곽의 보들이 프리캐스트 외부 벽의 하중으로 8.7kN/m의 하중이 작용하고 있다.

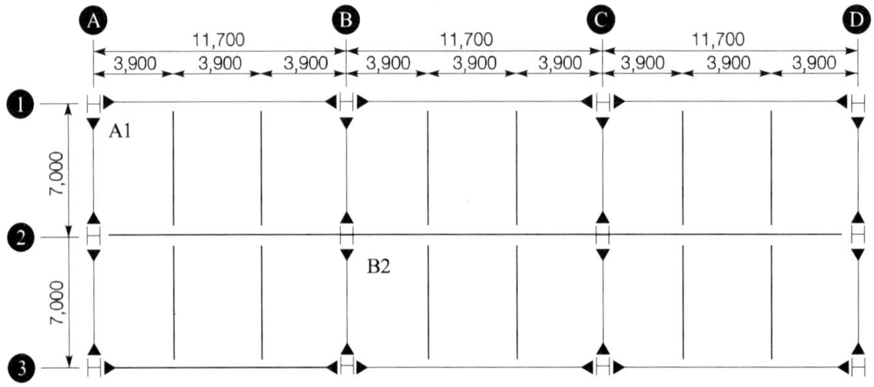


**그림 3.1** 예제 3.1

**풀이**

고정하중은

$$D = 3.0 + 0.6 + 0.4 = 4.0\text{kN/m}^2$$

A1 기둥의 고정하중은 다음과 같다:

부하면적, $A_t = 5.85 \times 3.5 = 20.48\text{m}^2$

층에 작용하는 고정하중,

$$A_t \times D = 20.48\text{m}^2 \times 4.0\text{kN/m}^2 = 81.9\text{kN}$$

외부 벽의 무게,

$$\{\text{weight(kN/m)}\} \cdot \{\text{length(m)}\}$$
$$= (8.7\text{kN/m})(5.85\text{m} + 3.5\text{m}) = 81.4\text{kN}$$

합계 : $81.9 + 81.4 = 163.3\text{kN}$

B2 기둥의 고정하중은 다음과 같다:

부하면적, $A_t = 11.7 \times 7 = 81.9\text{m}^2$

B2 기둥의 고정하중$= 81.9\text{m}^2 \times 4.0\text{kN/m}^2 = 327.6\text{kN}$

A1 기둥과 B2 기둥의 고정하중 비는 약 1:2 이다.

**예제 3.2**

그림 3.2, 그림 3.3의 3층 건물에 (1) 1개 층을 지지하는 작은 보 A의 등분포하중, (2) 1개 층을 지지하는 큰 보 B의 집중하중, (3) 1층에서 기둥 C의 활하중을 계산하시오. C기둥은 그림 3.2와 같이 2–B에 위치하여 있다. 1층에서 2층은 활하중이 $2kN/m^2$로 작용하고, 지붕층은 지붕경사가 없고 활하중은 $4.0kN/m^2$로 작용하고 있다(단, 일반용도).

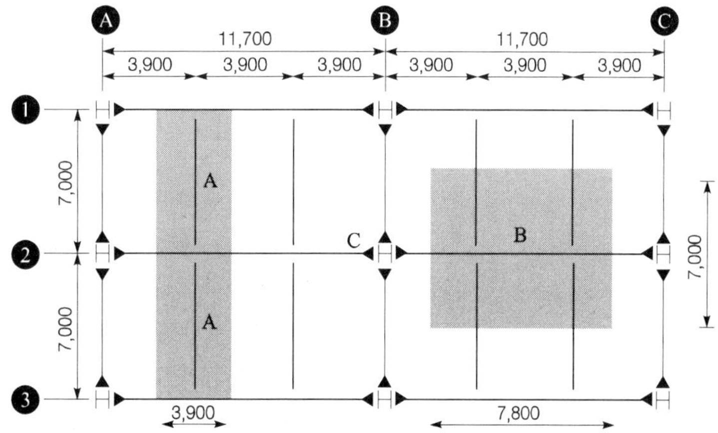


**그림 3.2** 예제 3.2(a)

**풀이**

(1) 1개 층을 지지하는 작은 보 A

활하중 $2kN/m^2 < 5kN/m^2$ .....O.K (활하중의 저감 제한사항(3). 나.)

스팬 7m, 부하면적 $A_t = 7m \times 3.9m = 27.3m^2$

활하중에 따른 보의 영향면적은 부하면적의 2배이므로, ($\therefore K_{LL} = 2.0$)

활하중의 저감 검토:

$$A = K_{LL}A_t = 2(27.3m^2) = 54.6m^2 > 36m^2, \therefore \text{활하중 저감이 가능하다.}$$

활하중의 저감을 위한 C계수 계산은,

$$C = 0.3 + \frac{4.2}{\sqrt{K_{LL}A_t}} = 0.3 + \frac{4.2}{\sqrt{54.6}} \quad (A_t\text{:부하면적, } K_{LL}\text{:부하면적 계수})$$

$C = 0.87 \geq 0.5$ ..... O.K (활하중의 저감 제한사항(3). 가항)

$\therefore$ C = 0.87 사용

보에 작용하는 등분포하중은:

$$w = (2kN/m^2 \times 3.9m) \times 0.87 = 6.786 \fallingdotseq 6.79kN/m$$

그림 3.5에서 하중과 반력을 확인

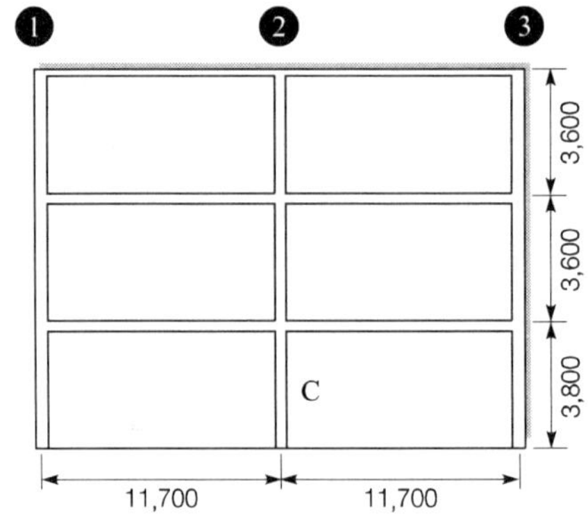


**그림 3.3** 예제 3.2(b)

(2) 1개 층을 지지하는 큰 보 B

큰 보 B는 두 개의 보의 반력에 의해 하중이 가해진다. 가해지는 하중의 면적은 세로 방향으로 7m, 수평 방향으로 7.8m의 간격 내에 가해지고 있다.

부하면적을 계산하면,

$$A_t = 7\text{m} \times 7.8\text{m} = 54.6\text{m}^2$$

보의 경우 부하면적의 2배이기 때문에 이에 대한 영향면적을 구하면,

$$A = K_{LL}A_t = 2 \times 54.6\text{m}^2 = 109.2\text{m}^2$$

여기서, $A = 109.2\text{m}^2 > 36.0\,\text{m}^2$으로 활하중을 저감시킬 수 있다. 활하중저감 식을 사용하면,

$$C = 0.3 + \frac{4.2}{\sqrt{A}} = 0.3 + \frac{4.2}{\sqrt{109.2}} = 0.7$$

따라서, $0.7 \geq 0.5$ (1개층 보에 대한, 제한사항 (3) 가.) ...O.K

$$\therefore L = L_0\left(0.3 + \frac{4.2}{\sqrt{A}}\right)$$

$$= 2\text{kN/m}^2 \times 0.7 = 1.4\,\text{kN/m}^2 \geq\ 0.5\,(2\text{kN/m}^2) = 1\text{kN/m}^2$$

큰 보 B에 전달되는 집중하중은

$$(3.9\text{m} \times 7\text{m}) \times 1.4\text{kN/m}^2 = 38.22\,\text{kN}$$

따라서, 작용하는 집중하중은 그림 3.6을 참조한다.

(3) 1층에서 기둥 C에 작용하는 활하중

계산되는 면적은 그림 3.4에서 보여 지는 면적이다. 지붕에 작용하는 부하면적을 계산하면

$$A_t = 11.7\text{m} \times 7\text{m} = 81.9\,\text{m}^2$$

① 지붕 활하중의 부하면적

지붕활하중은 부하면적을 사용하므로 다음과 같다.

$A_t = 81.9\,m^2 > 60m^2,\ R_1 = 0.6,\ R_2 = 1.0\ (\because A_t \geq 60m^2)$

지붕에 경사가 없으므로, 감소된 활하중은

$L_{roof} = L_0 R_1 R_2 = 4kN/m^2 \times 0.6 \times 1.0 = 2.4kN/m^2$

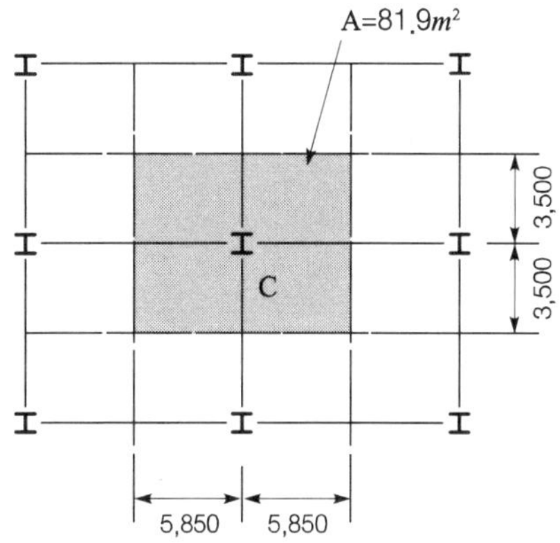


**그림 3.4** 예제 3.2(c)

② 2개 층에 대한 1층에서의 활하중 저감

1층과 2층의 활하중 면적은

$2A_t = 2 \times 81.9\,m^2 = 163.8\,m^2$

내부기둥의 경우 영향면적은 부하면적의 4배이므로

$A = K_{LL} A_t = 4 \times 163.8m^2 = 655.2m^2 > 36m^2$

으로 활하중의 저감을 시킬 수 있다.

활하중 저감계수를 구하면(2개층 이상 지지하는 부재),

$C = 0.3 + \frac{4.2}{\sqrt{A}} = 0.3 + \frac{4.2}{\sqrt{655.2}} = 0.464 > 0.4$(2개 층을 지지하므로)

O.K

활하중 저감계수에 의한 저감된 활하중을 구하면,

$L = L_o \times C$

$= 2kN/m^2 \times 0.464 = 0.93\,kN/m^2 > 0.4(2kN/m^2) = 0.8\,kN/m^2$ O.K

1층의 C기둥에 작용하는 하중

$A_t L_{roof} + 2A_t L_{floor}$

$= 81.9m^2 \times 2.4kN/m^2 + 2\text{개층} \times 81.9m^2 \times 0.93kN/m^2 = 348.9\,kN$

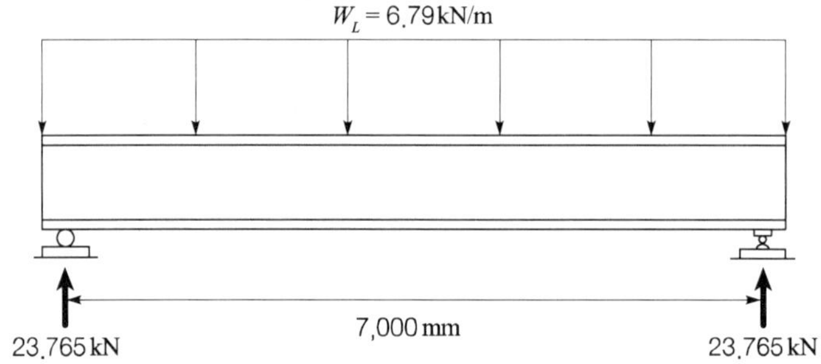


**그림 3.5** 예제 3.2(d)

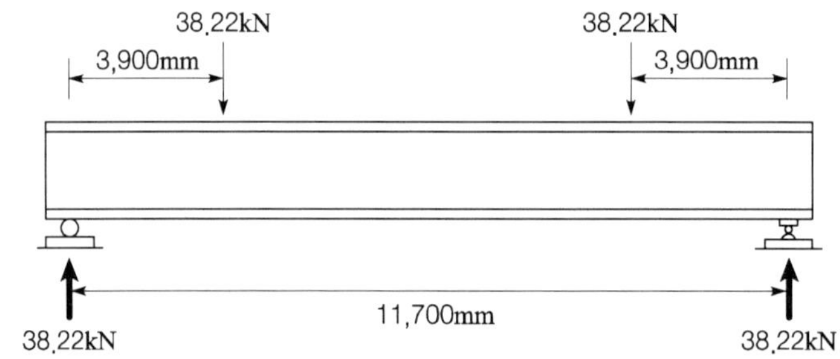


**그림 3.6** 예제 3.2(e)

### 3.6.3 적설하중

적설하중은 눈이 구조체에 쌓여 생기는 하중을 의미한다. 적설하중은 중력에 의한 비영구적 하중이라는 점에서 활하중과 비슷한 면이 있으나 활하중과는 다른 특성을 가지므로 구별하여 사용한다. 적설하중은 특정지역의 기후적 상황과 구조물의 형상, 특히 지붕의 형상에 영향을 받는다. 적설하중 산정의 어려운 점은 실제 적설량과 건축물의 지붕에 가해지는 적설하중과의 상관관계를 정하는 것이다.

설계용 지붕 적설하중은 지상 적설하중의 기본치를 기준으로 하여, 기본지붕적설하중계수, 노출계수, 온도계수, 중요도계수 및 지붕의 경사도 및 형상계수와 기타 재하분포 상태 등을 고려하여 산정한다.

### 3.6.4 풍하중

풍하중은 바람의 운동에너지가 구조체에 부딪히면서 압력 형태의 위치에너지로 변화되어 생기는 하중으로 파괴력이 매우 큰 동적하중이다. 풍하중은 공기밀도, 속도 및 바람이 불어오는 각도 등의 기류적 특성과 건물의 형태, 강성, 표면상태 등의 구조체 특성에 따라 달라지므로 이를 정량적으로 산정하기는 매우 복잡하다. 중저층 건축물에서는 풍하중이 설계를 좌우하는 경우가 드물지만, 고층화가 되면 풍하중을 지지하기 위해 구조부가 커지고 그 결과 공사비가 증가하므로 적절한 풍하중 산정은 경제성에 직결된 문제이다.

### 3.6.5 지진하중

지진으로 인한 지반운동은 구조체에 횡변형을 일으키며 이로 말미암아 관성력이 발생한다. 이 관성력은 구조체에 응력을 발생시키는 하중으로서 작용하게 되는데 이를 지진하중이라 한다. 지진은 자연재해 중 가장 파괴력이 큰 것으로 건축 구조물에 대한 영향이 상당히 크다.

### 3.6.6 기타 하중

앞에서 정의된 하중이외에 구조물에 영향을 미치는 하중으로는 빗물하중, 수압, 토압, 초기변형에 의한 하중 등이 있다. 여기서 수압은 일정한 압력과 높이에 의해 작용하는 하중을 의미하고, 토압은 흙에 의한 압력과 지중수압에 의한 수평력을 의미한다.

## 3.7 하중조합

강도한계상태설계에서 구조물과 구조부재의 소요강도는 아래의 하중조합 중에서 가장 불리한 경우를 선택한다.

$$1.4(D+F) \tag{3.6}$$

$$1.2(D+F+T)+1.6(L+H)+0.5(L_r \text{ 또는 } S \text{ 또는 } R) \tag{3.7}$$

$$1.2D+1.6(L_r \text{ 또는 } S \text{ 또는 } R)+(L \text{ 또는 } 0.65W) \tag{3.8}$$

$$1.2D+1.3W+L+0.5(L_r \text{ 또는 } S \text{ 또는 } R) \tag{3.9}$$

$$1.2D+1.0E+L+0.2S \tag{3.10}$$

$$0.9D+1.3W \tag{3.11}$$

$$0.9D+1.0E \tag{3.12}$$

여기서, $D$ : 고정하중
$L$ : 활하중
$L_r$ : 지붕의 활하중
$W$ : 풍하중
$S$ : 적설하중
$E$ : 지진하중
$R$ : 빗물하중
$F$ : 수압
$H$ : 토압
$T$ : 초기변형에 의한 하중

위에서 $L$에 대한 하중계수는 차고 및 공공집회장을 제외하고, 활하중이 $5.0\text{kN/m}^2$ 이하인 장소에 대하여 0.5를 사용할 수 있다. 위의 식 중 $H$에 대한 하중계수는 $H$에 대한 구조거동과 풍하중($W$) 또는 지진하중($E$)에 의한 거동이 반대로 작용하여 서로 상쇄되는 경우 0으로 한다.

그리고 고정하중($D$)과 활하중($L$)만의 하중이 작용하는 경우 $D < 8L$이면 $1.4D$ 보다 $(1.2D + 1.6L)$의 하중조합이 지배적이다. 한편 사용성한계상태에 속하는 구조적 문제들은 상기의 하중계수를 곱하지 않은 사용하중상태, 즉 하중계수를 1.0으로 하며, 다만 지진하중에 대한 하중계수는 0.7로 한다.

**예제 3.3**

건축물 상부층에 있는 압축재에 다음과 같은 하중이 작용하고 있다. 이 압축재의 소요압축강도($P_u$)를 구하시오.

| | |
|---|---|
| 고정하중 | 500kN 의 압축력 |
| 활하중(바닥) | 220kN 의 압축력 |
| 지붕의 활하중 | 100kN 의 압축력 |
| 적설하중 | 110kN 의 압축력 |

**풀이**

식(3.6)~식(3.12)의 하중조합결과에서 가장 큰 값이 소요압축강도가 된다.

하중조합 식(3.6)에서 $1.4D = 1.4 \times 500 = 700\text{kN}$

식(3.7)에서 $1.2D + 1.6L + 0.5\ (L_r$ 또는 $S$ 또는 $R)$

$= 1.2D + 1.6L + 0.5S\ (R = 0,\ S > L_r$ 이므로)

$= 1.2 \times 500 + 1.6 \times 220 + 0.5 \times 110$

$= 1{,}007\text{kN}$

식(3.8)에서 $1.2D + 1.6S + L$

$= 1.2 \times 500 + 1.6 \times 110 + 220$

$= 996\text{kN}$

식(3.9)에서 $1.2D + L + 0.5S$

$= 1.2 \times 500 + 220 + 0.5 \times 110$

$= 875\text{kN}$

식(3.10), 식(3.11), 식(3.12)의 계산은 상기 계산결과보다 작으므로 계산과정을 생략한다.

$\therefore$ 소요압축강도($P_u$)는 1,007kN 이다.

**예제 3.4**

예제 3.3에서 저항계수 $\phi = 0.9$일 때 압축재가 안전하기 위한 공칭압축강도($P_n$)를 산정하시오.

**풀이**

소요압축강도($P_u$) ≤ 설계압축강도($\phi P_n$)이어야 하므로

$P_u \le 0.9 P_n$

$$P_n \ge \frac{P_u}{0.9} = \frac{1,007}{0.9} = 1,119\text{kN}$$

∴ 공칭압축강도($P_n$)는 1,119kN 이상이어야 한다.

## 연습문제

**1)** 한계상태설계법을 간단히 기술하시오.

[답] 구조물의 강도한계상태와 사용성한계상태에 대해 확률·통계적인 방법으로 접근하여 구조물을 안전하게 설계하는 방법

**2)** 한계상태의 종류에 대해서 기술하시오.

[답] 강도한계상태, 사용성한계상태

**3)** 사용성한계상태에서 하중계수(지진하중은 제외)는 얼마를 적용하는지 기술하시오.

[답] 1.0

**4)** 건축물 상부층에 있는 압축재에 다음과 같은 하중이 작용할 때, 이 압축재의 소요압축강도($P_u$)를 구하시오.

| | |
|---|---|
| 고정하중 | 400kN 의 압축력 |
| 활하중 | 180kN 의 압축력 |
| 지붕의 활하중 | 90kN 의 압축력 |
| 적설하중 | 80kN 의 압축력 |

[답] $P_u = 813$kN

**5)** 연습문제 4)에서 저항계수 $\phi = 0.9$일 때 압축재가 안전하기 위한 공칭압축강도($P_n$)를 산정하시오.

[답] $P_n = 904$kN 이상이어야 한다.

**6)** 그림 3.7과 같은 하중상태의 골조에서 보는 x방향 기둥은 y 방향이며, 기둥은 층고 중간에 z축방향으로 횡방향 지지되어 있다. 다음의 하중조합에 따라 기둥의 설계용 축력과 설계용 휨모멘트를 계산하시오. 풍하중은 B절점에 집중하여 작용하는 것으로 한다.

$P_D = 300\text{kN}$
$P_L = 100\text{kN}$
$W_D = 12.5\text{kN/m}$
$W_L = 6\text{kN/m}$
$PH = 30\text{kN}$ (풍하중)

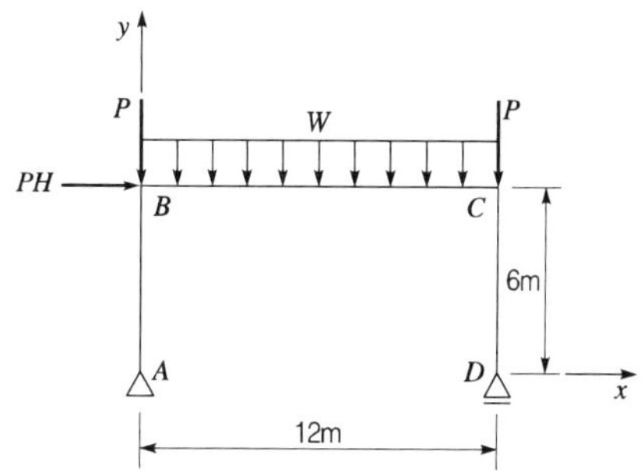

**그림 3.7** 연습문제 6)

(1) $1.4D$
(2) $1.2D + 1.6L$
(3) $1.2D + 0.65W$
(4) $1.2D + 1.3W + L$

[답]

| | 축력 | 휨모멘트 |
|---|---|---|
| $1.4D$ | 525kN | 0kN·m |
| $1.2D+1.6L$ | 667.6kN | 0kN·m |
| $1.2D+0.65W$ | 459.8kN | 117kN·m |
| $1.2D+1.3W+L$ | 605.5kN | 234kN·m |

## 참고문헌

3.1 국토교통부 (2019). "건축물 강구조 설계기준 (KDS 41 31 00 : 2019)"
3.2 대한건축학회 (2016). "건축구조기준"
3.3 한국강구조학회 (2014). "하중저항계수설계법에 의한 강구조설계기준"
3.4 AISC (2001). "Specification for Load and Resistance Factor Design, Manual of Steel Construction", American Institute of Steel Construction, Vol 1, Vol 2.
3.5 Elingwood, B, Galambos, T. V, MacGregor, J. G and Cornell, C. A, (1980). Development of a Probability Based Load Criterion for American National Standard A58 Building Code Requirements for Minimum Design Load in Building and Other Structures, National Bureau of Standards Special Publications 577.
3.6 Ravindra, M. K and Galambos, T. V (1978)."Load and Resistance Factor Design for Steel", American Society of Civil Engineering, Vol 104, pp 1337-1353.

Design of Steel Structures

# 제4장 접합의 기본

## 4.1 개요

강구조는 그림 4.1과 같이 형강 또는 강판 등을 공장에서 정해진 형상과 크기로 절단, 가공하여 고장력볼트 및 용접에 의해 기둥과 보를 제작한 후, 현장에서 그림 4.2와 같이 기둥과 보를 조립하는 구조이므로 접합부의 안전성이 대단히 중요하다.

강구조의 접합은 설계를 포함하여 공장가공과 현장시공 전반에 걸쳐 영향을 미치며, 또한 완성된 구조물에 대한 안전성 확보, 공사비의 경제성 확보에도 중요한 영향을 미치기 때문에 항상 기술자들이 세심한 신경을 써야할 분야이다.

강구조물에 사용되는 접합방법은 일반볼트접합 및 고장력볼트접합과 같은 기계적인 방법과 용접접합과 같은 야금적인 방법이 있다. 볼트접합의 경우 제작 및 조립상의 정밀도, 고장력볼트 마찰접합의 경우 이와 더불어 마찰면의 처리 및 도입장력의 관리가 필요하다. 이에 비해서, 용접은 용접기술자의 기술수준 및 공정관리에 그 품질이 크게 좌우되어 특별한 품질관리가 요구된다.

일반적으로 공사현장에서의 접합은 주로 그림 4.2(a)와 같이 고장력볼트 접합이지만, 후판 부재인 경우에는 조건에 따라 현장에서 그림 4.2(b)와 같이 용접으로 접합할 수 있다.

주요한 부재의 접합부에는 부재의 존재응력이 낮은 값이더라도 볼트 및 고장력볼트 접합인 경우 2개 이상 설치하여야 하며, 모든 접합부는 45kN 이상 지지하도록 설계하여야 한다.

(a) H형강

(b) 강판

그림 4.1 H형강 및 강판

(a) 고장력볼트접합

(b) 용접접합

그림 4.2 고장력볼트접합 및 용접접합

## 4.2 볼트접합의 일반사항

볼트접합은 볼트를 조이는 것만으로 접합이 가능하기 때문에 시공 시 특별한 기술이 필요 없다. 그러나 접합부에 미끄럼이 발생하므로 진동, 충격 또는 반복하중을 받으면 접합부에 큰 변형이 생기므로 주요한 건물의 접합부에는 일반볼트는 거의 사용하지 않고 고장력볼트(4.3절)를 사용한다.

일반볼트의 종류와 품질은 KS B 1002 및 KS B 1012에 규정되어 있으며 등급의 표시는 가공정밀도, 나사의 정밀도 및 기계적 성질의 조합과 너트와의 조합으로 구분된다. 볼트의 종류는 가공정밀도에 따라 상볼트, 중볼트, 흑볼트 3가지가 있다. 상볼트는 핀 접합부에 사용되고, 중볼트는 일반볼트라 하고 구조용으로 사용하며, 흑볼트는 가조임으로 사용한다.

볼트접합에서의 배치는 그림 4.3과 같이 정렬배치와 불규칙배치(엇모배치)가 있으며, 일반적으로 정렬배치가 많이 쓰이고 있지만, 구조적으로는 불규칙배치가 유리하다.

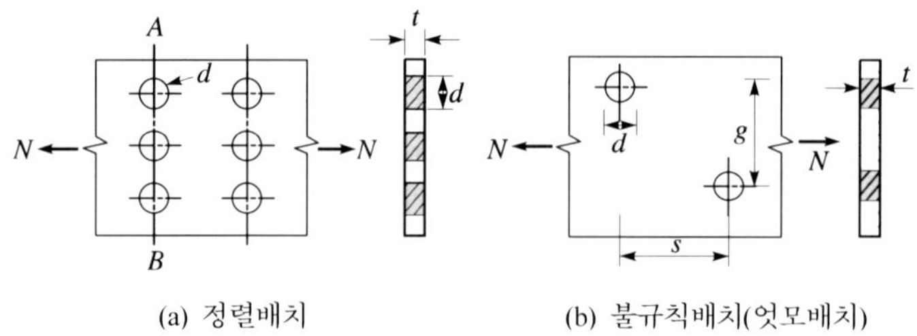


**그림 4.3** 볼트의 배치방법

그림 4.4(a)와 같이 볼트의 중심선을 연결하는 선을 게이지라인(gage line)이라고 하며, 게이지라인과 게이지라인과의 거리를 게이지(gage)라고 한다. 그리고 볼트 중심사이의 간격을 피치(pitch)라고 하며, 피치는 일반적으로 3~4 $d$ 이며, 최소피치는 2.5 $d$ 로 한다.

그리고 그림 4.4와 같이 볼트중심과 측단까지의 거리를 측단거리(edge distance)라고 하고, 볼트중심과 연단까지의 거리를 연단거리(end distance)라고 한다.

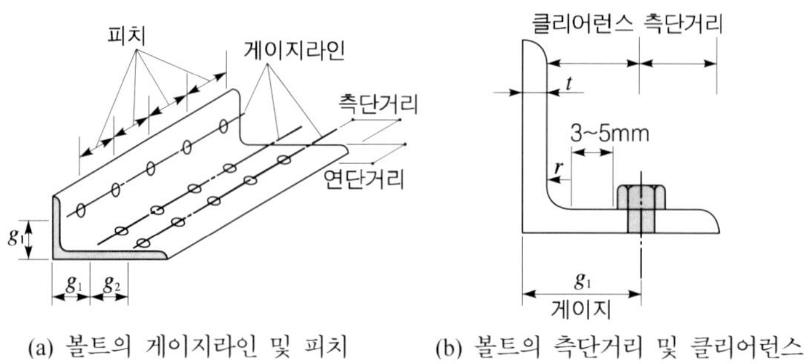


**그림 4.4** 볼트의 게이지라인, 피치 및 측단거리

### 4.2.1 볼트접합의 파괴형식

그림 4.5는 일반볼트접합의 파괴형식이고, 표 4.1은 일반볼트의 규정 최소강도를 나타낸 것이다.

그림 4.5(a)에 나타낸 것과 같이 접합부에 축력이 작용하면 상단 피접합재의 힘이 그 볼트구멍 측벽을 통해서 볼트에 전단력으로 전달되고 그 전단력이 하단 피접합재의 볼트구멍 측벽을 통하여 축력을 전달한다.

이와 같이 볼트의 축단면이 전단력으로 저항하는 접합을 전단접합이라고 하며, 볼트의 축단면이 인장력으로 저항하는 접합을 인장접합이라고 한다.

전단접합의 파괴형식은 그림 4.5와 같이 볼트 전단파괴(a, b), 연단 및 측단부 파괴(d, e), 지압파괴(f) 등이 있으며, 인장접합의 파괴형식은 볼트 인장파괴(c)가 있다.

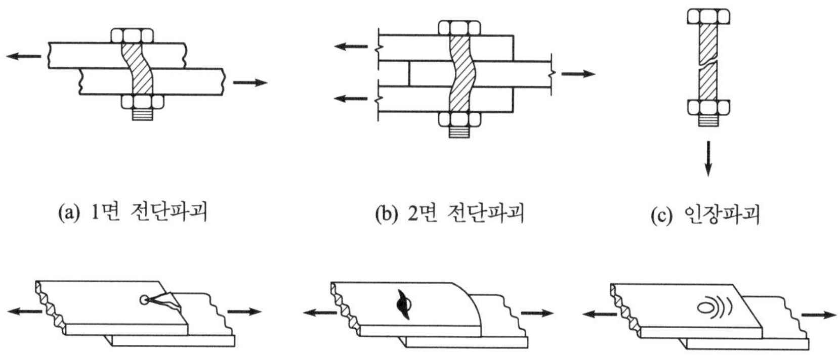

(a) 1면 전단파괴 (b) 2면 전단파괴 (c) 인장파괴

(d) 연단부파괴 (e) 측단부파괴 (f) 지압파괴

**그림 4.5** 볼트접합의 파괴형식

**표 4.1** 일반볼트의 규정최소강도(N/mm²)

| 강도 구분 | 4.6볼트 최소강도[1] |
|---|---|
| $F_y$ | 240 |
| $F_u$ | 400 |

주 1) KS B 1002에 따른 강도 구분

### 4.2.2 피접합판의 연단 및 측단거리

연단부 및 측단부 파괴는 그림 4.5(d), (e)에 나타낸 것과 같이 응력방향의 연단거리와 응력직각방향의 측단거리를 확보하여 방지할 수 있다. 표 4.2는 연단 및 측단부의 가공방법에 따른 최소거리를 나타낸 것이다.

연단거리가 최소 연단거리 이상으로 되면 피접합판의 연단파괴 염려가 없어진다. 따라서 통상적으로 연단 및 측단거리는 볼트직경 $d$의 2.0~2.5배로 하면 안전하다. 연단거리를 지나치게 크게 하면 휘어지기도 하므로 최대 연단거리는 판두께의 12배 이하이고 또한 150mm 이하로 한다.

**표 4.2** 최소 연단 및 측단거리(mm)

| 볼트의 공칭직경(mm) | 연단 및 측단부의 가공방법 | |
|---|---|---|
| | 전단절단, 수동가스절단 | 압연, 자동가스절단, 기계가공마감 |
| 16 | 28 | 22 |
| 20 | 34 | 26 |
| 22 | 38 | 28 |
| 24 | 42 | 30 |
| 27 | 48 | 34 |
| 30 | 52 | 38 |
| 30 초과 | $1.75d$ | $1.25d$ |

### 4.2.3 일반볼트의 사용

일반볼트는 영구적인 구조물에는 사용하지 못하고, 가체결용으로만 사용해야 한다. 일반볼트의 인장강도와 전단강도는 표 4.6에 따른다.

## 4.3 고장력볼트 접합

### 4.3.1 개요

1) 고장력볼트의 일반사항

고장력볼트 접합방법의 종류는 그림 4.6과 같이 마찰접합, 인장접합 및 지압접합으로 분류되며, 일반적으로 고장력볼트접합이라고 하면 마찰접합을 말한다.

KS B 1010(마찰접합용 고장력 6각 볼트, 6각 너트, 평와셔의 세트)에 규정된 고장력볼트는 그림 4.7과 같이 고장력볼트 1개, 너트 1개, 평와셔 2개로 구성되어 있다.

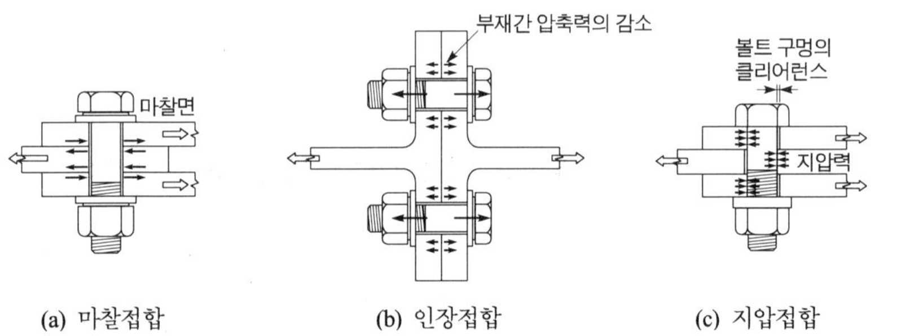


**그림 4.6** 고력볼트 접합방법의 종류

KS규격에 따른 고장력볼트의 종류 및 등급은 표 4.3, 기계적 성질은 표 4.4, 고장력볼트의 구멍치수는 표 4.5와 같다. 여기서, F10T의 경우 F는 마찰접합용(for friction grip joint), 10은 인장강도 표기(CGS 단위계, $tf/cm^2$), T는 인장시험에 따른 인장강도(tensile strength)를 나타낸 것이다.

최근에 F13T급의 고장력볼트의 개발과 더불어 고장력볼트 조임력의 증가로 인한 강성이 높은 접합부의 설계가 가능하여 부재의 고강도화에 대응하는 접합부 시공이 이루어지고 있다. 다만, F13T는 수소지연파괴민감도에 대한 검증이 이루어진 제품에 한하여 사용이 가능하다.

고장력볼트접합에서 피접합재의 조임두께는 가급적 $5d$ 이하로 하고, 고장력볼트의 게이지, 피치, 연단거리 등은 일반볼트접합과 동일하게 한다.

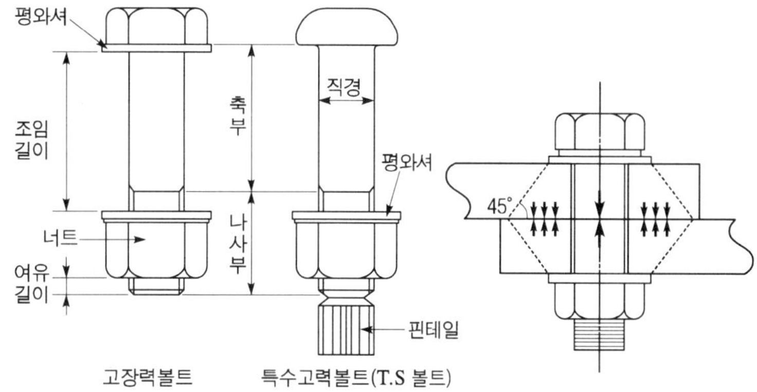


(a) 고장력볼트 각부의 명칭 (b) 응력전달기구

**그림 4.7** 고장력볼트 각부의 명칭과 응력전달기구

**표 4.3** 고장력볼트의 종류 및 등급

| 고장력볼트의 종류 | | 적용한 구성부품의 기계적성질에 의한 등급 | | |
|---|---|---|---|---|
| 기계적성질에 의한 종류 | 토크계수값에 의한 종류 | 볼트 | 너트 | 와셔 |
| 1종 | A | F8T | F10<br>(F8) | F35 |
| | B | | | |
| 2종 | A | F10T | F10 | |
| | B | | | |
| 4종 | A | F13T | F13 | |
| | B | | | |

주) ( ) 안의 것은 되도록 사용하지 않는다.

**표 4.4** 고장력볼트의 기계적 성질 (KS B 1010 참조)

| 기계적 성질에 의한 고장력볼트의 등급 | 인장 시험 | | | |
|---|---|---|---|---|
| | 항복강도(N/mm²) | 인장강도(N/mm²) | 연신률(%) | 수축율(%) |
| F8T | 640 이상 | 800 ~ 1,000 | 16 이상 | 45 이상 |
| F10T | 900 이상 | 1,000 ~ 1,200 | 14 이상 | 40 이상 |
| F13T | 1,170 이상 | 1,300 ~ 1,500 | 12 이상 | 35 이상 |

**표 4.5** 고장력볼트의 구멍치수(mm)

| 고장력볼트의 호칭 | 표준구멍 | 대형구멍 | 단슬롯구멍 | 장슬롯구멍 |
|---|---|---|---|---|
| M16 | 18 | 20 | 18 × 22 | 18 × 40 |
| M20 | 22 | 24 | 22 × 26 | 22 × 50 |
| M22 | 24 | 28 | 24 × 30 | 24 × 55 |
| M24 | 27 | 30 | 27 × 32 | 27 × 60 |
| M27 | 30 | 35 | 30 × 37 | 30 × 67 |
| M30 | 33 | 38 | 33 × 40 | 33 × 75 |

2) 마찰접합 및 인장접합의 응력전달기구

고장력볼트접합은 그림 4.7(b)과 같이 고장력볼트를 강력히 조여서 얻어지는 초기장력을 응력전달에 이용하는 시스템이다. 따라서 고장력볼트접합은 큰 힘을 전달할 수 있으며, 높은 접합 강성을 유지하는 우수한 접합방법이다. 그리고 고장력볼트접합의 구조적 장점은 다음과 같다.

가) 강한 조임력으로 너트의 풀림이 생기지 않는다.
나) 응력방향이 바뀌더라도 혼란이 일어나지 않는다.
다) 응력집중이 적으므로 반복응력에 대해서 강하다.
라) 유효단면적당 응력이 작으며, 피로강도가 높다.

## 4.3.2 고장력볼트의 접합방법

1) 마찰접합

마찰접합은 고장력볼트의 강력한 조임력에 의해 부재간에 발생하는 마찰력에 의해 응력을 전달하는 접합형식이다. 그림 4.8과 같이 2장의 판을 고장력볼트로 강하게 조이면 판의 접촉면에 큰 마찰저항이 생기므로 고장력볼트 축과 볼트구멍의 내벽이 밀착되지 않더라도 전단접합과 같은 힘을 전달할 수 있다.

따라서, 마찰접합은 응력의 흐름이 원활하며 접합부의 강성이 높고, 부재의 접합면에서 응력이 전달되기 때문에 국부적인 응력집중현상이 생길 염려가 없다. 응력이 부재간의 마찰력을 초과하게 되면 미끄럼현상이 일어나게 되는데 이때의 마찰계수를 미끄럼계수라고 한다.

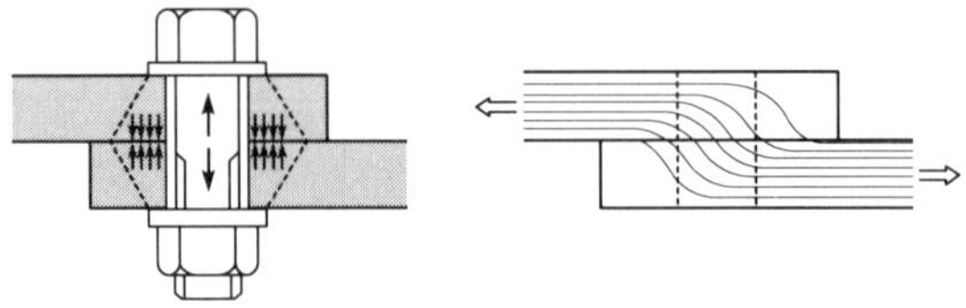

(a) (b)

**그림 4.8** 고장력볼트의 응력전달기구

2) 지압접합

고장력볼트의 지압접합은 고장력볼트 축의 전단력 및 부재의 지압력을 동시에 발생시켜 응력을 부담하는 접합방법이다. 이 지압접합은 종래의 마찰접합과 비교하여 고장력볼트 자체의 고강도성을 유효하게 이용하고자 하는 접합법이기 때문에 종국내력이 고장력볼트의 전단내력에 의해 결정되는 이음부의 접합방식으로 주로 이용된다.

지압접합에서 고장력볼트의 조임방법은 밀착조임(snug tightened condition)으로 할 수 있다. 밀착조임이란 임팩트렌치로 수회 또는 일반렌치로 최대로 조여서 접합판이 완전히 밀착된 상태를 말한다. 밀착조임은 설계도면과 시공도면에 명확히 표기되어야 한다. 지압접합의 공칭전단강도 값은 표 4.6에 따른다.

3) 인장접합

인장접합은 고장력볼트를 조일 때의 부재 간 압축력을 이용하여 응력을 전달시키지만, 응력의 전달메카니즘에 있어서 마찰이 관여하지 않는다는 점에서 마찰접합과 본질적으로 다르다.

인장접합의 특징은 충분한 축력에 의하여 조임된 접합부에 인장외력이 작용할 때 부재간 압축력과 인장력이 평형상태를 이루기 때문에 부가되는 축력은 미소하게 된다. 따라서 접합부의 변형은 극히 적고, 강성이 대단히 크며, 조립시공 시 편리한 경우가 있다.

그러나 고장력볼트에 일어나는 부가응력의 정도, 접합부의 강성, 접합부의 부재에서 일어나는 응력상태 등의 변동폭이 접합부의 구조디테일에 따라 매우 크게 달라진다. 또한, 인장외력이 고장력볼트의 조임력에 가까워지게 되면 접합된 부재가 분리되기 시작하면서 접합부의 강성이 저하된다.

인장접합부는 하중의 작용축과 고장력볼트의 내력이 작용하는 축과 일치하지 않으므로 고장력볼트는 편심인장 상태로 된다. 따라서, 플랜지에는 굽힘변형으로 인하여 지레형 반력(prying force)이 발생하게 되며, 그림 4.9는 지레형 반력이 작용할 때 인장접합부의 응력전달을 나타낸 것이다.

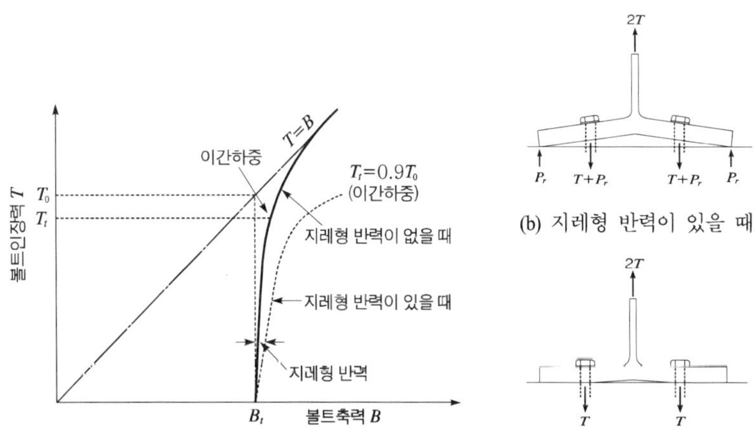


(a) 인장외력작용 시 고장력볼트의 축력

(b) 지레형 반력이 있을 때

(c) 지레형 반력이 없을 때

**그림 4.9** 인장접합의 메카니즘

### 4.3.3 설계미끄럼강도

설계미끄럼강도 $\phi R_n$은 미끄럼 한계상태에 대하여 다음과 같이 산정한다.

$\phi$ = 1.0 (표준구멍 또는 하중방향에 수직인 단슬롯구멍인 경우)
0.85 (대형구멍 또는 하중방향에 평행한 단슬롯구멍인 경우)
0.75 (장슬롯구멍인 경우)

$$R_n = \mu h_f T_o N_s \quad (4.1)$$

여기서, $\mu$ : 미끄럼계수(페인트칠하지 않은 블라스트 청소된 마찰면 = 0.5)

$h_f$ : 필러계수

① 필러를 사용하지 않는 경우와 필러 내 하중의 분산을 위하여 볼트를 추가한 경우 또는 필러 내 하중의 분산을 위해 볼트를 추가하지 않은 경우로서 접합되는 재료 사이에 한 개의 필러가 있는 경우(= 1.0)

② 필러 내 하중의 분산을 위해 볼트를 추가하지 않은 경우로서 접합되는 재료 사이에 2개 이상의 필러가 있는 경우 (= 0.85)

$T_o$ : 설계볼트장력(kN)(표 4.7참조)

$N_s$ : 전단면의 수(마찰접합 및 지압접합에만 적용한다)

### 4.3.4 고장력볼트의 설계인장강도 및 설계전단강도

밀착조임 또는 전인장조임된 고장력볼트의 설계인장강도 또는 설계전단강도 $\phi R_n$은 인장파단과 전단파단의 한계상태에 대하여 다음과 같이 산정한다.

$$\phi = 0.75$$
$$R_n = F_n A_b N_s \quad (4.2)$$

여기서, $F_n$ : ① 공칭인장강도 $F_{nt} = 0.75 F_u$ (N/mm$^2$)

② 공칭전단강도

$F_{nv} = 0.5 F_u$ (N/mm$^2$)(나사부 불포함, X: excluded)

$F_{nv} = 0.4 F_u$ (N/mm$^2$)(나사부 포함, N: included)

$A_b$ : 고장력볼트의 공칭단면적(mm$^2$)

**표 4.6** 볼트의 공칭강도(N/mm$^2$)

| 강도 \ 볼트등급(강도구분) | | 고장력볼트 F8T | 고장력볼트 F10T | 고장력볼트 F13T |
|---|---|---|---|---|
| 공칭인장강도, $F_{nt}$ | | 600 | 750 | 975 |
| 지압접합의 공칭전단강도, $F_{nv}$ | 나사부가 전단면에 포함(N) | 320 | 400 | 520 |
| | 나사부가 전단면에 불포함(X) | 400 | 500 | 650 |
| $F_{nt}$= 0.75$F_u$, $F_{nv}$= 0.5$F_u$ 또는 $F_{nv}$= 0.4$F_u$ | | | | |

### 4.3.5 볼트구멍의 설계지압강도

강도한계상태의 마찰접합 및 지압접합에서 고장력볼트와 접합부재의 구멍이 지압상태가 되는 경우, 이 시점에서 고장력볼트 구멍에 대한 지압강도를 검토하여야 한다. 그동안 마찰접합만을 사용하였으나, 건축구조기준의 개정에 따라 지압접합을 허용하였으며, 마찰접합에서도 지압접합 관련 강도를 검토하도록 하였다.

그 이유는 접합판이 얇을 경우에 미끄럼강도 이상의 하중을 받으면 미끄러진 후 지압으로 저항하지 못하고 접합부의 파괴로 이어지기 때문이다.

1) 표준구멍, 대형구멍, 단슬롯 구멍의 모든 방향에 대한 지압력 또는 장슬롯 구멍이 지압력 방향에 평행일 경우, 고장력볼트 구멍에 대한 설계지압강도 $\phi R_n$ 은 다음과 같이 산정한다.

① 사용하중상태에서 고장력볼트 구멍의 변형이 설계에 고려될 경우

$$\phi = 0.75$$
$$R_n = 1.2 L_c t F_u \; (\le 2.4 d t F_u) \tag{4.3}$$

② 사용하중상태에서 고장력볼트 구멍의 변형이 설계에 고려되지 않을 경우

$$\phi = 0.75$$
$$R_n = 1.5 L_c t F_u \; (\le 3.0 d t F_u) \tag{4.4}$$

2) 장슬롯 구멍에 구멍의 방향에 수직방향으로 지압력을 받을 경우, 고장력볼트 구멍에 대한 설계지압강도 $\phi R_n$ 은 다음과 같이 산정한다.

$$\phi = 0.75$$
$$R_n = 1.0 L_c t F_u \; (\le 2.0 d t F_u) \tag{4.5}$$

여기서, $d$ : 고장력볼트의 공칭직경(mm)

$F_u$ : 피접합재의 공칭인장강도(N/mm$^2$)

$L_c$ : 하중방향 순간격, 구멍의 끝과 피접합재의 끝 또는 인접구멍의 끝까지의 거리(mm)(그림 4.10 참조)

$t$ : 피접합재의 두께(mm)

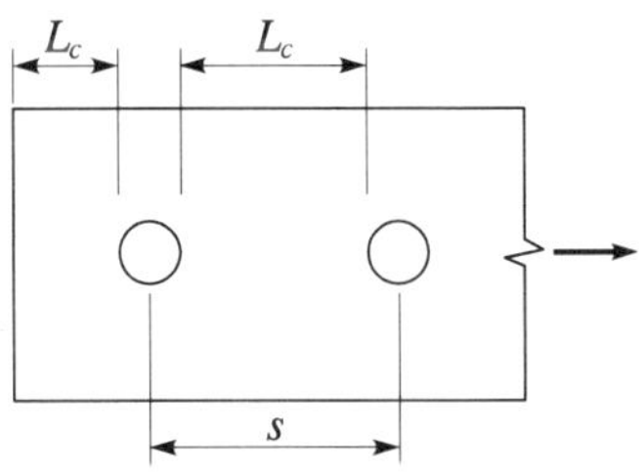


**그림 4.10** 하중방향의 순간격

고장력볼트 접합부에서 하중방향의 연단거리가 상대적으로 짧은 경우 접합부재의 지압파단이 아닌 하중방향으로 전단파단이 발생할 수 있으며, 상기의 고장력볼트 구멍의 지압강도는 이러한 전단파단강도 이상으로 규정하였다.

또한, 접합부에 대하여 지압강도는 각각 고장력볼트의 지압강도의 합으로 산정하며, 고장력볼트의 전단강도의 합과 고장력볼트 구멍의 지압강도 중에 작은 값으로 산정한다.

### 4.3.6 마찰접합에서의 인장력과 전단력의 조합

마찰접합에서 인장하중을 받아 고장력볼트의 장력이 감소할 경우, 설계미끄럼강도는 식(4.1)에서 산정된 설계미끄럼강도에 다음 계수를 사용하여 감소시킨다.

$$k_s = 1 - \frac{T_u}{T_o N_b} \quad (4.6)$$

여기서, $N_b$ : 인장력을 받는 고장력볼트의 수

$T_o$ : 설계볼트장력(kN)(표 4.7 참조)

$T_u$ : 소요인장강도(kN)

### 4.3.7 지압접합에서의 인장력과 전단력의 조합

지압접합에서 인장과 전단의 조합력을 받는 경우, 고장력볼트의 설계강도는 다음과 같이 인장과 전단파괴의 강도한계상태에 따라서 산정한다.

$$\phi = 0.75$$

$$R_n = F_{nt}{}' A_b \quad (4.7)$$

여기서, $F_{nt}{}' = 1.3F_{nt} - \dfrac{F_{nt}}{0.75F_{nv}} f_v \le F_{nt}$ (4.8)

$F_{nt}{}'$: 전단력을 고려한 공칭인장강도(N/mm$^2$)

$F_{nt}$, $F_{nv}$: 공칭 인장강도 및 전단강도(N/mm$^2$)(표 4.6)

$f_v$ : 소요전단응력(N/mm$^2$)

단, 고장력볼트의 설계전단응력용 $F_{nv}$는 단위면적당 소요전단응력 $f_v$ 이상이 되도록 설계하며, 전단 또는 인장에 의한 소요응력 $f$가 설계응력용의 30% 이하이면 조합응력의 효과를 무시할 수 있다.

### 4.3.8 핀접합의 설계

가) 휨모멘트를 받는 핀의 설계휨강도 $\phi M_n$은 다음과 같이 산정한다.

$$\phi = 0.9$$

$$M_n = 1.0 F_y Z \quad (4.9)$$

여기서, $F_y$ : 핀의 항복강도(N/mm$^2$)

$Z$ : 핀의 소성단면계수(mm$^3$)

나) 휨모멘트를 받는 핀의 설계전단강도 $\phi V_n$은 다음과 같이 산정한다.

$$\phi = 0.9$$

$$V_n = 0.6 F_y A_p \quad (4.10)$$

여기서, $A_p$ : 핀의 단면적($mm^2$)

**표 4.7** 고장력볼트의 설계볼트장력과 표준볼트장력

| 볼트의 등급 | 볼트의 호칭 | 공칭단면적[2] ($mm^2$) | 설계볼트장력[1] $T_o$(kN) | 표준볼트장력 $1.1T_o$(kN) |
|---|---|---|---|---|
| F8T | M 16 | 201 | 84 | 93 |
| | M 20 | 314 | 132 | 146 |
| | M 22 | 380 | 160 | 176 |
| | M 24 | 453 | 190 | 209 |
| F10T | M 16 | 201 | 106 | 117 |
| | M 20 | 314 | 165 | 182 |
| | M 22 | 380 | 200 | 220 |
| | M 24 | 453 | 237 | 261 |
| F13T | M 16 | 201 | 137 | 151 |
| | M 20 | 314 | 214 | 236 |
| | M 22 | 380 | 259 | 285 |
| | M 24 | 453 | 308 | 339 |

주 1)설계볼트장력은 고장력볼트의 인장강도의 0.7배에 유효단면적을 곱한 값
2)고장력볼트의 유효단면적은 공칭단면적의 0.75배

**예제 4.1**

그림 4.11과 같은 접합부에서 지압접합의 설계강도를 구하시오. 강재는 SM275이며 고장력볼트는 M22(F10T, 표준구멍)이다. 나사부가 전단면에 포함되지 않으며 $F_{nv} = 500\text{N/mm}^2$이며, 이음부 플레이트는 안전하고 사용하중상태에서 고장력볼트구멍의 변형이 설계에 고려된다고 가정한다.

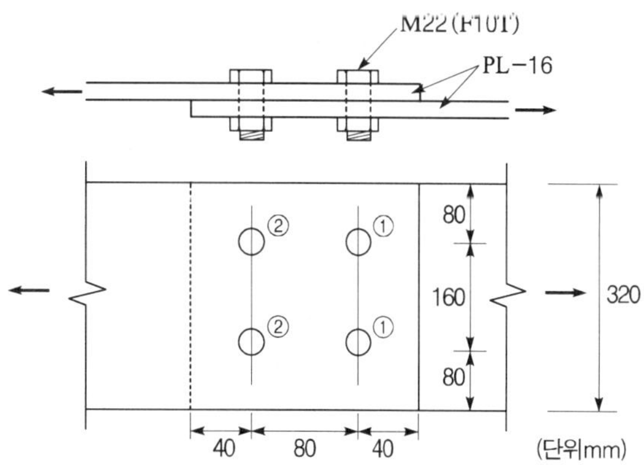


**그림 4.11** 예제 4.1

**풀이**

1) 고장력볼트의 설계전단강도(1면전단)

$$\phi R_n = \phi n_b F'_{nv} A_b N_s$$

$$\phi R_n = 0.75 \times 4 \times 500 \times 380 \times 1 \times 10^{-3} = 570\text{kN}$$

2) 고장력볼트 구멍의 설계지압강도

연단측 고장력볼트 구멍(그림 4.11의 ①구멍군)의 설계지압강도

$\phi R_n = \phi 1.2 L_c t F_u \le \phi 2.4 d t F_u$

$\phi = 0.75$, $L_c = 40 - 24/2 = 28\text{mm}$, $t = 16\text{mm}$, $d = 22\text{mm}$

$\phi R_n = \phi 1.2 L_c t F_u = 0.75 \times 1.2 \times 28 \times 16 \times 410 \times 10^{-3} = 165.3\text{kN}$

$\le \phi 2.4 d t F_u = 0.75 \times 2.4 \times 22 \times 16 \times 410 \times 10^{-3} = 259.8\text{kN}$

따라서, 연단측 고장력볼트 ①구멍의 설계지압강도는 165.3kN/개이다

나머지 고장력볼트 구멍(그림 4.11의 ②구멍군)의 설계지압강도

$\phi R_n = \phi 1.2 L_c t F_u (\le \phi 2.4 d t F_u)$

$\phi = 0.75$, $L_c = 80 - 24 = 56\text{mm}$, $t = 16\text{mm}$, $d = 22\text{mm}$

$\phi R_n = \phi 1.2 L_c t F_u = 0.75 \times 1.2 \times 56 \times 16 \times 410 \times 10^{-3} = 330.6\text{kN}$

$> \phi 2.4 d t F_u = 259.8\text{kN}$

따라서, 나머지 고장력볼트 ②구멍의 설계지압강도는 259.8kN/개이다.

∴ 고장력볼트 4개에 대한 설계지압강도: $165.3 \times 2 + 259.8 \times 2 = 850.2\text{kN}$

3) 고장력볼트의 설계전단강도와 고장력볼트 구멍의 설계지압강도 중 작은 값을 지압접합의 설계강도로 한다. 따라서,

$\phi R_n = 570\text{kN}$

**예제 4.2**

예제 4.1과 동일한 조건의 접합부에서 마찰접합의 설계강도를 구하시오. 강재는 SM275이며 고장력볼트는 M22(F10T, 표준구멍), 설계볼트장력 $T_0 = 200\text{kN}$이다. 마찰면은 블라스트 후 페인트하지 않았고, 필러를 사용하지 않았다.

**풀이**

1) 고장력볼트의 설계미끄럼강도(1면전단)

$\phi R_n = \phi \mu h_f T_o N_s$

표준구멍에 대하여 $\phi = 1.0$

페인트칠하지 않은 블라스트 청소된 마찰면 $\mu = 0.5$,

필러를 사용하지 않은 경우 $h_f = 1.0$,

$T_0 = 200\text{kN}$, $N_s = 1$(1면전단)

$\phi R_n = 1.0 \times 0.5 \times 1.0 \times 200 \times 1 = 100\text{kN}$

∴ 고장력볼트 4개에 대한 설계미끄럼강도$= 100 \times 4 = 400\text{kN}$

2) 고장력볼트의 설계전단강도(고장력볼트 4개, 1면전단)

$\phi R_n = 570\text{kN}$ (예제 4.1 참조)

3) 고장력볼트 구멍의 설계지압강도(고장력볼트 4개)

$\phi R_n = 850.2\,\mathrm{kN}$ (예제 4.1 참조)

4) 고장력볼트의 설계미끄럼강도, 설계전단강도, 구멍의 설계지압강도 중 작은 값을 마찰접합의 설계강도로 한다. 따라서,

$\phi R_n = 400\mathrm{kN}$

**예제 4.3**

그림 4.12와 같은 접합부에 고정하중 $P_D = 120\,\mathrm{kN}$ 과 활하중 $P_L = 100\,\mathrm{kN}$ 이 작용할 때 인장력과 전단력을 동시에 받는 A부분에서 지압접합인 경우 고장력볼트의 설계강도를 검토하시오. 강재는 SM275이며, 고장력볼트는 M22(F10T, 표준구멍)이다. 나사부가 전단면에 포함되어 있으며, 고장력볼트의 공칭인장강도 및 공칭전단강도는 각각 $F_{nt} = 750\mathrm{N/mm^2}$, $F_{nv} = 400\mathrm{N/mm^2}$이다.

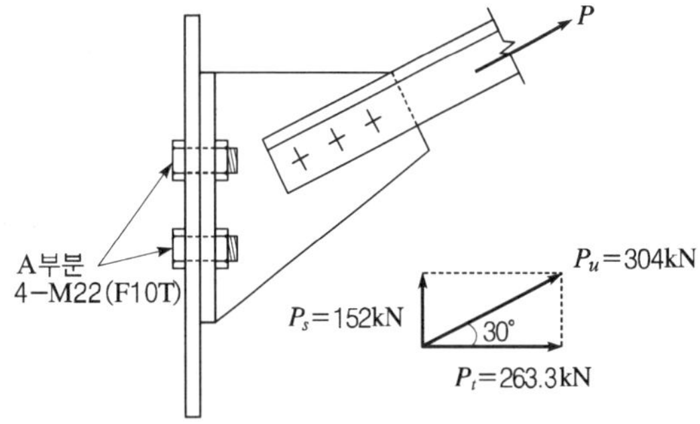


**그림 4.12** 예제 4.3

**풀이**

(1) 계수하중에 의한 작용하중

$$P_u = (1.2)P_D + (1.6)P_L = 1.2\times 120 + 1.6\times 100 = 304\mathrm{kN}$$

$$P_{t(\text{수평})} = P_u \times \cos 30^\circ = 304 \times \sqrt{3}/2 = 263.3\,\mathrm{kN}$$

$$P_{s(\text{수직})} = P_u \times \sin 30^\circ = 304 \times 1/2 = 152.0\,\mathrm{kN}$$

$$P_{tu} = 263.3/4 = 65.8\mathrm{kN}\,/\text{볼트}$$

$$P_{su} = 152.0/4 = 38.0\,\mathrm{kN}\,/\text{볼트}$$

(2) 지압접합에서 인장력과 전단력을 동시에 받는 고장력볼트의 설계강도( $\phi R_n$)

$$\phi R_n = \phi F_{nt}{}' A_b$$

$$\phi = 0.75,\ A_b = 380\mathrm{mm}^2$$

$$F_{nt}{}' = 1.3F_{nt} - \frac{F_{nt}}{\phi F_{nv}} f_v \le F_{nt}$$ 이어야 하므로(식(4.8))

$$F_{nt} = 750\mathrm{N/mm^2},\ F_{nv} = 400\mathrm{N/mm^2}$$ (표 4.6으로부터)

$$f_v = P_{su}/A_b = 38\times 10^3/380 = 100\,\mathrm{N/mm^2}$$ (소요전단응력)

$$F_{nt}' = 1.3 \times 750 - \frac{750}{0.75 \times 400} \times 100 = 725$$

$$\le F_{nt} = 750\,\text{N/mm}^2 \qquad \text{O.K}$$

$$\phi R_n = \phi F_{nt}' A_b = 0.75 \times 725 \times 380 \times 10^{-3} = 206.6\,\text{kN}$$

$$> P_{tu} = 65.8\text{kN} \qquad \text{O.K}$$

**예제 4.4**

예제 4.3과 동일한 조건의 A부분에서 마찰접합인 경우의 고장력볼트의 설계미끄럼강도를 검토하시오. 강재는 SM275이며 고장력볼트는 M22(F10T, 표준구멍), 설계볼트장력은 $T_o = 200\text{kN}$이다. 마찰면은 블라스트 후 페인트하지 않았고, 필러를 사용하지 않았다.

**풀이**

(1) 계수하중에 의한 작용하중(예제 4.3 참조)

$$P_u = 304\text{kN}$$

$$P_{tu} = 263.3/4 = 65.8\text{kN /볼트}$$

$$P_{su} = 152.0/4 = 38.0\,\text{kN /볼트}$$

(2) 마찰접합에서 인장력과 전단력을 동시에 받는 고장력볼트의 설계미끄럼강도 M22 (F10T, 표준구멍) 고장력볼트 1개에 대하여(식(4.6)으로부터)

$$\phi\, k_s R_n = \phi\left(1 - \frac{T_u}{T_o}\right) R_n$$

$$\phi = 1.0\,(\text{표준구멍})$$

$$T_o = 200\text{kN (설계볼트장력)}$$

$$T_u = P_{tu} = 65.8\,\text{kN /볼트}$$

마찰접합에서 미끄럼강도(식(4.1)로부터)

$$R_n = \mu h_f T_0 N_s = 0.5 \times 1.0 \times 200 \times 1 = 100\text{kN}$$

$$\phi k_s R_n = 1.0 \times \left(1 - \frac{65.8}{200}\right) \times 100 = 67.1\,\text{kN} > P_{su} = 38.0\,\text{kN} \qquad \text{O.K}$$

### 4.3.9 마찰면의 처리, 도입장력 및 볼트길이

고장력볼트의 마찰접합 및 인장접합에서는 설계볼트장력과 미끄럼계수의 확보가 반드시 보장되어야 한다. 따라서 설계의 기본개념에 따른 철저한 시공관리가 요구된다.

1) 마찰면의 처리

마찰면인 강재의 표면과 고장력볼트구멍 주변을 정리하고, 구멍을 중심으로 구멍지름의 2배 이상 범위의 흑피를 숏블라스트(shot blast) 또는 샌드블라스트(sand blast)로 제거한다.

이와 같이 표면처리된 마찰면에는 도료, 기름, 오물 등이 없어야 하며, 들뜬 녹은 와이어 브러시로 제거한다. 그리고, 마찰면에 페인트하지 않는 경우는 미끄럼계수가 0.5이상 확보하여야 한다.

또한 접합판 두께의 차이가 1mm를 초과할 때는 끼움판(filler plate)을 끼우며 마찰면 처리도 해야 한다.

그림 4.13은 고장력볼트 접합부에 작용한 하중과 접합부의 상대변위와의 관계를 나타낸 것이다. A점은 미끄럼 개시점으로 높은 미끄럼 하중과 동시에 높은 강성을 나타내고 있다. 이러한 마찰접합에서는 표 4.8과 같이 마찰면의 상태에 따라 미끄럼 계수가 크게 상이하므로 마찰면 처리에 주의를 요한다.

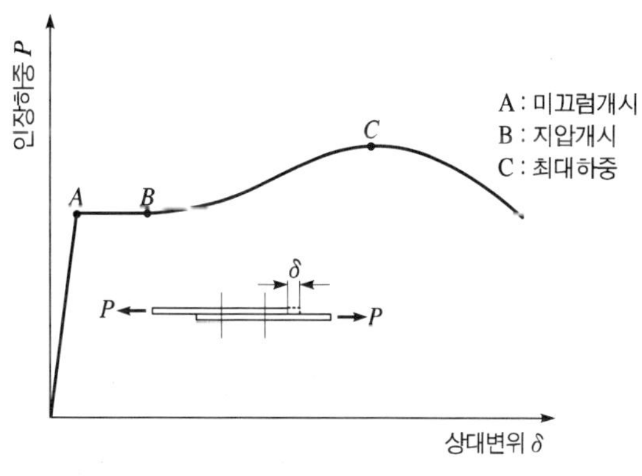


**그림 4.13** 고장력볼트 마찰접합의 하중-변위 관계

2) 설계볼트장력 및 표준볼트장력

표 4.7은 고장력볼트의 설계볼트장력과 표준볼트장력을 나타낸 것이다. 설계볼트장력은 고장력볼트의 설계미끄럼강도를 구하기 위하여 사용되며, 마찰접합의 고장력볼트 조임 시 고장력볼트에 도입되는 장력의 풀림을 고려하여 설계볼트장력에 최소한 10%를 할증한 표준볼트장력으로 시공 시 조임을 하여야 한다.

표 4.8은 마찰면의 마감상태에 따른 미끄럼계수를 나타낸 것이다.

표 4.8 마찰면의 미끄럼계수($\mu$)

| 마찰면의 마감상태 | 미끄럼계수($\mu$) |
|---|---|
| 방청도료 | 0.05 ~ 0.20 |
| 아연도금 | 0.10 ~ 0.30 |
| 흑피 | 0.20 ~ 0.45 |
| 샌드페이퍼 | 0.25 ~ 0.45 |
| 붉은 녹 | 0.45 ~ 0.75 |
| 숏블라스트 | 0.40 ~ 0.75 |
| 샌드블라스트 | 0.45 ~ 0.75 |

3) 고장력볼트의 길이

접합부재에 사용되는 고장력볼트의 길이는 조임길이(조여진 부재의 총두께)에 표 4.9에 나타난 길이를 더한 것을 표준으로 한다. 고장력볼트의 길이는 KS규격에 따라 5mm단계로 제조되기 때문에, 실무에서는 산출치수에 가장 가까운 것을 선택하여 사용한다.

표 4.9에 나타낸 조임길이에 더하는 길이는 너트 1개, 와셔 2장 두께와 나사산 3개 정도의 여유길이를 더한 값이다. 식에 따라 계산된 고장력볼트의 길이보다 더 긴 볼트를 사용할 경우 여유나사길이가 너무 짧아 볼트의 몸통에서 나사산이 시작되는 부위에 응력이 집중되어 볼트의 연성이 저하되고, 피로강도가 급격히 저하되므로 피해야 한다.

표 4.9 조임길이에 더하는 길이

| 고장력볼트의 호칭지름 | 조임길이에 더하는 길이(mm) |
|---|---|
| M 16 | 30 |
| M 20 | 35 |
| M 22 | 40 |
| M 24 | 45 |

## 4.3.10 고장력볼트의 조임

고장력볼트의 마찰접합 및 인장접합에서 설계볼트장력을 확보하기 위해서는 표 4.7 에서 설명한 표준볼트장력을 목표로 조여야 한다. 고장력볼트의 장력을 도입하는 방법에는 너트회전법(turn-of-nut tightening), 보정렌치조임법(calibrated wrench tightening), 대안설계볼트설치법(installation of alternate design bolts) 및 직접인장측정법(direct tension indicator tightening)을 사용하여 설계볼트장력 이상으로 장력을 도입하는 방법이 있다. 보정렌치조임법에서는 토크관리법을 주로 사용하고 있고 대안설계볼트설치법으로는 토크쉬어볼트(T.S볼트)가 많이 사용되고 있다. 너트회전법은 밀착조임 상태로부터 회전을 실시한다.

밀착조임(snug tightened condition)은 지압접합에서 고장력볼트의 조임방법으로 사용되며, 임팩트렌치로 수회 또는 일반렌치로 최대로 조여서 접합판이 완전히 밀착된 상태를 말한다. 이러한 밀착조임은 지압접합에 사용하고 그 밖에 진동이나 하중변화에 따른 고장력볼트의 풀림이나 피로가 설계에 고려되지 않는 경우에만 적용한다. 밀착조임은 설계도면과 시공도면에 정확히 표기되어야 한다.

볼트조임은 표 4.7에 주어진 설계볼트장력으로 조임한다.

### 1) 너트회전법(turn-of-nut tightening)

너트회전법은 너트의 회전량에 따라 표준볼트장력을 확보하는 것을 확인할 수 있으며, 피접합판이 완전 밀착된 후에는 적은 양의 너트회전에 의해서도 장력을 얻을 수 있다. 따라서 너트회전법은 접합면이 밀착될 때까지 1차조임한 후, 비틀림 원리를 이용하여 너트회전량으로 조임을 관리하는 방법이다. 1차조임은 위에서 설명한 밀착조임을 사용하여 초기 조임을 확보한다.

고장력볼트의 너트회전법에 의한 조임방법은 그림 4.14와 같이 1차조임 토크값으로 피접합재를 밀착한 후, 고장력볼트의 나사부, 너트 및 와셔 등에 마킹 표시를 한다. 그 다음 소정의 장력도입에 맞도록 너트를 120° 회전시킨다. 너트의 회전량이 120°±30°이면 합격으로 간주한다.

이때 고장력볼트 및 와셔는 회전되지 않아야 하며, 고장력볼트 및 와셔의 마킹 표시도 일치하여야 한다. 이러한 마킹 표시방법은 토크관리법 및 너트회전법에서 중요한 의미를 가지고 있다.

토크관리법에서 고장력볼트, 너트, 와셔의 사이에 공회전이 생기면 소정의 토크계수까지 조임을 할 수 없기 때문에 고장력볼트에 도입되는 축력이 부족하게 된다. 또, 너트회전법에서는 고장력볼트에 대한 소요 너트회전각을 알 수 없기 때문에 고장력볼트에 도입되는 축력이 불충분하게 된다.

따라서, 이러한 현상을 검사하기 위해 고장력볼트, 너트 및 와셔 등에 마킹을 표시하는 것은 고장력볼트 조임에 대한 시공관리측면에서 중요한 의미를 가지고 있다.

고장력볼트 조임 시에는 다음 사항에 대해 유의하여야 한다.

가) 나사부를 양호하게 보호한다.

나) 나사부에는 빗물 또는 먼지가 부착하지 않은 것을 사용해야 한다.

다) 너트는 등급 표시가 외부에서 보이도록 조인다.

라) 고장력볼트 머리부의 와셔는 내부지름 면치기가 되어 있는 부분을 볼트 머리쪽으로 조합한다.

**그림 4.14** 너트회전법에 의한 고장력볼트 조임

2) 보정렌치조임법(calibrated wrench tightening)

보정렌치조임법에서 사용하고 있는 대표적인 방법은 토크관리법이다. 토크관리법은 고장력볼트가 탄성범위 내에 있다고 가정하고 조임력(torque)과 고장력볼트 축력이 비례하는 것을 이용하는 방법이다. 따라서, 토크관리법은 표준볼트장력에 대응하는 조임력을 제품 롯트별 토크계수에 따른 토크값을 관리하여 표준볼트장력을 확보하는 방법이다. 토크관리법을 사용한 조임법에서 볼트인장력의 차이는 평균 10%의 차이가 발생하기도 한다. 따라서 조임기구를 사용 시 매일 보정해야 하며, 볼트머리 및 너트 밑에 경도치를 준수한 와셔를 사용해야 한다.

토크관리법에 의한 고장력볼트의 본조임은 표 4.10과 같은 값으로 1차조임한 후, 너트를 소정의 토크로 작용시켜 고장력볼트에 축력을 도입하는 방법이다. 조임력 $T$는 식(4.11)과 같이 산정한다.

$$T = k \cdot d_1 \cdot N \tag{4.11}$$

여기서, $k$ : 토크계수(0.11~0.19, 표 4.11)

$d_1$ : 고장력볼트 축부의 공칭직경(mm)

$N$ : 고장력볼트의 축력(너트를 조이는 모멘트로 인하여 고장력볼트 축방향으로 작용하는 인장력, N)

**표 4.10** 1차조임 토크값(N·m)

| 고장력볼트의 규격 | 1차조임 토크값 |
|---|---|
| M 16 | 약 100 |
| M 20, M 22 | 약 150 |
| M 24 | 약 200 |

**표 4.11** 토크계수($k$)

| 구 분 | 토크계수에 의한 세트의 종류 | |
|---|---|---|
| | A | B |
| 토크계수의 평균값 | 0.11~0.15 | 0.15~0.19 |
| 토크계수의 표준편차 | 0.01 이하 | 0.013 이하 |

식(4.11)에서 토크계수는 표 4.11과 같이 토크계수에 의한 세트의 종류에 따라 다르며 A종, B종의 차이는 너트 및 와셔의 표면처리이다. 따라서 동급의 고장력볼트에 있어서 A종 및 B종의 기계적 성질은 같다.

A종 고장력볼트는 일반적으로 너트에 표면윤활처리하여 토크계수를 낮게 안정시킨 것이며, B종 고장력볼트는 방청처리만 하고 표면윤활처리를 하지 않은 것이다. 고장력볼트의 조임 시에는 표준볼트장력을 확보하기 위하여 다음 사항을 유의하여야 한다.

가) 고장력볼트 군의 중앙에서 양측단 쪽으로 조임해 간다.

나) 고장력볼트는 2회 조임하는 것으로 하며, 표 4.10과 같이 1차조임 토크값으로 조인 후, 본조임을 실시한다. 이때, 너트와 고장력볼트 및 와셔와의 공회전을 확인해야 한다.

다) 작업온도에 따른 토크계수의 변화로 인하여 고장력볼트장력의 크기가 달라지므로 온도의 영향을 고려하여야 한다.

3) 대안설계볼트설치법(installation of alternate design bolts)

대안설계볼트설치법에서 주로 T.S볼트를 사용하여 조임력을 확보하는 방법이다. 조임이 완료되면 자동으로 필요한 볼트의 인장력을 확보해 준다. 이러한 절차는 일정 조임력이 확보되면 볼트의 끝단 핀테일이 탈락되거나 항복되는 형태로 개발되어 인장력을 확보하는 것이 특징이다.

이런 경우 볼트의 설치는 접합부의 가장 강한 부분으로부터 시작해서 약한 부분으로 점차적으로 설치해 간다.

4) 직접인장측정법(direct tension indicator tigntening)

직접인장측정법에서는 그림 4.15와 같이 경화된 와셔가 사용되는데, 와셔의 한 면에 일련의 돌기가 돌출되어 있는 와셔를 사용하고 있다. 이 와셔는 볼트머리 밑에 설치하여 필러게이지(filler gauge)로 조임 여부를 확인한다. 조임이 완성되면, 돌출된 돌기가 평평해지며 와셔의 틈이 줄어들게 된다. 볼트 인장력은 남아있는 틈을 직접 측정하여 적절한 인장력을 확인하는 방법이다.

틈을 측정하여 틈 깊이가 약 0.38mm 또는 그 이하의 값을 갖게 되면 적절한 인장력이 도입된 것으로 본다(Salmon and Johnson, 5th Edition, 2009).

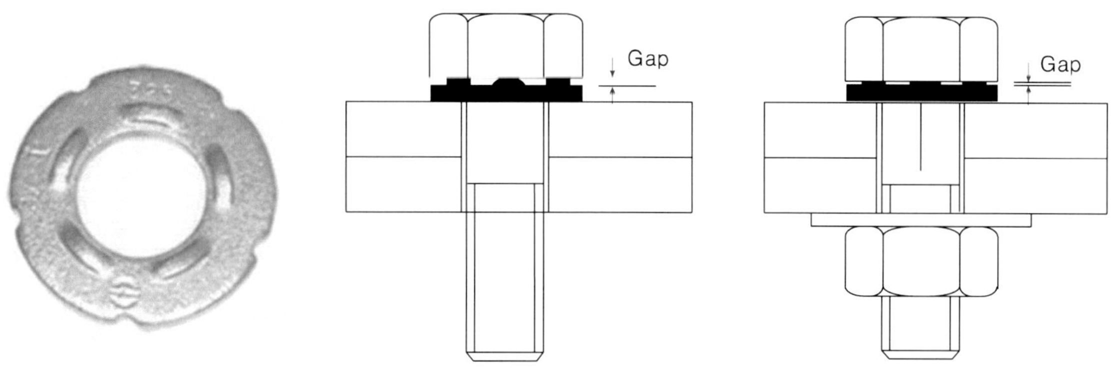


(a) 표면에 돌출부위를 가진 와셔 (b) 조임전 (c) 조임후

**그림 4.15** 직접인장측정법

5) 볼트설치를 위한 다양한 조임기구

인력으로 고장력볼트의 조임 및 조여진 고장력볼트의 조임력 검사 등에 사용되는 기구에는 그림 4.16 및 4.17과 같이 다이얼형 토크렌치와 프리세트형 토크렌치가 있다.

다이얼형 토크렌치는 고장력볼트의 조임부터 조임력 측정 및 검사까지 광범위하게 사용할 수 있다. 이에 비해 프리세트형 토크렌치는 일정한 조임력으로 많은 고장력볼트의 조임작업을 실시할 수 있다.

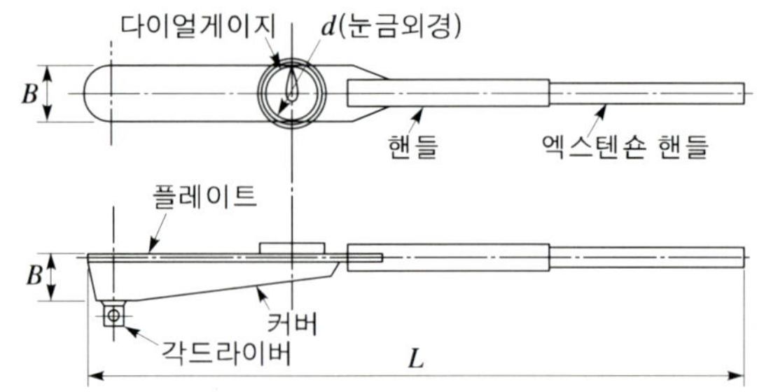


**그림 4.16** 다이얼형 토크렌치

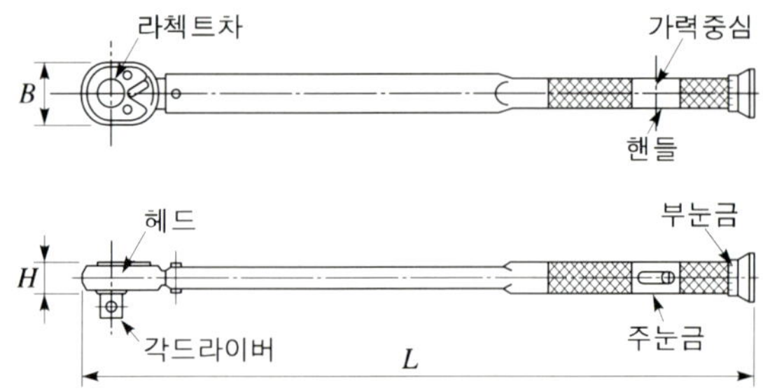


**그림 4.17** 프리세트형 토크렌치

조임작업의 효율을 높이기 위해서는 그림 4.18과 같이 동력을 이용한 조임기구를 사용한다. 동력을 사용하는 조임기구에는 토크렌치와 동일하게 조임력을 제어하는 것, 너트회전을 제어하는 것 혹은 조임기구에 공급되는 에너지량을 제어하는 것 등 각종의 아이디어에 기본을 둔 많은 기구가 실용화되어 공급되고 있다.

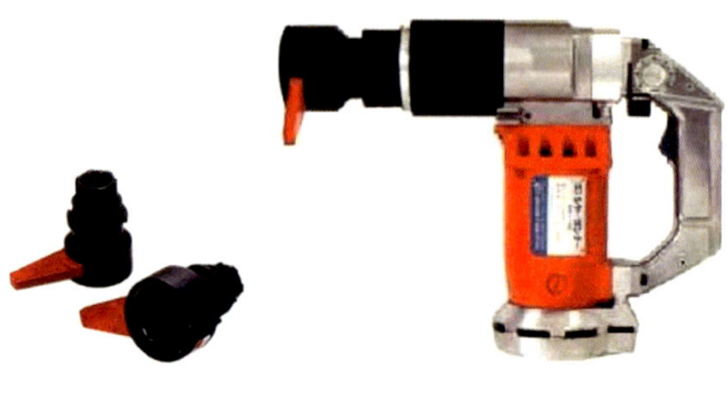

**그림 4.18** 전동식 토크렌치

공사현장에서는 토크계수 시험, 기구의 조정 혹은 고장력볼트 도입축력의 검정 등을 위해 그림 4.19와 같은 축력계를 사용한다. 그림 4.19의 축력계는 토크계수시험에만 사용하여야 한다.

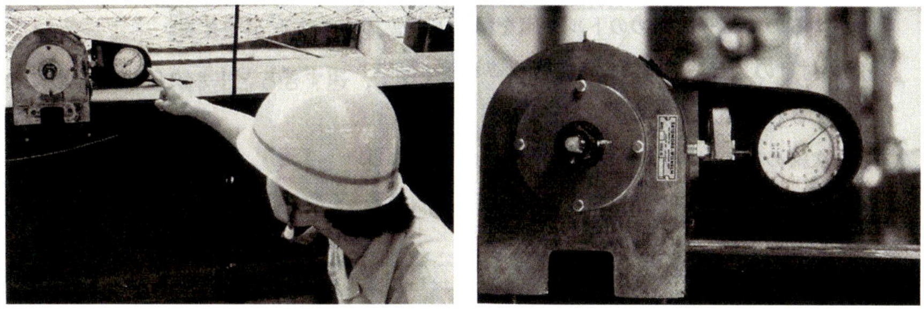

**그림 4.19** 고장력볼트의 축력계

고장력볼트의 장력관리를 손쉽게 하기 위한 목적으로 특수고장력볼트(TS볼트 ; 구조물용 토크-전단형 고장력볼트, KS B 2819)가 개발되었다. T.S볼트를 사용할 경우 전체 T.S볼트를 1차조임한 후 나사부, 너트 및 와셔 등에 마킹을 하고 그림 4.20과 같이 전용 조임기를 사용하여 그림 4.21과 같이 조이면 T.S볼트의 조임이 완료된다.

**그림 4.20** T.S볼트의 전용조임기

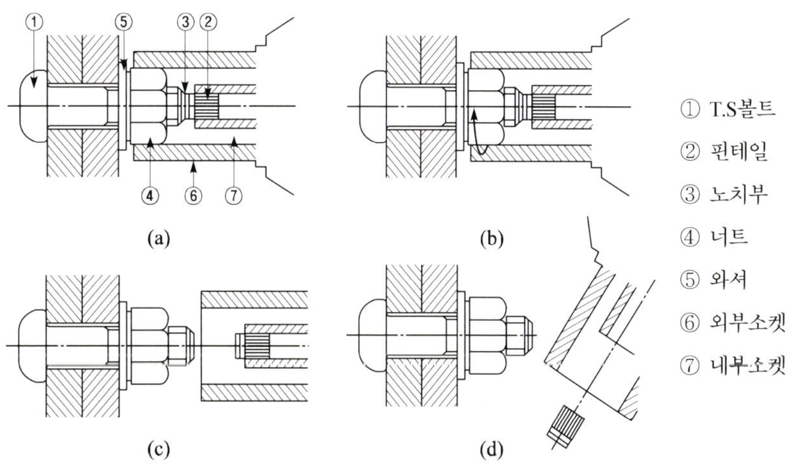


**그림 4.21** T.S볼트의 조임방법

## 4.4 용접접합

### 4.4.1 개요

용접은 2개 이상의 강재를 국부적으로 일체화시키는 접합으로서, 접합부에 용융금속을 생성하거나 또는 공급하여 국부용융으로 접합하는 방법이며, 모재의 용융을 동반한다.

용접의 종류를 크게 분류하면 표 4.12와 같다. 건설분야에서 가장 많이 사용되는 중요한 용접방법은 전극간의 아크열을 이용하는 아크용접(arc welding)이 있다.

강재의 용접은 국부적으로 급속한 고온에서 급속한 냉각이 수반되므로 모재의 재질변화, 용접변형, 잔류응력이 발생한다. 바로 이런 점이 용접설계 및 용접시공에서 중요한 고려사항이다.

**표 4.12** 건설분야에 주로 사용되는 용접의 분류

- 용접 종류
  - 아크용접(arc welding)
    - 피복아크용접(shielded metal arc welding: SMAW)
    - 서브머지드아크용접(submerged arc welding: SAW)
    - 가스메탈아크용접(gas metal arc welding: GMAW)
      - 1) 보호가스에 의한 분류
        - 불활성가스(matal inert gas: MIG, TIG) - Ar
        - 활성가스(metal active gas: MAG) - $O_2$, $CO_2$
      - 2) 용접재에 의한 분류
        - 솔리드와이어(solid wire)
        - 플럭스코어드와이어(Flux-cored wire) - FCAW
    - 스터드용접(stud welding)
  - 일렉트로 슬래그용접(electro slag welding: ESW)

### 4.4.2 용접방법

강재의 용접방법으로 폭넓게 이용되는 아크용접은 전극 간에 발생하는 아크열로 피용접재(모재) 및 용가재(filler metal) 등을 용융시켜 모재를 접합하는 용접방법으로, 용접 중 용융상태의 금속은 대기의 불순물에 의해 산화, 질화되며 용착금속이 취성화되어 균열이 발생하기 쉽다.

따라서, 용접방법 중 스터드 용접을 제외하면, 용접 부위에 특수한 가스를 발생시켜 대기를 차폐한 상태에서 용접하기 위한 여러 방법이 강구되어 있다.

1) 피복아크용접(shielded metal arc welding : SMAW)

그림 4.22는 피복아크용접법의 개념을 나타낸 것이다. 용접봉과 모재의 사이에 직류전압을 가한 상태에서 양극이 적정 간격에 도달하면 강렬한 빛의 아크가 발생하며, 이 아크를 통해 50~400A의 큰 전류가 흐른다.

아크용접은 아크가 발생하는 약 6,000℃의 고열을 이용한 용접으로서, 아크를 발생시키기 위한 금속전극봉(electrode)이 연속적으로 녹아 용착금속으로 되는 용극식과 용가재를 용착금속으로 하는 비용극식으로 분류할 수 있다.

피복아크용접은 피복재를 유착시킨 용접봉을 사용한 용접으로서, 수동용접(manual welding)용으로 가장 많이 사용되는 용접방법이다.

피복아크용접에 쓰이는 용접봉의 피복재는 용접 중에 분해하여 가스 및 슬래그를 발생시켜 용융금속을 대기로부터 차폐하며 급냉을 막고 아크를 안정시키며 내포된 성분에 따라서 용착금속의 탈산 정련의 역할을 하기도 한다.

피복재는 흡습성이 높음으로 건조로에서 충분히 건조 후 사용해야 한다.

피복아크용접봉의 종류에는 여러 가지가 있으며 KS D 7004, 7006에 명기되어 있다. 아크용접에 쓰이는 용접기로는 직류용접기와 교류용접기가 있다.

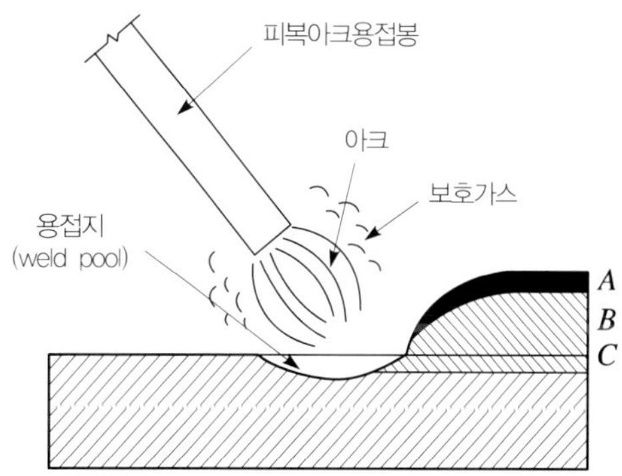


**그림 4.22** 피복아크용접
A:슬래그 B:덧살
C:용융부 B,C:용착금속부

2) 서브머지드아크용접(submerged arc welding : SAW)

서브머지드아크용접은 그림 4.23과 같이 이음부 용접표면에 미세한 입상(粒狀)의 플럭스(flux)를 공급하고 플럭스 내부에서 피복하지 않은 용접봉으로서 아크용접하는 방법이다. 이 용접방법의 특징으로는 용접와이어 및 플럭스 등이 자동으로 공급된다는 점이다.

용접재료는 와이어와 플럭스로 구성되며, 플럭스는 제조법에 따라 용융형과 소결형이 있고 용착금속에 필요한 합금원소는 와이어와 플럭스 어느 쪽에도 첨가할 수 있으므로 강재와 이음의 종류에 따라 상호 적절히 조합하여 사용된다.

일반적으로 용융형은 모재의 용융깊이가 깊고 상대적으로 고속의 용접에 적합하다. 소결형은 합금성분의 첨가가 용이하고 용착금속의 조성이 용이하여 일정한 와이어로서 플럭스를 변화시킴에 따라 인장강도가 다른 강재에 적용할 수 있다.

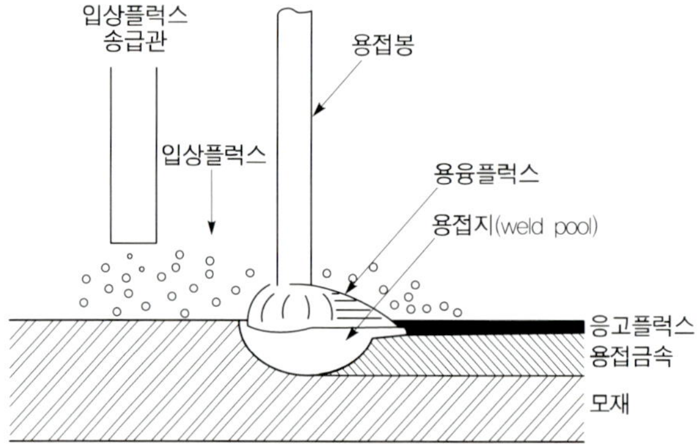


(a) 서브머지드아크용접의 개요

(b) 용접H형강의 제작

**그림 4.23** 서브머지드아크용접

### 3) 가스메탈아크용접(gas metal arc welding : GMAW)

가스메탈아크용접은 가스로서 아크를 보호하며 용접하는 방법이다. 와이어는 탈산원소를 함유하고, 외면에 동피복(銅被覆)을 한 솔리드 와이어와 얇은 판에 플럭스를 속에 넣어 성형한 플럭스 코어드 와이어 두 가지로 구분된다.

솔리드 와이어에서는 직류용접기에 $CO_2$, $CO_2+O_2$, $CO_2+Ar$ 등의 보호가스가 사용되고, 플럭스를 넣은 와이어에서는 직류 또는 교류용접기에 $CO_2$ 가스가 주로 사용된다. 이 용접방법은 가스로서 실드(shield) 효과를 내고 있으므로 특히 옥외작업 시에서는 바람의 영향을 받지 않도록 방풍장치를 설치해야 한다.

### 4) 일렉트로슬래그용접(electro slag welding : ESW용접)

일렉트로슬래그용접은 매우 두꺼운 판의 용접을 목적으로 개발한 것이며, 그림 4.24에 용접방법의 개요와 박스형 단면 기둥제작 과정을 나타냈다.

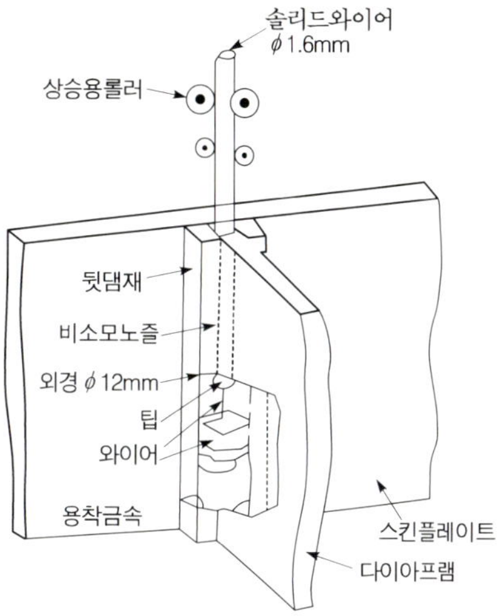


(a) 비소모노즐 일렉트로 슬래그용접법
(simplified electroslag welding process with non-consumable elevating tip : SESNET)

(b) 박스형단면기둥 다이아프램의 일렉트로슬래그용접

**그림 4.24** 일렉트로슬래그용접

이 방법은 용융슬래그 속에 용접봉을 연속으로 공급하고, 용접봉과 용융금속 내부에 흐르는 전류에 의한 전기저항 발열로써 전극을 용융시키는 것이다.

다만 용접의 개시 시에는 입상플럭스 속에서 아크를 발생시켜 용접을 시작하지만, 플럭스가 충분히 용융되면 아크는 없어진다. 용접은 용융금속이 흘러나가지 않도록 뒷댐재로 억제하고, 서서히 위를 향해 연속주조식으로 진행한다.

이 용접방법에서는 입열량이 크고, 용융금속의 응고가 느리므로 결정입자가 크게 되며, 균열이 발생하기 쉬운 조직이 되기 쉽다. 이음부에 구속이 있으면 열간균열의 우려가 있으므로 주의해야 한다.

### 5) 스터드용접(stud welding)

스터드용접은 스터드와 모재의 사이에 전류를 흐르게 하고 상호의 접촉 부분을 융착시키는 아크용접 또는 저항아크의 절충식 용접방법이다.

### 4.4.3 용접이음

용접이음의 형태로는 그림 4.25와 같이 맞댐이음, 겹침이음, 모서리이음, T이음 등이 있으며, 용접이음 형식에는 그루브(groove)용접, 필릿(fillet)용접, 플러그(plug)용접, 슬롯(slot)용접 등이 있다. 주로 많이 쓰이는 용접접합은 그루브용접과 필릿용접이다.

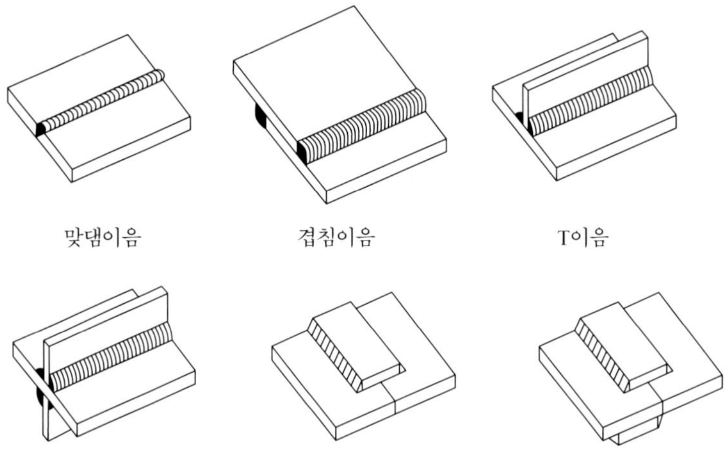


**그림 4.25** 용접이음의 형태

#### 1) 그루브용접(groove welding)

그루브용접은 그림 4.26과 같이 한쪽, 또는 양쪽 부재의 끝을 용접이 양호하게 될 수 있도록 끝단면을 비스듬히 절단하여 용접하는 방법이다. 부재의 끝을 절단해 낸 부분을 홈 또는 개선(groove)이라 하며, 그림 4.26(b)은 개선(홈)의 형상을 나타낸 것이다.

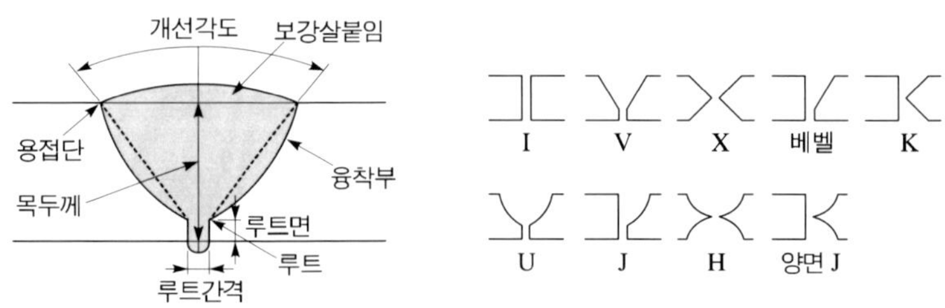


(a) 그루브용접 각부명칭 (b) 홈의 형상

**그림 4.26** 그루브용접 및 홈의 형상

또한 그루브용접을 할 때 윗쪽을 먼저 용접하고 백가우징(back gouging)을 한 후 뒤쪽을 용접하거나 백가우징이 어려울 때는 뒷댐재(backing strip, backing bar)를 대고 용접한다. 이것은 용접 초기에 생기기 쉬운 용융불량, 수축균열, 슬래그 함입 등의 결함을 없애기 위한 것이다. 루트 밑면에 뒷댐재 및 용접 개시점과 종료점에 용착금속에 결함이 없도록 하기 위하여 양단에 엔드탭(end tab) 등을 그림 4.27과 같이 부착한다.

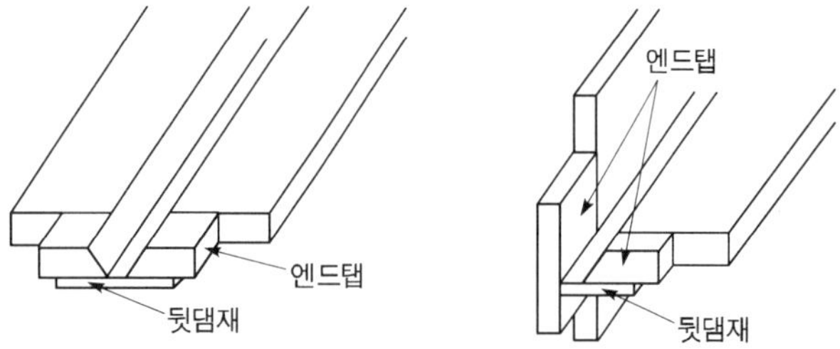


**그림 4.27** 그루브용접부 끝부분 상세

판두께 또는 판폭이 다른 그루브용접 이음부에서 그 차가 4mm 이하인 경우, 그림 4.28(a)와 같이 용접금속의 표면이 자연스런 경사가 되도록 용접한다. 또한 그 차가 4mm를 초과하는 경우, 그림 4.28(b), (c)와 같이 두꺼운 쪽 또는 넓은 쪽의 판재를 1/2.5 이하의 기울기가 되도록 절삭해야 한다.

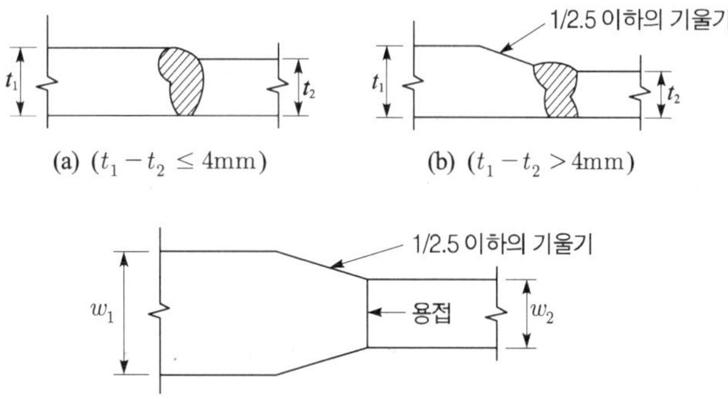


(a) ($t_1 - t_2 \leq$ 4mm) (b) ($t_1 - t_2 >$ 4mm)

(c) 판폭이 다를 경우 ($w_1 - w_2 >$ 4mm)

**그림 4.28** 판두께 또는 판폭이 다른 경우의 그루브용접

2) 필릿용접(fillct wclding)

필릿용접은 응력방향에 따라 그림 4.29와 같이 전면필릿용접, 측면필릿용접과 T자형 필릿용접으로 분류된다.

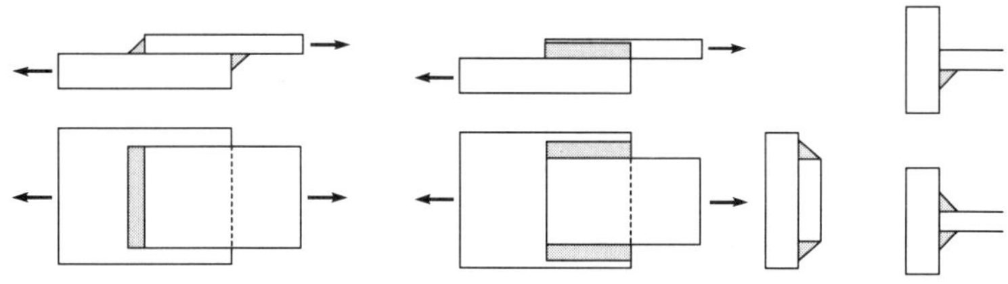

(a) 전면필릿용접 (b) 측면필릿용접 (c) T자형 필릿용접

**그림 4.29** 필릿용접의 분류

필릿용접은 두 장의 판재를 겹치는 필릿용접과 T자형, +자형 조립에서의 필릿용접이 있다. 또한 용접선의 종류에 따라 연속필릿용접, 단속필릿용접, 병렬용접, 엇모용접으로 구분한다.

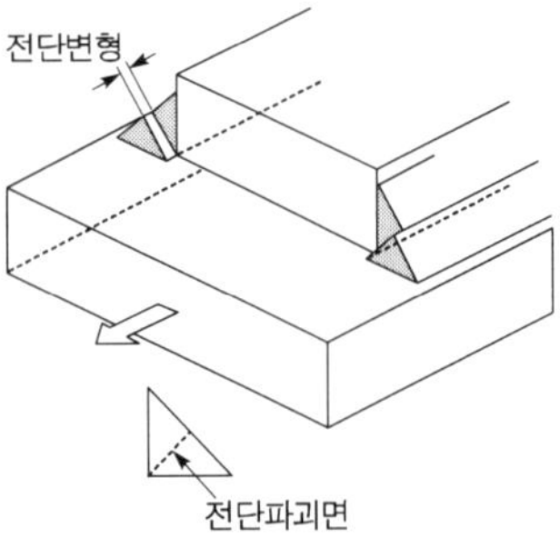


그림 4.30 필릿용접의 전단파단면

그림 4.30에 나타낸 바와 같이 필릿용접은 종국적으로 용접부에 대해 전단에 의해 파단되므로 대부분 용접유효면적에 대해 전단응력으로 설계되는 용접종류이다. 필릿용접은 구조물의 접합부에 많이 사용되는 방법으로 비용도 상대적으로 저렴하다.

3) 플러그(plug)용접 및 슬롯(slot)용접

그림 4.31과 같이 겹친 두 장의 판 한쪽에 원형 또는 슬롯 구멍을 뚫고 그 구멍주위를 필릿용접하는 필릿구멍용접, 필릿홈용접이 있다. 이 용접방법은 겹침이음에서 필요한 필릿용접길이가 확보되지 않을 때에 활용될 수 있다.

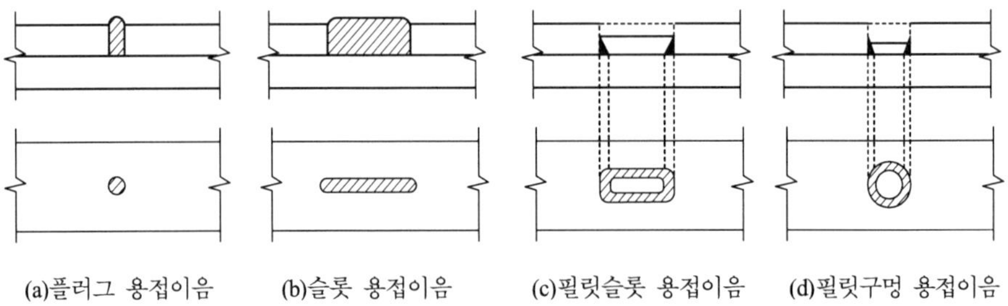


그림 4.31 플러그용접 및 슬롯용접

### 4.4.4 용접부의 성질 및 용접결함

1) 용접부의 성질

용접의 진행방향으로 1회의 용접조작을 패스(pass)라 하고, 그 결과 생기는 용착부를 비드(bead)라 한다. 수 회의 비드에서 용접열로 용착되는 주조조직은 탬퍼링(tempering)효과에 의해 열처리된 조직으로 된다. 모재는 강재의 융점에서 실온까지의 열영향을 받게 된다. 이러한 용접부분의 경도분포는 그림 4.32와 같다.

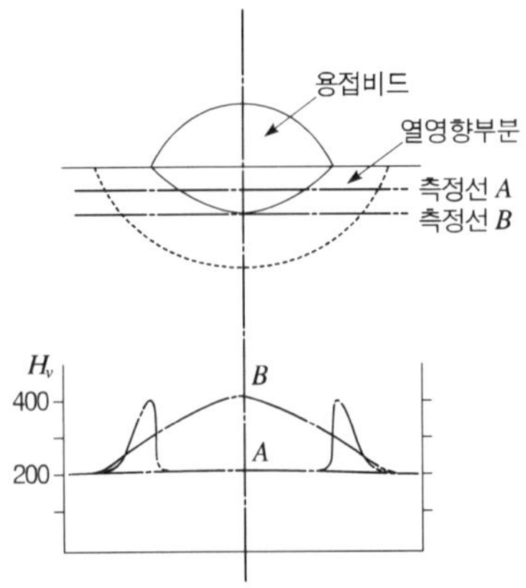


그림 4.32 용접부의 경도분포

2) 용접부의 결함

**(1) 용접결함의 종류**

용접부에 발생하는 여러 가지의 용접결함 중에서 주된 결함으로는 균열(crack), 융합불량(incomplete fusion), 용입부족(incomplete joint penetration), 슬래그혼입(slag inclusions), 피트(pit), 블로홀(blow hole), 언더컷(under cut), 오버랩(overlap) 등이 있다(그림 4.33).

**(2) 용접균열의 종류**

용착금속에 생기는 균열에는 비드(bead)균열, 크레이터(crater)균열, 루트(root)균열, 수소균열 등이 있다. 모재에 생기는 균열에는 루트균열, 측단균열, 비드밑균열, 층상균열(lamellar tearing) 등이 있다.

층상(層狀)균열이란 용접금속의 수축에 의한 국부변형으로 강판의 비금속개재물이나 공극을 따라 생기는 층상균열이다. 그리고 모재의 균열로는 550℃ 이상에서 생기는 고온균열과 200℃ 이하에서 생기는 저온균열이 있다. 고온균열은 인(P),

황(S) 등의 저융점 불순물에 의해 생긴다.

저온균열은 용접 시 열영향부에 흡수된 수소가 냉각과 동시에 과포화상태가 되어 조직이 약해져서 생긴다. 저온균열을 방지하기 위해서는 저수조계의 용접봉을 사용하거나 용접봉을 충분히 건조시켜 사용하고, 모재를 예열(pre-heating)이나 후열(post-heating)하는 것도 유효하다.

### (3) 균열 이외의 용접결함

균열 이외의 용접결함은 그림 4.33과 같이 융합불량과 용입부족, 슬래그혼입, 피트와 블로홀 등이 있는데, 슬래그(slag) 혼입은 용접기술의 미숙이 원인이고, 첫 비드에 굵은 용접봉을 사용했을 때 생기기 쉽다. 피트와 블로홀은 도료, 녹, 밀스케일(mill scale), 모재 및 용접봉의 흡습 등이 원인이다. 그리고 표면이 깨끗하지 않을 때 이물질의 혼입에 의해 융합불량이 생기며 개선설계의 잘못, 큰 용접봉의 사용 등에 의해 용입 부족의 결함이 발생하기도 한다. 이 외에 냉각 시 용접부위에 공극 또는 가스포켓의 발생, 비드의 부정형에 따른 응력집중에도 유의해야 한다.

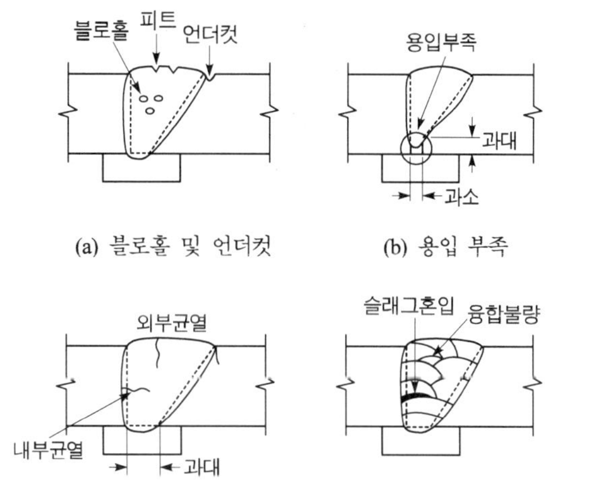


(a) 블로홀 및 언더컷 (b) 용입 부족

(c) 용입과대 및 비드균열 (d) 슬래그혼입 및 융합불량

**그림 4.33** 용접부의 결함

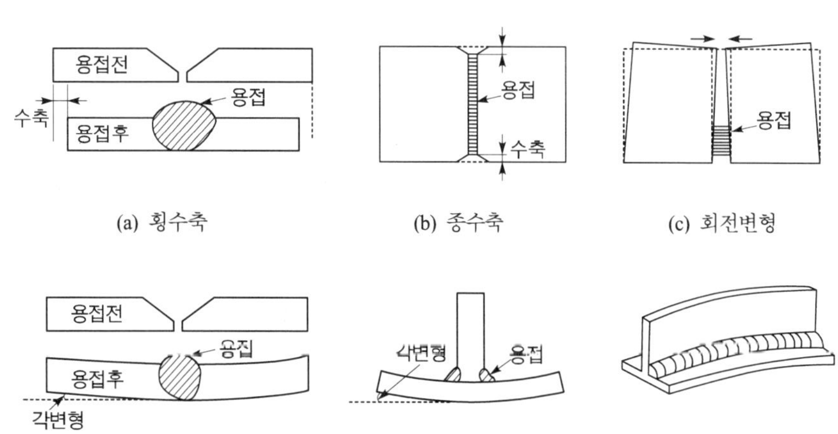


(a) 횡수축 (b) 종수축 (c) 회전변형

(d) 횡휨변형(그루브용접이음) (e) 횡휨변형(필릿용접 T이음) (f) 횡휨변형

**그림 4.34** 용접에 의한 수축변형

언더컷(undercut)은 과대한 용접전류, 아크 길이가 지나치게 길어서 생기고, 그 형상에 따라 단면부족이나 응력집중으로 균열이 생기기 쉽다. 오버랩(overlap)은 용접전류가 적은 경우, 용접속도가 느린 경우에 생긴다.

**(4) 용접에 의한 수축변형**

용접에 의해 그림 4.34와 같이 횡수축과 각변형 등이 생길 수 있다.

## 4.4.5 용접검사

용접부에 필요한 품질을 검토하는 수단으로 용접검사를 하게 된다. 이 검사에는 용접 전, 용접 중, 용접 후 각 단계에서 공정에 알맞은 방법으로 적절한 시기에 실시해야 한다.

용접 전 검사의 주요 항목으로는 사용재료의 확인, 강재의 가공, 가조립의 크기 정도, 용접환경의 정비 등이 있으며, 용접 중에는 가조립 용접의 상태, 초층·최종층 비드의 상황 등이 있다. 용접 후에는 비드형상 등을 포함하여 외관을 육안으로 검사한다. 육안판단이 어려운 표면결함이나 비드 내부결함에 대해서는 다음과 같은 비파괴검사방법에 따라 검사한다.

내부결함검출에는 방사선투과시험(RT), 초음파탐상시험(UT)이 있고, 표면결함검출에는 자분탐상시험(MT), 침투탐상시험(PT)에 의한 방법이 있다. 과거에는 검사가 주로 공장 내에서 장치가 큰 방사선 투과에 의한 것이 일반적이었으나, 최근에는 장치가 가볍고 간편한 초음파탐상이 많이 보급되어 있다.

## 4.4.6 용접이음의 도시법

용접법, 이음의 형식, 개선형태, 용접의 길이 등을 도면에 표시할 때에는 용접기호를 사용한다. 용접에 관계되는 기본기호 및 보조기호는 부록 부표 5.1, 5.2와 같고 표기방법은 그림 4.35와 같다.

표기방법의 요점은 다음과 같다.

가) 용접기호는 접합부를 지시하는 지시선과 기선에 기재한다. 기선은 수평선이고 필요시에는 꼬리를 붙인다. 지시선은 기선에 대해 60° 또는 120°의 직선이다.

나) V형, K형 등에서 개선이 있는 쪽의 부재면을 지시할 필요가 있으면 개선을 낸 부재 쪽에 기선을 긋고 지시선을 절선으로 하며 개선을 낸 면에 화살 끝을 둔다.

다) 기호 및 사이즈는 용접하는 쪽이 화살이 있는 쪽 또는 앞쪽인 때는 기선의 아래쪽에, 화살의 반대쪽이거나 뒷쪽이면 기선의 위쪽에 밀착하여 기재한다.

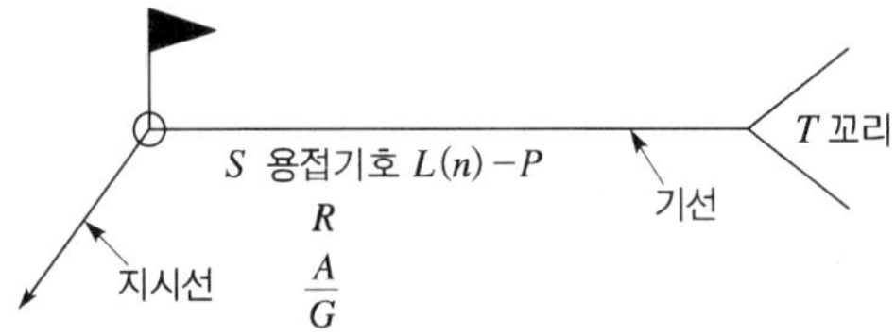


(a) 용접할 곳이 화살 쪽 또는 앞쪽일 때

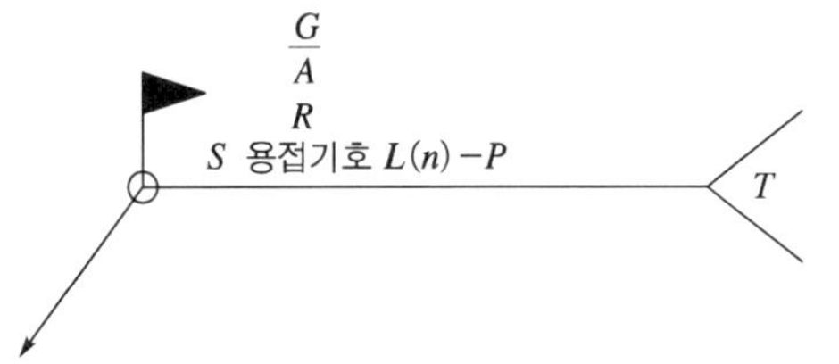


(b) 용접할 곳이 화살반대 쪽 또는 건너쪽일 때

주) S : 용접사이즈, R : 루트간격, A : 개선각, T : 꼬리(특기사항기록)
− : 표면모양, G : 용접부처리방법, L : 용접길이, P : 용접간격, ▶ : 현장용접

**그림 4.35** 용접기호의 표기방법

### 4.4.7 용접접합 설계

#### 1) 그루브용접

그루브용접의 유효면적은 용접유효길이에 유효목두께를 곱한 것이며, 용접유효길이는 그림 4.36(b)와 같이 재축에 직각인 접합부분의 폭으로 한다. 또한 완전용입된 그루브용접의 유효목두께는 접합판 중 얇은 쪽의 판두께로 한다.

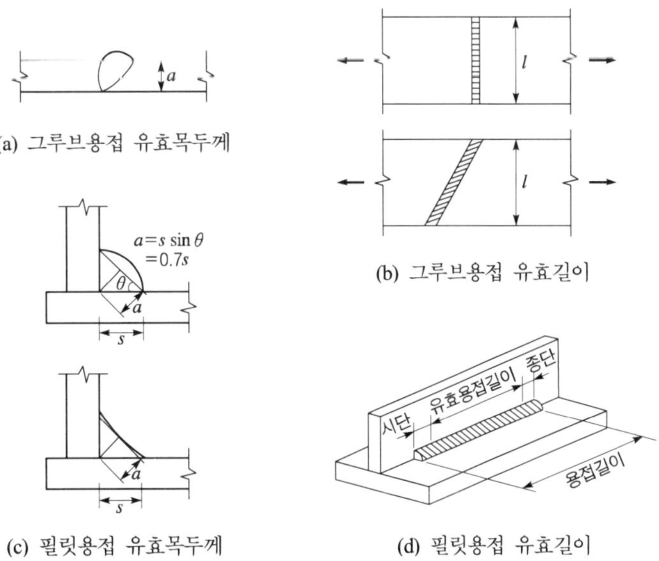


(a) 그루브용접 유효목두께

(b) 그루브용접 유효길이

(c) 필릿용접 유효목두께

(d) 필릿용접 유효길이

**그림 4.36** 용접 유효목두께 및 유효길이

부분용입용접의 최소유효목두께는 표 4.13을 따른다. 부분용입용접부의 단면형상에 따른 유효목두께 산정은 다음의 표 4.14를 따른다.

**표 4.13** 부분용입용접의 최소 유효목두께

| 접합부의 얇은 쪽 소재 두께 t(mm) | 최소 유효목두께(mm) |
|---|---|
| $t \leq 6$ | 3 |
| $6 < t \leq 13$ | 5 |
| $13 < t \leq 19$ | 6 |
| $19 < t \leq 38$ | 8 |
| $38 < t \leq 57$ | 10 |
| $57 < t \leq 150$ | 13 |
| $150 < t$ | 16 |

**표 4.14** 부분용입용접의 유효목두께 산정

| 용접방법 | 용접자세 | 루트부의 개선각도 | 유효 목두께 |
|---|---|---|---|
| 피복아크용접<br>서브머지드아크용접<br>가스메탈아크용접<br>플럭스코아드아크용접 | 전자세 | J형 또는 U형 홈 | 홈의 깊이 |
| | | 베벨 또는 V형 홈 ≥ 60° | |
| | | 베벨 또는 V형 홈<br>45° 이상 60° 미만 | 홈의 깊이에서<br>3mm 공제 |

2) 필릿용접

**(1) 유효면적**

필릿용접의 유효면적은 용접유효길이에 유효목두께를 곱한 것이다. 용접유효길이는 필릿용접의 총길이에서 필릿사이즈의 2배를 공제하며, 유효목두께는 필릿사이즈의 0.7배로 한다(그림 4.36(c), (d) 참조).

필릿구멍용접과 필릿슬롯용접의 유효길이는 목두께 중심을 잇는 용접중심선의 길이로 한다.

**(2) 제한사항**

필릿용접의 사이즈는 원칙적으로 접합되는 모재의 얇은 쪽 판두께 이하로 하며, 필릿용접의 최대 사이즈는 표 4.15를 따르고, 필릿용접의 최소 사이즈는 표 4.16을 따른다.

표 4.15에서 판 두께가 6mm 이상인 경우, 그림 4.37(b)와 같이 최대 필릿사이즈는 판두께 보다 2mm 작게 하여 단부모서리가 확실하게 남도록 한다.

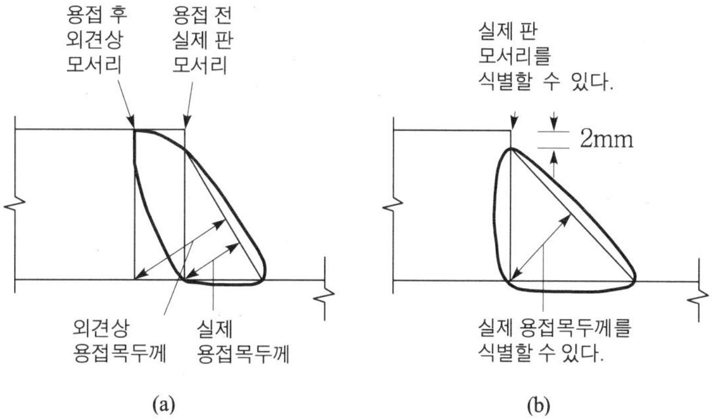


**그림 4.37** 겹친이음 필릿용접부의 유효목두께

**표 4.15** 필릿용접의 최대사이즈(mm)

| 접합재 단부 판두께, $t$ | 필릿용접의 최대사이즈, $s$ |
|---|---|
| $t<6$ | $s=t$ |
| $t\geq 6$ | $s=t-2\text{mm}$ |

**표 4.16** 필릿용접의 최소사이즈(mm)

| 접합부의 얇은 쪽 판두께, $t$ | 필릿용접의 최소사이즈 |
|---|---|
| $t \leq 6$ | 3 |
| $6 < t \leq 13$ | 5 |
| $13 < t \leq 19$ | 6 |
| $19 < t$ | 8 |

강도에 의해 지배되는 필릿용접설계의 경우 최소유효길이는 필릿사이즈의 4배 이상이 되어야 한다.

평판인장재의 단부에 길이방향으로 필릿용접이 될 경우 각 필릿용접의 길이($L$)는 그림 4.38과 같이 수직방향 간격($W$)보다 길어야 한다.

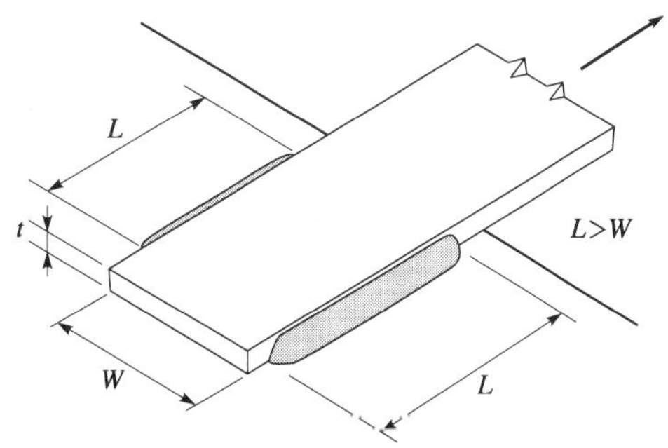


**그림 4.38** 길이방향 필릿용접

(3) **겹침이음**

겹침이음의 경우, 최소겹침길이는 그림 4.39와 같이 응력전달에 무리가 없도록 얇은 쪽 판두께의 5배 이상 또한 25mm 이상이 되도록 하며, 또한 양쪽 단부를 필릿용접하여야 한다.

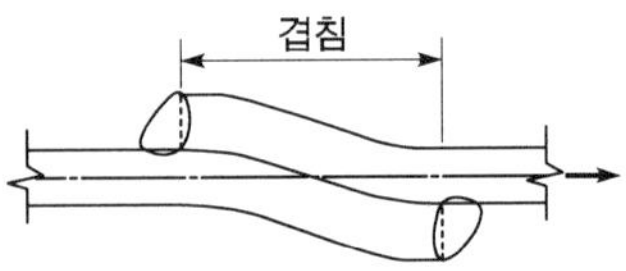


**그림 4.39** 최소겹침길이

### 3) 플러그 및 슬롯용접

플러그 및 슬롯용접의 유효면적은 접합면 내에서 플러그 및 슬롯의 공칭단면적으로 한다.

플러그용접의 최소 중심간격은 구멍직경의 4배 이상으로 해야 한다. 슬롯용접길이에 횡방향인 슬롯용접선의 최소간격은 슬롯폭의 4배 이상으로 하며, 길이방향의 최소 중심간격은 슬롯길이의 2배 이상으로 한다.

### 4) 설계강도

용접부의 설계강도 $\phi R_n$은 식(4.12)의 모재강도와 식(4.13)의 용접재강도 중 작은 값으로 한다. 용접 구분에 따른 모재강도와 용접재강도 및 저항계수($F_{BM}$, $F_w$, $\phi$)는 건축구조기준에 따른다. 여기서는 필릿용접(구멍, 슬롯, 빗방향 T 조인트 필릿 포함)인 경우를 표 4.17과 표 4.18에 정리하였다.

(1) **모재강도**

$$R_n = F_{BM} A_{BM} \tag{4.12}$$

여기서, $A_{BM}$ : 모재의 단면적($mm^2$)

$F_{BM}$ : 모재의 공칭강도($N/mm^2$)

(2) **용접재강도**

$$R_n = F_w A_w \tag{4.13}$$

여기서, $A_w$ : 용접유효면적($mm^2$)

$F_w$ : 용접재의 공칭강도($N/mm^2$)

**표 4.17** 필릿용접부의 강도

| 용접구분 | 하중유형 및 방향 | 적용재료 | 저항계수 | 공칭강도 |
|---|---|---|---|---|
| 필릿용접 | 용접선에 평행한 전단 | 모재 | 제5장의 설계인장강도, 설계전단강도, 설계블록전단강도에 따른다. | |
| | | 용접재 | $\phi = 0.75$ | $F_w = 0.6 F_{uw}$ |

**표 4.18** 용접재 요구강도(N/mm²)

| 모재 강종 | 적용 가능 용접재료 | 용접재 인장강도($F_{uw}$) |
|---|---|---|
| 인장강도 400N/mm²급 연강 | KS D 7004<br>연강용 피복아크용접봉 | 420 |
| 인장강도 490N/mm²급 고장력강 | KS D 7006<br>고장력강용 피복아크 용접봉 | 490, 520 |
| 인장강도 400N/mm²급 연강 | KS D 7104<br>연강 및 고장력강용<br>아크용접플럭스 코어선 | 420 |
| 인장강도 490N/mm²급 고장력강 | | 490, 540 |
| 인장강도 400N/mm²급 연강 | KS D 7025<br>연강 및 고장력강용<br>아크용접솔리드와이어 | 420 |
| 인장강도 490N/mm²급 고장력강 | | 490 |

주) 이외의 용접재 요구강도는 KDS 41 31 00 표 3.3-7을 참조한다.

### 5) 용접의 혼용

접합부에서 2가지 이상의 용접유형(그루브용접, 필릿용접, 플러그용접, 슬롯용접)을 혼용할 경우, 용접군의 축에 대하여 독립적으로 계산해야 한다.

**예제 4.5**

그림 4.40과 같은 용접부를 용접이음의 도시법에 따라 표기하시오.

(1)

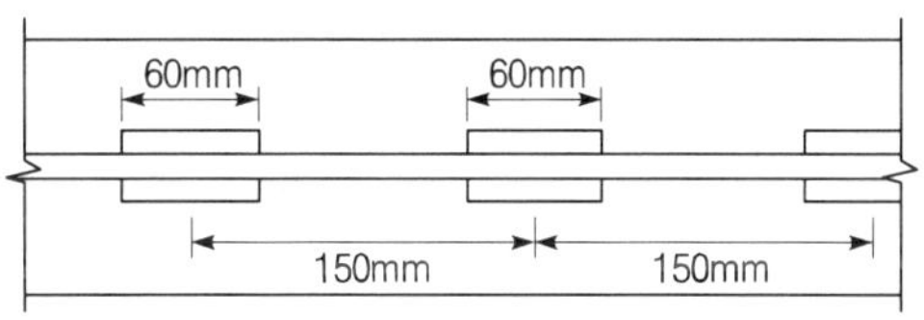


(a) 필릿용접

(2)

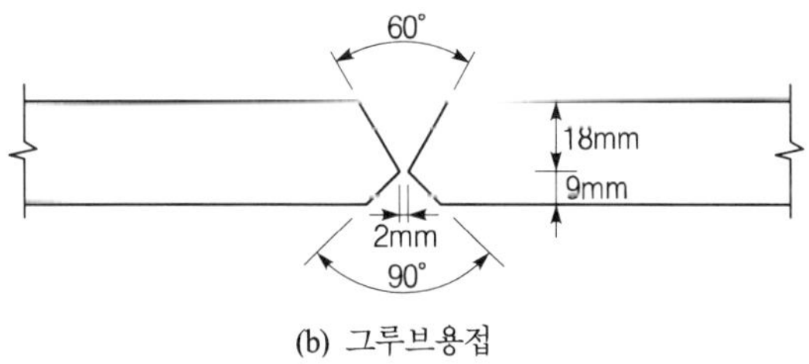


(b) 그루브용접

**그림 4.40** 예제 4.5

**풀이**

(1) 필릿용접의 도시

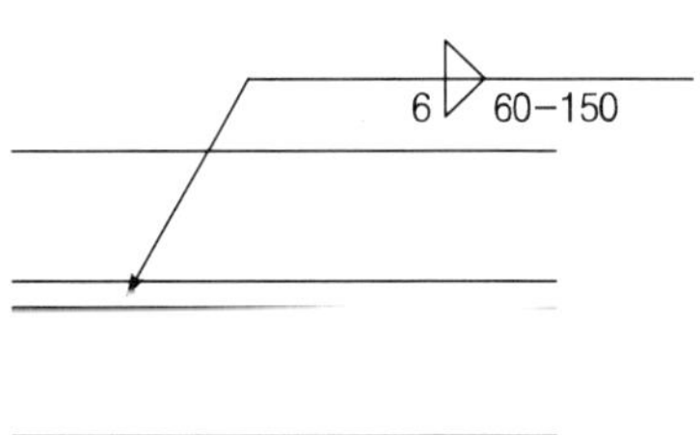


(2) 그루브용접의 도시

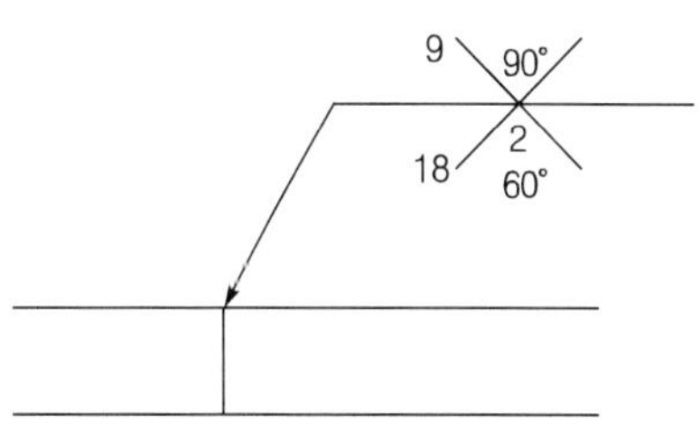

**예제 4.6**

그림 4.41과 같은 필릿용접 이음부의 설계강도를 구하고, 고정하중과 활하중이 각각 $P_D = 70\text{kN}$, $P_L = 50\text{kN}$이 작용할 때 필릿용접 이음부의 안전성을 검토하시오. 단, 모재는 SM275, 용접재(KS D 7104 연강 및 고장력강용 아크용접플럭스 코어선)의 인장강도는 $F_{uw} = 420\text{N/mm}^2$이다.

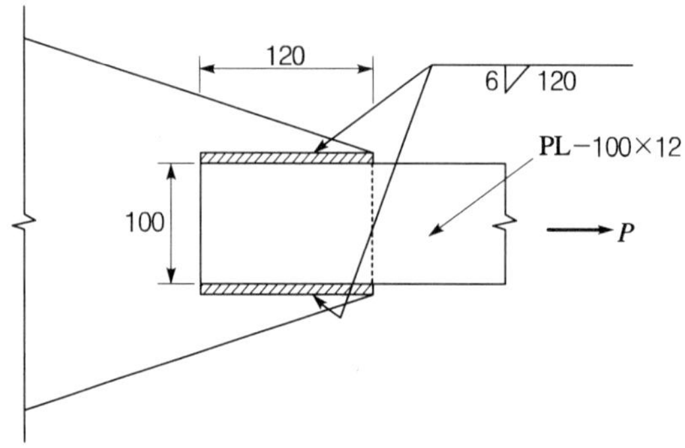


**그림 4.41** 예제 4.6

**풀이**

(1) 필릿용접 이음부의 설계강도

본 예제의 경우 모재 강도는 용접재의 강도보다 크다(계산은 5장 인장재 참조).

용접재의 강도

$\phi = 0.75$

$F_w = (0.6F_{uw}) = 0.6 \times 420 = 252\text{N/mm}^2$

$a = 0.7s = 0.7 \times 6 = 4.2\text{mm}$

$l_e = 2 \times (l - 2 \times s) = 2 \times (120 - 2 \times 6) = 216\text{mm}$

$A_w = a \times l_e = 4.2 \times 216 = 907\text{mm}^2$

$\phi F_w A_w = 0.75 \times 252 \times 907 \times 10^{-3} = 171.4\text{ kN}$

∴ 필릿용접 이음부의 설계강도

$\phi R_n = \phi F_w A_w = 171.4\text{ kN}$

(2) 필릿용접 이음부의 안전성 검토

$P_U = 1.2P_D + 1.6P_L = 1.2 \times 70 + 1.6 \times 50 = 164\text{ kN} < 171.4\text{kN}$ O.K

$P_U = 1.4P_D = 1.4 \times 70 = 98\text{ kN} < 171.4\text{ kN}$ O.K

* 필릿용접부의 하중각도에 따른 용접부의 설계강도 계산은 'H형강 접합부 설계매뉴얼'을 참조할 수 있다.

**예제 4.7**

그림 4.42와 같은 접합부에 고정하중과 활하중이 각각 $P_D = 75\text{kN}$, $P_L = 50\text{kN}$이 작용할 때 편심접합이 되지 않도록 필릿용접 이음부의 적절한 용접길이를 구하시오. 모재는 SM275, 용접재(KS D 7104 연강 및 고장력강용 아크용접플럭스 코어선)의 인장강도는 $F_{uw} = 420\text{N/mm}^2$이다.

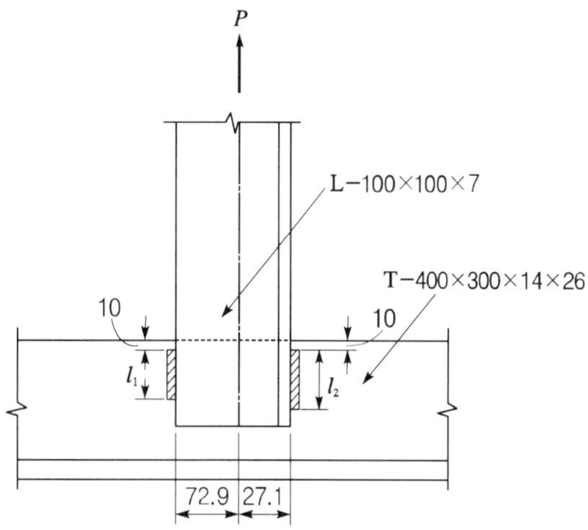


그림 4.42 예제 4.7

**풀이**

(1) 계수하중

$$P_U = 1.2P_D + 1.6P_L = 1.2\times 75 + 1.6\times 50 = 170\text{kN}$$

(2) 필릿사이즈

얇은 쪽 판두께가 7mm이므로 필릿용접의 최대사이즈는 표 4.14에 따라 판두께보다 2mm 작은 5mm이고, 필릿용접의 최소사이즈는 표 4.15에 따라 5mm이다. 따라서 필릿사이즈는 $s = 5\text{mm}$로 설계한다.

(3) 단위길이당 필릿용접 이음부의 설계강도 및 유효용접길이

필릿용접 이음부의 설계강도는 모재의 강도와 용접재의 강도 중 작은 값으로 결정된다. 그러나 모재의 강도가 계수하중보다 매우 크기 때문에 용접재의 강도가 필릿용접 이음부의 설계강도가 되도록 유효용접길이를 산정한다.

용접재의 강도

$\phi = 0.75$

$F_w = (0.6F_{uw}) = 0.6\times 420 = 252\text{N/mm}^2$

$a = 0.7s = 0.7\times 5 = 3.5\text{mm}$

$A_w = a\times 1 = 3.5\times 1 = 3.5\text{mm}^2$/단위길이

$\therefore \phi F_w A_w = 0.75\times 252\times 3.5 = 661.5\ \text{N/mm}$

소요 유효용접길이 $l_e = P_u/(\phi F_w A_w)$

$= 170\times 10^3/661.5 = 257\text{mm}$

(4) 편심접합이 되지 않도록 용접길이의 배분

$l_e = L_1 + L_2 = 257$ ------------------ ①

재축중심선에 대하여 모멘트 평형조건식이 만족되어야 하므로

$L_1 \times 72.9 = L_2 \times 27.1$

즉, $L_2 = 2.69 L_1$ ------------------ ②

①, ②를 연립하여 풀면

$L_1 = 69.7\text{mm}, \ L_2 = 187.3\text{mm}$

∴소요 실제용접길이 = 소요 유효용접길이 + 2s

$l_{1,req} = L_1 + 2s = 69.7 + 2 \times 5 = 79.7 \rightarrow l_1 = 80\text{mm}$

$l_{2,req} = L_2 + 2s = 187.3 + 2 \times 5 = 197.3 \rightarrow l_2 = 200\text{mm}$

**예제 4.8**

그림 4.43과 같이 PL–9×45 플레이트를 10mm 두께의 플레이트에 겹침길이를 100mm로 하여 양측면에 필릿용접 접합하려고 할 때 필릿사이즈와 용접길이를 결정하시오. 고정하중과 활하중은 각각 $P_D = 30\text{kN}$, $P_L = 40\text{kN}$이고 모재는 SM355, 용접재(KS D 7104 연강 및 고장력강용 아크용접플럭스 코어선)의 인장강도는 $F_{uw} = 490\text{N/mm}^2$이다.

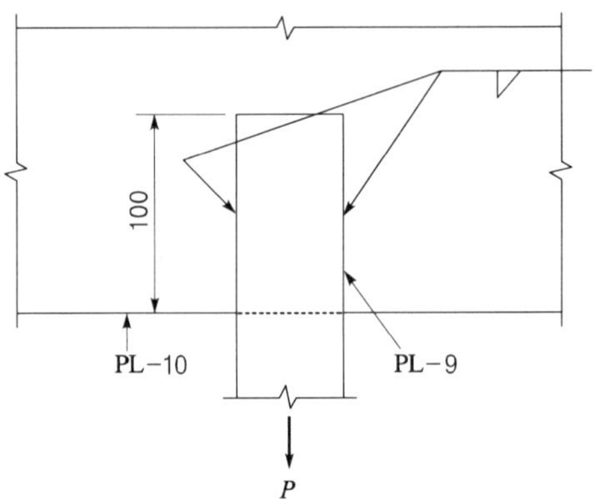


**그림 4.43** 예제 4.8

**풀이**

(1) 필릿용접의 최소사이즈

모재의 얇은 쪽 판 두께가 9mm이므로 최소사이즈는

$s_{\min} = 5\text{mm}(6 \le t = 9 < 13)$ (표 4.15)

(2) 필릿용접의 최대사이즈

모재의 얇은 쪽 판 두께가 9mm이므로 최대사이즈는

$s_{\max} = \text{t} - 2 = 9 - 2 = 7\text{mm}$ (표 4.14)

(3) 계수하중

$P_U = 1.2 P_D + 1.6 P_L = 1.2 \times 30 + 1.6 \times 40 = 100\text{kN}$

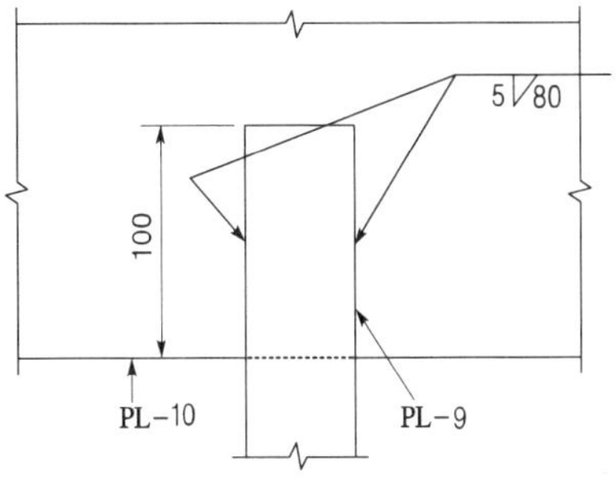


(4) 단위길이당 필릿용접 이음부의 설계강도 및 유효용접길이

필릿사이즈는 최소사이즈인 5mm로 가정하고, 필릿용접 이음부의 설계강도는 용접재의 강도로 결정되도록 한다.

$\phi = 0.75$

$F_w = (0.6F_{uw}) = 0.6 \times 490 = 294\text{N/mm}^2$

$a = 0.7s = 0.7 \times 5 = 3.5\text{mm}$

$A_w = a \times 1 = 3.5 \times 1 = 3.5\text{mm}^2$

$\therefore \phi F_w A_w = 0.75 \times 294 \times 3.5 = 771.8\ \text{N/mm}$

소요 유효용접길이는 $l_e = P_u / (\phi F_w A_w)$

$= 100 \times 10^3 / 771.8 = 130\text{mm}$

플레이트 한 쪽의 소요 실제용접길이는

$\therefore\ l_{req} = l_e/2 + 2s = 130/2 + 2 \times 5 = 75\ \text{mm} < 100\text{mm}$ O.K

$\therefore$ 용접길이 $l = 80\text{mm}$를 사용한다.

(5) 최소 유효용접길이 검토

$l_e = l - 2s = 80 - 2 \times 5 = 70\text{mm} \geq 4s = 4 \times 5 = 20\text{mm}$ O.K

$\therefore$ 필릿사이즈 $s = 5\text{mm}$, 용접길이 $l = 80\text{mm}$로 한다.

**예제 4.9**

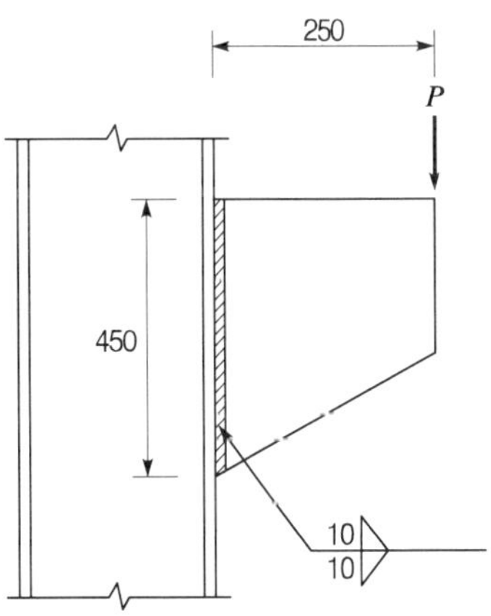


**그림 4.44** 예제 4.9

그림 4.44와 같이 브라켓에 고정하중이 $P_D = 100\text{kN}$, 활하중이 $P_L = 50\text{kN}$ 작용할 때, 이음부를 양면 필릿용접으로 할 경우 접합부의 안전성을 검토하시오. 모재는 SM275, 용접재(KS D 7104 연강 및 고장력강용 아크용접플럭스 코어선)의 인장강도는 $F_{uw} = 420\text{N/mm}^2$이다. 기둥 플랜지와 브라켓의 단면적은 충분히 크다고 가정한다.

**풀이**

(1) 필릿용접 이음부에 작용하는 응력

계수하중

$P_u = 1.2P_D + 1.6P_L = 1.2 \times 100 + 1.6 \times 50 = 200\text{kN}$

필릿용접 이음부에 작용하는 부재력

$M = P_u \times e = 200 \times 250 = 50{,}000\text{kN} \cdot \text{mm}$

$V = P_u = 200\text{kN}$

필릿용접의 유효목두께 및 용접유효길이

$a = 0.7s = 0.7 \times 10 = 7\text{mm}$

$l_e = l - 2s = 450 - 2 \times 10 = 430\text{mm}$

따라서, 양면 필릿용접의 유효면적 및 단면계수

$A_w = (a \cdot l_e) \times 2\text{면} = 7 \times 430 \times 2 = 6{,}020\text{mm}^2$

$$S_w = \frac{a \cdot l_e^2}{6} \times 2\text{면} = \frac{7 \times 430^2 \times 2}{6} = 431{,}433\text{mm}^3$$

휨모멘트에 의한 축방향응력 및 전단력에 의한 전단응력

$$\sigma_u = \frac{M}{S_w} = \frac{50{,}000 \times 10^3}{431{,}433} = 116\text{N/mm}^2$$

$$v_u = \frac{V}{A_w} = \frac{200 \times 10^3}{6{,}020} = 33\text{N/mm}^2$$

(2) 필릿용접 이음부의 안전성 검토(식(2.5))

조합응력을 받는 필릿용접 이음부의 응력

$$\sqrt{\sigma_u^2 + v_u^2} = \sqrt{116^2 + 33^2} = 120.6\text{N/mm}^2 < \phi F_w = 0.75(0.6F_{uw})$$

$$= 0.75 \times 0.6 \times 420 = 189\text{N/mm}^2 \quad \text{O.K}$$

따라서, 필릿용접 이음부는 구조적으로 안전함.

## 4.5 병용접합

앞에서 각종 접합법의 특성과 설계에 대해서 기술하였다. 이들을 1개소의 접합부에 병용할 경우 각종 접합법의 강성과 내력 등을 고려하여 다음과 같이 할 수 있다.

혼용접합은 접합부별로 접합법을 달리하는 경우로서 병용접합과 다르다.

### 4.5.1 고장력볼트와 일반볼트의 병용

일반볼트접합은 볼트축 또는 구멍과의 간격이 크므로 접합강성이 작다. 한편 고장력볼트 마찰접합은 미끄럼하중까지는 강성이 극히 크므로 1개소의 이음 또는 접합부에 고장력볼트와 볼트를 겸용하는 경우에는 강성이 큰 고장력볼트에 전내력을 부담시켜야 한다.

### 4.5.2 고장력볼트와 용접접합의 병용

고장력볼트와 용접접합을 1개소의 이음 또는 접합부에 병용하는 경우 용접접합에 전내력을 부담하도록 해야 한다. 다만, 고장력볼트를 먼저 조인 후에 용접하는 경우, 접합부의 내력은 양쪽 접합내력의 합으로 설계할 수 있다.

용접에 의해서 기존부재에 증축, 개축할 때에는 고장력볼트는 기존 구조물의 고정하중을 지지하고 있으므로 하중을 고장력볼트와 용접에 분담시킬 수 있다.

## 4.6 끼움재 및 이음

1) 끼움재

용접구조에서 두께 6mm 이상의 끼움재는 이음판의 연단 밖으로 돌출해야 하며, 이음판의 하중을 충분히 전달할 수 있도록 피접합재에 용접되어야 한다. 두께 6 mm 이하의 끼움재는 이음판의 단부와 일치되게 용접해야 한다.

2) 이음

플레이트거더와 보의 그루브용접 이음은 작은 쪽 이음 단면의 전강도로 설계해야 한다. 플레이트거더와 보의 단면 내에서 다른 형태의 이음은 이음점에서의 소요강도에 충분하도록 설계해야 한다.

## 4.7 지압강도

밀 가공면, 핀의 구멍, 베어링 스티프너 등이 지압을 받을 때 지압표면의 설계강도 $\phi R_n$은 다음 식으로 산정한다.

$$\phi = 0.75$$

$$R_n = 1.8 F_y A_{pb} \tag{4.14}$$

여기서, $F_y$ : 항복강도(N/mm²)

$A_{pb}$ : 투영된 지압면적(mm²)

## 4.8 앵커볼트

앵커볼트는 주각부의 베이스 플레이트가 부담해야 할 휨모멘트, 전단력, 인장력 등 모든 설계조건에 대해 저항할 수 있도록 설계해야 한다. 기타 사항은 KDS 14 20 54 : 2016 콘크리트용 앵커 설계기준에 따른다.

## 연습문제

1) 고정하중 50kN과 활하중 50kN이 작용하는 그림 4.45와 같은 인장재에 합당한 필릿용접의 용접길이를 산정하시오. 필릿용접 사이즈 s는 6mm이고, 모재는 SM355, 용접재(KS D 7104 연강 및 고장력강용 아크용접플럭스 코어선)의 인장강도는 $F_{uw} = 490\text{N/mm}^2$이다. 필릿용접 이음부의 설계강도는 용접재의 강도로 결정되도록 한다.

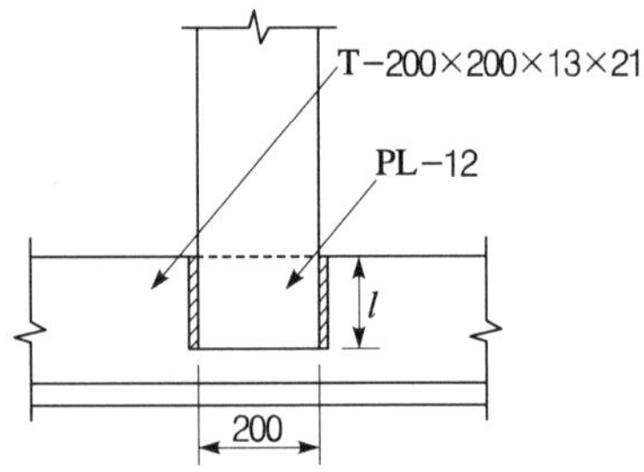


그림 4.45 연습문제 1)

[답] 양측면을 각각 90mm 필릿용접

2) 그림 4.46과 같은 이음부의 1면 마찰접합의 설계강도를 산정하시오. 강재는 SM275이고 고장력볼트는 M20(F10T, 표준구멍)이다. 나사부가 전단면에 포함되지 않으며, 이음부 플레이트는 안전하고, 사용하중상태에서 고장력볼트구멍의 변형이 설계에 고려된다고 가정한다. 마찰면은 블라스트 후 페인트하지 않았고, 필러를 사용하지 않았다.

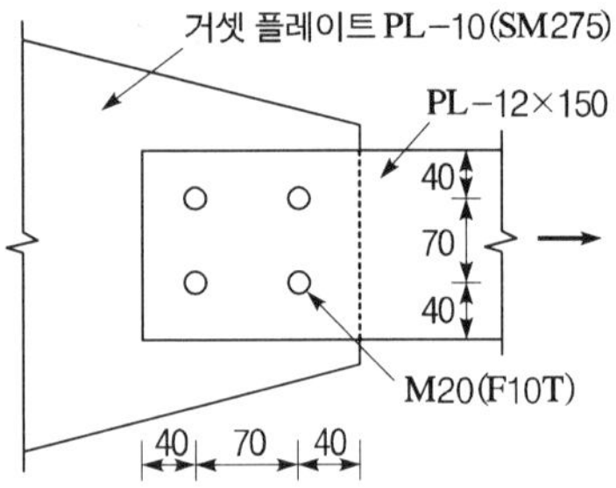


그림 4.46 연습문제 2)

[답] 330kN

3) 고정하중 30kN과 활하중 200kN이 작용하는 그림 4.47과 같은 고장력볼트 이음부의 마찰접합에 의한 고장력볼트 개수를 산정하시오. 사용된 고장력볼트는 M22(F10T, 표준구멍)이고, 2면 전단 접합형태의 고장력볼트 2열을 갖는다. 모든 접합판의 두께는 10mm, 폭은 250mm이고 강재의 재질은 SM275이다. 다른 조건은 연습문제 2)와 동일하다고 가정한다.

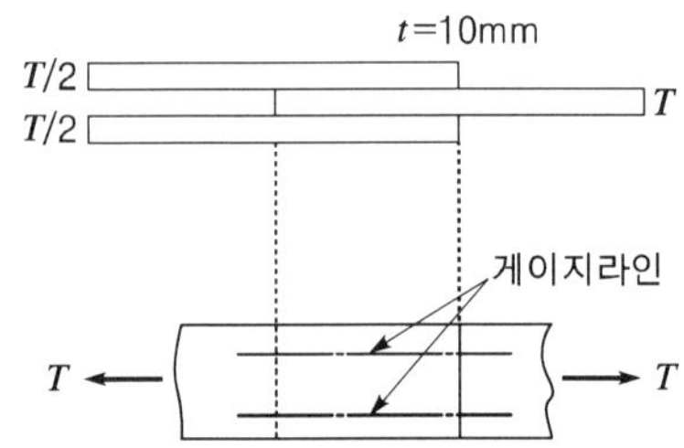


그림 4.47 연습문제 3)

[답] 4개

**4)** 그림 4.48과 같이 고장력볼트 지압접합으로 되어 있는 브레이스 접합부에 소요인장력 $P_u = 700\text{kN}$ 이 작용할 때, 고장력볼트의 안전성을 검토하고 필릿용접의 용접길이를 산정하시오. 부재의 재질은 모두 SM355이고, 필릿사이즈는 10mm로 가정하며 편심의 영향은 무시한다. 용접재(KS D 7104 연강 및 고장력강용 아크용접플럭스 코어선)의 인장강도는 $F_{uw} = 490\text{N/mm}^2$ 이다. 필릿용접 이음부의 설계강도는 용접재의 강도로 결정되도록 한다.

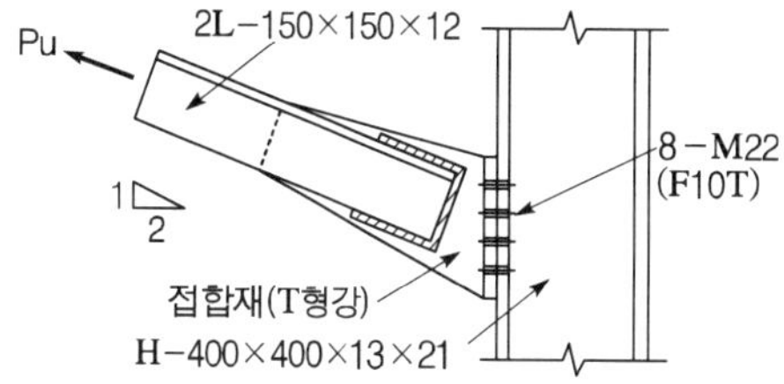


**그림 4.48** 연습문제 4)

[답] 고장력볼트 : 안전함
필릿용접의 용접길이 : 250mm

**5)** 그림 4.49와 같이 소요압축강도, $P_u = 170\text{kN}$ 을 받고 있는 보를 지지하는 브라켓의 이음면을 양면 필릿용접으로 접합할 때 용접부의 안전성을 검토하시오. 부재의 재질은 모두 SM355이고, 필릿사이즈는 10mm이며 이음부 플레이트는 안전한 것으로 가정한다. 용접재(KS D 7104 연강 및 고장력강용 아크용접플럭스 코어선)의 인장강도는 $F_{uw} = 490\text{N/mm}^2$이다.

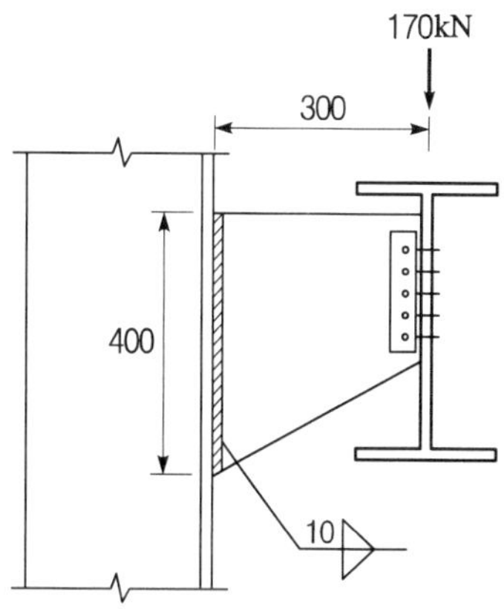


**그림 4.49** 연습문제 5)

[답] 안전함

**6)** 그림 4.50과 같은 도시된 용접부를 그림으로 설명하시오.

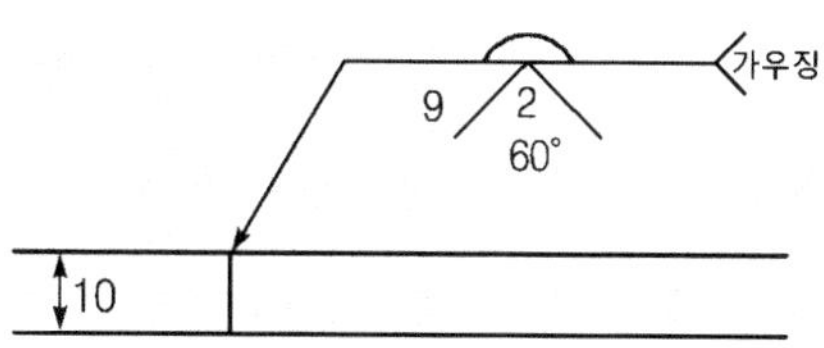


**그림 4.50** 연습문제 6)

[답]

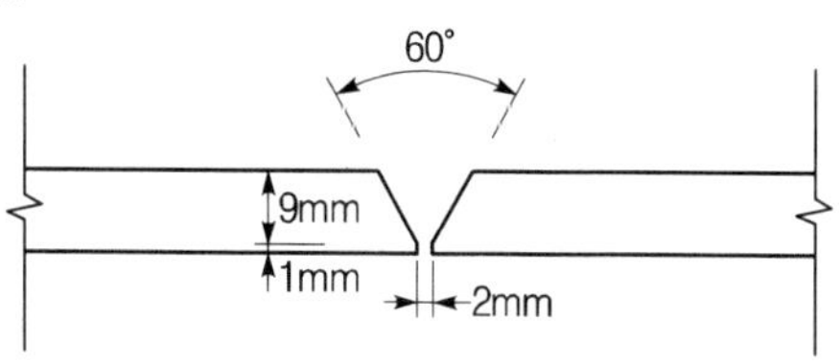

**7)** 그림 4.51과 같은 용접부를 용접기호로 표시하고 용접 시공시의 순서를 기재하시오.

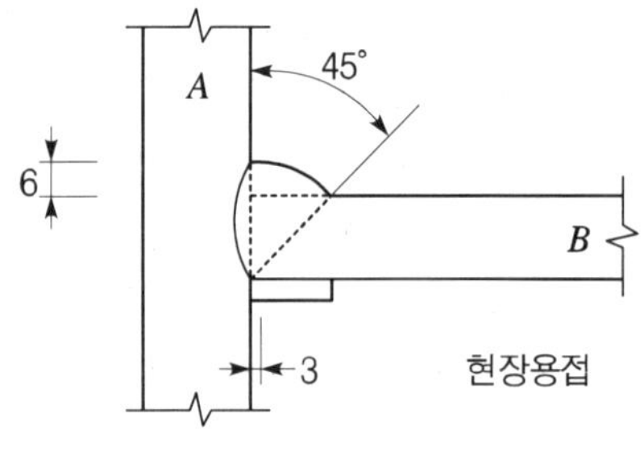


**그림 4.51** 연습문제 7)

[답] (1) 용접기호

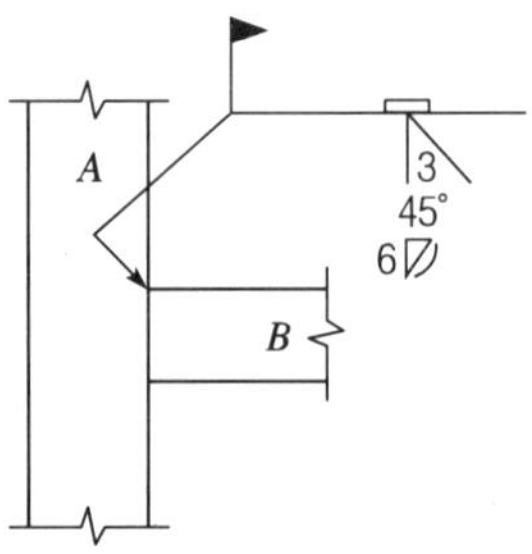


(2) 용접순서 :
B부재 개선 → 뒷댐재 설치 → 그루브용접 → 용접부 표면정리

## 참고문헌


4.1 한국강구조학회 (2014). "하중저항계수설계법에 의한 강구조설계기준".

4.2 국토교통부 건축구조기준 (2019). "건축물 강구조 설계기준 KDS 41 31 00 : 2019", 국가건설기준센터.

4.3 국토교통부 건축구조기준 (2019). "강구조 공사 KCS 14 31 00 : 2019", 국가건설기준센터.

4.4 국토교통부 구조설계기준 (2016). "콘크리트용 앵커 설계기준 KDS 14 20 54 : 2016", 국가건설기준센터.

4.5 한국강구조학회편 (1992). "강구조용어사전".

4.6 한국건축구조기술사회 (2016), "H형강 접합부 설계매뉴얼".

4.7 KS B 0106 (2016). "용접용어", 한국표준협회.

4.8 AISC (2016). "Specification for Structural Steel Buildings", AISC.

4.9 Galambos, Theodore V.외 2인 (1998). "기본 강구조 설계", 영풍문고.

4.10 Geschwindner, Louis F., Disque, Robert O., Bjorhovde, Reidar (1994). "Load and Resistance Factor Design of Structures", Prentice Hall.

4.11 McCormac, Jack C (1995). "Structural Steel Design LRFD method", 2nd ed., Harper Collins.

4.12 Segui, W. T. (2013). "LRFD Steel Design", 5th ed., Cengage.

4.13 Tamboli, Akbar R. (1997). "Steel Design Handbook LRFD Method", McGraw-Hill.

Design of Steel Structures

# 제5장 인장재

## 5.1 개요

인장재란 부재의 축방향으로 인장력을 받는 구조부재로서 트러스구조의 현재, 고층구조물의 가새(bracing system), 현수구조(suspension structure)에 쓰이는 케이블 등이 대표적인 인장재이다. 일반적으로 널리 쓰이는 인장재의 단면형태로는 강봉이나 ㄱ형강 그리고 T형강 등이 주로 사용되나 인장력이 큰 경우에는 H형강이 쓰이기도 한다. 인장재의 단부접합에는 고장력볼트 등의 파스너나 용접을 사용한다.

접합에 연결재를 사용할 경우 인장재에 파스너의 설치를 위한 구멍을 뚫어야 하므로 인장력을 지지하는 단면적이 줄어들게 되어서 인장재의 설계에는 이러한 단면결손에 의한 영향을 고려하여야 한다. 따라서 인장재는 총단면에 대한 항복과 단면결손 부분의 파단이라는 두 가지 한계상태에 대해 검토해야 한다.

## 5.2 총단면적

총단면적($A_g$)이란 부재축의 직각방향으로 측정된 각 요소단면의 합이다.

## 5.3 순단면적

### 5.3.1 정렬배치 구멍인 경우

순단면적이란 인장재 접합부의 연결재 구멍에 의한 결손부분을 고려한 단면적으로서 구멍의 배열상태에 따라 파단이 일어나는 형태가 달라지므로 모든 발생 가능한 파단선에 대해 순단면적을 구한 후 그 중 가장 작은 값을 인장재의 순단면적으로 사용해야 한다. 그림 5.1(a)와 같이 연결재가 인장력에 직각인 방향으로 나란히 정렬배열된 경우에는 파괴가 연결재 구멍의 중심을 따라 일어나므로 파단선은 A-B가 된다. 이 때 단면의 순단면적 $A_n$은 총단면적 $A_g$에서 연결재 구멍에 의한 결손부분을 뺀 값으로 다음과 같이 구할 수 있다.

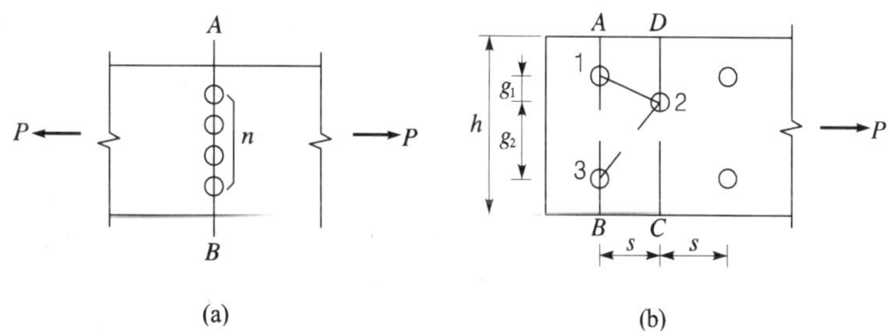


**그림 5.1** 인장재의 파단선

$$A_n = A_g - ndt \tag{5.1}$$

여기서, $n$ : 인장력에 의한 파단선상에 있는 구멍의 수

$d$ : 연결재 구멍의 직경(mm)으로 표 4.5의 구멍치수에 따른다. 즉, M20의 경우 22mm를 적용한다.

$t$ : 부재의 두께(mm)

### 5.3.2 불규칙(엇모)배치 구멍인 경우

그림 5.1(b)와 같이 연결재의 구멍이 엇갈리게 불규칙(엇모)배열된 경우에는 A-1-3-B, A-1-2-3-B, A-1-2-C 그리고 D-2-3-B의 네 가지의 파단선을 가정할 수 있다. 파단선 A-1-3-B의 경우 연결재가 동일 직선상에 위치하므로 순단면적은 식(5.1)을 사용하여 구한다. 파단선 A-1-2-3-B의 경우는 파단선 상의 구멍의 개수는 증가하나 구멍들이 동일직선 상에 있지 않아 동일직선 상에 있는 경우에 비해 구멍에 의한 단면결손효과가 줄어들게 되며, 이러한 경우에는 다음과 같이 순단면적을 구한다.

$$A_n = A_g - ndt + \Sigma \frac{s^2}{4g} t \tag{5.2}$$

여기서, $s$ : 인접한 2개 구멍의 응력 방향 중심간격(mm)

$g$ : 연결재 게이지선 사이의 응력 수직방향 중심간격(mm)

그림 5.1(b)의 4가지 파단선의 경우에 대한 순단면적은 다음과 같다.

파단선 A-1-3-B : $A_n = (h - 2d)t$

파단선 A-1-2-3-B : $A_n = \left(h - 3d + \frac{s^2}{4g_1} + \frac{s^2}{4g_2}\right)t$

파단선 A-1-2-C : $A_n = \left(h - 2d + \frac{s^2}{4g_1}\right)t$

파단선 D-2-3-B : $A_n = \left(h - 2d + \frac{s^2}{4g_2}\right)t$

이 중에서 순단면적이 가장 작은 경우가 실제로 파괴가 일어나는 파단선이며 이 인장재의 순단면적이 된다. 그런데 파단선 A-1-2-C와 D-2-3-B의 순단면적은 파단선 A-1-3-B의 경우보다 항상 크므로 파단선 A-1-2-C와 D-2-3-B의 경우는 처음부터 고려할 필요가 없다는 것을 알 수 있다.

그림 5.2(a)와 같이 동일 평면상에 있지 않은 ㄱ형강의 순단면적은 그림 5.2(b)와 같이 두 면을 펴서 동일 평면상에 놓은 후 앞에서와 동일한 방법으로 구한다. 이때 게이지선 사이의 간격 $g$의 값은 그림 5.2(a)에서 ㄱ형강의 두 구멍 사이의 거리

는 중복되는 두께 $t$를 감한 값을 사용한다. 즉, $g$값은 식(5.3)과 같이 결정한다.

$$g = g_a + g_b - t \tag{5.3}$$

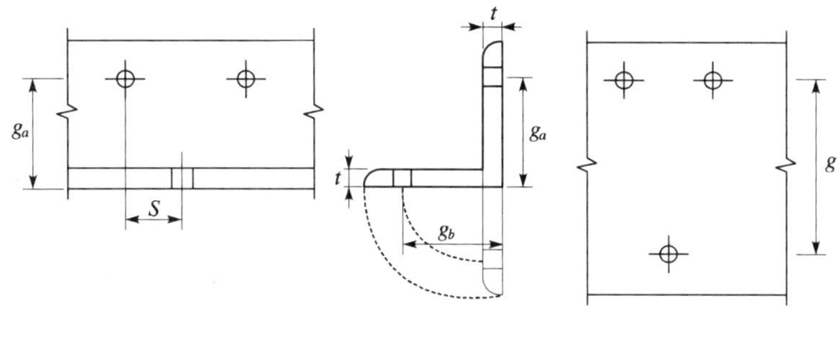


(a) (b)

**그림 5.2** ㄱ형강의 순단면적

## 예제 5.1

다음 그림 5.3과 같은 인장재의 순단면적을 구하시오. 사용 고장력볼트는 M20(F10T)이고 판의 두께는 6mm이다.

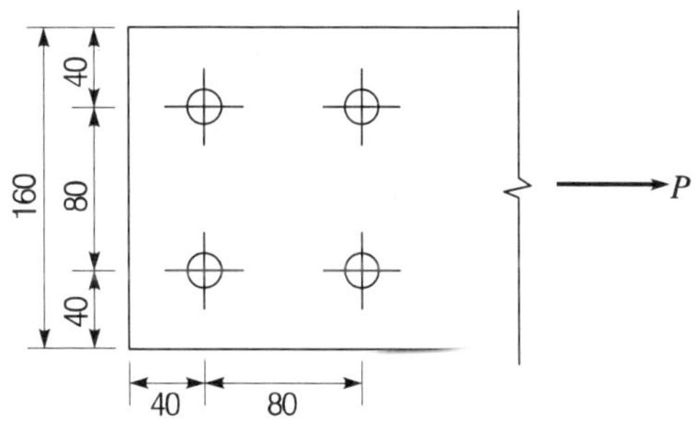


**그림 5.3** 예제 5.1

**풀이**

볼트구멍 직경 $d-22$mm(표 4.5)

$$A_g = 6 \times 160 = 960\text{mm}^2$$

$$A_n = A_g - ndt = 960 - 2 \times 22 \times 6 = 696\text{mm}^2$$

∴ 순단면적은 $696\text{mm}^2$

**예제 5.2**

다음 그림 5.4와 같은 인장재의 순단면적을 구하시오. 강판의 두께는 10mm이고, 사용 고장력볼트는 M22(F10T)이다.

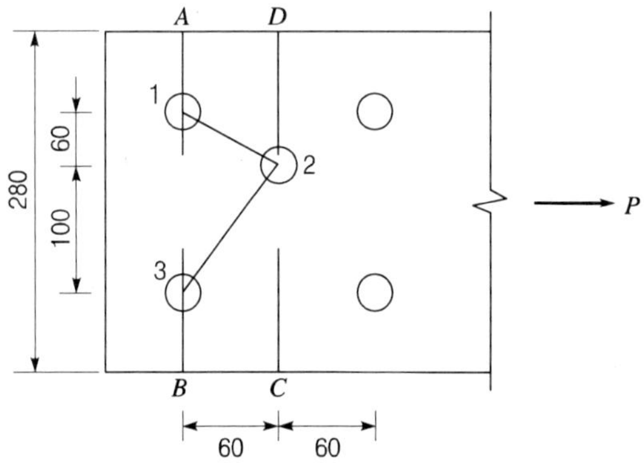


**그림 5.4** 예제 5.2

**풀이**

볼트구멍 직경 $d = 24\text{mm}$(표 4.5)

$$A_g = 10 \times 280 = 2{,}800\text{mm}^2$$

(1) A-1-3-B인 경우

$$A_n = 2{,}800 - 2 \times 24 \times 10 = 2{,}320\text{mm}^2$$

(2) A-1-2-C인 경우

$$A_n = 2{,}800 - 2 \times 24 \times 10 + \left(\frac{60^2}{4 \times 60}\right) \times 10 = 2{,}470\text{mm}^2$$

(3) A-1-2-3-B인 경우

$$A_n = 2{,}800 - 3 \times 24 \times 10 + \left(\frac{60^2}{4 \times 60} + \frac{60^2}{4 \times 100}\right) \times 10 = 2{,}320\text{mm}^2$$

(4) D-2-3-B인 경우

$$A_n = 2{,}800 - 2 \times 24 \times 10 + \left(\frac{60^2}{4 \times 100}\right) \times 10 = 2{,}410\text{mm}^2$$

(1)~(4) 중 가장 작은 값이 순단면적이다.

∴ 순단면적은 $2{,}320\text{mm}^2$

이 문제의 경우 구멍 2개를 지나는 파단선 (1) A-1-3-B, (2) A-1-2-C 및 (4) D-2-3-B 중 (2) A-1-2-C 및 (4) D-2-3-B는 (1) A-1-3-B의 경우보다 항상 크므로 파단선 (2) A-1-2-C 및 (4) D-2-3-B의 경우는 처음부터 고려할 필요가 없다.

**예제 5.3**

다음 그림 5.5와 같은 L–90×90×10 인장재의 순단면적을 구하시오. 사용 고장력볼트는 M20(F10T)이고, L–90×90×10의 단면적은 1,700mm²이다.

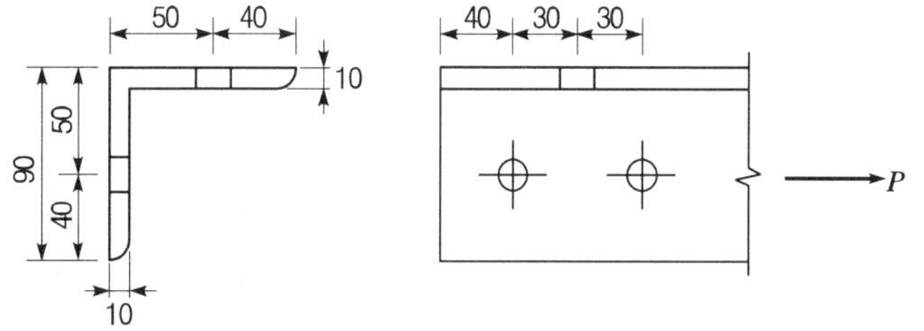


**그림 5.5** 예제 5.3(a)

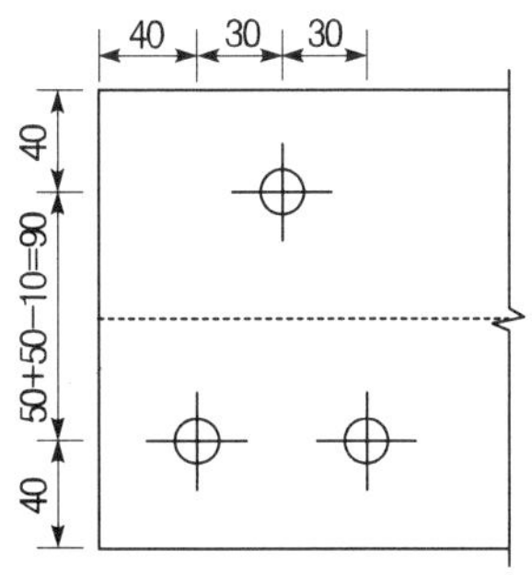


**그림 5.6** 예제 5.3(b)

**풀이**

볼트구멍 직경 $d = 22\text{mm}$(표 4.5)

$A_g = 1{,}700\text{mm}^2$

$g = g_a + g_b - t = 50 + 50 - 10 = 90\text{mm}$

(1) A–1–B인 경우

$$A_n = 1{,}700 - 1\times 22\times 10 = 1{,}480\text{mm}^2$$

(2) C–2–1–B인 경우

$$A_n = 1{,}700 - 2\times 22\times 10 + \left(\frac{30^2}{4\times 90}\right)\times 10 = 1{,}285\text{mm}^2$$

(1)~(2) 중 가장 작은 값이 순단면적이다.

∴ 순단면적은 $1{,}285\text{mm}^2$

## 5.4 유효순단면적

접합부에서 어느 정도 떨어진 위치에서는 인장재 내의 응력은 단면에 걸쳐 균등하게 분포된다. 그러나 접합부 가까이에서는 접합의 형태에 따라 응력의 분포가 달라질 수 있다. 그림 5.7과 같이 인장재의 한 변만이 접합에 사용된 경우에는 접합의 중심이 인장재의 중심과 일치하지 않게 되어 편심에 의한 영향이 발생하게 된다. 이처럼 편심이 발생하는 접합부에서의 응력의 흐름을 살펴보면 인장력은 먼저 접합에 사용된 면을 통해 전단응력의 형태로 점차 전체 단면으로 전달되게 된다. 이 때 접합에 사용된 면은 전체가 인장력을 받게 되나 접합에 사용되지 않은 면에는 인장력이 불균등하게 생기게 되는데 이러한 현상을 전단지연(전단뒤짐, shear lag)이라 한다.

이러한 전단지연의 영향을 고려하기 위해 순단면적 대신에 다음과 같은 유효순단면적 $A_e$를 사용한다.

$$A_e = UA_n \tag{5.4}$$

여기서, $U$ : 전단지연계수

$$U = 1 - \bar{x}/l,\ \ \bar{x} = \left(\bar{x}_1,\ \bar{x}_2\right)_{max} \tag{5.5}$$

$A_n$은 순단면적으로 용접접합의 경우 연결재 구멍에 의한 단면결손이 없으므로 순단면적의 값으로 총단면적을 사용한다. 전단지연현상은 그림 5.7에서와 같이 인장부재의 중심축과 인장력의 축이 일치하지 않을 때 특히 많이 발생하며 두 축사이의 거리 $\bar{x}$가 커질수록 심해지며, 접합부의 길이 $\ell$이 길어질수록 전단지연의 영향이 줄어들게 된다(Munse와 Chesson, 1963). $U$값의 일부 사례를 표 5.1에 나타낸다.

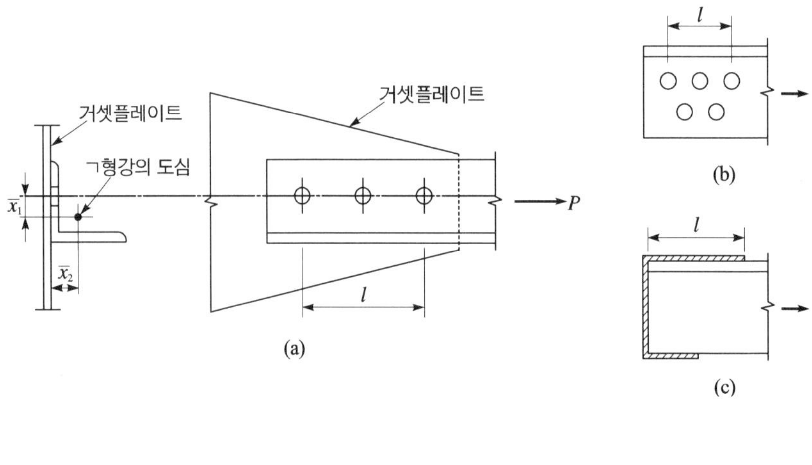


**그림 5.7** 유효순단면적

**표 5.1** 인장재접합부의 전단지연계수 ($U$)

<table>
<tr><th>사례</th><th colspan="2">요소 설명</th><th>전단지연계수, $U$</th><th>예</th></tr>
<tr><td>1</td><td colspan="2">인장력이 용접이나 파스너를 통해 각각의 단면요소에 직접적으로 전달되는 모든 인장재 (사례 3, 4, 5, 6과 같은 경우는 제외한다.)</td><td>$U=1.0$</td><td>-</td></tr>
<tr><td>2</td><td colspan="2">인장력이 길이방향 용접이나 파스너를 통해 단면요소의 일부에 전달되는, 판재와 강관을 제외한 모든 인장재 (H형강은 사례 7을 적용할 수도 있다.)</td><td>$U=1-\bar{x}/l$</td><td>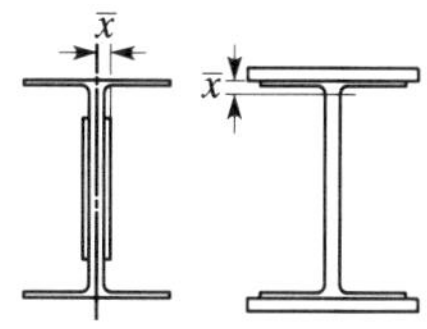</td></tr>
<tr><td>3</td><td colspan="2">인장력이 가로방향 용접을 통해 단면요소의 일부에 전달되는 모든 인장재</td><td>$U=1.0$<br>그리고<br>$A_n$= 직접 접합된 요소의 면적</td><td>-</td></tr>
<tr><td>4</td><td colspan="2">인장력이 길이방향 용접만을 통해서 전달되는 판재</td><td>$l \geq 2w \ldots U=1.00$<br>$2w > l \geq 1.5w \ldots U=0.87$<br>$1.5w > l \geq w \ldots U=0.75$</td><td>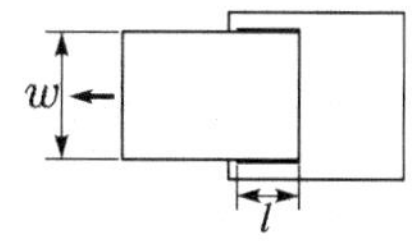</td></tr>
<tr><td>5</td><td colspan="2">중심축에 단일 거셋플레이트를 용접한 원형강관</td><td>$l \geq 1.3D \ldots U=1.0$<br>$D \leq l < 1.3D \ldots U=1-\bar{x}/l$<br>여기서, $\bar{x}=D/\pi$</td><td>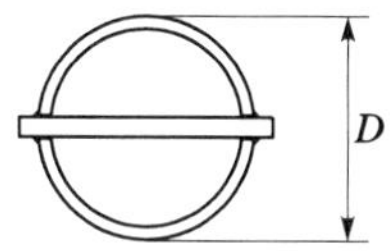</td></tr>
<tr><td rowspan="2">6</td><td rowspan="2">각형강관 부재</td><td>중심축에 단일 거셋플레이트가 있는 경우</td><td>$l \geq H \ldots U=1-\bar{x}/l$<br>여기서, $\bar{x}=\dfrac{B^2+2BH}{4(B+H)}$</td><td>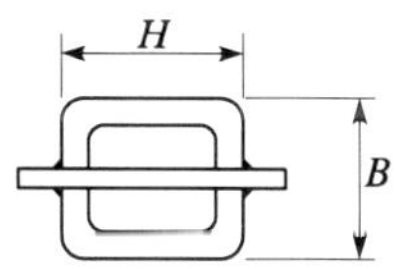</td></tr>
<tr><td>양측면에 거셋플레이트가 있는 경우</td><td>$l > H \quad U=1-\bar{x}/l$<br>여기서, $\bar{x}=\dfrac{B^2}{4(B+H)}$</td><td>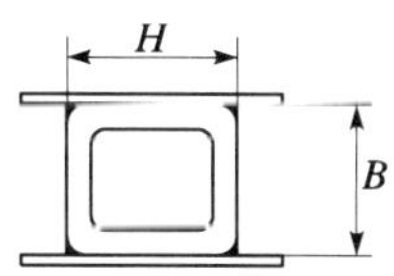</td></tr>
<tr><td rowspan="2">7</td><td rowspan="2">H형강 또는 T형강 (사례2와 비교하여 큰 값의 $U$를 사용할 수 있다.)</td><td>하중방향으로 매 열 당 3개 이상의 파스너로 접합한 플랜지의 경우</td><td>$B \geq 2/3H \cdots U=0.90$<br>$B < 2/3H \cdots U=0.85$</td><td>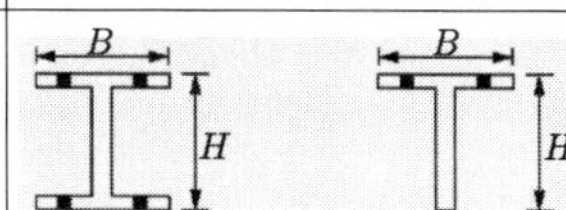</td></tr>
<tr><td>하중방향으로 매 열 당 4개 이상의 파스너로 접합한 웨브연결의 경우</td><td>$U=0.70$</td><td>-</td></tr>
<tr><td rowspan="2">8</td><td rowspan="2">단일 ㄱ형강 (사례2와 비교하여 큰 값의 $U$를 사용할 수 있다.)</td><td>하중방향으로 매 열 당 4개 이상의 파스너가 있는 경우</td><td>$U=0.80$</td><td>-</td></tr>
<tr><td>하중방향으로 매 열당 2개 또는 3개의 파스너가 있는 경우</td><td>$U=0.60$</td><td>-</td></tr>
</table>

**예제 5.4**

그림 5.8과 같은 인장재 등변ㄱ형강 L–150×150×12($A_g = 3,477\text{mm}^2$)의 유효순단면적을 구하시오. 형강의 재질은 SM275이며 사용 고장력볼트는 M24(F10T)이다. 여기서 $C_x = C_y = 41.4\text{mm}$이다.

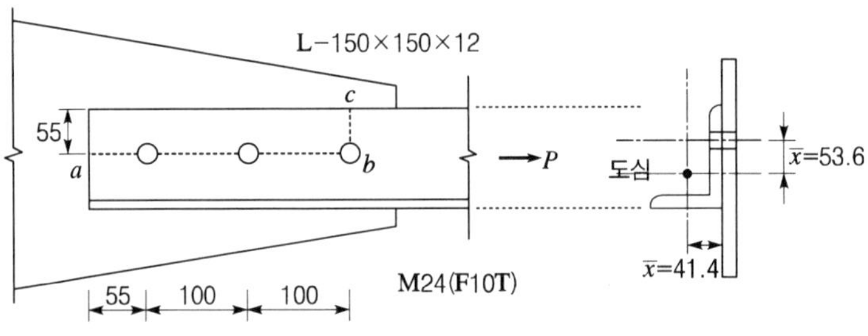


그림 5.8 예제 5.4

**풀이**

(1) 순단면적의 산정

볼트구멍 직경 $d = 27\text{mm}$(표 4.5)

$$A_n = A_g - ndt = 3,477 - 1 \times 27 \times 12 = 3,153\text{mm}^2$$

(2) 전단지연계수 $U$

$$\overline{x_1} = 41.4\text{mm}, \quad \overline{x_2} = (150 - 55) - 41.4 = 53.6\text{mm}$$

$$\overline{x} = (41.4\ ,\ 53.6)_{\max} = 53.6\text{mm}$$

$$U = 1 - \overline{x}/l = 1 - \frac{53.6}{100 + 100} = 0.732$$

(3) 유효 순단면적

$$\therefore A_e = U \times A_n$$

$$= 0.732 \times 3,153\text{mm}^2 = 2,308\text{mm}^2$$

## 5.5 블록전단파단

고장력볼트의 사용이 증가함에 따라 접합부의 설계는 보다 적은 개수의 그리고 보다 큰 직경의 볼트를 사용하는 경향으로 변하였다. 그러나 이러한 경향으로 인하여 접합부에서 블록전단파단(block shear rupture)이라는 파괴양상이 일어날 수 있는 가능성이 커지게 되었다. 블록전단파단이란 그림 5.9에서와 같이 a-b 부분의 전단파단과 b-c 부분의 인장파단에 의해 접합부의 일부분이 찢어져나가는 파단형태이다(Ricles와 Yura, 1983, Hardash와 Bjorhovde, 1985).

전단파괴선을 따라 발생하는 전단파단과 직각으로 발생하는 인장파단의 블록전단파단 한계상태에 대한 설계강도는 다음과 같이 산정한 공칭강도에 $\phi = 0.75$을 적용하여 구한다.

$$R_n = [0.6\ F_u\ A_{nv} + U_{bs} F_u\ A_{nt}] \le [0.6\ F_y\ A_{gv} + U_{bs} F_u\ A_{nt}] \quad (5.6)$$

여기서, $A_{gv}$ : 전단저항 총단면적($mm^2$)

$A_{nv}$ : 전단저항 순단면적($mm^2$)

$A_{nt}$ : 인장저항 순단면적($mm^2$)

$U_{bs}$ : 인장응력이 균일할 경우 1.0, 불균일할 경우 0.5 적용

**예제 5.5**

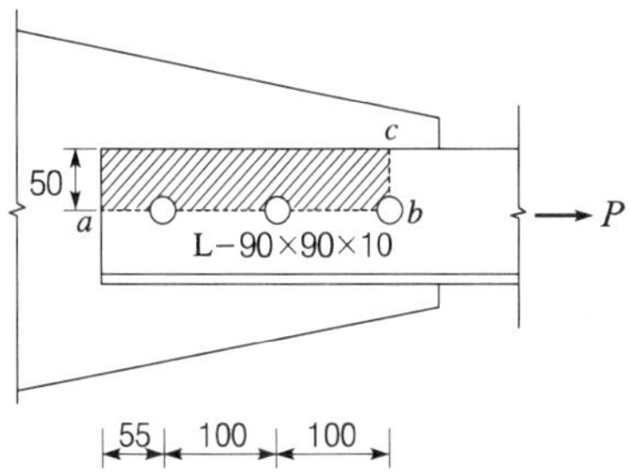


**그림 5.9** 예제 5.5

그림 5.9와 같은 인장재 등변ㄱ형강 L-90×90×10의 설계블록전단파단강도를 구하시오. 형강의 재질은 SM275($F_y = 275\text{N/mm}^2$, $F_u = 410\text{N/mm}^2$)이며 사용 고장력볼트는 M24(F10T)이다.

**풀이**

전단영역(파단선 a-b)

$A_{gv} = (55+100+100) \times 10 = 2{,}550\text{mm}^2$

$A_{nv} = \{55+100+100-(27\times 2.5)\}\times 10 = 1{,}875\text{mm}^2$

인장영역(파단선 b-c)

$A_{nt} = (50-27\times 0.5)\times 10 = 365\text{mm}^2$

인장응력이 균일하므로, $U_{bs} = 1.0$

$0.6\ F_u\ A_{nv} + U_{bs} F_u\ A_{nt} = 0.6\times 410\times 1{,}875 + 1.0\times 410\times 365 = 610{,}900\text{N}$

$0.6\ F_y\ A_{gv} + U_{bs} F_u\ A_{nt} = 0.6\times 275\times 2{,}550 + 1.0\times 410\times 365 = 570{,}400\text{N}$

식(5.6)에서

$R_n = [0.6\ F_u\ A_{nv} + U_{bs} F_u\ A_{nt}] > [0.6\ F_y\ A_{gv} + U_{bs} F_u\ A_{nt}]$이므로

전단항복이 지배,

∴ 설계블록전단파단강도는

$\phi R_n = 0.75[0.6 F_y\ A_{gv} + U_{bs} F_u\ A_{nt}]$

$= 0.75\{(0.6\times 275\times 2{,}550) + (1.0\times 410\times 365)\} = 427{,}800\text{N}$

$= 427.8\text{kN}$

**예제 5.6**

그림 5.10과 같은 H−200×200×8×12에 있어서 설계블록전단파단강도를 구하시오. 다만, 형강의 재질은 SM275($F_y = 275\text{N/mm}^2$, $F_u = 410\text{N/mm}^2$)이고, 사용 고장력볼트는 M20(F10T)이다. 다만, 거셋플레이트 두께는 상당히 큰 것으로 가정한다.

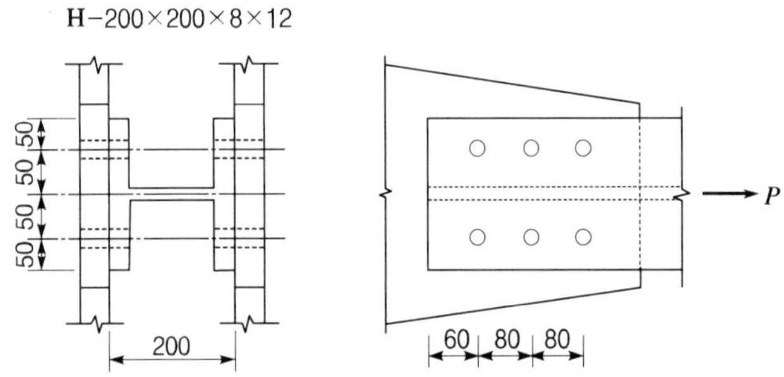


**그림 5.10** 예제 5.6

**풀이**

전단영역

$A_{gv} = (60 + 80 + 80) \times 12 = 2{,}640\text{mm}^2$

$A_{nv} = \{60 + 80 + 80 - (22 \times 2.5)\} \times 12 = 1{,}980\text{mm}^2$

인장영역

$A_{nt} = (50 - 22 \times 0.5) \times 12 = 468\text{mm}^2$

인장응력이 균일하므로, $U_{bs} = 1.0$

$0.6\ F_u\ A_{nv} + U_{bs} F_u\ A_{nt} = 0.6 \times 410 \times 1{,}980 + 1.0 \times 410 \times 468 = 678{,}960\text{N}$

$0.6\ F_y\ A_{gv} + U_{bs} F_u\ A_{nt} = 0.6 \times 275 \times 2{,}640 + 1.0 \times 410 \times 468 = 627{,}480\text{N}$

식(5.6)에서

$R_n = [0.6\ F_u\ A_{nv} + U_{bs} F_u\ A_{nt}] > [0.6\ F_y\ A_{gv} + U_{bs} F_u\ A_{nt}]$이므로

한쪽 플랜지면 반쪽의 설계블록전단파단강도

$\phi R_n = \phi[0.6 F_y A_{gv} + U_{bs} F_u A_{nt}]$

$= 0.75\{(0.6 \times 275 \times 2{,}640) + (1.0 \times 410 \times 468)\}$

$= 470{,}610\text{N}$

∴ 인장부재의 설계블록전단파단강도

$\phi R_n = 470{,}610 \times 4 = 1{,}882{,}440\text{N}$

$= 1{,}882.4\text{kN}$

## 5.6 인장재의 설계

인장재의 설계는 공칭하중에 하중계수를 곱한 후 이를 조합한 소요인장강도 $P_u$가 인장재의 공칭인장강도 $P_n$에 인장저항계수 $\phi_t$를 곱한 설계인장강도 $\phi_t P_n$보다 작게 하는 것이며 식으로 나타내면 다음과 같이 된다.

$$P_u \le \phi_t P_n \tag{5.7}$$

인장재의 설계는 총단면의 항복과 유효순단면의 파단이라는 두 가지의 한계상태에 대해 검토한다. 한계상태설계에서 인장저항계수 $\phi_t$는 연성을 갖는 총단면의 항복강도에 대해서는 0.9의 값을 적용하며, 급격한 파괴가 일어나는 유효순단면의 파단강도에 대해서는 0.75의 값을 적용한다.

인장재의 설계인장강도는 각각의 한계상태에 대한 강도 식(5.8)과 식(5.9)에 의한 $\phi_t P_n$과 식(5.6)에 의한 블록전단파단강도 중 작은 값으로 결정된다(Kulak 1987).

$$\text{총단면의 항복 : } P_n = F_y A_g \tag{5.8}$$
$$\phi_t = 0.90$$

$$\text{유효순단면의 파단 : } P_n = F_u A_e \tag{5.9}$$
$$\phi_t = 0.75$$

여기서, $F_y$ : 항복강도(N/mm$^2$)

$F_u$ : 인장강도(N/mm$^2$)

$A_e$ : 유효순단면적(mm$^2$)

$A_g$ : 총단면적(mm$^2$)

$P_n$ : 공칭인장강도(N)

이상과 같이 인장재의 설계를 위해서는 인장재 접합부의 설계를 포함한 다음의 5개 사항에 관하여 검토하여야 하고 설계흐름을 도시하면 그림 5.12와 같다.

① 총단면 항복
② 유효순단면파단
③ 블록전단파단
④ 고장력볼트 용접접합부
⑤ 거셋플레이트

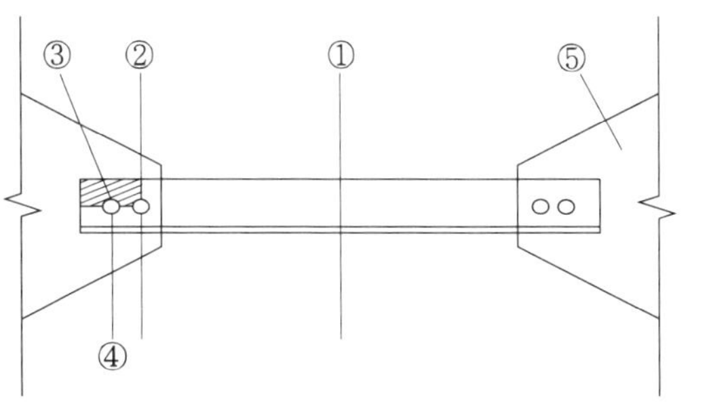


**그림 5.11** 인장재 접합부

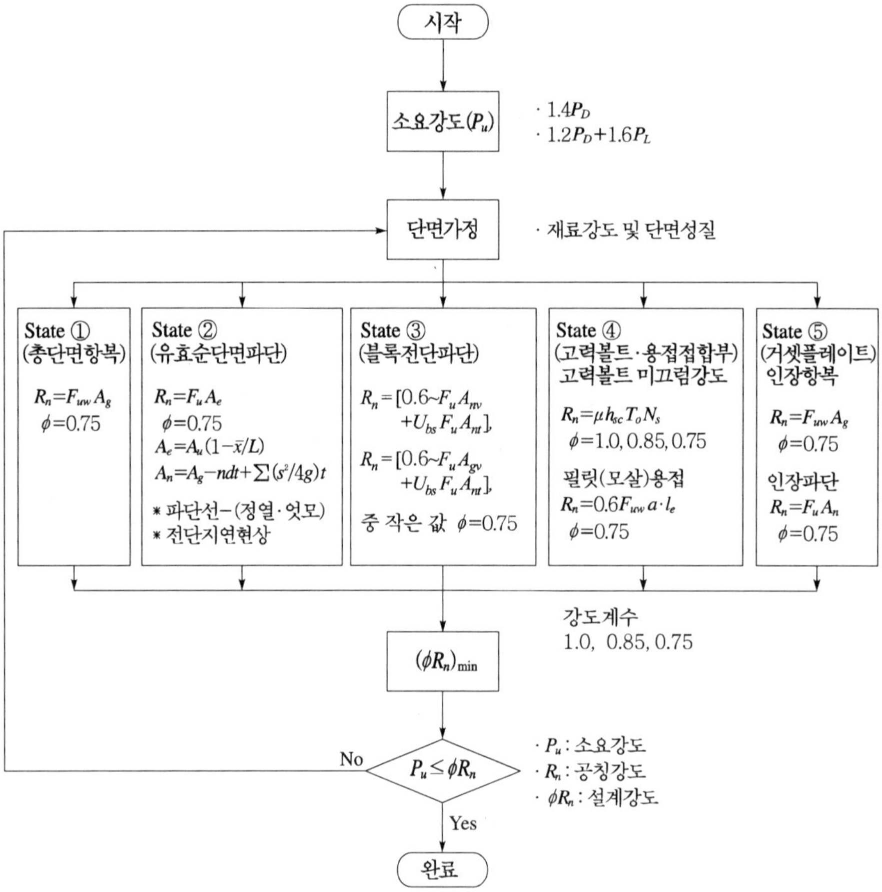


**그림 5.12** 인장재 설계흐름도

### 예제 5.7

예제 5.6의 그림 5.10과 같은 H형강 H−200×200×8×12의 설계인장강도를 산정하시오. 형강의 재질은 SM275($F_y=275\text{N/mm}^2$, $F_u=410\text{N/mm}^2$)이며, H−200×200×8×12의 단면적은 $6{,}353\text{mm}^2$이다.

**풀이**

(1) 총단면 항복강도

$$\phi_t P_n = 0.9\times F_yA_g$$
$$= 0.9\times 275\times 6{,}353 = 1{,}572{,}367.5\text{N}$$
$$= 1{,}572.4\text{kN}$$

(2) 유효순단면적 파단강도

$$A_n = 6{,}353-(4\times 22\times 12) = 5{,}297\text{mm}^2$$

표 5.1 사례 7)로부터

$b_f(=200)\geq\frac{2}{3}\times d(=200)$ 이므로 $U=0.9$

$$A_e = 0.9A_n = 0.9 \times 5{,}297 = 4{,}767.3\text{mm}^2$$

$$\phi_t P_n = 0.75 \times F_u A_e$$
$$= 0.75 \times 410 \times 4{,}767.3 = 1{,}465{,}944.8\text{N}$$
$$= 1{,}465.9\text{kN}$$

(3) 설계인장강도

설계인장강도는 총 단면 항복 시와 유효순단면 파단 시 그리고 설계블록전단파단강도(예제 5.6 참조)중에서 가장 작은 값이 된다. 이 경우에는 유효순단면의 파단강도 값으로 결정된다.

$$\therefore \phi P_n = [(1{,}572.4\text{kN}), (1{,}465.9\text{kN}), (1{,}882.4\text{kN})]_{\min}$$
$$= 1{,}465.9\text{kN}$$

**예제 5.8**

그림 5.13과 같은 등변ㄱ형강 L–90×90×7($A_g = 1{,}222\text{mm}^2$, $C_x = C_y = 24.6\text{mm}$)의 인장재를 고장력볼트 접합할 때, 설계인장강도를 구하시오. 형강의 재질은 SM355 ($F_y = 355\text{N/mm}^2$, $F_u = 490\text{N/mm}^2$)이며, 사용 고장력볼트는 M20(F10T)이다. 다만, 고장력볼트의 미끄럼에 대해서는 안전한 것으로 가정한다.

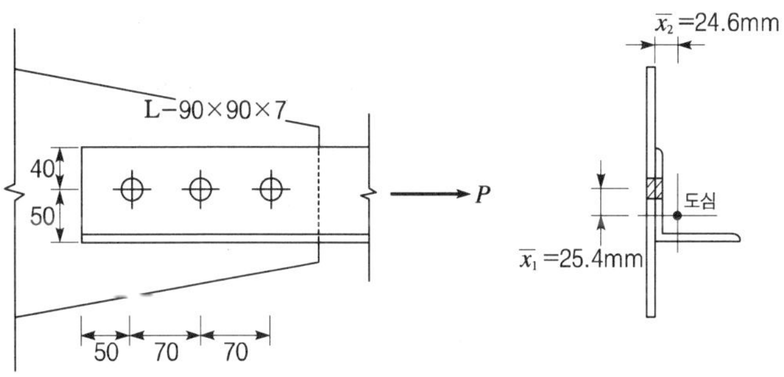


**그림 5.13** 예제 5.8

**풀이**

(1) 순단면적의 계산

볼트구멍 직경 $d = 22\text{mm}$(표 4.5)

$$A_n = A_g - ndt = 1{,}222 - 1 \times 22 \times 7 = 1{,}068\text{mm}^2$$

∴ 순단면적 $A_n = 1{,}068\text{mm}^2$

(2) 유효순단면적의 계산

인장재의 한 변만이 접합부에 접합되어 있으므로 전단지연 영향 고려함.

$$A_e = U \times A_n$$

$$U = 1.0 - \frac{1}{\ell} \times \max(\overline{x_1} = 90 - 40 - 24.6 = 25.4\text{mm},\ \overline{x_2} = 24.6\text{mm})$$

$$U = 1.0 - \frac{1}{70 + 70} \times 25.4 = 0.82$$

$$\therefore\ A_e = 0.82 \times 1{,}068 = 875.76\text{mm}^2$$

(3) 설계블록전단파단강도

전단영역

$A_{gv} = (50+2\times70)\times7 = 1{,}330\text{mm}^2$

$A_{nv} = (50+2\times70-22\times2.5)\times7 = 945\text{mm}^2$

인장영역

$A_{nt} = (40-22\times0.5)\times7 = 203\text{mm}^2$

인장응력이 균일하므로, $U_{bs} = 1.0$

$0.6\ F_u\ A_{nv} + U_{bs}F_u\ A_{nt} = 0.6\times490\times945+1.0\times490\times203 = 377{,}300\text{N}$

$0.6\ F_y\ A_{gv} + U_{bs}F_u\ A_{nt} = 0.6\times355\times1{,}330+1.0\times490\times203 = 382{,}760\text{N}$

식(5.6)에서

$R_n = [0.6\ F_u\ A_{nv} + U_{bs}F_u\ A_{nt}] < [0.6\ F_y\ A_{gv} + U_{bs}F_u\ A_{nt}]$이므로

$\phi R_n = \phi[0.6F_uA_{nv} + U_{bs}F_uA_{nt}]$

$= 0.75\{(0.6\times490\times945)+(1.0\times490\times203)\}$

$= 282{,}975\text{N} = 283\text{kN}$

(4) 설계강도의 계산

① 총단면의 항복강도:

$\phi_tP_n = \phi_tF_yA_g = 0.9\times355\times1{,}222\times10^{-3} = 390\text{kN}$

② 유효순단면의 파단강도:

$\phi_tP_n = \phi_tF_uA_e = 0.75\times490\times875.76\times10^{-3} = 322\text{kN}$

③ 설계블록전단파단강도((3)으로부터)

$\phi R_n = 283\text{kN}$

위 ①, ②, ③ 중 가장 작은 값으로 설계강도는

∴설계인장강도 $\phi P_n = 283\text{kN}$

**예제 5.9**

그림 5.14와 같은 쌍ㄱ형강 2L–130×130×12(ㄱ형강 1개에 대하여 $A_g = 2{,}976\text{mm}^2$, $C_x = C_y = 36.4\text{mm}$)의 설계인장강도를 구하시오. 형강의 재질은 SM275($F_y = 275\text{N/mm}^2$, $F_u = 410\text{N/mm}^2$)이며, 구멍의 크기는 22mm이다. 다만, 고장력볼트의 미끄럼에 대해서는 안전한 것으로 가정한다.

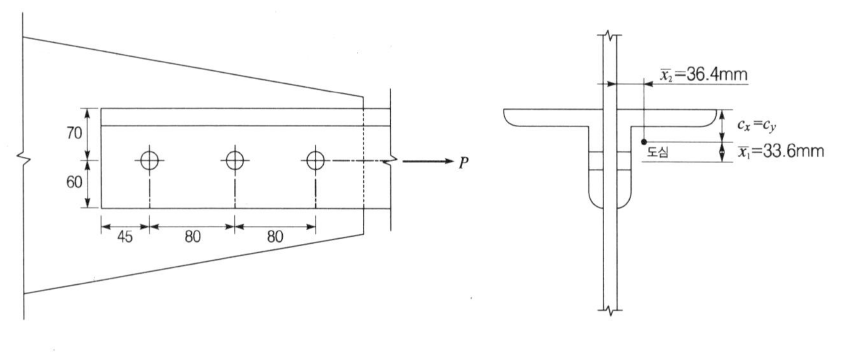


그림 5.14 예제 5.9

**풀이**

(1) 유효순단면적의 계산

① 순단면적 $A_n = (2{,}976 - 1 \times 22 \times 12) \times 2 = 5{,}424\text{mm}$

② 전단지연계수 $U$

접합부의 길이 $\ell = 80 + 80 = 160\text{mm}$

$\overline{x_1} = (130 - 60) - 36.4 = 33.6\text{mm}$

$\overline{x_2} = 36.4\text{mm}$

$\therefore \bar{x} = (\overline{x_1},\ \overline{x_2})_{\max} = 36.4\text{mm}$

$U = 1 - \dfrac{\bar{x}}{l} = 1 - \dfrac{36.4}{160} = 0.77$

∴ 유효 순단면적 $A_e = U \cdot A_n = 0.77 \times 5{,}424 = 4{,}176\text{mm}^2$

(2) 설계블록전단파단강도

전단영역

$A_{gv} = (45 + 2 \times 80) \times 12 = 2{,}460\text{mm}^2$

$A_{nv} = (45 + 2 \times 80 - 22 \times 2.5) \times 12 = 1{,}800\text{mm}^2$

인장영역

$A_{nt} = (60 - 22 \times 0.5) \times 12 = 588\text{mm}^2$

인장응력이 균일하므로, $U_{bs} = 1.0$

$0.6\ F_u\ A_{nv} + U_{bs} F_u\ A_{nt} = 0.6 \times 410 \times 1{,}800 + 1.0 \times 410 \times 588 = 683{,}880\text{N}$

$0.6\ F_y\ A_{gv} + U_{bs} F_u\ A_{nt} = 0.6 \times 275 \times 2{,}460 + 1.0 \times 410 \times 588 = 646{,}980\text{N}$

식(5.6)에서

$R_n = [0.6\ F_u\ A_{nv} + U_{bs} F_u\ A_{nt}] > [0.6\ F_y\ A_{gv} + U_{bs} F_u\ A_{nt}]$이므로

ㄱ형강 한 개에 대한 설계블록전단파단강도

$\phi R_n = \phi[0.6 \times F_y A_{gv} + U_{bs} F_u A_{nt}]$

$= 0.75\{(0.6 \times 275 \times 2{,}460) + (1.0 \times 410 \times 588)\} = 485{,}235\text{N}$

$= 485.2\text{kN}$

∴인장부재의 설계블록전단파단강도

$\phi_t R_n = 485.2 \times 2 = 970\text{kN}$

(3) 설계강도의 계산

① 총단면의 항복강도:

$\phi_t P_n = \phi_t F_y A_g = 0.9 \times 275 \times (2{,}976 \times 2) \times 10^{-3} = 1{,}473\text{kN}$

② 유효순단면의 파단강도:

$\phi_t P_n = \phi_t F_u A_e = 0.75 \times 410 \times 4{,}176 \times 10^{-3} = 1{,}284\text{kN}$

③ 설계블록전단파단강도 ((2)로부터)

$\phi R_n = 970\text{kN}$

설계강도는 위 ①, ②, ③ 중에 가장 작은 값이므로,

∴설계강도 $\phi_t P_n = 970\text{kN}$

**예제 5.10**

그림 5.15와 같은 인장재에 고정하중 130kN, 활하중 105kN이 작용할 때 이 인장재의 설계인장강도를 구하고, 안전성을 평가하시오. 등변ㄱ형강 L–100×100×13(SM275, $A_g = 2{,}431\text{mm}^2$, $C_x = C_y = 29.4\text{mm}$)이고, 4–M20(F10T)($T_0 = 165\text{kN}$), 거셋플레이트 $t = 9\text{mm}$(SM275)를 사용한다.

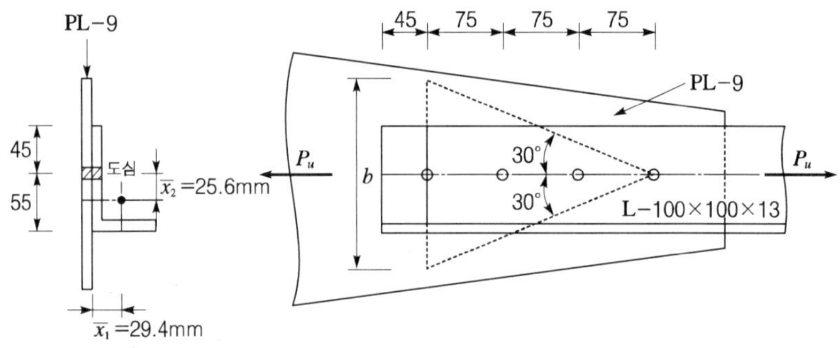


**그림 5.15** 예제 5.10

**풀이** (그림 5.12 참조)

(1) 소요인장강도

$$P_u = 1.2 \times 130 + 1.6 \times 105 = 324\text{kN}$$

(2) 총단면적의 항복에 대한 설계인장강도

$$\phi R_n = 0.9 \times 275 \times 2{,}431 \times 10^{-3} = 602\text{kN}$$

(3) 유효순단면적의 파단에 대한 설계인장강도

$$A_n = 2{,}431 - 22 \times 13 = 2{,}145\text{mm}^2$$

$$\overline{x} = (\overline{x_1},\ \overline{x_2})_{\max} = (29.4,\ 100 - 45 - 29.4 = 25.6)_{\max} = 29.4\text{mm}$$

$$U = 1 - \frac{\overline{x}}{l} = 1 - \frac{29.4}{75 \times 3} = 0.87$$

$$A_e = UA_n = 0.87 \times 2{,}145 = 1{,}866.2\text{mm}^2$$

$$\phi R_n = 0.75 \times 410 \times 1{,}866.2 \times 10^{-3} = 574\text{kN}$$

(4) 설계블록전단파단강도

전단영역

$$A_{gv} = (45 + 75 \times 3) \times 13 = 3{,}510\text{mm}^2,$$

$$A_{nv} = (45 + 75 \times 3 - 3.5 \times 22) \times 13 = 2{,}509\text{mm}^2$$

인장영역

$$A_{nt} = (45 - 0.5 \times 22) \times 13 = 442\text{mm}^2$$

인장응력이 균일하므로, $U_{bs}=1.0$

$0.6\ F_u\ A_{nv}+U_{bs}F_u\ A_{nt}=0.6\times 410\times 2{,}509+1.0\times 410\times 442=798{,}434\text{N}$

$0.6\ F_y\ A_{gv}+U_{bs}F_u\ A_{nt}=0.6\times 275\times 3{,}510+1.0\times 410\times 442=760{,}370\text{N}$

식(5.6)에서

$R_n=[0.6\ F_u\ A_{nv}+U_{bs}F_u\ A_{nt}]>[0.6\ F_y\ A_{gv}+U_{bs}F_u\ A_{nt}]$이므로

$\phi R_n=\phi[0.6F_yA_{gv}+U_{bs}F_uA_{nt}]$

$=0.75\{(0.6\times 275\times 3{,}510)+(1.0\times 410\times 442)\}=570{,}277.5\text{N}$

$=570\text{kN}$

(5) 고장력볼트 설계미끄럼강도

$\phi R_n=\phi\mu h_f T_o N_s=(1.0\times 0.5\times 1.0\times 165\times 1)\times 4=330\text{kN}$

(6) 거셋플레이트 검토

거셋플레이트 유효폭은 첫 번째 고장력볼트에서 양쪽으로 30°각도의 응력분포를 갖는 것으로 가정한다.

$b=[(75\times 3)\tan(\pi/6)]\times 2=259.8\text{mm}$

인장항복

$\phi R_n=0.9F_yA_g=0.9\times 275\times 259.8\times 9\times 10^{-3}=579\text{kN}$

인장파단

$\phi R_n=0.75F_uA_n=0.75\times 410\times(259.8-22)\times 9\times 10^{-3}=658\text{kN}$

(7) 설계인장강도는 위의 (2)~(6) 중 가장 작은 값인 고장력볼트 마찰강도이다.

$\therefore\ \phi R_n=330\text{kN}$

(8) 안전성평가

$P_u=324\text{kN}<\phi R_n=330\text{kN}$ O.K

## 연습문제

**1)** 다음 인장재에 대한 설명 중 틀린 것은 어느 것인가?

(1) 전단지연 현상은 인장부재의 중심축과 인장력의 축과의 불일치로 발생한다.

(2) 인장재의 단면결손은 볼트접합 시에 볼트 구멍에 의해 발생하는 것으로 용접 접합인 경우에는 단면의 결손은 없다.

(3) 인장재의 유효순단면적이란 단면의 순단면적에 전단지연의 영향을 고려한 것이다.

(4) 인장재의 블록전단파단은 전단지연 현상에 의해 발생한다.

[답] (4)

**2)** 다음 인장재에 대한 설명 중 틀린 것은 어느 것인가?

(1) 한계상태설계법에서 인장재는 총단면에 대한 항복과 유효단면적에 대한 파단이라는 두 가지의 한계상태에 대해 검토해야 한다.

(2) 인장재에 있어 부재가 가늘고 긴 경우 좌굴이 일어나기 쉬우므로 단면의 보강 등의 조치가 필요하다.

(3) 현수구조에 사용하는 케이블 등이 대표적인 인장재이다.

(4) 인장재는 공칭하중에 하중계수를 곱한 소요인장강도가 공칭인장강도에 저항계수를 곱한 설계인장강도보다 작아야 안전하다.

[답] (2)

**3)** 다음 그림 5.16과 같이 인장재에 고장력볼트가 엇모배치되어 있다. 인장재의 순단면적을 구하시오. 사용볼트는 M22(F10T)이고 판의 두께는 15mm이다.

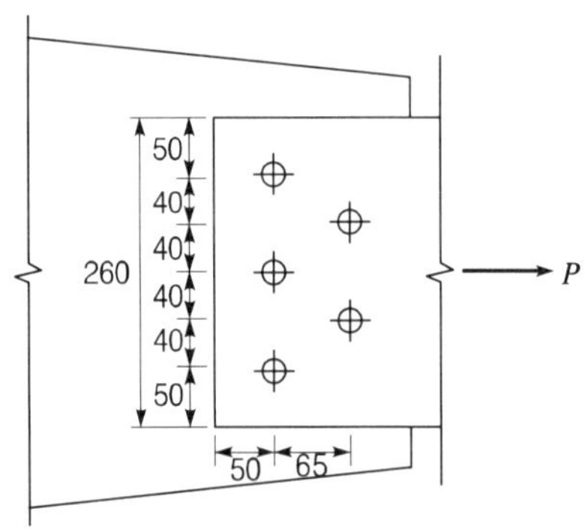


**그림 5.16** 연습문제 3)

[답] $2{,}820\text{mm}^2$

**4)** 다음 그림 5.17과 같은 $\mathrm{L}-200\times200\times15$ 인장재의 순단면적을 구하시오. 다만, 사용 고장력볼트는 M20(F10T)이고 $\mathrm{L}-200\times200\times15$의 단면적은 $5{,}775\mathrm{mm}^2$이다.

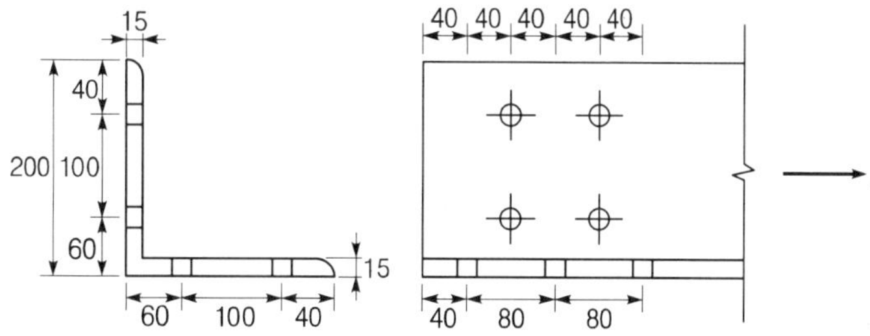


**그림 5.17** 연습문제 4)

[답] $4{,}512\mathrm{mm}^2$

**5)** 다음 그림 5.18과 같은 등변ㄱ형강 L–150×150×12($A_g=3{,}477\mathrm{mm}^2$, $C_x=C_y=41.4\mathrm{mm}$)으로 구성된 650kN의 계수하중을 받는 인장재를 설계하고자 한다. 안전성을 검토하시오. 형강의 재질은 SM275($F_y=275\mathrm{N/mm}^2$, $F_u=410\mathrm{N/mm}^2$)이며 사용 고장력볼트는 M20(F10T)이다. 블록전단파단은 고려하지 않으며, 거셋플레이트는 안전한 것으로 가정한다.

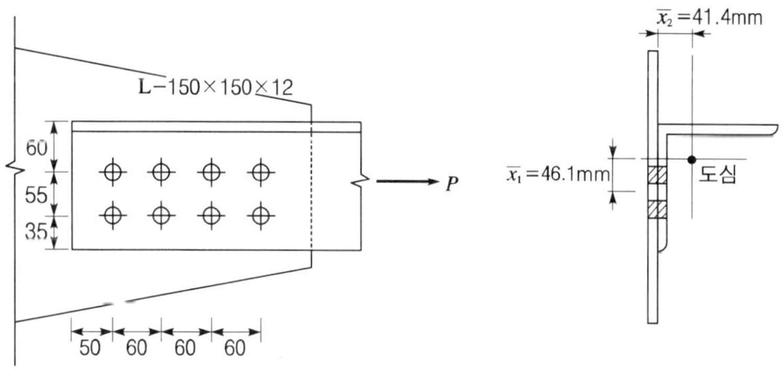


**그림 5.18** 연습문제 5)

[답] 안전함

**6)** 다음 그림 5.19와 같은 등변 ㄱ형강 L–120×120×8($A_g = 1,876\text{mm}^2$)의 인장재를 고장력볼트 접합할 때, 설계인장강도를 구하시오. 형강의 재질은 SM275($F_y = 275\text{N/mm}^2$, $F_u = 410\text{N/mm}^2$)이며 사용 고장력볼트는 M20(F10T)이다. 단, $C_x = C_y = 32.4\text{mm}$이다.

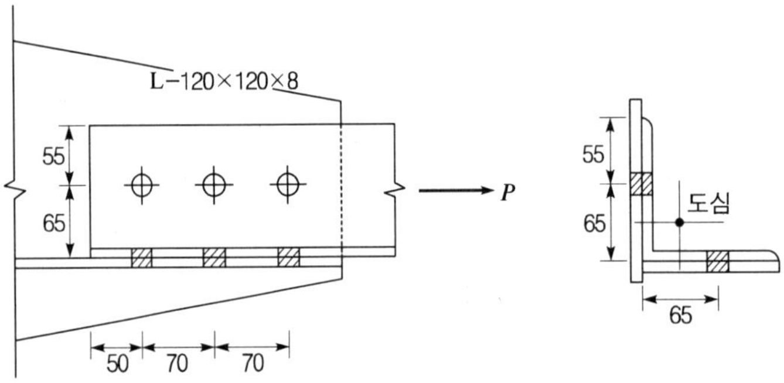


**그림 5.19** 연습문제 6)

[답] $\phi_t P_n = 468.6\text{kN}$

## 참고문헌

5.1 국토교통부 건축구조기준 (2019). "건축물 강구조 설계기준 KDS 41 31 00 : 2019", 국가건설기준센터

5.2 한국강구조학회 (2014). "하중저항계수설계법에 의한 강구조설계기준"

5.3 Geoffrey L. Kulak, John W. Fisher, and John H. A. Struik (1987). "Guide to Design Criteria for Bolted and Riveted Joints", 2nd ed., John Wiley & Sons.

5.4 James M. Ricles and Joseph A. Yura (1983). "Strength of Double-Row Bolted-Web Connections", Journal of Structural Engineering, ASCE, 109, pp 126–142.

5.5 Munse W. H. and E. Chesson (1963). "Riveted and Bolted Joints: Net Section Design", Journal of Structural Division, ASCE, 89, ST2, pp 107–126.

5.6 Segui, W.T. (2013). "Steel Design", 5th Edition, Thomson.

5.7 Steve G. Hardash and Reidar Bjorhovde (1985). "New Design Criteria for Gusset Plates in Tension", Engineering Journal, AISC, 22, 2nd Quarter, pp 77–94.

Design of Steel Structures

# 제6장 압축재

6.1 개요

6.2 압축재의 좌굴

6.3 유효좌굴길이와 세장비 제한

6.4 압축재의 설계

6.5 조립압축재

- 연습문제

## 6.1 개요

압축력을 받는 구조부재를 압축재라 하고 트러스의 현재 및 웨브재, 그리고 압축력만이 작용하는 기둥이 이에 속한다. 압축재에 사용하는 강재의 단면형상으로는 H형강, ㄱ형강 등과 같은 개단면(open section)과 각형강관, 원형강관의 폐단면(closed section)이 있으며, 이와 같은 단일압축재 외에 단일압축재를 조합시킨 조립압축재가 있다.

강재의 단면은 구성되는 판요소의 폭두께비에 따라 표 6.1과 같이 콤팩트(조밀, compact)단면, 비콤팩트(비조밀, non-compact)단면, 세장판단면으로 구분하고 있다. 강재의 폭두께비가 비콤팩트(비조밀)단면의 한계폭두께비를 초과하지 않으면 국부좌굴 방지를 위한 내력의 감소는 필요하지 않지만, 압축재가 길어지게 되면 압축재 전체가 불안정현상을 나타내는 부재 전체좌굴이 발생하여 구조재의 안전에 문제를 일으킨다. 그리고 이러한 부재 전체좌굴은 압축재의 길이가 동일하여도 양단의 지지조건에 따라서 압축재의 저항능력이 달라지게 되므로 설계식에 이러한 사항을 고려할 필요가 있다.

**표 6.1** 강재단면의 분류

| 구분 | 내용 |
|---|---|
| 콤팩트(조밀) 단면 | 단면의 플랜지들은 웨브에 연속적으로 연결되고, 그 단면의 모든 압축요소의 폭두께비 $\lambda$가 표 6.3 및 표 6.4의 $\lambda_p$를 초과하지 않는 단면($\lambda \le \lambda_p$) |
| 비콤팩트(비조밀) 단면 | 한 개나 그 이상의 요소들의 폭두께비 $\lambda$가 $\lambda_p$를 초과하고 $\lambda_r$을 초과하지 않는 단면($\lambda_p < \lambda \leqq \lambda_r$) |
| 세장판단면 | 폭두께비 $\lambda$가 표 6.3 및 표 6.4의 $\lambda_r$를 초과하는 단면($\lambda > \lambda_r$) |

주) $\lambda_p$ : 콤팩트(조밀)단면의 한계폭두께비, $\lambda_r$ : 비콤팩트(비조밀)단면의 한계폭두께비

## 6.2 압축재의 좌굴

### 6.2.1 중심압축력을 받는 기둥

압축재는 중심압축력을 받으면 단면형상에 따라서 휨좌굴, 비틀림좌굴, 휨-비틀림좌굴이 발생한다. 휨좌굴은 일반적으로 세장비(slenderness ratio)가 큰 약축 방향의 휨에 의하여 발생한다. 비틀림좌굴은 매우 세장한 2축대칭단면의 압축재에 주로 발생한다. 이러한 비틀림좌굴은 열간압연 형강보다는 얇은 판재를 조립한 조립압축재에 발생할 가능성이 높다. 휨-비틀림좌굴은 비대칭단면의 압축재에 휨좌굴과 비틀림좌굴의 조합에 의하여 발생한다.

그림 6.1(a)와 같이 양단 핀지지이고, 절점횡이동이 없고, 곧은 상태인 세장한 부재가 중심압축력 $P$를 받을 때, $P$가 작은 경우에는 부재의 횡변위가 생기지 않고 길이방향으로 줄어들 뿐이지만 한계하중에 도달하면 기둥은 갑자기 횡방향으로 큰

변형을 일으키면서 불안정한 상태가 된다. 이 때 하중 $P$와 부재의 횡방향처짐 $\delta$와의 관계는 그림 6.1(b)와 같이 된다. 이와 같은 현상을 좌굴(buckling)이라 하고, 이 한계상태의 하중 $P_{cr}$을 탄성좌굴하중 또는 오일러 좌굴하중이라고 한다. 부재가 세장한 경우 저항할 수 있는 하중은 작고, 따라서 부재에 생기는 압축응력도가 탄성범위 내에서 좌굴이 발생한다. 이와 같은 좌굴을 탄성좌굴(elastic buckling)이라고 하고, 이 때 저항하는 하중을 탄성좌굴하중이라고 한다.

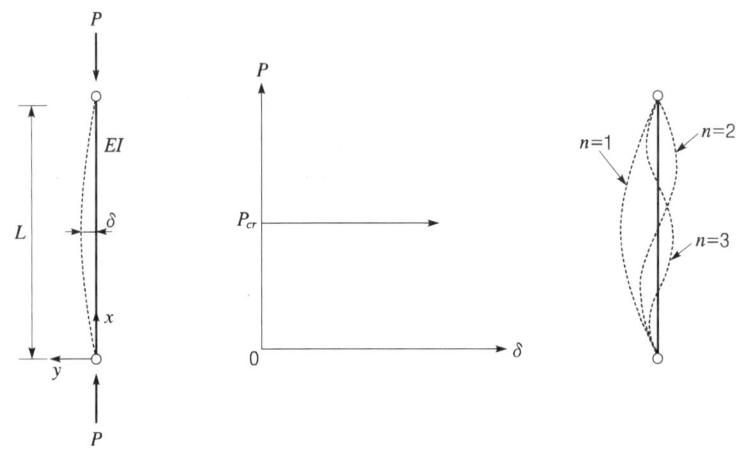


**그림 6.1** 중심압축력을 받는 부재의 탄성좌굴 (a) 탄성좌굴 (b) 하중-횡변위 관계 (c) 좌굴모드

탄성좌굴하중은 오일러(Euler)가 1757년에 다음과 같은 중심압축력을 받는 부재(중심압축재)의 좌굴미분방정식으로부터 구하였다. 그림 6.1(a)와 같이 중심압축재의 좌굴이 발생한 상태에서 외부모멘트($Py$)와 내부모멘트($-EIy''$)가 동일하다는 조건 하에 다음과 같은 관계식이 성립된다.

$$Py = -EIy'' \rightarrow \frac{d^2y}{dx^2} + \frac{Py}{EI} = 0 \tag{6.1}$$

$k^2 = \dfrac{P}{EI}$로 두면 식(6.1)은 다음과 같이 된다.

$$\frac{d^2y}{dx^2} + k^2y = 0 \tag{6.2}$$

식(6.2)의 2계 상미분방정식의 일반해는 식(6.3)과 같이 된다.

$$y = A\sin kx + B\cos kx \tag{6.3}$$

단, $A$, $B$는 적분상수이다. 두 개의 양단 경계조건으로부터,

$x = 0$일 때 $y = 0$로부터 $B = 0$

$x = L$일 때 $y = 0$로부터 $\sin kL = 0$

$$\sin kL = 0 \text{이므로 } kL = n\pi \quad (n\text{은 정수}) \tag{6.4}$$

따라서,

$$P_{cr} = n^2 \frac{\pi^2 EI}{L^2} \tag{6.5}$$

또한 좌굴변형 상태는 $y = A\sin\dfrac{n\pi x}{L}$가 된다. (6.6)

이때 $n$은 정수로서 그림 6.1(c)와 같이 좌굴의 변형상태 즉 좌굴모드에 관계한다. 그러나 실제로 중심압축재가 저항할 수 있는 최대내력은 $n=$ 1인 경우(즉, $n=$ 1일 때 식(6.5)가 최솟값을 가진다.)이며 이 때 좌굴하중은 다음과 같다.

$$P_{cr} = \frac{\pi^2 EI}{L^2} \tag{6.7}$$

식(6.7)의 $P_{cr}$은 부재의 유효좌굴길이가 $KL$($K$=1.0, 양단 핀지지)인 경우의 탄성좌굴하중(그림 6.1(a))으로서 오일러 좌굴하중(Euler's buckling load)이라고도 한다. 이 값을 단면적으로 나눈 응력으로 표현하면 다음과 같다. $K$는 유효좌굴길이계수라고 하고 지지상태에 따른 $K$값을 표 6.2에 나타낸다.

**표 6.2** 유효좌굴길이계수($K$)

| 재단조건 (전선은 좌굴모드) | 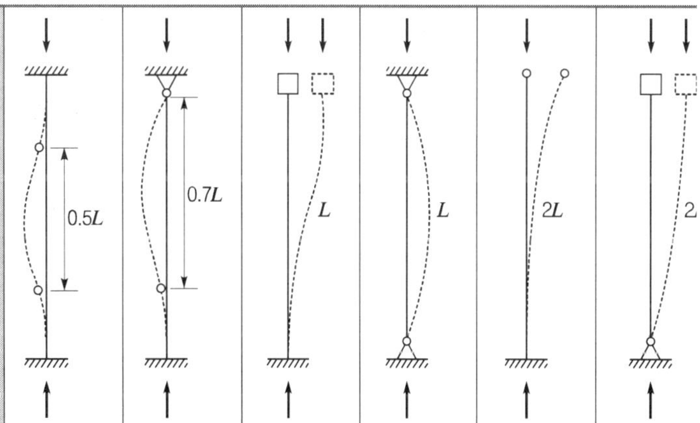 | | | | | |
|---|---|---|---|---|---|---|
| $K$의 이론값 | 0.5 | 0.7 | 1.0 | 1.0 | 2.0 | 2.0 |
| $K$의 권장설계값 | 0.65 | 0.8 | 1.2 | 1.0 | 2.1 | 2.0 |
| 기호 설명 | 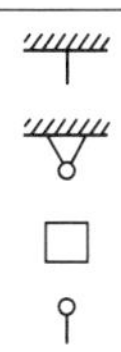 | 회전구속, 이동구속<br>회전자유, 이동구속<br>회전구속, 이동자유<br>회전자유, 이동자유 | | | | |

$$F_{cr}=\frac{P_{cr}}{A}=\frac{\pi^2 E}{(KL/r)^2} \tag{6.8}$$

여기서, $KL/r$ : 세장비

$KL$: 압축재의 유효좌굴길이(mm)

$K$ : 유효좌굴길이계수(그림 6.1인 경우:$K=10$)

$L$ : 부재길이(mm)

$r$ : 압축재의 최소 단면 2차반경(mm)

$A$ : 단면적($mm^2$)

### 6.2.2 압축재의 비탄성좌굴

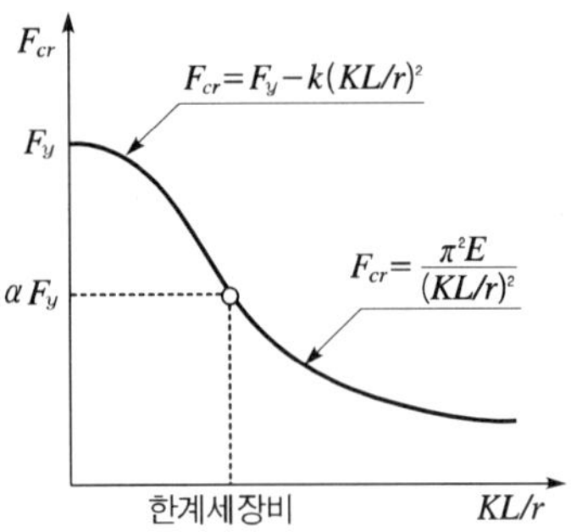


**그림 6.2** 압축재의 응력곡선

식(6.1)은 강재가 탄성범위 내에 있을 때 성립되며 압축하중이 증가하여 기둥의 응력이 비례한도를 넘어서면 식(6.1)은 그대로 적용할 수 없게 된다. 이러한 경우의 불안정현상을 비탄성좌굴(inelastic buckling)이라고 한다. 압축재는 세장비 크기에 따라서 탄성좌굴 또는 비탄성좌굴을 일으키는데 그 경계의 세장비를 한계세장비라고 한다.

비탄성좌굴은 많은 연구자들에 의해서 실험식들이 제안되었는데 대표적으로 1893년에 존슨(J. B. Johnson)이 다음의 포물선 식을 제안하였다.

$$F_{cr}=F_y-k(KL/r)^2 \tag{6.9}$$

여기서, $k$는 재료 및 단부조건에 따라서 결정되는 상수로서 그림 6.2와 같이 탄성좌굴하중곡선에 연결되도록 정해진다.

비탄성좌굴의 이론적 연구는 1889년 엥게서(Engesser)가 접선계수이론(tangent modulus theory)을 발표한 이후 1947년 쉔리(Shanley)가 실험적, 이론적 연구결과를 발표하기까지 많은 연구자에 의해서 활발히 진행되어 왔다.

### 6.2.3 초기변형, 편심 및 잔류응력의 영향

현실적으로는 부재의 초기변형 및 잔류응력이 존재하고, 하중이 단면도심에 작용하는 것은 쉽지 않다. 따라서 이러한 요인은 부재의 좌굴내력을 저감시킨다.

초기변형 및 편심하중이 있을 때 부재의 힘의 평형방정식은 식(6.10), (6.11)과 같이 표현되어 각각 식(6.1)과 비교할 수 있다.

그림 6.3(a)와 같은 초기변형의 경우는 부재에 $y_0=e_1\sin\frac{\pi x}{L}$의 초기변형이 있다고 할 때, 부재의 힘의 평형방정식은 다음 식과 같이 나타낼 수 있다.

$$\frac{d^2y}{dx^2}+\frac{P}{EI}(y+y_0)=0 \tag{6.10}$$

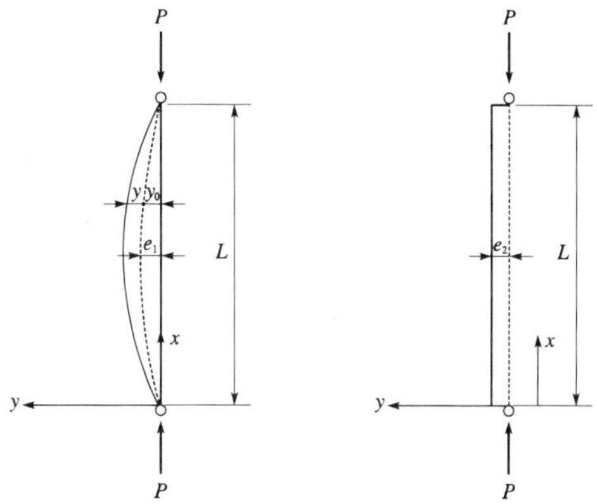


**그림 6.3** 중심압축력을 받는 부재의 탄성좌굴

(a) 초기 변형이 있는 경우　　(b) 편심하중이 있는 경우

그림 6.3(b)와 같이 $e_2$만큼의 편심하중이 작용하는 경우 평형방정식은 다음과 같이 나타낼 수 있다.

$$\frac{d^2y}{dx^2}+\frac{P}{EI}(y+e_2)=0 \tag{6.11}$$

식(6.10), (6.11)에서 나타나는 바와 같이 각각 $y_0$, $e_2$만큼의 변형이 더 있게 되므로, 편심하중을 받는 기둥의 경우에는 안정상태에서 불안정상태로 변환되는 좌굴이 발생하는 형태가 아니라, 하중이 가해지기 시작할 때부터 기둥부재가 처지기 시작하는 처짐형태의 문제라는 것을 알 수 있다.

잔류응력은 용접뿐만 아니라 열간압연에 의한 형강이 냉각수축될 때 단면내에서 냉각속도의 차이에 의해 발생한다. 그림 6.4는 압연형강과 용접조립형강의 불규칙한 잔류응력분포를 단순하게 대칭으로 표현하여 나타내고 있다(ESDEP, 2004). 이러한 잔류응력이 존재하는 강재는 순수한 강재보다 낮은 압축력에서 재료의 성질이 비단성영역으로 변하기 때문에 부재의 강성이 낮아져서 좌굴에 대하여 불리하게 된다.

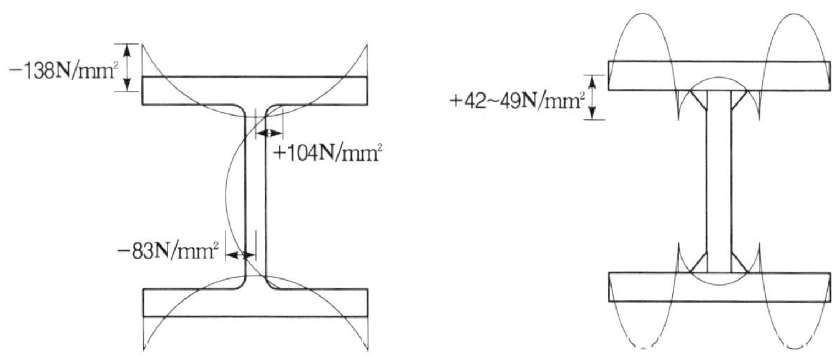


**그림 6.4** 잔류응력분포형상

(a) 압연형강　　(b) 용접 조립형강

### 6.2.4 강재단면의 분류

압축재는 구성하는 판이 너무 얇아지면 부재 전체좌굴 이외에 그림 6.5와 같은 국부좌굴이 발생하여 부재의 압축내력을 급격히 저하시킨다. 그림과 같이 H형강과 같은 개단면(open section)뿐만 아니라 원형강관 및 각형강관과 같은 폐단면(closed section)에서 판이 얇아지면 국부좌굴이 발생한다. 또한 콘크리트충전강관(CFT, concrete filled tube)의 경우는 내부에 채워진 콘크리트의 구속으로 강재의 국부좌굴이 발생하기 어렵지만 항복강도 이상의 과도한 가력으로 국부좌굴을 발생시키면 그림 6.5(d),(e)와 같은 현상이 발생된다.

표 6.1에서 정의한 것과 같이 일반적으로 콤팩트(조밀)단면은 좌굴이 생기기 전에 전체 소성응력분포를 받을 수 있고, 국부좌굴 발생 전 약 3정도의 연성비를 갖는다. 비콤팩트(비조밀)단면은 국부좌굴이 발생하기 전에 압축부재에서 항복응력이 발생할 수 있으나, 완전소성응력분포를 위해 요구되는 변형값에서, 소성국부좌굴에 저항하지 못한다. 또한, 세장판단면부재는 부재가 항복응력에 도달하기 전에 탄성적으로 좌굴한다.

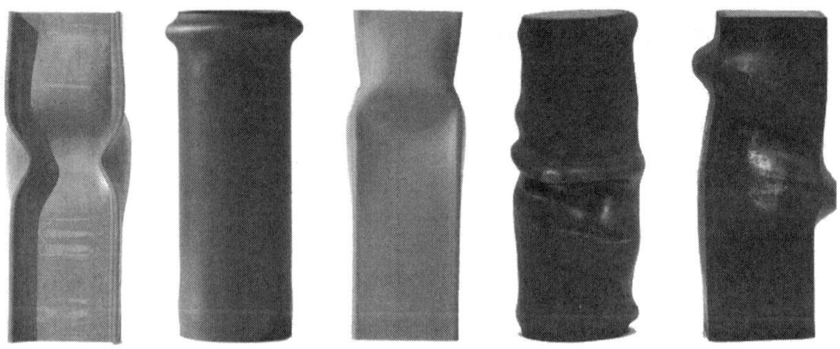

(a) H형강 (b) 원형강관 (c) 각형강관 (d) 원형CFT (e) 각형CFT

그림 6.5 국부좌굴

### 6.2.5 압축요소의 한계폭두께비

압축을 받는 판요소는 중심압축력을 받는 기둥부재와 동일한 거동양상을 나타내며, 그림 6.6과 그림 6.7에 나타난 것과 같이 단부의 구속조건(구속판요소와 비구속판요소)에 따라서 기둥부재와 유사한 형태의 탄성좌굴하중식이 주어진다. 단면형상별 한계폭두께비 $\lambda_p$, $\lambda_r$은 표 6.3, 표 6.4와 같다. 압축재의 압축판요소의 폭두께비 산정을 위한 $b$, $t$, $d$ 그리고 $D$는 다음과 같이 규정하고 있다.

1) 비구속판요소의 폭

비구속판요소는 압축력방향과 평행한 면 중에서 한쪽면만이 다른 요소에 의해 지지되어 있는 요소로 정의한다.

가) I, H형강과 T형강의 플랜지의 폭 $b$는 전체공칭폭의 1/2로 한다.

나) ㄱ형강, ㄷ형강 및 Z형강의 다리의 폭 $b$는 전체공칭치수로 한다.

다) 플레이트의 폭 $b$는 자유단으로부터 파스너(fastener, 여기서는 볼트)의 첫 번째 줄 또는 용접선까지의 거리이다.

라) T형강의 스템(stem) $d$는 전체공칭춤으로 한다.

2) 구속판요소의 폭

구속판요소는 압축력방향과 평행한 양쪽면이 다른요소에 의해 지지되는 요소로 정의한다.

가) 압연이나 경량형강의 웨브의 폭 $h$는 각 플랜지에서 필릿이나 모서리 반경을 감한 플랜지 사이의 순간격으로 한다.

나) 조립단면 웨브의 폭 $h$는 인접한 파스너의 열간거리 또는 용접한 경우 플랜지 사이의 순간격으로 한다.

다) 조립단면에서 플랜지 또는 다이아프램 플레이트의 폭 $b$는 인접한 파스너의 열간거리 또는 용접선간 거리이다.

라) 상자형단면의 플랜지의 폭 $b$ 는 각 변의 내측 모서리반경을 감한 웨브사이의 순간격이다. 만일 모서리반경을 알 수 없는 경우에는 단면의 외부폭치수에서 두께의 3배를 감한 값으로 한다.

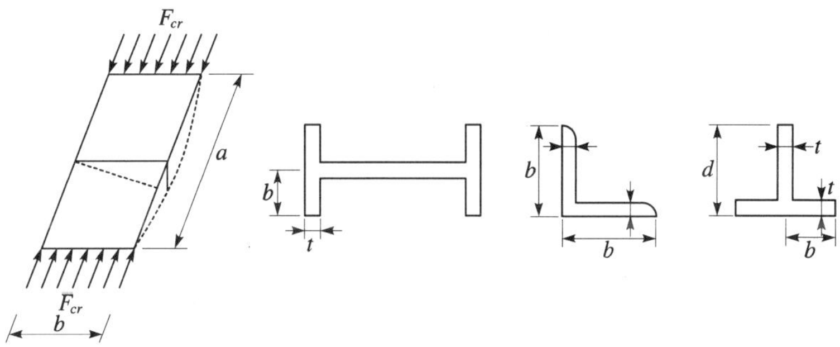


**그림 6.6** 비구속판요소와 요소의 폭

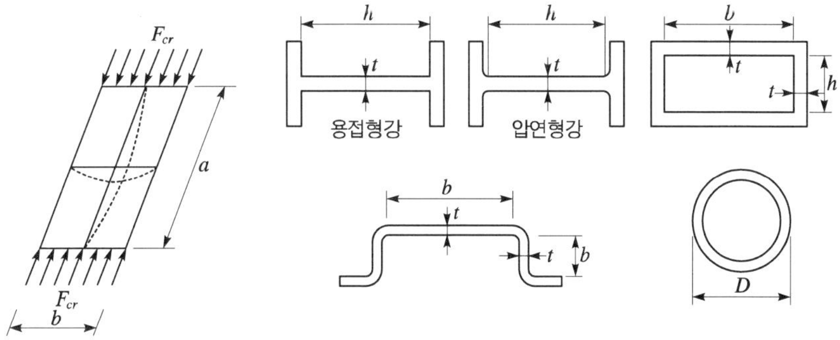


**그림 6.7** 구속판요소와 요소의 폭

**표 6.3** 비구속판요소

| | 구분 | 판요소에 대한 설명 | 폭두께비 | 폭두께비 제한값 | | 예 |
|---|---|---|---|---|---|---|
| | | | | $\lambda_p$<br>[콤팩트(조밀) 단면 한계] | $\lambda_r$<br>[비콤팩트(비조밀) 단면 한계] | |
| 비구속판요소 | 1 | 균일압축을 받는<br>-압연H형강의 플랜지<br>-압연H형강으로부터 돌출된 플레이트<br>-서로 접한 쌍ㄱ형강의 돌출된 다리<br>-ㄷ형강의 플랜지 | $b/t$ | - | $0.56\sqrt{E/F_y}$ | 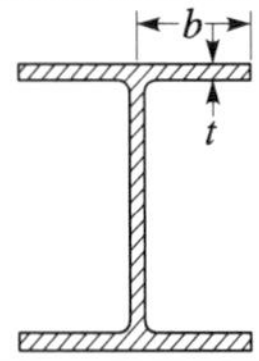 |
| | 2 | 균일압축을 받는<br>-용접H형강의 플랜지<br>-용접H형강으로부터 돌출된 플레이트와 ㄱ형강 다리 | $b/t$ | - | $0.64\sqrt{k_c E/F_y}$ | 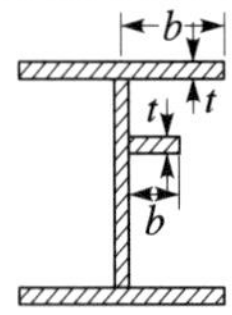 |
| | 3 | 균일압축을 받는<br>-ㄱ형강의 다리<br>-낄판을 낀 쌍ㄱ형강의 다리<br>-그 외 모든 한쪽만 지지된 판요소 | $b/t$ | - | $0.45\sqrt{E/F_y}$ | 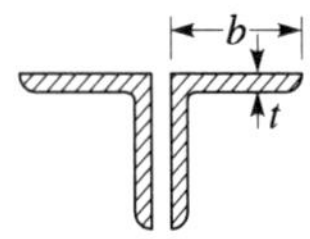 |
| | 4 | 균일압축을 받는 T형강의 스템 | $d/t$ | - | $0.75\sqrt{E/F_y}$ | 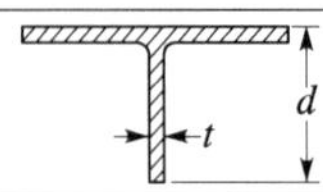 |

주) $k_c = \dfrac{4}{\sqrt{h/t_w}}$, $0.35 \le k_c \le 0.76$ (용접 H형강의 플랜지 등이 접합되는 웨브의 폭두께비에 따라 구속정도가 좌우되는 것을 고려함)

**표 6.4** 구속판요소

| | 구분 | 판요소에 대한 설명 | 폭두께비 | 폭두께비 제한값 | | 예 |
|---|---|---|---|---|---|---|
| | | | | $\lambda_p$<br>[콤팩트(조밀) 단면 한계] | $\lambda_r$<br>[비콤팩트(비조밀) 단면 한계] | |
| 구속판요소 | 5 | 균일압축을 받는 2축 대칭 H형강의 웨브 | $h/t_w$ | - | $1.49\sqrt{E/F_y}$ | 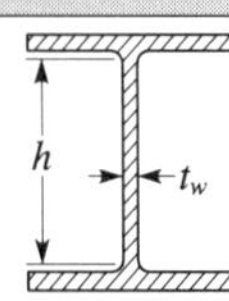 |
| | 6 | 균일압축을 받는<br>-각형강관의 플랜지<br>-플랜지 커버 플레이트<br>-파스너 또는 용접선 사이의 다이아프램 플레이트 | $b/t$ | $1.12\sqrt{E/F_y}$ | $1.40\sqrt{E/F_y}$ | 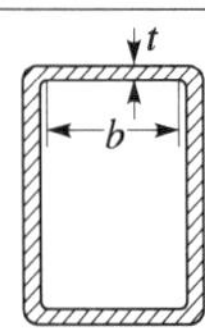 |
| | 7 | 균일압축을 받는 그 외 모든 양쪽이 지지된 판요소 | $b/t$ | - | $1.49\sqrt{E/F_y}$ | 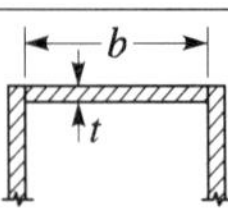 |
| | 8 | -압축을 받는 원형강관 | $D/t$ | - | $0.11E/F_y$ | 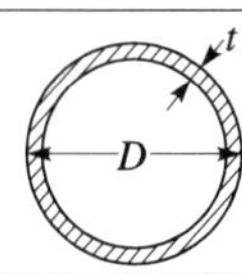 |

**예제 6.1**

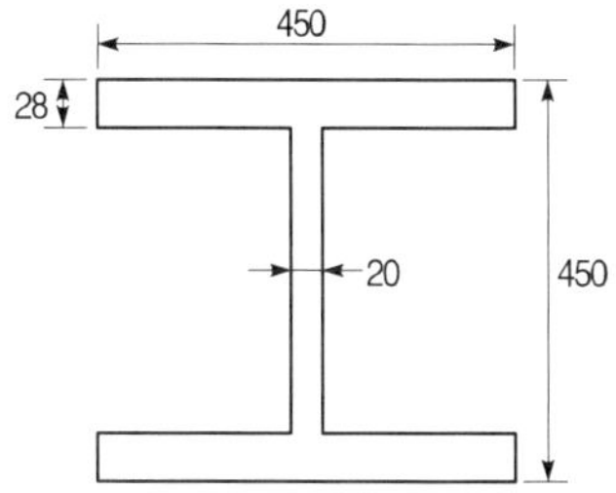


**그림 6.8** 예제 6.1

그림 6.8과 같은 용접 H형강 H−450×450×20×28의 폭두께비를 검토하시오. 사용강재는 SM355A이다.

**풀이**

(1) 조립압축재의 폭두께비 산정

플랜지 : $b/t_f = (450/2)/28 = 8.04$

웨브 : $h/t_w = (450 - 2\times 28)/20 = 19.7$

(2) 폭두께비 제한값 산정($\lambda_r$)

용접H형강의 항복강도는 플랜지, 웨브 각각의 항복강도를 사용한다.

플랜지 모두 판의 두께가 16mm 초과 40mm 이하이므로 $F_y = 345\text{MPa}$

플랜지 : $\lambda_r = 0.64\sqrt{k_c E/F_y)} = 0.64\sqrt{0.76\times 210{,}000/345} = 13.77$

$\left(k_c = \dfrac{4}{\sqrt{h/t_w}} = \ 0.9 > 0.76 \text{이므로 } k_c = 0.76\right)$

웨브 : $\lambda_r = 1.49\sqrt{E/F_y} = 1.49\sqrt{210{,}000/345} = 36.76$

(3) 폭두께비 검토

플랜지 : $b/t_f(=8.04) < \lambda_r(=13.77)$

웨브 : $h/t_w(=19.7) < \lambda_r(=36.76)$ O.K

∴플랜지와 웨브 모두 비콤팩트(비조밀)단면임.

## 6.3 유효좌굴길이와 세장비 제한

### 6.3.1 지지상태에 의한 유효좌굴길이

오일러 좌굴하중이라고 불리어지는 식(6.7)은 부재의 지지조건상태가 양단 핀지지 절점횡이동이 없을 때 성립되는 것이다. 그런데 지지조건은 1단 핀 타단 고정, 1단 자유 타단 고정, 그리고 양단 고정의 경우도 있다. 이러한 경우도 양단 핀지지 상태와 같은 방법으로 이론적인 탄성좌굴하중을 표현할 수 있다. 지지상태에 따른 좌굴하중은 다음 식과 같다.

1단 핀, 타단 고정일 때 $$P_{cr} = \frac{\pi^2 EI}{(0.7L)^2} \tag{6.12}$$

$$\text{1단 자유, 타단 고정일 때} \quad P_{cr} = \frac{\pi^2 EI}{(2.0L)^2} \tag{6.13}$$

$$\text{양단 고정일 때} \quad P_{cr} = \frac{\pi^2 EI}{(0.5L)^2} \tag{6.14}$$

이 식들을 유효좌굴길이계수 $K$ 를 사용하여 일반화해서 나타내면 압축재의 좌굴하중은 다음 식과 같다.

$$P_{cr} = \frac{\pi^2 EI}{(KL)^2} \tag{6.15}$$

식(6.7)은 $K=1.0$인 경우(양단 핀지지)이며 지지상태가 다른 경우에는 $K$값이 1.0이 아닌 다른 값을 가지게 된다. 이 때 $KL$이 그 부재의 유효좌굴길이이고, $K$를 유효좌굴길이계수라고 한다. 표 6.2에 양단 지지상태에 따른 $K$값을 나타내고 있다.

건축물의 골조에서 기둥에 연결되어 있는 근접부재에서, 기둥 밑에 기초와 지반과 구조물에서 모멘트구속의 정도를 평가하는 것은 매우 어렵다. 따라서 끝단의 구속정도의 정확한 확인여부에 관계없이, 가새골조(braced frame)와 비가새골조(unbraced frame)의 개념을 이해하여야 한다.

가새골조는 대각선 가새, 전단벽 또는 그와 비슷한 방법에 의해 측면의 안정성이 확보되는 것이다. 각 절점들은 측면방향으로 움직이지 않는다고 가정하고 각 기둥은 유효좌굴길이계수 $K$가 구해지면, 분리된 것처럼 설계될 수 있다. 유효좌굴길이계수는 항상 1보다 작다.

비가새골조는 측면의 안정성이 강하게 연결된 보와 기둥의 휨강성에만 의존하는 것이다. 비가새골조의 좌굴은 일종의 횡이동(sidesway)이다. 비가새골조에는 횡이동좌굴이 발생한다. 또한 좌굴된 모양과 그것에 대한 기둥의 유효좌굴길이는 휨에 대한 부재의 강성에 의존한다. 유효좌굴길이 $KL$은 기둥의 좌굴된 모양을 핀으로 연결된 기둥의 좌굴된 모양의 부분과 비교함으로써 구할 수 있다. 비가새골조에서는 실제적으로 $K$가 항상 1보다 크다. 그러나 끝단의 구속조건을 평가하는 것과 $K$값을 구하는 간단한 방법이 없는 실정이다.

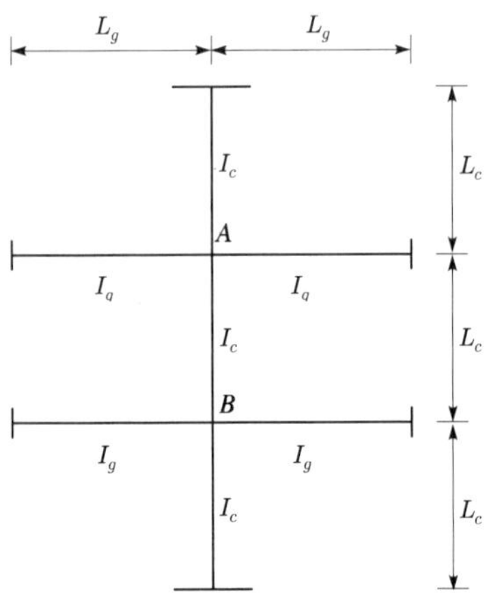


**그림 6.9** G값을 위한 골조의 예

일반적으로 구조설계를 하는 과정에서, 부재의 좌굴하중과 유효좌굴길이를 결정하기 위하여 전체구조물을 해석하는 것은 비실용적이다. 많은 연구를 통하여 AISC(2016)는 그림 6.10과 같은 유효좌굴길이산정 계산도표를 사용하고 있다.

유효좌굴길이계수 계산도표인 그림 6.10에서 상대강성계수 $G_A$, $G_B$는 그림 6.9의 $A$, $B$절점에 관한 것으로, 다음 식으로 산정된다.

$$G_{A,B} = \frac{\Sigma (I_c / L_c)}{\Sigma (I_g / L_g)} \tag{6.16}$$

$\Sigma$는 기둥의 좌굴이 평면 내에서 일어나고 절점이 강접합된 모든 부재의 총합이다. $I_c$와 $L_c$는 기둥의 단면2차모멘트와 비지지길이, $I_g$와 $L_g$는 보 또는 기타 구속부재의 단면2차모멘트와 비지지길이, $I_c$와 $I_g$는 좌굴면에 직각인 축에 대한 값이다. 기둥이 비탄성거동이면 비탄성 $K$값을 사용해야 한다. 이 계산도표를 이용하는 경

우 다음의 값을 택한다.

가) 기초면에 핀접합으로 지지되는 주각에서의 $G$는 이론적으로 무한대 값을 갖지만, 현실적으로 마찰이 전혀 없는 핀으로 설계되지 않는 한 실제 설계에서는 10을 적용할 수 있다.

나) 단부가 적절하게 강접합되어 있는 경우 $G$의 값은 1.0으로 한다. 그러나 해석에 의해 합리적이라고 판단되면 더 작은 $G$의 값을 적용할 수 있다.

다) 보의 타단이 힌지나 고정으로 되어 있는 경우 보의 강성 $I_g/L_g$는 다음 표 6.5의 값을 곱하여 적용한다.

**표 6.5** 보의 강성 보정계수

| | 횡변위가 구속된 경우 | 횡변위가 구속되지 않는 경우 |
|---|---|---|
| 타단 힌지 | 1.5 | 0.50 |
| 타단 고정 | 2.0 | 0.67 |

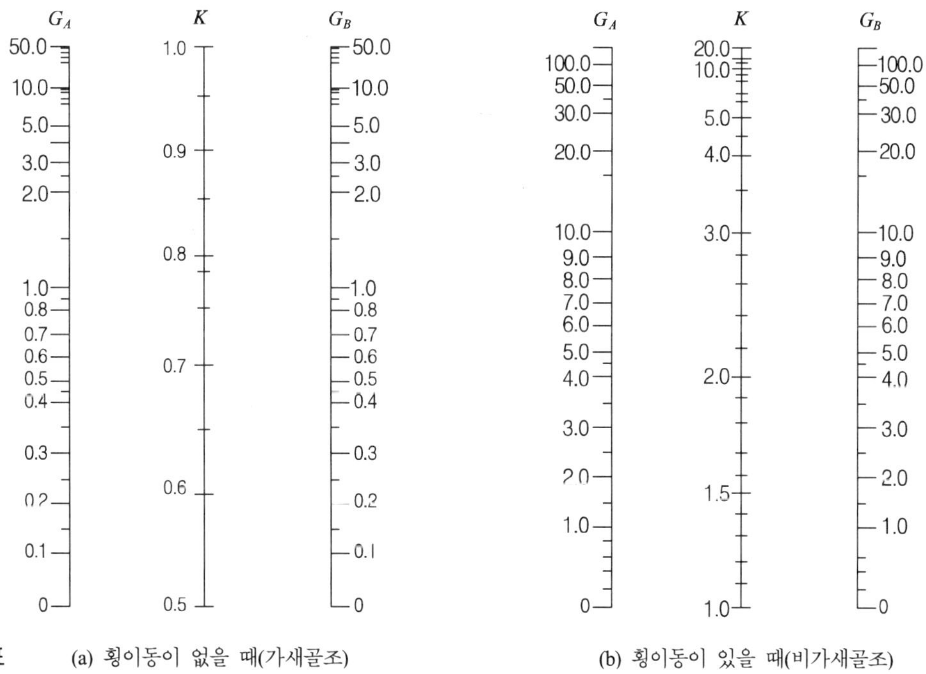


**그림 6.10** 유효좌굴길이계수 계산도표

식(6.16)은 기둥이 탄성거동을 하는 경우에만 적용이 가능하다. 만약, 기둥이 비탄성거동을 하면 상대강성계수 $G$는 아래의 식을 적용하여 구하고, 이를 활용하여 기둥의 유효좌굴길이계수를 구하여야 한다. 여기서 $E_t$는 접선계수이다.

$$G_{비탄성} = \frac{\sum E_t(I_c / L_c)}{\sum E(I_g / L_g)} = \frac{E_t}{E} G_{탄성}$$

$$= \frac{F_{cr비탄성}}{F_{cr탄성}} G_{탄성} = \tau_a G_{탄성} \quad (6.17)$$

여기서, $\tau_a$ : 강성감소계수

$$F_{cr비탄성} = \frac{1}{\phi_c}\left(\frac{P_u}{A_g}\right) = 0.658^{\frac{F_y}{F_e}} F_y$$

$$F_{cr탄성} = 0.877 F_e$$

식(6.17)에서 강성감소계수($\tau_a$)를 구하여 설계압축강도를 산정하는 방법을 예제 6.7에 기술한다.

또한, 건축물 강구조 설계기준(KDS 41 31 00 : 2019)에서는 골조의 안정성(1.5.6절) 평가시 안정설계 요구조건으로 전체구조물과 각 구조부재의 안정성을 확보하여야 한다고 규정하고 있다. 전체구조물과 압축부재를 포함한 각 구조부재의 안정성에 영향을 미치는 다양한 요소를 고려한 합리적인 안정설계법이 사용가능하며 그 외에 2차해석법 및 1차해석법에의 직접해석법의 요구조건을 만족해야 한다. 특히, 압축부재에서는 이러한 설계법 및 구조해석에 의해 유효좌굴길이 계수가 1.0 보다 작은값을 산정하여 적용할 수 있으나, 합리적인 해석에 의해서 유효좌굴길이 계수가 확인되지 않은 경우는 1.0으로 적용하고 있다.

### 6.3.2 트러스 압축부재의 좌굴길이

트러스의 압축부재에서 좌굴이 일어나면 그림 6.11과 같은 면내 좌굴과 면외 좌굴의 2종류가 있다.

이러한 경우에는 각 축에 대한 세장비 중 큰 쪽을 사용하여 압축강도를 산정한다.

특히, 단부가 구속되어 면내 절점이동이 억제되는 경우, 압축부재의 유효좌굴길이는 절점간 거리보다 작을 수도 있으나 트러스의 모든 부재가 동시에 극한상태에 도달할 수도 있고 이 때 단부의 구속이 없어지거나 크게 감소하므로 안전측으로 핀지지로 간주하여 유효좌굴길이계수 $K$=1.0으로 하여야 한다.

### 6.3.3 압축재의 세장비 제한

부재의 세장비는 유효좌굴길이($KL$)를 최소 단면2차반경($r$)으로 나눈 것으로서 $KL/r$로 나타낸다. 이러한 세장비가 클수록 좌굴에 취약할 뿐만 아니라 수평진동 등의 영향이 발생한다.

세장비에 대한 제한은 이전 기준에는 "압축재에서 세장비 $KL/r$은 200을 넘지 않아야 한다."으로 강제조항이 있었으나, 현 기준(KDS 41 31 00, 4.2.2 유효좌굴길이와 세장비 제한)은 제한사항이 아닌 권장사항으로 바뀌었다. 그러나 설계자는 세장비가 200을 넘는 압축재는 $51\mathrm{N/mm^2}$보다 작은 임계응력식을 갖는다는 것을 명심하여야 한다. 세장비 200의 상한제한은 전문적인 판단과 건설현장에서의 경제성, 작업의 용이성, 운반과 조립 등 제조상의 결함을 최소화하기 위하여 만들어졌다. 따라서 제작 및 시공기술자에 의해 특별한 주의가 기울어진 경우를 제외하고 압축부재의 세장비 제한을 넘지 않도록 한다.

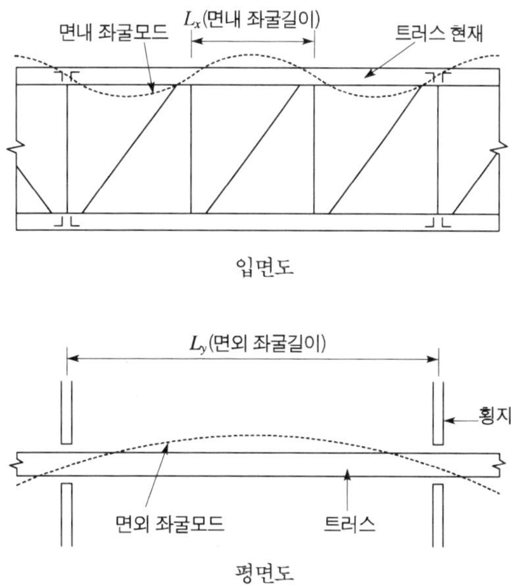


그림 6.11 트러스의 상현재 좌굴길이

**예제 6.2**

그림 6.12와 같은 1단 자유, 타단 고정인 길이 2m인 압축력을 받는 원형강관 $\phi-89.1\times3.2$의 탄성좌굴하중($P_{cr}$)을 구하시오. $I=79.8\times10^4\mathrm{mm^4}$, $E=210{,}000\mathrm{N/mm^2}$이다.

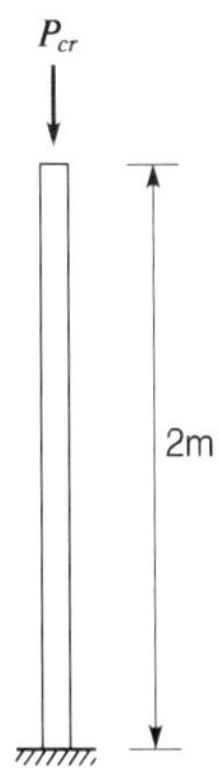


그림 6.12 예제 6.2

**풀이**

1단 자유, 타단 고정인 압축재의 유효좌굴길이계수 $K=2.0$이므로

$$P_{cr}=\frac{\pi^2EI}{(KL)^2}=\frac{\pi^2\times210{,}000\times79.8\times10^4}{(2.0\times2\times10^3)^2}$$

$$=103{,}371\mathrm{N}=103\mathrm{kN}$$

**예제 6.3**

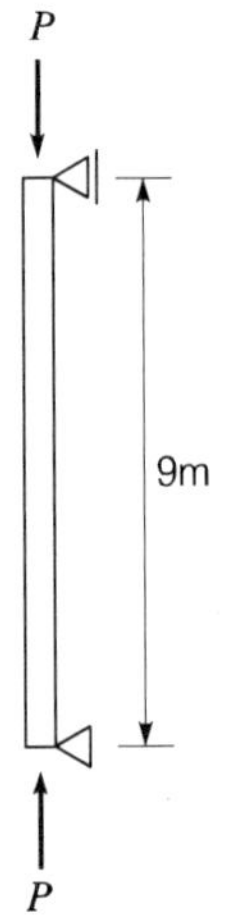


**그림 6.13** 예제 6.3

그림 6.13과 같은 단순지지상태의 길이 9m인 압연H형강 H−200×200×8×12 (SM355A)가 압축부재의 중앙지점에서 약축(y축)에 대한 휨변형이 구속(단순지지)되어 있다. 이 부재의 탄성좌굴강도($P_{cr}$)를 구하시오. $A=63.53\times10^2\text{mm}^2$, $I_x=4.72\times10^7\text{mm}^4$, $I_y=1.60\times10^7\text{mm}^4$이다.

**풀이**

강축(x축)과 약축(y축)에 대한 좌굴하중을 산정하여 불리한(작은)쪽이 압축부재의 탄성좌굴하중이 된다.

(1) 폭두께비 검토

폭두께비 검토 시, 압연H형강의 항복강도는 플랜지의 항복강도를 사용한다.

플랜지의 두께가 16mm 이하이므로 $F_y=355\text{MPa}$

플랜지 : $b/t_f=(200/2)/12=8.3$

$$\lambda_r=0.56\sqrt{E/F_y}=0.56\sqrt{210{,}000/355}$$
$$=13.6$$

$b/t_f<\lambda_r$ O.K

웨브 : $h/t_w=[200-2\times(12+13)]/8=18.8$

$$\lambda_r=1.49\sqrt{E/F_y}=1.49\sqrt{210{,}000/355}=36.2$$

$h/t_w<\lambda_r$ O.K

∴ 플랜지와 웨브 비콤팩트(비조밀) 단면임.

(2) 유효좌굴길이 산정, 약축과 강축 유효좌굴길이 계수 $K$=1.0임.

약축(y축)에 대한 좌굴길이 $KL_y=1.0\times4.5\times10^3\text{mm}$

강축(x축)에 대한 좌굴길이 $KL_x=1.0\times9\times10^3\text{mm}$

(3) 좌굴하중 산정

$$P_{cr\ x}=\frac{\pi^2EI_x}{(KL_x)^2}=\frac{\pi^2\times210{,}000\times4.72\times10^7}{(1.0\times9\times10^3)^2}$$
$$=1{,}207{,}746\,\text{N}=1{,}207.7\,\text{kN}$$

$$P_{cr\ y}=\frac{\pi^2EI_y}{(KL_y)^2}=\frac{\pi^2\times210{,}000\times1.60\times10^7}{(1.0\times4.5\times10^3)^2}$$
$$=1{,}637{,}623\,\text{N}=1{,}637.6\,\text{kN}$$

∴ 두 좌굴하중 중에 작은 값인 $P_{cr\ x}$값이며 탄성좌굴하중, $P_{cr}=1{,}207.7\,\text{kN}$

(4) 탄성좌굴강도 $F_{cr}$ 산정

$$F_{cr}=\frac{P_{cr}}{A}=\frac{1{,}207{,}746}{63.53\times10^2}=190\,\text{N/mm}^2$$

## 6.4 압축재의 설계

압축재의 설계는 3.6절의 공칭하중에 3.7절의 하중계수를 곱한 후 이를 조합한 소요압축강도 $P_u$보다 압축재의 공칭압축강도 $P_n$에 저항계수 $\phi_c$를 곱한 설계압축강도 $\phi_c P_n$가 크도록 하는 것이며 식으로 나타내면 다음과 같이 된다.

$$P_u \le \phi_c P_n,\ \phi_c = 0.9 \tag{6.18}$$

2축대칭 H형강 압축재의 설계흐름도를 도시하면 그림 6.14와 같다.

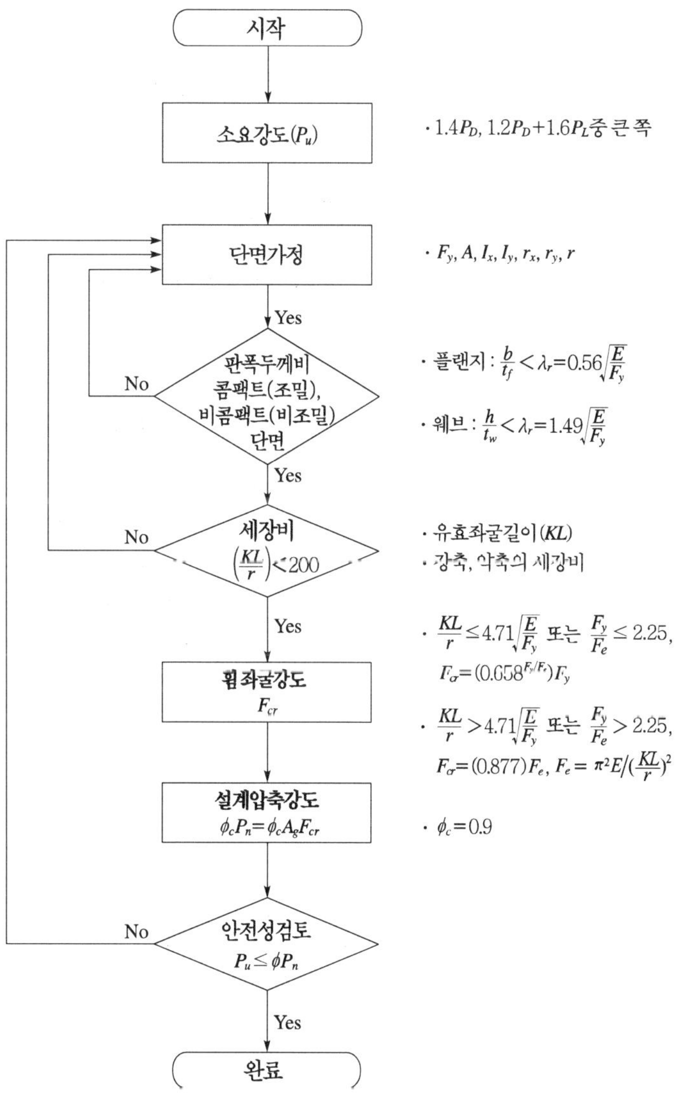


**그림 6.14** 압축재(H형강) 설계흐름도

### 6.4.1 휨좌굴에 대한 압축강도

휨좌굴은 콤팩트(조밀) 및 비콤팩트(비조밀)단면의 압축재에 적용된다. 비틀림에 대한 비지지길이가 횡좌굴에 대한 비지지길이보다 큰 경우, H형강기둥과 그와 유사한 기둥의 설계는 이에 따른다. 공칭압축강도 $P_n$은 다음과 같다.

$$P_n = F_{cr} A_g \tag{6.19}$$

여기서, 휨좌굴강도 $F_{cr}$은 다음과 같이 산정한다.

(1) $\dfrac{KL}{r} \le 4.71\sqrt{\dfrac{E}{F_y}}$ 또는 $F_y/F_e \le 2.25$인 경우

$$\text{비탄성좌굴영역 } F_{cr} = \left[0.658^{\frac{F_y}{F_e}}\right] F_y \tag{6.20}$$

(2) $\dfrac{KL}{r} > 4.71\sqrt{\dfrac{E}{F_y}}$ 또는 $F_y/F_e > 2.25$인 경우

$$\text{탄성좌굴영역 } F_{cr} = 0.877 F_e \tag{6.21}$$

여기서, $F_e$ : 탄성휨좌굴강도(N/mm², MPa) $\left(= \dfrac{\pi^2 E}{(KL/r)^2}\right)$

$A_g$ : 부재의 총단면적(mm²)

$F_y$ : 강재의 항복강도(N/mm², MPa)

$E$ : 강재의 탄성계수(N/mm², MPa)

$K$ : 유효좌굴길이계수

$L$ : 부재의 길이(mm)

$r$ : 좌굴축에 대한 단면2차반경(mm)

### 6.4.2 단일 ㄱ형강 압축부재

세장판 요소가 아닌 단일 ㄱ형강 압축부재의 공칭압축강도 $P_n$은 다음의 수정된 세장비를 적용하여 6.4.1 또는 6.4.4에 따라 산정한다.

단일 ㄱ형강 압축부재가 하나의 다리(leg)를 통하여 양단에서 압축력을 받고 이 압축부재가 용접이나 2개 이상의 볼트로 접합되고 부재 중간에 하중이 작용하지 않으면, 다음에 제시된 유효세장비 중 하나를 사용하여 압축부재의 강도를 산정할 때, 단일 ㄱ형강의 편심 효과는 무시할 수 있다.

(1) 등변 ㄱ형강 또는 긴 다리에 접합된 부등변 ㄱ형강이 단일부재 또는 평면트러스의 인접한 웨브재 또는 현재와 동일한 거셋플레이트 면으로 접합된 웨브재인 경우.

- $0 \le \dfrac{L}{r_x} \le 80$인 경우,

$$\frac{KL}{r} \le 70 + 0.75\frac{L}{r_x} \tag{6.22}$$

- $\dfrac{L}{r_x} > 80$인 경우,

$$\frac{KL}{r} = 32 + 1.25\frac{L}{r_x} \le 200 \tag{6.23}$$

단, 부등변 ㄱ형강에서 다리길이 비가 1.7이하이고, ㄱ형강의 짧은 다리가 접합되는 부재는 식(6.22)와 식(6.23)에서 산정된 값에 $4[(b_l/b_s)^2 - 1]$을 더하여 세장비 $KL/r$을 산정한다. 다만, 이 값은 $0.95L/r_x$ 이상이어야 한다.

(2) 등변 ㄱ형강 또는 긴 다리로 접합된 부등변 ㄱ형강이 박스형 트러스 또는 입체트러스의 인접한 웨브재 또는 현재와 동일한 거셋플레이트면으로 접합된 웨브재인 경우,

- $0 \le \dfrac{L}{r_x} \le 75$인 경우,

$$\frac{KL}{r} \le 72 + 0.75\frac{L}{r_x} \tag{6.24}$$

- $\dfrac{L}{r_x} > 75$ 인 경우,

$$\frac{KL}{r} = 45 + \frac{L}{r_x} \le 200 \tag{6.25}$$

단, 부등변 ㄱ형강에서 다리길이 비가 1.7이하이고, ㄱ형강의 짧은 다리가 접합되는 부재는 식(6.24)와 식(6.25)에서 산정된 값에 $6[(b_l/b_s)^2 - 1]$을 더하여 세장비 $KL/r$을 산정한다. 다만, 이 값은 $0.82L/r_x$ 이상이어야 한다.

(3) 다리길이의 비가 1.7이상 또는 부재에 중간하중을 받는 단일 ㄱ형강이 위 두 조건과 다른 단부조건인 경우 조합력과 비틀림을 받는 부재설계 방법에 따라 산정한다.

**예제 6.4**

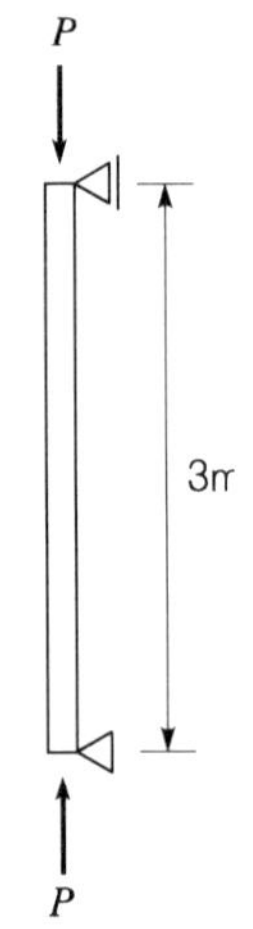


**그림 6.15** 예제 6.4

그림 6.15와 같은 단순지지인 압축재 압연H형강 H$-200\times200\times8\times12$에 고정하중 $P_D=500\text{kN}$, 활하중 $P_L=400\text{kN}$이 작용할 때 안전성을 검토하시오. 압축재의 길이(L)는 3.0m이고, 강종은 용접구조용 압연강재인 SM355A이다(플랜지의 두께가 16mm 이하이므로 항복강도 $F_y=355\text{N/mm}^2$, $E=210{,}000\text{N/mm}^2$).

**풀이**

(1) 단면성질

$A_g=63.53\times10^2\text{mm}^2$, $I_x=4{,}720\times10^4\text{mm}^4$, $r_x=86.2\text{mm}$,

$r_y=50.2\text{mm}$, $r=13\text{mm}$

(2) 폭두께비 검토

폭두께비 검토 시, 압연H형강의 항복강도는 플랜지의 항복강도를 사용한다.

플랜지의 두께가 16mm 이하이므로 $F_y=355\text{MPa}$

플랜지 : $b/t_f=(200/2)/12=8.3$

$\lambda_r=0.56\sqrt{E/F_y}=0.56\sqrt{210{,}000/355}=13.6$

$b/t_f<\lambda_r$ O.K

웨브 : $h/t_w=[200-2\times(12+13)]/8=18.8$

$\lambda_r=1.49\sqrt{E/F_y}=1.49\sqrt{210{,}000/355}=36.2$

$h/t_w<\lambda_r$ O.K

∴ 비콤팩트(비조밀)단면

(3) 휨좌굴강도 $F_{cr}$의 산정

양단 단순지지(핀지지)이므로 유효좌굴길이계수 $K=1.0$

$$\left(\frac{KL}{r}\right)_y=\frac{1.0\times3{,}000}{50.2}=59.76<4.71\sqrt{\frac{E}{F_y}}=4.71\sqrt{\frac{210{,}000}{355}}=114.6$$

또는 탄성휨좌굴강도 $F_e=\dfrac{\pi^2E}{\left(\dfrac{KL}{r}\right)_y^2}=580.4\text{N/mm}^2\Rightarrow F_y/F_e=0.61<2.25$

그러므로 식(6.20)을 적용하여 $F_{cr}=\left(0.658^{\frac{F_y}{F_e}}\right)F_y=275\text{ N/mm}^2$

(4) 설계압축강도 $\phi_cP_n$ 산정

저항계수 $\phi_c=0.9$

공칭압축강도 $P_n=A_gF_{cr}=63.53\times10^2\times275=1{,}747{,}075\text{N}=1{,}747\text{kN}$

$\phi_cP_n=0.9\times1{,}747=1{,}572\text{kN}$

(5) 안전성 검토

소요압축강도 $P_u$

$P_u=1.2P_D+1.6P_L=(1.2\times500+1.6\times400)=1{,}240\text{kN}$

$P_u(=1{,}240\text{kN}) < \phi_c P_n(=1{,}572\text{kN})$ O.K

∴설계압축강도가 소요압축강도보다 크므로 안전함

**예제 6.5**

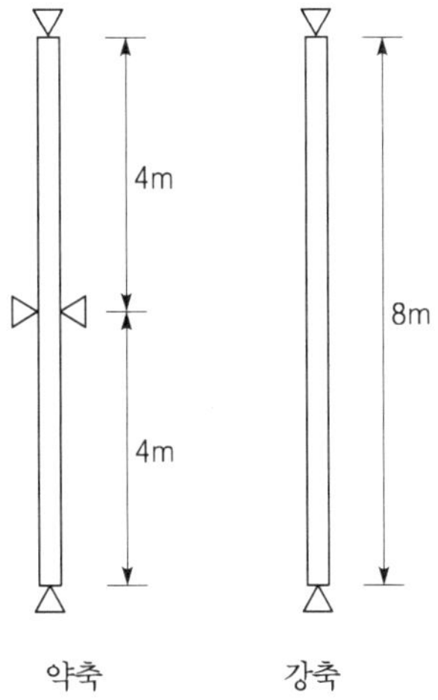


**그림 6.16** 예제 6.5

그림 6.16과 같은 양단 단순지지이고 부재 중간에 H형강의 약축 방향으로 단순 횡지지 되어있는 중심압축재에 소요압축강도 $P_u = 1{,}600\text{kN}$가 작용할 때 압축재의 단면을 산정하시오. 압축재의 길이는 8m이다.

**풀이**

H형강의 강축(x축)과 약축(y축) 방향으로 유효좌굴길이계수 $K_x = K_y = 1.0$

단면 가정 : 압연H형강 $\text{H}-250\times250\times9\times14$(SM355A)

$F_y = 355\ \text{N/mm}^2,\ E = 210{,}000\ \text{N/mm}^2$

$A_g = 92.18\times10^2\text{mm}^2,\ r_x = 108\text{mm},\ r_y = 62.9\text{mm},\ r = 16\text{mm}$ (부표 1.1)

(1) 폭두께비 검토

폭두께비 검토 시, 압연H형강의 항복강도는 플랜지의 항복강도를 사용한다.

플랜지의 두께가 16mm 이하이므로 $F_y = 355\text{MPa}$

플랜지 : $b/t_f = (250/2)/14 = 8.93$

$\lambda_r = 0.56\sqrt{E/F_y} = 0.56\sqrt{210{,}000/355} = 13.6$

$b/t_f < \lambda_r$ O.K

웨브 : $h/t_w = [250 - 2\times(14+16)]/9 = 21.11$

$\lambda_r = 1.49\sqrt{E/F_y} = 1.49\sqrt{210{,}000/355} = 36.2$

$h/t_w < \lambda_r$ O.K

∴ 비콤팩트(비조밀)단면

(2)휨좌굴강도 $F_{cr}$의 산정

강축과 약축의 유효좌굴길이계수 $K = 1.0$

$$\left(\frac{KL}{r}\right)_x = \frac{1.0\times8{,}000}{108} = 74.1$$

⇒ 세장비 큰 값 선택

$$\left(\frac{KL}{r}\right)_y = \frac{1.0\times4{,}000}{62.9} = 63.6$$

$$\frac{KL}{r} = 74.1 < 4.71\sqrt{\frac{E}{F_y}} = 4.71\sqrt{\frac{210{,}000}{355}} = 114.6$$

또는 탄성휨좌굴강도 $F_e = \dfrac{\pi^2 E}{\left(\dfrac{KL}{r}\right)^2} = 377.5\text{N/mm}^2 \Rightarrow F_y/F_e = 0.94 < 2.25$

그러므로 식(6.20)을 적용하여 $F_{cr} = \left(0.658^{\frac{F_y}{F_e}}\right)F_y = 239.5\text{N/mm}^2$

(3) 설계압축강도 산정

$\phi_c = 0.9$

$$P_n = A_g F_{cr} = 92.18 \times 10^2 \times 239.5 = 2{,}207{,}711\,\text{N} = 2{,}207.7\,\text{kN}$$

$$\phi_c P_n = 0.9 \times 2{,}207.7 = 1{,}986.9\ \text{kN}$$

(4) 안전성 검토

소요압축강도 $P_u = 1{,}600\,\text{kN}$

$P_u(=1{,}600\text{kN}) < \phi_c P_n(=1{,}986.9\,\text{kN})$ O.K

∴ 설계압축강도가 소요압축강도보다 크므로 안전함

**예제 6.6**

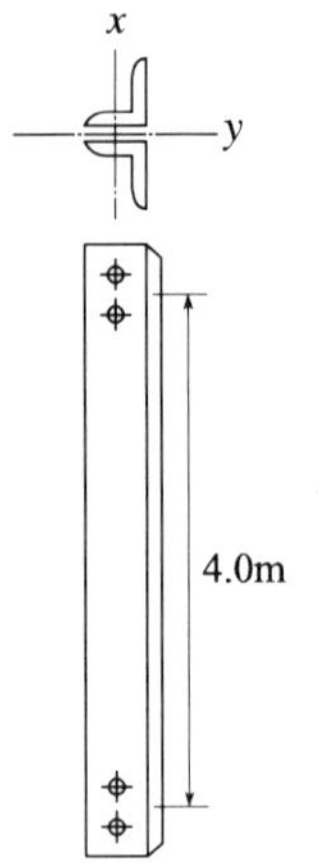


**그림 6.17** 예제 6.6

그림 6.17과 같은 평면트러스의 웨브재(압축재)인 ㄱ형강 L–150×150×12(SM275A)의 양단이 같은 다리쪽에 2개의 고장력볼트로 현재와 접합되어 있다. 부재길이 $L = 4.0\text{m}$일 때 이 압축재의 설계압축강도를 구하시오.

**풀이**

(1) 단면성능

$A_g = 3.477 \times 10^3 \text{mm}^2,\ r_x = 46.1\text{mm}$

(2) 유효세장비

등변ㄱ형강 또는 긴 다리로 접합된 부등변ㄱ형강이 단일부재 또는 평면 트러스의 인접한 웨브재 또는 현재와 동일 거셋 플레이트 면으로 접합된 웨브재인 경우의 $KL/r$은 식(6.23)을 적용한다.

$$\frac{L}{r_x} = \frac{4 \times 10^3}{46.1} = 86.8 > 80 \text{ 이므로}$$

$$\frac{KL}{r} = 32 + 1.25 \times 86.8 = 140.5 < 200$$

(3) $F_{cr}$의 산정

$$\frac{KL}{r} = 140.5 > 4.71\sqrt{\frac{E}{F_y}} = 130 \text{이므로}$$

$$F_e = \frac{\pi^2 E}{\left(\frac{KL}{r}\right)^2} = \frac{\pi^2(210{,}000)}{(140.5)^2} = 105\,\text{N/mm}^2 \Rightarrow F_y/F_e = 2.62 > 2.25$$

∴ 식(6.21)에서 $F_{cr} = 0.877F_e = 0.877 \times 105 = 92\,\text{N/mm}^2$

(4) 설계강도

공칭압축강도 $P_n = 2F_{cr}A_g = 2 \times 92 \times 3.477 \times 10^3 = 639{,}768\,\text{N} = 640\,\text{kN}$

설계강도 $\phi_c P_n = 0.9 \times 640 = 576\,\text{kN}$

**예제 6.7**

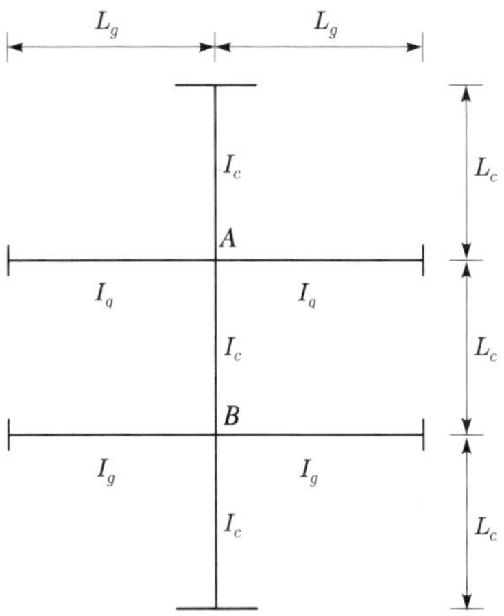


**그림 6.18** 예제 6.7

그림 6.18의 골조에서 2층 기둥(AB부재)에 고정하중 $P_D$=2,300kN, 활하중 $P_L$=2,000kN이 작용할 때 유효좌굴길이계수 계산도표를 사용하여 안전성을 검토하시오. 골조는 횡이동이 구속되어 있고 압축재 길이($L_C$)는 4.0m, $L_g$는 9.0m이고 강종은 SM355A이다. 보부재 단면은 압연H형강 H-606×201×12×20이고, 1층, 2층 기둥은 압연H형강 H-400×408×21×21, 3층 기둥은 압연H형강 H-350×350×12×19이다. 단, 면내 휨변형이 강축에 대한 휨이며 면외방향의 좌굴에 대해선 고려하지 않는다.

**풀이**

(1) 단면성질(H−400×408×21×21)

$A_g = 2.5070 \times 10^4 \text{mm}^2$, $I_x = 7.09 \times 10^8 \text{mm}^4$, $r_x = 1.68 \times 10^2 \text{mm}$

$r_y = 9.75 \times 10 \text{mm}$, $r = 22 \text{mm}$

단면성질(H−350×350×12×19)

$A_g = 1.7390 \times 10^4 \text{mm}^2$, $I_x = 4.03 \times 10^8 \text{mm}^4$, $r_x = 1.52 \times 10^2 \text{mm}$

$r_y = 8.84 \times 10 \text{mm}$, $r = 20 \text{mm}$

(2) 폭두께비 검토

폭두께비 검토 시, 압연H형강의 항복강도는 플랜지의 항복강도를 사용한다.

플랜지의 두께가 16mm 초과 40mm 이하이므로 $F_y = 345 \text{MPa}$

플랜지 : $b/t_f = (408/2)/21 = 9.7$

$\lambda_r = 0.56\sqrt{E/F_y} = 0.56\sqrt{210{,}000/345} = 13.8$

$b/t_f < \lambda_r$

웨 브 : $h/t_w = [400 - 2 \times (21+22)]/21 = 15$

$\lambda_r = 1.49\sqrt{E/F_y} = 1.49\sqrt{210{,}000/345} = 36.8$

$h/t_w < \lambda_r$

∴ 비콤팩트(비조밀)단면

(3) 유효좌굴길이계수 계산

$$G_A = \frac{\Sigma(I_c/L_c)}{\Sigma(I_g/L_g)} = \frac{(7.09 \times 10^8/4{,}000) + (4.03 \times 10^8/4{,}000)}{2(9.04 \times 10^8/9{,}000)} = 1.38$$

$$G_B = \frac{\Sigma(I_c/L_c)}{\Sigma(I_g/L_g)} = \frac{2(7.09 \times 10^8/4{,}000)}{2(9.04 \times 10^8/9{,}000)} = 1.76$$

유효좌굴길이계수 계산도표 그림 6.10을 이용하여 $G_A$와 $G_B$를 연결하여 $K$값을 산정한다.

$\therefore K = 0.82$

(4) $F_{cr}$ 산정

$$\frac{KL}{r_x} = \frac{0.82 \times 4{,}000}{1.68 \times 10^2} = 19.5 < 4.71\sqrt{\frac{E}{F_y}} = 4.71\sqrt{\frac{210{,}000}{345}} = 116.2$$

이 경우는 비탄성좌굴거동을 하므로 식(6.17)에 따른 상대강성계수를 이용하여 $K$값을 다시 산정해야 한다.

① 강성감소계수($\tau_a$)

소요압축강도 $P_u = 1.2P_D + 1.6P_L = 1.2 \times 2{,}300 + 1.6 \times 2{,}000 = 5{,}960\text{kN}$

$$\frac{P_u}{A_g} = \frac{5{,}960 \times 10^3}{25{,}070} = 238\text{N/mm}^2$$

$$F_{cr\text{비탄성}} = \frac{P_u}{\phi_c A_g} = \frac{1}{0.9} \times 238 = 0.658^{\frac{345}{F_e}} \times 345 \text{ 로부터}$$

$$0.658^{\frac{345}{F_e}} = \frac{1}{0.9 \times 345} \times 238,$$

$345/F_e = \log_{0.658}(\frac{238}{0.9 \times 345}) = \log_{0.658}(0.635)$ 를 계산하면,

$F_e = 543\text{N/mm}^2$

$F_e = 543\text{N/mm}^2$, $F_{cr\text{비탄성}} = \left(0.658^{\frac{F_y}{F_e}}\right)F_y = 264.4\text{N/mm}^2$

$F_{cr\text{탄성}} = 0.877F_e = 0.877 \times 543 = 476.2\text{N/mm}^2$

$$\therefore \tau_a = \frac{F_{cr\text{비탄성}}}{F_{cr\text{탄성}}} = \frac{264.4}{476.2} = 0.56$$

② AB기둥의 상대강성계수 $G_{\text{비탄성}}$ 및 좌굴길이계수$K$

$G_{A\text{비탄성}} = 0.56 \times G_{A\text{탄성}} = 0.56 \times 1.38 = 0.77$

$G_{B\text{비탄성}} = 0.56 \times G_{B\text{탄성}} = 0.56 \times 1.76 = 0.98$

$\therefore K = 0.75$(그림 6.10(a)로부터)

$$\frac{KL}{r_x} = \frac{0.75 \times 4{,}000}{1.68 \times 10^2} = 17.9 < 4.71\sqrt{\frac{E}{F_y}} = 4.71\sqrt{\frac{210{,}000}{345}} = 116.2$$

$F_e = 6468.6\text{N/mm}^2 \Rightarrow F_y/F_e = 0.05 < 2.25$

그러므로 $F_{cr} = \left(0.658^{\frac{F_y}{F_e}}\right)F_y = 337.4\text{N/mm}^2$ (식(6.20)으로부터)

(5) 설계압축강도산정 및 안전성 검토

$P_n = A_g F_{cr} = 2.5070 \times 10^4 \times 337.4 = 8{,}458{,}618\text{N} = 8{,}458.6\text{kN}$

$\phi_c P_n = 0.9 \times 8{,}458.6 = 7{,}612.7\text{kN}$

$P_u(=5{,}960\text{kN}) < \phi_c \text{P}_\text{n}(=7{,}612.7\text{kN})$

∴안전함

### 6.4.3 비틀림, 휨-비틀림좌굴에 대한 압축강도

세장판 요소가 아닌 1축대칭 또는 비대칭부재, 얇은 판으로 된 +형 또는 조립기둥과 같은 2축대칭 기둥은 비틀림좌굴과 휨-비틀림의 한계상태를 고려하여야 한다. 휨-비틀림좌굴, 비틀림좌굴에 대한 한계상태의 공칭압축강도 $P_n$은 다음과 같이 산정한다.

$$P_n = F_{cr} A_g \tag{6.26}$$

1) 쌍ㄱ형강 또는 T형강압축부재의 경우

$$F_{cr} = \left(\frac{F_{cry} + F_{crz}}{2H}\right)\left[1 - \sqrt{1 - \frac{4F_{cry}F_{crz}H}{(F_{cry} + F_{crz})^2}}\right] \tag{6.27}$$

여기서, $y$축 대칭에 대한 휨좌굴에 대해서 $F_{cry}$는 식(6.20)과 (6.21)에서 구한 $F_{cr}$ 값을 사용하고 세장비는 y축에 대한 $\frac{KL}{r} = \frac{KL}{r_y}$을 사용한다. 또한,

$$F_{crz} = \frac{GJ}{A_g \bar{r}_0^{\,2}} \tag{6.28}$$

2) 다른 모든 경우

다음에서 산정되는 탄성비틀림좌굴응력과 탄성휨-비틀림좌굴응력 $F_e$를 사용하여, 식(6.20)과 (6.21)에 따라 $F_{cr}$값을 산정한다.

(1) 2축대칭부재의 경우(+자형 단면)

$$F_e = \left[\frac{\pi^2 E C_w}{(K_z L)^2} + GJ\right]\frac{1}{I_x + I_y} \tag{6.29}$$

(2) $y$축에 대칭인 1축대칭부재의 경우(T자형 단면)

$$F_e = \left(\frac{F_{ey} + F_{ez}}{2H}\right)\left[1 - \sqrt{1 - \frac{4F_{ey}F_{ez}H}{(F_{ey} + F_{ez})^2}}\right] \tag{6.30}$$

(3) 비대칭부재의 경우 다음 방정식의 해 중 가장 작은 해를 $F_e$로 사용한다(비대칭 단면).

$$(F_e - F_{ex})(F_e - F_{ey})(F_e - F_{ez}) - F_e^2(F_e - F_{ey})\left(\frac{x_0}{\bar{r}_0}\right)^2 - F_e^2(F_e - F_{ex})\left(\frac{y_o}{\bar{r}_0}\right)^2 = 0 \tag{6.31}$$

여기서, $A_g$ : 부재의 총단면적($mm^2$)

$C_w$ : 뒤틀림 상수($mm^6$)

$$\overline{r_0}^2 = x_0^2 + y_0^2 + \frac{I_x + I_y}{A_g}$$

$$H = 1 - \frac{x_0^2 + y_0^2}{\overline{r_0}^2}$$

$$F_{ex} = \frac{\pi^2 E}{\left(\dfrac{K_x L}{r_x}\right)^2}$$

$$F_{ey} = \frac{\pi^2 E}{\left(\dfrac{K_y L}{r_y}\right)^2}$$

$$F_{ez} = \left[\frac{\pi^2 E C_w}{(K_z L)^2} + GJ\right] \frac{1}{A_g \overline{r_0}^2}$$

여기서, $G$ : 강재의 전단탄성계수(=81,000N/mm$^2$, MPa)

$I_x$, $I_y$ : 주축에 대한 단면2차모멘트(mm$^4$)

$J$ : 비틀림상수(mm$^4$)

$K_z$ : 비틀림좌굴에 대한 유효좌굴길이계수

$x_0$, $y_0$ : 단면중심에 대한 전단중심의 좌표(mm)

$\overline{r_0}$ : 전단중심에 대한 극2차반경(mm)

$r_y$ : y축에 대한 단면2차반경(mm)

2축대칭 H형단면의 경우, $C_w = I_y h_0^2/4$ 값을 사용할 수 있다. 여기서 $h_0$는 플랜지 중심 간의 거리를 나타낸다. T형강 또는 쌍ㄱ형강의 경우, $F_{ez}$를 계산할 때 $C_w$를 포함한 항을 삭제하고 $x_0$를 0으로 놓는다.

쌍ㄱ형강 또는 T형강의 기둥처럼 1축대칭 또는 비대칭기둥, 매우 얇은 판으로 된 +형 또는 조립기둥과 같은 2축 대칭기둥은 휨-비틀림과 비틀림좌굴의 한계상태를 고려하여야 한다. 대칭단면을 갖는 기둥의 비틀림좌굴과 비대칭단면을 갖는 기둥의 휨-비틀림좌굴은 열간압연형강 기둥설계에서 일반적으로 검토하지 않는 파괴형태이다. 그러한 파괴 형태들은 먼저 발생하지 않거나 그 한계하중이 약축에 대한 좌굴하중과 큰 차이를 보이지 않기 때문이다. 그러한 좌굴하중은 상대적으로 얇은 판재로 이루어진 부재나 비대칭기둥의 내력에 영향을 끼칠 수 있다.

### 6.4.4 세장판 요소를 갖는 압축부재의 압축강도

등분포 압축요소에 대해 6.2.5에서 정의한 세장판 단면을 갖는 압축부재의 공칭 압축강도 $P_n$은 휨좌굴, 비틀림좌굴, 휨-비틀림 좌굴 한계상태를 고려하여 다음에서 구한 좌굴강도 $F_{cr}$로 식(6.19)로 산정한다.

### 1) 세장판 요소의 좌굴강도

(1) $\dfrac{KL}{r} \le 4.71\sqrt{\dfrac{E}{QF_y}}$ 또는 $QF_y/F_e \le 2.25$일 경우

$$F_{cr} = Q\left[0.658^{\frac{QF_y}{F_e}}\right]F_y \tag{6.32}$$

(2) $\dfrac{KL}{r} > 4.71\sqrt{\dfrac{E}{QF_y}}$ 또는 $QF_y/F_e > 2.25$일 경우

$$F_{cr} = 0.877F_e \tag{6.33}$$

여기서, $F_e$ = 탄성휨좌굴강도(탄성임계좌굴응력). 식(6.8)를 사용하여 $F_e$를 산정하는 단일ㄱ형강 이외의 2축대칭부재는 식(6.8)와 식(6.29), 1축대칭부재는 식(6.8)와 식(6.30), 비대칭부재는 식(6.31)을 사용하여 산정한다.

$Q$ 는 식(6.32)과 식(6.33)에서 세장판 요소의 국부좌굴에 의한 압축강도 감소를 고려하는 감소계수로서 세장판 요소가 아닌 경우에는 1.0으로 세장판 요소의 경우에 $Q = Q_s Q_a$ 로 정의한다. $Q_a$는 세장한 구속판요소의 저감계수이고 $Q_s$는 세장한 비구속판요소의 저감계수이다.

- 6.2.5에서 정의된 세장판 단면의 경우 또는 세장한 비구속판요소로만 조합된 단면의 경우, $Q = Q_s(Q_a = 1.0)$,
- 세장한 구속판요소로 조합된 단면의 경우, $Q = Q_a(Q_s = 1.0)$,
- 세장한 구속판요소와 비구속판요소로 조합된 단면의 경우, $Q = Q_s Q_a$

### 2) 세장한 구속판요소의 저감계수 $Q_a$

세장한 구속판요소의 저감계수 $Q_a$는 다음과 같이 산정한다.

$$Q_a = \frac{A_{eff}}{A} \tag{6.34}$$

여기서, $A$ : 부재의 총단면적 ($mm^2$)

$A_{eff}$ : 감소된 유효폭 $b_e$를 제외하고 산정한 유효단면적의 합($mm^2$)

세장판 요소의 감소된 유효폭 $b_e$는 다음과 같이 산정한다.

(1) 균일한 두께를 갖는 정방향이나 장방향 단면의 플랜지를 제외한 등단면압축력을 받는 세장한 부재 $\left(\dfrac{b}{t} \ge 1.49\sqrt{\dfrac{E}{f}}\right)$ :

$$b_e = 1.92t\sqrt{\frac{E}{f}}\left[1 - \frac{0.34}{(b/t)}\sqrt{\frac{E}{f}}\right] \le b \tag{6.35}$$

여기서, $f$는 $Q=1.0$ 일 때의 $F_{cr}$의 값이다.

(2) 균일한 두께를 갖는 정방향이나 장방향의 세장한 플랜지 단면 $\left(\frac{b}{t} \geq 1.40\sqrt{\frac{E}{f}}\right)$ :

$$b_e = 1.92t\sqrt{\frac{E}{f}}\left[1 - \frac{0.38}{(b/t)}\sqrt{\frac{E}{f}}\right] \leq b \quad (6.36)$$

여기서, $f : P_n/A_{eff}$

(3) 축력을 받는 원형단면

$0.11\frac{E}{F_y} < \frac{D}{t} < 0.45\frac{E}{F_y}$ 일 경우,

$$Q = Q_a = \frac{0.038E}{F_y(D/t)} + \frac{2}{3} \quad (6.37)$$

여기서, $D$ : 부재의 외경 (mm)
$t$ : 부재의 두께 (mm)

### 3) 세장한 비구속판요소의 저감계수 $Q_s$

세장한 비구속판요소의 저감계수 $Q_s$는 다음과 같이 산정한다.

(1) 압연기둥재 또는 다른 압축재로부터 돌출된 플랜지, ㄱ형강 및 플레이트

① $b/t \leq 0.56\sqrt{E/F_y}$ 일 경우

$$Q_s = 1.0 \quad (6.38)$$

② $0.56\sqrt{E/F_y} < b/t < 1.03\sqrt{E/F_y}$ 일 경우

$$Q_s = 1.415 - 0.74\left(\frac{b}{t}\right)\sqrt{\frac{F_y}{E}} \quad (6.39)$$

③ $b/t \geq 1.03\sqrt{E/F_y}$ 일 경우

$$Q_s = \frac{0.69E}{F_y\left(\frac{b}{t}\right)^2} \quad (6.40)$$

(2) 조립기둥재 또는 다른 압축재로부터 돌출된 플랜지, ㄱ형강 및 플레이트

① $b/t \leq 0.64\sqrt{Ek_c/F_y}$ 일 경우

$$Q_s = 1.0 \quad (6.41)$$

② $0.64\sqrt{Ek_c/F_y} < b/t \leq 1.17\sqrt{Ek_c/F_y}$ 일 경우

$$Q_s = 1.415 - 0.65\left(\frac{b}{t}\right)\sqrt{\frac{F_y}{Ek_c}} \tag{6.42}$$

③ $b/t > 1.17\sqrt{Ek_c/F_y}$ 일 경우

$$Q_s = \frac{0.90Ek_c}{F_y\left(\frac{b}{t}\right)^2} \tag{6.43}$$

여기서, $k_c = \dfrac{4}{\sqrt{h/t_w}}$, $0.35 < k_c \le 0.76$

(3) 단일ㄱ형강

① $b/t \le 0.45\sqrt{E/F_y}$ 일 경우

$$Q_s = 1.0 \tag{6.44}$$

② $0.45\sqrt{E/F_y} < b/t \le 0.91\sqrt{E/F_y}$ 일 경우

$$Q_s = 1.34 - 0.76\left(\frac{b}{t}\right)\sqrt{\frac{F_y}{E}} \tag{6.45}$$

③ $b/t > 0.91\sqrt{E/F_y}$ 일 경우

$$Q_s = \frac{0.53E}{F_y\left(\frac{b}{t}\right)^2} \tag{6.46}$$

여기서, $b$ : ㄱ형강 가장 긴 다리의 폭(mm)

(4) T형강의 스템

① $d/t \le 0.75\sqrt{E/F_y}$ 일 경우

$$Q_s = 1.0 \tag{6.47}$$

② $0.75\sqrt{E/F_y} < d/t \le 1.03\sqrt{E/F_y}$ 일 경우

$$Q_s = 1.908 - 1.22\left(\frac{d}{t}\right)\sqrt{\frac{F_y}{E}} \tag{6.48}$$

③ $d/t > 1.03\sqrt{E/F_y}$ 일 경우

$$Q_s = \frac{0.69E}{F_y\left(\frac{d}{t}\right)^2} \tag{6.49}$$

여기서, $d$ : T형강의 깊이(mm)

$t$ : 부재의 두께 (mm)

**예제 6.8**

압연 T형강 T−175×350×12×19(SM355A)의 설계압축강도를 계산하시오. $x$축에 대한 유효좌굴길이는 2.5m이고, $y$축과 $z$축에 대한 유효좌굴길이는 5m이다.

**풀이**

(1) T−175×350×12×19(SM355A)의 단면성질 (부표 1.2 참조)

$A_g = 8{,}690\text{mm}^2$, $r_x = 41.8\text{mm}$, $r_y = 88.4\text{mm}$, $y_o = 19.1\text{mm}$

$I_x = 1.52\times10^7\text{mm}^4$, $I_y = 6.79\times10^7\text{mm}^4$, $J = 8.96\times10^5\text{mm}^4$

(2) 폭두께비 검토 : 국부좌굴 검토

폭두께비 검토 시, 압연 T형강의 항복강도는 플랜지의 항복강도를 사용한다.
플랜지 판의 두께가 16mm 초과 40mm 이하이므로 $F_y = 345\text{MPa}$

플랜지 : $b/t_f = (350/2)/19 = 9.21$

$\lambda_r = 0.56\sqrt{E/F_y} = 0.56\sqrt{210{,}000/345} = 13.8$

$b/t_f < \lambda_r$ O.K

웨브 : $h/t_w = 175/12 = 14.58$

$\lambda_r = 0.75\sqrt{E/F_y} = 0.75\sqrt{210{,}000/345} = 18.5$

$h/t_w < \lambda_r$ O.K

∴ 비콤팩트(비조밀)단면 : 국부좌굴이 발생하기 어려움.

(3) $x$축에 관한 휨좌굴응력도 $F_{crx}$의 산정

$$\frac{KL}{r_x} = \frac{2{,}500}{41.8} = 59.81,\quad 4.71\sqrt{\frac{E}{F_y}} = 4.71\sqrt{\frac{210{,}000}{345}} = 116.2$$

$$\frac{KL}{r_x} < 4.71\sqrt{\frac{E}{F_y}}$$

$$F_{ex} = \frac{\pi^2 E}{(KL/r_x)^2} = \frac{\pi^2\times210{,}000}{59.81^2} = 579.4\ \text{N/mm}^2$$

$$F_{crx} = \left(0.658^{\frac{F_y}{F_{ex}}}\right)F_y = \left(0.658^{\frac{345}{579.4}}\right)\times345 = 268.9\ \text{N/mm}^2$$

(4) $x$축에 대한 설계강도 산정

$\phi_c = 0.9$

$P_n = 268.9\times8{,}690\times10^{-3} = 2{,}336.7\text{kN}$

$\phi_c P_n = 0.9\times2{,}336.7 = 2{,}103.1\text{kN}$

(5) $y$축에 관한 휨좌굴응력도 $F_{cry}$의 산정

$$\frac{KL}{r_y} = \frac{5{,}000}{88.4} = 56.56,\quad 4.71\sqrt{\frac{E}{F_y}} = 4.71\sqrt{\frac{210{,}000}{345}} = 116.2$$

$$\frac{KL}{r_y} < 4.71\sqrt{\frac{E}{F_y}}$$

$$F_{ey} = \frac{\pi^2 E}{(KL/r_y)^2} = \frac{\pi^2 \times 210{,}000}{56.56^2} = 647.9\ \text{N/mm}^2$$

$$F_{cry} = \left(0.658^{\frac{F_y}{F_{ey}}}\right)F_y = \left(0.658^{\frac{345}{647.9}}\right) \times 345 = 276\,\text{N/mm}^2$$

(6) $z$축에 관한 비틀림 응력도 $F_{crz}$의 산정

$$G = 81{,}000\,\text{N/mm}^2$$

$$\overline{r_0}^2 = x_o^2 + y_o^2 + \frac{I_x + I_y}{A_g} = 19.1^2 + \frac{1.52 + 6.79}{8{,}690} \times 10^7 = 9{,}928\,\text{mm}^2$$

$$F_{crz} = \frac{GJ}{A_g \overline{r_o}^2} = \frac{81{,}000 \times 8.96 \times 10^5}{8{,}690 \times 9{,}928} = 841.2\ \text{N/mm}^2$$

(7) $y$축과 $z$축에 대한 휨-비틀림좌굴강도 및 설계강도 산정

$$H = 1 - \frac{x_0^2 + y_0^2}{\overline{r_0}^2} = 1 - \frac{19.1^2}{9{,}928} = 0.9633$$

$$F_{cr} = \left(\frac{F_{cry} + F_{crz}}{2H}\right)\left[1 - \sqrt{1 - \frac{4F_{cry}F_{crz}H}{(F_{cry} + F_{crz})^2}}\right]$$

$$= \frac{276 + 841.2}{2 \times 0.9633} \times \left[1 - \sqrt{1 - \frac{4 \times 276 \times 841.2 \times 0.9633}{(276 + 841.2)^2}}\right]$$

$$= 271.3\ \text{N/mm}^2$$

$$\phi_c = 0.9$$

$$P_n = 271.3 \times 8{,}690 \times 10^{-3} = 2{,}357.6\,\text{kN}$$

$$\phi_c P_n = 0.9 \times 2{,}357.6 = 2{,}121.8\,\text{kN}$$

(8) T$-175 \times 350 \times 12 \times 19$(SM355A)의 설계압축강도

비콤팩트(비조밀)단면이므로 국부좌굴은 검토할 필요 없고, $x$축에 대한 휨좌굴에 의한 설계강도는 $\phi_c P_n = 2{,}103.1\,\text{kN}$ 이고, $y$축과 $z$축에 대한 휨-비틀림좌굴강도는 $\phi_c P_n = 2{,}121.8\,\text{kN}$ 이므로 설계압축강도는 $\phi_c P_n = 2{,}103.1\,\text{kN}$ 이고 $x$축에 대한 휨좌굴이 지배적이다.

**예제 6.9**

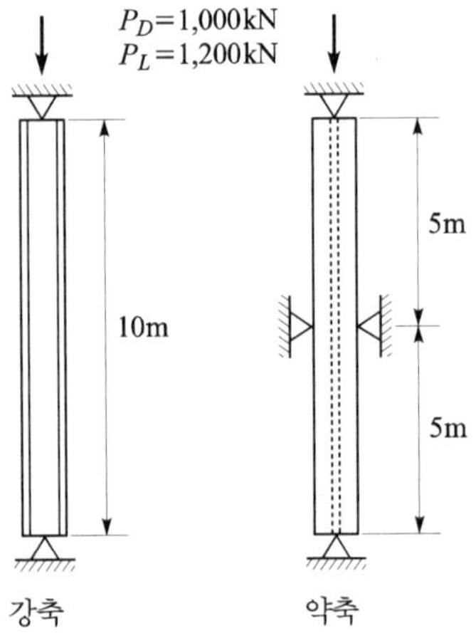


**그림 6.19**

그림 6.19와 같은 단순지지인 압축재 용접 H형강 H–450×450×10×15에 고정하중 $P_D = 1{,}000\text{kN}$, 활하중 $P_L = 1{,}200\text{kN}$이 작용할 때 휨좌굴 한계상태에 대한 안전성을 검토하시오. 비틀림 좌굴한계상태는 고려하지 않는다. 압축재의 길이는 5m이고, 강종은 SM355A이다($E = 210{,}000\text{N/mm}^2$).

**풀이**

(1) 단면성질

단면적 0$A_g = 2b_ft_f + ht_w = 2\times 450\times 15 + (450 - 2\times 15)10 = 17{,}700\text{mm}^2$

x축(강축) 단면2차모멘트 $I_x$

$$I_x = 2(I_f + A_fd^2) + I_w = 2\times(\frac{b_ft_f^3}{12} + b_ft_f(\frac{H}{2} - \frac{t_f}{2})^2) + \frac{t_w(H-2t_f)^3}{12}$$

$$= 2\times(\frac{450\times 15^3}{12} + 450\times 15(\frac{450}{2} - \frac{15}{2})^2) + \frac{10(450-2\times 15)^3}{12}$$

$$= 7.01\times 10^8\text{mm}^4$$

$$I_y = 2I_f + I_w = 2\times(\frac{t_fb_f^3}{12}) + \frac{(H-2t_f)t_w^3}{12}$$

$$= 2\times(\frac{15\times 450^3}{12}) + \frac{(450-2\times 15)\times 10^3}{12} = 2.28\times 10^8\text{mm}^4$$

$$r_x = \sqrt{\frac{I_x}{A}} = \sqrt{\frac{7.01\times 10^8}{17{,}700}} = 199.01\text{mm}$$

$$r_y = \sqrt{\frac{I_y}{A}} = \sqrt{\frac{2.28\times 10^8}{17{,}700}} = 113.50\text{mm}$$

(2) 폭두께비 산정 및 검토

용접H형강의 항복강도는 플랜지, 웨브 각각의 항복강도를 사용한다.

플랜지 모두 판의 두께가 16mm 이하이므로 항복강도 $F_y = 355\text{MPa}$

플랜지 폭두께비 : $\lambda_f = b/t_f = (450/2)/15 = 15$

플랜지 한계값 : $\lambda_r = 0.64\sqrt{k_cE/F_y)} = 0.64\sqrt{0.62\times 210{,}000/355} = 12.26$

$$\left(k_c = \frac{4}{\sqrt{h/t_w}} = \frac{4}{\sqrt{(450-2\times 15)/10}} = 0.62\right)$$

웨브 폭두께비 : $\lambda_w = h/t_w = (450 - 2\times 15)/10 = 42$

웨브 한계값 : $\lambda_r = 1.49\sqrt{E/F_y} = 1.49\sqrt{210{,}000/355} = 36.24$

플랜지 : $b/t_f(=15) > \lambda_r(=12.26)$

웨브 : $h/t_w(=42) < \lambda_r(=36.24)$

∴ 플랜지는 비구속요소 세장판 단면이므로 $Q_s$, 웨브는 구속요소 세장판 단면이므로 $Q_a$를 적용하여 저감계수 $Q$ 산정.

(3) 휨좌굴 한계상태에 대한 $F_{cr}$의 산정

양단 단순지지의 유효좌굴길이계수 $K=1.0$

유효좌굴길이가 x축과 y축이 동일하므로 세장비가 큰 y축을 기준으로 한다.

$$\left(\frac{KL}{r}\right)_y=\frac{1.0\times5{,}000}{113.50}=44.05 < 4.71\sqrt{\frac{E}{F_y}}=4.71\sqrt{\frac{210{,}000}{355}}=114.56$$

또는 $F_e=\dfrac{\pi^2E}{\left(\dfrac{KL}{r}\right)_y^2}=\dfrac{\pi^2\times210{,}000}{(44.05)^2}=1068.14\text{N/mm}^2 \Rightarrow F_y/F_e=0.33<2.25$

그러므로 비탄성 좌굴응력 식(6.20)을 적용하여

$$F_{cr}=(0.658^{\frac{F_y}{F_e}})\,F_y=309\text{N/mm}^2$$

(4) 세장판 단면의 국부좌굴 한계상태

세장판 요소의 국부좌굴에 의한 압축강도 감소를 고려하는 감소계수로서 $Q=Q_sQ_a$ 로 산정

– 플랜지에 대한 $Q_s$

플랜지 폭두께비 : $\lambda_f=b/t_f=(450/2)/15=15$

$0.64\sqrt{Ek_c/F_y}=12.26<b/t_f=15\le1.17\sqrt{Ek_c/F_y}=22.40$ 조건을 만족하므로 식(6.39)적용

$$Q_s=1.415-0.65\left(\frac{b}{t_f}\right)\sqrt{\frac{F_y}{Ek_c}}$$

$$=1.415-0.65\left(\frac{450/2}{15}\right)\sqrt{\frac{355}{210{,}000\times0.62}}=0.91$$

–웨브에 대한 $Q_a$는 식(6.32)를 적용

$$Q_a=\frac{A_{eff}}{A_w}=\frac{A_w-\sum(h-b_e)t_w}{A_w}$$

여기시, $A_w$ : 웨브의 총단면적 ($\text{mm}^2$)

$A_{eff}$ : 감소된 유효폭 $b_e$ 를 제외하고 산정한 유효단면적의 합 ($\text{mm}^2$)

세장판 요소의 감소된 유효폭 $b_e$는 식(6.35)에 의해 산정한다.

균일한 두께를 갖는 정방향이나 장방향 단면의 플랜지를 제외한 등단면압축력을 받는 세장한 부재 $\left(\dfrac{h}{t_w}=42\ge1.49\sqrt{\dfrac{E}{f}}=1.49\sqrt{\dfrac{210{,}000}{309}}=38.84\right)$ :

$$b_e=1.92t_w\sqrt{\frac{E}{f}}\left[1-\frac{0.34}{(h/t_w)}\sqrt{\frac{E}{f}}\right]\le h$$

$$=1.92\times10\sqrt{\frac{210{,}000}{309}}\left[1-\frac{0.34}{(450-2\times15)/10}\sqrt{\frac{210{,}000}{309}}\right]$$

$$=394.9\le420$$

여기서, $f$ 는 $Q=1.0$ 일 때의 $F_{cr}$의 값이다.

$$Q_a = \frac{420*10-(420-394.9)10}{420*10} = 0.94$$

$$Q = Q_s Q_a = 0.91 \times 0.94 = 0.86$$

- 국부좌굴응력은

$$\frac{KL}{r} = 44.05 \le 4.71\sqrt{\frac{E}{QF_y}} = 4.71\sqrt{\frac{210{,}000}{0.86 \times 355}} = 123.53$$

또는 $QF_y/F_e = 0.86 \times 355/1068.14 = 0.29 \le 2.25$ 를 만족하므로 식(6.32)적용

$$F_{cr} = Q\left[0.658^{\frac{QF_y}{F_e}}\right]F_y = 270.88\mathrm{N/mm^2(MPa)}$$

(4) 설계압축강도 산정

$\phi_c = 0.9$

$P_n = A_g F_{cr} = 17{,}700 \times 270.88 = 4{,}794{,}576\,\mathrm{N} \simeq 4{,}795\mathrm{kN}$

$\phi_c P_n = 0.9 \times 4{,}795 = 4{,}316\mathrm{kN}$

(5) 안전성 검토

소요압축강도

$P_u = 1.2P_D + 1.6P_L = (1.2 \times 1{,}000 + 1.6 \times 1{,}200) = 3{,}120\,\mathrm{kN}$

$P_u(=4{,}316\mathrm{kN}) < \phi_c P_n(=3{,}120\,\mathrm{kN})$ O.K

∴안전함

## 6.5 조립압축재

압연형강의 크기와 형태는 제조시설의 한계성으로 인하여 일정규격으로 생산되고 있다. 따라서 설계압축력을 단일재로서 지지하는 것이 불가능한 경우가 있으며, 이러한 경우에는 강재를 볼트나 용접으로 조립하여 만든 조립압축재로서 설계압축력을 지지할 수 있다.

이러한 조립압축재는 그림 6.20에서와 같이 낄판, 띠판, 래티스형식(단래티스, 복래티스) 등이 있으며, 구조설계 시 수평력에 의한 전단변형과 접합재의 설계에 유의하여야 한다.

조립압축재의 한계상태하중은 조립재를 구성하는 개재의 좌굴에 의해 결정되지 않도록 하여야 한다. 따라서 각 부재를 접합하는 접합부 사이의 간격은 개재의 세장비가 부재전체의 세장비의 3/4배를 초과하지 않도록 하여야 한다$\left(\frac{Ka}{r_i} \le \frac{3}{4}\frac{KL}{r}\right)$. 하지만, 이러한 사항을 만족하더라도 조립부재의 유효세장비가 단일부재로 거동하는 부재의 세장비와 같게 된다고 확신할 수는 없다.

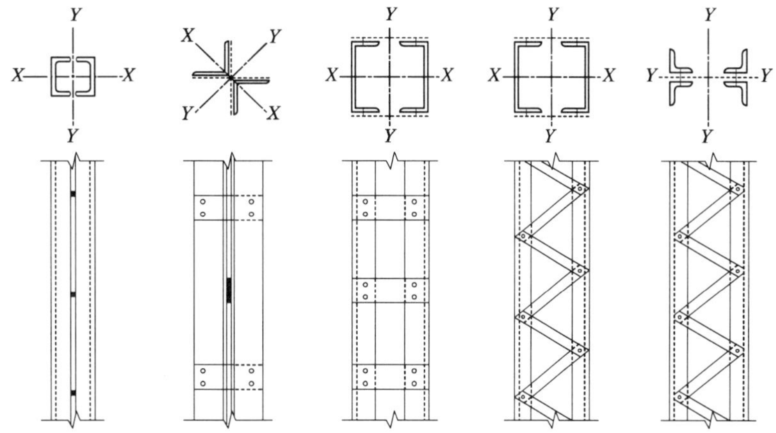

**그림 6.20** 조립압축재의 종류

(a) 플레어용접 (b) 낄판 (c) 띠판 (d) 래티스

## 6.5.1 조립압축재의 세장비

조립압축재에서 그림 6.20에 나타낸 것과 같이 조립재의 도심축과 개재의 도심축이 일치하는 X-X축을 충복축이라 하고, 조립재의 도심축과 개재의 도심축이 일치하지 않는 Y-Y축을 비충복축이라 한다. 충복축에 대한 단면2차반경($r_X$)은 다음 식으로 산정한다.

$$r_X = \sqrt{\frac{\Sigma I_x}{\Sigma A}} \tag{6.50}$$

여기서, $I_x$ : 개재의 도심축($x$축)에 대한 단면2자모멘트($mm^4$)

$A$ : 개재의 단면적($mm^2$)

그러므로 충복축에 대한세장비($KL/r_X$)는 단일압축재와 동일한 방법으로 산정한다. 또한, 비충복축에 대한 조립재의 단면2차모멘트는 다음 식으로 한다.

$$I_Y = 2\left\{I_y + A\left(\frac{c}{2}\right)^2\right\} \tag{6.51}$$

여기서, $I_y$ : 개재의 도심축($y$축)에 대한 단면2차모멘트($mm^4$)

$A$ : 개재의 단면적($mm^2$)

$c$ : 개재의 도심간거리(mm)

조립재의 비충복축에 대한 단면2차반경은 다음 식으로 계산한다.

$$r_Y = \sqrt{\frac{I_Y}{2A}} = \sqrt{\frac{I_y}{A} + \left(\frac{c}{2}\right)^2} = \sqrt{(r_y)^2 + \left(\frac{c}{2}\right)^2} \tag{6.52}$$

여기서, $r_y$ : 개재의 도심축($y$축)에 대한 단면2차반경(mm)

비충복축에 대해 단일부재로 거동하는 조립부재의 세장비는 $KL/r_Y$ 로 한다.

만일, 좌굴모드가 각 개재간의 접합재에서 전단력을 발생시키는 상대변형을 포함하고 있다면 조립압축재의 세장비($KL/r_Y$) 대신 조립압축재의 유효세장비 $(KL/r)_m$은 다음과 같이 계산한다.

1) 연결재가 밀착조임(snug-tight)볼트로 접합된 경우

$$\left(\frac{KL}{r}\right)_m = \sqrt{\left(\frac{KL}{r}\right)_0^2 + \left(\frac{a}{r_i}\right)^2} \tag{6.53}$$

2) 연결재가 용접이나 마찰접합으로 접합된 경우

$$\left(\frac{KL}{r}\right)_m = \sqrt{\left(\frac{KL}{r}\right)_0^2 + 0.82\frac{\alpha^2}{(1+\alpha^2)}\left(\frac{a}{r_{ib}}\right)^2} \tag{6.54}$$

여기서, $\left(\frac{KL}{r}\right)_m$ : 조립부재의 수정된 기둥세장비

$\left(\frac{KL}{r}\right)_0$ : 단일부재로 거동하는 조립부재의 기둥세장비

$a/r_i$ : 각 개재의 최대기둥세장비

$a/r_{ib}$ : 좌굴의 부재축과 평행한 도심축에 대한 각 개재의 기둥세장비

$a$ : 접합재 사이의 길이(mm)

$r_i$ : 각 개재의 최소 단면2차반경(mm)

$r_{ib}$ : 부재의 좌굴축과 평행한 도심축에 대한 각 개재의 단면2차반경(mm)

$\alpha = h/2r_{ib}$

$h$ : 좌굴의 부재축에 수직인 각 요소의 도심간 거리(mm)

조립압축재를 구성하고 있는 개재의 세장비는 조립재의 세장비의 3/4 이하($\frac{Ka}{r_i} \leq \frac{3}{4}\frac{KL}{r}$)가 되도록 하고 조립재의 끝단은 용접이나 완전조임볼트로 접합하여야 한다.

### 6.5.2 조립압축재의 구조제한

조립압축재의 상세 및 설계에 관한 구조제한은 아래와 같다(그림 6.21).

(1) 조립부재의 단부에서 개재 상호 간의 접합

(가) 용접접합 : 연속용접으로 용접길이는 조립재의 최대폭 이상의 길이로 한다.

(나) 고장력볼트접합

① 볼트피치 : 길이방향 간격으로 볼트 직경의 4배 이하

② 접합길이 : 조립재 최대 폭의 1.5배 이상

(2) 단속용접 또는 고장력볼트의 피치는 설계응력을 충분히 전달하도록 하여야 한다.

(3) 덧판을 사용한 조립압축재의 파스너 및 단속용접 최대간격

(가) 정렬배치 : 가장 얇은 덧판두께의 $0.75\sqrt{E/F_y}$배 또는 300mm 이하

(나) 엇모배치 : 가장 얇은 덧판두께의 $1.12\sqrt{E/F_y}$배 또는 450mm 이하

(4) 도장 내후성강재로 만든 압축재

(가) 긴결간격 : 가장 얇은 판두께의 14배 또는 170mm 이하

(나) 최대 연단거리 : 가장 얇은 판두께의 8배 또는 120mm 이하

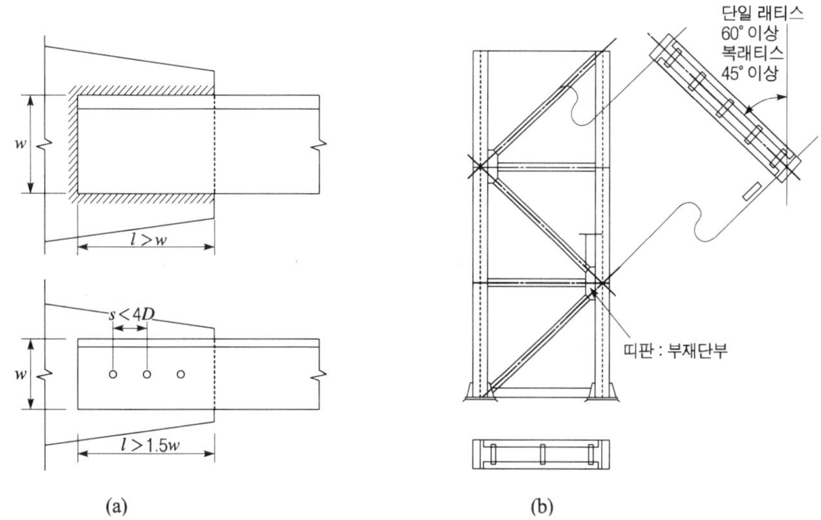


**그림 6.21** 조립압축재의 구조제한 예

## 6.5.3 래티스형식의 조립압축재

(1) 사용 래티스재 : 평강, ㄱ형강, ㄷ형강, 기타형강

(2) 개재의 세장비는 조립압축재의 최대세장비를 초과하지 않도록 접합하여야 하며, 다음 조건을 만족하여야 한다.

① 단일래티스 부재 세장비 : $L/r \leq 140$

② 복래티스 부재 세장비 : $L/r \leq 200$ (교차점을 접합함)

(3) 압축력을 받는 래티스의 길이

① 단일래티스 : 주부재와 접합되는 비지지된 대각선의 길이

② 복래티스 : 주부재와 접합되는 비지지된 대각선 길이의 70%

(4) 부재축에 대한 래티스재의 기울기

① 단일래티스 : 60° 이상

② 복래티스 : 45° 이상

(5) 조립부재의 개재를 연결하는 재축방향의 용접 또는 파스너열 사이 거리가 400 mm를 초과하면, 복래티스 또는 ㄱ형강으로 하는 것이 좋다.

(6) 부재의 단부 또는 래티스 설치에 지장이 있는 부분의 양단부와 중간부에는 다음 조건의 띠판을 설치하도록 한다.

(가) 띠판의 폭

① 부재단부 : 개재를 연결하는 용접 또는 파스너 열간격 이상

② 부재중간 : 부재단부 띠판 길이의 1/2 이상

(나) 띠판의 두께

개재를 연결시키는 용접 또는 파스너열 사이 거리의 1/50 이상

(다) 띠판의 조립부재에 접합

① 용접의 경우 : 용접길이는 띠판길이의 1/3 이상

② 볼트접합 경우 : 띠판에 최소한 3개 이상의 파스너 설치

파스너의 간격은 파스너직경의 6배 이하

**예제 6.10**

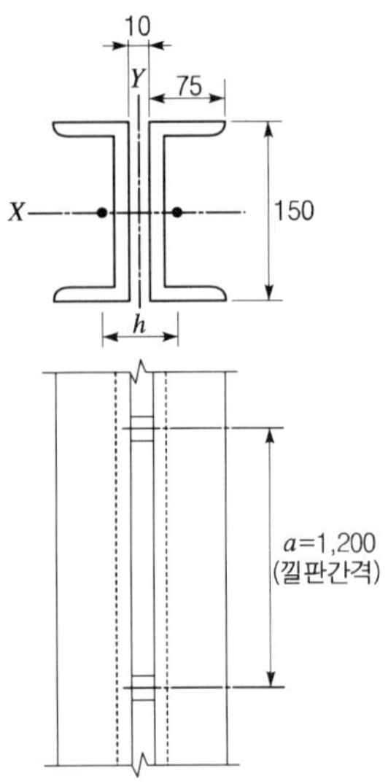


**그림 6.22** 예제 6.10

그림 6.22와 같이 소요압축강도 $P_u = 700$kN을 받는 2개의 ㄷ−150×75×9×12.5 (SM355A)의 형강에 두께 10mm의 낄판을 끼우고 용접하여 조립한 양단 힌지 조립압축기둥이 있다. 좌굴모드가 각 개재간의 접합재에서 전단력을 발생시키는 상대변형을 포함하고 있다고 할 때 조립기둥의 안전성을 검토하시오. 부재길이는 3.6m이고, 낄판간격은 1.2m이다.

**풀이**

(1) 사용부재의 단면성질

ㄷ − 150×75×9×12.5

$A = 3{,}059\text{mm}^2,\ r_x = 58.6\text{mm},\ r_y = 21.9\text{mm},$

$c_y = 23.1\text{ mm},\ K = 1.0,\ a = 1{,}200\text{mm}$

(2) $X$ 방향의 세장비(충복축)

$X$ 방향으로는 조립재의 축과 부재의 도심축이 일치하고 단면2차모멘트가 증가하지 않으므로, 세장비는

$$\frac{KL_x}{r_x} = \frac{1.0 \times 3{,}600}{58.6} = 61.43$$

(3) $Y$ 방향의 세장비(비충복축)

$Y$ 방향으로는 조립재의 축과 부재의 도심축이 다르므로 조립재의 Y방향 단면 2차반경은 식(6.52)에 의해

$$r_Y = \sqrt{(r_y)^2 + \left(\frac{c}{2}\right)^2} = \sqrt{(21.9)^2 + \left(\frac{2 \times 23.1 + 10}{2}\right)^2} = 35.63\text{ mm}$$

단일부재로 거동하는 조립부재기둥의 세장비는

$$\left(\frac{KL}{r}\right)_0 = \frac{KL_Y}{r_Y} = \frac{1.0 \times 3{,}600}{35.63} = 101.04$$

좌굴의 부재축에 수직인 각 요소의 중심간 거리는

$$h = 2c_y + (\text{낄판두께}) = 2 \times 23.1 + 10 = 56.2\,\text{mm}$$

좌굴의 부재축과 평행한 중심축에 대한 각 개재의 단면2차반경은

$$r_{ib} = r_y = 21.9\,\text{mm}$$

따라서,

$$\alpha = \frac{h}{(2r_{ib})} = \frac{56.2}{2 \times 21.9} = 1.28$$

$$\frac{Ka}{r_{ib}} = \frac{1.0 \times 1{,}200}{21.9} = 54.79$$

$$\frac{3}{4}\left(\frac{KL}{r}\right)_0 = \frac{3}{4}\frac{KL_y}{r_Y} = \frac{3}{4}\frac{1.0 \times 3{,}600}{35.63} = 0.75 \times 101.04$$

$$= 75.8 > \frac{Ka}{r_{ib}} = 54.79$$ O.K

결국, 용접으로 접합된 조립기둥의 유효세장비는 식(6.54)에 의해

$$\left(\frac{KL}{r}\right)_m = \sqrt{\left(\frac{KL}{r}\right)_0^2 + 0.82\frac{\alpha^2}{(1+\alpha^2)}\left(\frac{a}{r_{ib}}\right)^2}$$

$$\left(\frac{KL}{r}\right)_m = \sqrt{101.04^2 + 0.82 \times \frac{(1.28)^2}{(1+1.28^2)} \times (54.79)^2} = 108.34$$ 가 된다.

(4) 안전성 검토

$$\frac{KL_x}{r_x} = 61.43 < \left(\frac{KL}{r}\right)_m = 108.34$$

∴ Y축에 대해 검토(식(6.20)에 따라)

$$\left(\frac{KL}{r}\right)_m = 108.34 < 4.71\sqrt{\frac{E}{F_y}} = 4.71\sqrt{\frac{210{,}000}{355}} = 114.6$$

$$F_e = \frac{\pi^2 E}{\left(\frac{KL}{r}\right)_m^2} = \frac{\pi^2 \times 210{,}000}{108.34^2} = 176.4\,\text{N/mm}^2$$

$$F_{cr} = \left(0.658^{\frac{F_y}{F_e}}\right)F_y = \left(0.658^{\frac{355}{176.4}}\right) \times 355 = 152.9\,\text{N/mm}^2$$

$$\phi P_n = 0.9 F_{cr} A_g = 0.9 \times 152.9 \times 30.59 \times 10^2 \times 2 \times 10^{-3} = 841.8\,\text{kN}$$

$$> P_u = 700\text{kN}$$ O.K

## 연습문제

**1)** 양단고정이고 절점이동이 없는 길이 3m인 압축력을 받는 원형강관 $\phi-60.5\times3.2$의 탄성좌굴하중을 구하시오. $I=23.7\times10^4\mathrm{mm}^4$, $E=210{,}000\,\mathrm{N/mm}^2$이다.

[답] $P_{cr}=218\,\mathrm{kN}$

**2)** 그림 6.23과 같이 양단핀(단순지지)인 길이 8 m의 압축재 압연H형강 H–248×249×8×13가 부재의 중앙점에서 약축(y축)에 대한 휨변형이 구속(핀지지)되어 있다. 이 부재의 탄성좌굴응력을 구하시오. $A_g=8{,}470\mathrm{mm}^2$, $I_x=9.93\times10^7\mathrm{mm}^4$, $I_y=3.35\times10^7\mathrm{mm}^4$이다.

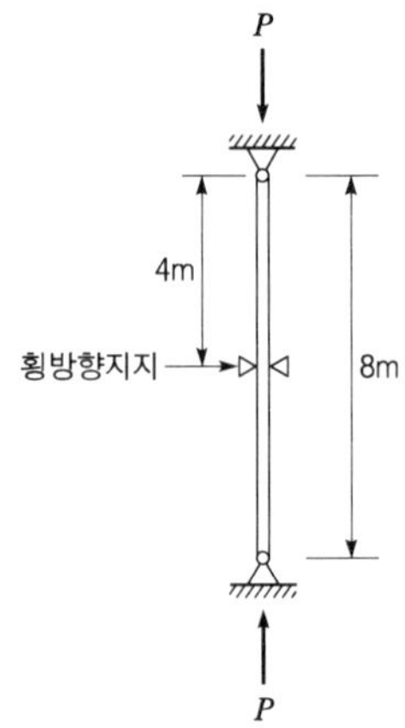


**그림 6.23** 연습문제 2)

[답] $F_{cr}=379.6\,\mathrm{N/mm}^2$

**3)** 그림 6.24와 같이 H－300×300×10×15(SM355A)의 압연H형강이 양단 고정지지되어 중심압축재로 사용되고 있다. 압축재의 길이가 8m이고 소요압축강도, $P_u=1{,}800\mathrm{kN}$의 중심압축력이 작용할 때 안전성을 검토하시오.

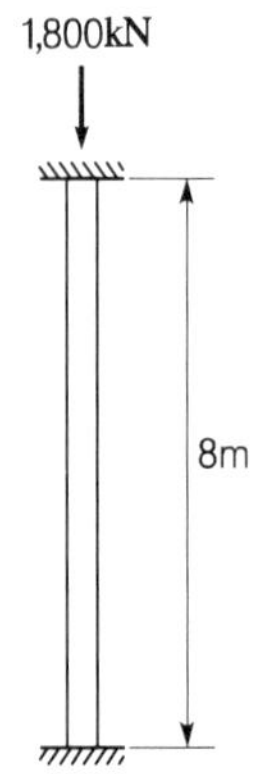


**그림 6.24** 연습문제 3)

답] 안전함

**4)** 그림 6.25와 같이 1단 고정, 타단 핀이고 절점이동이 없는 중심압축재에 1,000kN의 소요압축강도가 필요할 때 중심압축재의 단면을 산정하시오. 압축재의 길이는 8m이고 부재 중간에 약축 방향으로 단순 횡지지되어 있다. 강재는 SM355A을 사용한다.

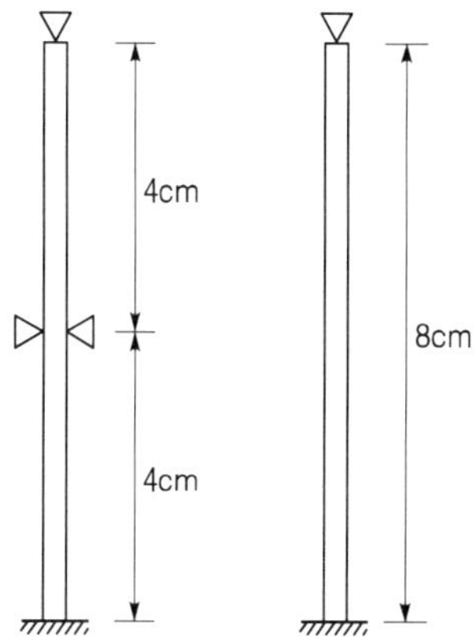


**그림 6.25** 연습문제 4)

[답] H−200×200×8×12(SM355A)
(다른 강재 단면 선택 가능)

**5)** 그림 6.26과 같이 양단 핀이고 절점이동이 없는 압축재 압연H형강 H–300×300×10×15에 고정하중 $P_D = 500\text{kN}$, 활하중 $P_L = 250\text{kN}$이 작용할 때 안전성을 검토하시오. 압축재의 길이는 4.0m이며 강종은 SM275A이다.

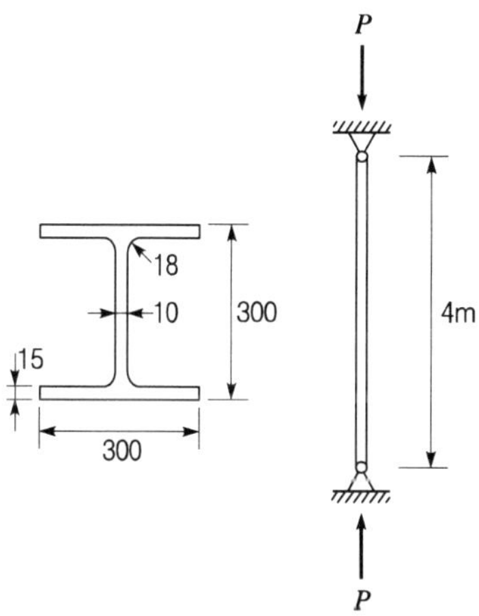


**그림 6.26** 연습문제 5)

[답] 안전함

## 참고문헌

6.1 대한건축학회 (2016). "건축구조기준 제7장 강구조"

6.2 한국강구조학회 (2014). "하중저항계수설계법에 의한 강구조설계기준"

6.2 한국강구조학회 (1995). "강구조 편람" 제3권 강구조 건축물의 설계, pp 172-210.

6.3 Geschwindner, L. F. 외 2인 (1994). "Load and Factor Design of Steel Structures"

6.4 Shanley, F. R. (1947). "Inelastic Column Theory", Journal of Aeronautical Science, Vol. 14, May, pp 261-264.

6.5 ESDEP (2004) "The European Steel Design Education Programme lectures". Group 7, Vol. 8.

6.5 국토교통부 건축구조기준 (2019). "건축물 강구조 설계기준 KDS 41 31 00 : 2019", 국가건설기준센터

Design of Steel Structures

# 제7장 휨 재

## 7.1 개요

휨재는 휨과 전단을 발생시키는 하중을 지지하는 구조부재로서 주로 휨모멘트가 구조적 거동을 지배하며 일반적으로 중력하중을 받는 골조에서 부재의 길이방향 축에 수직인 하중을 지지하는 보를 일컫는다. 보(girder 또는 beam)는 휨과 전단에 의한 응력과 변형이 주로 발생하나 작용하중이 단면의 전단중심(shear center)과 일치하지 않으면 비틀림이 수반되기도 한다. 따라서 보는 충분한 휨강도와 전단강도(또는 비틀림 강도)를 보유하여야 하고, 수평부재로 이용되므로 처짐에 대한 사용성이 확보되어야 한다.

보 부재의 단면형상으로는 H형(북미 등에서는 WF(wide flange)라고 일컬음) 단면이 주로 쓰이며, 박스(강관)형, I형, ㄷ형. ㄱ형 단면 등이 쓰이기도 한다(그림 7.1). 특히 비틀림을 받거나 횡좌굴길이(비지지길이)가 대단히 큰 경우 박스(강관)형 단면이 사용된다.

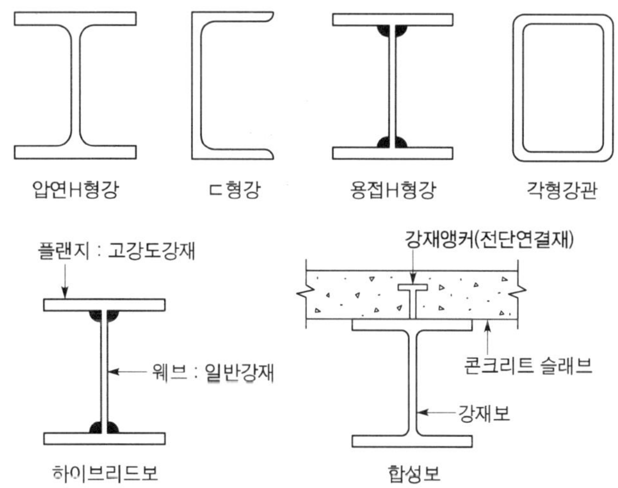


**그림 7.1** 보의 종류와 단면형상

보 부재는 주로 압연강재가 이용되지만, 강판을 접합하여 제작된 용접조립보(built -up beam)가 사용되기도 한다. 일반적인 압연형강이나 용접H형강은 웨브와 플랜지에 동일강종이 사용되지만, 휨모멘트가 지배하는 구조부재에서 용접H형강을 사용하는 경우 구조적 성능을 극대화하고 시공비용을 절감하기 위해 저강도 웨브와 고강도 플랜지를 용접한 하이브리드보(hybrid beam)가 사용될 수도 있다.

강재보와 철근콘크리트 슬래브를 강재앵커(전단연결재)로 연결하여 일체화시킨 합성보는 부재의 강성과 내력을 향상시킨다. 장스팬 보나 하중이 커서 휨강성이 크게 요구되는 경우, 기성 압연부재로는 단면내력이나 강성이 부족할 수가 있다. 이에 대한 대안으로 그림 7.2와 같은 커버플레이트(coverplate) 보, 허니컴(honey comb) 보, 플레이트 거더(plate girder) 및 트러스(truss) 보 등이 사용된다.

커버플레이트 보는 표준규격 압연형강(H형강 등)의 플랜지에 강판을 용접하거나 볼트로 접합하여 강축방향의 단면2차모멘트를 상향시켜 휨성능을 증가시킨다. 또한, 시공성과 가공성이 비교적 우수하고, 보의 유효춤이 제한되는 설계조건에서도 유용하게 사용할 수 있다. 다만, 휨강도에 비해 보의 춤이 낮은 경우 처짐 등을 충분히 검토하고 사용해야 한다.

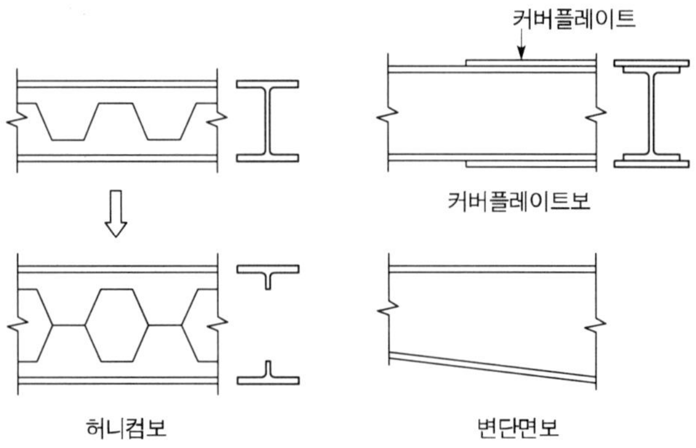


**그림 7.2** 기타 보의 종류와 단면형상

보는 건축계획적인 측면에서 층고에 직접 영향을 주는 부재로서 적정크기의 보를 선택하는 것이 중요하다. 적정한 보를 선택하기 위해서는 하중, 스팬, 재질, 처짐, 슬래브형식 등의 구조적 요소와 층고, 설비, 내화재료, 형태, 시공성 등의 요소를 충분히 고려하여야 한다.

보의 적정춤은 일반적으로 H형강보의 경우 $L/18 \sim L/20$ 정도이며, 단순보의 최대스팬은 가급적 18m 이하로 하는 것이 바람직하다.

식(7.1)과 같이 보의 설계휨강도 $\phi_b M_n$은 하중조합에 의해 발생하는 소요 휨강도 $M_u$ 이상이 되어야 한다.

$$M_u \le \phi_b M_n \tag{7.1}$$

여기서, $\phi_b$ : 휨강도저항계수 (=0.9)

$M_n$ : 공칭휨강도(N·mm)

$M_u$ : 소요휨강도(N·mm)

또한 보의 설계전단강도 $\phi_v V_n$은 식(7.2)와 같이 하중조합에 의해 발생하는 소요전단강도 $V_u$ 이상이 되어야 한다.

$$V_u \le \phi_v V_n \tag{7.2}$$

여기서, $\phi_v$ : 전단강도저항계수(=0.9)

다만, $h/t_w \le 2.24\sqrt{E/F_y}$ 인 압연H형강의 웨브(=1.0)

$V_n$ : 공칭전단강도(N)

$V_u$ : 소요전단강도(N)

형강의 플랜지와 웨브의 두께차이로 인하여 항복강도가 서로 다른 경우, 강도 산정 시 압연 H형강은 플랜지와 웨브 구분 없이 플랜지의 항복강도를 적용한다(ㄷ형강 및 T형강도 해당). 이는 일반적으로 두께가 얇은 웨브의 항복강도가 플랜지의 항복강도와 같거나 크므로 플랜지의 항복강도로 설계하는 것이 보수적인 설계가

되기 때문이다. 단, 용접H형강은 압연형강과 달리 특수한 경우도 있을 수 있으므로 플랜지와 웨브를 구분하여 각각의 항복강도를 적용하여 설계강도를 산정한다.

## 7.2 휨재의 거동

### 7.2.1 휨변형 및 응력도

그림 7.3은 등분포하중을 받는 단순보의 휨모멘트와 전단력의 보 길이방향 분포를 보여주고 있고, 그림 7.4는 직사각형 단면의 보에서 휨모멘트가 증가함에 따라 생기는 휨변형도 및 휨응력도의 변화를 보여주고 있다. 휨을 받고 있는 보는 최연단의 휨변형도와 휨응력도에 따라 탄성거동(그림 7.4(a))과 비탄성 거동(그림 7.4(b)~(d))을 하게 된다. 보의 상부는 압축응력에 의해 수축(압축변형)되고 하부는 인장변형을 하게 된다.

보 단면의 최연단(extreme fiber)의 휨응력이 강재의 항복강도( $F_y$ )에 도달할 때 단면이 저항하는 휨강도를 항복모멘트(yield moment) $M_y$ 라 하고, 탄성이론에 의한 보의 항복모멘트를 구하면 식(7.3)과 같다.

$$M_y = F_y S \tag{7.3}$$

여기서, $F_y$ : 강재의 항복강도(N/mm²)

$S$ : 보 단면의 탄성단면계수(mm³)

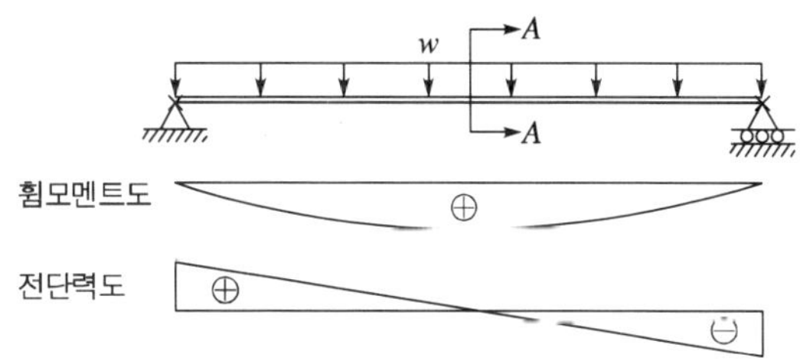


**그림 7.3** 단순보의 작용하중 및 부재력도

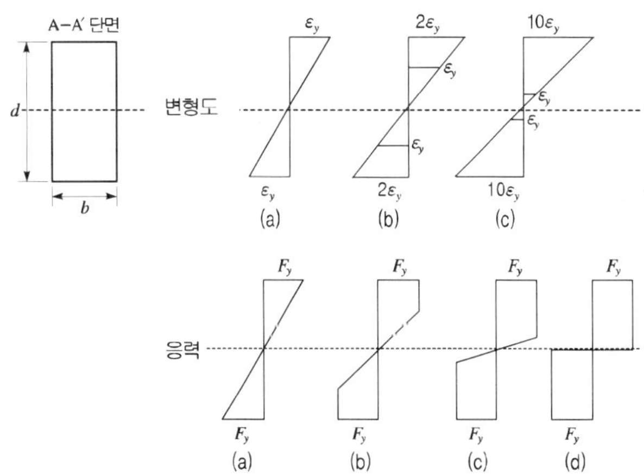


**그림 7.4** 휨모멘트에 따른 변형도 및 응력도 분포

연성 재료인 강재로 만들어진 형강보에 항복모멘트를 초과하는 휨모멘트가 작용하면 비탄성 거동을 하게 되며 최외연의 재축방향 변형도는 그림 7.4(b)와 같이 항복변형도($\varepsilon_y$)를 초과하게 된다. 이에 따라 단면의 항복영역은 단면의 중립축 방향으로 확장되고, 휨모멘트가 더욱 증가하면 보 단면의 전 부분이 그림 7.4(d)와 같이 항복강도($F_y$)에 도달하여 완전소성상태로 된다. 이 때의 휨강도를 소성모멘트(plastic moment) $M_p$ 라고 한다. 소성모멘트가 유지된 채 소성회전이 지속적으로 증가되는 상태를 소성힌지(plastic hinge)가 형성되었다고 말한다. 소성힌지가 생성되는 소성모멘트는 식(7.4)와 같다.

$$M_p = F_y Z \tag{7.4}$$

여기서, $Z$는 보 단면의 소성단면계수이다.

보의 항복모멘트에 대한 소성모멘트 비인 $M_p / M_y (= Z / S)$를 형상계수(shape factor)라고 하며, 단면의 형상계수는 직사각형 단면인 경우 1.5이고, H형 단면의 경우 1.10~1.18 이며 평균 1.12 정도이다. 형상계수가 작을수록 동일 단면적에 대해 휨효율성이 높은 단면이라 할 수 있다. 따라서, 강축방향에 대해 형상계수가 작은 H형 단면이 직사각형 단면보다 휨성능이 우수하다.

그림 7.5는 직사각형 단면보에 대한 항복모멘트와 소성모멘트의 응력분포도(stress block)를 나타낸 것이며, 소성모멘트는 식(7.5)와 같이 유도된다.

$$M_p = T\frac{d}{2}(= C\frac{d}{2}) = F_y\frac{bd}{2} \times \frac{d}{2} = F_y\frac{bd^2}{4} = F_y Z \tag{7.5}$$

여기서, $T$, $C$는 각각 휨부재의 인장영역과 압축영역에 작용하는 힘의 합, $b$는 직사각형 보의 폭, $d$는 직사각형 보의 높이이다. 그림 7.5(a)로부터 직사각형 단면에서 강축방향 탄성단면계수 $S$는 $bd^2/6$로, 그림 7.5 (b)로부터 직사각형 단면에서 강축방향 소성단면계수 $Z$는 $bd^2/4$로 정의된다. 따라서. 직사각형 보에서 항복모멘트는 그림 7.5(a)와 식(7.3)으로부터 $M_y = T(2/3)d = F_y(bd/4)(2/3)d = F_y bd^2/6$ 이 되어 형상계수($M_p / M_y (= Z / S)$)는 1.5가 된다.

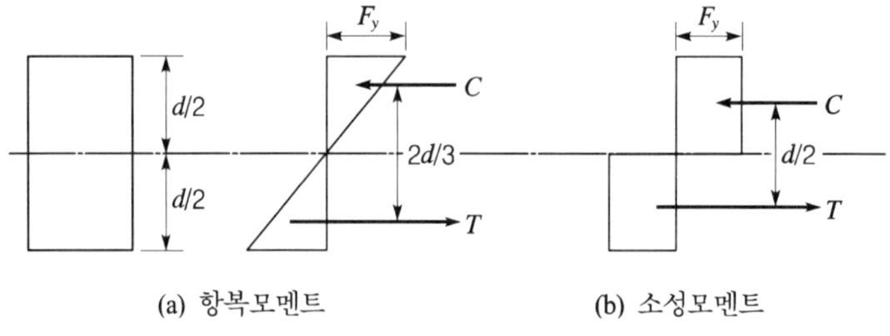


**그림 7.5** 항복모멘트와 소성모멘트

**예제 7.1**

단면이 압연H형강 H$-500\times200\times10\times16$인 휨재의 강축(x 축)에 대한 항복모멘트와 소성모멘트를 계산하고, 형상계수를 구하시오. 강재는 SM275(플랜지와 웨브두께가 모두 16mm 이하, 항복강도 $F_y=275\text{N/mm}^2$)이다.

**풀이**

H형강의 강축(x 축)에 대한 탄성단면계수와 소성단면계수(부표 1.1로부터)

$$S_x=1{,}910\times10^3\text{mm}^3\ ,\ Z_x=2{,}180\times10^3\text{mm}^3$$

1) 강축(x축)에 대한 항복모멘트와 소성모멘트

$$M_y=F_y\,S_x=275\times1{,}910\times10^3\times10^{-6}=525.3\ \text{kN}\cdot\text{m}$$

$$M_p=F_y\,Z_x=275\times2{,}180\times10^3\times10^{-6}=599.5\ \text{kN}\cdot\text{m}$$

2) 형상계수($M_p/M_y$)

$$\frac{M_p}{M_y}=\frac{F_y\,Z_x}{F_y\,S_x}=\frac{599.5}{525.3}=1.14$$

### 7.2.2 전단응력 및 전단중심

보에 외력이 작용하면 휨모멘트와 전단력이 발생한다. 직사각형 보의 길이방향으로 휨모멘트가 변화하는 경우, 그림 7.6과 같이 양쪽 최외단에서 최솟값과 중립축에서 최댓값을 갖는 포물선 형태의 전단응력분포를 가지게 된다. 전단력 $V$가 작용할 때 임의의 위치에서 전단응력 $f_v$와 중립축에서 발생하는 최대전단응력 $f_{v,\max}$는 식(7.6)과 식(7.7)과 같이 구할 수 있다.

$$f_v=\frac{V\,Q_x}{I_x\,b}=\frac{V}{b\,I_x}\int_a^{\frac{h}{2}}y\,dA \tag{7.6}$$

$$f_{v,\max}=\frac{3}{2}\frac{V}{bh}=\frac{3}{2}\frac{V}{A}=\frac{3}{2}\overline{f_v} \tag{7.7}$$

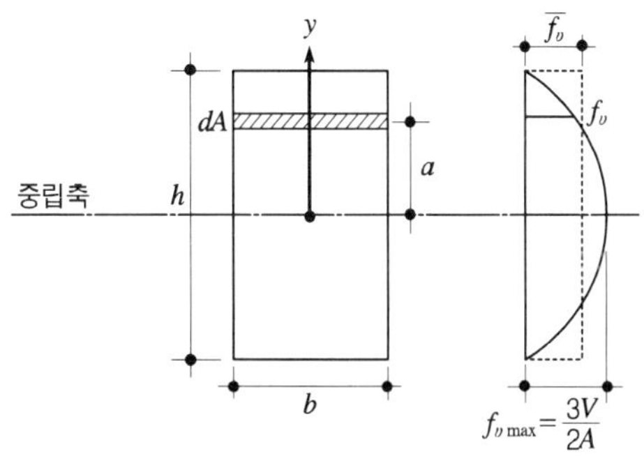


**그림 7.6** 직사각형 단면의 전단응력도 분포

여기서, $Q_x$: 임의의 점 바깥부분(그림 7.6의 $a \le y < h/2$ 에 해당하는 부분) 단면의 중립축에 대한 단면1차모멘트

$V/A = \overline{f_v}$ 를 평균전단응력으로 정의하면 상기 식으로부터 $f_{v,\max}/\overline{f_v} = 1.5$, 즉 최대전단응력는 평균전단응력의 1.5배가 됨을 알 수 있다. 이 비율은 단면의 형상에 따라서 달라지는데, 원형단면에서는 1.33이고, H형단면에서는 보통 1.1~1.2의 범위에 있다.

H형강보에 전단력 $V$이 작용하는 경우, 단면의 전단응력분포는 그림 7.7과 같다. 웨브에서의 전단응력은 식(7.6)을 사용하여 구할 수 있으며 중립축에서 최대가 된다. 이 값은 전단력을 웨브의 단면적으로 나눈 평균전단응력과 큰 차이가 없다.

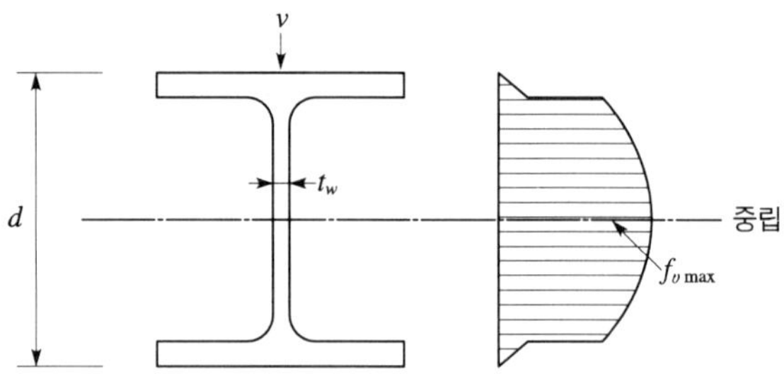


**그림 7.7** H형 단면의 전단응력 분포

그림 7.8에서 ㄷ형 단면의 보에서 하중을 단면의 중심(도심, $G$점)선상에 가하면 비틀림이 생기고, 이 비틀림의 크기는 하중이 웨브 쪽으로 옮겨감에 따라 감소한다. 하중이 웨브 외측의 특정위치($S_c$점)에 작용하면 ㄷ형 단면에 비틀림이 생기지 않는데 이와 같이 휨부재의 비틀림이 생기지 않고 휨변형만 발생한다. 이 때의 $S_c$점을 전단중심(shear center)이라고 한다. 하중 작용선과 전단중심의 수직거리가 클수록 비틀림의 크기는 증가하게 된다.

전단중심의 위치는 단면의 형상과 사이즈 등의 기하학적인 조건에 의해 결정되며, 부재의 비틀림응력을 산정할 때의 기준점으로 사용된다. 전단중심을 구하는 방법은 다양한 재료역학관련 서적을 참조한다.

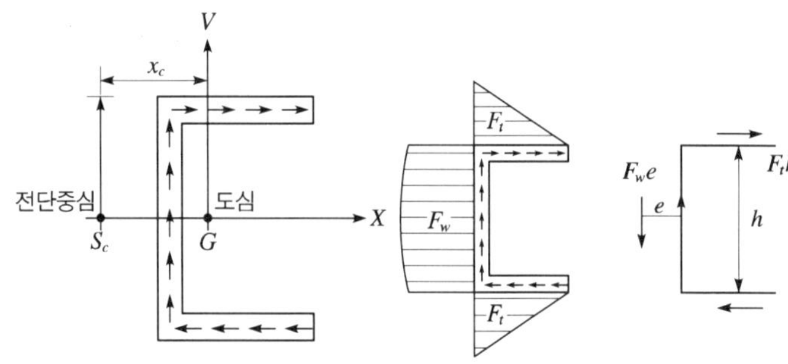


**그림 7.8** ㄷ형강의 전단중심, 전단응력 분포와 플랜지 및 웨브의 전단내력

그림 7.9와 같이 단면 내에 2개의 대칭축이 있거나 점대칭점이 있는 단면재에서는 전단중심과 도심은 일치한다. 또한 단면 내에 1개의 대칭축이 있다면 전단중심은 그 대칭축 상에 있다. 몇 개의 판요소가 1점에 모인 단면에서는 각 판요소에 작용하는 면내전단응력의 합력의 작용선이 그 점을 지나므로 비틀림모멘트를 발생시키지 못한다. 따라서, 그 교차점이 전단중심이 된다.

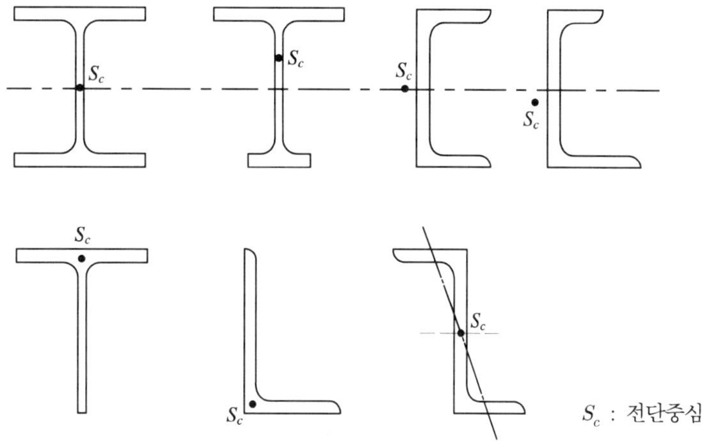


그림 7.9 전단중심의 위치

### 7.2.3 비틀림

강구조건축물에 있어서 비틀림은 주요한 발생응력원이라고는 할 수 없지만, 휨부재의 횡방향 안정성(lateral stability)과 밀접한 관련이 있으므로 비틀림거동을 이해할 필요가 있다.

외력이 부재의 전단중심에서 벗어나 작용하면 편심으로 인한 비틀림모멘트가 발생한다. 이러한 부재의 비틀림에는 순수비틀림(pure torsion)과 뒤틀림(warping torsion)으로 구분할 수 있다.

순수비틀림은 그림 7.10과 같이 단면의 변형이나 길이방향의 직응력을 일으키지 않고 단면 전체가 일정하게 비틀림각($\phi$)를 일으키는 비틀림이다. 이를 생브낭(Saint Venant)의 비틀림이라고도 한다. 순수비틀림에 의한 부재의 비틀림모멘트($T_S$)와 단위길이당 비틀림각($d\phi/dz$)과의 상관관계는 식(7.8)과 같다.

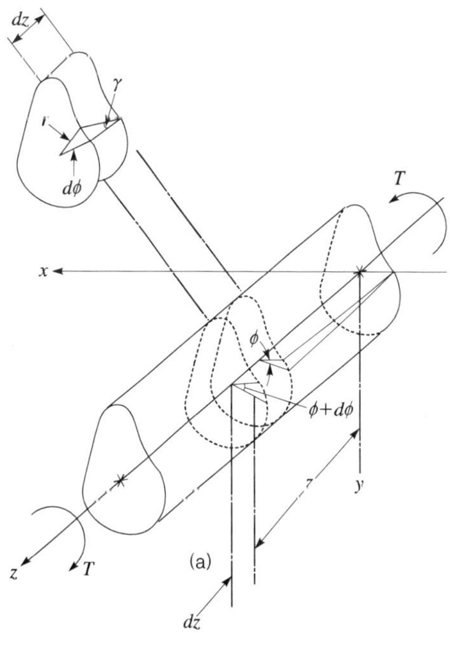


그림 7.10 순수비틀림 변형

$$T_S = GJ\frac{d\phi}{dz} \tag{7.8}$$

여기서, $G$ : 전단탄성계수($N/mm^2$)

$J$ : 비틀림 상수(torsional constant)($mm^4$)

(단면형상에 따라 다르며 두께 $t$, 폭 $b$인 얇은 장방형 단면의 경우 $J = \Sigma(b_i t_i^{\,3}/3)$로 근사적으로 산정가능, 각 형강의 비틀림 상수는 부표 1.1참조)

$GJ$ : 단위길이당 비틀림각을 유발하는데 필요한 비틀림모멘트로서 비틀림강성(torsional rigidity)이라 함($N \cdot mm^2$)

원형봉 또는 파이프 단면과 같은 폐단면(closed section)은 비틀림을 받으면 전단응력만 발생되는 순수비틀림이 주거동형상이 되며 비틀림상수($J$)가 극관성모멘트($I_p$)가 된다. 이와 달리 H형 단면의 부재가 비틀림 하중을 받게 되면 그림 7.11과 같이 뒤틀림변형(warping torsion)을 동반하게 되고, H형 단면 부재의 상하 플랜지가 서로 다른 방향으로 수평변위($u_f$)가 발생하는 휨변형이 생긴다. 이를 와그너(Wagner)의 뒤틀림이라고도 하며 $T_w$로 나타낸다. H형강의 경우 뒤틀림 모멘트는 식(7.9)와 같이 계산된다.

$$T_w = -EC_w\frac{d^3\phi}{dz^3} \tag{7.9}$$

여기서, $E$ : 탄성계수($N/mm^2$)

$C_w$ : H형강의 뒤틀림 상수(warping constant), $C_w = \frac{h^2}{4}I_y$ (부표 1.1)

$z$ : 종(길이)방향 축

$\phi$ : 비틀림각

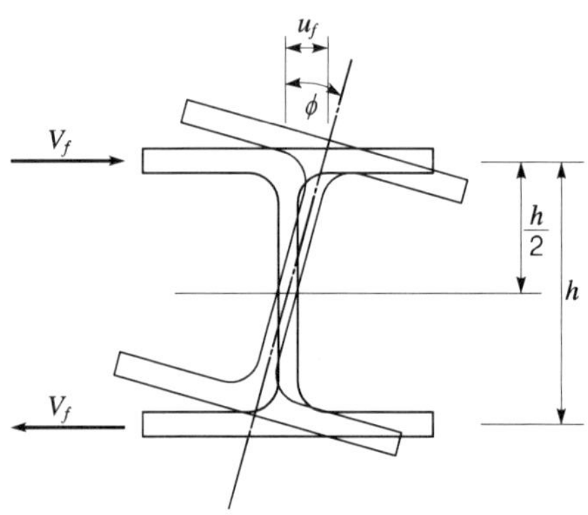


**그림 7.11** H형강의 뒤틀림변형

따라서, 뒤틀림이 발생하는 H형강과 같은 부재의 비틀림모멘트는 순수 비틀림과 뒤틀림에 의한 모멘트의 합으로 산정하며, 식(7.10)과 같다.

$$T = T_s + T_w = GJ\frac{d\phi}{dz} - EC_w\frac{d^3\phi}{dz^3} \quad (7.10)$$

### 7.2.4 H형강의 탄성횡좌굴모멘트

춤이 높고 폭이 좁은 H형강보의 경우, 휨모멘트가 어떤 한계값($M_{cr}$)에 도달하면 보의 압축측 플랜지가 갑자기 하중면의 직각방향으로 횡좌굴이 생기면서 동시에 비틀림이 발생된다.

이러한 현상을 보의 횡좌굴(lateral buckling) 또는 횡-비틀림좌굴(lateral-torsional buckling)이라고 한다. 이 현상이 일어나면 휨부재의 내하력은 급격히 감소하며, 이러한 횡비틀림좌굴은 횡방향 변형에 대한 강성이 작은 보, 즉 춤이 크고 폭이 좁은 단면에서 잘 일어나는 현상이다. 이러한 좌굴현상은 휨변형과 비틀림 변형이 동시에 발생하므로 휨-비틀림좌굴(bending-torsional buckling)이라고도 한다.

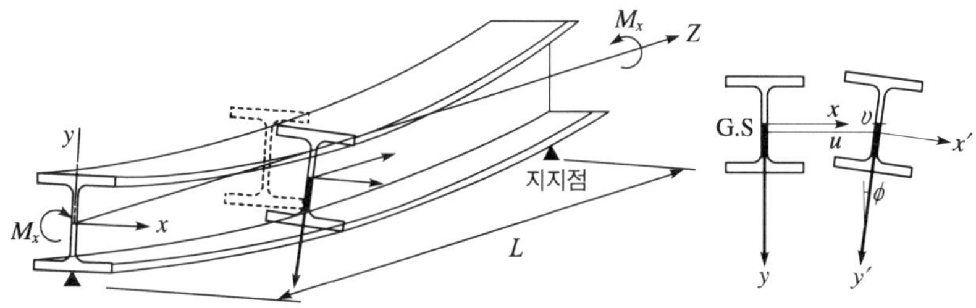


**그림 7.12** H형강보의 횡좌굴 변형

그림 7.12에 나타낸 바와 같이 길이가 $L$ 이고, 2축 대칭인 H형강보의 $yz$ 면내에 휨모멘트가 균일한 경우의 탄성횡좌굴모멘트($M_{cr}$)는 식(7.11)과 같으며, 탄성횡좌굴모멘트를 탄성단면계수($S$)로 나누면 탄성횡좌굴응력도가 되는데, 탄성횡좌굴응력도($F_{cr}$)는 식(7.12)와 같이 된다.

$$M_{cr} = \sqrt{EI_y GJ\left(\frac{\pi}{L}\right)^2 + E^2 I_y C_w\left(\frac{\pi}{L}\right)^4} \quad (7.11)$$

$$F_{cr} = \frac{M_{cr}}{S} = \frac{\pi}{LS}\sqrt{EI_y GJ + \left(\frac{\pi E}{L}\right)^2 I_y C_w} \quad (7.12)$$

여기서, $I_y$ : $y$축(약축)에 대한 단면 2차모멘트(mm$^4$)

$L$ : 횡지지거리(mm), 보의 비지지 길이 $L_b$(7.3절)를 말함.

$S$ : $x$축(강축)에 대한 탄성단면계수(mm$^3$)

식(7.12)으로부터 탄성횡좌굴응력도는 횡지지거리($L$), 약축방향 휨강성($EI_y$), 비틀림강성($GJ$) 그리고 뒤틀림강성($EC_w$)에 좌우됨을 알 수 있다. 즉, 보의 횡방향 지점 간 길이가 길수록, 약축의 단면2차모멘트, 비틀림강성, 뒤틀림강성이 작을수록 횡좌굴이 발생하기 쉽다.

상자형단면이나 원형단면과 같은 폐단면은 H형 단면에 비해 비틀림강성이 크므로 상대적으로 횡비틀림좌굴이 일어나기 어렵다. H형강이나 ㄷ형강이 약축휨을 받는 경우는 강축방향의 단면2차모멘트가 크기 때문에 횡비틀림좌굴이 발생하지 않는다. 그리고, 압축플랜지에 작용하는 압축력의 2%정도만 횡방향에서 지지하면 횡비틀림좌굴을 방지할 수 있다.

## 7.3 휨재의 좌굴

### 7.3.1 휨재의 횡비틀림좌굴거동

H형강보가 강축 휨을 받을 경우, 횡방향으로 지지가 충분하지 않고 외력이 특정 한계값 이상이 되면, 면외방향의 약축 휨과 더불어 단면에 비틀림이 발생하여 휨내력이 크게 저하될 수 있다. 횡-비틀림좌굴을 방지하기 위해서는 압축플랜지를 직교보나 슬래브 등에 의해 횡방향으로 적절히 지지해야 하며, 횡방향 지지점 사이의 길이를 보의 비지지길이(unbraced length) $L_b$ 라고 한다.

그림 7.13은 단순보의 비지지길이($L_b$)에 따른 휨거동으로 이는 강축에 작용하는 휨모멘트($M$)와 단부회전각($\phi$)에 대한 상관관계를 설명해준다. 이때 보는 콤팩트(조밀)단면이고, 보의 축에 직각방향인 횡비틀림지지는 보의 단부에만 지지되어 있다.

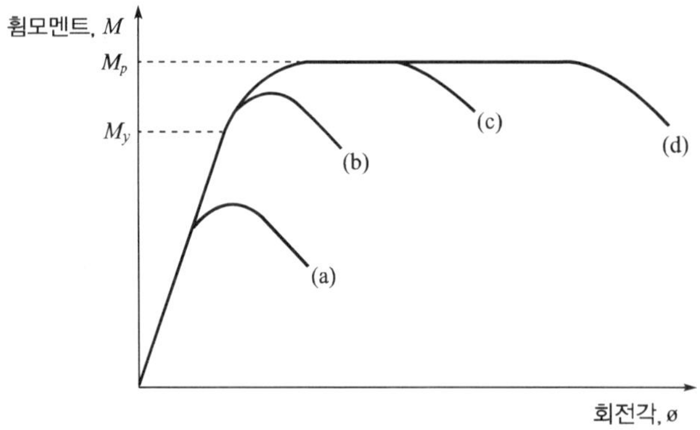


**그림 7.13** 보의 비지지길이에 따른 휨모멘트-회전각 관계

일반적으로 보의 비지지길이가 짧으면, 횡-비틀림좌굴에 대한 영향을 받지 않고 그림 7.13의 곡선 (d)와 같이 거동한다. 그러나, 보의 비지지길이가 길면, 매우 큰 횡변형을 일으키면서 곡선 (a)와 같은 휨모멘트-회전각 관계를 보인다.

곡선 (a)는 보의 약축세장비가 매우 큰 경우로서 항복상태에 도달하기 전에 보의 탄성횡비틀림좌굴에 의해 한계상태에 도달하는 경우이다. 최대 휨모멘트는 항복모멘트에 도달하지 못하며, 보의 휨강도는 탄성횡비틀림좌굴모멘트로 결정된다.

곡선 (b)는 보의 약축세장비가 다소 큰 경우인데, 항복상태에 도달한 후에 보의 비탄성횡비틀림좌굴에 의해 한계상태에 도달하는 경우이다. 보의 플랜지에 있는 잔류응력의 영향으로 비탄성 거동을 보이면서 횡비틀림좌굴을 일으켜 한계상태에 도달하며, 이때의 보의 휨강도는 소성모멘트($M_p$)보다는 작고, 항복모멘트($M_y$)보다는 크다.

곡선 (c)는 보의 전 길이에 휨모멘트가 균일하면서 소성상태에 도달한 경우로서, 보가 소성모멘트는 발휘하지만 커다란 소성회전능력을 발휘하지 못하는 경우이다. 이는 횡비틀림좌굴에 대한 충분하지 않은 횡지지 혹은 플랜지나 웨브 플레이트의 강성이 충분치 못해 플레이트의 국부좌굴이 일어나는 경우라 할 수 있다. 플랜지에 비탄성 변형이 생긴 상태에서 횡비틀림좌굴이 발생하며, 이때의 보의 휨강도는 소성모멘트로 된다.

곡선 (d)는 보의 전 길이에 휨모멘트가 균일하지 않으면서 소성상태에 도달한 경우로서, 보가 소성모멘트를 발휘함은 물론 커다란 소성회전능력을 발휘하는 경우이다. 이 때 보는 불안정한 상황이 될 때까지 변형도경화를 거치면서 상당한 비탄성변형을 경험하게 된다. 모멘트 재분배를 전제로 하는 소성설계(plastic design)에서는 이러한 연성거동이 확보되어야 한다. 보의 비지지길이가 소성설계한계비지지길이($L_{pd}$) 보다 작을 때 이런 거동을 나타내며, 이때의 보의 휨강도는 소성모멘트로 된다.

그림 7.14는 전 길이에 걸쳐 균일한 휨모멘트를 받는 보의 횡비틀림좌굴강도와 비지지길이와의 상관관계를 설명한 것으로 크게 세 가지로 구분할 수 있다.

(1) 소성좌굴: 비지지길이가 짧아 소성모멘트에 도달한 후 좌굴이 일어나는 구간
(2) 비탄성좌굴: 보의 일부분이 항복한 후에 불안정성이 나타나는 비탄성횡비틀림좌굴구간이 지배하는 구간.
(3) 탄성좌굴: 비지지길이가 길어 탄성횡비틀림좌굴이 지배하는 구간

(1)과 (2)에 해당하는 비지지길이가 충분히 짧은 보로 설계하였더라도 횡방향 지지부재가 설치되지 않은 상태에서 시공하중에 의한 휨거동을 하는 부재라면 (3)의 탄성좌굴에 대해서도 검토할 필요가 있다.

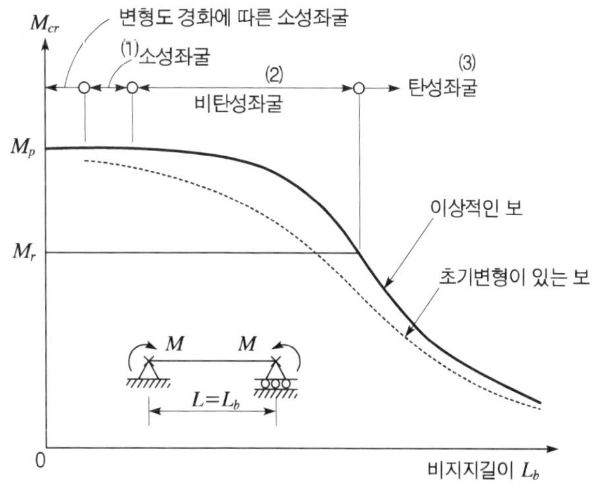


**그림 7.14** 보의 비지지길이에 따른 거동특성

### 7.3.2 휨재의 국부좌굴

횡-비틀림좌굴(횡좌굴)은 부재 전체에서 발생하는 전체좌굴(global buckling)로 그림 7.14에서 보이는 바와 같이 보의 강도를 감소시킨다. 보의 강도를 조기에 저하시키는 또 다른 요인으로는 국부좌굴(local buckling)이 있다. 보 단면이 항복모멘트에 도달하기 위해서는 압축플랜지가 항복응력에 도달할 수 있어야 하고 웨브는 이에 상응하는 전단응력을 지지하여야 한다. 플랜지와 웨브의 국부좌굴은 폭두께비가 큰 경우에 발생하기 쉬우므로 이를 방지하기 위해 폭두께비를 제한할 필요가 있다.

플랜지와 웨브의 국부좌굴강도는 압축응력의 분포와 폭두께비, 그리고 단부의 지지조건에 따른다. 그림 7.15는 압연형강과 용접조립형강 중 자주 이용되는 단면의 폭두께비 산정을 위한 단면치수에 대한 정의이다. 플랜지의 내민 부분의 한쪽은 웨브에 의해 지지되기 때문에 비구속판요소(unstiffened element, 자유돌출판요소)라고 하며 웨브는 양쪽에서 플랜지에 의해 연결되어 있기 때문에 구속판요소(stiffened element, 양연지지판요소)라고 한다. 박스형 단면인 경우 플랜지와 웨브는 모두 구속판요소가 된다.

플랜지의 폭두께비는 식(7.13)과 같으며, 웨브의 폭두께비는 식(7.14)와 같다. 압연H형강에서는 웨브의 폭두께비 산정 시 양쪽의 필릿반경($r$)과 플랜지 두께($t_f$)를 빼고 용접 H형강에서는 양쪽의 플랜지두께만을 제외한다.

$$\lambda = \frac{b}{t_f} = \frac{b_f}{2t_f} \tag{7.13}$$

$$\lambda = \frac{h}{t_w} \tag{7.14}$$

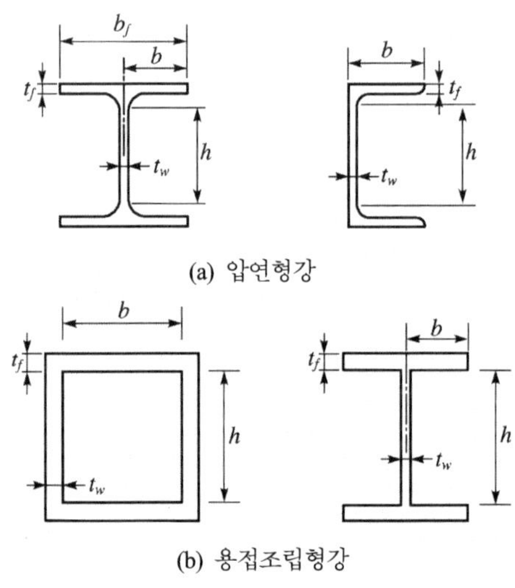


그림 7.15 폭두께비 산정을 위한 단면치수의 정의

한계상태설계법에서는 그림 7.16과 같이 보 단면의 형태를 판요소의 폭두께비에 따라 콤팩트(조밀)단면, 비콤팩트(비조밀)단면 그리고 세장판단면으로 구분한다. 표 7.1은 압축판요소의 폭두께비 한계값(콤팩트(조밀)단면 폭두께비 한계값 $\lambda_p$, 비콤팩트(비조밀)단면 폭두께비 한계값 $\lambda_r$)을 나타낸다. 그림 7.16에서 탄성한계 모멘트 $M_r$은 잔류응력으로 인해 비탄성국부좌굴이 시작되는 모멘트로 재료의 항복강도($F_y$)에서 잔류응력($F_r = 0.3F_y$)을 뺀 $0.7F_y$에 탄성단면계수($S_x$)를 곱한 $0.7F_yS_x$이다. 콤팩트(조밀)단면에서는 플랜지 또는 웨브의 국부좌굴이 발생하지 않으므로 소성모멘트 $M_p$에 도달할 수 있다.

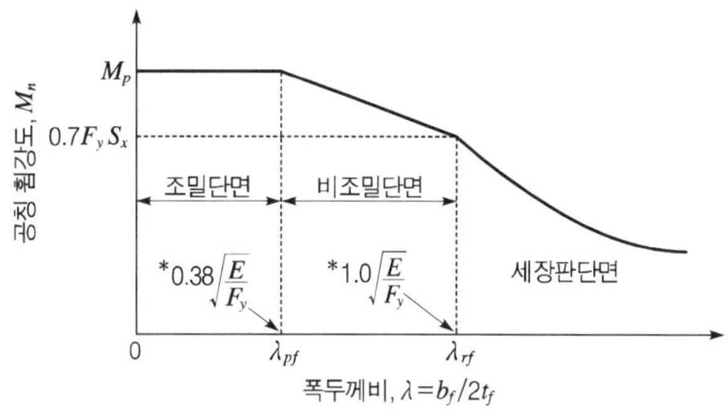


**그림 7.16** 압연H형강 플랜지의 폭두께비-공칭휨강도 (웨브가 콤팩트단면인 경우)

**예제 7.2**

압연H형강 H$-500\times200\times10\times16$(SM275)보의 단면에 대해 국부좌굴에 의한 단면의 구분을 하시오.

**풀이**

플랜지와 웨브두께가 모두 16mm 이하이므로 폭두께비 검토 시, SM275 강종의 항복강도로 $F_y = 275\,\text{N/mm}^2$를 사용한다.
H형강의 필렛부 반경 $r = 20\,\text{mm}$

1) 플랜지의 폭두께비 검토

$$\lambda = \frac{b}{t_f} = \frac{200/2}{16} = 6.25$$

$$\lambda_{pf} = 0.38\sqrt{\frac{E}{F_y}} = 0.38\sqrt{\frac{210{,}000}{275}} = 10.50$$

$\lambda < \lambda_{pf}$, ∴ 플랜지는 콤팩트(조밀)단면

2) 웨브의 폭두께비 검토

$$\lambda = \frac{h}{t_w} = \frac{500 - 2\times(16+20)}{10} = 42.8$$

$$\lambda_{pw} = 3.76\sqrt{\frac{E}{F_y}} = 3.76\sqrt{\frac{210{,}000}{275}} = 103.90$$

$\lambda < \lambda_{pw}$, ∴ 웨브는 콤팩트(조밀)단면
∴ 플랜지 및 웨브 모두 콤팩트(조밀)단면

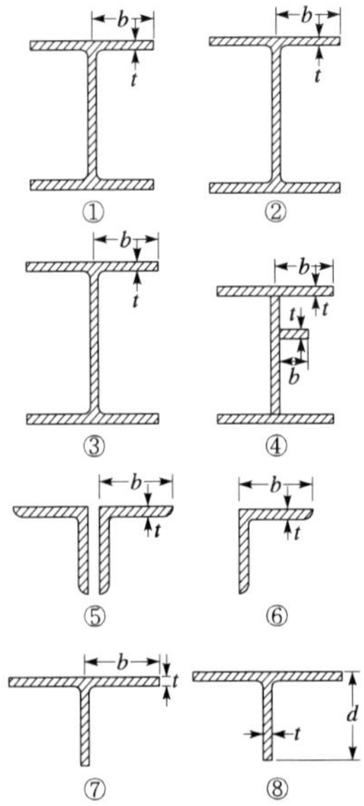

(a) 자유돌출판요소

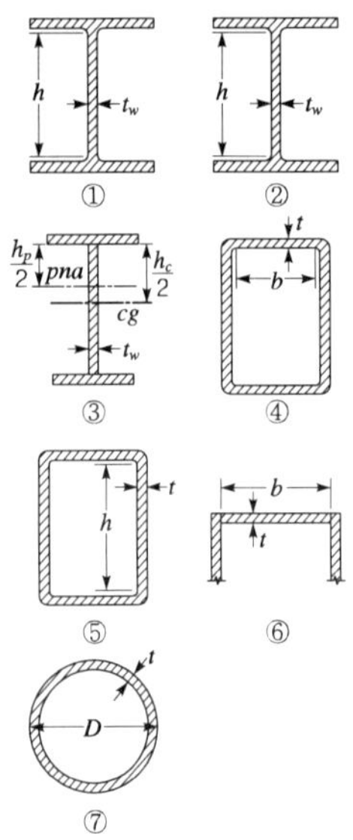

(b) 압연지지판요소

주 1) $k_{cr}=\frac{4_{\Gamma}}{\sqrt{h/t_{wP}}}$, $0.35 d k_{cr} d 0.76$

주 2) $F_{L_r}=0.7$ : 약축휨을 받는 경우, 웨브가 세장판요소인 용접H형강이 강축휨을 받는 경우, 그리고 웨브가 콤팩트(조밀)단면 또는 비콤팩트(비조밀)단면이고 $S_{xt}/S_{xc} \geq 0.7$인 용접H형강이 강축휨을 받는 경우
$F_{L_r}=F_{Y_t}S_{Xt_r}/S_X e 0.5F_y$ : 웨브가 콤팩트(조밀)단면 또는 비콤팩트(비조밀)단면이고 $S_{xt}/S_{xc} < 0.7$인 용접H형강이 강축휨을 받는 경우

**표 7.1 압축판 요소의 폭두께비 제한**

| | | 판요소에 대한 설명 | 폭두께비 | 폭두께비 제한값<br>$\lambda_p$[콤팩트(조밀) 단면 한계] | <br>$\lambda_r$[비콤팩트(비조밀) 단면 한계] |
|---|---|---|---|---|---|
| 비구속판요소(자유돌출판요소) | ① | 압연H형강과 ㄷ형강 휨재의 플랜지 | $b/t$ | $0.38\sqrt{E/F_y}$ | $1.0\sqrt{E/F_y}$ |
| | ② | 2축 또는 1축 대칭인 용접H형강 휨재의 플랜지 | $b/t$ | $0.38\sqrt{E/F_y}$ | $0.95\sqrt{k_cE/F_L}$ 1),2) |
| | ③ | 균일 압축을 받는<br>-압연H형강의 플랜지<br>-압연H형강으로부터 돌출된 플레이트<br>-서로 접한 쌍ㄱ형강의 돌출된 다리<br>-ㄷ형강의 플랜지 | $b/t$ | – | $0.56\sqrt{E/F_y}$ |
| | ④ | 균일 압축을 받는<br>-용접H형강의 플랜지<br>-용접H형강으로부터 돌출된 플레이트와 ㄱ형강 다리 | $b/t$ | – | $0.64\sqrt{k_cE/F_y}$ 1) |
| | ⑤ | 균일 압축을 받는<br>-ㄱ형강의 다리<br>-낄판을 낀 쌍ㄱ형강의 다리<br>-그 외 모든 한쪽만 지지된 판요소 | $b/t$ | – | $0.45\sqrt{E/F_y}$ |
| | ⑥ | 휨을 받는 ㄱ형강의 다리 | $b/t$ | $0.54\sqrt{E/F_y}$ | $0.91\sqrt{E/F_y}$ |
| | ⑦ | 휨을 받는 T형강의 플랜지 | $b/t$ | $0.38\sqrt{E/F_y}$ | $1.0\sqrt{E/F_y}$ |
| | ⑧ | 균일 압축을 받는 T형강의 스템 | $d/t$ | – | $0.75\sqrt{E/F_y}$ |
| 구속판요소(양연지지판요소) | ① | 휨을 받는<br>-2축 대칭H형강의 웨브<br>-ㄷ형강의 웨브 | $h/t_w$ | $3.76\sqrt{E/F_y}$ | $5.70\sqrt{E/F_y}$ |
| | ② | 균일 압축을 받는 2축 대칭 H형강의 웨브 | $h/t_w$ | – | $1.49\sqrt{E/F_y}$ |
| | ③ | 휨을 받는 1축 대칭 H형강의 웨브 | $h_c/t_w$ | $\frac{\frac{h_c}{h_p}\sqrt{\frac{E}{F_y}}}{\left(0.54\frac{M_p}{M_y}-0.09\right)^2} \le \lambda_r z$ | $5.70\sqrt{E/F_y}$ |
| | ④ | 균일 압축을 받는<br>-각형강관의 플랜지<br>-플랜지 커버 플레이트<br>-파스너 또는 용접선 사이의 다이아프램 플레이트 | $b/t$ | $1.12\sqrt{E/F_y}$ | $1.40\sqrt{E/F_y}$ |
| | ⑤ | 휨을 받는 각형강관의 웨브 | $h/t$ | $2.42\sqrt{E/F_y}$ | $5.70\sqrt{E/F_y}$ |
| | ⑥ | 균일 압축을 받는 그 외 모든 양쪽이 지지된 판요소 | $b/t$ | – | $1.49\sqrt{E/F_y}$ |
| | ⑦ | -압축을 받는 원형강관<br>-휨을 받는 원형강관 | $D/t$ | –<br>$0.07E/F_y$ | $0.11E/F_y$<br>$0.31E/F_y$ |

**예제 7.3**

용접H형강보 H $-600\times300\times8\times12$(SM275)에 대해 국부좌굴에 의한 단면의 구분을 하시오.

**풀이**

플랜지와 웨브두께가 모두 16 mm 이하이므로 폭두께비 검토 시, SM275A의 항복강도로 $F_y = 275\,\mathrm{N/mm^2}$를 사용한다.

1) 플랜지의 폭두께비 검토

$$\lambda = \frac{b}{t_f} = \frac{300/2}{12} = 12.50$$

- 콤팩트(조밀)단면 한계 폭두께비($\lambda_{pf}$)

$$\lambda_{pf} = 0.38\sqrt{\frac{E}{F_y}} = 0.38\sqrt{\frac{210{,}000}{275}} = 10.50$$

- 비콤팩트(비조밀)단면 한계 폭두께비($\lambda_{rf}$)

웨브가 콤팩트(조밀) 또는 비콤팩트(비조밀) 요소이고 $S_{xt}/S_{xc} \geq 0.7$인 용접H형강이 강축휨을 받는 경우 : $F_L = 0.7F_y$

$$F_L = 0.7F_y = 0.7\times275 = 192.5\,\mathrm{N/mm^2}$$

$$k_c = \frac{4}{\sqrt{h/t_w}} = \frac{4}{\sqrt{(600-2\times12)/8}} = 0.47$$

$$\lambda_{rf} = 0.95\sqrt{\frac{k_c E}{F_L}} = 0.95\sqrt{\frac{0.47\times210{,}000}{192.5}} = 21.51$$

$\lambda_{pf} < \lambda \leq \lambda_{rf}$ 이므로 플랜지는 비콤팩트(비조밀)단면

2) 웨브의 폭두께비 검토

$$\lambda = \frac{h}{t_w} = \frac{(600-2\times12)}{8} = 72.0$$

$$\lambda_{pw} = 3.76\sqrt{\frac{E}{F_y}} = 3.76\sqrt{\frac{210{,}000}{275}} = 103.90$$

$\lambda < \lambda_{pw}$ 이므로 콤팩트(조밀)단면

플랜지는 비콤팩트 단면이고 웨브는 콤팩트단면이므로

∴ 용접H형강보는 비콤팩트(비조밀) 단면

## 7.4 휨재의 공칭휨강도

### 7.4.1 일반사항

한계상태설계법에서 구조물의 설계방법은 소성해석법과 탄성해석법을 모두 포함하고 있다. 그러나 소성해석에 기초한 소성설계법은 여러 가지 제한조건이 부과되고, 해석법 자체가 일반기술자에게는 익숙하지 않으므로 주로 탄성해석법에 의해 구조물을 설계하고 있다. 휨재의 한계상태설계에 관한 기준은 Yura, Galambos 및 Ravindra[1978]의 연구에 근거를 두고 있다.

그림 7.17은 보의 비지지길이($L_b$)에 따른 공칭휨강도($M_n$)의 변화를 설명해주고 있다. 여기서, 휨재의 공칭휨강도는 소성모멘트 $M_p$에 이르는 소성설계구간, 비탄성 횡비틀림좌굴구간 및 탄성 횡비틀림좌굴구간에 따라 공칭휨강도가 결정되며, 보의 비지지길이가 증가하면 휨재의 공칭휨강도는 작아진다. 따라서 비지지길이를 적절히 유지시키지 않으면, 횡비틀림 좌굴로 인하여 단면 자체가 갖고 있는 보유강도에 비해 휨내력이 감소하는 경향을 보여주고 있다.

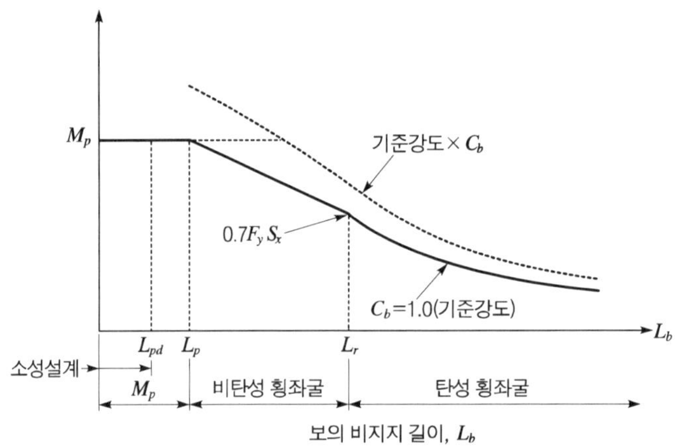


**그림 7.17** 보의 비지지길이와 공칭휨강도의 관계

식(7.11)의 탄성횡좌굴모멘트는 양단에서 동일한 크기의 휨모멘트가 작용(즉, 보의 전구간에 대해 휨모멘트가 일정)하는 경우에 대한 값이며, 보의 비지지길이 내에서 모멘트가 변화하는 경우에는 보의 휨강도가 증가한다. 이와 같이 보에 작용하는 모멘트의 분포형태가 횡좌굴모멘트에 미치는 영향을 고려하기 위해 횡좌굴모멘트 수정계수(lateral buckling modification factor, $C_b$)를 적용하고 식(7.15)로 구한다.

비지지구간 내에서 보 양단부의 휨모멘트가 균일하지 않는 경우에 휨모멘트에 대한 저항성능의 증가분을 보정하기 위해서 사용하는 변수로 이해할 수 있다. $C_b$의 적용 시 보의 휨모멘트가 균일한 경우가 가장 불리(캔틸레버보 포함)하며 $C_b$가 1.0이 된다.

$$C_b = \frac{12.5\,M_{\max}}{2.5M_{\max} + 3M_A + 4M_B + 3M_C} R_m \leq 3.0 \tag{7.15}$$

$M_{\max}$ : 비지지구간에서 최대 휨모멘트의 절댓값(N·mm)

$M_A$ : 비지지구간에서 1/4지점의 휨모멘트 절댓값(N·mm)

$M_B$ : 비지지구간에서 중앙부 휨모멘트 절댓값(N·mm)

$M_C$ : 비지지구간에서 3/4지점의 휨모멘트 절댓값(N·mm)

$R_m$ : 단면형상계수

= 1.0 (2축대칭부재, 1축대칭 단곡률부재, 그림 7.18(a))

= $0.5 + 2\left(\frac{I_{yc}}{I_y}\right)^2$ (1축대칭 복곡률부재, 그림 7.18(b))

$I_y$ : 약축에 대한 단면2차모멘트($mm^4$)

$I_{yc}$ : 약축에 대한 압축플랜지의 단면2차모멘트 또는 복곡률의 경우 압축플랜지 중 작은 플랜지의 단면2차모멘트($mm^4$)

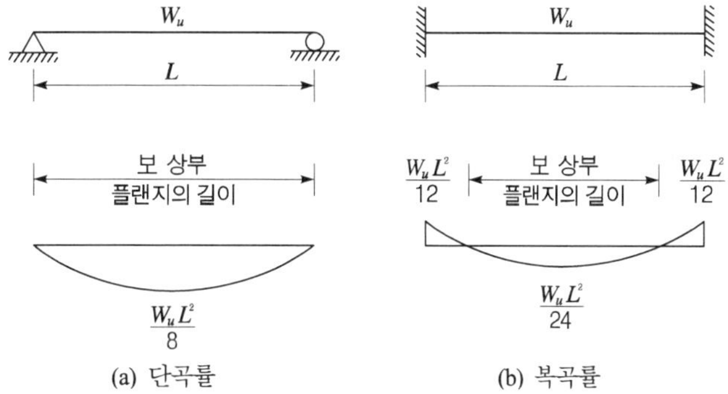


그림 7.18 단곡률-복곡률의 모멘트

그림 7.19와 그림 7.20은 등분포하중과 집중하중을 받는 단순보의 $C_b$ 값의 변화를 나타내며, 그림에서 보에 표기되어 있는 '×' 표시는 그 지점에서 횡비틀림지지되었다는 것을 의미한다. 하중의 형태와 횡지지 위치에 따라 $C_b$ 값이 달라지는 것을 알 수 있다.

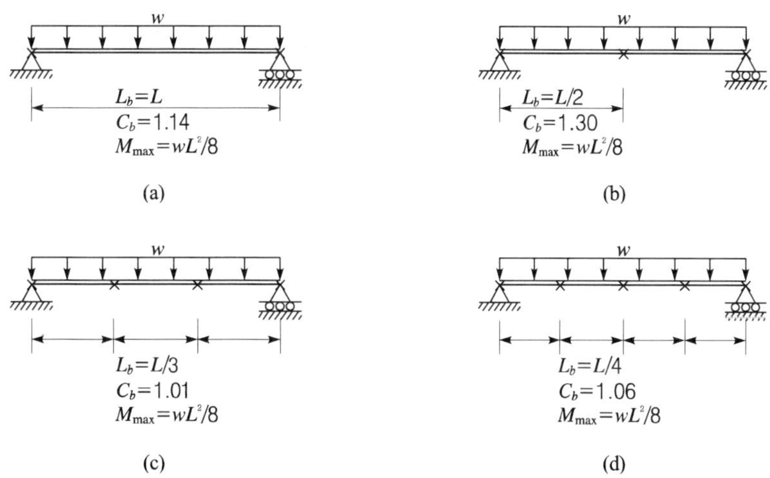


그림 7.19 등분포하중 하의 단순보의 $C_b$값

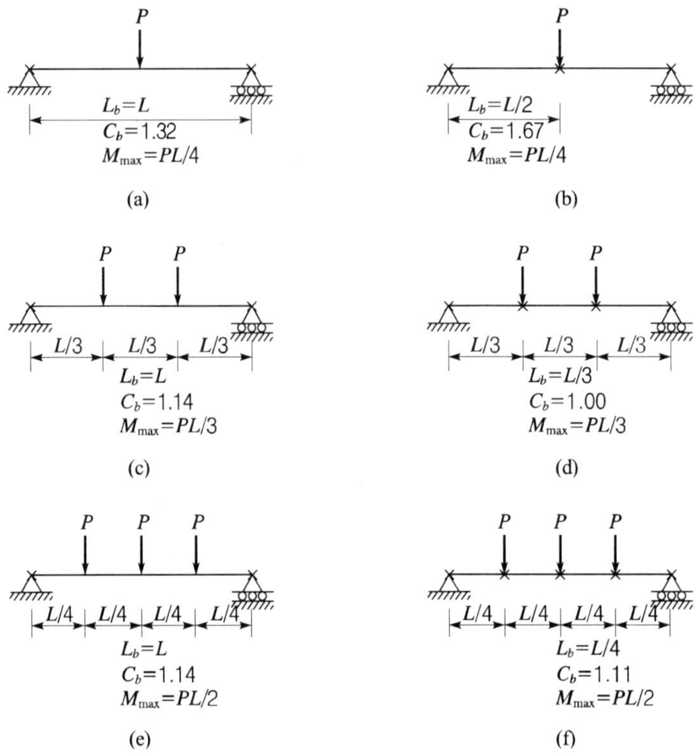


**그림 7.20** 집중하중 하의 단순보의 $C_b$값

그림 7.21은 $C_b$의 변화에 따른 콤팩트(조밀)단면보의 공칭휨강도($M_n$)를 예로 들어 설명한 것으로, $C_b$가 커짐에 따라 소성한계 비지지길이($L_p$)가 증가함을 알 수 있다.

횡비틀림좌굴강도에 의해 지배되는 강축휨을 받는 2축대칭 H형강 또는 ㄷ형강 콤팩트단면 부재의 공침휨강도는 7.4.2절에서, 국부좌굴강도에 의해 지배되는 강축휨을 받는 2축대칭 H형강 콤팩트(조밀)단면 웨브와 비콤팩트(비조밀)단면 플랜지(또는 세장판 플랜지) 부재의 공칭휨강도는 7.4.3절에서, 원형강관의 공칭휨강도는 7.4.4절에서 다룬다. 그 외 단면조건을 갖는 부재 및 다른 형강(각형강관, T형강 및 쌍 ㄱ형강, 단일 ㄱ형강, 각형 및 원형강봉, 비대칭단면)의 공칭휨강도는 건축물 강구조 설계기준(KDS 41 31 00)의 4.3절을 참조한다.

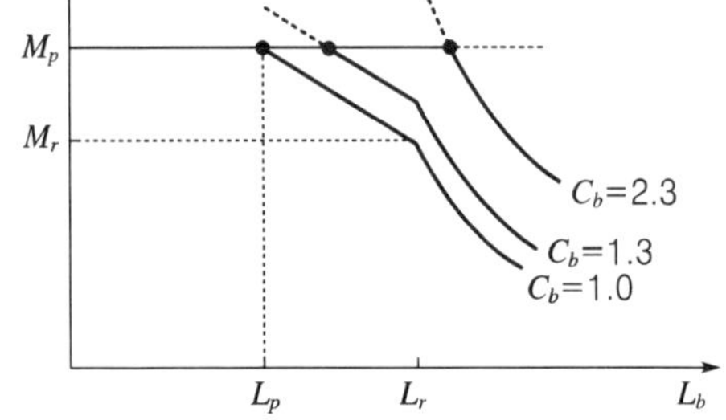


**그림 7.21** $C_b$값과 공칭휨강도의 관계

## 7.4.2 횡비틀림좌굴강도

이 절에서는 강축휨을 받는 2축대칭 H형강 또는 ㄷ형강 콤팩트(조밀)단면 부재의 횡비틀림좌굴강도($M_n$)에 대해 다룬다. 길이에 따라 균일한 강축방향 휨모멘트를 받는 H형강 또는 ㄷ형강보 압축플랜지의 한계비지지길이인 $L_p$ 및 $L_r$는 횡비틀림좌굴강도에 영향을 미친다. 여기서, $L_p$는 그림 7.13 (c), (d)에 해당되는 완전소성모멘트에 도달할 수 있는 휨성능에 대한 한계비지지길이이고, $L_r$은 비탄성횡비틀림좌굴에 대한 한계비지지길이이다.

보의 비지지길이 $L_b$에 따른 콤팩트(조밀)단면 휨재의 횡비틀림좌굴강도를 도시하고 있는 그림 7.22에서 보는 바와 같이, 보의 비지지길이와 $L_p$, $L_r$와의 관계로부터, 횡좌굴영역을 세 가지(Zone 1, Zone 2, Zone 3)로 구분하여 $M_n$를 구한다.

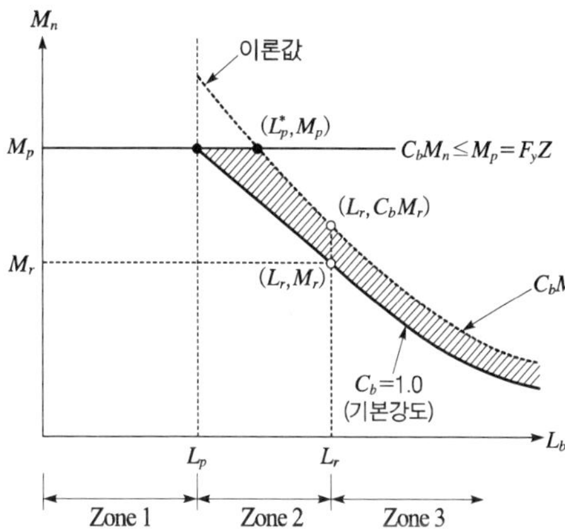


그림 7.22 횡좌굴영역별 횡좌굴강도

**(가) $L_b \le L_p$ 인 경우(Zone 1)**

보의 압축플랜지가 횡방향으로 매우 좁은 간격으로 지지되어 보가 소성모멘트($M_p$)를 발휘할 수 있는 경우이다. 따라서 소성모멘트가 보의 횡비틀림좌굴강도가 된다. 이 구간에서는 횡비틀림좌굴이 발생하지 않거나 소성모멘트 도달 이후 충분한 변형능력이 발휘되기 전에 횡비틀림좌굴이 거의 발생하지 않는다. 이 때 공칭모멘트($M_n$)는 식(7.16)으로 구할 수 있는 소성모멘트($M_p$)로 간주할 수 있다.

$$M_n = M_p = F_y Z_x \tag{7.16}$$

**(나) $L_p < L_b \le L_r$ 인 경우(Zone 2)**

보의 압축플랜지가 횡비틀림지지 간격이 $L_p$보다 커 비탄성거동에 의한 횡비틀림좌굴이 발생하는 경우로서 그림 7.22의 비탄성횡좌굴구간(Zone 2)에 해당된다. 보의 비지지길이에 따라 반비례적으로 횡좌굴강도가 감소한다. 이 때의 횡좌굴강도는 식(7.17)과 같이 소성모멘트($M_p$)와 탄성한계횡좌굴모멘트($M_r = 0.7F_yS_x$)를 보의 비지지길이에 따라 직선 보간하여 산정한다. 식에서 $0.7F_yS_x$는 탄성한계횡좌굴모멘트 $M_r$에 해당하는 값이다.

$$M_n = C_b\left[M_p - (M_p - 0.7F_yS_x)\left\{\frac{L_b - L_p}{L_r - L_p}\right\}\right] \leq M_p \tag{7.17}$$

여기서, 소성한계비지지길이 $L_p = 1.76\,r_y\sqrt{\dfrac{E}{F_{yf}}}$ 이다.

**(다) $L_b > L_r$ 인 경우(Zone 3)**

보의 압축플랜지의 횡지지 간격이 매우 커 단면의 어느 부분도 항복하지 않고 조기에 횡비틀림좌굴이 발생하는 경우이다. 이 때의 강축에 휨을 받는 보의 횡비틀림좌굴강도는 식(7.18)으로 계산할 수 있는 탄성횡비틀림좌굴모멘트($M_{cr}$)에 의해 결정된다.

$$M_n = M_{cr} = F_{cr}S_x \leq M_p \tag{7.18}$$

여기서, $F_{cr}$은 식(7.12)의 탄성횡좌굴응력도에 해당되며 다음 식을 사용한다.

$$F_{cr} = \frac{C_b\pi^2E}{\left(\dfrac{L_b}{r_{ts}}\right)^2}\sqrt{1 + 0.078\frac{Jc}{S_xh_0}\left(\frac{L_b}{r_{ts}}\right)^2} \tag{7.19}$$

비탄성한계 비지지길이,

$$L_r = 1.95\,r_{ts}\frac{E}{0.7F_y}\sqrt{\frac{Jc}{S_xh_o}}\sqrt{1 + \sqrt{1 + 6.76\left(\frac{0.7F_y}{E}\frac{S_xh_o}{Jc}\right)^2}} \tag{7.20}$$

$r_{ts}{}^2 = \dfrac{\sqrt{I_yC_w}}{S_x}$ 이고, 압연 H형강인 경우 $C_w = h^2I_y/4$ 를 대입하면

$$r_{ts} = \sqrt{\frac{I_yh_o}{2S_x}} \quad \text{(휨단면성능으로 부표 1.1 참조)} \tag{7.21}$$

여기서, $h_o$: 상하부플랜지간 중심거리($h - t_f$) (mm)

$c = 1.0$ (2축 대칭인 H형강 부재)

$= \dfrac{h_o}{2}\sqrt{\dfrac{I_y}{C_w}}$ (ㄷ형강 부재)

비탄성한계 비지지길이 $L_r$을 구하는 식(7.20)은 상당히 복잡하다. 비탄성횡비틀림좌굴과 탄성횡비틀림좌굴의 경계인 $L_r$값은 식(7.19)에서 $C_b$를 안전측으로 1.0으로 하고, 탄성횡좌굴응력도 $F_{cr}$를 탄성과 비탄성횡비틀림좌굴의 경계값인 $0.7F_y$와 같다고 하면 식(7.22)와 같이 단순화 시킬 수 있다. 식(7.22)는 식(7.20)에 비해 안전측이므로 주로 실무 구조설계에서 비탄성한계 비지지길이를 구하는데 사용된다. 예제에서는 식(7.22)를 사용하였다.

$$F_{cr} = \frac{C_b \pi^2 E}{\left(\frac{L_b}{r_{ts}}\right)^2} = 0.7F_y \text{ 로부터}$$

$$L_r = \pi r_{ts} \sqrt{\frac{E}{0.7F_y}} \tag{7.22}$$

**예제 7.4**

압연H형강 H－500×200×10×16(SM275)의 보가 단순지지되어 있을 때, 횡비틀림좌굴강도를 산정하시오. 보는 슬래브에 의해 압축플랜지가 전 길이에 대해 횡방향으로 지지되어 있다(즉, $L_b = 0$).

**풀이**

예제 7.2에서 H－500×200×10×16(SM275)은 플랜지 및 웨브가 모두 콤팩트(조밀)단면이다. 따라서 국부좌굴이 발생하지 않으므로 횡비틀림좌굴강도에 의해 휨재의 공칭휨강도가 결정된다.

1) 소성한계 비지지길이 산정

부표 1.1에 의해 H－500×200×10×16의 $r_y$은 43.3mm이므로

$$L_p = 1.76\, r_y \sqrt{\frac{E}{F_{yf}}} = 1.76 \times 43.3 \times \sqrt{\frac{210{,}000}{275}} \times 10^{-3} = 2.11\,\text{m}$$

$L_b \le L_p$ 이므로 횡좌굴영역은 소성설계구간(Zone 1)에 해당된다.

2) 횡좌굴강도의 산정

횡비틀림좌굴이 발생하지 않아 소성모멘트가 공칭휨강도이므로

SM275의 항복강도 $F_y = 275\,\text{N/mm}^2$

H형강의 소성단면계수 $Z_x = 2.18 \times 10^6\ \text{mm}^3$ (부표 1.1 참소)

$$M_n = M_p = F_y Z_x$$
$$= 275 \times 2.18 \times 10^6 \times 10^{-6} = 599.5\ \text{kN}\cdot\text{m}$$

**예제 7.5**

압연H형강보 H－600×200×11×17(SM275)의 횡좌굴강도를 산정하시오. 보의 비지지길이 $L_b$는 2.4m이고, $C_b = 1.0$으로 가정한다.

($S_x = 2.59 \times 10^6\text{mm}^3$, $Z_x = 2.98 \times 10^6\text{mm}^3$, $I_y = 22.8 \times 10^6\text{mm}^4$)

**풀이**

압연H형강보 H－600×200×11×17의 플랜지두께가 웨브보다 두껍고 16mm를 초과하므로 압연H형강의 항복강도 $F_y = 265\,\text{N/mm}^2$로 설계한다.

1) 소성한계 및 비탄성한계 비지지길이 산정

H형강의 y축의 단면 2차반경 $r_y$=41.2mm, $r_{ts}$=50.7mm

$$L_p = 1.76\, r_y \sqrt{\frac{E}{F_y}} = 1.76 \times 41.2 \times \sqrt{\frac{210{,}000}{265}} \times 10^{-3} = 2.04\text{ m}$$

$$L_r = \pi r_{ts} \sqrt{\frac{E}{0.7F_y}} = 3.14 \times 50.7 \times \sqrt{\frac{210{,}000}{0.7 \times 265}} \times 10^{-3} = 5.36\text{ m}$$

여기서, $r_{ts} = \sqrt{\dfrac{I_y h_o}{2S_x}} = \sqrt{\dfrac{22.8 \times 10^6 \times (600-17)}{2 \times 2.59 \times 10^6}} = 50.7\text{mm}$

(단, 식(7.20)을 적용하면 부표 1.1에 의해 $L_r$= 6.10m임)

$L_p < L_b < L_r$ 이므로 횡좌굴영역은 비탄성횡좌굴구간(Zone2)에 해당된다.

2) 횡좌굴강도 산정

$$M_p = F_y Z_x = 265 \times 2.98 \times 10^6 \times 10^{-6} = 789.7\text{ kN}\cdot\text{m}$$

$$0.7F_y S_x = 0.7 \times 265 \times 2.59 \times 10^6 \times 10^{-6} = 480.5\text{ kN}\cdot\text{m}$$

$$M_n = C_b \left[ M_p - (M_p - 0.7F_y S_x)\left\{\frac{L_b - L_p}{L_r - L_p}\right\}\right] \le M_p$$

$$= 1 \times \left[789.7 - (789.7 - 480.5)\left\{\frac{2.40 - 2.04}{5.36 - 2.04}\right\}\right] = 756.2\text{ kN}\cdot\text{m}$$

**예제 7.6**

압연H형강보 H$-600 \times 200 \times 11 \times 17$(SM275)의 횡좌굴강도를 산정하시오. 보의 비지지길이 $L_b$는 6.5m 이고, $C_b = 1.0$으로 가정한다.

($J = 906 \times 10^3\text{mm}^4$, $S_x = 2.59 \times 10^6\text{mm}^3$)

**풀이**

압연H형강보 H$-600 \times 200 \times 11 \times 17$(SM275)의 설계항복강도는 예제 7.5와 같이 플랜지항복강도를 기준으로 $F_y = 265\text{N/mm}^2$로 한다.

1) 소성한계 및 비탄성한계 비지지길이 산정

H형강의 y축의 단면 2차반경 $r_y$=41.2mm, $r_{ts}$=50.7mm

$$L_p = 1.76\, r_y \sqrt{\frac{E}{F_y}} = 1.76 \times 41.2 \times \sqrt{\frac{210{,}000}{265}} \times 10^{-3} = 2.04\text{ m}$$

$$L_r = \pi r_{ts} \sqrt{\frac{E}{0.7F_y}} = 3.14 \times 50.7 \times \sqrt{\frac{210{,}000}{0.7 \times 265}} \times 10^{-3} = 5.36\text{ m}$$

$L_b > L_r$ 이므로 횡좌굴영역은 탄성횡좌굴구간(Zone 3)에 해당된다.

2) 횡좌굴강도(휨모멘트) 산정

$$F_{cr} = \frac{C_b \pi^2 E}{\left(\frac{L_b}{r_{ts}}\right)^2}\sqrt{1+0.078\frac{Jc}{S_x h_0}\left(\frac{L_b}{r_{ts}}\right)^2}$$

$$= \frac{1.0\times\pi^2\times 210{,}000}{\left(\frac{6.5\times 10^3}{50.7}\right)^2}\sqrt{1+0.078\times 0.0006\times\left(\frac{6.5\times 10^3}{50.7}\right)^2} = 167.7\,\mathrm{N/mm^2}$$

여기서, $\frac{Jc}{S_x h_o} = \frac{906\times 10^3\times 1}{2.59\times 10^6\times(600-17)} = 0.0006$

$$M_n = F_{cr}S_x = 167.7\times 2.59\times 10^6\times 10^{-6} \simeq 434.3\,\mathrm{kN\cdot m}$$

### 7.4.3 국부좌굴강도

앞 절까지는 플랜지와 웨브가 콤팩트(조밀)단면을 가진 휨재를 중심으로 설명하였으나, 비록 2축대칭 H형강보의 웨브가 콤팩트(조밀)단면이라 할지라도 강축에 대해서 플랜지가 비콤팩트(비조밀)단면 혹은 세장판단면이 될 수 있다.

이러한 경우(웨브가 콤팩트(조밀)단면이고 플랜지가 비콤팩트(비조밀) 또는 세장판단면) 횡비틀림좌굴강도와 단면의 국부좌굴을 검토하여 공칭휨강도를 결정하게 된다. 단, 이 절에서는 웨브가 비콤팩트(비조밀) 또는 세장판단면 휨부재의 설계는 다루지 않는다. 이런 부재의 설계에 대해서는 건축물 강구조 설계기준(KDS 41 31 00) 4.3절을 참조한다.

**(가) 플랜지와 웨브가 콤팩트(조밀)단면인 경우**

횡좌굴강도는 앞 절에서 설명한 2축대칭 H형강 또는 ㄷ형강 콤팩트(조밀)단면의 설계법을 따른다.

**(나) 비콤팩트(비조밀)단면 플랜지의 경우($\lambda_{pf} < \lambda \le \lambda_{rf}$ 인 경우)**

플랜지의 폭두께비가 표 7.1의 콤팩트(조밀)단면의 한계판폭두께비 $\lambda_{pf}$보다 크고 비콤팩트(비조밀)단면의 한계폭두께비 $\lambda_{rf}$보다 작은 경우 판요소는 비탄성 국부좌굴을 일으키게 된다.

플랜지가 비콤팩트(비조밀)단면인 보의 공칭휨강도 $M_n$은 식(7.23)과 같이 $M_p$와 $0.7F_yS_x$ 사이를 직선보간하여 산정한다.

$$M_n = M_p - (M_p - 0.7F_yS_x)\left(\frac{\lambda-\lambda_{pf}}{\lambda_{rf}-\lambda_{pf}}\right) \tag{7.23}$$

**(다) 세장판단면 플랜지의 경우($\lambda > \lambda_{rf}$인 경우)**

플랜지의 폭두께비가 표 7.1의 비콤팩트(비조밀)단면의 한계폭두께비 $\lambda_{rf}$보다 큰 경우 판요소는 탄성 국부좌굴을 일으키게 된다. 세장한 단면에서는 플랜지가 탄성 국부좌굴을 일으키는 경우만 해당되며, 이 때 공칭휨강도 $M_n$은 식(7.24)와 같다. 다만, 건축구조물에서 세장단면의 사용은 급격한 내력감소의 원인이 되므로 특별한 주의가 필요하다.

$$M_n = \frac{k_c \pi^2 E S_x}{12(1-\nu^2)(b_f/2t_f)^2} = \frac{0.9E\, k_c S_x}{\lambda^2} \tag{7.24}$$

여기서, $\lambda = \frac{b_f}{2t_f}$, $\nu$는 포아송비로 강재의 경우 0.3

$\lambda_{pf} = \lambda_p$, $\lambda_{rf} = \lambda_r$을 각각 이용하면 된다.

$k_c = \frac{4}{\sqrt{h/t_w}}$, $0.35 \le k_c \le 0.76$의 값을 사용한다.

**예제 7.7**

용접H형강보 H−600×300×8×12의 국부좌굴를 고려한 공칭휨강도($M_n$)를 산정하시오. 강재는 SM275이다. 여기서, $S_x = 2{,}499 \times 10^3 \text{mm}^3$, $Z_x = 2{,}781 \times 10^3 \text{mm}^3$이다.

**풀이**

예제 7.3에서 용접H형강보 H−600×300×8×12의 플랜지는 비콤팩트단면요소이고 웨브는 콤팩트단면요소이다. 따라서 플랜지에 국부좌굴이 발생하게 된다. 플랜지와 웨브두께가 모두 16 mm 이하이므로 SM275의 항복강도, $F_y = 275\,\text{N/mm}^2$이다.

플랜지의 국부좌굴강도에 의한 공칭휨강도 산정

$$M_n = M_p - (M_p - 0.7F_y S_x)\left(\frac{\lambda - \lambda_{pf}}{\lambda_{rf} - \lambda_{pf}}\right)$$

$\lambda = 12.50$, $\lambda_{pf} = 10.50$, $\lambda_{rf} = 21.51$ (예제 7.3 참조)

$$M_p = F_y Z_x = 275 \times 2{,}781 \times 10^3 \times 10^{-6} = 764.8\ \text{kN}\cdot\text{m}$$

$$0.7F_y S_x = 0.7 \times 275 \times 2{,}499 \times 10^3 \times 10^{-6} = 481.1\ \text{kN}\cdot\text{m}$$

$$\begin{aligned} M_n &= M_p - (M_p - 0.7F_y S_x)\left(\frac{\lambda - \lambda_{pf}}{\lambda_{rf} - \lambda_{pf}}\right) \\ &= 764.8 - (764.8 - 481.1)\left(\frac{12.50 - 10.50}{21.51 - 10.50}\right) \\ &= 713.3\,\text{kN}\cdot\text{m} \end{aligned}$$

### 7.4.4 원형강관의 공칭휨강도

다음의 원형강관의 공칭휨강도 산정식은 직경-두께비($D/t$)가 $0.45E/F_y$ 미만인 경우에 적용한다. 원형강관의 공칭휨강도($M_n$)은 원형강관의 항복강도(소성모멘트)와 국부좌굴강도 중 작은 값으로 한다.

**(가) 항복강도(소성모멘트)**

$$M_n = M_p = F_y Z \quad (7.25)$$

여기서, $Z$ : 원형강관의 소성단면계수($mm^3$)

**(나) 국부좌굴강도**

(1) 콤팩트(조밀)단면인 경우에는 국부좌굴강도를 고려하지 않아도 된다.

(2) 비콤팩트(비조밀)단면의 경우에는

$$M_n = \left( \frac{0.021E}{\frac{D}{t}} + F_y \right) S \quad (7.26)$$

여기서, $S$ : 탄성단면계수($mm^3$)

(3) 세장판단면의 경우에는

$$M_n = F_{cr} S \quad (7.27)$$

여기서, $F_{cr}$ : $0.33E/(D/t)$ ($N/mm^2$)

## 7.5 휨재의 설계전단강도

휨재에 가해지는 전단력은 주로 웨브가 저항하므로, 보의 전단강도는 웨브의 항복과 좌굴에 해당하는 한계상태에 의하여 결정된다. 웨브의 폭두께비가 작은 경우에는 전단항복에 의한 한계상태가 되지만, 큰 경우에는 웨브의 전단에 의한 비탄성 또는 탄성좌굴이 발생한다.

휨재의 전단강도 산정은 인장역작용(tension field action)에 의한 웨브의 좌굴후강도(post-buckling strength)를 이용하지 않고 산정하는 방법과 조립부재의 웨브에 한하여 인장역작용(tension field action)을 이용하여 산정하는 방법이 있다. 본 절에서는 부재의 좌굴후강도를 고려하지 않는 부재의 전단강도에 대해서만 다룬다. 인장역작용을 이용한 설계전단강도는 건축물 강구조 설계기준(KDS 41 31 00)의 4.4.3절을 참고한다.

한계상태설계법에서는 그림 7.23과 같이 웨브 폭두께비 $h/t_w$에 따라 한계상태를 세 영역(웨브의 전단항복, 웨브의 비탄성좌굴, 웨브의 탄성좌굴)으로 구분하여 설계전단강도를 다음과 같이 계산한다.

$$\phi_v V_n = \phi_v (0.6F_y) A_w C_v \tag{7.28}$$

여기서, $\phi_v$: 전단강도저감계수

$A_w$ : 웨브의 단면적

$C_v$ : 전단좌굴감소계수

식(7.28)에서 $F_y$는 플랜지의 항복강도를 사용한다. 통상 플랜지보다 웨브의 판두께가 작아서 항복강도가 큰 경우도 있다. 하지만 보부재의 안전성은 주로 휨강도에 의해 좌우된다는 점과 취성적 파단이 발생할 수 있는 전단거동에 대한 보수적인 평가라는 측면에서 플랜지의 항복강도를 전단강도 산정식에 사용한다.

압연H형강의 경우 $A_w$는 전체춤에 웨브두께를 곱한 값으로 하며, 각형강관 및 상자형 단면은 코너반경 안쪽의 플랜지 사이의 순간격(단면 외부치수에서 두께의 3배를 뺀 값을 사용할 수도 있음)에 웨브두께를 곱한 값으로 한다. 단일 ㄱ형강 다리의 $A_w$는전단력에 저항하는 다리의 폭에 두께를 곱한 값으로 산정한다.

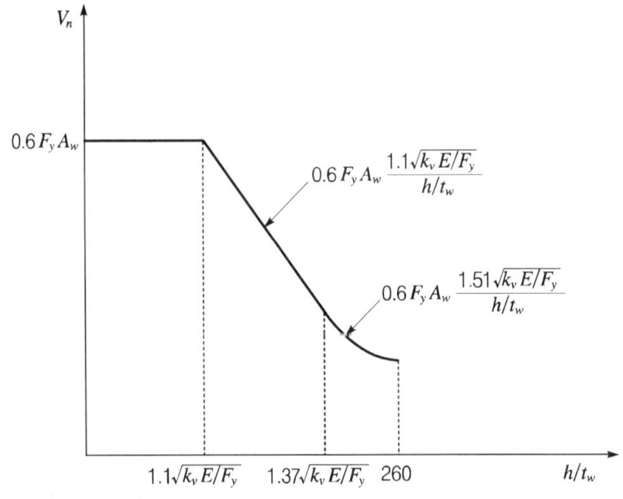


**그림 7.23** 폭두께비와 공칭전단강도 관계

### 7.5.1 1축 또는 2축대칭단면과 ㄷ형강의 비구속 또는 구속웨브를 갖는 부재

웨브면 내에 전단력을 받는 1축 또는 2축대칭단면과 ㄷ형강의 웨브에 적용한다. 다음의 주어진 조건에 따라 $C_v$ 및 $\phi_v$을 구한 후 식(7.28)에 대입하여 설계전단강도를 계산한다.

1) $h/t_w \le 2.24\sqrt{E/F_y}$ 인 압연H형강의 웨브의 $C_v$ 및 $\phi_v$의 산정

$$\phi_v = 1.0,\quad C_v = 1.0 \tag{7.29}$$

2) 원형강관을 제외한 모든 2축 대칭단면, 1축대칭 단면 및 ㄷ형강의 $C_v$ 및 $\phi_v$의 산정

$\phi_v$는 0.9이며,

① $h/t_w \le 1.10\sqrt{k_v E/F_y}$ 일 때

$$C_v = 1.0 \tag{7.30}$$

② $1.10\sqrt{k_v E/F_y} < h/t_w \le 1.37\sqrt{k_v E/F_y}$ 일 때

$$C_v = \frac{1.10\sqrt{k_v E/F_y}}{h/t_w} \tag{7.31}$$

③ $1.37\sqrt{k_v E/F_y} < h/t_w < 260$ 일 때

$$C_v = \frac{1.51Ek_v}{(h/t_w)^2 F_y} \tag{7.32}$$

여기서, $k_v$ 는 웨브판 좌굴계수로 다음과 같이 구한다.

3) $k_v$의 산정

① T형강의 스템을 제외한 $h/t_w < 260$ 인 비구속지지된(자유돌출판) 판요소웨브

$$k_v = 5 \tag{7.33}$$

② $h/t_w < 260$ 인 T형강의 스템

$$k_v = 1.2 \tag{7.34}$$

③ 구속판요소(양면지지판요소) 웨브

$$k_v = 5 + \frac{5}{(a/h)^2} \tag{7.35}$$

$$a/h > 3.0 \text{ 또는 } a/h > \left[\frac{260}{(h/t_w)}\right]^2 \text{인 경우, } k_v = 5 \tag{7.36}$$

여기서, $a$ : 수직스티프너의 순간격(mm)

$h$ : 압연형강에서 필릿(fillet) 또는 코너반경을 제외한 플랜지간 순거리(mm),

용접한 경우에는 플랜지간 순거리(mm),
볼트조립단면에서는 파스너 열간거리(mm),
T형강의 경우 전체 높이(mm)

**예제 7.8**

압연H형강보 H$-600\times200\times11\times17(r=22\,\text{mm})$의 공칭전단강도를 산정하시오. 강재는 SM275이다(폭두께비 검토 시, 압연H형강보 H$-600\times200\times11\times17$의 설계항복강도는 예제 7.5와 같이 플랜지 항복강도를 기준으로 $F_y=265\,\text{N/mm}^2$로 한다).

**풀이**

폭두께비 검토

$$\frac{h}{t_w}=\frac{600-2\times(17+22)}{11}=47.45$$

$$2.24\sqrt{E/F_y}=2.24\sqrt{210{,}000/265}=63.06$$

$$\frac{h}{t_w}=47.45<2.24\sqrt{E/F_y}=63.06 \quad \text{이므로,} \quad C_v=1.0$$

$$\therefore\ V_n=0.6F_yA_wC_v=0.6\times265\times600\times11\times1.0\times10^{-3}=1{,}049\text{kN}$$

### 7.5.2 원형강관의 전단강도

원형강관의 공칭전단강도 $V_n$은 다음과 같이 산정한다.

$$V_n=F_{cr}A_g/2 \tag{7.37}$$

여기서, $F_{cr}$은 다음 중 큰 값을 사용하되 $0.6F_y$를 초과하여서는 안 된다.

$$F_{cr}=\frac{1.60E}{\sqrt{\dfrac{L_v}{D}}\left(\dfrac{D}{t}\right)^{\frac{5}{4}}} \tag{7.38}$$

$$F_{cr}=\frac{0.78E}{\left(\dfrac{D}{t}\right)^{\frac{3}{2}}} \tag{7.39}$$

여기서, $A_g$ : 강관의 전단면적(mm²)
$D$ : 강관의 외경(mm)
$t$ : 강관의 두께(mm)
$L_v$ : 최대전단력작용점과 전단력이 0인 점 사이의 거리(m)

## 7.6 집중하중을 받는 플랜지와 웨브 강도 검토

보의 웨브에는 휨모멘트와 전단력에 의한 응력 외에도 플랜지에 작용하는 집중하중에 의하여 국부적으로 압축응력 또는 인장응력이 발생한다. 보의 단부에서 반력에 의해 웨브에 압축응력이 생기는 경우와 보의 중간지점에서 집중하중에 의해 웨브에 압축응력을 받는 경우가 있다. 이러한 집중하중에 대해 웨브의 안전성(웨브 국부항복, 웨브 크리플링, 웨브 횡좌굴)을 검토하고 강도가 부족한 경우 보강하여야 한다. 뿐만 아니라, 집중하중점에서의 플랜지의 국부휨에 대한 안전성 검토도 요구된다.

H형강 보부재에서 플랜지에 수직이며 웨브에 대하여 대칭인 집중하중을 받는 경우 플랜지와 웨브의 강도를 검토해야 한다. 한쪽의 플랜지에 집중하중을 받는 경우에는 플랜지 국부휨, 웨브 국부항복, 웨브 크리플링, 웨브 횡좌굴을 검토하여야 하고 양측의 플랜지로부터 집중하중을 받는 경우에는 웨브 국부항복, 웨브압축좌굴을 검토하여야 한다.

### 1) 플랜지의 국부휨(flange local bending)강도

플랜지의 설계국부휨강도 $\phi_l R_n$은 식(7.40)과 같이 산정한다. 부재단부로부터 집중하중에 저항하는 거리가 $10t_f$보다 작은 경우에는 $R_n$의 50%를 저감한다. 다만, 플랜지에 작용하는 하중의 범위가 플랜지 전체 폭의 0.15배($0.15b_f$) 이하이면 식(7.40)의 검토는 필요하지 않다.

$$\phi_l = 0.90$$

$$R_n = 6.25\, t_f^2 F_{yf} \tag{7.40}$$

여기서, $\phi_l$ : 강도저항계수

$t_f$ : 하중을 받는 플랜지 두께(mm)

$F_{yf}$ : 플랜지 항복강도(N/mm²)

### 2) 웨브의 국부항복강도

웨브의 직상 또는 직하의 플랜지에 작용하는 집중하중에 의해서 보 웨브가 국부적으로 항복을 일으키는 한계상태가 이에 해당된다. 집중하중은 그림 7.24와 같이 집중하중이 웨브에 1:2.5의 기울기로 분산되는 것으로 하여 웨브 필릿선단부를 집중하중에 대한 취약단면으로 가정한다. 웨브 필릿선단부에서 설계국부항복강도 $\phi_l R_n$을 식(7.41), 식(7.42)와 같이 산정한다.

① 인장 또는 압축 집중력의 작용점이 재단에서 부재의 춤 $d$ 이하의 거리에 있을 때,

$$\phi_l = 1.0$$

$$R_n = (2.5k + N)\, t_w F_{yw} \tag{7.41}$$

② 인장 또는 압축 집중력의 작용점이 재단에서 부재의 춤 $d$를 초과할 경우,

$$\phi_l = 1.0$$
$$R_n = (5k + N)\, t_w F_{yw} \quad (7.42)$$

여기서, $t_w$ : 하중을 받는 웨브 두께(mm)

$F_{yw}$ : 웨브 항복강도(N/mm²)

$k$ : 플랜지 바깥쪽 표면에서 웨브 필릿선단까지의 거리(mm)

$N$ : 집중력이 작용하는 폭($k$ 이상일 것, mm)

$d$ : H형강 단면의 전체 춤(mm)

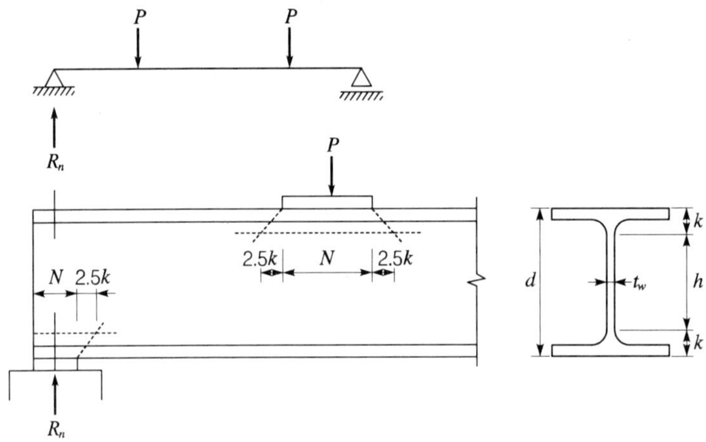


그림 7.24 집중하중을 받는 보의 웨브

**예제 7.9**

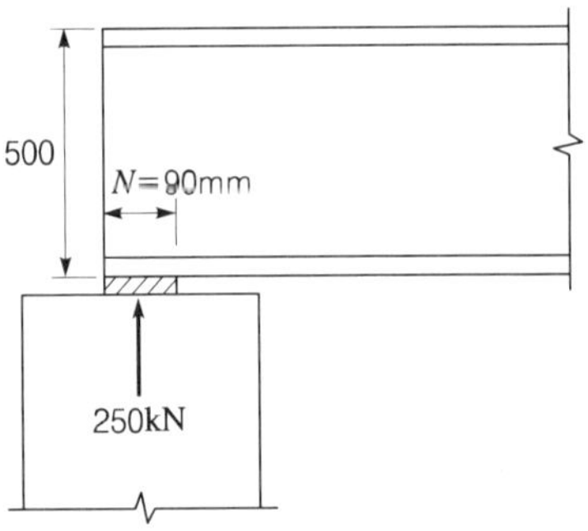


그림 7.25 집중하중을 받는 보의 웨브

그림 7.25와 같이 압연H형강 H−500×200×10×16(SM275, $r$=22mm)의 단순지지보 단부에 계수하중에 의한 반력 250kN이 작용할 때 국부항복의 안정성을 검토하시오. 단부에서 집중력이 작용하는 폭은 90mm이다.

**풀이**

플랜지와 웨브두께가 모두 16mm이하이므로 SM275의 항복강도, $F_y = 275\,\mathrm{N/mm^2}$이다.

집중하중점이 단부이고, 집중력의 작용점이 부재의 춤보다 작은 거리에 있으므로 식(7.41)을 적용한다.

$$k = 16 + 22 = 38\mathrm{mm}$$
$$\phi_l = 1.0$$
$$R_n = (2.5k + N)\, t_w F_{yw} = (2.5 \times 38 + 90) \times 10 \times 275 \times 10^{-3} = 509\ \mathrm{kN}$$
$$\phi_l R_n = 1.0 \times 509 = 509\ \mathrm{kN} > 250\ \mathrm{kN}$$

∴국부항복에 대해 웨브는 안전하다.

3) 웨브의 크리플링강도

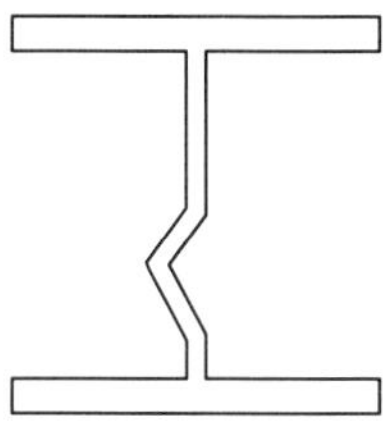

그림 7.26 웨브 크리플링현상

웨브 크리플링(web crippling)은 플랜지에 작용하는 집중하중에 의해서 그림 7.26과 같이 웨브가 면외방향로 좌굴하는 현상으로 웨브의 국부항복과는 구별된다.

집중하중을 받는 무보강 웨브의 설계크리플링강도는 $\phi_l R_n$이고, 공칭크리플링강도 $R_n$은 식(7.43), 식(7.44) 및 식(7.45)와 같이 산정한다.

(1) 집중하중이 재단에서 $d/2$이상 떨어진 위치에서 작용할 때,

$$\phi_l = 0.75$$

$$R_n = 0.8 t_w^{\ 2}\left[1 + 3\frac{N}{d}\left(\frac{t_w}{t_f}\right)^{1.5}\right]\sqrt{\frac{EF_{yw}t_f}{t_w}} \tag{7.43}$$

(2) 집중하중이 재단에서 $d/2$ 미만 떨어진 위치에서 작용할 때,

$$\phi_l = 0.75$$

① $\frac{N}{d} \leq 0.2$ 인 경우:

$$R_n = 0.4 t_w^{\ 2}\left[1 + 3\frac{N}{d}\left(\frac{t_w}{t_f}\right)^{1.5}\right]\sqrt{\frac{EF_{yw}t_f}{t_w}} \tag{7.44}$$

② $\frac{N}{d} > 0.2$ 인 경우:

$$R_n = 0.4 t_w^{\ 2}\left[1 + \left(\frac{4N}{d} - 0.2\right)\left(\frac{t_w}{t_f}\right)^{1.5}\right]\sqrt{\frac{EF_{yw}t_f}{t_w}} \tag{7.45}$$

여기서, $t_f$ : 플랜지 두께(mm)

**예제 7.10**

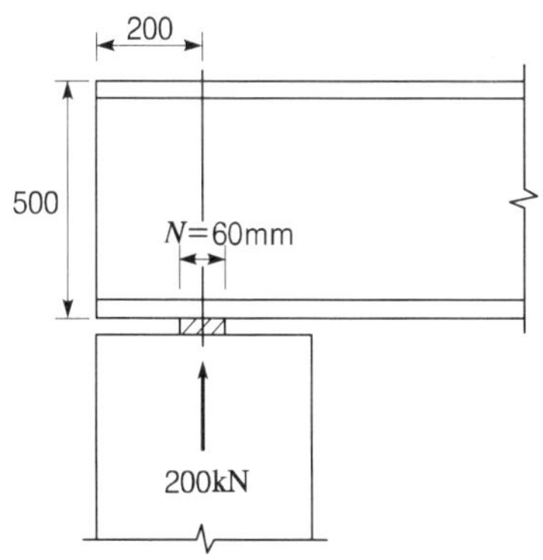


그림 7.27 예제 7.10

그림 7.27과 같이 압연H형강 H−500×200×10×16(SM275)의 단순지지보 지점에 계수하중에 의한 반력 200kN이 발생될 때 웨브의 크리플링에 대해 안전성을 검토하시오. 반력이 작용하는 지점 폭의 길이는 60mm이고, 반력과 재단 사이의 거리가 200mm이다.

**풀이**

단순지지보의 반력과 재단 사이의 거리가 200mm이고, $d/2 = 500/2 = 250\text{mm}$ 이므로 재단에서 $d/2$ 미만에 해당된다.

$\frac{N}{d} = \frac{60}{500} = 0.12 < 0.2$ 이므로 식(7.44)를 적용

$\phi_l = 0.75$

$$R_n = 0.4\,t_w^{\,2}\left[1+3\frac{N}{d}\left(\frac{t_w}{t_f}\right)^{1.5}\right]\sqrt{\frac{EF_{yw}t_f}{t_w}}$$

$$= 0.4\times 10^2\left[1+3\times\frac{60}{500}\left(\frac{10}{16}\right)^{1.5}\right]\sqrt{\frac{210{,}000\times 275\times 16}{10}}\times 10^{-3}$$

$$= 452.9 \text{ kN}$$

$$\phi_l R_n = 0.75\times 452.9 = 340\,\text{kN} > 200 \text{ kN}$$

∴ 웨브의 크리플링에 대하여 안전하다.

---

#### 4) 웨브의 압축좌굴강도

보의 웨브가 그림 7.28과 같이 기둥의 상하 압축력에 의해 압축을 받거나 기둥-보 접합부에서 보의 플랜지에 의한 압축력을 받을 때 무보강 웨브의 설계압축강도는 $\phi_l R_n$이고 공칭강도 $R_n$은 식(7.46)과 같이 산정한다.

다만 부재 단부로부터 한 쌍의 집중하중에 저항하는 거리가 $d/2$보다 작을 경우 $R_n$의 50%를 저감한다.

$$\phi_t R_n = \phi_t \frac{24\,t_w^{\,3}\sqrt{EF_{yw}}}{h} \tag{7.46}$$

여기서, $\phi_l$ : 강도저항계수 (= 0.9)

$R_n$ : 웨브의 공칭 압축좌굴강도(N)

$h$ : 웨브의 순길이로서 압연형강은 전체 춤에서 플랜지와 필릿을 뺀 길이 용접형강은 플랜지만 뺀 길이(mm)

집중 압축력의 값이 식(7.46)의 $\phi_l R_n$을 초과하는 경우, 웨브의 양쪽에 한 쌍의 스티프너를 배치한다.

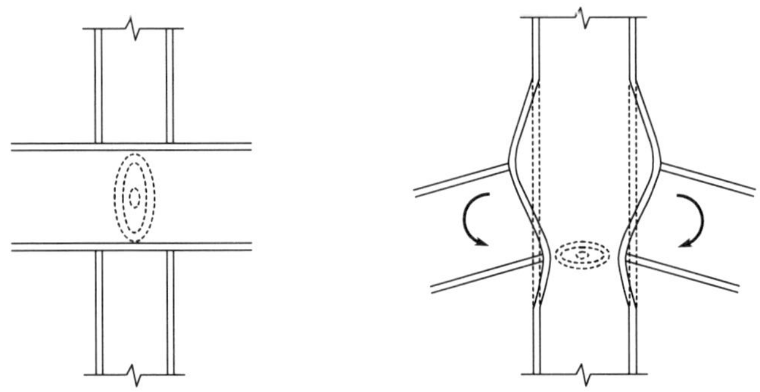

(a) 보의 웨브압축좌굴 (b) 기둥의 웨브압축좌굴

**그림 7.28** 웨브의 압축좌굴

#### 5) 집중하중점 스티프너 설치 시 요구사항

집중하중이 앞에 기술한 1)~4)에 따라 산정되는 설계강도 $\phi_l R_n$을 초과할 때는 플랜지 사이 또는 웨브의 양측에 한 쌍의 스티프너를 배치한다.

인장력에 저항하는 스티프너는 소요강도와 가용한계상태강도의 차이만큼 설계한다. 즉, 스티프너 단부에 작용하는 인장력의 차이만큼을 웨브에 전달할 수 있도록 설계하면 된다. 압축력에 저항하는 전체 깊이에 걸친 수직스티프너는 6장에서 기술하고 있는 축방향 압축력을 받는 부재(기둥)로 설계한다. 유효길이를 $0.75h$로 하고 유효단면은 2개의 스티프너와 부재 안쪽으로 폭 $25t_w$, 부재 단부쪽으로 폭 $12t_w$를 갖는 웨브의 스트립으로 구성되는 십자형단면을 사용하여 부재의 압축강도를 결정한다.

## 7.7 휨재의 설계

앞 절에서 휨재의 휨강도, 전단강도와 플랜지의 국부좌굴, 웨브의 국부좌굴 등을 소개하였다. 이 모든 사항은 보 설계 시 검토되어야 할 사항들이다. 보의 설계휨강도($\phi_b M_n$)는 항상 보의 소요휨강도($M_u$)보다 크도록 설계하여야 한다.

일단 보의 공칭휨강도가 결정이 되면 그 다음에는 보의 전단, 보의 처짐, 각종 국부적인 안정성 등을 검토하여야 한다. 그림 7.30은 보의 전반적인 설계과정을 도시한 흐름도이다. 이 흐름도는 콤팩트(조밀)단면이라면 횡비틀림좌굴에 대해서 검토하여야 하고, 콤팩트(조밀)웨브-비콤팩트(비조밀)플랜지 등의 조합이라면, 국부좌굴 강도에 대해서도 검토하여야 한다.

그림 7.29는 $C_b$를 1.0으로 가정하여, 주요 휨재로 사용되는 H형강을 사용하여 휨강도에 사용할 수 있는 그래프로, 비지지길이($L_b$)에 따른 설계휨강도($\phi_b M_n$)를 쉽게 구할 수 있다.

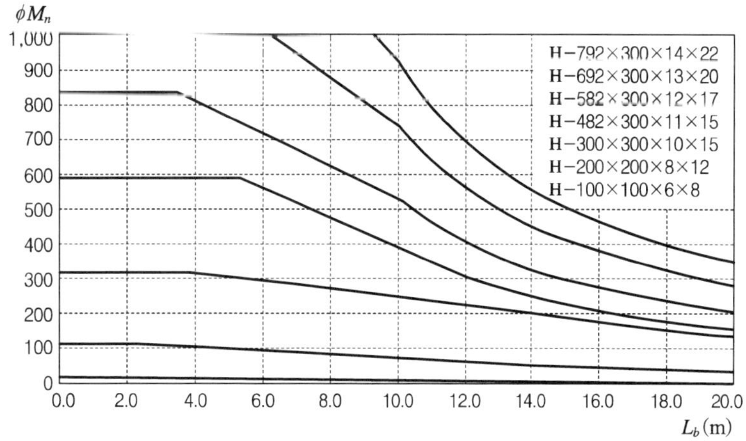


**그림 7.29** 휨재의 설계도표의 소개
설계휨모멘트-횡지지길이

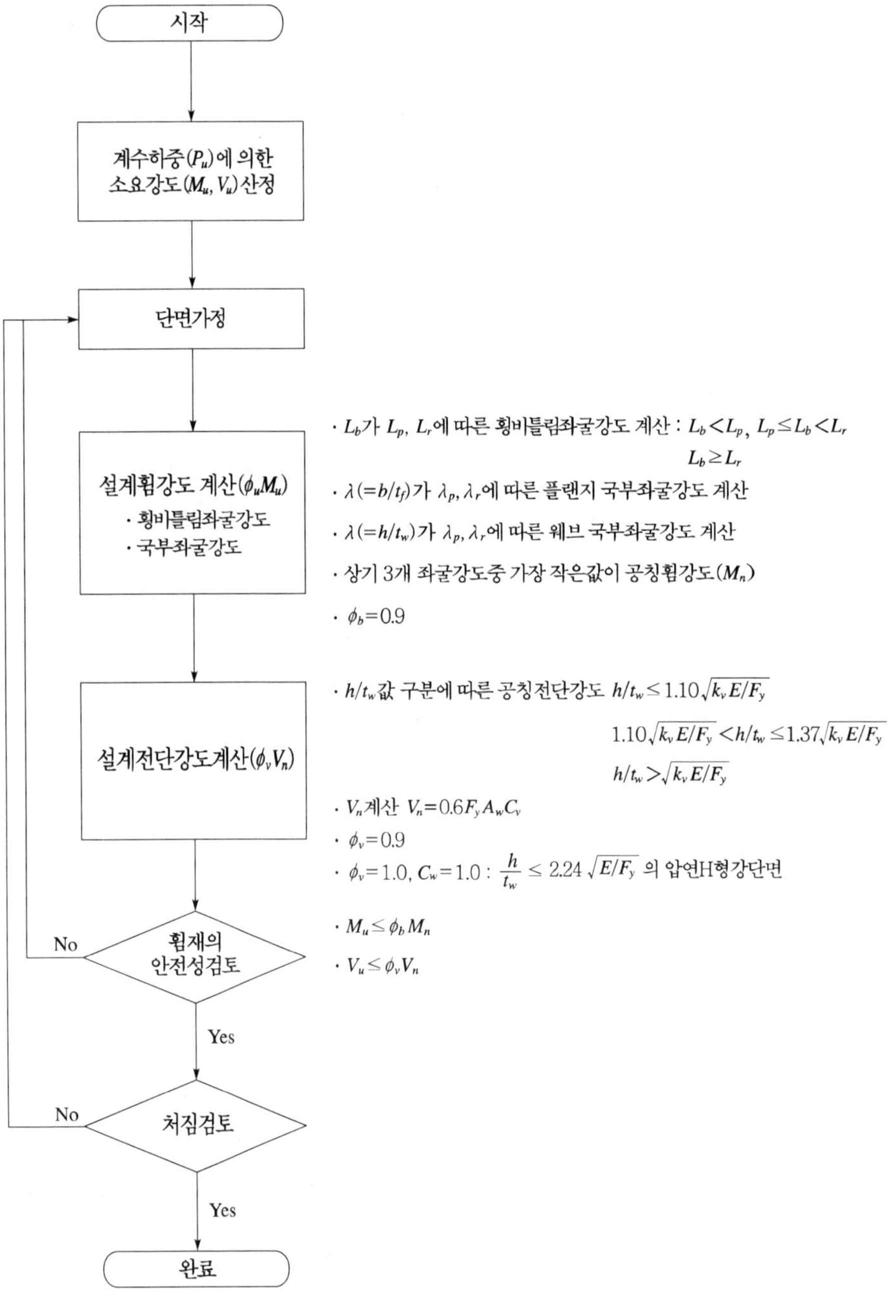


그림 7.30 휨재의 설계흐름도

**예제 7.11**

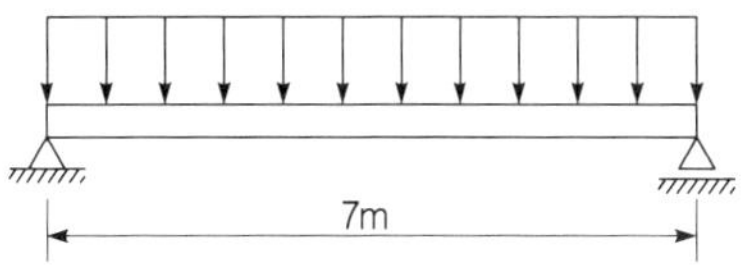


**그림 7.31** 예제 7.11

그림 7.31과 같이 스팬 7m의 단순지지된 보에 고정하중 $W_D = 10\,\text{kN/m}$, 활하중 $W_L = 18\,\text{kN/m}$가 작용하고 있으며 보의 비지지길이 $L_b = 7.0\,\text{m}$이다. 이때 압연H형강보의 단면을 H−500×200×10×16(SM355)을 사용할 때 다음 사항에 대해 검토하시오.

H−500×200×10×16 (SM355) 의 단면성질 (부표 1.1참조)

$S_x = 1.91 \times 10^6\text{mm}^3$, $Z_x = 2.18 \times 10^6\text{mm}^3$, $r = 20\text{mm}$, $r_y = 43.3\text{mm}$

$J = 702 \times 10^3\text{mm}^4$, $I_y = 21.4 \times 10^6\text{mm}^4$

1) 소요강도
2) 공칭휨강도
3) 공칭전단강도
4) 안전성검토

**풀이**

1) 소요강도 산정

$$W = 1.2W_D + 1.6W_L \quad (\text{계수 등분포하중})$$
$$= 1.2 \times 10 + 1.6 \times 18 = 40.8\,\text{kN/m}$$

$$M_u = \frac{WL^2}{8} = \frac{40.8 \times 7^2}{8} = 249.9\,\text{kN}\cdot\text{m} \ (\text{최대 휨모멘트})$$

등분포하중($W$)을 받는 단순보의 임의점 $x$에서의 휨모멘트

$M_x = \dfrac{Wx}{2}(L-x)$이므로, 각 지점에서 휨모멘트는 다음과 같다.

$$M_{u,1.75\text{m}} = 187.4\,\text{kN}\cdot\text{m},\ M_{u,3.50\text{m}} = 249.9\,\text{kN}\cdot\text{m},\ M_{u,5.25\text{m}} = 187.4\,\text{kN}\cdot\text{m}$$

$$V_u = \frac{WL}{2} = \frac{40.8 \times 7}{2} = 142.8\,\text{kN} \ (\text{최대 전단력})$$

2) 공칭휨강도

a) 폭두께비 검토

$F_y = 355\,\text{N/mm}^2$ 적용 ($\because t_f \le 16\text{mm}$)

① 플랜지 폭두께비

$$\lambda = \frac{b}{t_f} = \frac{200/2}{16} = 6.25$$

$$\lambda_p = 0.38\sqrt{\frac{E}{F_y}} = 0.38\sqrt{\frac{210{,}000}{355}} = 9.24$$

② 웨브 폭두께비

$$\lambda = \frac{h}{t_w} = \frac{500 - 2 \times (16+20)}{10} = 42.80$$

$$\lambda_p = 3.76\sqrt{\frac{E}{F_y}} = 3.76\sqrt{\frac{210{,}000}{355}} = 91.45$$

∴ 플랜지 및 웨브 모두 $\lambda < \lambda_p$ 이므로 콤팩트(조밀)단면이다.

b) 소성한계 및 비탄성한계 비지지길이 산정

$$L_p = 1.76\, r_y \sqrt{\frac{E}{F_y}} = 1.76 \times 43.3 \times \sqrt{\frac{210{,}000}{355}} \times 10^{-3} = 1.85\,\mathrm{m}$$

$$L_r = \pi\, r_{ts} \sqrt{\frac{E}{0.7F_y}} = 3.14 \times 52.1 \times \sqrt{\frac{210{,}000}{0.7 \times 355}} \times 10^{-3} = 4.76\mathrm{m}(\text{약산식})$$

여기서, $r_{ts} = \sqrt{\dfrac{I_y\, h_o}{2S_x}} = \sqrt{\dfrac{21.4 \times 10^6 \times (500-16)}{2 \times 1.91 \times 10^6}} = 52.1\mathrm{mm}$

$L_b > L_r$ 이므로 횡좌굴영역은 탄성횡좌굴구간(Zone3)에 해당된다.

c) 횡좌굴강도 산정

1)에서 산정한 소요휨강도를 식(7.15)에 대입하면 횡좌굴모멘트 수정계수 $C_b$

$$C_b = \frac{12.5 \times 249.9}{2.5 \times 249.9 + 3 \times 187.4 + 4 \times 249.9 + 3 \times 187.4} \times 1 = 1.14$$

(그림 7.19(a) 참조, $C_b = 1.14$ )

$$F_{cr} = \frac{C_b \pi^2 E}{\left(\dfrac{L_b}{r_{ts}}\right)^2} \sqrt{1 + 0.078 \frac{Jc}{S_x h_0} \left(\frac{L_b}{r_{ts}}\right)^2}$$

$$= \frac{1.14 \times \pi^2 \times 210{,}000}{\left(\dfrac{7.0 \times 10^3}{52.1}\right)^2} \sqrt{1 + 0.078 \times 0.00076 \times \left(\frac{7.0 \times 10^3}{52.1}\right)^2}$$

$$= 188.3\mathrm{N/mm^2}$$

여기서, $\dfrac{Jc}{S_x h_o} = \dfrac{702 \times 10^3 \times 1}{1.91 \times 10^6 \times (500-16)} = 0.00076$

∴ 공칭휨강도 $M_n = F_{cr} S_x = 188.3 \times 1.94 \times 10^6 \times 10^{-6} = 365.3\mathrm{kN \cdot m}$

3) 공칭전단강도 산정

$$\frac{h}{t_w} = \frac{500 - 2 \times (16+20)}{10} = 42.8$$

$$2.24\sqrt{\frac{E}{F_y}} = 2.24\sqrt{\frac{210{,}000}{355}} = 54.5$$

$\dfrac{h}{t_w} = 42.8 < 2.24\sqrt{\dfrac{E}{F_y}} = 54.5$ 이므로, $C_v = 1.0$

$\therefore V_n = 0.6 F_y A_w C_v = 0.6 \times 355 \times (500 \times 10) \times 1.0 \times 10^{-3} = 1065\mathrm{kN}$

4) 안전성 검토

$M_u = 249.9\mathrm{kN \cdot m} < \phi_b M_n = 0.9 \times 365.3 = 329\mathrm{kN \cdot m}$ O.K

$V_u = 142.8\mathrm{kN} < \phi_v V_n = 1.0 \times 1065 = 1065\mathrm{kN}$ O.K

**예제 7.12**

그림 7.32와 같이 스팬 12 m의 단순 지지된 보에 고정하중 $W_D = 12\text{kN/m}$, 활하중 $W_L = 15\text{kN/m}$가 작용하고 있다. 이때 압연H형강보의 단면을 설계하시오. 단, 압연H형강보의 단부와 스팬의 4등분 지점이 횡변위가 구속되어 있다. 압연H형강보의 단면을 H−600×200×11×17(SM355)로 가정하여 검토하시오. 다만, 처짐은 사용한계상태 이내에 있는 것으로 본다.

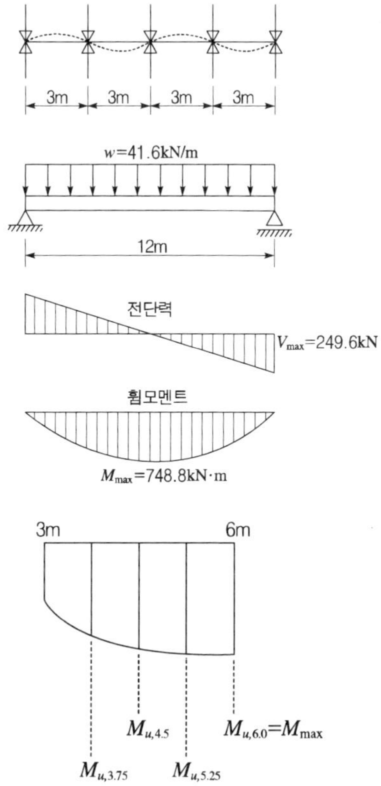

**그림 7.32** 예제 7.12

H−600×200×11×17(SM355) 단면성질 (부표 1.1)

압연H형강보 H−600×200×11×17(SM355A)의 설계항복강도는 플랜지의 두께가 16mm를 초과하므로 폭두께비 검토 시에는 플랜지 항복강도를 기준으로 $F_y = 345\text{N/mm}^2$로 한다.

$S_x = 2.59\times10^6\text{mm}^3$, $Z_x = 2.98\times10^6\text{mm}^3$, $r = 22\text{mm}$, $r_y = 41.2\text{mm}$

$I_x = 7.76\times10^8\text{mm}^4$

**풀이**

1) 소요강도 산정

$$W = 1.2W_D + 1.6W_L$$

$$= 1.2\times12 + 1.6\times15 = 38.4\text{kN/m}$$

$$M_u = \frac{WL^2}{8} = \frac{38.4\times12^2}{8} = 691.2\text{kN}\cdot\text{m}\,(= M_{\max} = M_{u,6.0\text{m}})$$

등분포하중($W$)을 받는 단순보의 임의점 $x$에서의 휨모멘트

$M_x = \dfrac{Wx}{2}(L-x)$이므로, 각 지점에서 휨모멘트는 다음과 같다.

$M_{u,3.75\text{m}} = 594.0\text{kN}\cdot\text{m}$, $M_{u,4.50\text{m}} = 648.0\text{kN}\cdot\text{m}$,

$M_{u,5.25\text{m}} = 680.4\text{kN}\cdot\text{m}$

$$V_u = \frac{WL}{2} = \frac{38.4\times12}{2} = 230.4\text{kN}$$

2) 폭두께비 검토

① 플랜지 폭두께비

$$\lambda = \frac{b}{t_f} = \frac{200/2}{17} = 5.88$$

$$\lambda_p = 0.38\sqrt{\frac{E}{F_y}} = 0.38\sqrt{\frac{210{,}000}{345}} = 9.38$$

② 웨브 폭두께비

$$\lambda = \frac{h}{t_w} = \frac{600-2\times(17+22)}{11} = 47.45$$

$$\lambda_p = 3.76\sqrt{\frac{E}{F_y}} = 3.76\sqrt{\frac{210{,}000}{345}} = 92.77$$

∴플랜지 및 웨브 모두 $\lambda < \lambda_p$이므로 콤팩트(조밀)단면이다.

3) 소성한계 및 비탄성한계 비지지길이 산정

$$L_p = 1.76\, r_y \sqrt{\frac{E}{F_y}} = 1.76 \times 41.2 \times \sqrt{\frac{210{,}000}{345}} \times 10^{-3} = 1.79\,\text{m}$$

$$L_r = \pi r_{ts} \sqrt{\frac{E}{0.7F_y}} = 3.14 \times 50.7 \times \sqrt{\frac{210{,}000}{0.7 \times 345}} \times 10^{-3} = 4.69\text{m} \text{ (약산식)}$$

여기서, $r_{ts} = \sqrt{\frac{I_y h_o}{2S_x}} = \sqrt{\frac{22.8 \times 10^6 \times (600-17)}{2 \times 2.59 \times 10^6}} = 50.7\text{mm}$

$L_p < L_b\,(=3\text{m}) < \text{L}_\text{r}$ 이므로 횡좌굴영역은 비탄성횡좌굴구간(Zone 2)에 해당된다.

4) 횡비틀림좌굴강도 산정

$$M_p = F_y Z_x = 345 \times 2.98 \times 10^6 \times 10^{-6} = 1028.1\,\text{kN} \cdot \text{m}$$

$$0.7F_y S_x = 0.7 \times 345 \times 2.59 \times 10^6 \times 10^{-6} = 625.5\,\text{kN} \cdot \text{m}$$

1)에서 산정한 소요휨강도를 식(7.15)에 대입하면 횡좌굴모멘트수정계수 $C_b$

$$C_b = \frac{12.5 \times 691.2}{2.5 \times 691.2 + 3 \times 594.0 + 4 \times 648.0 + 3 \times 680.4} \times 1 = 1.06$$

(그림 7.19(d) 참조, $C_b = 1.06$ )

$$M_n = C_b \left[ M_p - (M_p - 0.7F_y S_x) \left\{ \frac{L_b - L_p}{L_r - L_p} \right\} \right] \le M_p$$

$$= 1.06 \times \left[ 1028.1 - (1028.1 - 625.5) \left\{ \frac{3.00 - 1.79}{4.69 - 1.79} \right\} \right] = 911.7\,\text{kN} \cdot \text{m}$$

∴ 공칭휨강도 $M_n = 911.7$ kN · m

5) 공칭전단강도 산정

$$\frac{h}{t_w} = \frac{600 - 2 \times (17+22)}{11} = 47.5$$

$$2.24\sqrt{\frac{E}{F_y}} = 2.24\sqrt{\frac{210{,}000}{345}} = 55.3$$

$\frac{h}{t_w} = 47.5 < 2.24\sqrt{\frac{E}{F_y}} = 55.3$ 이므로, $C_v = 1.0$

$$\therefore V_n = 0.6\,F_y A_w C_v = 0.6 \times 345 \times (600 \times 11) \times 1.0 \times 10^{-3} = 1{,}366\text{ kN}$$

6) 안전성 검토

$M_u = 691.2\,\text{kN} \cdot \text{m} < \phi_b M_n = 0.9 \times 911.7 = 820.5\,\text{kN} \cdot \text{m}$ O.K

$V_u = 230.4\,\text{kN} < \phi_v V_n = 1.0 \times 1{,}366 = 1{,}366\,\text{kN}$ O.K

## 7.8 휨재의 사용성설계

### 7.8.1 처짐

한계상태설계법에서는 강도한계상태와 사용성한계상태를 만족하여야 한다. 사용성한계상태설계는 건물의 기능, 외관, 유지관리, 내구성 및 사용자의 편리성 등을 일정한 기준이상으로 확보하는 데 있다.

보의 경우 중요한 사용성한계상태는 처짐과 진동이다. 처짐이 큰 경우는 사용자에게 불안감을 줄 수 있으며 진동이 발생할 수 있다. 또한 사용하중에 의한 과도한 처짐으로 보에 부착된 비구조재 등의 손상을 유발하여 건물의 사용성이 저하된다. 표 7.2를 참조하여 사용하중에 관한 처짐을 산정할 수 있다.

대개 보의 처짐 한계를 규정하는 것은 매우 곤란하나 일반적으로 최대 사용활하중(maximum service live load)에 대해서, $\delta \leq L/360$을 충족해야 하며, 여기서 $\delta$는 처짐을 나타내고 L은 보의 스팬이다.

또한 국내에서는 수동크레인은 스팬(L)의 1/500 이하, 전동크레인은 스팬의 1/800~ 1/1,200 이하로 규정하고 단순지지의 강재보는 전체하중에 대하여 스팬의 1/300 이하, 캔틸레버 보에서는 스팬의 1/250 이하로 제한하는 것이 통례이다.

고강도강을 사용할 때는 강도만으로 단면을 결정하면 스팬에 비하여 보춤이 너무 작게 되어 강성이 작은 보가 되어서 처짐이 커지며, 또한 진동 장해도 생기게 되므로 충분히 주의해야 한다.

**표 7.2** 보의 휨모멘트 및 최대 처짐

| 하중형태 | 반력 | 최대휨모멘트 | 최대처짐 |
|---|---|---|---|
| 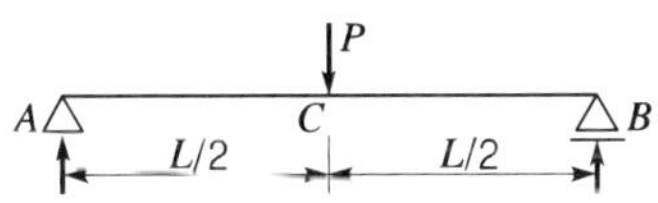 | $R_A = R_B = \dfrac{P}{2}$ | $M_{max} = \dfrac{PL}{4}$ | $\delta_{max} = \dfrac{PL^3}{48EI}$ |
| 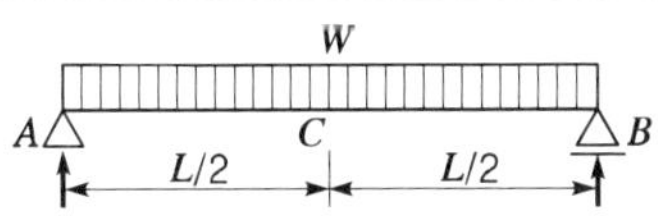 | $R_A = R_B = \dfrac{wL}{2}$ | $M_{max} = \dfrac{wL^2}{8}$ | $\delta_{max} = \dfrac{5wL^4}{384EI}$ |
| 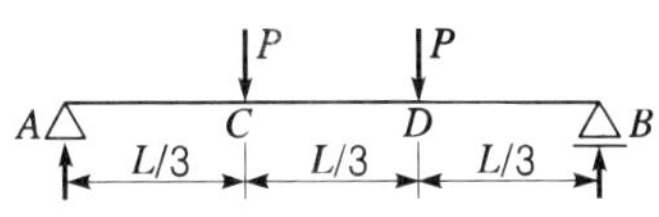 | $R_A = R_B = P$ | $M_{max} = \dfrac{PL}{3}$ | $\delta_{max} = \dfrac{23PL^3}{648EI}$ |
| 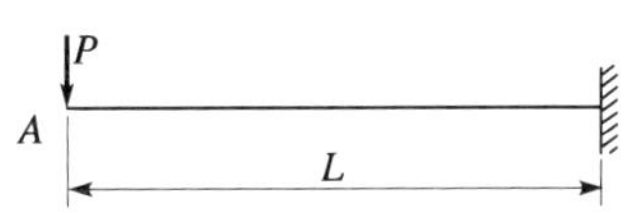 | $R_B = P$ | $M_{max} = PL$ | $\delta_{max} = \dfrac{PL^3}{3EI}$ |
| 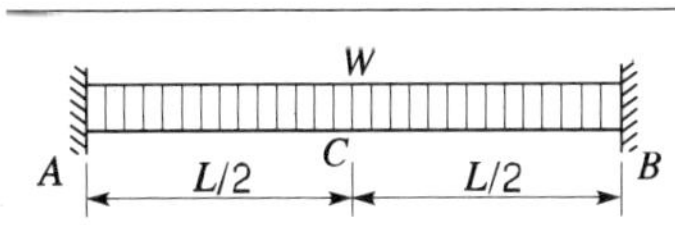 | $R_A = R_B = \dfrac{wL}{2}$ | $M_{max} = \dfrac{wL^2}{12}$ | $\delta_{max} = \dfrac{wL^4}{384EI}$ |

## 7.8.2 진동

휨재의 수직방향 진동에 의한 사용성평가에서는 진폭보다는 진동가속도의 평가가 요구된다. “Steel Design Guide 11: Vibrations of Steel-Framed Structural Systems Due to Human Activity” (AISC, 2016)에서는 휨재의 진동가속도를 조화하중에 의한 공진가속도로 평가하는 보수적인 방법을 제시하고 있다. $P_o\sin(2\pi f_n t)$에 의하여 진동하는 기본 고유진동수($f_n$, Hz)와 감쇠비($\beta$)의 휨재에서 발생하는 최대 진동가속도를 중력가속도로 나눈 값(최대가속비, $\alpha_p/g$)으로 공진가속도를 평가한다.

휨재의 기본 고유진동수는 처짐값을 사용하여 식 (7.48)와 같이 구할 수 있다. 식 (7.47)로 계산할 수 있는 보행자에 의해 발생하는 가속도비($\alpha_p/g$)는 한계가속도비($\alpha_o/g$)보다 커서는 안되며, 사무실, 주거시설, 교회의 $\alpha_o/g$는 0.5%, 쇼핑몰은 1.5%이다. 거주자 또는 사용자의 보행에 의한 상수력 $P_o$는 일반적으로 0.29kN로 가정한다. 표 7.3에는 각 실의 구성요소별 감쇠비를 제시하고 있고, 식(7.47)에 적용할 때는 모든 구성요소의 감쇠비를 더한 값을 사용한다.

$$\frac{\alpha_p}{g} = \frac{P_o \exp(-0.35 f_n)}{\beta W} \le \frac{\alpha_o}{g} \tag{7.47}$$

$$f_n = 0.18\sqrt{\frac{g}{\Delta_j + \Delta_g}} \tag{7.48}$$

여기서, $g$ : 중력가속도 $(=9.81\text{m/sec}^2)$

$\Delta_j$ : 작은보 또는 조이스트의 중앙부 처짐

$\Delta_g$ : 큰보의 중앙부 처짐

$W$ : 휨재에 의하여 지지되는 유효무게

$\alpha_p$ : 최대가속도$(\text{m/sec}^2)$

**표 7.3** 실의 구성요소별 감쇠비

| 구분 | 감쇠비($\beta$) |
|---|---|
| 구조시스템 | 0.01 |
| 천장과 설비배관 | 0.01 |
| 실 내부 비치물 | 0.00 ~ 0.01[1)] |
| 전층높이 경량칸막이벽 | 0.02 ~ 0.05[2)] |

1) 교회, 학교, 쇼핑몰의 실 내부 비치물에 의한 감쇠비는 0.00, 전산화된 사무실내 비치물에 의한 감쇠비는 0.005, 일반 사무실내 비치물에 의한 감쇠비는 0.01임.
2) 전층높이 경량칸막이벽의 수와 위치에 따라 감쇠비가 다르게 정해질 수 있음.

비교적 간단한 식으로 휨재에 의해 지지되는 바닥판의 수직방향 기본 고유진동수와 최대진동가속도비를 계산하는 방법을 제시하였다. 하지만, 바닥진동은 진동을 발생시키는 진동원에 따라 $\alpha_p/g$가 매우 크게 달라지며, 식(7.48)에는 포함되어 있지 않은 부재의 강성과 지지조건, 유효무게가 $f_n$에 미치는 영향이 크다. 따라서 다양한 진동원에 의해 발생하는 휨재의 진동에 대한 사용성평가는 AISC Steel Design Guide 11을 참조한다.

### 7.8.3 물고임

강구조의 휨재설계에서는 휨강도, 전단강도, 처짐, 플랜지의 국부휨, 웨브국부항복, 웨브크리플링, 웨브의 압축좌굴 외에도 물고임(ponding)에 대해서 반드시 검토해야 한다.

물고임을 방지하기 위해서, 지붕표면에 구배를 두어 물고임이 발생하지 않도록 하는 것이 중요하다. 만약 물고임이 발생하거나, 향후 물고임이 발생할 가능성이 있음을 구조설계자가 인지하였다면, 구조부재의 강도와 안정성을 확보할 수 있도록 조치를 취해야 한다.

## 7.9 플레이트 거더

플레이트 거더(plate girder)는 그림 7.33과 같이 강판으로 조립(볼트 및 용접)한 H형 단면으로서 휨모멘트와 전단력이 커 압연형강(부표 1.1에서 국내생산 압연 H형강의 최대 공칭치수는 900×300임)으로 내력 및 처짐을 만족시키기 어려울 때 사용한다. 플레이트 거더는 웨브 스티프너가 존재하거나 2축 또는 1축대칭 H형 단면의 보로서 웨브의 폭두께비($h/t_w$)가 다음 식에 해당하는 경우를 말한다.

$$h/t_w > 5.70\sqrt{\frac{E}{F_{yf}}} \tag{7.49}$$

여기서, $h$ : 웨브높이(mm)

$t_w$ : 웨브두께(mm)

$F_{yf}$ : 압축플랜지의 항복강도(N/mm²)

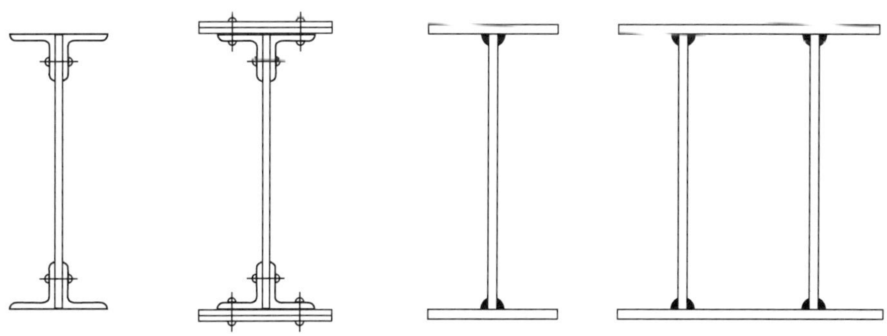

그림 7.33 플레이트 거더 단면형상

플레이트 거더는 건축에서 강당과 같은 장스팬의 구조물이 요구될 때 시공성과 가공성의 이유로 많이 쓰인다. 플랜지는 휨에 의한 인장 및 압축력을 지지하고, 웨브는 전단력을 지지하며 전단면에 대해 전단응력은 균등하다고 가정한다.

일반적으로 플레이트 거더에는 그림 7.34와 같이 집중하중이 작용하는 곳의 웨브 양측에 설치하는 하중점스티프너(bearing stiffener), 중간스티프너(intermediate stiffener) 및 수평스티프너(longitudinal stiffener)를 설치하는 경우가 많다.

플레이트 거더도 보의 일종이므로 적정의 휨강도와 전단강도를 확보해야 한다. 설계휨강도는 압축플랜지의 좌굴내력과 인장플랜지의 항복내력을 고려하여 산정된다. 플레이트 거더의 전단강도는 웨브의 폭두께비 및 중간스티프너의 간격에 좌우되는데, 웨브 좌굴 이전의 강도와 후좌굴강도의 합으로 구한다.

플레이트 거더의 중간스티프너는 그림 7.35와 같은 인장역작용(tension field action)을 통하여 웨브의 좌굴후강도(post-buckling strength)를 증가시켜 거더의 전단강도를 상당히 키우는 역할을 한다.

플레이트 거더의 설계는 전체 춤과 웨브의 예비 사이즈를 가정하고 휨강도와 전단강도의 만족여부를 검토한 후, 만족하지 않을 경우 예비 사이즈를 수정하는 등의 반복적 설계과정이 필요하다. 이 때 인장역작용(tension field action)이 존재한다면 휨과 전단의 상호작용에 따른 조합응력의 검토가 필요할 수도 있다.

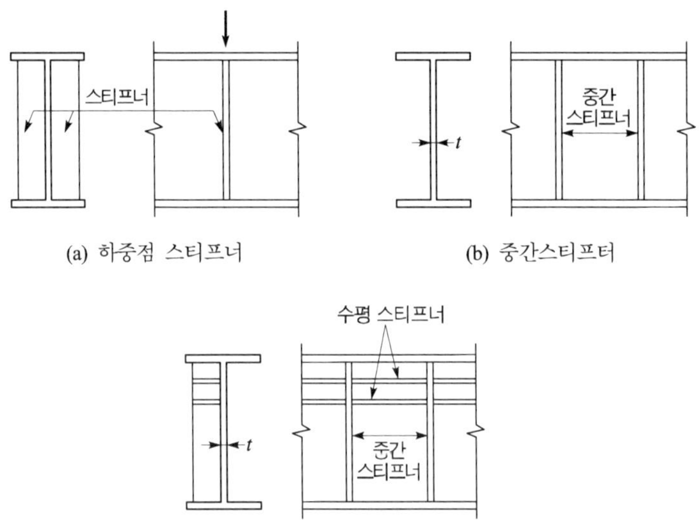


(a) 하중점 스티프너

(b) 중간스티프터

(c) 수평 스티프너

그림 7.34 플레이트 거더의 스티프너

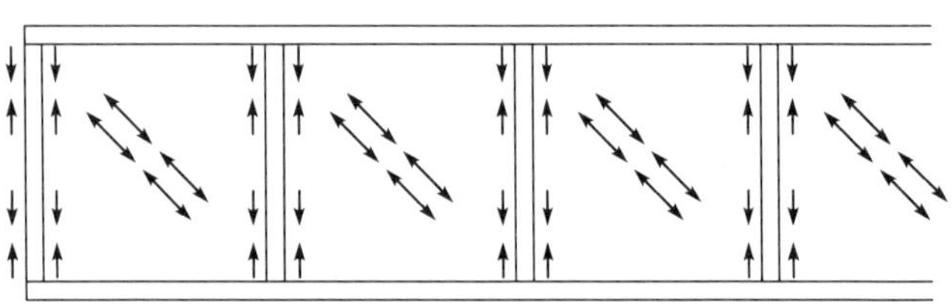

그림 7.35 플레이트 거더 웨브의 인장역작용(tension field action)

## 연습문제

1) 압연H형강보 H－600×200×11×17(SM355)의 강축에 대한 항복모멘트와 소성모멘트를 구하시오.

[답] 항복모멘트 $M_y = 894\text{kN}\cdot\text{m}$
소성모멘트 $M_p = 1{,}028\text{kN}\cdot\text{m}$

2) 압연H형강보 H－600×200×11×17(SM275)의 국부좌굴에 의한 단면을 구분하시오.

[답] 콤팩트(조밀)단면

3) 그림 7.36과 같이 스팬 6.0m의 단순지지보에서 H－588×300×12×20(SM355)의 압연H형강보가 집중하중을 받을 때, 휨재의 한계상태에 의한 공칭휨강도를 구하시오. 보는 양단부와 중앙부에 횡지지되어 있다.

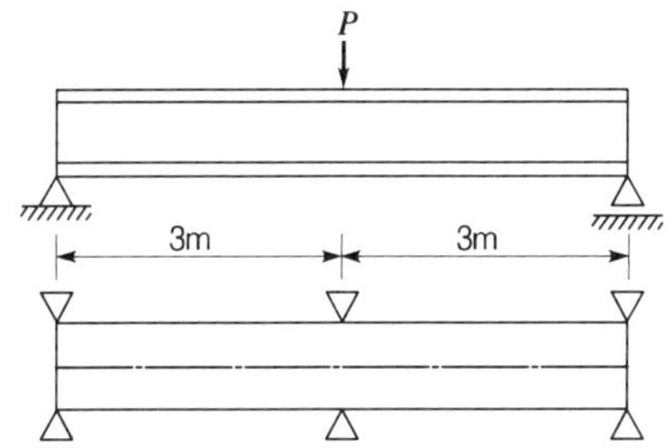

**그림 7.36** 연습문제 3)

[답] 공칭휨강도 $M_n - 1{,}549\text{kN}\cdot\text{m}$

4) 용접H형강보 H－600×300×9×12(SM355)의 국부좌굴강도를 구하시오.

[답] 국부좌굴강도 $M_n = 894.81\text{kN}\cdot\text{m}$

5) 그림 7.37과 같이 스팬 5.0m 캔틸레버보에 강축방향으로 12kN/m의 계수 등분포하중이 작용하고 있고, 보의 횡변위는 구속되어 있지 않다. H－500×200×10×16(SM275)의 압연H형강을 사용할 때, 공칭휨강도를 구하고, 안전성을 검토하시오.

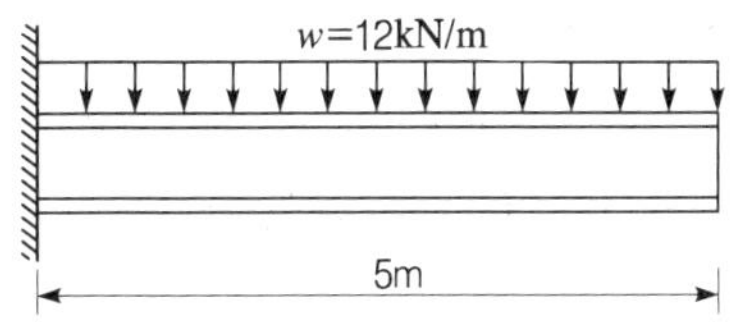

**그림 7.37** 연습문제 5)

[답] 공칭휨강도 $M_n = 396\text{kN}\cdot\text{m}$, 안전함.

**6)** 등분포하중을 받는 스팬 9m의 양단 단순지지된 보의 부재로 압연H형강 H−400×200×8×13(SM275)을 사용할 때 다음 조건에 대하여 $\phi_b M_n$을 구하시오.

(1) 횡구속 가새가 없을 때
(2) 횡구속 가새가 보 중앙에 있을 때
(3) 횡구속 가새가 보 3등분점에 있을 때

[답] (1) 146.4kN · m
(2) 317.3kN · m
(3) 302.9kN · m

**7)** 그림 7.38과 같이 압연H형강 H−488×300×11×18(SM355)의 양단 단순지지보 중앙에 집중하중 $P_u = 580\text{kN}$이 작용할 때 웨브의 국부항복에 대한 안정성을 검토하시오. 집중하중이 작용하는 폭은 150mm이고, $r = 26\text{mm}$이다).

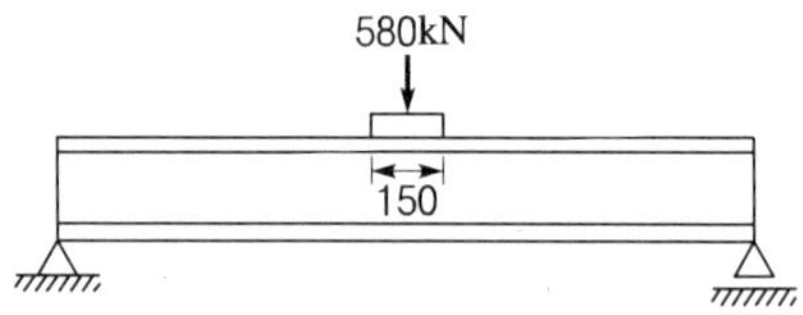

**그림 7.38** 연습문제 7)

[답] 전단강도에 대해 안전하며, 웨브의 국부항복강도에 대해 안전함.

**8)** 그림 7.39와 같이 압연H형강 H−600×200×11×17(SM355)의 단순지지보 중앙에 집중하중 $P_u = 420\text{kN}$이 작용할 때 반력에 의한 웨브의 크리플링에 대한 안전성을 검토하시오. 반력이 작용하는 지점폭의 길이는 100mm이고, 반력과 재단사이의 거리는 250 mm이다.

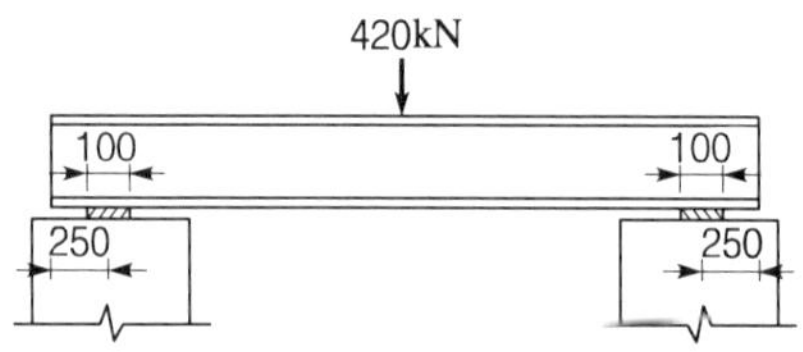

**그림 7.39** 연습문제 8)

[답] 안전함.

**9)** 그림 7.40과 같이 스팬 12m의 양단 단순지지되어 있는 압연H형강보 H−488×300×11×18(SM275)에 고정하중 $W_D = 15\text{kN/m}$, 활하중 $W_L = 5\text{kN/m}$의 등분포하중이 작용할 때 보의 구조 안전성을 검토하시오.

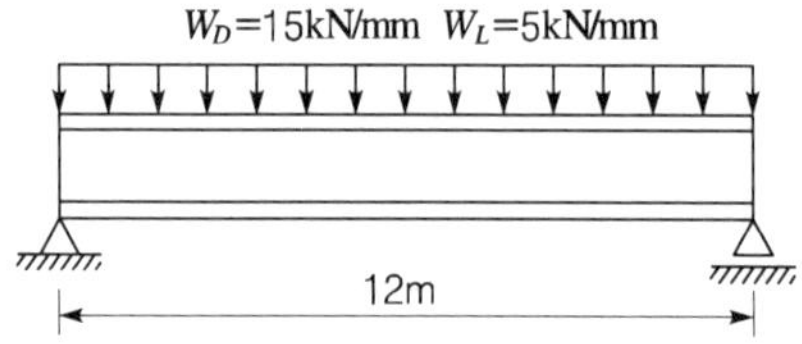

**그림 7.40** 연습문제 9)

[답] 안전하지 않음.

## 참고문헌


7.1 대한건축학회 (2016). "건축구조기준, 제7장 강구조"

7.1 국가건설기준센터 (2019). "건축물 강구조 설계기준"

7.2 한국강구조학회 (2014). "하중저항계수설계법에 의한 강구조설계기준"

7.3 Edwin H. Gaylord, Jr. and Charles N. Gaylord, James E. Stallmeyer (1992). "Design of Steel Structure", Third ed., McGraw-Hill.

7.4 J. A. Yura, T.V. Galambos and M.K. Ravindra (1978). "The Bending Resistance of Steel Beams", Journal of the Structural Division, ASCE, vol.104, ST9, pp 1355-1370.

7.5 Horne M R. and Morris L. J. (1982). "Plastic Design of Low-Rise Frames", MIT Press Cambridge, Massachusetts.

7.6 Louis F. Geschwiner, Robert O. Disque, Reider Bjorhovde (1994). "Load and Resistance Facter Design of Steel Structure", Prentice-Hall.

7.7 Patrick J Dowling and John E. Harding, Reider Bjorhovde (1992). "Constructional Steel Design: International Guide", Elsevier Science Publishers Ltd.

7.8 Sriramulu Vinnakota (2006). Steel Structures: Behavior and LRFD, McGraw-Hill International Edition.

7.9 T.V. Galambos, and B. Ellingwood (1986). "Serviceability Limit States: Deflection", Journal of Structural Engineering, ASCE, vol. 112, no.1, January, pp 67-84.

7.10 국토교통부 건축구조기준 (2019). "건축물 강구조 설계기준 KDS 41 31 00 : 2019", 국가건설기준센터

7.11 American Institute of Steel Construction(AISC) (2016) "Manual of Steel Construction-Load and Resistance Factor Design", AISC, Chicago, IL, USA.

7.12 American Institute of Steel Construction (AISC) (2016), "Steel Design Guide 11 : Vibration of Steel-Framed Structural Systems due to Human Activity", AISC, Chicago, IL, USA.

7.13 T. M. Murray, D. E. Allen, E. E. Ungar, and D. B. Davis (2016). "Steel Design Guide 11: Vibrations of Steel-Framed Structural Systems Due to Human Activity", Second ed., AISC.

# 제8장 조합력을 받는 부재

## 8.1 개요

이 장에서는 개별적으로 취급했던 인장력, 압축력, 휨모멘트 가운데 2개 이상의 조합력을 받는 부재의 설계방법에 대하여 기술한다. 설계기준에서 조합력을 취급하는 방법은 두 가지로 대별할 수 있다. 즉, (i) 소요강도 대 설계강도의 비의 합으로 표시되는 상호작용식(interaction equation)으로 처리하는 경우와 (ii) 외력이 유발한 응력도(stress)의 합을 좌굴응력도 또는 항복응력도로 제한하여 설계를 수행하는 경우로 구분할 수 있다.

실제로는 아주 예외적인 경우를 제외하고는 상호작용식을 사용하여 설계하는 경우가 대부분이다. 따라서 이 장에서는 실제로 사용빈도가 가장 높은 휨과 압축 또는 휨과 인장의 조합력을 받는 부재중에서, H형강 대칭단면 보-기둥(beam-column) 부재의 설계규정의 배경과 적용법에 대한 해설을 중점으로 기술하였다.

## 8.2 보-기둥 부재의 2차 효과 및 모멘트 증폭계수

### 8.2.1 보-기둥 부재

보-기둥(beam-column) 부재는 휨모멘트와 압축력의 조합력을 받는 부재를 지칭한다. 엄밀하게는 골조 내 대부분의 부재는 보-기둥 부재이다. 그렇지만 축력효과가 휨효과에 비해 무시할 만한 경우에는 휨재인 보(beam)로서 해석하고 설계하는 것이 편리하다. 반대로 축력효과에 비해 휨모멘트의 영향이 부차적이면 압축재인 기둥(column)으로 고려하여 해석하고 설계할 수 있다. 즉, 보와 기둥은 보-기둥의 부재의 특별한 경우로 생각할 수 있다.

보-기둥 부재에서는 휨과 축력효과 모두가 상당하므로 보로서의 처짐문제와 기둥으로서의 좌굴문제가 동시에 고려되어야 한다. 특히 휨에 의한 처짐과 편심을 갖고 작용하는 축력은 소위 2차 효과(secondary effects)를 발생시켜 모멘트와 처짐을 증폭시키는데 이를 설계에 적절히 고려하여야 한다.

### 8.2.2 보-기둥 부재의 2차 효과 근사해석

그림 8.1에는 (a)와 (b)는 2차 효과를 "부재효과(member effect, $P-\delta$ effect)" 및 "골조효과(frame effect, $P-\Delta$ effect)"로 구분하여 나타내었다. 부재효과는 골조의 횡변위(sidesway)가 발생하지 않는 조건에서 발생하는 모멘트증폭 등의 2차 효과를 지칭하고, 골조효과는 골조의 횡변위 발생에 따라 수반되는 모멘트증폭 등의 2차 효과를 지칭한다.

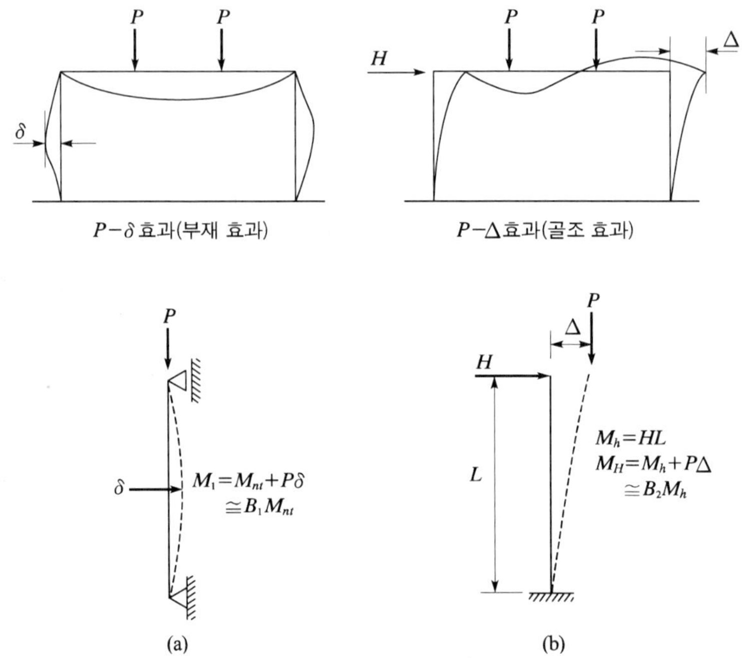


**그림 8.1** 2차 효과에 따른 모멘트증폭

현행 강구조설계기준에서는 부재 효과와 골조 효과를 구분하여 각각에 $B_1$ 및 $B_2$로 표시되는 증폭계수를 곱하여 2차 효과를 반영하는 방식을 사용하고 있다(그림 8.2 참조).

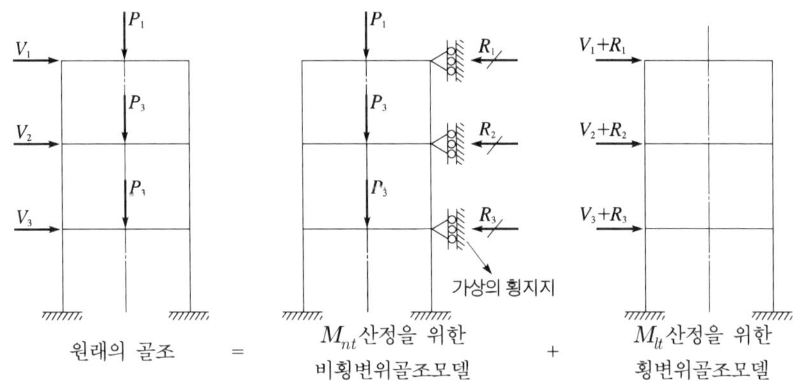


**그림 8.2** 모멘트 증폭을 위한 1차 해석 골조모델

그림 8.2에서 "비횡변위골조(nonsway frame)"는 중력하중에 대해 골조의 횡변위가 발생하지 않도록 층바닥 높이에 인위적으로 횡지지를 가한 골조이다. 이 골조에 중력하중을 가해서 산정한 기둥부재의 모멘트에 증폭계수 $B_1$을 곱하여 부재효과를 반영한다. 중력하중과 구조물 모두가 대칭이 아니라면 인위적 횡지지점에서 반력이 발생하게 된다. 따라서 이 가상의 반력을 상쇄하는 반대방향의 외력을 원래 횡하중에 더하여 그림 8.2의 횡변위골조(sway frame)에 작용시켜서 기둥 모멘트를 구한 후 증폭계수 $B_2$를 곱한다. 최종 소요휨강도($M_r$)는 식(8.1)과 같이 두 증폭모멘트의 합이 된다.

$$M_r = B_1 M_{nt} + B_2 M_{lt} \tag{8.1}$$

다음 절에서는 증폭계수 $B_1$ 및 $B_2$의 산정방법을 간략히 기술한다.

### 8.2.3 횡구속 부재효과에 의한 증폭계수($B_1$ 계수)

부재효과에 의한 모멘트 증폭계수의 엄밀한 형태는 하중형식, 즉 부재하중(span loading) 또는 재단모멘트(end moment)에 따라 달라진다. 그러나 이를 근사시켜 설계기준식과 같이 간결한 형식으로 정리할 수 있다.

1) 부재 집중하중을 받는 보-기둥 부재의 모멘트 증폭계수

그림 8.3과 같은 조건의 보-기둥 부재의 이론적 모멘트 증폭계수는 그림 8.4의 자유물체도에 모멘트 평형조건식을 적용하여 구한 다음의 2계상미분방정식을 풀어서 산정할 수 있다.

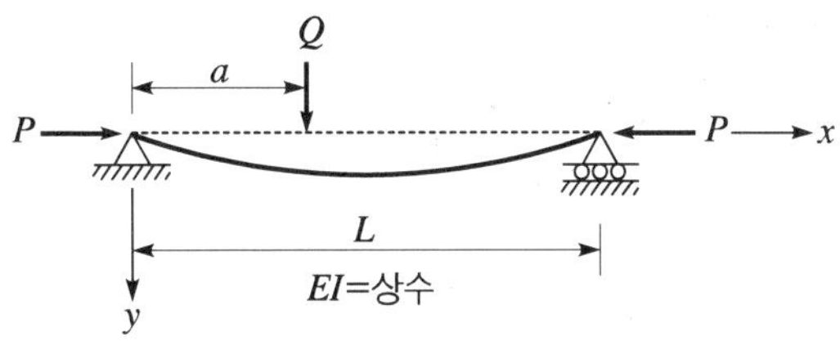


**그림 8.3** 부재 집중하중을 받는 보-기둥 부재

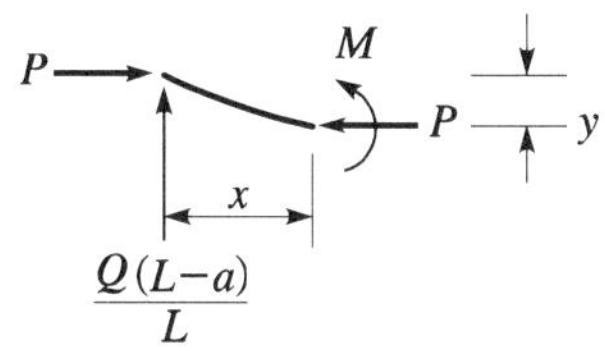


**그림 8.4** 부재 집중하중을 받는 보-기둥 부재의 자유물체도

$$\text{내부모멘트 } M_{int} = -EIy'', \; y'' = \frac{M}{EI} \tag{8.2}$$

$$\text{외부모멘트 } M_{ext} = \frac{Q(L-a)}{L}x + Py \tag{8.3}$$

$$\therefore M_{int} = M_{ext} \text{ 로부터,}$$

$$y'' + k^2 y = \frac{-Q(L-a)}{LEI}x \qquad (0 \le x \le a) \tag{8.4}$$

$$y'' + k^2 y = \frac{Qa(L-a)}{LEI}x \qquad (a \le x \le L) \tag{8.5}$$

여기서, $k^2 = P/EI$, $y$는 처짐, $y''$는 곡률

위의 비제차 2계상미분방정식을 표준해법에 의해 풀면,

$$y = \frac{Q}{EIk^3}\frac{\sin k(L-a)}{\sin kL}\sin kx - \frac{Q(L-a)}{LEIk^2}x \quad (0 \le x \le a) \tag{8.6}$$

$$y = -\frac{Q}{EIk^3}\frac{\sin ka}{\tan kL}\sin kx + \frac{Q\sin ka}{EIk^3}\cos kx - \frac{Qa(L-x)}{LEIk^2} \quad (a < x \le L) \tag{8.7}$$

$a = \frac{L}{2}$로 특화된 경우를 고려하면,

$$M_{x-\max} = \frac{QL}{4}\left[\frac{\tan u}{u}\right] = M_0\left[\frac{\tan u}{u}\right] \tag{8.8}$$

여기서, $u = \frac{kL}{2}$

식(8.8)에 $\tan u = u + \frac{1}{3}u^3 + \frac{2}{15}u^5 + \frac{17}{315}u^7 + \cdots$로 표시되는 멱급수전개식을 대입하여 정리하면 다음과 같다.

$$M_{x-\max} = M_0\left[\frac{1-0.2(P/P_e)}{1-P/P_e}\right] \tag{8.9}$$

여기서, $P_e = \frac{\pi^2 EI}{L^2}$ (오일러 좌굴하중)

유사한 접근법을 적용하여 다른 하중조건에서의 모멘트 증폭계수와 관련된 계수, $\Psi$와 $C_m$을 정리하면 표 8.1과 같다. 일반적으로 부재하중이 작용하는 경우의 증폭계수($\Psi$)를 고려한 모멘트는 아래 식(8.10)과 같은 형태를 가진다.

$$M_{x-\max} = M_0\left[\frac{1+\Psi(P/P_e)}{1-P/P_e}\right] = M_0\left[\frac{1+\Psi\alpha}{1-\alpha}\right] = M_0\left[\frac{C_m}{1-\alpha}\right] \tag{8.10}$$

여기서, $M_0$ : 1차해석으로부터의 x축에 대한 최대모멘트
$P$ : 작용 축하중
$P_e$ : 보-기둥 부재의 오일러좌굴하중
$\alpha$ : $P/P_e$
$C_m$ : 부재하중이 작용할 경우에는 모멘트 저감계수(Moment reduction factor), 재단모멘트가 작용할 경우에는 등가모멘트계수(Equivalent moment factor)로 간주하여 적용한다(Chen & Lui, 1987).

**표 8.1** 부재하중이 작용하는 경우의 이론적 증폭계수

| 하중조건 | $\Psi$<br>정모멘트<br>(부모멘트) | $C_m$<br>(작은값) |
|---|---|---|
| 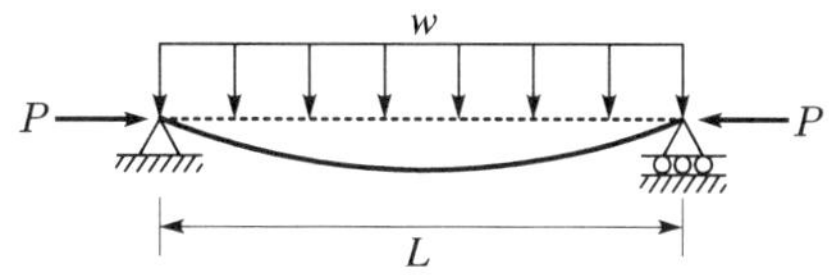 | 0 | 1.0 |
| 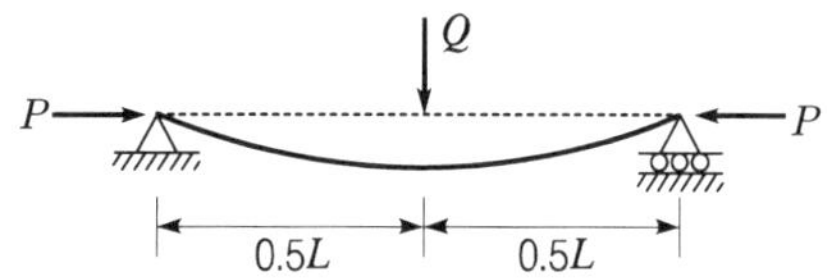 | −0.20 | 1−0.2$\alpha$ |
| 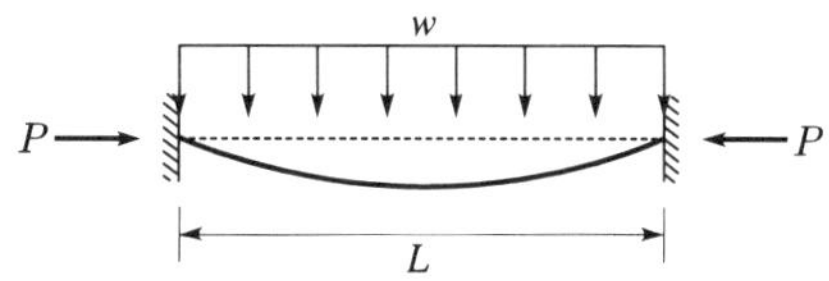 | −0.40<br>(−0.40) | 1−0.4$\alpha$ |
| 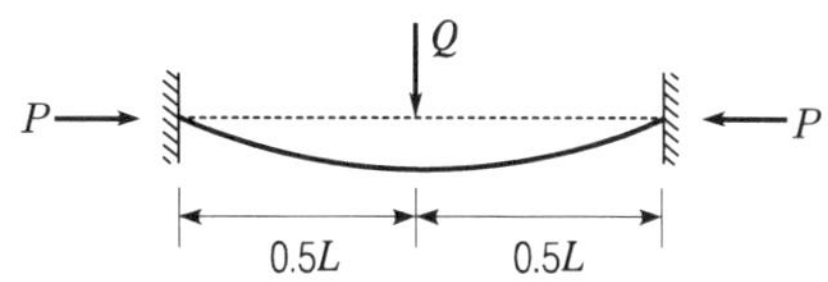 | −0.60<br>(−0.20) | 1−0.2$\alpha$ |

2) 재단모멘트가 작용하는 보-기둥

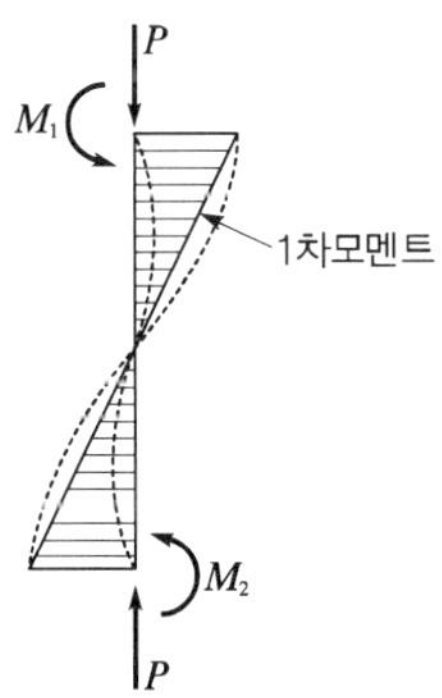

**그림 8.5** 재단모멘트와 축력이 작용하는 보-기둥 부재

대부분의 모멘트골조 내 보-기둥 부재 설계는 그림 8.5와 같이 기둥부재의 양단에 재단모멘트($M_1, M_2$)가 작용하는 경우가 주 대상이다.

이론적 증폭계수는 2계상미분방정식을 풀어서 구할 수 있다. Austin(1961)이 안전측으로 근사시킨 결과를 정리하면 다음과 같다(Chen-Lui, 1987).

$$M_{\max} = \left[\frac{C_m}{1 - P/P_e}\right] M_2 \tag{8.11}$$

여기서, $C_m = 0.6 - 0.4\left(\frac{M_1}{M_2}\right) \geq 0.4$

단, $|M_2| \geq |M_1|$이고 $\left(\frac{M_1}{M_2}\right)$의 부호는 보-기둥 부재의 변형이 복곡률이면 (+), 단곡률이면 (−)로 한다.

그림 8.6에는 모멘트구배에 따른 $C_m$계수 산정사례를 정리하였다.

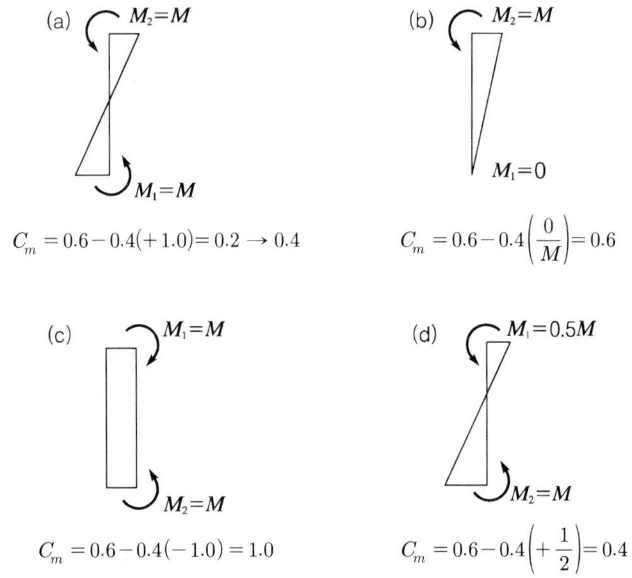


**그림 8.6** 모멘트 구배에 따른 $C_m$ 계수 산정 예시

3) 설계기준의 증폭계수 $B_1$

식(8.10) 및 식(8.11)에서 하중형태에 따라 모멘트가 증폭되는 역학적인 메카니즘은 서로 다르지만 두 경우의 증폭계수는 외견상 유사한 형태를 갖고 있다. 우선 증폭의 크기를 지배하는 분모가 동일하다. 따라서 다음과 같은 고려에 의해 두 경우 모두를 포괄할 수 있는 간결한 형태의 단일 기준식이 사용되고 있다.

부재하중이 작용할 경우 안전측의 근사로서 식(8.10) 분자의 두 번째 항인 $\Psi(P/P_e)$를 무시할 수 있다. 이는 $\Psi$ 값이 1보다 작고 작용축력의 크기가 오일러 좌굴하중의 크기보다 훨씬 작을 경우 충분히 실용적인 근사가 될 수 있다. 원래 $C_m$은 재단모멘트에 따른 모멘트구배의 영향을 반영하는 계수에서 도입된 것이며 이 개념을 확장하여 부재하중이 작용하는 경우에는 $C_m$=1.0으로 택한다면 단일 식으로서 부재하중($Q$)과 재단모멘트($M$)가 작용하는 두 가지 경우 모두를 취급할 수 있다. 따라서 기준에서는 다음과 같은 형태의 증폭계수 $B_1$을 제시하고 있다.

$$B_1=\frac{C_m}{1-(P_r/P_{e1})}\geq 1.0 \tag{8.12}$$

여기서, $M_r$ : 2차 효과를 고려한 소요휨강도

$P_r$ : $P-\Delta$ 2차 효과를 고려한 소요축강도

$P_{e1}$ : 골조의 횡변위를 구속한 조건의 휨평면 내 오일러좌굴하중강도

$M_{nt}, P_{nt}$ : 골조의 횡변위가 구속된 조건의 1차모멘트와 1차 축력

$M_{lt}, P_{lt}$ : 골조의 횡변위를 허용한 조건의 1차모멘트와 1차 축력

$C_m$(부재하중 작용 시) : 1.0 또는 표 8.1과 같은 이론상의 해석값

$C_m$(부재하중 없이 재단모멘트만 작용 시) : 8.2.3의 규정에 따름

### 8.2.4 비횡구속 골조효과에 따른 증폭계수($B_2$ 계수)

설계기준에서 제시하고 있는 비횡구속골조효과에 따른 증폭계수 $B_2$는 다음과 같이 산정한다.

$$B_2 = \frac{1}{1-\left(\dfrac{\sum P_{nt}}{\sum P_{e2}}\right)} \geq 1.0 \quad (8.13)$$

여기서, $\sum P_{nt}$ : 대상층에 작용하는 총 계수연직하중

$\sum P_{e2}$ : 대상층에 횡변위가 수반되는 좌굴모드에 대한 층 전체의 탄성좌굴강도

$\sum P_{e2}$는 다음 두 가지 형태, 즉 층좌굴강도개념과 층강성개념으로 산정할 수 있다. 첫 번째로 층좌굴강도개념에 의해,

$$\sum P_{e2} = \sum \frac{\pi^2 EI}{(K_2 L)^2} \quad (8.14)$$

또는 두 번째로 층강성개념에 의해,

$$\sum P_{e2} = R_M \frac{\sum HL}{\Delta_H} \quad (8.15)$$

여기서, $I$ : 휨평면 내의 단면2차모멘트

$K_2$ : 기둥의 횡변위 좌굴모드를 고려하여 휨평면에서 산정된 유효좌굴길이계수

$L$ : 부재길이(층고)

$R_M$ : 1.0(가새골조)

0.85(모멘트골조 또는 조합구조시스템)

$\Delta_H$ : 횡력에 대한 1차 해석에서 얻어진 층간변위

$\sum H$ : $\Delta_H$ 산정에 사용된 횡력이 유발한 층전단력의 합

식(8.13)에 제시된 $B_2$계수의 근거는 첫 번째로 층좌굴(story buckling)개념으로 설명될 수 있다. 이 개념에서는 동일 층에 있는 모든 기둥이 동시에 좌굴하는 것으로 가정한다. 이 경우의 증폭계수는 단순지지된 보-기둥 중앙부에 집중하중이 작용하는 경우로 근사할 수 있다(그림 8.7 및 8.2.3).

그림 8.7과 같이 횡변위가 수반되는 기둥의 모멘트 증폭은 스팬 중앙부에 집중하중이 작용하는 경우의 모멘트 증폭과 유사한 조건임을 알 수 있다. 8.2.3에서 살펴본 바와 같이 이런 조건의 보-기둥 부재의 모멘트 증폭계수는 $[1/(1-P/P_e)]$로 근사할 수 있으므로, 층에 있는 모든 기둥의 동시좌굴을 가정하여 좌굴내력을 취합하면 식(8.13)을 구할 수 있다.

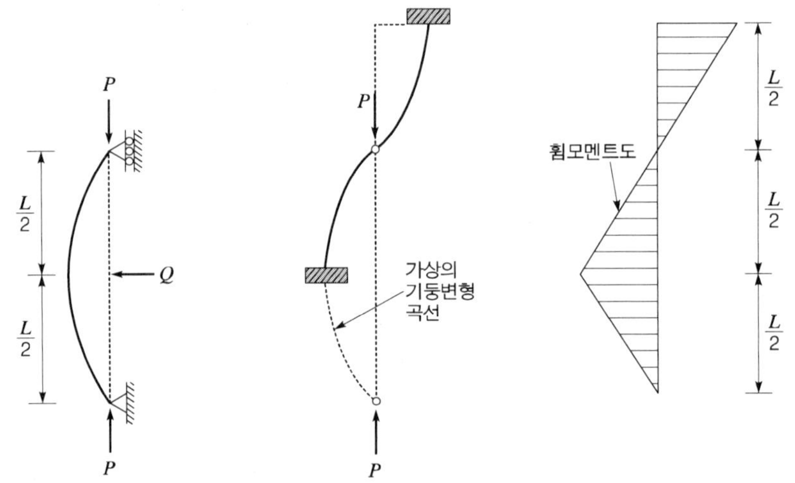


**그림 8.7** 층좌굴개념에 의한 증폭계수

층좌굴하중을 산정하는 두 번째 대안식인 식(8.15)는 소위 층강성개념(story stiffness concept)을 기초로 한다(Le Messurier 1977). 이 개념에 의하면 단위 라디안의 층간변위각을 유발시키는데 필요한 층전단력은 곧 그 층의 횡좌굴강도($P_{story,cr}$)의 상한에 해당한다. 즉, 층높이가 $L$인 층에 $\Sigma H$인 층전단력이 작용하여 $\Delta_H$의 층간변위를 유발하였다면, 이 층의 횡좌굴강도는 다음과 같다.

$$P_{story,cr} \le \frac{\Sigma H}{(\Delta_H/L)} = \frac{\Sigma HL}{\Delta_H} \tag{8.16}$$

식(8.15)는 상기의 개념을 기초로 하는 식이다. 모멘트골조 또는 조합구조시스템에 $R_M = 0.85$를 사용하여 층좌굴강도를 약간 낮춘 것은 통상의 1차해석에서는 부재효과가 고려되지 않으므로 이에 따른 약간의 횡변위 과소평가 경향을 반영한 것이다. 좀 더 자세한 내용은 Le Messurier(1977) 및 건축구조기준의 해설을 참조하기 바란다. 마지막으로 구조해석 과정에서 $\Sigma H$에 대응하는 층간변위$\Delta_H$를 쉽게 얻을 수 있기 때문에 식(8.15)는 구조설계에 매우 유용하게 활용될 수 있다.

**예제 8.1**

그림 8.8과 같은 단순골조 내 기둥 AB의 모멘트 증폭계수 $B_2$를 층강성(story stiffness) 및 층좌굴(story buckling)개념에 의해 각각 산정하시오. 단, 기둥 AB의 주각과 주두는 각각 고정단과 핀접합이고, 기둥 CD의 주각과 주두는 모두 핀으로 접합되어 있는 정정구조물이며, 두 방법의 직접적인 비교를 위해 식(8.15)의 보정계수 $R_M$을 배제하고 비교하시오.

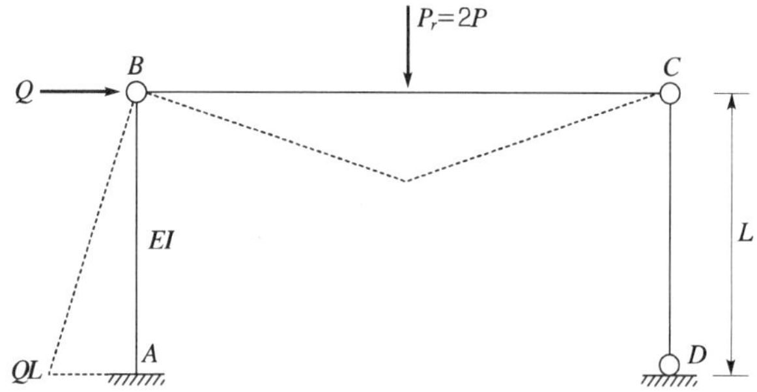


**그림 8.8** 예제 8.1

**풀이**

이 예제는 단순한 형태의 구조모델이지만 $B_2$계수 산정법의 개념 및 적용법을 이해하는데 유용하다.

(1) 층강성 개념에 의한 $B_2$계수의 산정

주어진 기둥 단부 조건에 의하여 위 골조의 횡강성은 기둥 AB에 의해서만 제공되므로 이 예제의 횡력 $\Sigma H = Q$이므로, $\Delta_{oh} = \dfrac{QL^3}{3EI}$(표 7.2 참조)가 된다. 따라서 층강성 개념에 의한 $B_2$계수는 다음과 같다.

$$B_2 = \frac{1}{1 - \left(\dfrac{\Sigma P_{nt}}{\Sigma P_{e2}}\right)} \geq 1.0$$

$\Sigma P_{nt} = P_r = 2P$ : 대상층에 작용하는 총 계수연직하중

$$\Sigma P_{e2} = R_M \frac{\Sigma HL}{\Delta_H} = (1.0)\frac{QL}{\Delta_{oh}} = \frac{QL}{\dfrac{QL^3}{3EI}} = \frac{3EI}{L^2}$$

$$B_2 = \frac{1}{1 - \dfrac{2P}{\dfrac{3EI}{L^2}}} = \frac{1}{1 - \dfrac{2P(\pi^2)}{\dfrac{3EI}{L^2}(\pi^2)}} = \frac{1}{1 - \dfrac{2\pi^2 P}{3\dfrac{\pi^2 EI}{L^2}}} = \frac{1}{1 - \dfrac{2\pi^2 P}{3P_e}} = \frac{1}{1 - 6.6\dfrac{P}{P_e}}$$

(2) 층좌굴 개념에 의한 $B_2$계수의 산정

위 골조에서 횡변위가 수반되는 기둥 AB의 유효좌굴길이 계수($K$)는 캔틸레버 기둥의 좌굴길이 계수인 $K = 2.0$이다. 기둥 CD의 경우 양단힌지접합이므로 수평하중 Q에 대한 저항력이 없으므로 제외한다. 따라서 층좌굴 개념에 의한 $B_2$계수는 다음과 같다.

$$B_2 = \frac{1}{1-\left(\frac{\Sigma P_{nt}}{\Sigma P_{e2}}\right)} \geq 1.0$$

$\Sigma P_{nt} = P_r = 2P$ : 대상층에 작용하는 총 계수연직하중

$$\Sigma P_{e2} = \Sigma \frac{\pi^2 EI}{(K_2 L)^2} = \frac{\pi^2 EI}{(2L)^2} = \frac{\pi^2 EI}{4L^2}$$

$$B_2 = \frac{1}{1-\frac{2P}{\frac{\pi^2 EI}{4L^2}}} = \frac{1}{1-\frac{8P}{\left(\frac{\pi^2 EI}{L^2}\right)}} = \frac{1}{1-8.0\frac{P}{P_e}}$$

일반적으로 두 접근법이 완전히 동일한 결과를 보여 주지는 않지만 대체적으로 유사한 결과를 얻을 수 있다.

**예제 8.2**

모멘트골조 내의 보-기둥 부재가 위치한 상층의 계수중력하중의 총합은 $\Sigma P_r = 22{,}000\,\text{kN}$이고, 풍하중에 의한 층전단력 $\Sigma H = 360\,\text{kN}$이 작용하고 있다. 이 층전단력에 대해 층고의 $\frac{1}{400}$에 해당하는 층간변위 수준으로 횡변위를 제어하고자 했을 때, 이 보-기둥 부재 설계에 적합한 모멘트 증폭계수 $B_2$를 산정하시오.

**풀이**

이 예제의 경우 층강성 개념에 의해 $B_2$계수를 다음과 같이 산정할 수 있다.

$$B_2 = \frac{1}{1-\left(\frac{\Sigma P_{nt}}{\Sigma P_{e2}}\right)} \geq 1.0$$

$\Sigma P_{nt} = \Sigma P_r = 22{,}000\text{kN}$ : 대상층에 작용하는 총 계수연직하중

$$\Sigma P_{e2} = R_M \frac{\Sigma HL}{\Delta_H} = (0.85)\frac{\Sigma H}{\frac{\Delta_{oh}}{L}} = (0.85)\frac{360}{\frac{1}{400}} = 122{,}400$$

$$B_2 = \frac{1}{1-\left(\frac{\Sigma P_{nt}}{\Sigma P_{e2}}\right)} = \frac{1}{1-\left(\frac{22{,}000}{122{,}400}\right)} = 1.22$$

## 8.3 휨과 축력이 작용하는 1축 및 2축 대칭단면부재

이 절에서는 1축, 2축 대칭부재에서 휨과 압축 또는 휨과 인장이 동시에 작용하는 단면 부재에 대한 설계규정을 기술한다. 이 규정은 압연H형강, ㄷ형강, T형강, 원형 및 각형강관, 그리고 판재와 형강재를 용접이나 볼트로 조립하여 제작한 많은 1축 또는 2축 대칭 부재에 적용할 수 있다. 이 절에서 기술하는 상호작용식은 압축력 또는 인장력을 받으면서 동시에 1축 또는 2축의 주축휨이 발생하는 조합응력을 받는 부재의 설계와 관련되므로 실제적으로 활용빈도가 높은 가장 중요한 내용이라 할 수 있다.

### 8.3.1 압축력과 휨을 받는 1축 및 2축 대칭단면부재의 설계

건축구조기준에는 2축대칭단면부재와 $I_{yc}/I_y$의 값이 0.1 이상 0.9 이하로서 x축(강축) 또는 y축(약축)으로만 휨이 발생하도록 구속된 1축대칭단면부재에 있어서 휨과 압축력의 상관관계를 식(8.17)과 식(8.18)과 같이 규정하고 있다. 여기서 $I_{yc}$는 압축력을 받는 플랜지의 y축에 대한 단면2차모멘트를 나타낸다.

(1) $\dfrac{P_r}{P_c} \geq 0.2$ 인 경우

$$\frac{P_r}{P_c}+\frac{8}{9}\left(\frac{M_{rx}}{M_{cx}}+\frac{M_{ry}}{M_{cy}}\right) \leq 1.0 \tag{8.17}$$

(2) $\dfrac{P_r}{P_c} < 0.2$ 인 경우

$$\frac{P_r}{2P_c}+\left(\frac{M_{rx}}{M_{cx}}+\frac{M_{ry}}{M_{cy}}\right) \leq 1.0 \tag{8.18}$$

여기서, $P_r$ : 소요압축강도(N), $P_u$

$P_c$ : 6장(압축재)의 규정에 따라 정해지는 설계압축강도($=\phi_c P_n$)(N)

$M_r$ : 소요휨강도(N·mm)

$M_c$ : 7장(휨재)의 규정에 따라 정해지는 설계휨강도($=\phi_b M_n$)(N·mm)

$x$ : 강축휨을 나타내는 아래첨자

$y$ : 약축휨을 나타내는 아래첨자

$\phi_c$ : 압축강도저항계수(=0.90)

$\phi_b$ : 휨강도저항계수(=0.90)

위의 식(8.17)과 식(8.18)을 적용할 때 주의할 사항은 다음과 같다.

가) $P_c$는 세장비가 최대인 축에 대해 산정해야 한다.
나) $M_c$는 보의 모든 한계상태(횡비틀림좌굴, 국부좌굴, 소성항복)를 고려하여 최소강도를 사용해야 한다.
다) $P_r$은 2차 효과가 포함된 축력이다.
라) $M_r$은 2차 효과가 포함된 모멘트이다.

이하에서는 위의 식(8.17)과 식(8.18)의 배경을 좀 더 자세히 설명한다. 콤팩트(조밀)단면을 갖고 1축휨을 받는 단주의 경우는 압축재로서의 휨좌굴, 휨재로서의 휨비틀림좌굴 및 국부좌굴이 발생치 않으므로 식(8.17)과 식(8.18)은 다음과 같이 표시될 수 있다.

$$\frac{P_u}{P_y} \geq 0.2 \text{일 때,} \quad \frac{P_u}{P_y} + \frac{8}{9}\frac{M_{pc}}{M_p} = 1 \tag{8.19}$$

$$\frac{P_u}{P_y} < 0.2 \text{일 때,} \quad \frac{P_u}{2P_y} + \frac{M_{pc}}{M_p} = 1 \tag{8.20}$$

여기서, $P_y$ : 항복압축강도$(=F_yA_g)$ (N)
$M_p$ : 소성모멘트 (N·mm)
$M_{pc}$ : 단면에 따라 압축력을 고려한 감소 소성모멘트 (N·mm)

위의 식(8.19)와 식(8.20)은 콤팩트(조밀)단면 H형강 단주의 무차원축강도 $P/P_y$와 무차원휨강도 $M/M_p$ 사이의 상호작용에 대한 하한의(설계측면에서 안전측인) 강도곡선을 나타내는 것으로 볼 수 있다. 위 식에서 $M_{pc}$는 축력 $P$가 존재할 때 감소된 소성모멘트강도를 나타낸다. 그림 8.9에서 보는 바와 같이 식(8.19)와 식(8.20)으로 표시되는 상호작용곡선은 강축(x축) 휨에 대한 이론해와 거의 일치함을 알 수 있다.

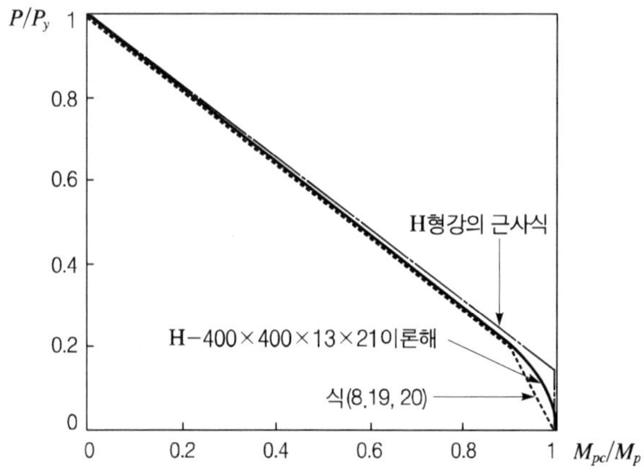


**그림 8.9** 강축휨을 받는 H형강 콤팩트(조밀) 단면 단주의 상호작용도

그림 8.10은 약축(y축) 휨을 받는 H형강의 상호작용곡선과 직사각형 및 원형 단면의 상호작용곡선을 비교한 것이다. 하한강도를 규정한 설계기준의 상호작용곡선은 이들 단면에 대해서는 매우 안전측임을 알 수 있다.

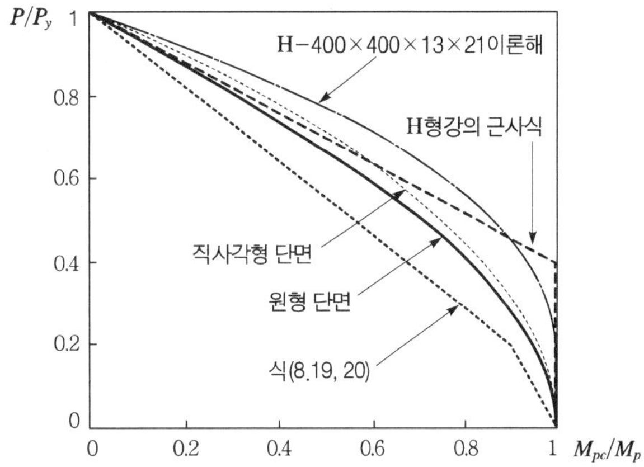


**그림 8.10** 약축휨을 받는 H형강, 직사각형 및 원형 단면을 갖는 콤팩트(조밀)단면 단주의 상호작용도

콤팩트(조밀)단면 단주가 아닌 실제 보-기둥 부재의 다양한 좌굴거동을 반영하기 위해서는 상호작용식은 다음과 같이 수정되어야 한다.

$$\frac{P_u}{P_n} \geq 0.2 \text{일 때}, \quad \frac{P_u}{P_n} + \frac{8}{9}\frac{M_u}{M_n} = 1 \tag{8.21}$$

$$\frac{P_u}{P_n} < 0.2 \text{일 때}, \quad \frac{P_u}{2P_n} + \frac{M_u}{M_n} = 1 \tag{8.22}$$

위의 상호작용식은 매우 다양한 상황을 포괄할 수 있도록 고안된 식이다. 분모의 항들은 상호작용곡선의 두 끝점 위치를 결정한다(그림 8.11).

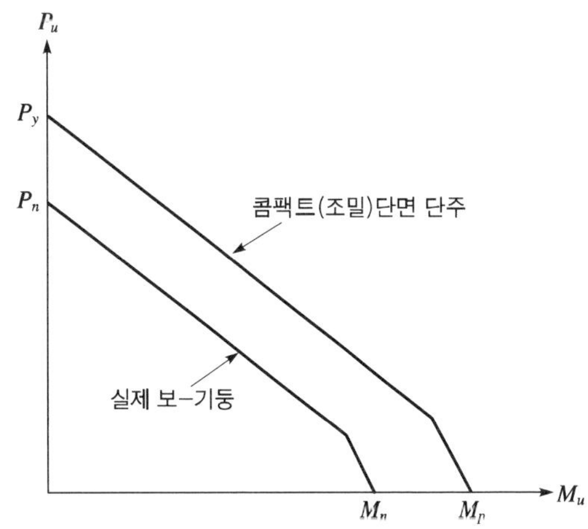


**그림 8.11** 콤팩트(조밀)단면단주와 실제 보-기둥의 상호작용도

공칭휨강도 $M_n$은 7장의 휨재 관련 규정으로부터 결정된다. 즉 $M_n$은 소성항복, 횡비틀림좌굴, 플랜지국부좌굴, 웨브국부좌굴 등 4가지 한계상태강도 가운데 최솟

값으로 산정된다. 축력항 $P_n$는 6장의 압축재 관련 규정에 의해 세장한 부재일수록 $P_y$보다 저감된 값으로 산정된다. 결과적으로 콤팩트(조밀)단면 단주가 아닌 실제 보-기둥의 상호작용곡선은 좌굴에 따른 강도감소를 반영하여 단주의 상호작용곡선을 평행이동 및 회전이동 시켜 축소시킨 것과 같음을 알 수 있다.

식(8.17)과 식(8.18)은 위의 상호작용식을 2축휨에 대한 경우도 포괄할 수 있도록 가장 단순한 형태의 선형상호작용(linear interaction)을 적용하여 확장한 것으로 볼 수 있다.

아래의 예제에서는 원래의 복잡한 보-기둥 설계문제를 본 절에서 언급한 바와 같이 간단한 압축재 설계문제로 변환하여 계산을 줄일 수 있는 등가축하중설계법(equivalent axial load method)을 이용하고 있다.

그림 8.12에는 조합력을 받는 부재의 설계흐름도를 나타내었다.

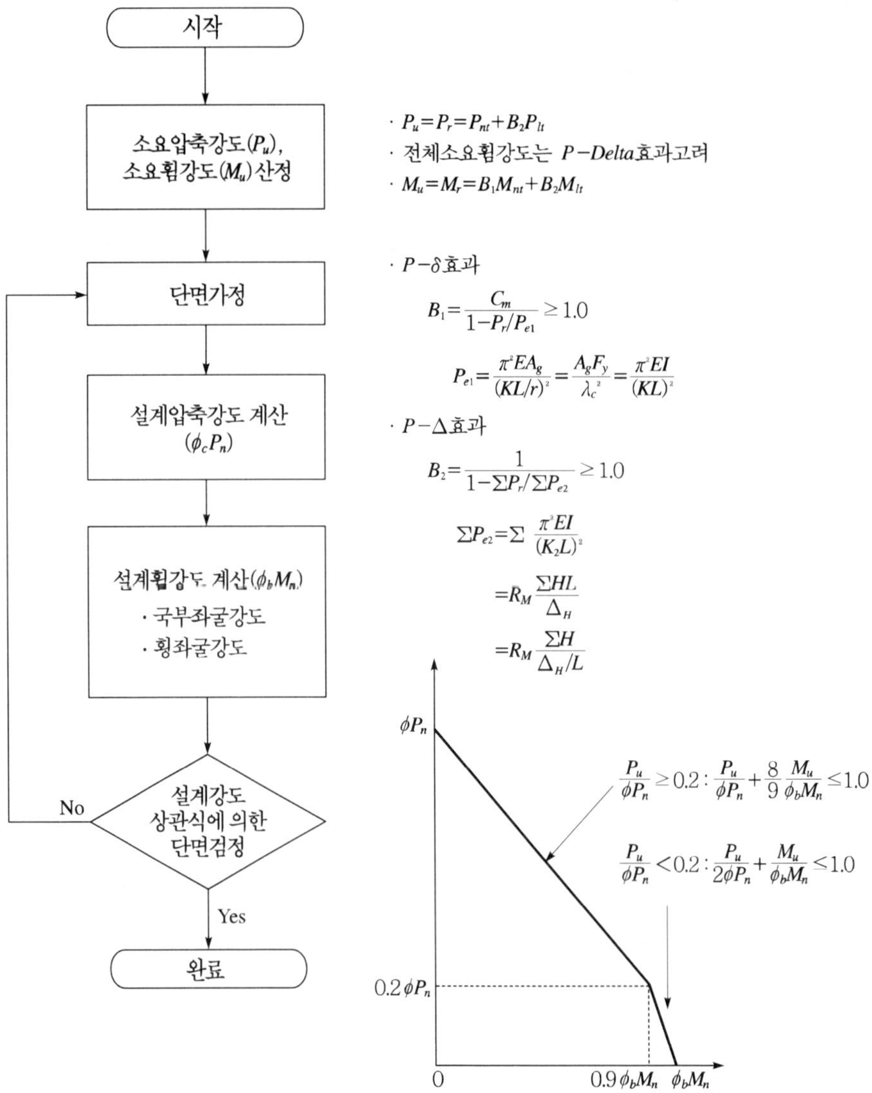


그림 8.12 조합력을 받는 부재 설계흐름도

**예제 8.3**

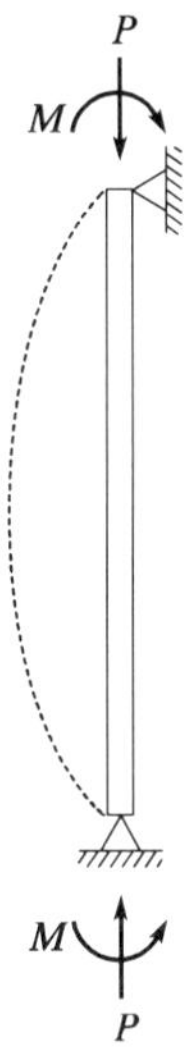


**그림 8.13** 예제 8.3

그림 8.13과 같이 압연H형강 H $-400 \times 400 \times 13 \times 21$(SM355A, 플랜지두께가 16mm를 초과하므로 플랜지를 기준으로 하여 $F_y = 345\text{N/mm}^2$) 단면의 기둥이 양단 모두 핀으로 지지되어 있다. 이 기둥에 $P_D = 650\text{kN}$ 및 $P_L = 1{,}700\text{kN}$의 압축력이 작용하고 강축방향의 재단모멘트가 양쪽 단부에 $M_{nt,D} = 50\text{kN·m}$ 및 $M_{nt,L} = 150\text{kN·m}$가 작용할 경우, 이 기둥의 소요휨강도를 산정하시오(단, 휨모멘트는 단곡률을 유발하고 기둥의 면외방향 유효좌굴길이계수는 $K_y = 1.0$으로 가정한다).

**풀이**

(1) 부재의 단면 성능 (H $-400 \times 400 \times 13 \times 21$)

$A = 21{,}870\text{ mm}^2$, $S_x = 3.33 \times 10^6$, $Z_x = 3.67 \times 10^6\text{ mm}^3$, $r$(필릿반경) $= 22\text{ mm}$

$I_x = 6.66 \times 10^8\text{ mm}^4$, $I_y = 2.24 \times 10^8\text{ mm}^4$

$r_x = 175\text{ mm}$, $r_y = 101\text{ mm}$

(2) 소요압축강도($P_r$) 산정

$P_r = 1.2P_D + 1.6P_L = 1.2 \times 650 + 1.6 \times 1{,}700 = 3{,}500\text{ kN}$

(3) 소요휨강도($M_r$) 산정

– 강축방향 계수휨모멘트

$M_{nt} = 1.2M_{nt,D} + 1.6M_{nt,L} = 1.2 \times 50 + 1.6 \times 150 = 300\text{ kN·m}$

– 모멘트 승쪽계수, $B_1$ 반영

부재의 변형이 단곡률이므로 $M_1/M_2$의 값이 (–)이다.

$$C_m = 0.6 - 0.4\left(\frac{M_1}{M_2}\right) = 0.6 - 0.4 \times \left(-\frac{300}{300}\right) = 1.0 \quad (\because \text{단곡률})$$

$$P_e = \frac{\pi^2 EI_x}{(KL)^2} = \frac{\pi^2 \times 210{,}000 \times 6.66 \times 10^8}{(1.0 \times 4.0 \times 10^3)^2} \times 10^{-3} = 86{,}273\text{ kN}$$

$$B_1 = \frac{C_m}{1 - P_r/P_e} = \frac{1.0}{1-(3{,}500/86{,}273)} = 1.04$$

$$M_r = B_1 M_{nt} = 1.04 \times 300 = 312\text{ kN·m}$$

**예제 8.4**

예제 8.3의 조건에서 설계압축강도를 산정하시오.

**풀이**

(1) 설계압축강도($P_c = \phi P_n$) 산정

– 위험좌굴축 결정 (세장비 큰 축)

$$\left(\frac{KL}{r}\right)_x = \frac{1.0\times 4{,}000}{175} = 22.9, \quad \left(\frac{KL}{r}\right)_y = \frac{1.0\times 4{,}000}{101} = 39.6$$

$$\therefore \left(\frac{KL}{r}\right)_{\max} = \left(\frac{KL}{r}\right)_y = 39.6 \text{ (면외방향의 약축좌굴이 지배)}$$

$$\frac{KL}{r} = 39.6 < 4.71\sqrt{\frac{E}{F_y}} = 4.71\sqrt{\frac{210{,}000}{345}} = 116.2$$

$$\text{혹은 } F_e = \frac{\pi^2 E}{\left(\frac{KL}{r}\right)^2} = \frac{\pi^2\times 210{,}000}{39.6^2}$$

$$= 1{,}321.7\text{N/mm}^2$$

$$F_y/F_e = 345/1{,}321.7 = 0.26 \le 2.25$$

그러므로

$$F_{cr} = \left(0.658^{\frac{F_y}{F_e}}\right) F_y = 309.43\text{N/mm}^2$$

$$P_c = \phi_c P_n = \phi_c F_{cr} A_g = 0.9\times 309.43\times 21{,}870\times 10^{-3} = 6{,}090\text{kN}$$

**예제 8.5**

예제 8.3의 조건에서 설계휨강도를 산정하시오.

**풀이**

(1) 설계휨강도($M_{cx} = \phi M_{nx}$)

설계휨강도($M_c$)는 부재의 국부좌굴, 횡비틀림좌굴, 소성모멘트 강도를 비교하여 최솟값을 택한다.

① 소성모멘트

$$M_p = F_y Z_x = 345\times 3.67\times 10^6\times 10^{-6} = 1{,}266.2\ \text{kN·m}$$

② 국부좌굴을 고려한 휨강도

폭두께비 검토 시, 압연H형강의 항복강도는 플랜지의 항복강도를 사용한다.
플랜지의 두께가 16mm 초과 40mm 이하이므로 $F_y = 345\text{MPa}$

– 플랜지 폭두께비

$\lambda = b/t_f = (400/2)/21 = 9.52$

$\lambda_{pf} = 0.38\sqrt{E/F_y} = 0.38 \times \sqrt{210{,}000/345} = 9.38$

$\lambda_{rf} = 1.0\sqrt{E/F_y} = 1.0 \times \sqrt{210{,}000/345} = 24.67$

$\therefore \lambda_{pf} < \lambda < \lambda_{rf}$ 로서 플랜지는 비콤팩트(비조밀)단면이므로 국부좌굴에 의한 강도저감이 필요하다.

$M_p = 1{,}266.2$ kN·m

$0.7F_yS_x = 0.7M_y = 0.7 \times 345 \times 3.33 \times 10^6 \times 10^{-6} = 804.2$ kN·m

식(7.23)에 따라 직선보간하면, $M_{nx} = 1{,}262.0$ kN·m

– 웨브 폭두께비

$\lambda = h/t_w = [400 - 2 \times (21 + 22)]/13 = 24.2$

$\lambda_{pw} = 3.76\sqrt{E/F_y} = 3.76\sqrt{210{,}000/345} = 92.77$

$\therefore \lambda < \lambda_{pw}$ 로서 웨브는 콤팩트(조밀)단면이다

$\therefore$ 국부좌굴휨강도: $M_{nx} = M_p = Z_xF_y = 1{,}262.0$ kN

③ 횡비틀림좌굴을 고려한 휨강도

$L_b = 4{,}000$ mm

$L_p = 1.76\,r_y\sqrt{E/F_y} = 1.76(101)\sqrt{210{,}000/345} = 4{,}386$ mm

$\therefore L_b < L_p$ 이므로 소성모멘트 발현이 가능하다.

$M_{nx} = M_p = F_yZ_x = 1{,}266.2$ kN·m

따라서 설계휨강도($M_c$)는 국부좌굴을 고려한 휨강도에 의해 결정된다.

$M_{cx} = \phi_b M_{nx} = 0.9 \times 1{,}262.0 = 1{,}135.8$ kN·m

**예제 8.6**

예제 8.3의 조건에서 조합력에 대한 내력 상관관계식에 따라 안전성을 검토하시오.

**풀이**

(1) 조합력에 대한 내력 상관관계식 검토

주어진 보-기둥은 강축방향의 1축휨을 받는 2축대칭 부재이므로 8.3절의 식(8.17)과 식(8.18)을 적용한다.

$\dfrac{P_r}{P_c} = \dfrac{3{,}500}{6{,}090} = 0.57 > 0.2$이므로 식(8.17)에 의해,

$$\frac{P_r}{P_c} + \frac{8}{9}\left(\frac{M_{rx}}{M_{cx}} + \frac{M_{ry}}{M_{cy}}\right) = \frac{3{,}500}{6{,}090} + \frac{8}{9}\left(\frac{312}{1{,}135.8} + 0\right) = 0.82 < 1.0$$

따라서 H$-400 \times 400 \times 13 \times 21$ 부재는 외부하중에 대해 안전하다.

**예제 8.7**

그림 8.14와 같은 골조에 대하여 기둥 부재 AB 및 CD(H−344×348×10×16, $A_g$ = 14,600 $mm^2$, $I_x$ = 3.33×$10^8$ $mm^4$, $r_x$ = 151 mm, SM275A)의 적합성 여부를 검토하시오($E$= 210,000 N/$mm^2$, 플랜지와 웨브두께가 16mm 이하이므로 $F_y$= 275 N/$mm^2$). 주어진 중력하중($P_u$)과 풍하중($\Sigma H$)은 모두 계수하중이다. 그리고 면외(약축, y축)방향 유효좌굴길이계수는 $K_{y,AB} = K_{y,CD}$= 1.0으로 가정한다.

**풀이**

이 예제의 구조물은 보의 휨강성이 기둥의 휨강성보다 월등히 크다는 조건을 의도적으로 부여하였다. 이는 유효좌굴길이의 산정과 구조해석을 간단히 하고, 2차 효과를 고려한 모멘트골조의 보−기둥 부재설계의 전 과정을 상세히 설명하기 위함이다.

1) 구조해석

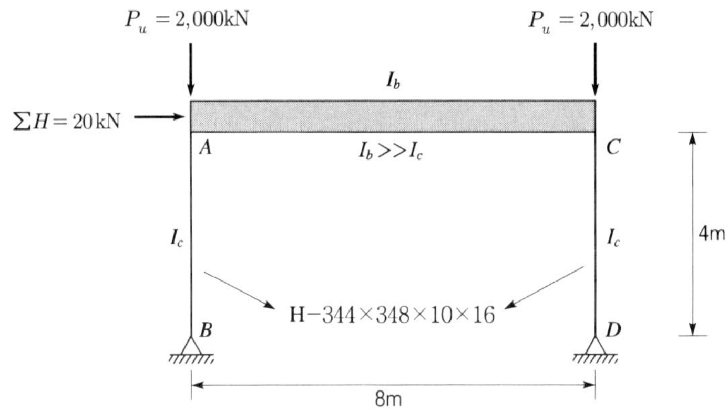


그림 8.14 예제 8.7

중력하중과 횡력이 동시에 작용할 경우에 설계기준의 모멘트증폭계수를 적절하게 적용하기 위해서는 그림 8.2와 같이 비횡변위골조(nonsway frame)와 횡변위골조(sidesway frame)로 분리하여 1차해석을 수행한 후 중첩하는 과정이 필요하다. 여기서 비횡변위골조라 함은 아래 그림 8.15(a)와 같이 층바닥 높이에 가상의 인위적 횡지지를 설치한 골조에 중력하중만을 가한 것이다. 인위적 횡지지에서 발생하는 반력은 실제 횡력과 합하여 횡지지골조에 가함으로써 상쇄시킨다.

비횡변위골조의 해석에서 구한 기둥부재의 모멘트에는 부재효과(member effect)를 반영하는 증폭계수 $B_1$을 곱하고, 횡변위골조의 해석에서 구한 모멘트에는 골조효과(frame effect)를 반영하는 증폭계수 $B_2$를 곱한다.

그림 8.15(a), (b)에는 2가지 골조에 대한 해석결과를 요약하였다. 비횡변위골조의 경우 기둥에 중력하중이 직접 작용하므로 $M_{nt}$ = 0이 된다. 본 예제에서 보는 바와 같이 중력하중과 구조물이 대칭이면 가상의 횡지지부에서 반력이 발생하지 않는다. 비횡변위골조 기둥부재의 유효좌굴길이는 주각힌지−주두고정

에 상당하므로 유효좌굴길이는 0.7로 취할 수 있다(표 6.2의 두 번째 경우). 반면 횡변위골조 기둥은 캔틸레버기둥을 뒤집어 놓은 것으로 생각할 수 있으므로(기둥 상단 지지조건이 고정단) 유효좌굴길이는 2.0으로 취하는 것이 타당하다(표 6.2의 여섯 번째 경우).

2) 모멘트 증폭계수 $B_1$ 및 $B_2$ 산정

그림 8.15(a)에서 $M_{nt}=0$(횡변위 구속) 이므로 $B_1$을 구할 필요가 없다. 한 가지 유의할 점은 $B_1$ 산정에 사용되는 기둥의 유효좌굴길이계수는 비횡변위골조의 값을 택해야 한다는 것이다(본 예제의 경우에는 0.7).

$B_2$ 산정(그림 8.15(b) 참조)

$\Sigma P_{nt}=4{,}000\text{ kN}$ (층에 작용하는 총 계수중력하중)

$$\Sigma P_{e2}=2\times\frac{\pi^2 EI_x}{(KL)^2}=2\times\frac{\pi^2\times 210{,}000\times 3.33\times 10^8\times 10^{-3}}{(2.0\times 4{,}000)^2}=21{,}568\text{ kN}$$

$$B_2=\frac{1}{1-\dfrac{\Sigma P_{nt}}{\Sigma P_{e2}}}=\frac{1}{1-\dfrac{4{,}000}{21{,}568}}=\frac{1}{1-0.19}=1.23\ (\geq 1.0)$$

3) 소요압축강도($P_r$) 및 소요휨강도($M_r$) 산정

1차해석결과에 위에서 구한 증폭계수를 곱하여 산정한다.

(1) 소요압축강도($P_r$)

$$P_r=P_{nt}+B_2P_{lt}=2{,}000+1.23\times 10=2{,}012.3\text{ kN}$$

(2) 소요휨강도($M_r$)

$$M_r=B_1M_{nt}+B_2M_{lt}=0+1.23\times 40=49.2\text{ kN}\cdot\text{m}$$

4) 조합응력검토를 위한 설계압축강도 및 설계휨강도 산정

(1) 설계압축강도($P_c=\phi P_n$)

면내좌굴과 면외좌굴의 유효좌굴길이계수($K_x=2.0$, $K_y=1.0$)를 반영하여 세장비$\left(\dfrac{KL}{r}\right)$를 구하고 위험좌굴축 결정

$$\left(\frac{KL}{r}\right)_x=\frac{2.0\times 4{,}000}{151}=53.0,\qquad \left(\frac{KL}{r}\right)_y=\frac{1.0\times 4{,}000}{87.8}=45.6$$

$$\therefore\ \left(\frac{KL}{r}\right)_{\max}=\left(\frac{KL}{r}\right)_x=53.0\text{(면내방향의 강축좌굴이 지배)}$$

$$\frac{KL}{r}=53.0<4.71\sqrt{\frac{E}{F_y}}=4.71\sqrt{\frac{210{,}000}{275}}=130.2$$

혹은

$$F_e = \frac{\pi^2 E}{\left(\frac{KL}{r}\right)^2} = 737.8\text{N/mm}^2,\ \ F_y/F_e = 275/737.8 = 0.37 \le 2.25$$

그러므로

$$F_{cr} = \left(0.658^{\frac{F_y}{F_e}}\right) F_y = 236\text{N/mm}^2$$

$$P_c = \phi_c P_n = \phi_c F_{cr} A_g = 0.9 \times 236 \times 14{,}600 \times 10^{-3} = 3{,}101\text{kN}$$

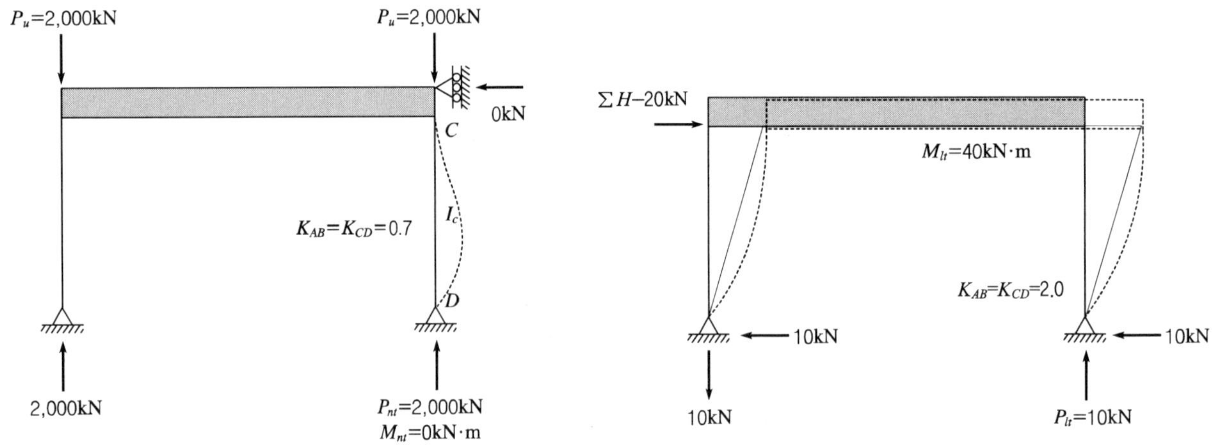


(a) $M_{nt}$ 및 $P_{nt}$(비횡변위골조)

(b) $M_{lt}$ 및 $P_{lt}$(횡변위골조)

**그림 8.15** 예제 8.7

(2) 설계휨강도($M_{cx} = \phi M_{nx}$)

설계휨강도($M_c$)는 부재의 국부좌굴강도, 횡비틀림좌굴강도, 소성모멘트강도를 비교하여 최솟값을 택한다.

① 소성모멘트

$$M_p = F_y Z_x = 275 \times 2.12 \times 10^6 \times 10^{-6} = 583\ \text{kN}\cdot\text{m}$$

② 국부좌굴을 고려한 휨강도

플랜지 국부좌굴(FLB)

$$\lambda = b/t_f = (348/2)/16 = 10.88$$

$$\lambda_{pf} = 0.38\sqrt{E/F_y} = 0.38 \times \sqrt{210{,}000/275} = 10.50$$

$$\lambda_{rf} = 1.0\sqrt{E/F_y} = 1.0 \times \sqrt{210{,}000/275} = 27.63$$

$\therefore \lambda_{pf} < \lambda < \lambda_{rf}$ 로서 플랜지는 비콤팩트(비조밀)단면이므로 국부좌굴에 의한 강도저감이 필요하다.

$M_p = 583.0\ \text{kN}\cdot\text{m}$

$0.7F_yS_x = 0.7M_y = 0.7 \times 275 \times 1.94 \times 10^6 \times 10^{-6} = 373.5\ \text{kN}\cdot\text{m}$

직선보간하면, $M_{nx} = 578.6\ \text{kN}\cdot\text{m}$

웨브 국부좌굴(WLB) 검토

$\lambda = h/t_w = [344 - 2 \times (16 + 20)]/10 = 27.2$

$\lambda_{pw} = 3.76\sqrt{E/F_y} = 3.76\sqrt{210{,}000/275} = 103.9$

$\therefore\ \lambda < \lambda_{pw}$ 로서 웨브는 콤팩트(조밀)단면이다

③ 횡비틀림좌굴 검토

$L_b = 4{,}000\ \text{mm}$

$L_p = 1.76\, r_y\sqrt{E/F_y} = 1.76\,(87.8)\sqrt{210{,}000/275} = 4{,}270\ \text{mm}$

$\therefore\ L_b < L_p$이므로 소성모멘트 발현이 가능하다.

따라서 기둥 CD의 설계휨강도($M_c$)는 국부좌굴을 고려한 휨강도에 의해 결정된다.

$\therefore\ M_{cx} = \phi_b M_{nx} = 0.9 \times 578.6 = 520.7\ \text{kN}\cdot\text{m}$

5) 조합력에 대한 내력 상관관계식 검토

기둥 AB 및 CD는 강축방향의 1축휨을 받는 2축대칭 부재이므로 8.3절의 식(8.16)과 식(8.17)을 적용하면 된다.

$\dfrac{P_r}{P_c} = \dfrac{2{,}012.3}{3{,}101} = 0.65 > 0.2$이므로 식(8.16)에 의해,

$$\frac{P_r}{P_c} + \frac{8}{9}\left(\frac{M_{rx}}{M_{cx}} + \frac{M_{ry}}{M_{cy}}\right) = \frac{2{,}012.3}{3{,}101} + \frac{8}{9}\left(\frac{49.2}{520.7} + 0\right) = 0.74 < 1.0$$

따라서 $H - 344 \times 348 \times 10 \times 16$ 부재는 기둥으로 적합하다.

### 8.3.2 인장력과 휨을 받는 1축 및 2축 대칭단면부재

휨과 인장력의 조합응력이 작용하는 경우는 상대적으로 흔치 않다. 2축대칭단면부재와 x축 또는 y축으로만 휨이 발생하도록 구속된 1축대칭단면부재에 있어서 휨과 인장력의 상관관계는 식(8.17) 및 식(8.18)을 따르되 다음과 같은 수정사항을 반영한다.

(1) $\dfrac{P_r}{P_t} \geq 0.2$ 인 경우

$$\frac{P_r}{P_t} + \frac{8}{9}\left(\frac{M_{rx}}{M_{cx}} + \frac{M_{ry}}{M_{cy}}\right) \leq 1.0 \qquad (8.23)$$

(2) $\dfrac{P_r}{P_t} < 0.2$ 인 경우

$$\frac{P_r}{2P_t} + \left(\frac{M_{rx}}{M_{cx}} + \frac{M_{ry}}{M_{cy}}\right) \leq 1.0 \tag{8.24}$$

단, $P_r$ : 소요인장강도(N)

$P_t$ : 5장의 규정에 따라 정해지는 설계인장강도(N)

$M_r$ : 소요휨강도(N·mm)

$M_c$ : 7장의 규정에 따라 정해지는 설계휨강도(N·mm)

$\phi_t$ : 인장강도저항계수 (=0.90 또는 0.75)

$\phi_b$ : 휨강도저항계수(=0.90)

2축대칭단면을 가진 부재에서 인장력과 휨이 동시에 작용할 때, 7장의 $C_b$ 값은 $\sqrt{1+\dfrac{P_u}{P_{ey}}}$ 만큼 증가시킬 수 있다, 여기서 $P_{ey} = \dfrac{\pi^2 EI_y}{L_b^2}$ 이다. 압축력과는 반대로 축인장력은 휨강성을 다소 증가시키는 효과가 있기 때문에 $\sqrt{1+\dfrac{P_u}{P_{ey}}}$ 에 비례하여 상호작용식의 휨모멘트에 대한 내력의 증가를 허용하고 있다.

### 8.3.3 1축휨과 압축을 받는 대칭단면부재

선형상호작용식 식(8.21) 및 식(8.22)는 축력에 대한 한계상태가 면외좌굴이고 휨모멘트에 대한 한계상태는 강축휨을 받는 2축대칭 H형강의 횡비틀림 좌굴인 경우에는 보수적인 결과를 보여주는 것으로 알려져 있다(Galambos, 1998). 이런 보-기둥 부재에 대한 대안으로써 다음과 같은 설계법을 허용하고 있다. 즉, 압축력과 1축휨이 지배적인 2축 대칭단면 부재는, 식(8.17) 및 식(8.18)에 의한 조합법 대신에, 면내불안정 한계상태 및 면외좌굴(또는 휨비틀림좌굴) 한계상태를 각각 독립적으로 고려해도 무방하다.

가) 면내불안정 한계상태에 대해서는 식(8.17) 및 식(8.18)을 사용한다. 단, $P_c$, $M_r$, $M_c$의 값은 휨이 발생한 면내에서 산정한다.

나) 면외좌굴 한계상태에 대해서는 다음 식을 사용한다.

$$\frac{P_r}{P_{co}} + \left(\frac{M_r}{M_{cx}}\right)^2 \leq 1.0 \tag{8.25}$$

여기서, $P_{co}$ : 면외휨을 고려한 설계압축강도(N)

$M_{cx}$ : 강축에 대한 설계휨비틀림좌굴강도(N·mm)

만약 약축방향으로 휨이 발생하면 식(8.25)의 모멘트비는 무시한다. 만일 양방향 모두 상당한 크기의 모멘트가 작용하는 경우에는(양방향 모두 $M_r/M_c \geq 0.05$ 인 경우) 8.3.1 절의 규정을 따라야 한다.

## 연습문제

1) 그림 8.16과 같은 조합력을 받는 부재(보-기둥 부재)의 축력비가 $P/P_e = 0.1$, 0.3, 0.5, 0.7, 0.9일 경우 설계기준식에 의한 모멘트증폭계수를 산정하시오.

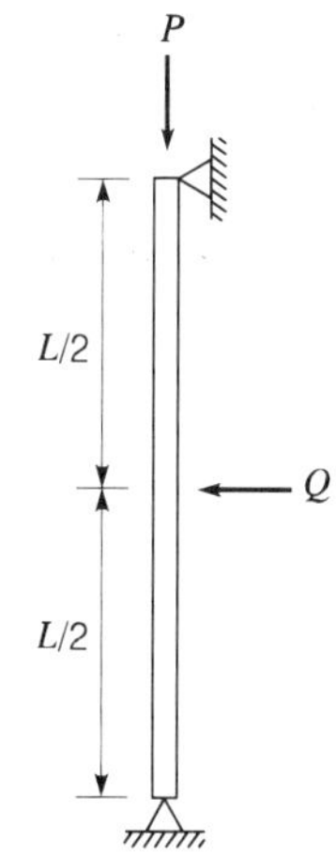


**그림 8.16** 연습문제 1)

[답]

| | 기준식에 의한 모멘트증폭계수 |
|---|---|
| 0.1 | 1.11 |
| 0.3 | 1.43 |
| 0.5 | 2.00 |
| 0.7 | 3.33 |
| 0.9 | 10.00 |

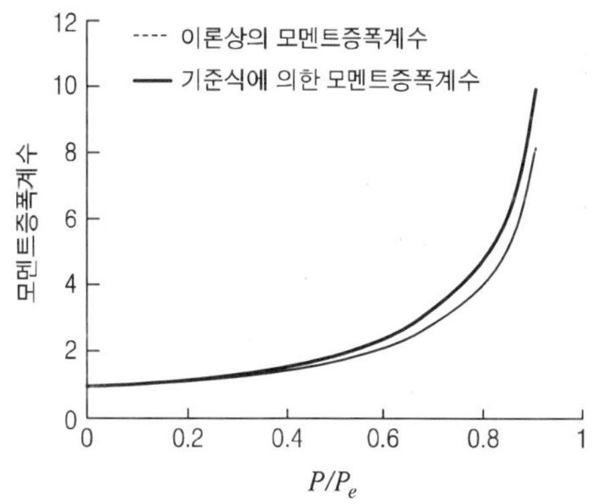

**2)** 그림 8.17과 같이 설계기준의 휨–압축재 설계식(8장의 식(8.17) 및 식(8.18))을 이용하여 단면이 압연H형강 $H-400\times400\times13\times21$(SM355A)인 다음 두 기둥의 축압축력–휨모멘트 상호작용 곡선($P_r-M_{rx}$ 관계식)을 도시하고 비교하시오. 단, 면내의 강축휨만을 고려하시오(SM355A의 탄성계수 $E=210{,}000\ \mathrm{N/mm^2}$, 항복강도는 플랜지두께가 16mm를 초과하므로 플랜지를 기준으로 하여 $F_y=345\mathrm{N/mm^2}$).

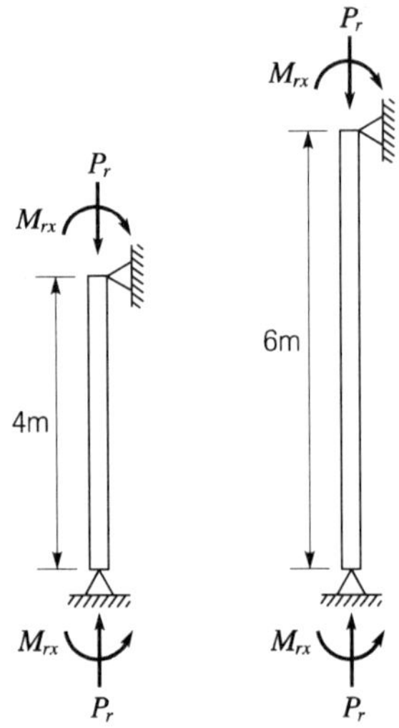

**그림 8.17** 연습문제 2)

[답] 그림 (a)

$$\frac{P_r}{P_c}\geq 0.2\ (P_r\geq 1309.8\mathrm{kN})\text{인 경우}$$

$$\Rightarrow\frac{P_r}{6{,}549}+\frac{8}{9}\left(\frac{M_{rx}}{1{,}139}\right)\leq 1.0$$

$$\frac{P_r}{P_c}< 0.2\ (P_r< 1309.8\mathrm{kN})\text{인 경우}$$

$$\Rightarrow\frac{P_r}{2(6{,}549)}+\frac{M_{rx}}{1{,}139}\leq 1.0$$

그림 (b)

$$\frac{P_r}{P_c}\geq 0.2\ (P_r\geq 1{,}251.2\mathrm{kN})\text{인 경우}$$

$$\frac{P_r}{6{,}256}+\frac{8}{9}\left(\frac{M_{rx}}{1{,}026}\right)\leq 1.0$$

$$\frac{P_r}{P_c}< 0.2\ (P_r< 1251.2\mathrm{kN})\text{인 경우}$$

$$\frac{P_r}{2(6{,}256)}+\frac{M_{rx}}{1{,}026}\leq 1.0$$

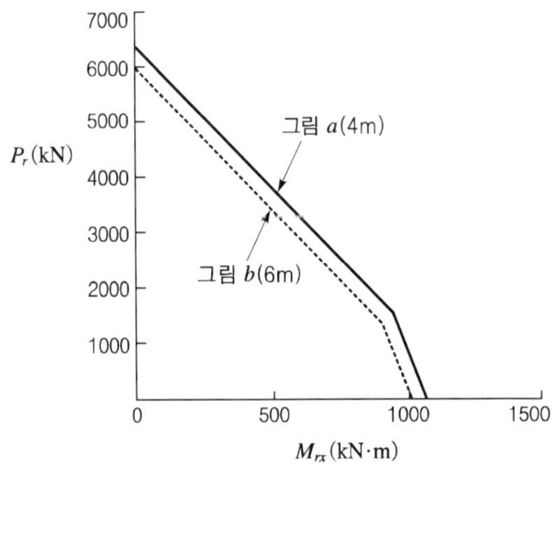

**3)** 다음 그림 8.18과 같이 압연H형강 H–400× 400× 13× 21(SM355A)의 양단 핀인 기둥에 축압축력과 강축방향의 1축 휨모멘트가 동시에 작용하고 있다. 축압축력은 $P_D = 1{,}000\,\mathrm{kN}$, $P_L = 1{,}200\,\mathrm{kN}$ 이 작용하고 있고, 기둥 상단부에는 휨모멘트가 $M_D = 15\,\mathrm{kN \cdot m}$, $M_L = 35\,\mathrm{kN \cdot m}$, 기둥 하단부에는 휨모멘트가 $M_D = 80\,\mathrm{kN \cdot m}$, $M_L = 100\,\mathrm{kN \cdot m}$ 으로 그림과 같은 방향으로 작용하고 있다. 이 기둥의 안전성 여부를 검토하시오. ($K_x = 1.0$, $K_y = 1.0$이고 $E = 210{,}000\,\mathrm{N/mm^2}$, 항복강도는 플랜지의 두께가 16mm를 초과하므로 $F_y = 345\mathrm{N/mm^2}$)

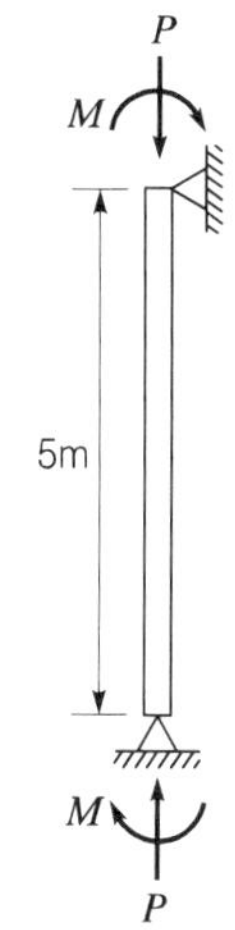


**그림 8.18** 연습문제 3)

[답] $\dfrac{P_r}{P_c} + \dfrac{8}{9}\left(\dfrac{M_{rx}}{M_{cx}} + \dfrac{M_{ry}}{M_{cy}}\right) = 0.75 < 1.0$ . 안전함.

**4)** 다음 그림 8.19와 같이 압연H형강 H–390×300×10×16(SM355A)의 양단 핀인 가새골조의 기둥에 축압축력과 2축 휨모멘트가 동시에 작용하고 있다. 축압축력은 그림 (a)와 같이 $P_D = 500\,\mathrm{kN}$, $P_L = 600\,\mathrm{kN}$ 이 작용하고 있고, 강축방향의 휨모멘트는 그림 (b)와 같이 기둥 상단부에서 $M_{x,D} = 20\mathrm{kN \cdot m}$, $M_{x,L} = 30\,\mathrm{kN \cdot m}$, 기둥 하단부에서 $M_{x,D} = 30\,\mathrm{kN \cdot m}$, $M_{x,L} = 70\,\mathrm{kN \cdot m}$ 로 각각 같은 방향으로 작용하고 있다. 그리고 약축방향의 휨모멘트는 그림 (c)와 같이 기둥 상단부와 하단부에서 $M_{y,D} = 3\mathrm{kN \cdot m}$, $M_{y,L} = 7\,\mathrm{kN \cdot m}$ 로 같은 크기와 방향으로 작용하고 있다. 이 기둥의 안전성 여부를 검토하시오. ($K_x = K_y = 1.0$이고 $E = 210{,}000\,\mathrm{N/mm^2}$, 항복강도 플랜지와 웨브두께가 모두 16mm 이하이므로 $F_y = 355\mathrm{N/mm^2}$)

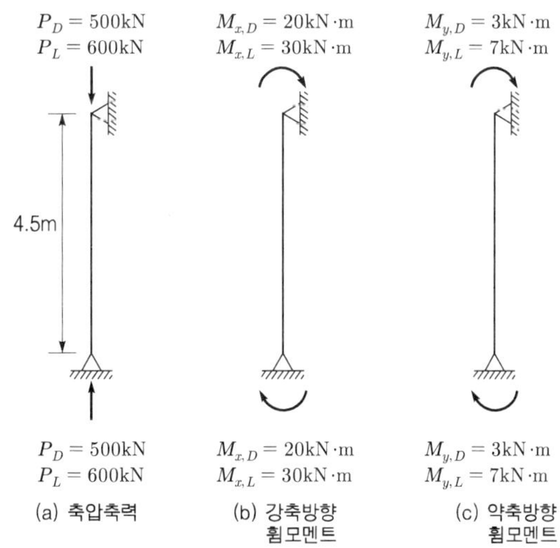


**그림 8.19** 연습문제 4)

[답] $\dfrac{P_r}{P_c} + \dfrac{8}{9}\left(\dfrac{M_{rx}}{M_{cx}} + \dfrac{M_{ry}}{M_{cy}}\right) = 0.72 < 1.0$ , 안전함.

**5)** 그림 8.20과 같이 트러스의 부재 A는 축압축력과 부재하중을 동시에 받고 있다. 부재 A(H−200×200×8×12, SM355A)의 안전성 여부를 검토하시오. 단, 면내 및 면외 유효좌굴길이는 부재 절점 간 길이를 적용한다. ($K_x = 1.0$, $K_y = 1.0$이고 $E = 210{,}000\ \text{N/mm}^2$, 플랜지와 웨브두께가 모두 16mm 이하이므로 항복강도 $F_y = 355\ \text{N/mm}^2$)

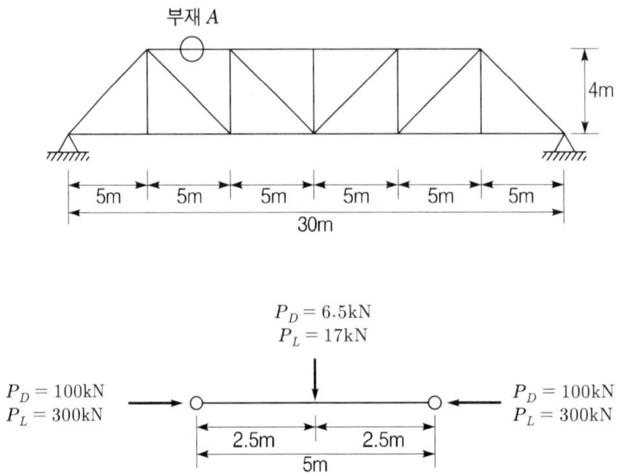


**그림 8.20** 연습문제 5)

[답] $\dfrac{P_r}{P_c} + \dfrac{8}{9}\left(\dfrac{M_{rx}}{M_{cx}} + \dfrac{M_{ry}}{M_{cy}}\right) = 0.87 < 1.0$ , 안전함.

**6)** 그림 8.21과 같은 길이 9m의 H형강 부재가 트러스 인장재로 사용되고 있다. 계수인장력은 $P_r = 1{,}500\,\text{kN}$이고, 계수 중력하중 $Q_r = 100\,\text{kN}$이 부재 중앙부에 작용하여 강축휨을 유발하고 있다. 이 부재에 압연H형강 H−600×200×11×17(SM275A)이 사용될 경우 안전성 여부를 검토하시오 (항복강도는 플랜지 두께가 16mm를 초과하므로 플랜지 항복강도를 기준으로 하여 $F_y = 265\,\text{N/mm}^2$, $E = 210{,}000\,\text{N/mm}^2$).

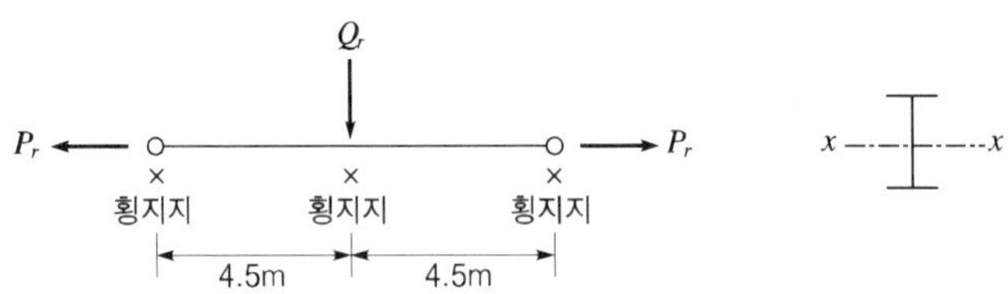


**그림 8.21** 연습문제 6)

[답] $\dfrac{P_r}{P_t} + \dfrac{8}{9}\left(\dfrac{M_{rx}}{M_{cx}} + \dfrac{M_{ry}}{M_{cy}}\right) = 0.75 < 1.0$, 안전함.

## 참고문헌


8.1 국토교통부 건축구조기준 (2019). "건축물 강구조 설계기준 KDS 41 31 00 : 2019", 국가건설기준센터

8.2 국토교통부 건축구조기준 (2017, 2018). "강구조설계(하중저항계수설계법) KDS 14 31 05~60 : 2017, 2018", 국가건설기준센터

8.3 Austin, W. J. (1961). Strength and design of metal beam-columns, Journal of the Structural Division, ASCE, Vol. 87, No. 4, pp 1-32.

8.4 Chen, W. F. and Lui, E. M. (1987). Structural Stability : Theory and Implementation, Elsevier Science Publishing Co. Inc., New York, NY.

8.5 Galambos, T. V. (1998). Guide to Stability Design Criteria for Metal Structures, Structural Stability Research Council, 5th edition, John Wiley and Sons, New York, NY.

8.6 Le Messurier, W. J. (1977). A practical method of second order analysis, Part 2-Rigid frames, Engineering Journal, AISC, Vol. 14, No. 2, 2nd Quarter, pp 49-67.

8.7 Seaburg, P. A. and Carter, C. J. (1997). Torsional Analysis of Structural Steel Members, S teel Design Guide Series No. 9, American Institute of Steel Construction, Inc.

Design of Steel Structures

# 제9장 합성부재

## 9.1 개요

합성부재(composite members)는 압연형강, 용접형강, 강관, 데크플레이트 또는 조립형강과 같은 강재가 구조용 콘크리트와 함께 거동하도록 구성하여 각각의 단점은 보완하고 장점은 극대화시킨 구조부재이다.

합성부재에 공통적으로 적용되는 구조제한으로 콘크리트의 설계기준압축강도 $f_{ck}$ 는 21N/mm$^2$ 이상이어야 하며 70N/mm$^2$(경량콘크리트의 경우 42N/mm$^2$)를 초과할 수 없으며, 강재 및 철근의 설계항복강도 $F_y$는 650N/mm$^2$를 초과할 수 없다. 콘크리트의 탄성계수는 콘크리트구조 설계(KDS 14 20 10. (4.3))을 따른다.

일반적으로 사용되고 있는 합성부재에는 합성슬래브(composite slabs), 합성보(composite beams) 및 합성기둥(composite columns)이 있으며, 설계상 요구조건에 따라 합성전단벽(composite shear walls), 합성트러스(composite trusses), 합성가새(composite braces) 등이 사용되기도 한다.

엄격히 말하면, 합성구조는 둘 또는 그 이상의 재료로 구성된 구조부재를 사용한 구조방식이라 할 수 있다. 그러나 건물에서 일반적으로 구조용 강재와 철근 콘크리트를 적용하여 구성하는 합성보 또는 합성기둥을 의미한다. 합성보는 여러형태를 취할 수 있는데, 초기 합성보는 콘크리트에 싸여진 보로 구성되어 있으며(그림 9.1(a)), 이는 콘크리트에 구조용 강재를 매입함으로써 내화성능을 확보함과 동시에 보의 강도를 증진시키는 효과가 있다. 최근에는 강재보가 철근 콘크리트 슬래브를 지지하게 하고 서로 연결함으로써 두 부재가 하나의 부재처럼 거동해 합성작용을 하도록 하고 있다. 바닥이나 지붕 시스템의 경우, 슬래브의 일부분이 강재보와 함께 형강의 상부가 콘크리트 플랜지로 확장된 것과 같은 형상으로 합성보를 구성하게 된다(그림 9.1(b)). 단일 부재로의 거동은 두 부재 사이에 미끄러짐이 발생하지 않아야만 가능하며, 이는 두 부재 사이의 수평 전단력을 강재앵커(전단연결재, shear connectors 또는 steel anchors)로 불리는 연결장치에 의해 저항하게 함으로써 얻어진다. 스터드(stud), ㄷ형강 등과 같은 강재앵커(전단연결재)를 정해진 간격에 따라 강재보의 상부 플랜지 위에 용접하고 경화된 콘크리트에 정착됨으로서 역학적 연결을 얻게 된다.(그림 9.1(c)), 스터드는 흔히 사용되는 강재앵커이며, 플랜지가 충분히 넓다면 한 위치에 한 개씩 사용된다. 강재앵커로 스터드를 많이 적용하는 이유 중 하나는 시공 편의성이다. 이는 단 한명의 작업자가 자동장비를 활용해 보에 강재앵커를 용접할 수 있기 때문이다. 완전 합성작용을 얻기 위해서 요구되는 강재앵커의 개수가 있으며, 이보다 적은 수의 강재앵커의 사용은 강재와 콘크리트 사이에 미끄러짐을 유발하며, 이러한 보를 부분합성보(partially composite)라 한다. 실제로 건물에서 대부분의 합성구조는 콘크리트 슬래브의 거푸집 역할을 하며, 콘크리트 경화 후 해체하지 않는 강재 데크 플레이트를 주로 사용한다. 이 강재 데크플레이트는 설계시에는 고려하지 않지만 슬래브의 강성에 기여를 한다. 데크플레이트는 리브(rib)를 강재보에 횡방향(직각) 또는 평행한 방향으로 배열하며, 보통의 바닥 시스템에서 리브는 작은보에 수직하게 큰보에 평행한 방향으로 배열된다. 전단 스터드는 보에 용접되며 리브 안에 있어야 하므로 보 길이방향의 스터드 간격은 리브 간격의 몇 배로 제한된다. 그림 9.2는 골데크플레이트 슬래브와 결합한 합성보와 평판 콘크리트슬래브와 결합한 합성보를 보여주고 있다.

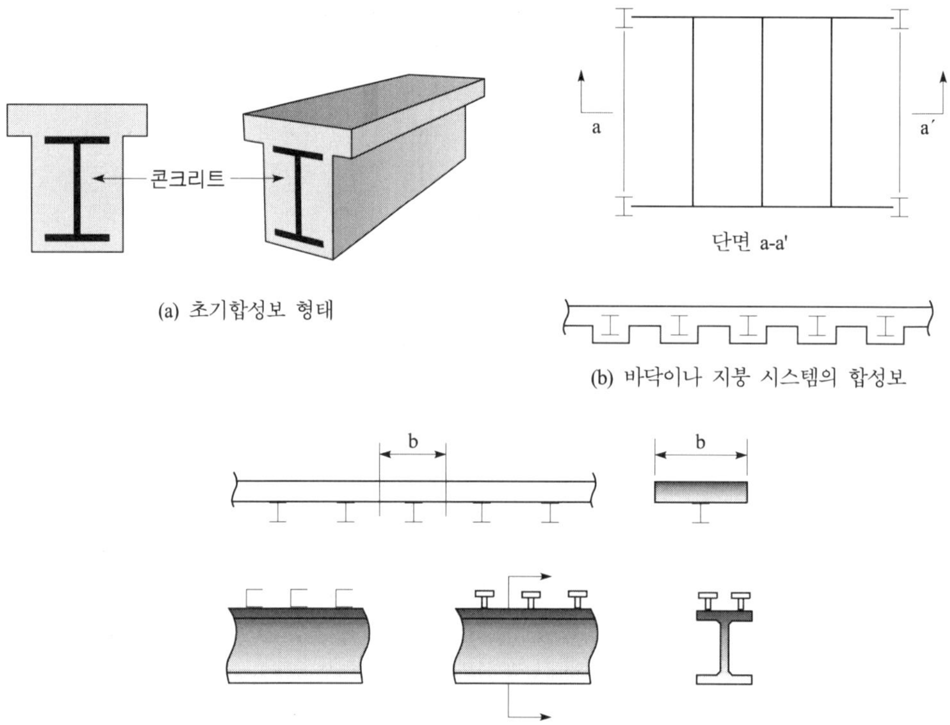


(a) 초기합성보 형태

(b) 바닥이나 지붕 시스템의 합성보

(c) 강재앵커 사용한 합성보

**그림 9.1** 합성구조

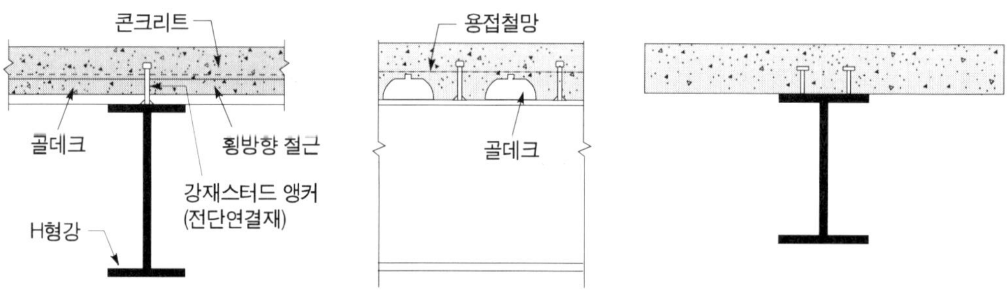


(a) 골데크슬래브와 결합한 합성보

(b) 평판슬래브와 결합한 합성보

**그림 9.2** 합성보의 구성

합성구조는 경제적인 대안으로 고려된다. 순수 강구조와 비교하여 더 작고 가벼운 강재보가 합성구조에 사용될 수도 있지만, 이 장점은 때때로 전단연결재의 추가적인 비용으로 상쇄될 가능성도 있다. 그렇지만, 합성구조의 여러 장점들로 인해 합성구조는 효과적인 구조방식으로 여겨지며, 적용 시스템에 따라 층고절감 효과 및 처짐 또한 비합성구조보다 작아질 것을 기대할 수 있다.

합성단면의 공칭강도는 건축물 강구조 설계기준(KDS 41 31 00)의 4.6.1.2에 따라 소성응력분포법 또는 변형률적합법으로 결정한다.

## 9.2 합성슬래브

합성슬래브는 그림 9.3과 같이 콘크리트 슬래브와 강재 데크플레이트가 일체로 거동하도록 형성된 슬래브이다. 데크플레이트는 거푸집으로 사용이 가능하며, 콘크리트의 보강근으로는 철근 또는 용접철망(welded steel wire fabric)이 사용된다.

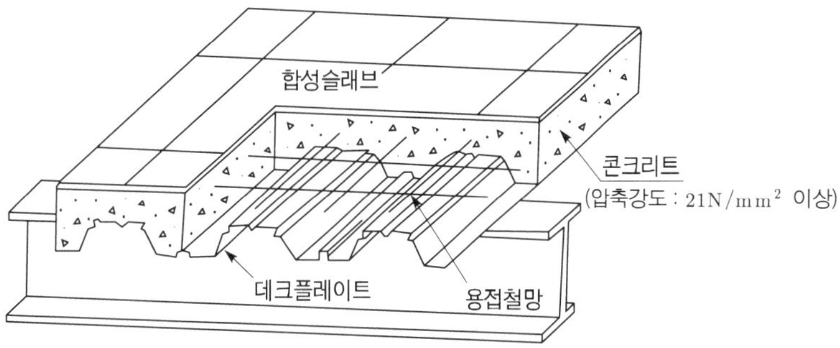


**그림 9.3** 합성슬래브

데크플레이트는 조건에 합당한 경우 콘크리트 슬래브의 인장보강근 역할을 겸하여 합성슬래브로 사용할 수 있으며, 경우에 따라서는 거푸집 용도만으로 사용되는 경우도 있다.

데크플레이트는 구조용 강판을 절곡하여 제작하며, 합성슬래브의 경우 콘크리트 슬래브와 데크플레이트 사이의 수평전단력을 효율적으로 전달하기 위하여 그림 9.4와 같이 인위적인 장치를 설치한다.

(1) 데크플레이트 면의 요철: 기계적 부착
(2) 데크플레이트의 형상: 마찰에 의한 부착
(3) 단부 스터드앵커: (1) 또는 (2)와 병행하여 사용
(4) 단부 리브 변형: (1)과 병행하여 사용

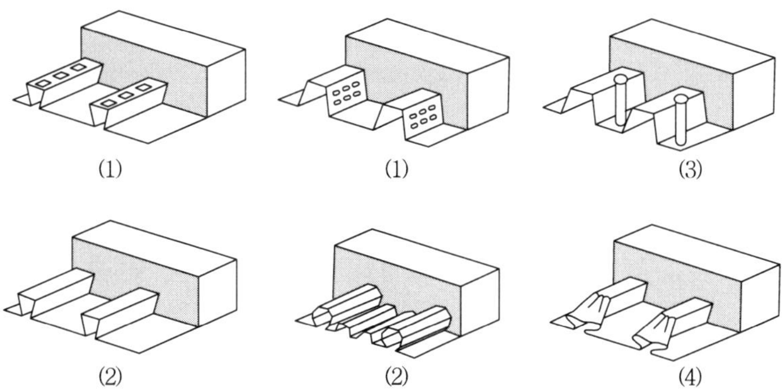


**그림 9.4** 합성슬래브의 부착방법

### 9.2.1 데크플레이트의 설계

데크플레이트에 콘크리트 타설시 모든 하중은 별도의 지주(support)가 없을 경우 거푸집 역할을 하는 데크플레이트만으로 지지된다. 이 경우 데크플레이트는 콘크리트가 경화하여 구조적 역할을 할 수 있을 때까지는 데크플레이트의 중량과 콘크리트의 중량뿐만 아니라 시공하중도 지지할 수 있어야 한다. 또한 장단기 처짐으로 인한 슬래브의 사용성과 내력의 저하에 대해서도 고려해야한다.

### 9.2.2 합성슬래브의 설계

데크플레이트는 제조업체에 따라 다양한 형태가 생산되며 업체마다 제품을 규격화하여 사용조건(하중 및 스팬길이, 선조립철근 배치 여부 등)에 따라 선택하여 적용할 수 있도록 하고 있다(그림 9.5). 구조설계상세는 데크플레이트의 형상 및 특성을 고려하여 제작업체로부터 제공된다.

합성슬래브의 설계는 콘크리트가 양생된 후에는 콘크리트와 데크플레이트가 일체화되어 거동하므로 콘크리트와 데크플레이트의 합성단면에 대해 실시한다. 합성슬래브는 작용하고 있는 하중에 대해 충분히 저항할 수 있도록 내력을 가져야 하며, 장단기 처짐이 사용상, 내력상 충분한 강성을 가질 수 있도록 설계되어야 한다. 일반적으로 합성슬래브는 전단부착파괴 또는 휨파괴에 의해 최대내력에 도달하므로 이 두 가지 한계상태에 대한 검토가 요구된다.

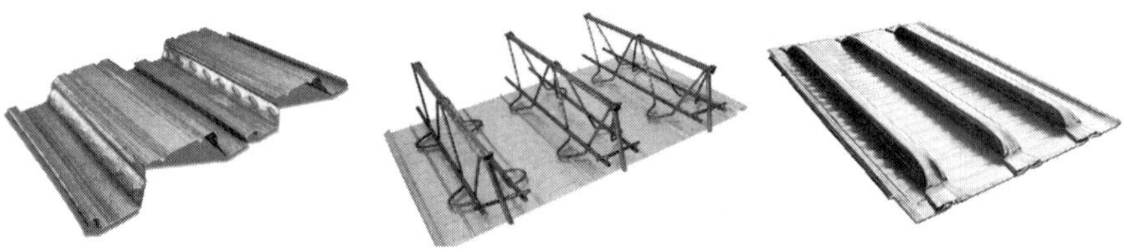

(a) 골판(합성구조)형 (b) 철근 일체(트러스)형 (c) 평판(단부 압축)형

**그림 9.5** 각종 데크플레이트

#### 1) 전단부착강도

그림 9.6은 전단부착파괴를 나타낸 것으로 콘크리트 슬래브와 데크플레이트 사이에 부착파괴로 인한 미끄러짐이 발생하는 현상을 말한다. 일반적으로 합성슬래브의 전단부착강도는 따로 계산하지 않으며 데크플레이트의 제조업체에서 제공하는 실험에 근거한 전단부착강도를 사용한다.

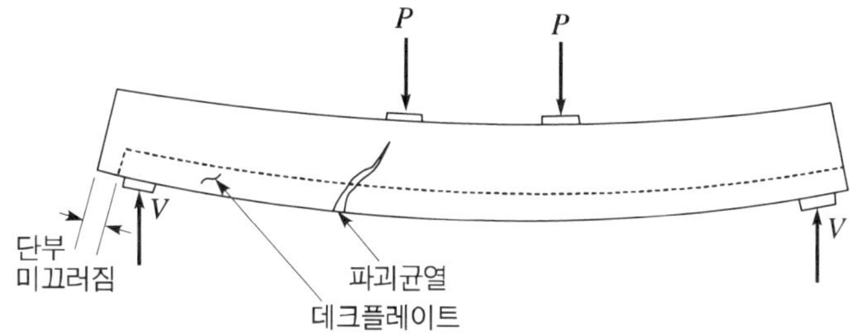


그림 9.6 합성슬래브의 전단부착파괴

2) 휨강도

합성슬래브의 설계휨강도는 단면의 소성응력분포를 고려하여 산정할 수 있다. 그림 9.7은 정모멘트를 받는 합성슬래브 단면의 소성응력분포를 나타낸 것이며, 그림 9.8은 연속보로 설계하는 경우 부모멘트를 받는 합성슬래브 단면의 소성응력분포를 나타낸 것이다. 이때 데크플레이트의 휨강도에 대한 기여도는 생략한다.

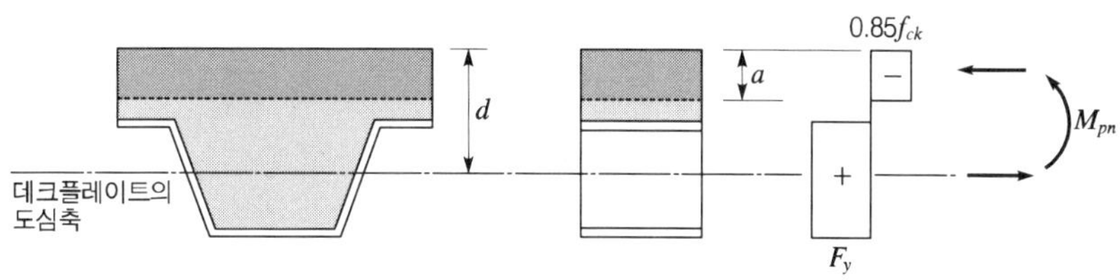


(a) 합성슬래브 단면 (b) 합성슬래브 단면의 소성응력분포

그림 9.7 정모멘트를 받는 합성슬래브 단면의 소성응력분포

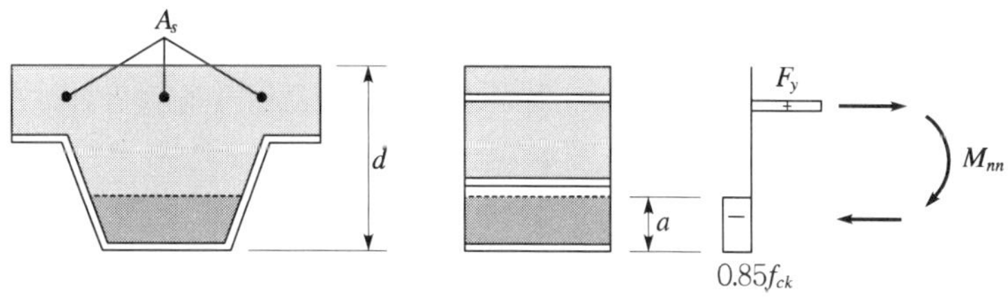


(a) 합성슬래브 단면 (b) 합성슬래브 단면의 소성응력분포

그림 9.8 부모멘트를 받는 합성슬래브 난면의 소성응력분포

3) 처짐 검토

합성슬래브의 사용성을 검토하기 위한 처짐의 계산에는 합성슬래브 단면의 단면2차모멘트가 사용된다. 단면2차모멘트는 데크플레이트를 콘크리트로 치환한 환산단면을 사용하여 구한다. 단면2차모멘트는 중립축 아래의 인장측 콘크리트를 고려하지 않는 균열 단면2차모멘트와 콘크리트 전체단면을 고려하는 비균열 단면2차모멘트로 구할 수 있다.

## 9.3 합성보

### 9.3.1 합성보의 개요

대표적인 합성보의 종류로 그림 9.9와 같이 노출된 강재보가 상부의 철근콘크리트 슬래브와 강재앵커에 의해 합성된 노출형합성보와 강재보가 콘크리트에 완전히 매입된 매입형합성보가 있다.

노출형합성보는 시공이 용이하며, 단면의 상부가 압축단이 되는 정모멘트의 경우 단면의 효율성이 매우 높은 부재로써 일반적으로 합성보라 하면 노출형합성보를 말한다. 한편 매입형합성보는 별도의 보 거푸집이 필요하므로 시공에 어려움이 있으나, 내화성능이 우수하며 보의 강성을 높일 필요가 있는 경우에 사용된다.

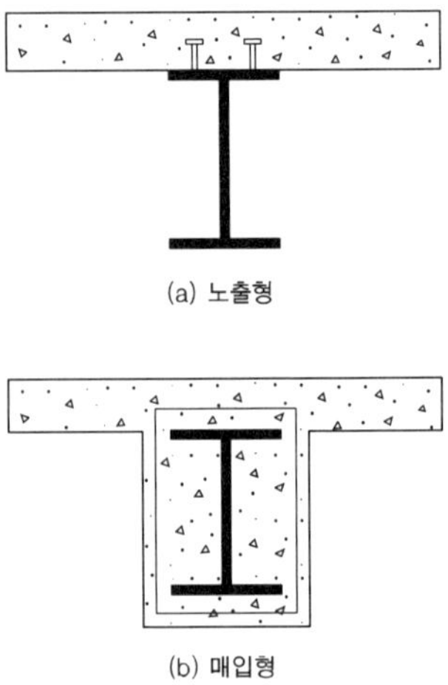

**그림 9.9** 합성보의 종류

합성보는 강재보와 철근콘크리트 슬래브가 하나의 단일 부재로 거동하는 구조부재이다. 그림 9.10(a)와 같이 강재보와 철근콘크리트 슬래브가 비합성된 상태에는 두 부재사이에 미끄러짐이 발생하며, 콘크리트 슬래브와 강재보가 각각 개별적으로 하중을 분담한다고 가정한다. 따라서, 콘크리트와 강재의 상호작용이 없는 상태이며, 하중이 작용하여 휨변형이 일어나면 두 부재의 아래 면은 각각 인장을 받아 늘어나며 윗면은 각각 압축을 받아 줄어든다. 그러므로 두 부재의 접촉면 사이에는 미끄럼이 발생한다.

그림 9.10(b)에서와 같이 강재보와 철근콘크리트 슬래브가 하나의 부재처럼 합성되어 작용할 때에는 두 부재 사이에 미끄러짐은 없다고 가정한다. 따라서, 콘크리트 부재의 하단은 인장을 받아 늘어나려 하고, 동시에 강재 부재의 상단은 압축을 받아 줄어들려하여 두 부재의 사이에는 수평으로 작용하는 수평전단력이 발생하며, 이 수평전단력에 저항하는 것이 강재앵커(전단연결재)이다.

강재앵커는 강재보와 철근콘크리트 슬래브를 결합하는 요소이고, 강재앵커의 양에 따라 강재보와 철근콘크리트 슬래브의 합성정도가 결정되며 두 부재간의 합성정도에 따라 노출형 합성보는 완전합성보와 부분합성보로 나눌 수 있다.

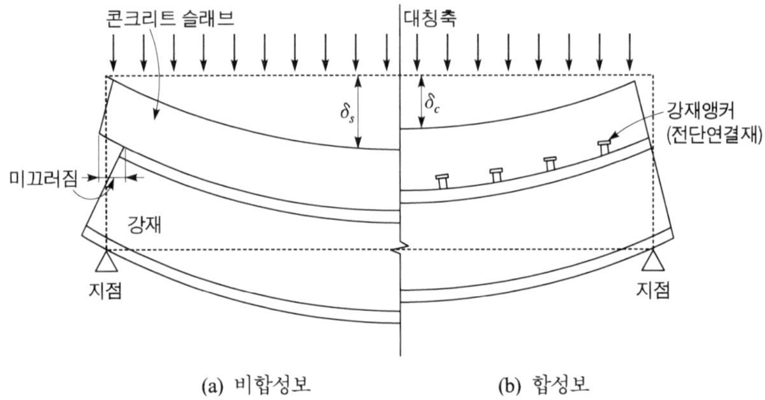

**그림 9.10** 비합성보와 합성보의 변형비교

### 9.3.2 합성보의 장단점

합성보의 장점은 노출된 강재보에 비해 주어진 하중을 전달하는 데 필요한 자중 및 부재의 높이를 줄일 수 있다. 또한, 유효 보 깊이가 강재 높이가 아니라 슬래브 상단에서 강재 하단까지의 거리로 증가하여 부재의 전체 효율을 향상시킨다.

합성보 단면의 강성에 대한 계산은 실제에 근사할 수 있으나, 일반적으로 합성단면은 강재보에 비해 증가한 단면 2차 모멘트를 지니며, 강성증가의 영향은 정적처짐에 크게 영향을 미친다.

합성보의 유일한 단점은 강재앵커와 같은 전단연결재의 추가비용이 발생한다는 점이다. 하지만, 증가한 강도로 인해 소요되는 강재중량의 감소는 일반적으로 전단연결재의 추가비용을 상쇄하기에 충분하므로, 이러한 추가비용은 엄밀하게 이야기하면 단점이라고 하기 어렵다.

### 9.3.3 합성보의 탄성응력

합성보의 설계강도는 일반적으로 파괴시의 상태에 근거하지만 사용하중 작용시 거동에 대한 이해는 중요하다. 처짐은 항상 사용하중 하에서 검토되고, 설계강도는 최초로 항복이 일어난 한계상태를 기준으로 한다. 균일한 재료로 구성된 보의 휨 및 전단응력은 식(9.1)로 계산될 수 있다.

$$f_b = \frac{M_c}{I}y, \quad f_v = \frac{VQ}{It} \tag{9.1}$$

여기서, $M_c$ = 휨 모멘트(N·mm)

$f_b$ = 보의 휨응력(N/mm$^2$)

$f_v$ = 보의 전단응력(N/mm$^2$)

$I$ = 보의 단면 2차 모멘트(mm$^4$)

$V$ = 보의 전단력(N)(mm$^3$)

$Q$ = 보의 단면 1차 모멘트

$t$ = 보의 두께(mm)

$y$ = 중립축으로부터의 거리(mm)

그러나, 합성보는 단일 재료로 구성된 것이 아니므로 식(9.1)을 직접 적용할 수 없다. 이 식을 적용하기 위해서는 환산단면(transformed section) 개념을 사용해 콘크리트와 같은 효과를 가지는 강재로 환산한다. 그림 9.11은 합성보의 한 단면을 변형도 및 응력 선도와 함께 보여주고 있다. 슬래브가 압연형강에 완전히 부착되어 있다면 힘을 받기 전에 평면이었던 단면이 힘을 받은 후에도 평면을 유지한다는 미소처짐 이론에 따라 변형도는 그림과 같아야 한다. 그러나 그림 9.11(c)에 나타난 바와 같이 연속선형 응력분포는 보가 균질한 재료로 이루어져 있다는 가정이 전제되어야 한다.

$$\varepsilon_c = \varepsilon_s, \quad \frac{f_c}{E_c} = \frac{f_s}{E_s}$$

$$f_s = \frac{E_s}{E_c} f_c = n f_c \tag{9.2}$$

여기서, $E_c$ = 콘크리트의 탄성계수(N/mm²)

$E_s$ = 강재의 탄성계수(N/mm²)

$f_c$ = 콘크리트의 응력(N/mm²)

$f_s$ = 강재의 응력(N/mm²)

$n = \frac{E_s}{E_c}$ = 탄성계수비

식(9.2)에서 콘크리트 $nm^2$ 이 받는 힘은 강재 $1m^2$ 가 받는 동일힘을 저항하기 위한 면적이다. 콘크리트가 받는 힘에 저항하는 등가의 강재단면을 결정하기 위해서는 콘크리트 면적을 탄성계수비 $n$으로 나눈다. 즉 $A_c$ 를 $A_c/n$으로 치환하며, 이 면적이 환산단면 (transformed area)이 된다. $E_c$는 콘크리트구조 설계(KDS 14 20 10. (4.3))을 따른다.

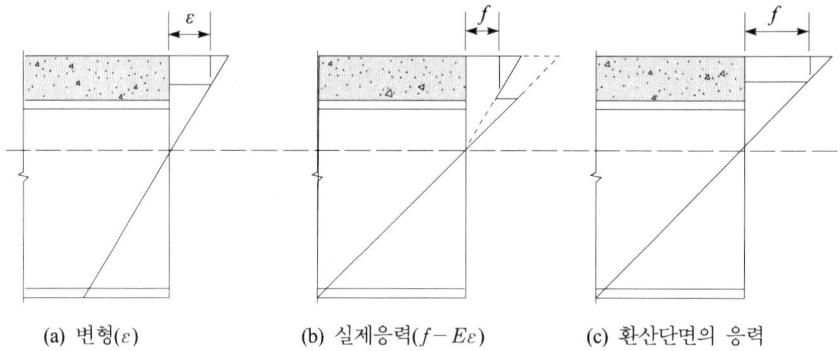


**그림 9.11** 합성보의 변형도 및 응력선도

그림 9.12에서 보의 환산단면을 참고하면, 콘크리트 면적 $A_c$ 를 환산하기 위해서는 탄성계수비($n$)로 나눠줘야 하는데($A_c/n$), 가장 편리한 방법은 폭은 $n$으로 나누고 두께는 그냥 그대로 사용하는 것이다. 그 결과, 그림 9.12(b)와 같이 균질한 강재단면으로 환산할 수 있다. 응력 계산을 위해서 합성단면의 중립축을 결정하고 단면 2차 모멘트를 산정한 후 휨공식을 통해서 휨응력을 계산할 수 있다. 합성보의 중립축이 슬래브내에 있을 때의 강재보 상단의 응력은 식(9.3)과 같으며,

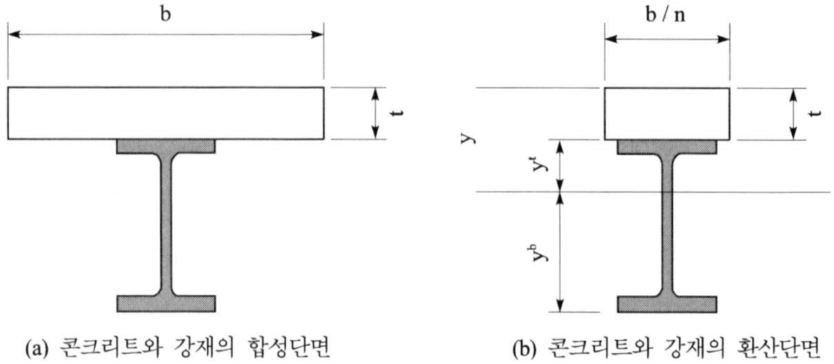


**그림 9.12** 콘크리트의 강재 환산단면

$$f_{st} = \frac{My_t}{I_{tr}} \tag{9.3}$$

합성보의 중립축이 하부에 있는 경우, 강재보 하단의 응력은 식(9.4)를 통해 계산할 수 있다.

$$f_{st} = \frac{My_b}{I_{tr}} \tag{9.4}$$

여기서, $M$ = 작용 휨모멘트휨 모멘트(N·mm)

$I_{tr}$ = 중립축(균일단면의 경우 중심축과 같은)에 대한 단면 2차 모멘트($mm^4$)

$y_t$ = 중립축으로부터 강재보 상단까지의 거리(mm)

$y_b$ = 중립축으로부터 강재보 하단까지의 거리(mm)

콘크리트의 응력은 식(9.5)를 통해 구할 수 있는데, 고려하는 재료가 강재로 가정하였으므로 결과를 n으로 나누어 구해야 한다.

$$f_c = \frac{M\bar{y}}{nI_{tr}} \tag{9.5}$$

여기서, $\bar{y}$ = 중립축으로부터 콘크리트 상단까지의 거리(mm)

계산과정에서 콘크리트의 인장강도는 무시되므로 이 식은 상부가 압축이 되는 정모멘트 보에서만 적용될 수 있다.

### 9.3.4 무지주 또는 지주를 사용한 공법

콘크리트가 경화되고 설계강도(최소한 28일 압축강도의 75%)에 도달하기 진까지 슬래브의 자중은 적절한 방법으로 지지되어야 한다. 콘크리트가 경화되면 합성작용이 가능하며, 이후 재하 하는 하중은 합성보가 지지하게 된다. 이 절에서는 이와 같은 서로 다른 조건을 좀 더 자세히 살펴본다.

#### 1) 콘크리트 경화 전 무지주(non-support) 공법

국내의 건축구조기준에서는 임시 지주(동바리)가 설치되지 않는 경우 강재보가 콘크리트 압축강도의 75%에 도달되기 전까지 재하되는 모든 하중에 저항할 수 있는 충분한 강성을 가지고 있어야 한다고 요구하고 있다. 설계에 따라 콘크리트 슬래브 타설을 위한 거푸집에 강재보를 위한 횡지지대를 설치할 수도 있다.

#### 2) 콘크리트 경화 후 무지주(non-support) 공법

콘크리트 경화 후에는 차후 재하되는 모든 하중은 합성보에 의해 지지된다. 그러나 파괴시 모든 하중은 파괴시 응력분포에 따른 내부 짝힘에 의해 저항된다. 따라서, 합성단면은 콘크리트가 경화되기 전 강재보에 재하된 하중을 포함하여 (더 이상 없을 시공하중을 제외한) 모든 하중에 저항할 수 있는 충분한 강성을 지니고 있어야 한다.

3) 지주(support)를 사용한 공법

지주로 받쳐져 있는 경우 형강은 자중 외의 어떠한 하중도 지지 않으므로 단지 합성보만을 고려하면 되므로 무지주로 시공한 경우보다 좀 더 효율적이다. 대부분의 경우는 강재의 절감보다는 지주를 설치하는데 드는 추가적인 비용 특히 인건비가 많이 소요되므로 무지주로 시공을 하고 있다.

### 9.3.5 완전합성보와 부분합성보

1) 완전합성보

완전합성보는 강재보와 철근콘크리트 슬래브가 완전한 합성작용을 할 수 있도록 강재앵커(전단연결재)가 충분히 사용된 합성보이다. 완전합성보는 합성보의 내력을 충분히 발휘하기까지 강재앵커가 파괴되지 않는다.

2) 부분합성보

완전합성보로 작용하기에는 불충분한 양의 강재앵커를 사용한 것이 부분합성보이다. 부분합성보는 하중이 작용한 경우 합성보의 내력을 충분히 발휘하기 전에 강재앵커가 먼저 파괴된다.

완전합성보로 설계하기에는 강재앵커가 너무 많이 요구되는 다음과 같은 경우에 부분합성보로 설계한다.

가) 콘크리트 타설 시점을 고려하여 선정된 강재보 단면에 대해 완전합성보로 설계하면 필요이상의 강재앵커를 사용한 과다설계가 되기 때문에 완전합성보로 설계할 필요가 없어 강재앵커를 줄이고 싶은 경우

나) 골데크플레이트 리브가 강재보와 직각으로 배치되어 강재앵커간격을 리브간격과 통일하기 위하여 강재앵커 간격을 넓힐 필요가 있는 경우

### 9.3.6 합성보의 유효폭

그림 9.13과 같이 휨을 받는 콘크리트 슬래브의 유효폭은 보중심을 기준으로 좌우 각 방향에 대한 유효폭의 합으로 구해지며 각 방향에 대한 유효폭은 다음 중에서 최솟값으로 한다.

① 보스팬(지지점의 중심간)의 1/8

② 보중심선에서 인접보 중심선까지 거리의 1/2

③ 보중심선에서 슬래브 가장자리까지의 거리

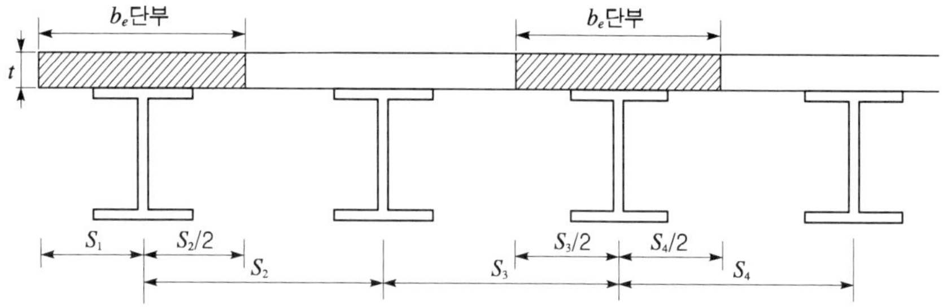


**그림 9.13** 합성보의 슬래브 유효폭

### 9.3.7 강재앵커(전단연결재)의 거동

합성보에서 강재보와 철근콘크리트 또는 합성 슬래브 사이의 미끄러짐을 방지하고, 두 부재 사이의 수평전단력에 저항하는 것이 강재앵커이다. 합성보에는 그림 9.14와 같이 스터드 앵커 또는 ㄷ형강 앵커를 강재앵커로 사용한다.

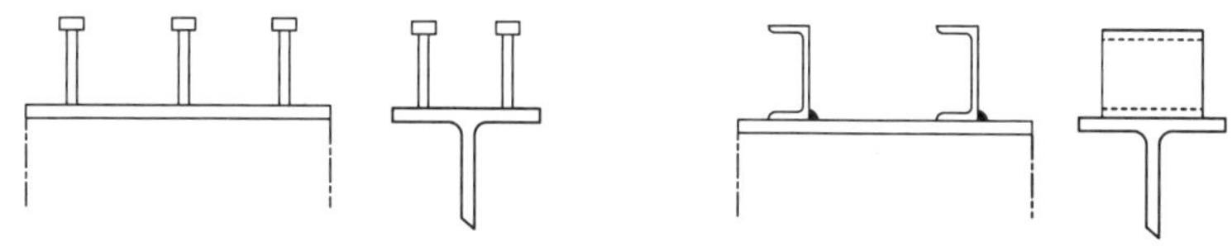

(a) 스터드앵커 (b) ㄷ형강 앵커

**그림 9.14** 강재앵커의 종류

특히, 스터드 앵커(stud anchor)의 경우, 그림 9.15에서 보는 바와 같이, 콘크리트가 비탄성 변형 또는 강재앵커(stud anchor) 하부 주위에서 파괴될 경우 강재앵커의 변형이 발생할 수 있다. 콘크리트 파괴를 기초로 하여 강도를 산정한 경우에도 강재앵커는 연성적인 거동을 보인다. 강재앵커의 전단력과 모멘트는 보 플랜지와 강재앵커를 연결하는 용접에서 최댓값을 가지며 용접에서 멀어지면서 급격히 감소한다. 강재앵커의 길이-직경 비가 큰 경우에는 기초위의 캔틸레버 기둥과 유사한 거동을 보인다.

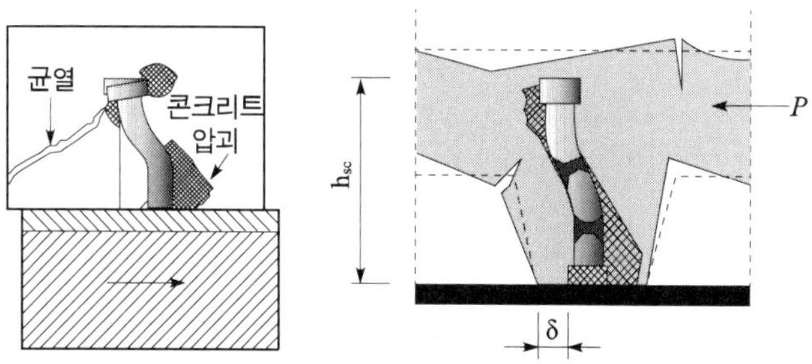


**그림 9.15** 콘크리트 내 강재앵커(스터드 앵커)의 변형

### 9.3.8 강재앵커(전단연결재)의 설계

강재앵커로 주로 사용되는 스터드앵커와 ㄷ형강 앵커의 공칭전단강도($Q_n$)는 다음과 같다.

#### 1) 스터드앵커의 공칭강도

콘크리트 슬래브 또는 합성 슬래브에 매입된 스터드앵커 1개의 공칭전단강도 $Q_n$은 다음과 같이 산정한다.

$$Q_n = 0.5A_{sa}\sqrt{f_{ck}E_c} \le R_g R_p A_{sa} F_u \tag{9.6}$$

여기서, $A_{sa}$: 스터드앵커의 단면적($mm^2$)
$E_c$ : 콘크리트의 탄성계수($N/mm^2$)
$F_u$ : 스터드앵커의 설계기준인장강도($N/mm^2$)
$R_g$, $R_p$ : 감소계수(표 9.1의 값을 사용)

**표 9.1** 스터드앵커 공칭강도의 감소계수

| 조 건 | | | $R_g$ | $R_p$ |
|---|---|---|---|---|
| 골데크플레이트를 사용하지 않은 경우 | | | 1.0 | 0.75 |
| 데크플레이트의 골방향이 강재보와 평행한 경우 | $\frac{w_r}{h_r} \ge 1.5$ | | 1.0 | 0.75 |
| | $\frac{w_r}{h_r} < 1.5$ | | 0.85[1] | 0.75 |
| 데크플레이트의 골방향이 강재보에 직각인 경우에 데크플레이트의 골당 스터드앵커의 개수 | 약한 위치의 스터드앵커 | 1개 | 1.0 | 0.6 |
| | | 2개 | 0.85 | 0.6 |
| | | 3개 이상 | 0.7 | 0.6 |
| | 강한 위치의 스터드앵커 | 1개 | 1.0 | 0.75 |
| | | 2개 | 0.85 | 0.75 |
| | | 3개 이상 | 0.7 | 0.75 |

$h_r$ : 리브의 공칭높이, mm
$w_r$ : 콘크리트 리브 또는 헌치의 평균 폭, 50mm 이상이어야 하며 데크플레이트 상단에서 최소 순폭 이하, mm
주 1) : 스터드가 1개인 경우
약한 위치의 스터드앵커 : $e_{mid-ht} < 50$mm인 경우
강한 위치의 스터드앵커 : $e_{mid-ht} \ge 50$mm인 경우
$e_{mid-ht}$ : 데크골의 중간높이에서, 스터드앵커몸체 외면으로부터 스터드앵커의 하중저항 방향(즉, 단순보에서 최대모멘트가 있는 방향)에 있는 데크플레이트 웨브까지의 순거리, mm

#### 2) ㄷ형강 앵커의 공칭강도

콘크리트 슬래브 또는 합성 슬래브에 매입된 ㄷ형강 앵커 1개의 공칭전단강도 $Q_n$은 다음과 같이 산정한다.

$$Q_n = 0.3(t_f + 0.5t_w)L_a\sqrt{f_{ck}E_c} \tag{9.7}$$

여기서, $t_f$ : ㄷ형강앵커의 플랜지두께(mm)

$t_w$ : ㄷ형강앵커의 웨브두께(mm)

$L_a$ : ㄷ형강앵커의 길이(mm)

ㄷ형강앵커의 강도는 편심의 영향을 고려하여 $Q_n$의 힘을 받을 수 있도록 보플랜지에 용접되어야 한다.

3) 강재앵커가 지지해야 하는 수평전단력

노출형 합성보의 H형강과 슬래브면 사이의 전체 수평전단력($V'$)은 강재앵커에 의해서만 전달된다고 본다. 노출형 합성보가 완전합성작용을 발휘하기 위해 강재앵커가 지지하는 총수평전단력 $V'$는 다음과 같이 산정한다.

**(1) 정모멘트를 받는 합성보**

정모멘트가 최대가 되는 위치와 모멘트가 0이 되는 위치 사이의 총수평전단력 $V'$는 콘크리트의 압괴, 강재단면의 인장항복, 그리고 강재앵커의 강도 등의 3가지 한계상태로부터 구한 값 중에서 최솟값으로 한다.

콘크리트 압괴 : $V' = 0.85 f_{ck} A_c$ (9.8)

강재단면의 인장항복 : $V' = F_y A_s$ (9.9)

강재앵커 강도 : $V' = \Sigma Q_n$ (9.10)

여기서, $A_c$ : 유효폭 내의 콘크리트단면적($mm^2$)

$A_s$ : 강재단면적($mm^2$)

$\Sigma Q_n$ : 정모멘트가 최대가 되는 위치와 모멘트가 0이 되는 위치 사이의 강재앵커 공칭강도의 합(N)

**(2) 부모멘트를 받는 합성보**

부모멘트구간의 슬래브 내에 있는 길이방향철근이 강재보와 합성으로 작용하는 경우, 부모멘트가 최대가 되는 위치와 모멘트가 0이 되는 위치 사이의 총수평전단력 $V'$는 슬래브철근의 항복과 강재앵커의 강도 등의 2가지 한계상태로부터 구한 값 중에서 최솟값으로 한다.

슬래브 철근 항복 : $V' = F_{yr} A_r$ (9.11)

강재앵커 강도 : $V' = \Sigma Q_n$ (9.12)

여기서, $A_r$ : 콘크리트 슬래브의 유효폭 내에 있는 길이방향철근의 단면적($mm^2$)

$F_{yr}$ : 철근의 설계기준항복강도($N/mm^2$)

**(3) 강재앵커의 개수 산정과 배열**

합성보의 강재앵커 소요 개수는 다음 식으로 산정한다.

$$n \geq \frac{V'}{Q_n} \tag{9.13}$$

단, 여기서 $V'$ 산정 시 정모멘트의 경우에는 상기 (1)에서 결정된 값을 사용하고, 부모멘트의 경우에는 (2)에서 결정된 값을 사용한다. 위와 같이 산정된 강재앵커의 개수를 최대 정모멘트(또는 부모멘트)로부터 휨모멘트가 0인 구간에 등간격으로 배열한다.

**(4) 스터드앵커의 구조제한(상세요구사항)**

가) 스터드앵커의 콘크리트 피복두께는 어느 방향으로나 25mm 이상으로 한다. 다만 데크플레이트 골 속에 스터드앵커가 설치되는 경우는 예외로 한다. 또한, 스터드앵커의 중심에서 전단력방향에 있는 가장자리까지의 거리는 보통콘크리트에서는 200mm 이상, 경량콘크리트에서는 250mm 이상으로 한다.

나) 강재보 웨브 바로 위의 플랜지에 설치되는 경우를 제외하고는 스터드앵커의 지름 $d_s$ 는 플랜지 두께의 2.5배 이하로 한다.

다) 스터드앵커의 높이 $H_s$ 는 스터드앵커 지름의 4배 이상으로 한다.

라) 스터드앵커의 피치는 스터드앵커 지름의 6배 이상으로 하고, 스터드앵커의 게이지는 스터드앵커 지름의 4배 이상으로 한다(그림 9.16 참조).

바) 스터드앵커의 중심간 간격은 슬래브 총 두께의 8배 또는 900mm를 초과할 수 없다.

**(5) 데크플레이트에 스터드앵커가 사용된 경우의 구조 제한**

가) 스터드앵커의 지름 $d_s$ 는 19mm 이하로 한다.

나) 데크플레이트 리브의 춤 $h_r$ 은 75mm 이하로 한다.

다) 데크플레이트 리브 또는 헌치의 평균 폭 $w_r$ 은 50mm 이상으로 한다.

라) 스터드앵커는 설치 후 데크플레이트 상단 위로 38mm 이상 돌출되어야 하며 스터드앵커의 상단 위로 13mm 이상의 콘크리트피복이 있어야 한다.

마) 데크플레이트 상단 위의 콘크리트 두께는 50mm 이상이어야 한다.

바) 데크플레이트는 지지부재에 450mm 이하의 간격으로 고정되어야 한다.

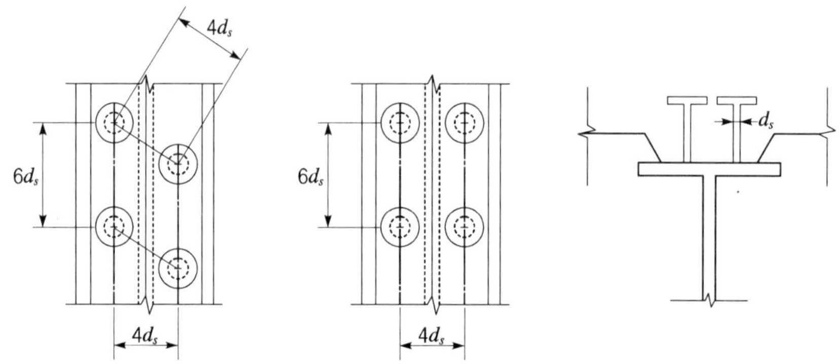


**그림 9.16** 스터드앵커의 최소 피치와 최소 게이지

### 9.3.9 노출형합성보의 설계휨강도

1) 단면설계방법

가)정모멘트 구간에서는 강재단면의 웨브가 콤팩트(조밀)단면요소인 조건, 즉 $h/t_w \leq 3.76/\sqrt{E/F_y}$ 를 만족시키는 노출형합성보의 휨강도는 소성응력분포로 가정하여 설계휨강도를 산정한다.

나) 웨브가 비콤팩트(비조밀)단면일 경우( $h/t_w > 3.76/\sqrt{E/F_y}$ ) 동바리의 영향을 고려하여 항복한계상태에 대해 탄성응력을 중첩하여 설계휨강도를 구한다. 부모멘트 구간에서는 강재보 단면만을 이용하여 설계휨강도를 산정한다. 단, 일정 조건이 만족되는 경우에는 항복한계상태에 대한 합성단면의 소성응력분포로부터 설계휨강도를 산정할 수 있다.

2) 단면설계상의 가정

가) 데크플레이트의 골방향이 강재보와 평행인 경우에는 골 내부의 콘크리트를 단면특성 계산에 포함시킬 수 있고, 강재보에 직각인 경우에는 포함시킬 수 없다. 그러나, 데크플레이트가 절단 및 격리되어 있으면 격리된 부분에 채워진 콘크리트는 포함시킬 수 있다.

나) 정모멘트에 대해 단면을 설계할 경우 콘크리트 응력 $0.85f_{ck}$가 유효 압축구간에 균등하게 분포하며, 콘크리트의 인장강도는 무시한다. 그리고 강재의 항복강도 $F_y$는 강재단면의 인장과 압축구간을 통해 균등하게 분포한다고 가정한다.

다) 부모멘트에 대해 합성단면의 소성응력분포를 가정하여 단면을 설계할 경우 슬래브의 유효폭 내에 적절히 배근된 주철근이 인장응력 $F_{yr}$을 부담하며, 콘크리트의 인장강도는 무시한다. 그리고 강재의 항복강도 $F_y$ 는 강재단면의 인장과 압축구간을 통해 균등하게 분포한다고 가정한다.

3) 정모멘트 구간의 설계휨강도

정모멘트 구간의 설계휨강도 $\phi_b M_n$는 슬래브와의 합성효과가 발현된 이후에는 구속효과에 의해 횡좌굴이 발생하지 않는 것으로 하여 산정한다. 강도저항계수 $\phi_b = 0.9$이며, 공칭휨강도 $M_n$은 합성단면의 소성응력분포로부터 산정한다. 강재단면이 1축 또는 2축에 대하여 대칭인 경우 공칭휨강도 $M_n$은 소성중립축의 위치에 따라 다음과 같이 구한다.

$$M_n = C(d_1 + d_2) + P_y(d_3 - d_2) \quad (9.14)$$

여기서, $C$ : 식(9.8), (9.9), (9.10) 중 최솟값(N)

$P_y$ : 강재단면의 인장강도; $P_y = F_y A_s$(N)

$d_1$ : 콘크리트의 압축력 $C$의 중심으로부터 강재단면의 상단까지 거리 (mm)

$d_2$ : 강재단면의 압축력 중심으로부터 강재단면의 상단까지 거리(mm), 강재단면에 압축력이 없는 경우에는 $d_2=0$

$d_3$ : $P_y$가 작용하는 강재 단면의 중심으로부터 강재단면의 상단까지 거리(mm)

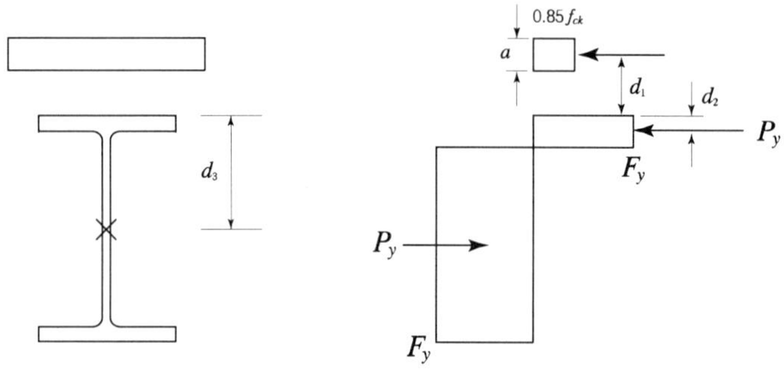


**그림 9.17** 정모멘트 구간의 응력분포

4) 부모멘트에 대해 소성응력분포로 산정한 설계휨강도

부모멘트에 대한 설계휨강도 $\phi_b M_n$는 강도저항계수 $\phi_b=0.9$를 사용하며 강재단면만을 사용하여 산정하나 아래의 조건을 만족할 경우 공칭휨강도 $M_n$은 합성단면의 소성응력분포를 사용하여 아래와 같이 구할 수 있다.

가) 강재보는 콤팩트(조밀)단면이며 횡좌굴에 대해서 횡지지되어야 한다.
나) 부모멘트 구간에서도 강재앵커가 설치되어야 한다.
다) 유효폭 내의 강재보와 평행한 슬래브철근은 적절히 정착되어야 한다.

$$M_n = T(d_1 + d_2) + P_{yc}(d_3 - d_2) \qquad (9.15)$$

여기서, $T$ : 식(9.11), (9.12) 식 중 최솟값(N)

$P_{yc}$ : 강재단면의 압축강도; $P_{yc}=F_yA_s$(N)

$d_1$ : 길이방향 슬래브철근의 중심으로부터 강재단면의 상단까지 거리(mm)

$d_2$ : 강재단면의 인장력 중심으로부터 강재단면의 상단까지 거리(mm)

$d_3$ : $P_{yc}$로부터 강재단면의 상단까지 거리(mm)

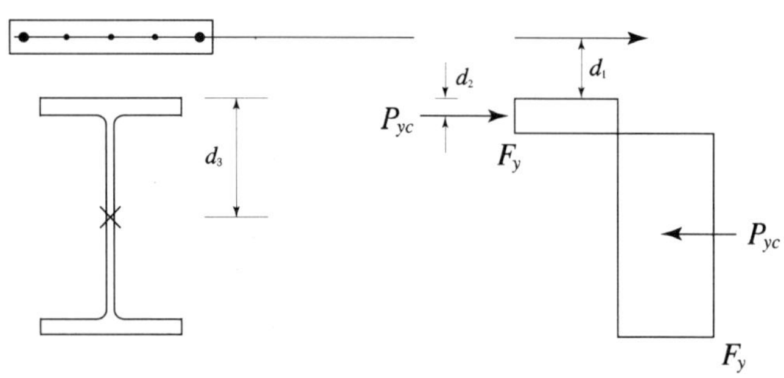


**그림 9.18** 부모멘트 구간의 응력분포

### 9.3.10 부분합성보의 유효단면

부분합성보의 처짐 및 응력은 탄성적 계산으로 미끄러짐 효과를 포함하여야 한다. 부분합성보의 유효단면2차모멘트 $I_e$ 와 유효단면계수 $S_e$ 는 다음과 같다.

$$I_e = I_s + \sqrt{\Sigma Q_n / C_f}(I_{tr} - I_s) \tag{9.16}$$

$$S_e = S_s + \sqrt{\Sigma Q_n / C_f}(S_{tr} - S_s) \tag{9.17}$$

여기서, $I_s$ : 강재보만의 단면2차모멘트($mm^4$)

$S_s$ : 인장플랜지에 관련되는 강재단면의 단면계수($mm^3$)

$I_{tr}$ : 완전합성보의 환산 단면2차모멘트($mm^4$)

$S_{tr}$ : 강재단면의 인장플랜지에 관련되는 완전합성 비균열 등가단면의 단면계수($mm^3$)

$\Sigma Q_n$ : 휨모멘트가 최대인 위치와 휨모멘트가 0인 위치 사이의 강재앵커강도의 합(kN)

$C_f$ : 완전합성보에서 슬래브의 유효압축력으로서, 식(9.8), (9.9), (9.10) 중에서 작은 값(kN)

### 9.3.11 매입형합성보의 설계휨강도

매입형합성보는 철근콘크리트 슬래브와 일체로 강재보가 콘크리트에 완전하게 매입되어 있으므로 설계휨강도는 완전합성으로 간주하며, 또한 횡좌굴 및 국부좌굴은 고려하지 않아도 된다.

매입형합성보의 구조제한을 만족시키는 경우에는, 강재단면에 항복이 시작하기 전까지는 콘크리트와의 부착파괴가 일어나지 않는다. 또한 부착파괴가 일어난 후에도 강재보 자체만의 설계휨강도를 유지할 수 있다. 따라서, 정모멘트 및 부모멘트의 설계휨강도 $\phi_b M_n$의 산정방법은 다음의 방법이 모두 허용된다.

1) 철근 및 콘크리트 효과를 무시하고 강재단면만으로 산정하는 경우

부착파괴가 발생한 후의 휨강도로서, 콘크리트와 철근을 무시하고 강재보만의 소성모멘트 내력을 기준으로 산정한다. 매립상태에서는 국부좌굴 및 횡좌굴이 효과적으로 방지되기 때문에 강재보의 전체적인 단면의 세장비 제한이나 강재 자체의 폭두께비 제한을 받지 않는다. 따라서, 휨강도 저감계수 $\phi_b = 0.90$ 이며, 공칭모멘트 $M_n$은 강재보의 폭두께비 값을 고려하지 않고 강재단면의 소성모멘트 $M_{ps}$로 산정한다.

2) 철근 및 콘크리트 효과를 포함하여 합성단면으로 산정하는 경우

휨강도 저감계수 $\phi_b = 0.90$ 이며, 공칭모멘트 $M_n$은 탄성응력분포로부터 산정한다. 다만, 동바리를 설치하지 않을 경우에 콘크리트 경화 전의 탄성응력과 경화 후

의 탄성응력을 중첩하는 방법으로 응력을 검토한 후 공칭모멘트 $M_n$로 산정한다.

3) 강재앵커를 사용하는 경우

휨강도 저항계수 $\phi_b = 0.90$ 이며, 공칭모멘트 $M_n$은 강재보의 폭두께비 값을 고려하지 않고 합성단면의 소성응력분포법 또는 변형률적합법을 적용하여 산정한다.

## 9.3.12 합성보의 설계전단강도

1) 노출형 합성보(데크플레이트를 사용한 합성보)

노출형합성보의 전단강도는 안전측으로 강재보 웨브의 전단강도 규정에 따라 산정한다.

2) 매입형 합성보

매입형합성보의 전단강도는 강재단면만의 특성으로부터 구한 값과 저항계수 $\phi = 0.75$를 적용한 철근콘크리트 단면만의 특성으로부터 구한 값, 그리고 강재보 웨브의 전단강도 규정에 따라 산정된 공칭전단강도와 철근만으로 산정된 공칭전단강도의 합과 저감계수 $\phi = 0.75$를 적용한 결과로 구한 값 중 하나를 사용할 수 있다.

## 9.3.13 합성보의 처짐

합성보의 처짐에 관한 검토는 일반적으로 활하중에 의한 순간처짐이 $l/360$을 넘지 않도록, 전체 처짐 중에서 비구조 요소가 부착된 후에 발생하는 처짐부분에 대해서는 모든 지속하중에 의한 장기처짐과 추가적인 활하중에 의한 순간처짐의 합이 $l/240$을 넘지 않도록 명시하고 있다. 단, 전체처짐에서 치올림(camber)을 뺀 값이 이 제한값을 초과하지 않도록 한다. 즉, 치올림(camber)을 고려할시 이 제한을 초과할 수도 있다.

1) 활하중에 의한 처짐

등분포 하중이 작용하는 단순 합성보에 대해 다음 조건을 만족시켜야 한다.

$$\delta_L = \frac{5 W_L l^4}{384 E I_e} \leq \frac{l}{360} \tag{9.18}$$

2) 고정하중과 활하중에 의한 처짐

등분포 하중이 작용하는 단순 합성보에 대해 다음 조건을 만족시키지 않는 경우 치올림(camber)을 하여야 한다.

$$\delta = \frac{5 W_{D1} l^4}{384 E I_s} + \frac{5(W_{D2} + W_L) l^4}{384 E I_e} \leq \frac{l}{240} \tag{9.19}$$

여기서, $W_{D1}$ : 데크플레이트, 토핑콘크리트, 강재보에 의한 고정하중
$W_{D2}$ : 콘크리트 양생 후 경량칸막이 등 마감에 의한 고정하중

이상의 노출형 및 매립형 합성보에 관한 설계흐름을 나타내면 각각 그림 9.19, 그림 9.20와 같다.

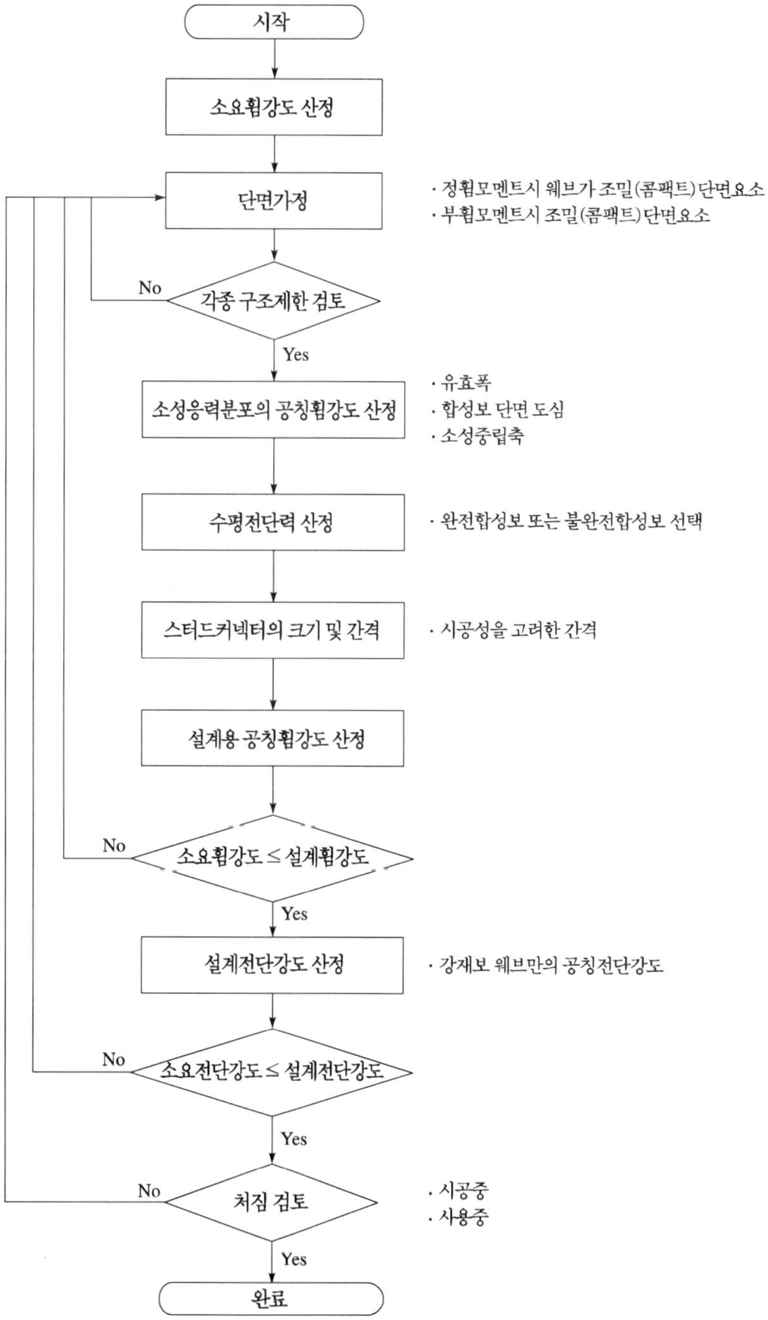


**그림 9.19** 노출형 합성보 설계흐름도

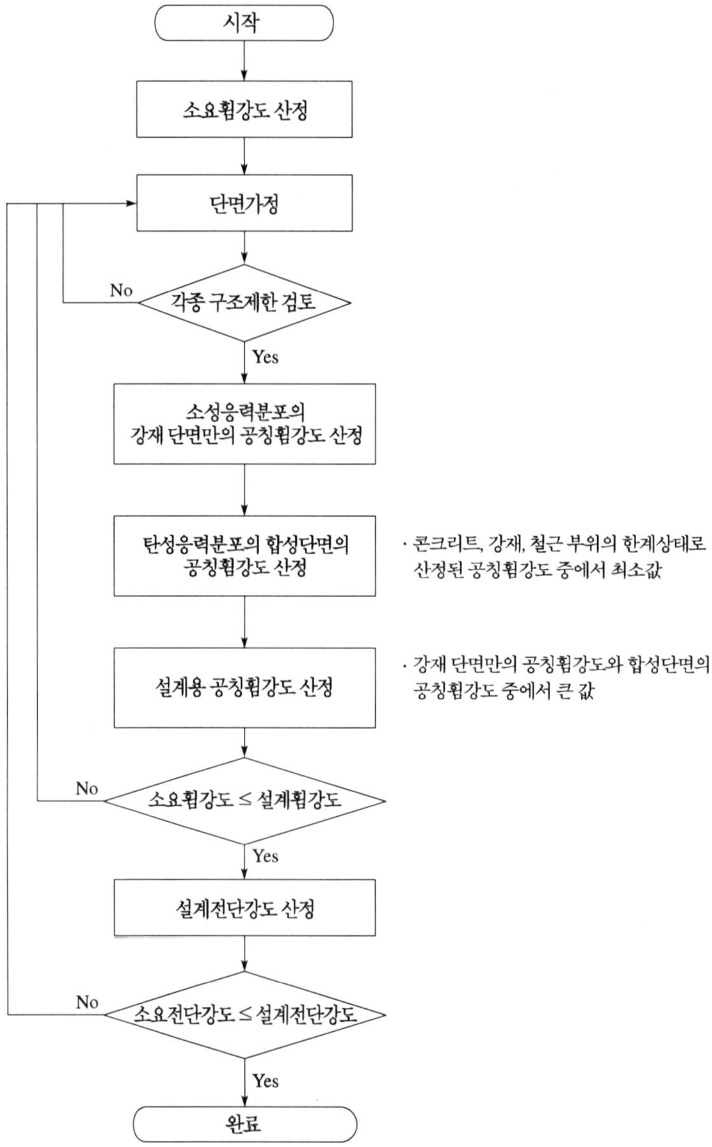


**그림 9.20** 매입형 합성보 설계흐름도

**예제 9.1**

그림 9.21, 9.22과 같이 스팬이 7.2m이며 간격이 3m인 합성보 $B_1$을 H−300×150×6.5×9의 강재보에 데크플레이트 리브 춤 75mm, 토핑콘크리트 두께 65mm로 한 합성보로 설계하고자 한다. 단, SM355A($F_y = 355\text{N/mm}^2$, 두께가 16mm이하)강재와 $f_{ck} = 24\text{N/mm}^2$의 콘크리트($E_c = 25{,}800\text{N/mm}^2$)를 사용한다.

(1) 합성보의 슬래브 유효폭 $b_e$를 산정하시오.
(2) 정모멘트에 대한 합성보 단면의 도심과 소성중립축을 구하시오.
(3) 환산 단면2차모멘트를 구하시오.

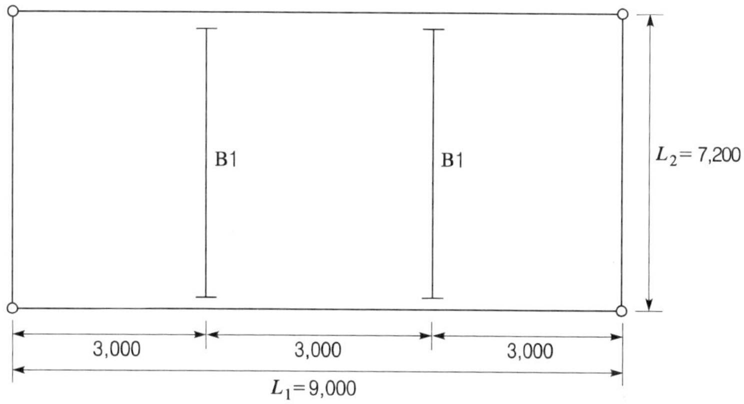


**그림 9.21** 예제 9.1(a)

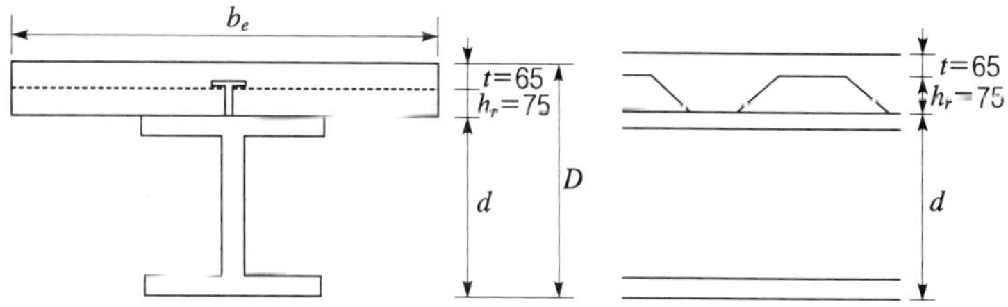


**그림 9.22** 예제 9.1(b)

**풀이**

H−300×150×6.5×9의 단면성질(부표 1.1): $A_s = 4.68 \times 10^3\text{mm}^2$, $d = 300\text{mm}$

$I_x = 7.21 \times 10^7\text{mm}^4$, $S_x = 4.81 \times 10^5\text{mm}^3$

(1) 합성보의 양쪽에 슬래브가 있는 경우의 유효폭

$b_{e1} = 2 \times S/2 = 2 \times 3{,}000/2 = 3{,}000$

$b_{e2} = (L_2/8) \times 2 = (7{,}200/8) \times 2 = 1{,}800$

위 두 값 중에서 최솟값이므로, $b_e = 1{,}800\text{mm}$

(2) 합성보 단면의 도심과 소성중립축

① 탄성계수비

$$n = \frac{E_s}{E_c} = \frac{210{,}000}{25{,}800} = 8.14$$

② 콘크리트의 등가단면

$$\frac{A_c}{n} = \frac{1{,}800 \times 65}{8.14} = 14.4 \times 10^3 \text{mm}^2$$

③ 강재단면과 콘크리트 단면의 도심

$$y_s = \frac{300}{2} = 150\text{mm}$$

$$y_c = 300 + 75 + \frac{65}{2} = 407.5\text{mm}$$

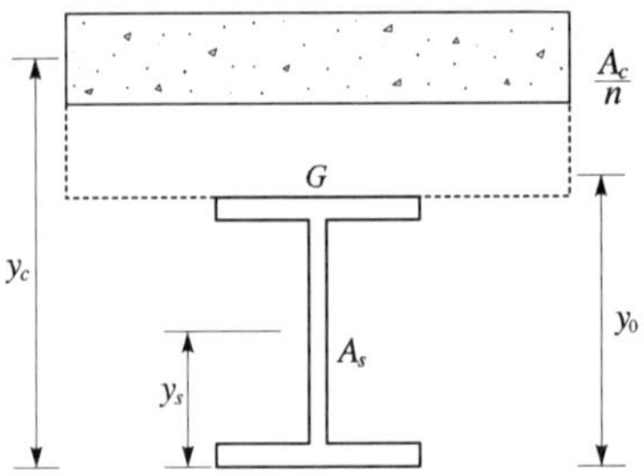

**그림 9.23** 예제 9.1(c)

④ 합성단면의 도심, $y_0$

$$y_0 = \frac{A_s \cdot y_s + \frac{A_c}{n} y_c}{A_s + \frac{A_c}{n}}$$

$$= \frac{4{,}680 \times 150 + 14.4 \times 10^3 \times 407.5}{4{,}680 + 14.4 \times 10^3} = 344.3\text{mm}$$

⑤ 합성단면의 소성중립축, (C = T)

소성중립축이 슬래브 내에 존재한다고 가정

$0.85 \times 24 \times 1{,}800 \times (440 - y_p) = 4{,}680 \times 355$

$y_p = 440 - \{(4{,}680 \times 355) / (0.85 \times 24 \times 1{,}800)\}$

$= 394.8\text{ mm}$ ($375 \le y_p \le 440$이므로 슬래브 내 존재함)

(3) 환산 단면2차모멘트

$$\frac{I_c}{n} = \frac{b_e t_c^3}{12n} = \frac{1{,}800 \times 65^3}{12 \times 8.14} = 5.06 \times 10^6 \text{mm}^4$$

$$I_{tr} = I_s + A_s(y_s - y_0)^2 + \frac{I_c}{n} + \frac{A_c}{n}(y_c - y_0)^2$$

$$= 7.21 \times 10^7 + 4{,}680 \times (150 - 344.3)^2$$

$$+ 5.06 \times 10^6 + 14.4 \times 10^3 \times (407.5 - 344.3)^2$$

$$= 311 \times 10^6 \text{mm}^4$$

**예제 9.2**

예제 9.1의 합성보 B1에 대해 데크플레이트의 골방향이 강재보에 직각인 경우 스터드 앵커를 설계하고자 한다.

(1) 완전합성보의 수평전단력을 산정하시오.
(2) 데크플레이트 리브의 간격이 300mm, 리브의 춤이 75mm, 리브의 평균폭이 150mm이며, $\phi 19$ 스터드앵커($H_S = 100\text{mm}$, $F_u = 400\,\text{N/mm}^2$)를 리브당 1개씩 사용할 경우에 스터드앵커 1개의 공칭강도를 산정하시오.
(3) 완전합성보로 설계할 경우 스터드앵커의 간격을 구하시오.
(4) 60% 부분합성보로 설계할 경우 스터드앵커의 간격을 구하시오.

**풀이**

합성보 B1은 작은보로 양단이 단순지지이므로 전구간에 대하여 정모멘트가 작용한다.

(1) 완전합성보의 수평전단력 산정(강재단면 인장항복과 콘크리트 압괴)

$$V' = F_y A_s = 355 \times 10^{-3} \times 4{,}680 = 1{,}661.4\,\text{kN}$$

$$V' = 0.85 f_{ck} A_c = 0.85 \times 24 \times 10^{-3} \times 1{,}800 \times 65 = 2{,}387\,\text{kN}$$

둘 중에서 작은 값을 택하므로

$\therefore V' = 1{,}661.4\,\text{kN}$

(2) $\phi 19$ 스터드앵커 1개의 공칭강도

공칭강도의 감소계수(데크플레이트의 골방향이 강재보에 직각인 경우)

$N_r = 1,\ h_r = 75\text{mm},\ w_r = 150\text{mm},\ H_S = 100\text{mm}$이므로 $R_g = 1.0$

$e_{mid-ht} = \dfrac{(150-19)}{2} = 65.5 \geq 50\text{mm}$이므로 $R_p = 0.75$

$$A_{sa} F_u = \pi \times 19^2/4 \times 400 \times 10^{-3} = 113.4\text{kN}$$

$$Q_n = 0.5 A_{sa} \sqrt{f_{ck} E_c}$$

$$= 0.5 \times \left(\pi \times \frac{19^2}{4}\right) \times \sqrt{24 \times 25{,}800} \times 10^{-3} = 111.6\text{kN}$$

$$R_g R_p A_{sa} F_u = 1 \times 0.75 \times (\pi \times 19^2/4) \times 400 \times 10^{-3} = 85.1\text{kN}$$

따라서 스터드앵커 1개의 공칭강도는 $Q_n = 85.1\text{kN}$ 이다.

(3) 완전합성보로 설계할 경우 스터드앵커의 소요개수 및 간격

완전합성인 경우의 소요개수

$$n = \frac{V'}{Q_n} = \frac{1{,}661.4}{85.1} = 19.52,\quad \therefore n = 20$$

최대 휨모멘트인 중앙점과 휨모멘트가 0인 단부와의 거리는 3,600mm이므로 등간격으로 배열하면

$$s = \frac{L/2}{n} = \frac{3{,}600}{20} = 180\text{ mm}$$

따라서 180mm로 1열로 배열함.
(리브간격이 300mm이므로 현실적으로 어렵다. 따라서 배열간격을 300mm로 하기 위해서는 스터드앵커를 골당 2개를 사용하고, $R_g$를 0.85 로 조정해야 함)

(4) 60% 부분합성보로 설계할 경우 스터드앵커의 소요개수 및 간격
부분합성률이 60%인 경우의 소요개수

$$n = \frac{0.6V'}{Q_n} = \frac{0.6 \times 1{,}661.4}{85.1} = 11.7, \quad \therefore n = 12$$

최대 휨모멘트인 중앙점과 휨모멘트가 0인 단부와의 거리는 3,600mm이므로 등간격으로 배열하면

$$s = \frac{L/2}{n} = \frac{3{,}600}{12} = 300\,\text{mm}$$

따라서 300mm로 1열로 배열함(리브 간격이 300mm임).

**예제 9.3**

예제 9.1과 9.2에서 SM355A 강재와 $f_{ck} = 24\text{N/mm}^2$의 콘크리트를 사용하며 60% 부분합성한 부분합성보로 설계할 경우에 설계휨강도 $\phi_b M_n$을 구한 후 $M_u \leq \phi_b M_n$을 검토하시오. 다만, 동바리를 설치하지 않은 경우로서, 강재보의 횡좌굴은 데크플레이트에 의해 방지된 것으로 가정한다. 또한, 고정하중은 다음과 같으며, 활하중은 $2.5\text{kN/m}^2$로 한다.

가) 콘크리트 양생 전

| | |
|---|---|
| 데크플레이트(1.6t) + 리브 및 토핑콘크리트($t = 75/2 + 65$) | 2,600 |
| 강재보 | 400 |
| 합 계 | 3,000 $\text{N/m}^2$ |

나) 콘크리트 양생 후

| | |
|---|---|
| 경량 칸막이 | 1,000 |
| 천장 및 덕트 | 300 |
| OA 바닥 | 500 |
| 합 계 | 1,800 $\text{N/m}^2$ |

**풀이**

(1) 부재력 산정

$$\omega_n = (B_1\text{의 간격})(1.2D + 1.6L) = 3 \times (1.2 \times 4.8 + 1.6 \times 2.5) = 29.28\text{kN/m}$$

$$M_u = \frac{29.28 \times 7.2^2}{8} = 189.7\text{kN}\cdot\text{m}$$

$$V_u = \frac{29.28 \times 7.2}{2} = 105.4\text{kN}$$

(2) 설계휨강도 $\phi_b M_n$ 산정

$h/t_w = (300 - 2 \times (9+13))/6.5 = 39.4$

$3.76\sqrt{E/F_y} = 3.76\sqrt{210{,}000/355} = 91.4 > 39.4$

이므로 소성응력분포로 설계할 수 있다.

① 60% 부분합성인 경우의 슬래브 유효압축력

$C_e = \Sigma Q_n = 85.1 \times 12 = 1021.2\text{kN}$

② 소성중립축 위치 판단

$C_e = 1021.2\text{kN} < P_y = F_y A_S = 355 \times 4{,}680 \times 10^{-3} = 1{,}661.4\text{kN}$

이므로 소성중립축이 플랜지 내부에 있다고 가정한다.

이때 압축 상부 플랜지 끝에서 소성중립축까지의 거리 $x$는

$$x = \frac{F_y A_s - C_e}{2F_y b_f} = \frac{355 \times 4{,}680 - 1{,}021{,}200}{2 \times 355 \times 150} = 6.0\text{mm} \leqq t_f = 9\text{mm}$$

따라서, 중립축은 플랜지 내부에 존재한다.

콘크리트 압축응력블럭의 깊이 $a$는

$$a = \frac{C_e}{0.85 f_{ck} b_e} = \frac{1{,}021{,}200}{0.85 \times 24 \times 1{,}800} = 27.8\text{mm}$$

③ 설계휨강도 ($\phi_b = 0.9$)

$d_1 = (75+65) - 0.5 \times 27.8 = 126.1\text{mm}$

$d_2 = 0.5 \times 6.0 = 3.0\text{mm}$

$d_3 = 0.5 \times 300 = 150\text{mm}$

$$\begin{aligned} M_n &= C(d_1 + d_2) + P_y(d_3 - d_2) \\ &= 1021.2(126.1 + 3.0) + 1{,}661.4(150 - 3.0) \\ &= 376{,}063\ \text{kN} \cdot \text{mm} \\ &= 376\ \text{kN} \cdot \text{m} \end{aligned}$$

$\therefore\ \phi_b M_n = 0.9 \times 376 = 338\ \text{kN·m} > M_u = 189.7\text{kN·m}$ O.K

**예제 9.4**

예제 9.1과 9.2에서 SM355A 강재와 $f_{ck} = 24\text{N/mm}^2$의 콘크리트를 사용하며 완전합성보로 설계할 경우에 단면의 설계휨강도 $\phi_b M_n$을 구한 후 $M_u \leq \phi_b M_n$을 검토하시오. 조건은 예제 9.2와 동일하다.

**풀이**

(1) 부재력 산정

$$M_u = \frac{29.28 \times 7.2^2}{8} = 189.7\text{kN·m}$$

(2) 설계휨강도 $\phi_b M_n$ 산정

① 완전합성인 경우의 슬래브 유효압축력

$C_e = F_y A_s = 1{,}661.4\,\text{kN} < \sum Q_n = 85.1 \times 20 = 1{,}702\,\text{kN}$

② 소성중립축 위치 판단

$C_e = P_y$ 이므로 소성중립축이 콘크리트 슬래브 내부에 있다고 가정한다.

콘크리트 압축응력블럭의 깊이 $a$는

$$a = \frac{C_e}{0.85 f_{ck} b_e} = \frac{1{,}661{,}400}{0.85 \times 24 \times 1{,}800} = 45.2\,\text{mm} < 65\,\text{mm}$$

따라서, 소성중립축은 콘크리트 슬래브 내부에 위치한다.

③ 설계휨강도($\phi_b = 0.9$)

$d_1 = (75 + 65) - 0.5 \times 45.2 = 117.4\,\text{mm}$

$d_2 = 0\text{mm}$(강재에는 압축력이 없음)

$d_3 = 0.5 \times 300 = 150\text{mm}$

$$\begin{aligned} M_n &= C(d_1 + d_2) + P_y(d_3 - d_2) \\ &= 1{,}661.4(117.4 + 0) + 1{,}661.4(150 - 0) = 444{,}258\,\text{kN}\cdot\text{mm} \\ &= 444.3\,\text{kN}\cdot\text{m} \end{aligned}$$

$\therefore\ \phi_b M_n = 0.9 \times 444.3 = 399.9\,\text{kN}\cdot\text{m} > M_u = 189.7\,\text{kN}\cdot\text{m}$ O.K

## 9.4 합성기둥

### 9.4.1 합성기둥의 개요

합성기둥은 그림 9.24와 같이 매입형과 충전형으로 분류된다. 매입형 합성기둥은 강재가 철근콘크리트 속에 매입되어 있으며, 충전형합성(concrete-filled tube, CFT)기둥은 각형 또는 원형강관 속에 콘크리트가 충전되어 있다.

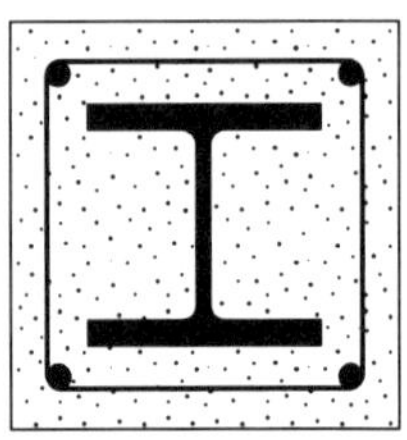

(a) 매입형

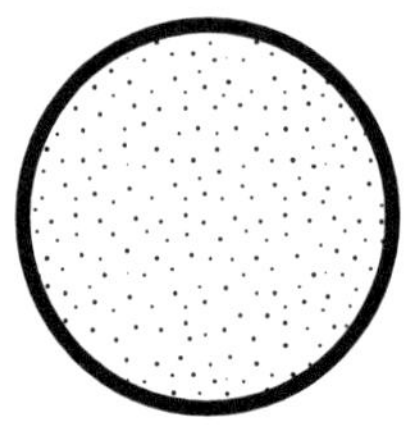

(b) 충전형

그림 9.24 합성기둥의 종류

### 9.4.2 매입형 합성기둥

매입형 합성기둥은 그림 9.24(a)와 같이 기둥 단면 내에 압연형강 또는 용접형강이 매입되어 구성되는 합성기둥에 국한된다. 매입형 합성기둥에 있어서 강재의 국부좌굴은 없는 것으로 가정한다. 매입형 합성기둥의 구조제한은 다음과 같다.

가) 강재 코아의 단면적은 총단면적의 1% 이상으로 한다.

나) 횡방향철근의 중심간 간격은 직경 D10의 철근을 사용할 경우에는 300mm 이하, 직경 D13이상의 철근을 사용할 경우에는 400mm 이하로 한다. 이형철근망이나 용접철근을 사용하는 경우에는 앞의 철근에 준하는 등가단면적을 가져야 한다. 횡방향철근의 최대간격은 강재 코어의 설계기준공칭항복강도가 450N/mm$^2$ 이하일 경우에는 부재단면에서 최소크기의 0.5배를 초과할 수 없으며 강재코어의 공칭항복강도가 450N/mm$^2$를 초과하는 경우는 부재단면에서 최소크기의 0.25배를 초과할 수 없다.

다) 최소한 4개의 연속된 모서리 길이방향 철근을 사용해야 하며 연속된 길이방향 철근의 최소철근비 $\rho_{sr}$는 0.004로 하며 다음 식으로 구한다.

$$\rho_{sr} = \frac{A_{sr}}{A_g} \qquad (9.20)$$

여기서, $A_{sr}$ : 연속길이방향 철근의 단면적, mm$^2$

$A_g$ : 합성부재의 총단면적, mm$^2$

라) 강재코어와 길이방향철근의 최소순간격은 철근직경의 1.5배 이상 또는 40mm 중 큰 값으로 한다. 또한, 플랜지에 대한 콘크리트의 순피복두께는 플랜지 폭의 1/6 이상으로 한다.

마) 철근의 피복두께는 콘크리트구조기준에 따른다.

#### 1) 매입형 합성기둥의 압축강도

축하중을 받는 2축 대칭 매입형 합성기둥의 강도저항계수 $\phi_c = 0.75$이며 공칭압축강도 $P_n$ 은 기둥 세장비에 따른 휨좌굴 한계상태로부터 다음과 같다.

**(1) $\dfrac{P_{no}}{P_e} \le 2.25$인 경우**

$$P_n = P_{no}\left[0.658^{\left(\frac{P_{no}}{P_e}\right)}\right] \qquad (9.21)$$

**(2) $\dfrac{P_{no}}{P_e} > 2.25$인 경우**

$$P_n = 0.877 P_e \qquad (9.22)$$

여기서, $P_{no} = F_y A_s + F_{yr} A_{sr} + 0.85 f_{ck} A_c$ (9.23)

$$P_e = \pi^2(EI_{eff})/(KL)^2 \quad (9.24)$$

여기서, $A_s$ : 강재 단면적($mm^2$)

$A_c$ : 콘크리트 단면적($mm^2$)(단, 강재코어의 설계기준 공칭항복강도가 $450N/mm^2$를 초과할 경우는 $A_c = A_{ce}$로 산정한다.)

$A_{ce}$ : 매입합성기둥의 경우 피복두께와 띠철근 직경을 제외한 심부 콘크리트의 유효단면적($mm^2$)

$A_{sr}$ : 연속된 길이방향철근의 단면적($mm^2$)

$E_c$ : 콘크리트의 탄성계수($N/mm^2$)

$E_s$ : 강재의 탄성계수($N/mm^2$)

$E_{sr}$ : 철근의 탄성계수($N/mm^2$)

$f_{ck}$ : 콘크리트의 설계기준압축강도($N/mm^2$)

$F_y$ : 강재의 설계기준항복강도($N/mm^2$)

$F_{yr}$ : 철근의 설계기준항복강도($N/mm^2$)

$I_c$ : 콘크리트단면의 단면2차모멘트($mm^4$)

$I_s$ : 강재단면의 단면2차모멘트($mm^4$)

$I_{sr}$ : 철근단면의 단면2차모멘트($mm^4$)

$K$ : 부재의 유효좌굴길이계수

$L$ : 부재의 횡지지길이(mm)

$EI_{eff}$ : 합성단면의 유효강성($N \cdot mm^2$)(단, 강재코아의 설계기준 공칭항복강도가 $450N/mm^2$를 초과하여도 합성단면의 유효강성 산정에는 콘크리트 전체단면적($A_c$)을 사용한다)

$$EI_{eff} = E_s I_s + 0.5 E_{sr} I_{sr} + C_1 E_c I_c \quad (9.25)$$

$$C_1 = 0.1 + 2\left(\frac{A_s}{A_c + A_s}\right) \le 0.3 \quad (9.26)$$

### 2) 매입형 합성기둥의 인장강도

합성기둥에 작용하는 축력이 인장인 경우 합성기둥은 콘크리트의 단면을 무시하고 강재와 철근의 단면만을 사용하여 설계한다. 따라서 매입형 합성기둥의 설계인장강도 $\phi_t P_n$는 항복한계상태로부터 다음과 같다.

$$P_n = F_y A_s + F_{yr} A_{sr} \quad (9.27)$$

$$\phi_t = 0.90$$

### 3) 매입형 합성기둥의 전단강도

압축력을 받는 매입형 합성기둥의 설계전단강도는 강재단면만의 전단강도, 강재단면의 전단강도에 띠철근의 전단강도를 더한 값 식(9.28) 또는 철근콘크리트의 설계전단강도 식(9.29) 중 한 가지 방법으로 산정할 수 있다.

$$V_n = 0.6F_yA_w + A_{srh}F_{yr}\frac{d}{s} \tag{9.28}$$

$$\phi_v = 0.75$$

또는

$$V_n = \frac{1}{6}(1+\frac{N_u}{14A_g})\sqrt{f_{ck}}\,bd + A_{srh}F_{yr}\frac{d}{s} \tag{9.29}$$

$$\phi_v = 0.75$$

여기서 $A_{srh}F_{yr}(d/s)$은 띠철근의 공칭전단강도이며 $A_{srh}$은 띠철근의 단면적, $d$는 콘크리트단면의 유효춤, $N_u$는 압축력, $A_g$는 전체단면적 그리고 $s$는 띠철근의 간격을 나타낸다.

### 4) 힘의 분배

매입형 합성기둥에서 강재와 콘크리트 간에 전달되어야 할 힘의 크기는 다음과 같이 분배할 수 있다.

(1) 외력이 강재단면에 직접 가해지는 경우

모든 외력이 강재단면에 직접 가해지는 경우, 콘크리트에 전달되어야 할 힘 $V_r'$은 다음과 같이 구한다.

$$V_r' = P_r(1 - F_yA_s/P_{no}) \tag{9.30}$$

여기서, $P_{no}$ : 식(9.23)으로 계산되는 길이효과를 고려하지 않은 공칭압축강도(N)

$P_r$ : 합성부재에 가해지는 소요외력(N)

(2) 외력이 콘크리트에 직접 가해지는 경우

모든 외력이 피복콘크리트 또는 충전콘크리트에 직접 가해지는 경우, 강재에 전달되어야 할 힘 $V_r'$은 다음과 같이 구한다.

$$V_r' = P_r(F_yA_s/P_{no}) \tag{9.31}$$

(3) 외력이 강재단면과 콘크리트에 동시에 가해지는 경우

외력이 강재단면과 매입콘크리트 또는 충전콘크리트에 동시에 가해지는 경우, 콘크리트에서 강재 또는 강재에서 콘크리트로 전달되어야 할 힘 $V_r'$은 강재에 직접 가해지는 외력의 일부 $P_{rs}$와 식(9.31)에서 산정한 힘 $V_r'$과의 차이로 한다.

$$V_r' = P_{rs} - P_r(F_yA_s/P_{no}) \tag{9.32}$$

여기서, $P_{rs}$; 강재에 직접 가해지는 외력의 일부 힘(N)

### 5) 힘 전달기구

가해진 축방향하중은 강재와 콘크리트 사이에서 다음과 같은 조건에 따라 전달해야 한다. 다음의 하중전달 기구 중 가장 큰 공칭강도를 가지는 하중전달기구를 사용할 수 있으나 이들을 중첩하여 사용할 수는 없다.

(1) 외력이 콘크리트에 직접지압으로 가해지는 경우, 콘크리트의 설계지압강도 $\phi_B P_p$는 다음과 같다.

$$P_p = 1.7 f_{ck} A_1 \quad (9.33)$$

$$\phi_B = 0.65$$

여기서, $A_1$ : 콘크리트의 재하면적($mm^2$)

(2) 힘이 전단접합에 의해 합성부재에 전달되는 경우, 강재앵커의 설계전단강도는 다음과 같이 구한다.

$$R_c = \Sigma Q_{cv} \quad (9.34)$$

여기서, $\Sigma Q_{cv}$ : 하중도입부 길이 안에 배치된 스터드앵커 또는 ㄷ형강앵커의 설계전단강도 $\phi Q_{nv}$의 합(N)

전단접합에 사용된 강재앵커는 하중도입부의 길이 안에 배치한다. 하중도입부의 길이는 하중작용방향으로 합성부재단면의 최소 폭의 2배와 부재길이의 1/3 중 작은 값 이하로 한다. 길이방향 전단력을 전달하기 위한 강재앵커는 강재단면의 축에 대해 대칭인 형태로 최소한 2면 이상에 배치한다.

또한, 스터드앵커의 중심간 간격은 직경의 4배 이상 32배 이하로 하며, ㄷ형강 앵커는 최대 600mm로 한다. 그리고 전단력만 받는 스터드 앵커의 길이는 몸체직경의 5배 이상이어야 한다.

각 스터드앵커의 설계전단강도 $\phi Q_{nv}$는 한계상태가 콘크리트전단파괴강도가 아닌 경우 다음과 같이 구한다.

$$Q_{nv} = F_u A_{sa} \quad (9.35)$$

$$\phi_v = 0.65$$

여기서, $Q_{nv}$ : 스터드앵커의 공칭전단강도(N)

$A_{sa}$ : 스터드앵커의 단면적($mm^2$)

$F_u$ : 스터드앵커의 설계기준인장강도($N/mm^2$)

ㄷ형강 앵커의 경우에는 식(9.35)에 $\phi_v = 0.75$를 적용하여 설계전단강도를 산정한다.

(3) 힘이 직접부착작용에 의해 충전형합성부재 및 매입형합성부재에 전달되는 경우, 강재와 콘크리트 사이의 설계부착강도는 다음과 같이 구한다.

$$\phi = 0.45$$

$$R_n = U_{in} L_{in} F_{in} \quad (9.36)$$

여기서, $R_n$ : H형강 또는 강관의 전둘레길이와 하중도입부의 길이에 해당하는 공칭부착강도(N)

$U_{in}$ : H형강 또는 강관의 둘레길이(mm)

$L_{in}$ : (2)항에 정의된 하중도입부의 길이(mm)

$F_{in}$ : 표 9.2의 공칭부착응력(N/mm²)

**표 9.2** 공칭부착응력($F_{in}$)

| 단면 종류 | | $F_{in}$, N/mm² |
|---|---|---|
| 콘크리트에 완전매입된 H형강단면 | | 0.66 |
| 콘크리트충전 각형강관단면 | 콤팩트(조밀), 비콤팩트(비조밀), 세장판 | 0.40 |
| 콘크리트충전 원형강관단면 | 콤팩트(조밀) | 1.22 |
| | 비콤팩트(비조밀), 세장판 | 0.40 |

## 9.4.3 충전형 합성기둥

충전형 합성기둥은 그림 9.24(b)와 같이 강관 내에 콘크리트를 충전한 구조부재이다. 그림 9.25는 각형강관에 콘크리트를 충전하지 않은 경우와 충전한 경우의 강관의 국부좌굴형태를 나타낸 것이다. 따라서 충전형 합성기둥의 폭두께비 제한값은 강관의 폭두께비 제한값보다 더 큰 값을 사용한다. 충전형합성기둥의 구조제한은 다음과 같다.

가) 강관의 단면적은 총단면적의 1% 이상으로 한다.

나) 폭두께비는 표 9.3의 폭두께비 제한을 만족해야 한다.

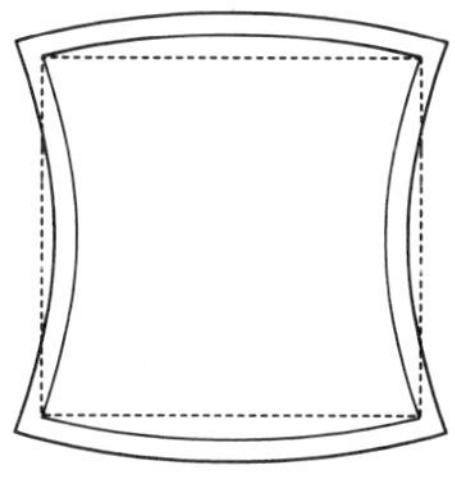

(a) 비충전각형강관

(b) 충전각형강관

**그림 9.25** 각형강관의 국부좌굴

**표 9.3** 압축력을 받는 충전형 합성부재의 폭두께비 제한

| 구 분 | 폭두께비 | $\lambda_p$ [콤팩트(조밀)/비콤팩트(비조밀)단면] | $\lambda_r$ [비콤팩트(비조밀)/세장판단면] | $\lambda_{max}$ [최대허용] |
|---|---|---|---|---|
| 각형강관 | $b/t$ | $2.26\sqrt{\frac{E}{F_y}}$ | $3.00\sqrt{\frac{E}{F_y}}$ | $5.00\sqrt{\frac{E}{F_y}}$ |
| 원형강관 | $D/t$ | $\frac{0.15E}{F_y}$ | $\frac{0.19E}{F_y}$ | $\frac{0.31E}{F_y}$ |

각형강관은 사각형강관 및 두께가 일정한 용접사각형강관

1) 충전형 합성기둥의 압축강도

축하중을 받는 2축대칭 충전형 합성부재의 설계압축강도는 다음과 같은 보정된 식들을 사용하여 식(9.21)과 (9.22)에 따른 휨좌굴한계상태로부터 구한다. 강도저항계수는 $\phi_c = 0.75$ 를 사용한다.

**(1) 콤팩트(조밀)단면**

$$P_{no} = P_p \tag{9.37}$$

여기서,

$$P_p = F_y A_s + F_{yr} A_{sr} + C_2 f_{ck} A_c \tag{9.38}$$

$C_2$ ; 사각형단면에서는 0.85, 원형단면에서는 $0.85\left(1+1.56\dfrac{F_y t}{D_c f_{ck}}\right)$ 로 한다.

$D_c$ : $D-2t$ ($t$ : 강관의 두께)

**(2) 비콤팩트(비조밀)단면**

$$P_{no} = P_p - \frac{P_p - P_y}{(\lambda_r - \lambda_p)^2}(\lambda - \lambda_p)^2 \tag{9.39}$$

여기서, $\lambda$, $\lambda_p$와 $\lambda_r$은 표 9.3의 폭(직경)두께비 제한값

$$P_y = F_y A_s + 0.7 f_{ck}\left(A_c + A_{sr}\frac{E_{sr}}{E_c}\right) \tag{9.40}$$

**(3) 세장판단면**

$$P_{no} = F_{cr} A_s + 0.7 f_{ck}\left(A_c + A_{sr}\frac{E_{sr}}{E_c}\right) \tag{9.41}$$

여기서,

각형단면 ; $$F_{cr} = \frac{9E_s}{(b/t)^2} \tag{9.42}$$

원형단면 ; $$F_{cr} = \frac{0.72F_y}{[(D/t)(F_y/E_s)]^{0.2}} \tag{9.43}$$

합성단면의 유효강성은 다음 식으로 구한다.

$$EI_{eff} = E_s I_s + E_{sr} I_{sr} + C_3 E_c I_c \tag{9.44}$$

여기서, $C_3$는 충전형합성압축부재의 유효강성을 구하기 위한 계수

$$C_3 = 0.6 + 2\left[\frac{A_s}{A_c + A_s}\right] \le 0.9 \tag{9.45}$$

2) 충전형 합성기둥의 인장강도

충전형 합성기둥에 작용하는 축력이 인장인 경우 설계인장강도는 매입형 합성기둥의 경우와 동일한 방법으로 구한다.

$$P_n = A_s F_y + A_{sr} F_{yr} \quad (9.46)$$

$$\phi_t = 0.90$$

3) 충전형 합성기둥의 전단강도

충전형 합성기둥의 설계전단강도는 매입형 합성기둥의 경우와 동일한 방법으로 산정한다.

4) 힘의 분배 및 힘 전달기구

충전형 합성기둥에 가해진 축방향하중은 강재와 콘크리트 사이에서 전달되어야 한다. 힘의 분배 및 힘 전달기구와 관련된 구체적인 사항은 매입형 합성기둥과 동일하다.

이상과 같은 합성기둥(압축재)의 설계흐름은 그림 9.26과 같다.

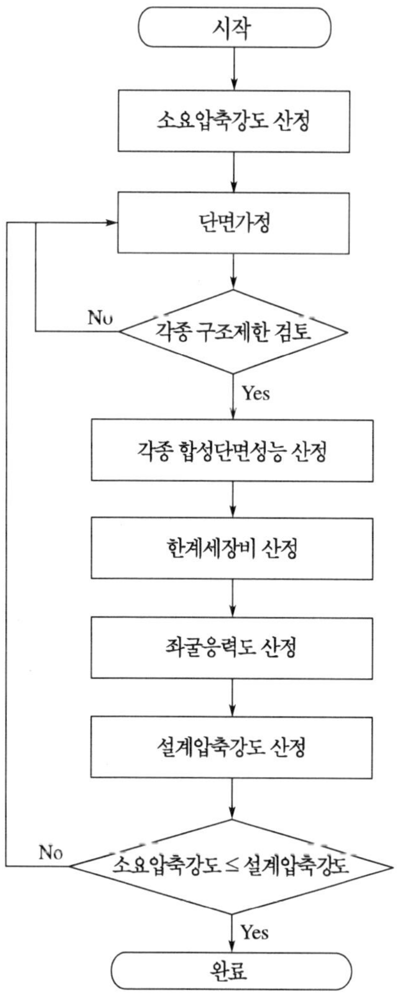


**그림 9.26** 합성기둥(압축재) 설계흐름도

**예제 9.5**

그림 9.27와 같은 매입형 합성기둥이 고정하중 1,500kN, 활하중 4,000kN의 압축력을 받는 경우 재료성질, 단면성질, 구조제한에 대해 검토하시오. 부재의 길이는 4.24m이고, 양단 핀으로 지지되어 있으며, 하중은 매입콘크리트에 직접 작용한다.

내부강재 : H−250×250×9×14(SM355A)
보강철근 : 8−HD25(SD400)
콘크리트 : $f_{ck}=35\text{N/mm}^2$, $E_c=28{,}800\text{N/mm}^2$
띠철근 : HD13@300(SD400)

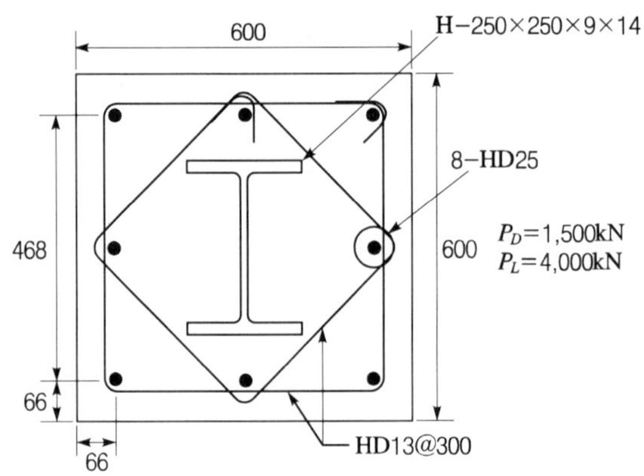


**그림 9.27** 예제 9.5

**풀이**

(1) 재료성질

내부강재 H−250×250×9×14, $F_y=355\text{N/mm}^2$, $F_u=490\text{N/mm}^2$

콘크리트 $f_{ck}=35\text{N/mm}^2$, $E_c=28{,}800\text{N/mm}^2$

보강철근 $F_{yr}=400\text{N/mm}^2$

(2) 단면성질

H−250×250×9×14 : $A_s=9{,}218\text{mm}^2$,

$I_y(I_s)=36.5\times10^6\text{mm}^4$ (부표 1.1)

보강철근(8−HD25) :

$A_{sr}=4{,}054\text{mm}^2$ (HD25, $A=506.7\text{mm}^2$)

$$I_{sr}=n\frac{\pi D^4}{64}+n_{sr}Ad^2=8\frac{\pi\cdot25^4}{64}+6\times506.7\times234^2=166.6\times10^6\text{mm}^4$$

여기서, $n_{sr}$은 그림 9.27에서 H형강 강축방향 중심의 2개의 철근을 제외한 철근 개수로 6개이다.

콘크리트 : $A_c=A_{cg}-A_s-A_{sr}=360{,}000-9{,}218-4{,}054$

$$=346{,}728\text{mm}^2$$

$$I_c = I_{cg} - I_s - I_{sr} = \frac{600\times600^3}{12} - 36.5\times10^6 - 166.6\times10^6$$

$$=10.6\times10^9\text{mm}^4$$

(3) 구조제한

① 콘크리트 강도 :

$21\text{N/mm}^2 \le f_{ck} \le 70\text{N/mm}^2,\ f_{ck} = 35\text{N/mm}^2$ O.K.

② 강재 및 철근의 강도 :

$F_y,\ F_{yr} \le 650\text{N/mm}^2,\ F_y = 355\text{N/mm}^2,\ F_{yr} = 400\text{N/mm}^2$ O.K.

③ 강재 코아 단면적 :

$A_s = 9{,}218 > 0.01\times360{,}000 = 3{,}600\text{mm}^2$ O.K.

④ 횡방향철근 간격:

$300\text{mm}\,(\text{D13}) \leqq [300\text{mm}, 400\text{mm}]_{\min}$ O.K.

⑤ 길이방향 철근의 최소철근비 :

$\rho_{sr} = \dfrac{A_{sr}}{A_g} = \dfrac{4{,}053.6}{360{,}000} = 0.011 > 0.004$ O.K.

**예제 9.6**

예제 9.5에서 매입형 합성기둥이 고정하중 1,500kN, 활하중 4,000kN의 압축력을 받는 경우 소요강도 및 공칭강도를 구하고 안전성에 대해 검토하시오. 부재의 길이는 4.24m이고, 양단 핀으로 지지되어 있으며, 하중은 매입콘크리트에 직접 작용한다.

**풀이**

(1) 소요강도

$P_u = 1.2\times1{,}500 + 1.6\times4{,}000 = 8{,}200\text{kN}$

(2) 공칭강도

$$P_{no} = F_yA_s + F_{yr}A_{sr} + 0.85f_{ck}A_c$$
$$= 355\times9{,}218 + 400\times4{,}054 + 0.85\times35\times346{,}728$$
$$= 15{,}209{,}148\,\text{N} = 15{,}209\,\text{kN}$$

$$C_1 = 0.1 + 2\left(\frac{A_s}{A_c + A_s}\right) = 0.1 + 2\left(\frac{9{,}218}{346{,}728 + 9{,}218}\right) = 0.15 \leqq 0.3$$

$$EI_{eff} = E_sI_s + 0.5E_{sr}I_{sr} + C_1E_cI_c$$
$$= 210{,}000\times36.5\times10^6 + 0.5\times200{,}000\times166.6\times10^6$$
$$+ 0.15\times28{,}800\times10.6\times10^9$$
$$= 7.0117\times10^{13}\text{N}\cdot\text{mm}^2 = 70{,}117\,\text{kN}\cdot\text{m}^2$$

$P_e = \pi^2(EI_{eff})/(KL)^2 = \pi^2 \times 70117/(1.0 \times 4.24)^2 = 38{,}493\,\text{kN}$

$\dfrac{P_{no}}{P_e} = \dfrac{15{,}209}{38{,}493} = 0.39 \ \leqq \ 2.25$

$P_n = P_{no}\left[0.658^{\left(\frac{P_{no}}{P_e}\right)}\right] = 15{,}209 \times \left[0.658^{(0.39)}\right] = 12{,}918.4\ \text{kN}$

(3) 안전성 검토

$\phi_c = 0.75$

$\phi_c P_n = 0.75 \times 12{,}918.4 = 9{,}688.8\,\text{kN}$

$9{,}688.8\,\text{kN} > 8{,}200\,\text{kN}$ O.K

∴안전함

기둥의 모든 하중이 직접 콘크리트에 작용되기 때문에 일정 축력이 강재 기둥에 전달되어야 하며, 이러한 하중전달은 콘크리트와 강재의 두 재료에 전단력으로 전달된다.

**예제 9.7**

예제 9.5 및 예제 9.6의 매입형 합성기둥에 대하여 콘크리트와 강재 사이의 하중전달을 위하여 머리가 있는 스터드앵커(직경 19mm, 길이 80mm, $F_u = 400\text{N/mm}^2$)를 사용한 전단접합을 적용할 경우 스터드앵커의 개수와 간격을 결정하시오. 단, 외력은 콘크리트에 직접 가해지고 있다.

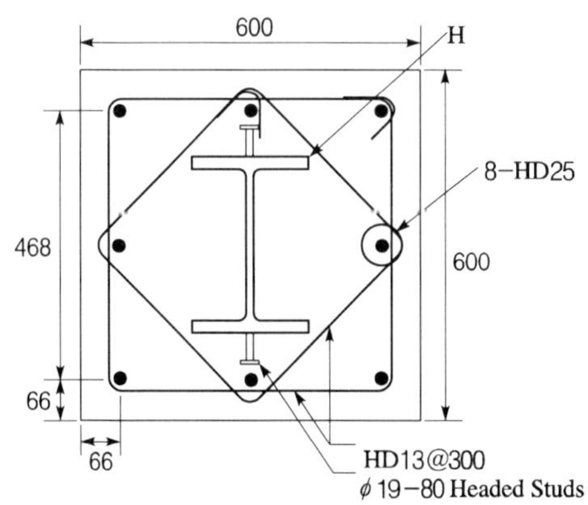


**그림 9.28** 예제 9.7

**풀이**

(1) 재료성질

콘크리트 $f_{ck} = 34\text{N/mm}^2$, $E_c = 28{,}500\text{N/mm}^2$

스터드앵커 $F_u = 400\text{N/mm}^2$

(2) 단면성질

H－250×250×9×14 : $A_s = 9{,}218\text{mm}^2$, $A_f = 7{,}000\text{mm}^2$,

$A_w = 2{,}218\text{mm}^2$, $d_s = 250\text{mm}$

스터드앵커 : $A_{sa} = 283.5\text{mm}^2$

콘크리트 : $d_c = 600\text{mm}$

(3) 소요 전단강도

$P_r = P_u = 8{,}200\text{kN}$

$V_r' = P_r(F_y A_s / P_{no})$

$= 8{,}200 \times 355 \times 9{,}218 \times 10^{-3} / 15{,}209 = 1{,}764\text{kN}$

(4) 스터드앵커 1개의 공칭강도

$Q_{nv} = F_u A_{sa} = 400 \times 283.5 \times 10^{-3} = 113.4\text{kN}$

(5) 스터드앵커 개수

$(V_r')/\phi Q_{nv} = (1{,}764)/(0.65 \times 113.4) = 23.9$

플랜지당 13개 스터드 필요. 2열 배열시 7열 스터드 필요.

(6) 스터드앵커 간격

하중도입부 길이는 합성부재단면의 최소폭의 2배인 1,200mm와 부재길이의 1/3인 4,240/3＝1400mm 중 작은 값을 택하면 1,200mm이다.

스터드앵커간격＝1,200/(7＋1)＝150mm

스터드앵커 간격 150mm, 2열 배열, 플랜지 단부로부터 1,200mm에 설치

∴ 스터드앵커 직경 19mm, 간격 150mm ($F_u = 400\text{N/mm}^2$)

**예제 9.8**

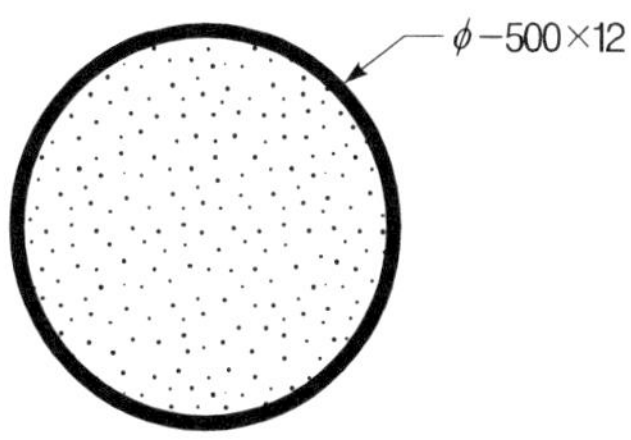


**그림 9.29** 예제 9.8

그림 9.29와 같은 충선형 원형강관 합성기둥의 설게압축강도를 신정하시오.

원형강관 : $\phi - 500 \times 12$(SM355A, $F_y = 355\text{N/mm}^2$)

$A_s = 18{,}400\text{mm}^2$, $I_s = 548 \times 10^6\text{mm}^4$

콘크리트 : $f_{ck} = 27\text{N/mm}^2$, $E_c = 26{,}700\text{N/mm}^2$

부재 유효좌굴길이 : $KL = 5.0\text{m}$

**풀이**

(1) 구조제한 검토

가) 상새비 검토

$$\rho_s = \frac{A_s}{A_g} = \frac{18{,}400}{\frac{\pi \cdot 500^2}{4}} = 0.094 > 0.01 \qquad \text{O.K}$$

나) 지름두께비 검토

$$\frac{D}{t}=\frac{500}{12}=41.67<0.15\frac{E}{F_y}=0.15\times\frac{210{,}000}{355}=88.7$$ : 콤팩트(조밀)단면

(2) 단면성능 검토

가) 합성단면의 유효강성

$$A_c=\frac{\pi\times 500^2}{4}-18{,}400=177{,}950\text{mm}^2$$

$$I_c=\frac{\pi d^4}{64}=\frac{\pi(500-12\times 2)^4}{64}=2.52\times 10^9\text{mm}^4$$

$$C_3=0.6+2\left(\frac{A_s}{A_c+A_s}\right)=0.6+2\left(\frac{18{,}400}{177{,}950+18{,}400}\right)=0.79\leq 0.9\quad \text{O.K}$$

$$EI_{eff}=E_sI_s+E_{sr}I_{sr}+C_3E_cI_c$$
$$=210{,}000\times 548\times 10^6+0.79\times 26{,}700\times 2.52\times 10^9$$
$$=168{,}234\times 10^9\text{N}\cdot\text{mm}^2=168{,}234\text{kN}\cdot\text{m}^2$$

나) 탄성좌굴강도 산정

$$P_e=\frac{\pi^2 EI_{eff}}{(KL)^2}=\frac{\pi^2\times 168{,}234}{(1.0\times 5)^2}=66{,}416\text{kN}$$

다) 단면의 압괴에 해당하는 강도 산정

$$C_2=0.85(1+1.56\frac{F_yt}{D_of_{ck}})=0.85(1+1.56\times\frac{355\times 12}{(500-12\times 2)\times 27})=1.29$$

$$P_{no}=F_yA_s+F_{yr}A_{sr}+C_2f_{ck}A_c$$
$$=(355\times 18{,}400+1.29\times 27\times 177{,}950)\times 10^{-3}$$
$$=12{,}730\text{kN}$$

라) 설계압축강도 산정

$$P_{no}/P_e=12{,}730/66{,}416=0.19\leqq 2.25$$

$$P_n=P_{no}\left[0.658^{\left(\frac{P_{no}}{P_e}\right)}\right]=11{,}756.8\text{kN}$$

$$\therefore \phi_cP_n=0.75\times 11{,}756.8=8{,}817.6\text{kN}$$

**예제 9.9**

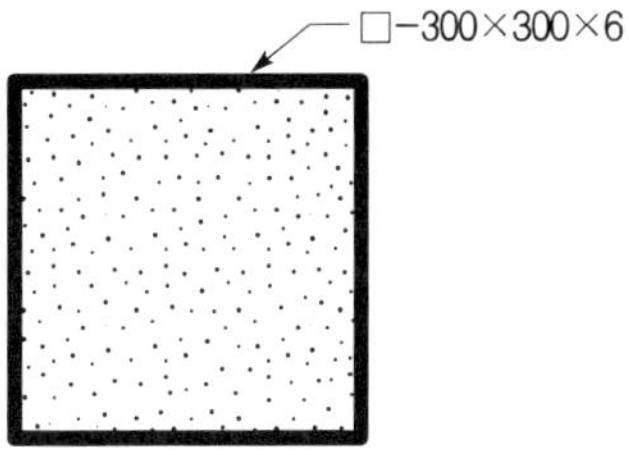


**그림 9.30** 예제 9.9

그림 9.30과 같은 충전형 각형강관 합성기둥의 설계압축강도를 산정하시오.

각형강관 : □ $-300\times300\times6$ (SM355A, $F_y=355\text{N/mm}^2$)

$A_s=6{,}993\text{mm}^2$, $I_s=9.96\times10^7\text{mm}^4$ (부표 1.7)

콘크리트 : $f_{ck}=27\text{N/mm}^2$, $E_c=26{,}700\text{N/mm}^2$

부재 유효좌굴길이 : $KL=3.5\text{m}$

**풀이**

(1) 구조제한 검토

가) 강재비 검토

$$\rho_s=\frac{A_s}{A_g}=\frac{6{,}993}{300\times300}=0.078>0.01 \qquad \text{O.K}$$

나) 폭두께비 검토

$$\frac{b}{t}=\frac{300-6.0\times2}{6.0}=48.0<2.26\sqrt{E/F_y}=2.26\sqrt{210{,}000/355}=54.9 \text{ : 콤팩트단면}$$

(2) 단면성능 검토

가) 합성단면의 유효강성

$$A_c=(300-6.0\times2)^2=82{,}944\text{mm}^2$$

$$I_c=\frac{288\times288^3}{12}=5.73\times10^8\text{mm}^4$$

$$C_3=0.6+2\left(\frac{A_s}{A_c+A_s}\right)=0.6+2\left(\frac{6{,}993}{82{,}944+6{,}993}\right)=0.76<0.9$$

$$\begin{aligned}EI_{eff}&=E_sI_s+E_{sr}I_{sr}+C_3E_cI_c\\&=210{,}000\times9.96\times10^7+0.76\times26{,}700\times5.73\times10^8\\&=3{,}254{,}332\times10^7\text{N}\cdot\text{mm}^2\end{aligned}$$

나) 탄성좌굴강도 산정

$$P_e=\frac{\pi^2EI_{eff}}{(KL)^2}=\frac{\pi^2\times3{,}254{,}332\times10^7}{3{,}500^2}\times10^{-3}=26{,}219.6\text{ kN}$$

다) 단면의 압괴에 해당하는 강도 산정

$C_2=0.85$ : 사각단면

$$\begin{aligned}P_{no}&=F_yA_s+F_{yr}A_{sr}+C_2f_{ck}A_c\\&=(355\times6{,}993+0.85\times27\times82{,}944)\times10^{-3}=4{,}386\text{kN}\end{aligned}$$

라) 설계압축강도 산정

$$P_{no}/P_e=4{,}386/26{,}219.6=0.17\ \leq\ 2.25$$

$$P_n=P_{no}\left[0.658^{\left(\frac{P_{no}}{P_e}\right)}\right]=4{,}084.8\text{kN}$$

$$\therefore\phi_cP_n=0.75\times4{,}084.8=3{,}063.6\text{kN}$$

## 연습문제

**1)** 그림 9.31, 9.32와 같이 스팬이 6m이며 간격이 2.5m인 합성보 $B_1$을 $\mathrm{H}-250\times125\times6\times9$의 강재에 데크플레이트 리브춤 75mm, 토핑콘크리트 두께 65mm로 한 합성보로 설계하고자 한다. 단, SM275A ($F_y=275\,\mathrm{N/mm^2}$) 강재와 $f_{ck}=24\mathrm{N/mm^2}$($E_c=25{,}800\,\mathrm{N/mm^2}$)의 콘크리트를 사용한다.

(1) 합성보의 슬래브 유효폭 $b_e$를 산정하시오.
(2) 정모멘트에 대한 합성보 단면의 도심과 소성중립축을 구하시오.
(3) 환산 단면2차모멘트를 구하시오.

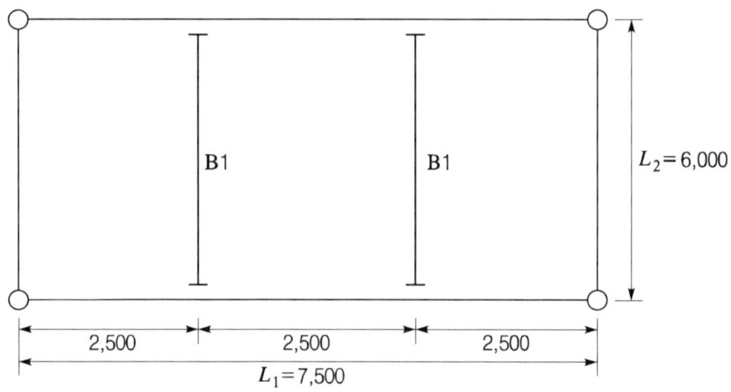


**그림 9.31** 연습문제 1)

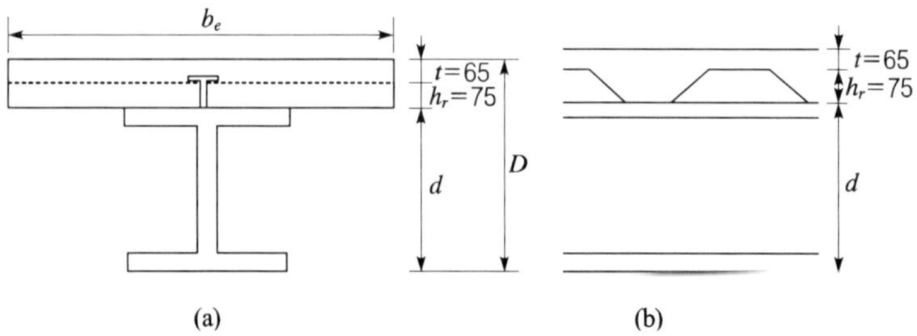


**그림 9.32** 연습문제 1)

[답] $b_e=1{,}500\mathrm{mm}$, $y_0=303.7\mathrm{mm}$,
$y_p=356\mathrm{mm}$, $I_{tr}=2.01\times10^8\mathrm{mm}^4$

**2)** 연습문제 1)의 합성보에 대해 스터드앵커를 설계하고자 한다.

(1) 완전합성보의 수평전단력을 산정하시오.

(2) 데크플레이트 리브의 간격이 300mm, 리브의 평균폭이 150mm이며, $\phi 19$ 스터드앵커($H_S = 110\text{mm}$, $F_u = 400\text{N/mm}^2$)를 리브당 1개씩 사용할 경우에 스터드앵커 1개의 공칭강도를 산정하시오.

(3) 완전합성보로 설계할 경우 스터드앵커의 소요개수를 구하시오.

(4) 60% 부분합성한 부분합성보로 설계할 경우 스터드앵커의 소요개수와 유효단면2차모멘트를 구하시오.

[답] 완전합성 $V_s = 1{,}036.8\text{kN}$, $Q_n = 85.1\text{kN}$, $n = 13$개,
60% 부분합성 $n = 8$개, $I_e = 17{,}055.8 \times 10^4\text{mm}^4$

**3)** 연습문제 1)과 2)에서 SM275A강재와 $f_{ck} = 24\text{N/mm}^2$의 콘크리트를 사용하여 완전합성보와 60% 부분합성한 부분합성보로 설계할 경우 각각에 대해 설계휨강도 $\phi_b M_n$을 구한 후 $M_u < \phi_b M_n$을 검토하시오. 다만, 동바리를 설치하지 않은 경우로서, 강재보의 횡좌굴은 데크플레이트에 의해 방지된 것으로 가정한다. 또한, 고정하중은 다음과 같으며, 활하중은 $2.5\text{kN/m}^2$로 한다.

가) 콘크리트 양생 전

| | |
|---|---|
| 데크플레이트+리브및 토핑콘크리트 ($t = 75/2 + 65$) | 2,600 |
| 강재보 | 400 |
| 합 계 | 3,000N/m² |

나) 콘크리트 양생 후

| | |
|---|---|
| 경량 칸막이 | 1,000 |
| 천장 및 덕트 | 300 |
| OA 바닥 | 500 |
| 합 계 | 1800N/m² |

[답] 완전합성 $\phi_b M_n = 0.9 \times 257.2 = 231.5\text{kN·m} > M_u (= 109.8\text{kN·m})$
60% 부분합성 $\phi_b M_n = 0.9 \times 201.2 = 181.1\text{kN·m} > M_u (= 109.8\text{kN·m})$

4) 그림 9.33과 같은 매입형 합성기둥이 고정하중 2,500kN, 활하중 7,000kN의 축력을 받는 경우 안전성을 검토하시오. 부재의 길이는 5.0m이고, 양단 핀으로 지지되어 있으며, 하중은 매입콘크리트에 직접 작용한다.

내부강재 : H − 400 × 400 × 13 × 21(SM355A)
보강철근 : 12 − HD29(SD400)
콘크리트 : $f_{ck} = 24\text{N/mm}^2$, $E_c = 27{,}000\text{N/mm}^2$
띠 철 근 : HD13@300(SD400)

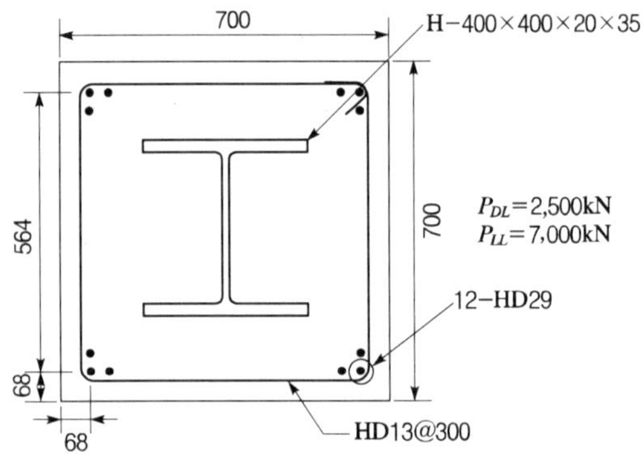

그림 9.33 연습문제 4)

[답] $\phi_c P_n (= 16{,}452.5\,\text{kN}) > P_u (= 14{,}200\,\text{kN})$, 안전함.

5) 그림 9.34와 같은 충전형 원형강관 합성기둥의 설계압축강도를 산정하시오.

원형강관 : $\phi - 600 \times 14$(SM355A, $F_y = 355\,\text{N/mm}^2$)
$A_s = 25{,}770\text{mm}^2$, $I_s = 1.11 \times 10^9\text{mm}^4$
콘크리트 : $f_{ck} = 24\text{N/mm}^2$, $E_c = 27{,}000\text{N/mm}^2$
부재 유효좌굴길이 : $KL = 6.5\text{m}$

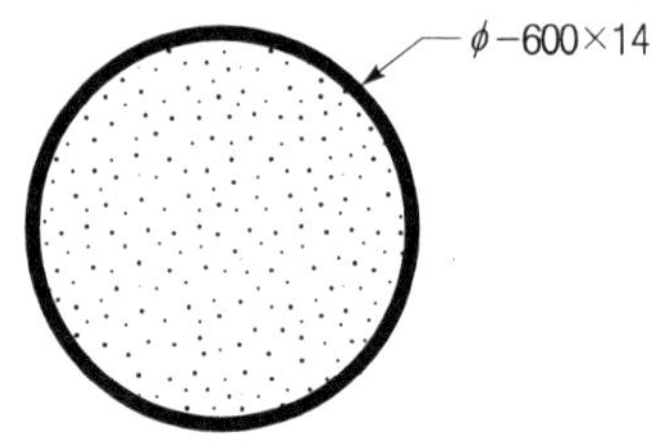

그림 9.34 연습문제 5)

[답] $\phi_c P_n = 0.75 \times 14{,}900 = 11{,}175\text{kN}$

**6)** 그림 9.35와 같은 충전형 각형강관 합성기둥의 설계압축강도를 산정하시오.

각형강관 : $\square - 250 \times 250 \times 8$(SM355A, $F_y = 355\mathrm{N/mm^2}$)

$A_s = 7{,}579\mathrm{mm^2}$, $I_s = 7.32 \times 10^7 \mathrm{mm^4}$

콘크리트 : $f_{ck} = 24\mathrm{N/mm^2}$, $E_c = 27{,}000\mathrm{N/mm^2}$

부재 유효좌굴길이 : $KL = 3.0\mathrm{m}$

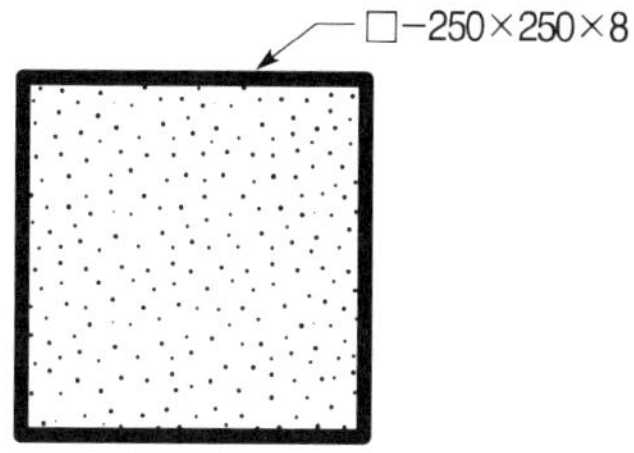


**그림 9.35** 연습문제 6)

[답] $\phi_c P_n = 2{,}665.1\ \mathrm{kN}$

## 참고문헌


9.1 국토교통부 건축구조기준 (2019), "건축물 강구조 설계기준 KDS 41 31 00 : 2019", 국가건설기준센터

9.2 국토교통부 건축구조기준 (2016), "건축물 콘크리트구조 설계기준, KDS 41 30 00 : 2016)"

9.3 국토교통부 (2016), "건축공사 표준시방서"

9.4 한국강구조학회, 한국건축구조기술사회 (2019), "합성구조 설계메뉴얼"

9.5 American Institute of Steel Construction, Inc. (1989)."Specification for Structural Steel Buildings -Allowable Stress Design and Plastic Design".

9.6 American Institute of Steel Construction, Inc. (1999)."Load and Resistance Factor Design Specification for Structural Steel Buildings".

9.7 American Institute of Steel Construction, (2011)."Steel Construction Manual, 14th Ed. (Print)".

9.8 Eurocode 4 Editorial Group (1992)."Eurocode No. 4, Design of Composite Steel and Concrete Structures".

9.9 Geschwindner, L. F. (2011). "Unified design of steel structures". John Wiley & Sons, Inc.

9.10 Structural Stability Research Council Task Group 20 (1979)."A Specification for the Design of Steel-Concrete Composite Columns".

9.11 William T. Segui(2018). "Steel Design", 6th Edition, Cengage Learning.

9.12 국토교통부 구조설계기준 (2016), "콘크리트구조 해석과 설계 원칙, KDS 14 20 10 : 2016)"

Design of Steel Structures

# 제10장 접합부 설계

## 10.1 개요

### 10.1.1 일반사항

강구조의 접합부는 구조체의 거동 및 응력전달과 같은 구조적인 문제와 제작 및 설치 등의 시공적인 문제에 큰 영향을 미치므로 응력전달 방법, 건축물의 형태나 규모, 시공성 및 경제성 등을 고려하여야 한다.

강구조의 접합은 스티프너(stiffener), 거셋플레이트(gusset plate), 브래킷(bracket) 등 접합소재와 용접, 볼트로 구성되며 골조의 구조해석에서 요구한 지점, 절점의 능력을 충분히 발휘할 수 있는 접합, 절점 및 파스너로 구성할 필요가 있다.

강구조의 접합에는 동일 부재간의 이음, 큰보와 작은보의 접합, 트러스 접합, 기둥-보 접합 등이 있다. 그림 10.1은 강구조 골조에 관한 접합부들을 나타낸 것이다. 기둥-보 접합부는 접합부의 성능과 회전에 대한 구속 정도에 따라 전단접합(단순접합), 부분강접합(반강접합), 완전강접합으로 구분되므로 정확한 개념을 가지고 설계하고 그 성능을 만족하도록 도면에 명기해야 한다.

건축물 강구조 설계기준 4.7절 강구조에서는 안전한 접합부를 설계하기 위하여 다음 사항 등을 규정하고 있다.

**가) 접합부의 최소강도**

접합부의 설계강도는 45kN 이상이어야 한다. 다만, 연결재, 새그로드 또는 띠장은 제외한다.

**나) 기둥의 이음 및 지압접합**

기둥이음부의 고장력볼트 및 용접이음은 이음부의 응력을 전달함과 동시에 이들 인장내력은 피접합재 압축강도의 1/2 이상이 되도록 한다. 다만, 이음부에서 단면에 인장응력이 발생할 염려가 없고, 접합부 단부의 면이 절삭마감(메탈터치, metal touch)에 의하여 밀착되는 경우에는 소요압축력 및 소요휨모멘트 각각의 1/2은 접촉면에 의해 직접 응력을 전달시킬 수 있다.

**다) 용접과 볼트의 병용**

① 볼트는 용접과 조합해서 하중을 부담시킬 수 없다. 이러한 경우 용접에 전체하중을 부담시키도록 한다.

② 다만 전단접합 시에는 용접과 볼트의 병용이 허용된다. 전단접합 시 표준구멍 또는 하중방향에 수직인 단슬롯구멍이 사용된 경우 볼트와 하중방향에 평행한 필릿용접이 하중을 각각 분담할 수 있다. 이때 볼트의 설계강도는 지압접합볼트설계강도의 50%를 넘지 않도록 한다. 웨브는 볼트접합, 플랜지는 용접접합 하는 기둥-보 접합부와 작은보-큰보접합부의 경우는 이 제한소선을 적용하시 않는다.

③ 마찰볼트접합으로 기 시공된 구조물을 개축할 경우 고장력볼트는 기시공된 하중을 받는 것으로 가정하고 병용되는 용접은 추가된 소요강도를 받는 것으로 용접설계를 병용할 수 있다.

**라) 볼트와 용접접합의 제한**

접합부 미끄러짐이 구조물의 성능저하를 일으키거나 반복하중에 의해 너트가 풀릴 가능성이 있는 다음의 접합에 대해서는 용접접합, 마찰접합, 또는 전인장조임을 적용해야 한다.

① 높이가 38m 이상되는 다층구조물의 기둥이음부

② 높이가 38m 이상되는 구조물에서, 모든 보와 기둥의 접합부 그리고 기둥에 횡지지를 제공하는 기타의 모든 보의 접합부

③ 용량 50kN 이상의 크레인구조물 중 지붕트러스이음, 기둥과 트러스접합, 기둥이음, 기둥횡지지가새, 크레인지지부

④ 기계류 지지부 접합부 또는 충격이나 하중의 반전을 일으키는 활하중을 지지하는 접합부

여기서, 전인장조임은 마찰면의 별도처리 없이 설계볼트장력을 도입한 접합을 말한다.

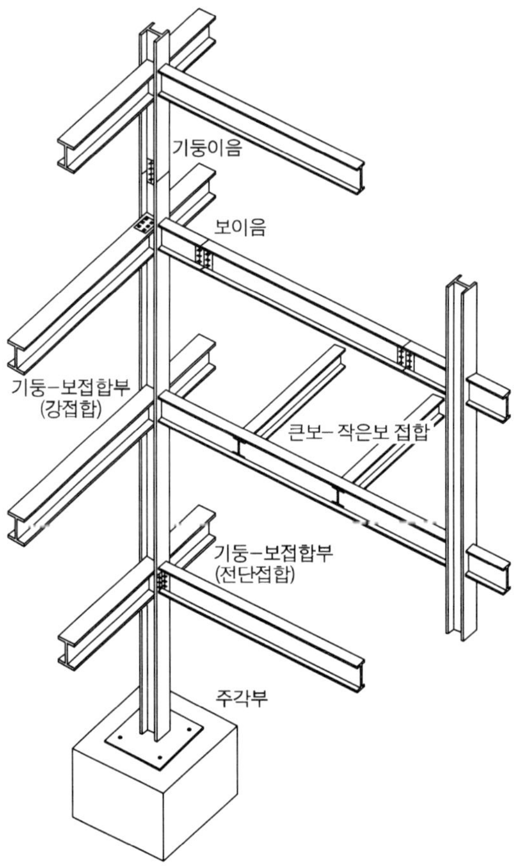


**그림 10.1** 골조의 접합요소

### 10.1.2 접합부 설계의 기본

접합부의 설계에서 설계 대상이 되는 강도를 소요강도라고 하며, 소요강도를 결정하는 방법은 다음과 같은 두 가지 방법이 있다.

1) 존재응력설계법

계수하중에 의해 접합부에 발생되는 존재응력(휨모멘트, 전단력, 축력 등)을 소요강도로 설계하는 방법이다.

따라서 존재응력설계법으로 접합부를 설계하는 경우에는 존재응력과 다음의 전강도설계법에 의한 부재단면 설계강도의 50% 중 큰 값을 소요강도로 하여 설계한다.

2) 전강도설계법

전강도설계법은 부재 유효단면의 설계강도를 소요강도로 하는 방법으로, 접합부가 접합되는 부재의 단면과 동등한 강도를 갖기 때문에 접합부의 안전성 및 부재의 연속성이 큰 것이 특징이다.

특히 전강도설계는 존재응력에 무관하게 설계되기 때문에 비경제적일 수 있으나, 강도적인 면이나 강성적인 면에서 확실한 접합부를 얻을 수 있다. 따라서 부재의 전강도가 필요한 내진설계나 구조상 주요한 부분의 접합부는 부재의 설계강도를 소요강도로 하는 것이 바람직하다.

다만, 고장력볼트 등으로 접합하는 경우에는 모재에 구멍이 뚫리기 때문에 이 고장력볼트 구멍을 공제한 유효단면의 설계강도를 소요강도로 한다.

### 10.1.3 접합부의 설계강도 및 강도감소계수

강구조 접합부의 설계에서 설계강도 $\phi R_n$은 식(10.1)과 같이 소요강도보다 크게 설계하여야 한다.

$$R_u \le \phi R_n \tag{10.1}$$

여기서, $\phi$ : 강도감소계수

$R_n$ : 접합부의 공칭강도

$R_u$ : 접합부 소요강도

## 10.2 이음 설계

### 10.2.1 보 이음

보 부재는 이음을 하지 않는 것이 이상적이지만, 실제 강구조설계에서는 다음 두 가지 이유로 인하여 보의 이음을 한다.

첫 번째는 보의 스팬이 길기 때문에 철골부재의 가공, 운반, 설치 등의 용이성을 고려하여 보 부재를 적당한 길이로 공장에서 제작하여 현장에 운반한 후 보의 이음을 하는 경우이다.

두 번째는 보의 길이가 운반 및 설치에 지장이 없으나 기둥-보 접합부의 구조 및 시공성을 고려하여 기둥에 보의 일부를 공장에서 접합한 브래킷(bracket)형식에 보의 단부 가까이에서 보를 이음하는 경우이다.

보의 이음방법은 그림 10.2와 같이 고장력볼트에 의한 이음과 용접에 의한 이음 및 용접과 고장력볼트를 혼용하는 이음방법이 대표적이다.

실제 구조물에서는 내력확보 및 현장에서의 시공성을 고려하여 일반적으로 신뢰성이 높은 고장력볼트 이음이 많이 이용되고 있으나, 용접이음 및 고장력볼트와 용접접합의 혼용이음도 이용되고 있다.

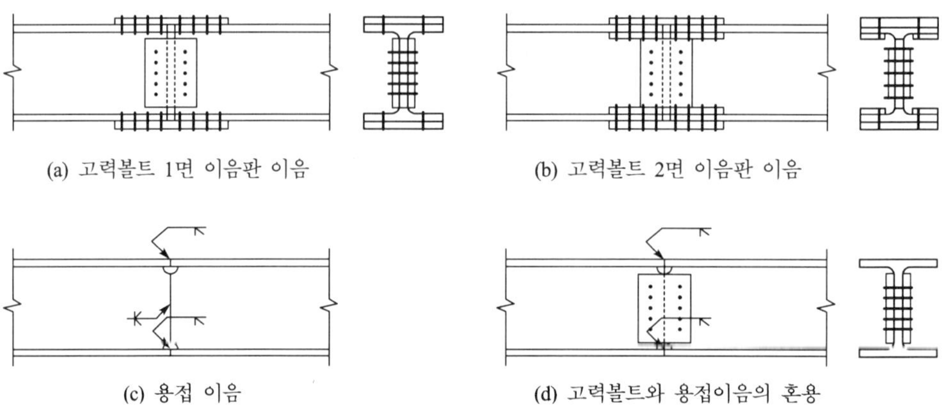

(a) 고력볼트 1면 이음판 이음 (b) 고력볼트 2면 이음판 이음

(c) 용접 이음 (d) 고력볼트와 용접이음의 혼용

**그림 10.2** 보의 이음

#### 1) 설계방법

보 이음은 그림 10.2(a) 또는 (b)와 같이 이음판(splice plate)을 이용한 고장력볼트 이음이나 그림 10.2(c)와 같이 그루브용접을 사용한다.

공장제작의 경우 대부분 웨브까지 그루브용접이 사용되고 현장 설치의 경우 그림 10.2(d)와 같이 현장에서 웨브를 고장력볼트로 체결한 후 플랜지는 그루브용접을 사용한다.

이음의 위치는 변곡점(모멘트가 0이 되는 위치) 근처에서 하는 것이 유리하다. 다만, 변곡점은 하중의 조건에 따라서 이동하므로 이음부의 모멘트와 전단력은 다를 수 있음을 인지해야 한다.

이음부의 설계법에는 비경제적이지만 부재설계강도($\phi_b M_n$, $\phi_v V_n$)를 소요강도로 설계하는 전강도설계법과 이음부의 계수하중에 의한 존재응력($M_u$, $V_u$)와 부재설계강도의 50% 중 큰 값으로 설계하는 존재응력설계법이 있다. 이 장에서는 보 이음부의 존재응력설계법에 대하여만 기술하며, 보는 H형강 단면으로 한정한다.

**(1) 보 이음부의 내력**

보 이음부의 내력은 이음부의 계수하중에 의한 존재응력($M_u$, $V_u$) 이상이며, 또한 부재설계강도의 50% 이상으로 설계하여야 한다. 여기서 보의 휨 및 전단에 대한 설계강도($\phi_b M_n$, $\phi_v V_n$)는 다음과 같다.

$$\phi_b M_n = \phi_b M_p = 0.9\, Z F_y \tag{10.2}$$

$$\phi_v V_n = \phi_v (0.6\, F_y) A_w \tag{10.3}$$

여기서, $M_n$ : 보의 공칭휨모멘트(N·mm)

$M_p$ : 보의 소성휨모멘트(N·mm)

$Z$ : 보의 소성단면계수($mm^3$)

$V_n$ : 보의 공칭전단강도(N)

$A_w$ : 웨브 단면적($mm^2$)

$\phi_b$ : 휨저항계수(= 0.9)

$\phi_v$ : 전단저항계수(= 0.9)

(다만, $h/t_w \le 2.24\sqrt{\dfrac{E}{F_y}}$ 인 압연H형강의 웨브는 $\phi_v = 1.0$)

**(2) 플랜지 이음부 소요인장강도**

플랜지 이음판은 인장력에 대한 항복 및 파단을 검토하여 설계하며, 플랜지 이음판의 폭은 사용 부재의 플랜지 폭과 같거나 작도록 한다.

플랜지 이음부의 설계에 필요한 플랜지 이음판의 소요인장강도 $T_u$는 이음부에서 계수하중에 의한 휨모멘트 $M_u$와 보 설계강도 $\phi_b M_n$의 50% 중 큰 값을 모멘트 팔길이로 나눈 값을 이용한다. 따라서 플랜지 이음판의 소요인장강도는 다음 값 중 큰 값으로 한다.

$$T_u = \frac{M_u}{d - t_f} \tag{10.4a}$$

$$T_u = \frac{\phi_b M_n / 2}{d - t_f} \tag{10.4b}$$

여기서, $d$ : 보의 춤(mm)

$t_f$ : 플랜지의 두께(mm)

위의 식은 동일한 단면의 외첨판과 내첨판을 모두 사용하는 경우로, 모멘트 팔길이는 플랜지 중심간 거리이다.

**(3) 웨브 이음부 소요전단강도**

웨브 이음판은 전단력을 모두 부담하여야 한다. 또한 플랜지 이음판만으로 휨모멘트 전체를 부담하지 못하는 경우 웨브 이음판이 추가적으로 휨모멘트를 부담하여야 한다.

웨브 이음판의 소요전단강도 $V_{wu}$는 이음부에서 계수하중에 의한 전단력 $V_u$ 와 부재 설계전단강도 $\phi_v V_n$의 50% 중 큰 값을 이용한다. 따라서 웨브 이음판의 소요전단강도는 다음 값 중 큰 값으로 한다.

$$V_{wu} = V_u \tag{10.5a}$$

$$V_{wu} = \phi_v V_n / 2 \tag{10.5b}$$

2) 고장력볼트 접합에 의한 보의 이음

**(1) 플랜지 이음판의 소요 총단면적과 순단면적**

플랜지 이음판의 소요 총단면적 $A_{gt}$는 항복강도를 이용하여 식(10.6)과 같이 구하고, 순단면적 $A_{nt}$는 인장강도를 이용하여 식(10.7)과 같이 구한다.

$$A_{gt} \geq \frac{T_u}{\phi F_y} (\phi = 0.9) \tag{10.6}$$

$$A_{nt} \geq \frac{T_u}{\phi F_u} (\phi = 0.75) \tag{10.7}$$

또한, 플랜지의 이음판은 인장재에 해당하므로 총단면 항복, 유효순단면 파단, 지압파단, 블록전단파단 등에 대한 안전성도 검토하여야 한다.

**(2) 플랜지 이음판의 고장력볼트 개수**

플랜지 이음판의 인장력에 대한 고장력볼트 개수 $N_b$는 다음과 같이 구한다.

$$N_b \geq \frac{T_u}{\phi R_n} \tag{10.8}$$

여기서, $\phi R_n$: 고장력볼트의 설계강도

**(3) 웨브 이음판의 소요 총단면적과 순단면적**

웨브 이음판의 소요 총단면적 $A_{gv}$는 항복강도를 이용하여 식(10.9)와 같이 구하고, 순단면적 $A_{nv}$는 인장강도를 이용하여 식(10.10)과 같이 구한다.

$$A_{gv} \geq \frac{V_{wu}}{\phi(0.6F_y)} (\phi = 1.0) \tag{10.9}$$

$$A_{nv} \geq \frac{V_{wu}}{\phi(0.6F_u)} (\phi = 0.75) \tag{10.10}$$

#### (4) 웨브 이음판의 고장력볼트 개수

전단력에 대한 고장력볼트 개수 $N_b$는 다음과 같다

$$N_b \geq \frac{V_{wu}}{\phi R_n} \tag{10.11}$$

### 3) 용접접합에 의한 보의 이음

용접접합으로 보를 이음하는 경우는 플랜지 부분과 웨브 부분의 이음을 그루브 용접으로 하는 방법과 이음판을 사용하여 필릿용접하는 방법이 있다. 이음부의 응력전달에 있어서 플랜지의 이음은 휨모멘트를 부담하고, 웨브의 이음은 전단력만을 부담하는 것으로 한다.

플랜지 및 웨브를 포함한 전체단면을 그루브용접으로 하면 전강도설계법이 된다. 또한 플랜지 플레이트의 두께에 4mm 이상 차가 있을 때는 두꺼운 쪽의 판에 이음방향으로 1/2.5의 구배를 두어서 응력이 원활하게 전달되도록 한다.

### 4) 용접접합과 고장력볼트를 혼용한 보의 이음

용접과 고장력볼트를 혼용한 보의 이음은 플랜지 접합을 그루브용접 접합으로 하고, 웨브접합을 고장력볼트로 접합하는 방법이다.

이 경우 보의 소요휨강도 $M_u$는 플랜지의 그루브용접으로, 보의 소요전단강도 $V_u$는 존재응력 이상 그리고 부재 설계전단강도의 50%를 웨브의 고장력볼트로 접합하는 방법이다. 보 플랜지의 그루브용접 목두께 단면적이 부족할 때에는 보 플랜지에 덧판을 용접하여 보강한다.

또한 이 이음방법은 시공공정 상 고장력볼트를 먼저 조임하고, 그 후에 용접을 하는 것이 일반적이다. 플랜지의 그루브용접을 완전하게 하기 위하여 웨브에 뒷댐재를 관통시킬 수 있도록 스캘럽(scallop, 용접접근공(weld access hole)이라고도 함)을 설치한다.

보 이음의 설계흐름도은 그림 10.3과 같다.

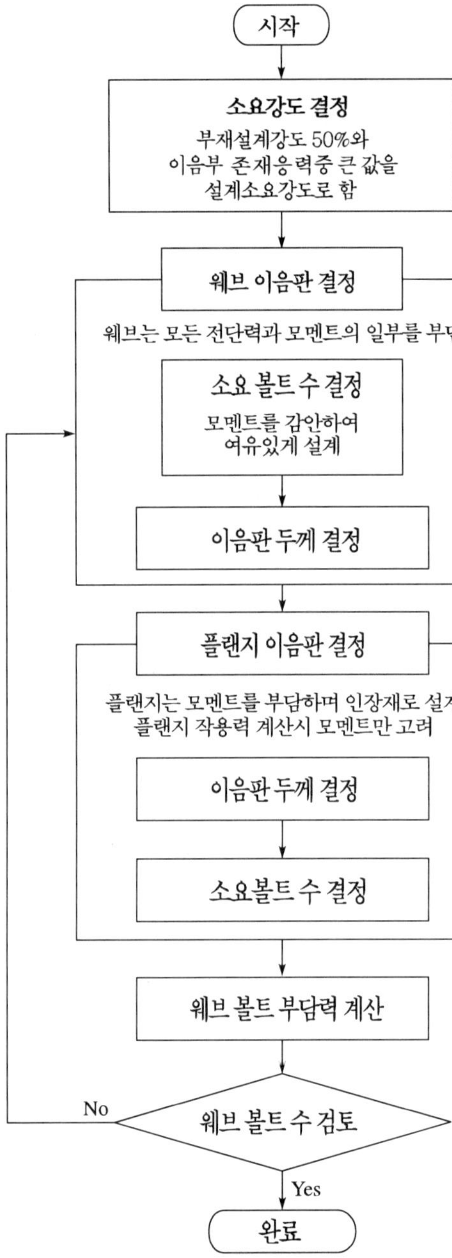


**그림 10.3** 보 이음의 설계흐름도 (존재응력설계법)

### 예제 10.1 보 이음부의 소요강도(존재응력설계법)

압연H형강보 H−500×200×10×16(SM275)의 이음부를 존재응력설계법으로 설계하는 경우, 이음부의 소요휨강도 ($M_{us}$) 및 소요전단강도 ($V_{wu}$)를 구하시오. 이음부의 계수하중에 의한 휨모멘트 $M_u = 300\text{kN}\cdot\text{m}$, 전단력 $V_u = 250\,\text{kN}$이다.

**풀이**

존재응력설계법으로 설계하는 경우, 이음부의 계수하중에 의한 존재응력과 부재설계강도의 50% 중 큰 값을 소요강도로 한다.

(1) 소요휨강도

① 존재응력: 이음부의 계수하중에 의한 휨모멘트 $M_u = 300\text{kN}\cdot\text{m}$

② 부재설계강도 50%

H−500×200×10×16 ($Z_x = 2{,}180\times10^3\text{mm}^3$)

$$\phi_b M_n = 0.9\,ZF_y$$
$$= 0.9\times2{,}180\times10^3\times275$$
$$= 539.6\times10^6\,\text{N}\cdot\text{mm} = 539.6\,\text{kN}\cdot\text{m}$$
$$\phi_b M_n/2 = 269.8\text{kN}\cdot\text{m}$$

③ 이음부 소요휨강도는 존재응력과 부재설계강도의 50% 중 큰 값으로 한다.

∴ 이음부 소요휨강도 $M_{us} = (300,\ 269.8)_{\max} = 300\text{kN}\cdot\text{m}$

(2) 소요전단강도

① 존재응력: 이음부의 계수하중에 의한 전단력 $V_u = 250\,\text{kN}$

② 부재설계강도 50%

$$h/t_w = (500-2\times(16+20))/10 = 42.8$$
$$< 2.24\sqrt{E/F_y} = 61.9$$
$$\phi_v V_n = 1.0\times(0.6F_y)A_w$$
$$= 1.0\times0.6\times275\times500\times10 = 825{,}000\text{N} = 825\text{kN}$$
$$\phi_v = 1.0$$
$$\therefore\ \phi_v V_n/2 = 412.5\text{kN}$$

③ 이음부 소요전단강도는 존재응력과 부재설계강도의 50% 중 큰 값으로 한다.

∴ 이음부 소요전단강도 $V_{wu} = (250,\ 412.5)_{\max} = 412.5\text{kN}$

**예제 10.2** 보 이음부 플랜지 이음판(존재응력설계법)

그림 10.4와 같이 압연H형강보 H−500×200×10×16(SM275)의 이음부를 존재응력설계법으로 설계하는 경우, 플랜지 이음판에 대해 검토하시오. 예제 10.1과 동일한 하중조건을 적용하며, 고장력볼트는 M22(F10T, 표준구멍, 설계볼트장력은 $T_o = 200\text{kN}$)를 사용하며 마찰접합으로 설계한다. 마찰면은 블라스트 후 페인트하지 않았고, 필러를 사용하지 않았다. 플랜지 이음판은 총단면 인장항복과 순단면 인장파단에 대해서만 검토한다.

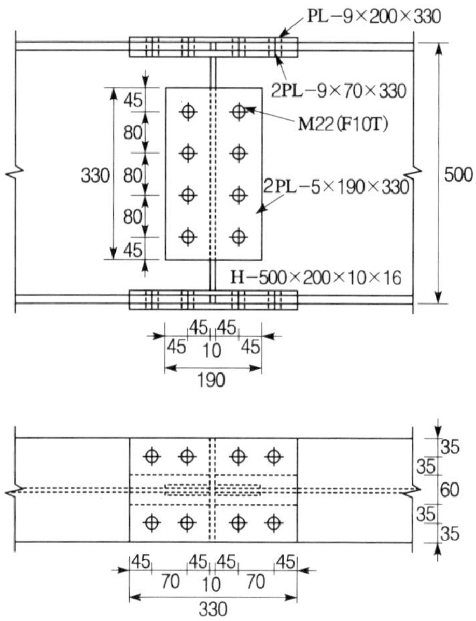


**그림 10.4** 보이음부 상세

**풀이**

1) 플랜지 이음판의 소요인장강도

플랜지 이음판은 인장재로 설계한다.

$$T_u = \frac{M_{us}}{d-t_f} = \frac{300\times 10^3}{(500-16)} = 619.8\text{kN}$$

2) 마찰접합에 의한 설계미끄럼강도(2면전단) 및 안전성 검토

건축물 강구조 설계기준에서는 마찰접합에서도 지압강도를 검토하도록 되어 있으나, 본 예제에서는 별해와 같이 고장력볼트 구멍에 대한 지압파괴가 일어나지 않으므로 이에 대한 계산과정을 생략한다.

$$\phi R_n = \phi \mu h_f T_o N_s$$

$$= 1.0\times 0.5\times 1.0\times 200\times 2 = 200\text{kN}/\text{볼트}$$

∴ 고장력볼트 4개에 대한 설계미끄럼강도: $200\times 4 = 800\text{kN}$

$\phi R_n = 800\text{kN} > T_u = 619.8\text{kN}$ O.K

3) 플랜지 이음판의 안전성 검토

외부 이음판 1장의 폭은 200mm, 내부 이음판 2장의 폭은 각각 70mm이다.

① 총단면의 인장항복에 대한 안전성 검토

$\phi R_n = \phi A_{gt} F_y = 0.9 \times [(200 + 2 \times 70) \times 9] \times 275 \times 10^{-3}$

$= 757.4\text{kN} > T_u = 619.8\text{kN}$ O.K

② 순단면의 인장파단에 대한 안전성 검토

$\phi R_n = \phi A_{nt} F_u = 0.75 \times [(200 + 2 \times 70 - 4 \times 24) \times 9] \times 410 \times 10^{-3}$

$= 675.3\text{kN} > T_u = 619.8\text{kN}$ O.K

[별해] 마찰접합의 설계강도

1) 마찰접합에 의한 설계미끄럼강도(2면전단, 고장력볼트 4개)

$\phi R_n = 800\text{kN}$

2) 고장력볼트의 설계전단강도(2면전단, 고장력볼트 4개, 전단면에 나사부 불포함)

$\phi R_n = \phi n_b F_{nv} A_b N_s$

$= 0.75 \times 4 \times 500 \times 380 \times 2 \times 10^{-3} = 1{,}140\text{kN}$

또는 부표 4.1 이용

$\phi R_n = (2.85 \times 10^5) \times 4 \times 10^{-3} = 1{,}140\text{kN}$

3) 고장력볼트 구멍의 설계지압강도

$\phi R_n = \phi 1.2 L_c t F_u \le \phi 2.4 d t F_u$

$\phi = 0.75$, $t = 16\text{mm}$, $d = 22\text{mm}$

연단측 구멍 $L_c = 45 - 24/2 = 33\text{mm}$

나머지 구멍 $L_c = 70 - 24 = 46\text{mm}$

① 연단측 고장력볼트 구멍의 설계지압강도

$\phi R_n = \phi 1.2 L_c t F_u = 0.75 \times 1.2 \times 33 \times 16 \times 410 \times 10^{-3} = 195\text{kN}$

$\le \phi 2.4 d t F_u = 0.75 \times 2.4 \times 22 \times 16 \times 410 \times 10^{-3} = 260\text{kN}$ O.K

따라서, 연단측 고장력볼트 구멍의 설계지압강도는 195kN이다.

② 나머지 고장력볼트 구멍의 설계지압강도

$\phi R_n = \phi 1.2 L_c t F_u = 0.75 \times 1.2 \times 46 \times 16 \times 410 \times 10^{-3} = 272\text{kN}$

$> \phi 2.4 d t F_u = 0.75 \times 2.4 \times 22 \times 16 \times 410 \times 10^{-3} = 260\text{kN}$ N.G

따라서, 나머지 고장력볼트 구멍의 설계지압강도는 260kN이다.

$\therefore$ 고장력볼트 4개에 대한 설계지압강도 $= 195 \times 2 + 260 \times 2 = 910\text{kN}$

4) 고장력볼트의 설계미끄럼강도, 설계전단강도, 구멍의 설계지압강도 중 작은 값을 마찰접합의 설계강도로 한다. 따라서,

$\phi R_n = (800,\ 1{,}140,\ 910)_{\min} = 800\text{kN}$

$\therefore \phi R_n (= 800\text{kN}) > T_u (= 619.8\text{kN})$ O.K.

**예제 10.3 보 이음부의 웨브 이음판(존재응력설계법)**

그림 10.4와 같이 압연H형강보 H$-500\times200\times10\times16$(SM275)의 이음부를 존재응력설계법으로 설계하는 경우, 웨브 이음판에 대해 검토하시오. 조건은 예제 10.2와 동일하다. 웨브 이음판은 총단면 전단항복과 순단면 전단파단에 대해서만 검토한다.

**풀이**

1) 웨브 이음판의 소요전단강도

웨브 이음판은 전단력만 부담하는 것으로 설계하고, 이음판은 양쪽 면에 설치한다.

$$\therefore V_{wu} = (V_u,\ \phi_v V_n/2)_{\max} = (250,\ 412.5)_{\max} = 412.5\text{kN}$$

2) 고장력볼트 마찰접합의 안전성 검토(2면전단, 고장력볼트 4개)

$$\phi R_n = 800\text{kN} > V_{wu} = 412.5\text{kN} \quad \text{O.K}$$

3) 웨브 이음판의 안전성 검토

웨브 이음판은 2PL$-5\times190\times330$이다.

① 총단면의 전단항복에 대한 안전성 검토

$$\phi R_n = \phi A_{gv}(0.6F_y) = 1.0\times(2\times5\times330)\times(0.6\times275)\times10^{-3}$$
$$= 544.5\text{kN} > V_{wu} = 412.5\text{kN} \quad \text{O.K}$$

② 순단면의 전단파단에 대한 안전성 검토

$$\phi R_n = \phi A_{nv}(0.6F_u) = 0.75\times[(2\times5\times(330-4\times24)]\times(0.6\times410)\times10^{-3}$$
$$= 431.7\text{kN} > V_{wu} = 412.5\text{kN} \quad \text{O.K}$$

### 10.2.2 기둥 이음

기둥의 이음은 존재응력이 작은 곳에 설치하며, 공사현장에서 이음위치는 제작, 운반, 시공 및 경제성을 고려하여 2~3층을 1 단위(절)로 하여 바닥판 위 1m 전후의 높이에 일정하게 설치하는 것이 일반적이다.

기둥이음의 종류는 그림 10.5와 같이 고장력볼트접합, 고장력볼트와 용접접합의 혼용, 용접접합 등의 3종류가 있다.

그림 10.5(a)①은 단면 차이가 거의 없어 직접 이음판을 댄 경우이고, (a)②는 플랜지 두께의 차이를 끼움판(filler plate)으로 줄인 후 이음판을 댄 경우이고, (a)③은 단면 춤의 차이 때문에 맞댐판(butt plate)을 사용한 경우이다.

상부기둥 단면 춤과 하부기둥 단면 춤의 차이가 30mm보다 작을 경우 끼움판을 사용하고, 30mm 이상일 경우에는 맞댐판(butt plate)도 사용한다. 끼움판 두께는 (0.5×양단면 춤의 차이−세우기 여유폭)이고 폭은 플랜지 폭과 같게 하고 상부기둥의 플랜지 폭보다 크지 않게 한다.

기둥 이음의 설계는 아래와 같은 사항을 고려하여야 한다.

가) 설계응력은 시공 시 안전을 고려하여 고정하중만이 작용한 압축력에 지진 및 바람에 의한 수평력을 조합하여 발생하는 인장응력에 관해서도 안전하게 설계한다.

나) 이음판은 플랜지나 웨브 모두 양면 이음판을 사용하고, 그 단면적 분포는 가능한 기둥단면과 일치하도록 한다.

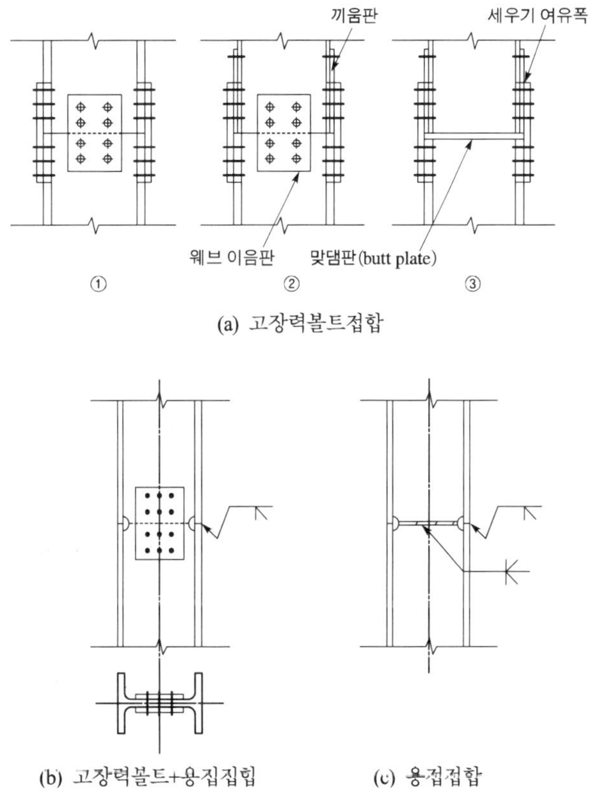


**그림 10.5** 기둥의 이음

다) 상하 기둥 단면의 폭이 약간씩 다를 경우는 상하 기둥의 중심선을 가능한 일치시키고, 이음판과 플랜지 사이에 생기는 틈에는 끼움판을 삽입하여 조정한다.

### 1) 설계방법

고장력볼트를 이용한 기둥 이음에는 이음판이 사용된다. 기둥 이음부는 서로 밀착되도록 가공하여 하중 전달이 원활하도록 하는 것이 원칙이고, 기둥이 압축력만 받는 경우를 포함하여 전단력, 휨모멘트를 받는 경우는 반드시 이음판을 사용하여야 한다.

기둥이 인장력을 받을 경우 이음판이 모든 하중을 부담하게 되나, 중심압축력을 받을 경우 하중의 많은 부분이 밀착을 통해 기둥으로 직접 전달된다. 기둥 이음부에 인장응력이 발생하지 않고 이음부의 면을 페이싱 머신(facing machine) 또는 로터리 플레이너(rotary planer) 등의 절삭가공기를 사용하여 마감하고 충분히 밀착시키는 메탈터치(metal touch)이음인 경우에는 밀착면으로 하중의 1/2이 전달된다고 가정할 수 있다. 따라서 존재응력과 부재설계강도에 의하여 산출된 값의 1/2을 소요강도로 가정하여 설계할 수 있다.

기둥 접합부에서 하중의 형태에 따라 이음판의 고장력볼트 배치 및 개수를 결정하고, 압축력 외에 다음 식에 의한 계수하중으로 발생할 수 있는 인장력을 부담하여야 한다.

$$0.9D \pm (1.3W \text{ 또는 } 1.0E) \tag{10.12}$$

이 장에서는 기둥 이음부의 존재응력설계법에 대해서만 기술하며, 보는 H형강 단면으로 한정한다.

**(1) 기둥 이음부의 내력**

기둥 이음부의 내력은 이음부의 계수하중에 의한 소요강도($M_u, V_u, P_u$)와 부재설계강도의 50% 이상으로 설계하여야 한다. 여기서 부재설계강도는 다음과 같다.

$$\phi_b M_n = \phi_b Z_x F_y \tag{10.13}$$

$$\phi_v V_n = \phi_v A_w (0.6F_y) \tag{10.14}$$

$$\phi_t P_n = \phi_t A_g F_y \tag{10.15}$$

$$\phi_c P_n = \phi_c A_g F_y \tag{10.16}$$

여기서, $A_w$ : 웨브의 단면적($\text{mm}^2$)

$A_g$ : 기둥의 단면적($\text{mm}^2$)

$\phi_b$ : 휨저항계수(=0.9)

$\phi_v$ : 전단저항계수(=0.9)

(다만, $h/t_w \le 2.24\sqrt{\dfrac{E}{F_y}}$ 인 압연H형강의 웨브는 $\phi_v = 1.0$)

$\phi_t$ : 인장저항계수(=0.9)

$\phi_c$ : 압축저항계수(=0.9)

**(2) 압축력을 받는 플랜지 이음판 설계**

① 이음판의 소요압축강도

압축력이 발생하는 플랜지의 이음판은 횡지지거리가 매우 짧은 압축재로 설계한다. 인장력을 받는 경우와 동일하게 소요압축강도($P_{fu}$)를 다음 값 중 큰 값으로 한다.

$$P_{fu} = P_{cu}\frac{A_f}{A_g} + \frac{M_u}{d - t_f} \tag{10.17a}$$

$$P_{fu} = \frac{\phi_c P_n}{2}\frac{A_f}{A_g} + \frac{\phi_b M_n/2}{d - t_f} = \frac{1}{2}\phi_c F_y A_f + \frac{\phi_b M_n/2}{d - t_f} \le \phi_c F_y A_f \tag{10.17b}$$

여기서, $P_n = A_g F_y$로부터 $P_n / A_g = F_y$임.

② 이음판의 압축력에 대한 안전성 검토

플랜지 이음판의 총단면적은 다음을 만족하여야 한다.

$$A_{gc} \geq \frac{P_{fu}}{\phi_c F_y} (\phi_c = 0.9) \tag{10.18}$$

**(3) 인장력을 받는 플랜지 이음판 소요인장강도**

① 이음판의 소요인장강도

인장력이 발생하는 플랜지의 이음판은 인장재로 설계한다. 플랜지 이음부의 설계에 요구되는 소요인장강도($T_u$)는 계수하중에 의한 소요강도(존재응력)와 플랜지 설계인장강도의 50% 이상으로 설계한다.

따라서 소요인장강도는 다음 값 중 큰 값으로 한다. 여기서, 동일한 단면의 외첨판과 내첨판을 모두 사용하는 경우로, 모멘트 팔길이는 플랜지중심간 거리이다.

$$T_u = P_{tu} \frac{A_f}{A_g} + \frac{M_u}{d - t_f} \tag{10.19a}$$

$$T_u = \frac{\phi_t P_n}{2} \frac{A_f}{A_g} + \frac{\phi_b M_n / 2}{d - t_f} = \frac{1}{2} \phi_t F_y A_f + \frac{\phi_b M_n / 2}{d - t_f} \leq \phi_t F_y A_f \tag{10.19b}$$

② 이음판의 인장력에 대한 안전성 검토

플랜지 이음판의 총단면적 및 순단면적은 다음을 만족하여야 한다.

$$A_{gt} \geq \frac{T_u}{\phi F_y} (\phi = 0.9) \tag{10.20a}$$

$$A_{nt} \geq \frac{T_u}{\phi_t F_u} (\phi_t = 0.75) \tag{10.20b}$$

**(4) 축력에 대한 웨브 이음판 설계**

① 웨브 이음판의 소요인장강도 또는 소요압축강도

웨브 이음판에 압축력 또는 인장력이 작용할 때, 이에 대한 소요인장강도 또는 소요압축강도는 플랜지 이음판의 경우와 동일한 개념으로 산정한다. 다만, 웨브의 이음판은 웨브의 압축력 또는 인장력을 부담하고 휨모멘트를 부담하지 않는 것으로 설계한다.

소요인장강도는 다음 값 중 큰 값으로 한다.

$$T_{wu} = P_{tu} \frac{A_w}{A_g} = P_{tu} \left(1 - \frac{2A_f}{A_g}\right) \tag{10.21a}$$

$$T_{wu} = \frac{\phi_t P_n}{2}\frac{A_w}{A_g} = \frac{1}{2}\phi_t F_y A_w = \frac{1}{2}\phi_t F_y (A_g - 2A_f) \quad (10.21b)$$

여기서, $A_w$는 H형강의 춤과 웨브두께의 곱이다.

소요압축강도는 다음 값 중 큰 값으로 한다.

$$P_{wu} = P_{cu}\frac{A_w}{A_g} = P_{cu}(1 - \frac{2A_f}{A_g}) \quad (10.22a)$$

$$P_{wu} = \frac{\phi_c P_n}{2}\frac{A_w}{A_g} = \frac{1}{2}\phi_c F_y A_w = \frac{1}{2}\phi_c F_y (A_g - 2A_f) \quad (10.22b)$$

② 이음판의 압축력 또는 인장력에 대한 안전성 검토
웨브 이음판의 총단면적 및 순단면적은 위에서 산정한 압축력 또는 인장력에 대하여 식(10.18)과 식(10.20)을 만족하여야 한다.

**(5) 전단력에 대한 웨브 이음판 설계**

① 이음판의 소요전단강도
웨브 이음부의 소요전단강도는 다음과 같다.

$$V_{wu} = (V_u,\ \phi_v V_n/2)_{\max}$$

② 이음판에 전단력에 대한 안전성 검토
웨브 이음판의 총단면적($A_{gv}$)과 순단면적($A_{nv}$)은 다음을 만족하여야 한다.

$$A_{gv} \geq \frac{V_{wu}}{\phi(0.6F_y)}\ (\phi = 1.0) \quad (10.23a)$$

$$A_{nv} \geq \frac{V_{wu}}{\phi(0.6F_u)}\ (\phi = 0.75) \quad (10.23b)$$

2) 고장력볼트 접합에 의한 기둥의 이음

**(1) 플랜지 고장력볼트설계**

플랜지 소요인장강도 또는 소요압축강도가 고장력볼트의 소요전단강도로 작용한다. 이에 대한 플랜지 이음판의 고장력볼트 개수는 다음을 만족하여야 한다.

$$N_b \geq \frac{\max(T_{fu}, P_{fu})}{\phi R_n} \quad (10.24)$$

여기서, $\phi R_n$: 고장력볼트 1개의 설계전단강도

고장력볼트 개수를 결정한 후, 마찰접합 또는 지압접합에 따라 4.3절에서 제시하고 있는 설계미끄럼강도, 고장력볼트 구멍의 지압강도 등을 검토한다.

(2) 웨브 고장력볼트설계

웨브 이음판은 전단력을 모두 부담해야 하고 축방향력의 일부를 부담한다. 고장력볼트의 소요전단강도는 실제 작용하는 전단력과 축방향력 일부의 조합력 이상이어야 한다. 따라서 고장력볼트 개수 $N_b$은 다음을 만족하여야 한다.

$$N_b \geq \frac{\sqrt{(V_u)^2 + (T_u A_w / A_g \text{또는 } P_u A_w / A_g)^2}}{\phi R_n} \tag{10.25a}$$

$$N_b \geq \frac{V_{wu}}{\phi R_n} \tag{10.25b}$$

$$N_b \geq \frac{P_{wu} \text{또는 } T_{wu}}{\phi R_n} \tag{10.25c}$$

3) 용접접합에 의한 기둥의 이음

(1) 이음부의 단면을 직접 그루브용접으로 이음하는 방법
(2) 이음부에 덧판을 이용하여 필릿용접하는 방법
(3) 이음부에 플랜지는 그루브용접하고, 웨브는 고장력볼트접합으로 혼용이음하는 방법(그림 10.6(a))

용접접합에 의한 기둥이음의 설계는 고장력볼트접합에 의한 기둥이음의 설계와 같은 방법으로 산정하며, 기둥 이음부의 단면을 직접 그루브용접하는 방법은 용접부의 내력이 모재와 동일한 값이 되므로 전강도설계가 비교적 용이하다. 이음부의 소요강도가 작을 경우 부분용입그루브용접도 가능하다. 시공 시에는 그림 10.6과 같이 조립보소재를 사용하여 현장에서 볼드로 가조립힌 후 현장용접을 한다.

기둥이음의 설계흐름도는 보이음의 경우와 유사하고 그림 10.3을 참조한다.

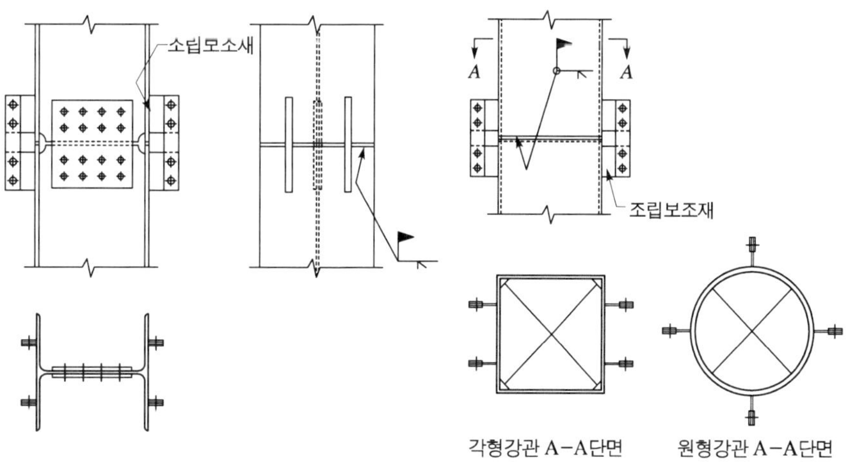


(a) H형강

(b) 강관

**그림 10.6** 용접에 의한 기둥이음

**예제 10.4** 기둥 이음부 플랜지 이음판(존재응력설계법)

그림 10.7과 같이 압연H형강 H$-350\times350\times12\times19$를 사용한 기둥의 이음부를 소요강도에 따른 미끄럼이 일어나지 않도록 마찰접합으로 설계하는 경우 플랜지 이음판에 대해 검토하시오. 이음부의 계수하중에 의한 소요강도는 $M_u = 170\text{kN}\cdot\text{m}$, $V_u = 200\text{kN}$, $P_{cu} = 3{,}000\text{kN}$이고, H형강과 이음판의 강재는 SM355이며, 고장력볼트는 M20(F10T, 표준구멍)이다. 또한 이음부 단부의 면을 절삭마감하여 밀착되는 경우로 하며, 계수하중에 의한 소요강도의 1/2은 접촉면에 의해 직접 응력이 전달되는 것(메탈터치 50%)으로 설계한다. 다만, 고장력볼트의 설계전단강도, 설계지압강도에 대해서도 검토해야 하지만, 여기서는 고장력볼트는 안전한 것으로 본다.

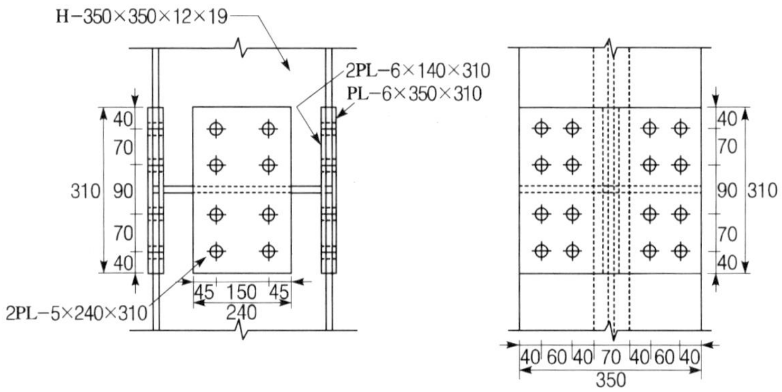


**그림 10.7** 예제 10.4

**풀이**

1) 플랜지 이음판의 소요압축강도(메탈터치 적용)

① 존재응력: 플랜지 이음부의 계수하중에 의한 소요강도

$$P_u = P_{fu} = P_{cu}\frac{A_f}{A_g} + \frac{M_u}{d-t_f}$$

$$= 3{,}000 \times \frac{350\times19}{17{,}390} + \frac{170\times10^3}{350-19} = 1{,}147 + 514 = 1{,}661\text{kN}$$

② 부재 설계강도 50%

H-형강의 항복강도는 플랜지 두께가 16mm를 초과하므로 플랜지 항복강도인 $345\text{N/mm}^2$으로 한다.

$$\phi_b M_n = 0.9\,ZF_y = 0.9\times2.55\times10^6\times345\times10^{-6} = 792\,\text{kN}\cdot\text{m}$$

$$P_u = P_{fu} = \frac{\phi_c P_n}{2}\frac{A_f}{A_g} + \frac{\phi_b M_n/2}{d-t_f}$$

$$= \frac{1}{2}\phi_c F_y A_f + \frac{\phi_b M_n/2}{d-t_f} \le \phi_c\, F_y A_f$$

$$= \frac{1}{2}\times0.9\times345\times(350\times19)\times10^{-3} + \frac{792\times10^3/2}{350-19}$$

$$= 1{,}032 + 1{,}196 = 2{,}228\text{kN} \le \phi_c\, F_y A_f$$

$$= 0.9\times345\times(350\times19)\times10^{-3} = 2{,}065\text{kN}$$

$\therefore\ P_u = 2{,}065\text{kN}$

③ 소요압축강도는 존재응력과 부재설계강도의 50% 중 큰 값으로 한다.

이음부 소요압축강도 $P_u = (1{,}661,\ 2{,}065)_{\max} = 2{,}065\text{kN}$

또한, 메탈터치이므로 산정한 값의 1/2을 이음부의 소요압축강도로 가정하여 설계할 수 있다.

이 경우에 소요압축강도 2,065kN의 1/2이 된다.

$P_u = 2{,}065/2 = 1{,}033\text{kN}$

따라서 소요압축강도 $P_u = 1{,}033\text{kN}$으로 한다.

2) 플랜지 이음판 설계

외부 이음판 1장의 폭은 350mm, 내부 이음판 2장의 폭은 각각 140mm이다.

① 마찰접합에 의한 고장력볼트의 설계미끄럼강도(2면전단) 및 안전성 검토

$\phi R_n = \phi \mu h_f T_o N_s = 1.0 \times 0.5 \times 1.0 \times 165 \times 2 = 165\text{kN}/$볼트

$\therefore$ 고장력볼트 8개에 대한 설계미끄럼강도$= 165 \times 8 = 1{,}320\text{kN}$

$\phi R_n = 1{,}320\text{kN} > P_u = 1{,}033\text{kN}$ O.K

② 플랜지 이음판의 압축항복에 대한 안전성 검토

$\phi R_n = \phi_c A_{gc} F_y = 0.9 \times [(350 + 2 \times 140) \times 6] \times 355$

$= 1{,}208\text{kN} > P_u = 1{,}033\text{kN}$ O.K

### 예제 10.5 기둥 이음부 웨브 이음판(존재응력설계법)

그림 10.7과 같이 압연H형강 H$-350 \times 350 \times 12 \times 19$를 사용한 기둥의 이음부를 소요강도에 따른 미끄럼이 일어나지 않도록 마찰접합으로 설계하는 경우 웨브 이음판에 대해 검토하시오. 조건은 예제 10.4와 동일하나 메탈터치는 적용하지 않는다.

**풀이**

웨브의 이음판은 웨브의 압축력과 전단강도를 부담하는 것으로 설계하며, 이음판의 폭은 각각 240mm로 한다.

1) 웨브 이음판의 소요압축강도

① 존재응력: 웨브 이음부의 계수하중에 의한 소요강도

계수하중($P_{cu}$)에 의해 웨브에 작용하는 압축력을 소요강도로 설정한다.

$$P_u = P_{cu}\frac{A_w}{A_g} = P_{cu}\left(1 - \frac{2A_f}{A_g}\right) = 3{,}000 \times \left(1 - \frac{2 \times 350 \times 19}{17{,}390}\right) = 706\text{kN}$$

② 부재 설계강도 50%

$P_u = 1/2 \times \phi_c F_y A_w = 1/2 \times 0.9 \times 355 \times (350 \times 12) \times 10^{-3} = 671\text{kN}$

여기서, 압연H형강 기둥부재의 플랜지 두께가 16mm를 초과하여 웨브의 설계기준 항복강도를 345MPa로 저감하여 설계하여야 한다. 하지만, 웨브 이

음판의 설계강도를 보수적으로 산정하기 위하여 강도저감 없이 계산하였다.

③ 이음부 소요압축강도는 존재응력과 부재설계강도의 50% 중 큰 값으로 한다.

$\therefore$ 이음부 소요압축강도 $P_{wu} = (706,\ 671)_{\max} = 706\text{kN}$

2) 웨브 이음판의 소요전단강도

① 존재응력: 계수하중에 의한 전단력 $V_u = 200\text{kN}$

② 부재 설계강도 50%

$$h/t_w = \frac{350-2(19+20)}{12} = 22.7 \le 2.24\sqrt{\frac{E}{F_y}} = 55.3\text{이므로}$$

$\phi_v = 1.0$ 적용하면

$$\phi_v V_n = 1.0(0.6F_y)A_w = 1.0\times0.6\times355\times350\times12\times10^{-3} = 895\,\text{kN}$$

$$\phi_v V_n/2 = 448\,\text{kN}$$

③ 이음부 소요전단강도는 존재응력과 부재설계강도의 50% 중 큰 값으로 한다.

$\therefore$ 이음부 소요전단강도 $V_{wu} = (200,\ 448)_{\max} = 448\text{kN}$

3) 웨브 이음판 설계

① 마찰접합에 의한 고장력볼트의 설계미끄럼강도(2면전단) 및 안전성 검토

이음판에 작용하는 압축력과 전단력에 의해 고장력볼트에 실제 작용하는 조합력

$= \sqrt{706^2+200^2} = 734\text{kN}$

$\therefore$ 고장력볼트의 소요전단강도 $(706,\ 671,\ 734)_{\max} = 734\text{kN}$

$\phi R_n = \phi\mu h_f T_o N_s = 1.0\times0.5\times1.0\times165\times2 = 165\,\text{kN}$/볼트

$\therefore$ 고장력볼트 4개에 대한 설계미끄럼강도 $= 165\times4 = 660\,\text{kN}$

$\phi R_n = 660\text{kN} < 734\,\text{kN}$ N.G

② 웨브 이음판의 압축항복에 대한 안전성 검토

$$\phi R_n = \phi_c A_{gc} F_y = 0.9\times(2\times240\times5)\times355\times10^{-3}$$
$$= 767\,\text{kN} > P_{wu} = 706\,\text{kN}$$ O.K

③ 웨브 이음판의 전단항복과 전단파단에 대한 안전성 검토

$$\phi R_n = \phi A_{gv}(0.6F_y) = 1.0\times(2\times240\times5)\times(0.6\times355)\times10^{-3}$$
$$= 511\,\text{kN} > V_{wu} = 448\,\text{kN}$$ O.K

$$\phi R_n = \phi A_{nv}(0.6F_u)$$
$$= 0.75\times(2\times240\times5-2\times22\times5\times2)\times(0.6\times490)\times10^{-3}$$
$$= 432.2\,\text{kN} < V_{wu} = 448\,\text{kN}$$ N.G

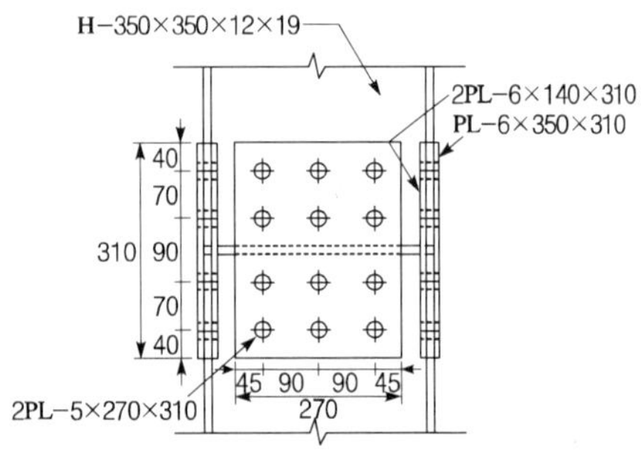

**그림 10.8** 예제 10.5

따라서, 이 웨브 이음부의 고장력볼트 개수를 6개로 증가시키고 이음판의 폭도 증가시켜 재설계한다.

④ 마찰접합에 의한 고장력볼트의 설계미끄럼강도(2면전단) 및 안전성 검토

고장력볼트 6개에 대한 설계미끄럼강도 $= 165\times6 = 990\,\text{kN}$

$\phi R_n = 990\text{kN} < 671\,\text{kN}$ O.K

이후 계산과정은 위와 동일하므로 생략한다.

## 10.3 접합부 설계

### 10.3.1 접합부의 특성

강구조의 모든 접합부 및 이음부는 하중 또는 모멘트를 받을 때, 연결부재 사이의 모멘트에 대한 부재 상대회전각의 특성에 따라 전단접합(단순접합), 반강접합, 강접합으로 분류한다.

전단접합은 그림 10.9(a)와 같이 보의 단부는 모멘트가 전달되지 않는 접합부이며, 반강접합은 부재 단부의 회전저항에 따른 단부 모멘트를 발생시킬 수 있는 접합부이다. 강접합은 그림 10.9(b)와 같이 이론적으로 보 단부에서 회전을 허용하지 않고 100%에 가까운 단부 모멘트를 기둥 또는 이음부에 전달시키는 접합부이다.

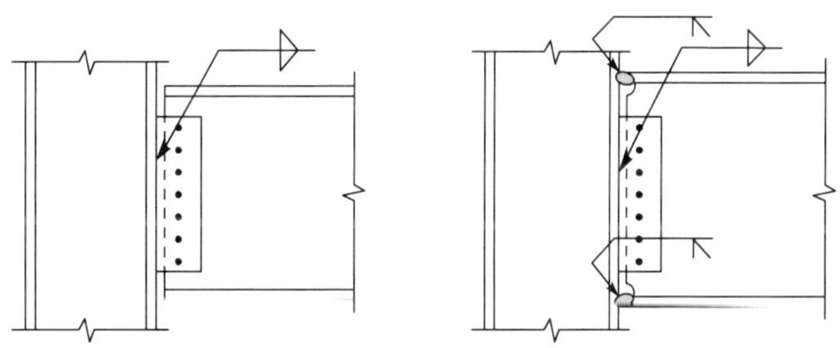


**그림 10.9** 강구조의 접합방법

그림 10.10과 같이 보 단부의 휨모멘트가 클 경우에는 기둥이 국부적으로 대변형을 일으키며 파괴가 발생할 수 있다. 따라서, 이것을 방지하기 위하여 수평스티프너(stiffener)를 설치하여야 한다. 기둥 관통형 기둥-보 접합부를 설계할 때 다음 사항을 고려하여야 한다.

가) 기둥-보 접합부를 구성하는 요소의 강도는 소요강도 이상이 되거나 또는 접합부가 충분한 내력을 발휘할 수 있는 강도 이상이 되도록 해야 한다.

나) 기둥-보 접합부는 구성요소의 강도가 설계강도의 50% 이상이 되도록 설계하는 것이 바람직하다.

다) 접합부 패널의 보 플랜지 위치에는 스티프너 필요 여부를 확인해야 한다.

라) 기둥-보 접합부에서 기둥 플랜지에 수직이며 웨브에 대하여 대칭인 집중하중을 받는 경우에 기둥 플랜지 및 웨브는 플랜지의 국부휨, 웨브의 국부항복, 웨브 크리플링(crippling)에 대하여 설계한다(제7장 7.6절 참고).

마) 기둥-보 접합부에서 기둥 양측의 보 플랜지로부터 집중하중을 받는 경우에

기둥 웨브는 웨브 국부항복, 웨브 크리플링 및 웨브의 압축좌굴에 대하여 설계한다.

바) 큰 전단력을 받는 기둥의 웨브는 패널존 항복에 대하여 설계한다.

기둥-보 접합부의 설계흐름도는 그림 10.11과 같다.

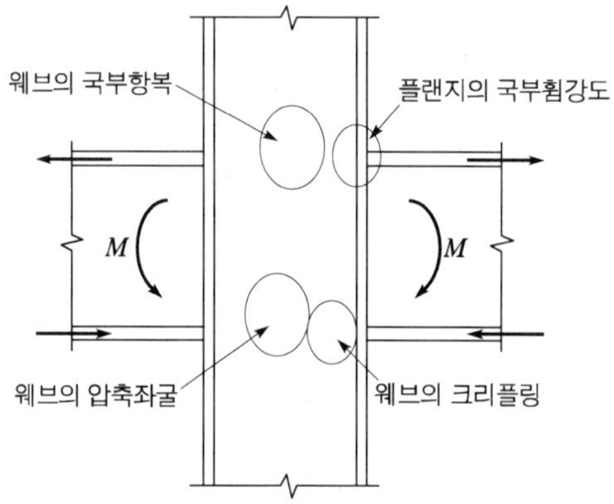


**그림 10.10** 기둥-보 접합부의 변형

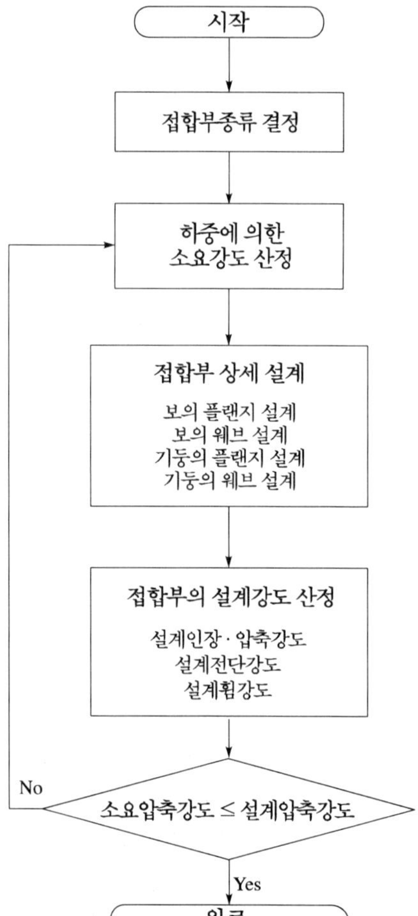


**그림 10.11** 기둥-보 접합부의 설계흐름도

### 10.3.2 전단접합(단순접합) 설계

전단접합부는 전단만을 전달하고 모멘트는 전달할 수 없는 접합부이다. 따라서 전단접합부를 가지고 있는 부재의 단부는 하중이 작용할 때 회전에 대해서 자유로운 것으로 가정한다. 전단접합부의 경우 최대 모멘트가 중앙에서 발생하는 반면, 단부모멘트는 거의 없기 때문에 보단부 모멘트에 대하여도 안전하다.

단순지점으로 가정하는 전단접합부는 작은보(beam)를 큰보(girder)의 웨브에 접합시키거나 작은보를 기둥의 플랜지 또는 웨브에 접합시키기 위해 강구조에서 폭넓게 사용되고 있다. 또한, 가새골조에서 기둥-보 접합부는 일반적으로 전단접합부의 형태로 설치된다.

#### 1) 기둥과 보의 접합

안전한 접합부 설계를 위해서는 아래의 사항들에 대해서 제4장에 따라 적절하게 검토하여야 한다.

가) 고장력볼트 설계강도
나) 용접부의 설계강도
다) 이음판의 인장항복 및 인장파단
라) 이음판의 전단항복 및 전단파단
마) 이음판의 블록전단파단

집중하중을 받는 기둥의 플랜지와 웨브에 대해서는 아래의 사항들을 검토하여 파괴가 발생되지 않도록 한다.

**(1) 플랜지의 국부휨강도**

플랜지에 수직으로 용접된 판으로부터의 인장력에 의해 휨을 받는 플랜지의 설계휨강도 $\phi_l R_n$ (세7장 휨재에 따라 신정한다).

**(2) 웨브의 국부항목강노**

집중력이 작용하는 점에서 웨브필릿 선단부의 국부항복 설계강도 $\phi_l R_n$ (제7장 휨재에 따라 산정한다).

**(3) 웨브 크리플링강도**

집중하중을 받는 비보강 웨브의 설계압축강도 $\phi_l R_n$ (제7장 휨재에 따라 산정한다).

**(4) 웨브의 압축좌굴강도**

양쪽 플랜지에 집중압축력이 작용할 때 비보강 웨브의 설계압축강도 $\phi_l R_n$(제7장 휨재에 따라 산정한다).

### 2) 큰보와 작은보의 접합

큰보와 작은보의 접합은 작은보의 단부접합 형식에 따라 그림 10.12(a)~(c)와 같이 작은보를 단순보로 설계하는 방법과 그림 10.12(d)~(g)와 같이 연속보로 취급하는 방법이 있다.

작은보를 단순보로 취급하는 경우에는 큰보와 작은보의 접합을 전단접합으로 설계하여 작은보로부터 전단력만을 큰보로 전달되도록 설계한다.

작은보를 연속보로 취급하는 접합은 큰보와 작은보의 접합을 강접합에 가깝게 구성하여 작은보로부터 전단력을 큰보에 전달하고 휨모멘트는 큰보 양측의 작은보로 전달될 수 있도록 설계하는 방법이다. 이와 같은 접합방법을 이용할 때에는 큰보와 작은보가 겹치는 부분의 플랜지에 대해 2방향의 조합응력에 대한 검토가 필요하다.

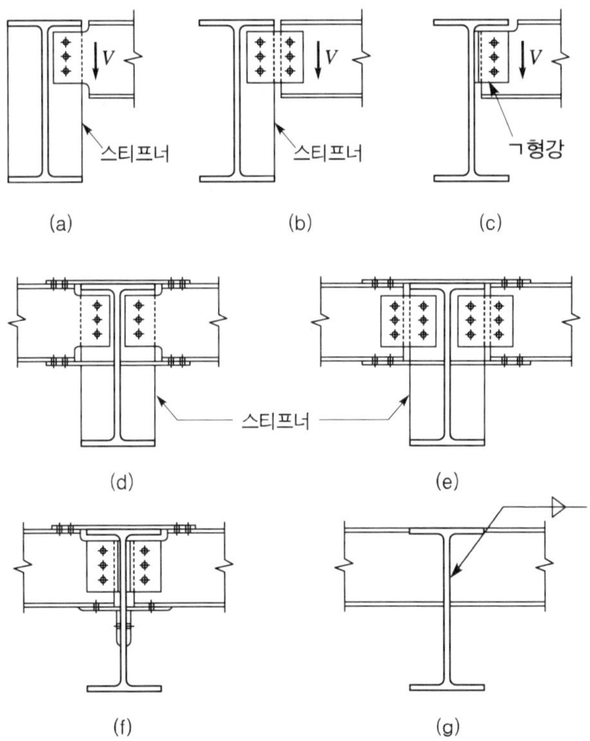


**그림 10.12** 큰보와 작은보의 접합

전단하중만을 받는 전단접합부는 고장력볼트의 전단파괴 및 볼트구멍 지압파괴, 이음판의 전단항복 및 전단파단, 이음판의 블록전단파단과 같은 한계상태에 대하여 다음과 같이 검토한다. 고장력볼트의 전단은 이음판의 배치에 따라 1면 전단접합과 2면 전단접합으로 구분하여 설계한다.

**(1) 웨브이음 고장력볼트**

웨브에 사용한 고장력볼트의 개수($n$)는 전단하중만을 지지하는 단순접합부로 가정하여 다음 식을 이용하여 산정한다.

$$n = \frac{V_u}{\phi R_n} \tag{10.26}$$

여기서, $V_u$ : 소요전단강도(N)

$\phi R_n$ : 고장력볼트 1개의 설계전단강도(N)

또한, 고장력볼트 전체 구멍의 설계지압강도가 소요전단강도 이상이 되도록 한다. 통상, 고장력볼트의 지압강도는 설계전단강도보다 크다고 볼 수 있다.

**(2) 웨브 이음판의 설계강도**

① 이음판의 설계전단항복강도

$$\phi R_n = 1.0(0.6F_y)A_{gv} \tag{10.27}$$

여기서, $A_{gv}$ : 전단저항 총단면적($mm^2$)

② 이음판의 설계전단파단강도

$$\phi R_n = 0.75(0.6F_u)A_{nv} \tag{10.28}$$

여기서, $A_{nv}$ : 전단저항 순단면적($mm^2$)

③ 이음판의 설계블록전단파단강도

이음판의 블록전단은 접합부의 인장응력 저항면과 전단응력 저항면이 고장력볼트 구멍주변에서 형성되어 파단되는 것으로 제5장 인장재에 제시된 식을 적용하여 검토한다.

**예제 10.6** 전단접합부 설계

그림 10.13과 같이 존재응력설계법에 의한 소요전단강도 $V_u = 270\text{kN}$가 필요한 전단(단순)접합부를 고장력볼트 마찰접합을 이용하여 검토하시오. 기둥부재는 H$-400\times400\times13\times21$(SM355)이고, 보부재는 H$-488\times300\times11\times18$(SM275)이다. 고장력볼트는 M20(F10T, 표준구멍)이며, 설계볼트장력 $T_o = 165\text{kN}$이다.

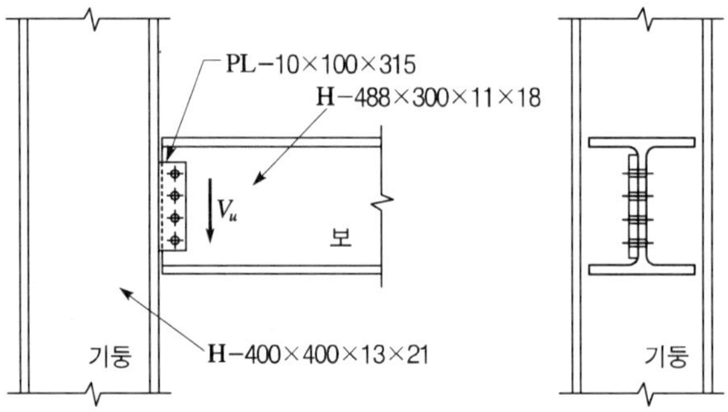


**그림 10.13** 예제 10.6(a)

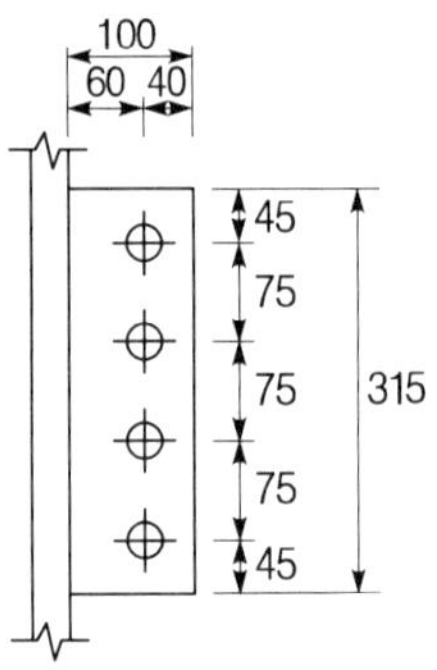


**그림 10.14** 예제 10.6(b)

**풀이**

1) 보 웨브의 고장력볼트 설계

① 고장력볼트 크기 및 개수, 구멍형상 : 4−M20(F10T), 표준구멍 사용

② $V_u$에 의한 고장력볼트 1개의 수직 전단력

$$P_u = \frac{V_u}{n} = \frac{270}{4} = 67.5\text{kN}$$

③ 고장력볼트의 설계미끄럼강도 검토

$$\phi R_n = \phi \mu h_f T_o N_s = 1.0\times0.5\times1.0\times165\times1 = 82.5\,\text{kN}$$ (4.1)

$$\phi R_n = 82.5\,\text{kN} > P_u = 67.5\,\text{kN}$$ O.K

④ 고장력볼트의 설계전단강도와 고장력볼트구멍의 설계지압강도가 $V_u$ 이상임을 검토한다.

2) 이음판(플레이트)

PL$-10\times100\times315$(SM275)로 가정한다.

① 설계전단항복강도

$$\phi R_n = 1.0\times(0.6F_y)A_{gv} = 1.0\times(0.6\times275)\times(315\times10)\times10^{-3}$$
$$= 519.8\,\text{kN} > 270\text{kN}$$ O.K

② 설계전단파단강도

$$\phi R_n = 0.75\times(0.6F_u)A_{nv}$$
$$= 0.75\times(0.6\times410)\times[(315-4\times22)\times10]\times10^{-3}$$
$$= 418.8\,\text{kN} > 270\,\text{kN}$$ O.K

③ 조합응력 검토

전단응력

$A = 315 \times 10 = 3{,}150\text{mm}^2$

$f_{uv} = \dfrac{V_u}{A} = \dfrac{270 \times 10^3}{3{,}150} = 86\text{N/mm}^2$

편심 모멘트에 의한 휨응력(그림 10.14)

$M = 270 \times 60 \times 10^{-3} = 16.2\text{kN} \cdot \text{m}$

$S = \dfrac{bh^2}{6} = \dfrac{10 \times 315^2}{6} = 165 \times 10^3\text{mm}^3$

$f_{ub} = \dfrac{M}{S} = \dfrac{16.2 \times 10^6}{165 \times 10^3} = 98\text{N/mm}^2$

조합응력검토(식(2.4))

$f_u = \sqrt{f_{ub}^2 + 3f_{uv}^2} = \sqrt{98^2 + 3 \times 86^2} = 178\text{N/mm}^2$

$\therefore \phi F_y = 0.9 \times 275 = 247.5\text{N/mm}^2 > f_u = 178\text{N/mm}^2$ O.K

3) 플레이트 용접설계

① 플레이트 양면에 필릿용접

필릿사이즈 $s = 8\text{mm}$로 가정

유효목두께 $a = 0.7s = 0.7 \times 8 = 5.6\text{mm}$

유효길이 $l_e = 315 - 2 \times 8 = 299\text{mm}$

유효면적 $A_w = (a \cdot l_e) \times 2\text{면} = 5.6 \times 299 \times 2 = 3{,}349\text{mm}^2$

단면계수 $S_w = \dfrac{a \cdot l_e^2}{6} \times 2\text{면} = \dfrac{5.6 \times 299^2}{6} \times 2 = 1.67 \times 10^5\text{mm}^3$

② 전단력에 의한 전단응력

$f_{uv} = \dfrac{V_u}{A_w} = \dfrac{270 \times 10^3}{3{,}349} = 80.6\text{N/mm}^2$

③ 편심휨모멘트에 의한 휨응력

$f_{ub} = \dfrac{M}{S_w} = \dfrac{16.2 \times 10^6}{1.67 \times 10^5} = 97\text{N/mm}^2$

④ 조합응력 검토(식(2.5))

$f_u = \sqrt{f_{ub}^2 + f_{uv}^2} = \sqrt{97^2 + 80.6^2} = 126\text{N/mm}^2$

설계강도(용접재)

모재(SM275)의 인장강도 $F_u = 410\text{N/mm}^2$이므로, 용접재는 KS D 7104 연강 및 고장력강용 아크용접플럭스 코어선을 사용하며 인장강도는 $F_{uw} = 420\text{N/mm}^2$이다.

$\phi(0.6F_{uw}) = 0.75 \times 0.6 \times 420 = 189\text{N/mm}^2$

$\therefore \ \phi(0.6F_{uw}) > f_u$ O.K

**예제 10.7 큰보-작은보 접합**

다음 그림 10.15와 같이 큰보의 스티프너에 고장력볼트로 마찰접합된 작은보 H−400 ×200×8×13(SM275)접합의 안전성을 검토하시오. 고장력볼트는 M22 (F10T, 표준구멍)을 사용하고, 설계볼트장력 $T_o = 200\,\text{kN}$ 이다. 그리고 존재응력설계법에 의한 소요전단강도는 240kN 이고, 큰보의 스티프너(8mm)는 안전하다고 가정한다.

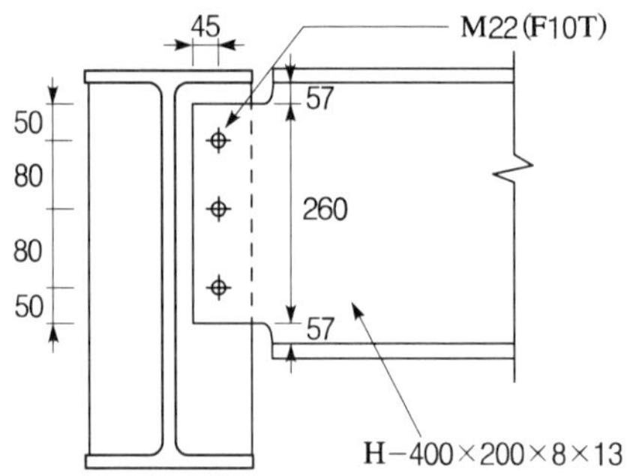


**그림 10.15** 예제 10.7

**풀이**

1) M22(F10T)고장력볼트의 설계미끄럼강도(1면전단, 고장력볼트 3개)

$\phi R_n = \phi \mu h_f T_o N_s = 1.0 \times 0.5 \times 1.0 \times 200 \times 1 = 100\,\text{kN}$

$3 \times 100 = 300\,\text{kN} > V_u = 240\,\text{kN}$ O.K

고장력볼트의 설계전단강도와 고장력볼트구멍의 설계지압강도가 $V_u$ 이상임을 검토한다.

2) 보 웨브의 설계전단항복강도

$\phi R_n = \phi(0.6F_y)A_{gv} = 1.0 \times (0.6 \times 275) \times 260 \times 8 \times 10^{-3}$

$= 343.2\text{kN} > 240\text{kN}$ O.K

3) 보 웨브의 설계전단파단강도

$\phi R_n = \phi(0.6F_u)A_{nv} = 0.75 \times (0.6 \times 410) \times (260 - 3 \times 24) \times 8 \times 10^{-3}$

$= 277.5\,\text{kN} > 240\,\text{kN}$ O.K

4) 보 웨브의 설계블록전단파단강도

$A_{gv} = (50 + 2 \times 80) \times 8 = 1{,}680\text{mm}^2$

$A_{nv} = (50 + 2 \times 80 - 2.5 \times 24) \times 8 = 1{,}200\text{mm}^2$

$A_{gt} = 45 \times 8 = 360\text{mm}^2$

$A_{nt} = (45 - 0.5 \times 24) \times 8 = 264\text{mm}^2$

$U_{bs} = 1.0$(인장응력이 일정)

$U_{bs}F_u A_{nt} = 1.0 \times 410 \times 264 \times 10^{-3} = 108.2\,\text{kN}$

$0.6F_u A_{nv} = 0.6 \times 410 \times 1{,}200 \times 10^{-3} = 295.2\text{kN}$

$0.6F_y A_{gv} = 0.6 \times 275 \times 1{,}680 \times 10^{-3} = 277.2\,\text{kN}$

$0.6F_uA_{nv} + U_{bs}F_uA_{nt} = 295.2 + 108.2 = 403.4\text{kN}$

$0.6F_yA_{gv} + U_{bs}F_uA_{nt} = 277.2 + 108.2 = 385.4\text{kN}$

식(5.6)에서 $R_n = 0.6F_uA_{nv} + U_{bs}F_uA_{nt} > 0.6F_yA_{gv} + U_{bs}F_uA_{nt}$이므로

$\phi R_n = \ 0.75 \times 385.4 = 289.1\text{kN} > \ 240\text{kN}$ O.K

5) 큰보 스티프너의 설계전단파단강도

큰보의 스티프너는 작은보 웨브와 동일한 두께를 사용하였으므로 검토가 필요 없다.

### 10.3.3 강접합(모멘트 접합) 설계

기둥-보 강접합부는 보 단부에 작용하는 휨모멘트, 축력, 전단력을 보 단부에서 회전을 허용하지 않고 기둥에 전달하기 위해 적합한 강도와 강성을 가져야 한다. 보 플랜지에 작용하는 힘 $P_{uf}$는 다음과 같다.

$$P_{uf} = \frac{M_u}{d_m} \tag{10.29}$$

여기서, $M_u$ : 보 단부 소요휨강도(kN·m)

$P_{uf}$ : 보 플랜지에 분해된 힘(kN)

$d_m$ : 보 플랜지 중심간 거리(mm)

그림 10.16은 일반적으로 많이 사용하고 있는 기둥-보 강접합부의 플랜지 용접 접합, 웨브 고장력볼트접합의 접합상세 및 작용응력을 나타낸 것이다.

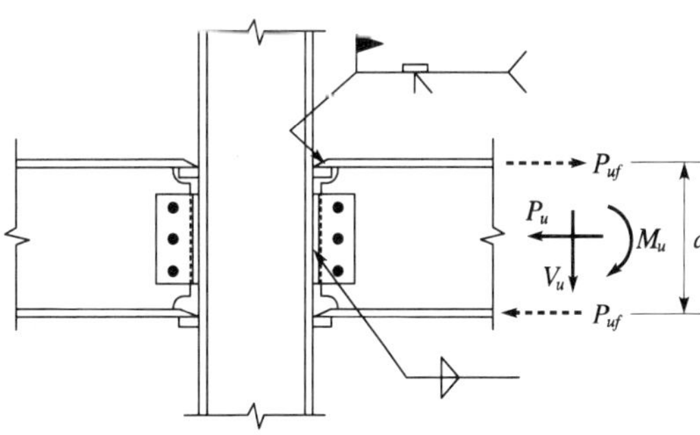


**그림 10.16** 강접합부의 접합상세 및 작용응력

**예제 10.8** 강접합부(모멘트 접합부) 설계

그림 10.17과 같이 존재응력설계법에 의한 소요휨강도, 소요전단강도가 각각 $M_u = 500\text{kN}\cdot\text{m}$, $V_u = 200\text{kN}$을 받는 강접합부에 대해 검토하시오. 기둥부재는 $\text{H}-400\times400\times13\times21$(SM355, $r=22\text{mm}$)이고, 보 부재는 $\text{H}-588\times300\times12\times20$ (SM275, $r=22\text{mm}$)이다. 고장력볼트는 M20(F10T, 표준구멍)를 사용하여 마찰접합을 하고, H형강 기둥과 보 플랜지는 완전용입 그루브용접으로 한다. 또한, $\text{PL}-9\times90\times230$(SM355)로 가정한다.

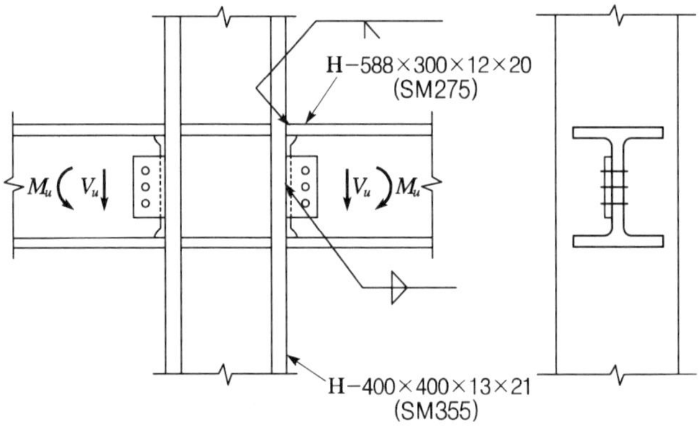


**그림 10.17** 예제 10.8(a)

**풀이**

1) H형강 기둥과 보 플랜지 용접부의 안전성 검토

완전용입그루브용접이므로 보 플랜지의 인장강도와 동등하다고 가정한다.

$$P_{uf} = \frac{M_u}{d-t_f} = \frac{500\times10^3}{588-20} = 880\text{kN}$$

$$\phi R_n = \phi_b A_f F_{fy} = 0.9\times(300\times20)\times265\times10^{-3}$$

$$= 1{,}431\,\text{kN} \geq P_{uf} = 880\,\text{kN} \qquad \text{O.K}$$

2) 보 웨브의 고장력볼트 설계미끄럼강도 및 안전성 검토

M20(F10T)고장력볼트의 설계미끄럼강도(1면전단)

$$\phi R_n = \phi\mu h_f T_o N_s = 1.0\times0.5\times1.0\times165\times1 = 82.5\,\text{kN}$$

∴ 고장력볼트 3개에 대한 설계미끄럼강도 $= 82.5\times3 = 247.5\,\text{kN}$

$$\phi R_n = 247.5\,\text{kN} > V_u = 200\,\text{kN} \qquad \text{O.K}$$

3) 웨브 플레이트의 안전성 검토

$\text{PL}-9\times90\times230$(SM355)로 가정한다.

① 설계전단항복강도

$$\phi V_n = 0.9\times(0.6F_yA_{gv}) = 0.9\times0.6\times355\times(230\times9)\times10^{-3}$$

$$= 396.8\text{kN} > 200\text{kN} \qquad \text{O.K}$$

② 설계전단파단강도

$\phi V_n = 0.75 \times (0.6 F_u A_{nv})$

$= 0.75 \times 0.6 \times 490 \times (230 - 3 \times 22) \times 9 \times 10^{-3}$

$= 325.5\text{kN} > 200\text{kN}$ O.K

4) 기둥 플랜지에 플레이트 용접

필릿사이즈 $s = 7\text{mm}$로 가정(양면)

유효목두께 $a = 0.7s = 0.7 \times 7 = 4.9\text{mm}$

유효길이 $l_e = 230 - 2 \times 7 = 216\text{mm}$

유효면적 $A_w = (a \cdot l_e) \times 2$면 $= 4.9 \times 216 \times 2 = 2{,}117\text{mm}^2$

플레이트 용접부의 검토

모재(SM355)의 인장강도는 $F_u = 490\text{N/mm}^2$이므로, 용접재는 KS D 7104 연강 및 고장력강용 아크용접플럭스 코어선을 사용하며 인장강도는 $F_{uw} = 490\text{N/mm}^2$이다.

설계강도(용접재)

$\phi F_w A_w = 0.75(0.6 F_{uw}) A_w$

$= 0.75 \times 0.6 \times 490 \times 2{,}117 \times 10^{-3}$

$= 467\text{kN} > 200\text{kN}$ O.K

5) 집중하중을 받는 H형강 기둥의 웨브 및 플랜지 강도 검토

계산과정을 생략할 경우 H형강 기둥의 폭과 일치하고 두께는 보의 플랜지 두께와 같은 수평스티프너를 사용하면 된다.

1개 수평스티프너 폭

$(400 - 13)/2 = 193.5\text{mm} \rightarrow 193\text{mm}$

즉, 2PL $- 20 \times 193 \times 358$을 사용한다.

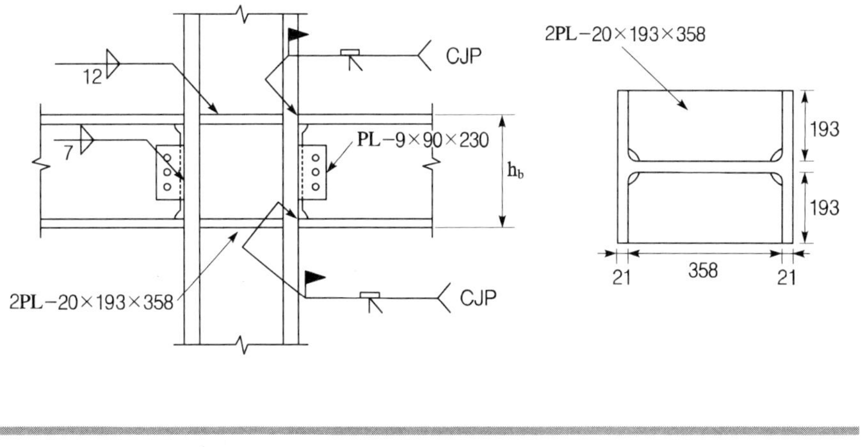


**그림 10.18** 예제 10.8(b)

### 10.3.4 패널존의 전단보강

패널존은 강접합의 기둥-보 접합부에 기둥과 보로 둘러싸인 부분으로 그림 10.19에서 빗금친 부분에 해당한다. 패널존에 수평하중이 작용하는 경우는 상하 기둥의 단부와 좌우 보의 단부로부터 커다란 전단력과 휨모멘트가 작용하므로 패널존에 복잡한 응력분포가 나타난다.

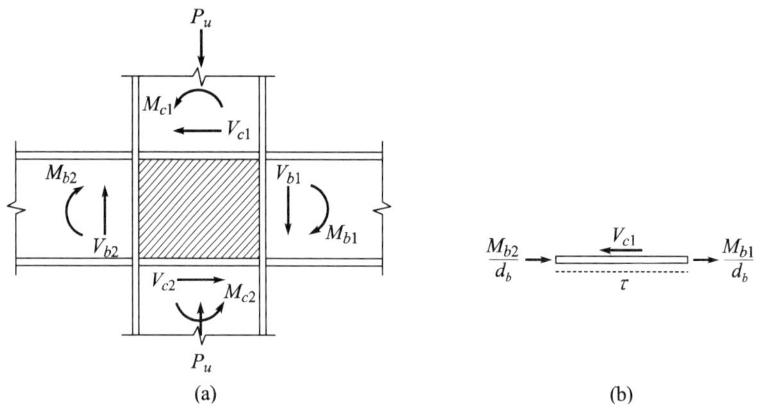


그림 10.19 패널존

이 경우 패널존의 전단항복에 의한 과도한 전단 변형으로 골조 전체의 안전에 큰 영향을 미칠 수 있다. 그러므로 패널존의 판 두께에 대한 충분한 검토를 통하여 전단강도와 강성을 높일 필요가 있다.

골조안정에 대한 패널존 변형의 영향이 고려되지 않은 경우, 전단력과 압축력을 받는 패널존의 공칭전단강도는 $R_v$ 라 하면, 설계전단강도 $\phi_l R_v$은 다음 식에 따라 산정한다.

① $P_u \le 0.4P_y$인 경우

$$\phi_l R_v = \phi_l 0.6 F_{yw} d_c t_w, \ (\phi_l = 0.90) \tag{10.30a}$$

② $P_u > 0.4P_y$인 경우

$$\phi_l R_v = \phi_l 0.6 F_{yw} d_c t_w \left(1.4 - \frac{P_u}{P_y}\right), \ (\phi_l = 0.90) \tag{10.30b}$$

여기서, $R_v$ : 기둥 웨브의 공칭전단강도(N)

$P_u$ : 소요 압축강도(N)

$P_y$ : 부재의 항복내력($= F_y A$)(N)

$F_{yw}$ : 기둥 웨브의 항복강도(N/mm²)

$t_w$ : 기둥 웨브의 두께(mm)

$d_c$ : 기둥의 춤(mm)

$d_b$ : 보부재의 전체 춤(mm)

패널존의 두께($t$)가 부족한 경우에는 그림 10.20와 같이 접합부의 패널존을 2중플레이트(doubler plate) 또는 1쌍의 대각스티프너로 보강한다. 2중플레이트의 용접방법으로서는 기둥 필릿까지 용접하는 것이 가장 효과적이다.

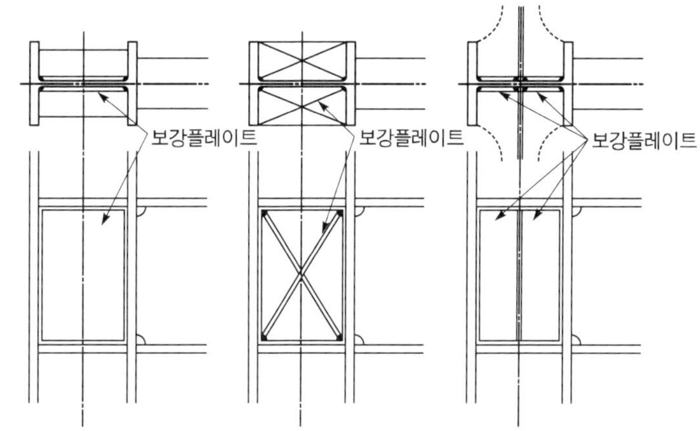


**그림 10.20** 패널존의 보강방법

**예제 10.9** 패널존의 전단강도

그림 10.21과 같이 계수하중에 의한 부재력을 받는 패널존의 전단강도를 검토하시오. 기둥부재는 H$-400\times400\times13\times21$(SM355, $A=21.87\times10^3\text{mm}^2$)이고, 보 부재는 H$-588\times300\times12\times20$(SM275)이다.

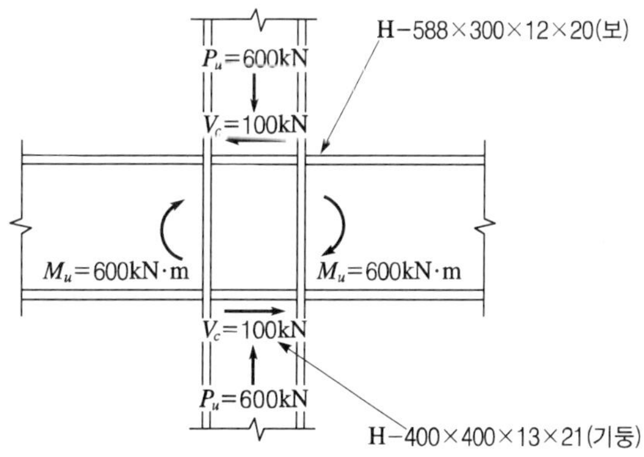


**그림 10.21** 예제 10.9(a)

**풀이**

(1) 웨브 패널존의 설계전단강도

$P_u=600\text{kN}$, $P_y=F_y\cdot A=345\times21.87\times10^3\times10^{-3}=7{,}545\text{kN}$

$0.4P_y=0.4\times7{,}545=3{,}018\text{kN}$

$P_u\le0.4P_y$인 경우이므로,

$\phi_l = 0.9$, $R_v = 0.6 F_{yw} d_c t_w$

$\phi_l R_v = 0.9 \times 0.6 \times 345 \times 400 \times 13 \times 10^{-3} = 969\text{kN}$

(2) 패널존 보강

① 패널존에 작용하는 전단력

$$V_u = 2 \times \frac{M_u}{d_b - t_{fb}} - V_c = 2 \times \frac{600{,}000}{588 - 20} - 100 = 2{,}013\text{kN}$$

$\phi_l R_v < V_u$ 이므로 패널존 보강이 필요하다.

② 패널존 2중플레이트(doubler plate)의 필요두께(SM355사용)

$$t_w \geq \frac{V_u}{\phi\, 0.6 F_{yw} d_c} = \frac{2{,}013 \times 10^3}{0.9 \times 0.6 \times 355 \times 400} = 26.3\text{mm}$$

26.3 − 13 = 13.3mm , 따라서 패널존 양쪽에 각각 7mm 강판(필릿용접, 필릿사이즈 5mm)으로 보강한다.

보강판의 가로길이 : $400 - 2 \times 21 - 2 \times 22 - 2 \times 5 = 304\text{mm} \rightarrow 305\text{mm}$

보강판의 세로길이 : $588 - 2 \times 20 - 2 \times 28 - 2 \times 5 = 482\text{mm} \rightarrow 485\text{mm}$

∴ $2\text{PL} - 7 \times 305 \times 485$를 용접함.

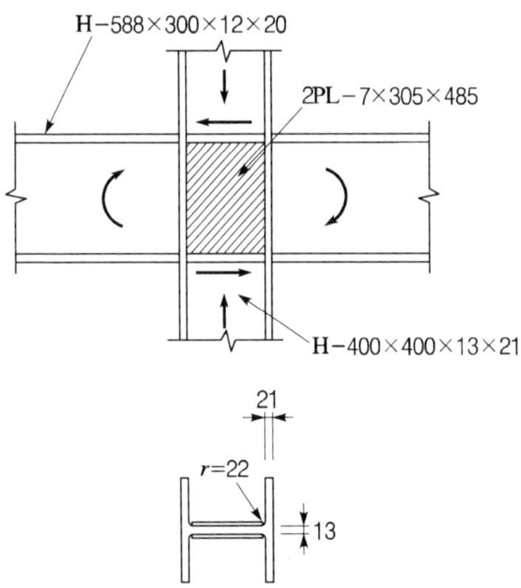


**그림 10.22** 예제 10.9(b)

## 10.4 주각부 설계

### 10.4.1 주각의 개요

주각은 기둥의 하중과 모멘트를 기초를 통하여 지반에 전달하고, 기초 콘크리트에 지압응력이 잘 분포되도록 충분한 면적과 두께를 갖는 베이스플레이트를 필요로 한다. 강구조의 주각은 그림 10.23와 같이 여러 가지 형식이 있다.

기둥의 축방향력을 기초에 전달하기 위해서는 베이스플레이트와 기초면의 밀착이 중요하다. 그러나 기초 콘크리트면은 일반적으로 평활하지 않으므로 베이스플레이트를 직접 기초 콘크리트면에 밀착시키는 것은 곤란하다.

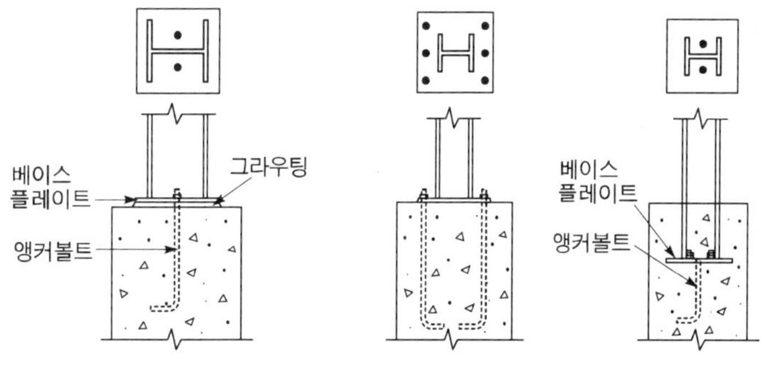


그림 10.23 주각의 형태

일반적으로 베이스플레이트를 앵커볼트에 가조립한 후 베이스플레이트 밑면에 무수축 모르타르로 충전시켜 기초 콘크리트와 베이스플레이트를 밀착시킨다. 이러한 모르타르의 충전에 따라 주각의 성능에 크게 영향을 미치기 때문에 시공 시 상당히 주의해야 한다.

### 10.4.2 주각부 설계

1) 주각부 및 콘크리트 지압

주각설계에 있어서 기초콘크리트에 대한 설계지압강도 $\phi_c P_p$는 베이스플레이트의 지지형식에 따라 다음 식과 같이 산정한다.

**(1) 콘크리트 총단면이 지압을 받는 경우**

$$\phi_c P_p = \phi_c 0.85 f_{ck} A_1 \tag{10.31}$$

**(2) 콘크리트 단면의 일부분이 지압을 받는 경우**

$$\phi_c P_p = \phi_c 0.85 f_{ck} A_1 \sqrt{A_2 / A_1} \le \phi_c 1.7 f_{ck} A_1 \tag{10.32}$$

여기서, $\phi_c = 0.65$ (단, 무근콘크리트일 경우 $\phi_c = 0.55$)

$f_{ck}$ : 콘크리트의 설계기준압축강도(N/mm$^2$)

$A_1$ : 베이스플레이트의 면적(mm$^2$)

$A_2$ : 베이스플레이트와 닮은꼴의 콘크리트 지지부분의 최대면적(mm$^2$). 단, $\sqrt{A_2/A_1} \leq 2$이어야 함.

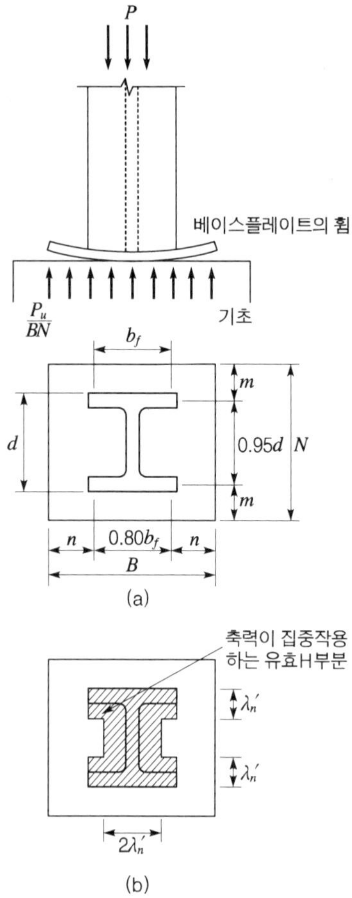


**그림 10.24** 베이스플레이트의 지압면적

식(10.32)는 베이스플레이트 직하면의 콘크리트만으로는 부족한 경우 설계강도를 $0.85f_{ck}A_1$에 $\sqrt{A_2/A_1}$배 할 수 있도록 허용한 것이다. 여기서 $A_1$은 가상적인 것으로 그림 10.24의 기둥 단면의 춤과 플랜지 폭을 곱한 것이다. 즉, $A_1 = b_f\, d$로 우선 가정하고 최종적으로 $A_1$은 그림 10.24에서와 같이 $B$, $N$을 조금씩 늘려가면서 다음과 같이 조정한다.

그림에서 $m$, $n$은 동일한 길이로 두고 생각하므로

$$N = \sqrt{A_1} + \Delta \tag{10.33}$$

여기서, $A_1$ : 식(10.31) 및 식(10.32)로부터 구한 소요 베이스플레이트의 면적 $(= BN\,\text{mm}^2)$

$$\Delta = 0.5(0.95d - 0.80b_f)\ \ (\text{mm})$$

$$B = A_1/N\ \ (\text{mm})$$

2) 베이스플레이트의 소요판 두께

베이스플레이트는 그림 10.24와 같이 길이 $m$, $n$의 캔틸레버로서 모멘트에 저항해야 한다. 강재 기둥의 베이스플레이트 두께 $t_{bp}$는 다음 식으로 산정한다.

$$t_{bp} = l\sqrt{\frac{2P_u}{0.9F_y BN}} \tag{10.34}$$

여기서, $l = [m, n, \lambda_n']_{\max}$ (10.35)

$$m = (N - 0.95d)/2 \tag{10.36}$$

$$n = (B - 0.8b_f)/2 \tag{10.37}$$

$$\lambda_n' = \lambda\sqrt{db_f}\ /4 \tag{10.38}$$

$$\lambda = \frac{2\sqrt{X}}{1+\sqrt{1-X}} \leq 1 \tag{10.39}$$

$$X = \frac{4db_f P_u}{(d+b_f)^2 \phi_c P_p} \tag{10.40}$$

$d$ : 기둥 춤(mm)

$b_f$ : 기둥플랜지의 폭(mm)

$B$ : 베이스플레이트 폭(mm)

$N$ : 베이스플레이트 높이(mm)

$P$ : 소요축력(N)

$m, n$ : 베이스플레이트 돌출길이(mm)
$\lambda_n{}'$ : 축력이 작용하는 유효 H형강 단면의 돌출길이(mm)
$F_y$ : 베이스플레이트의 항복강도(N/mm$^2$)
$\phi_c$ : 저항계수(= 0.65)

3) 앵커볼트

앵커볼트는 주각부의 베이스플레이트가 부담해야 할 휨모멘트, 전단력, 인장력 등 모든 설계조건에 대해 저항할 수 있도록 설계되어야 한다. 기타 사항은 건축물 콘크리트구조설계기준을 따른다.

중심축하중을 받는 주각 설계흐름도는 그림 10.25와 같다.

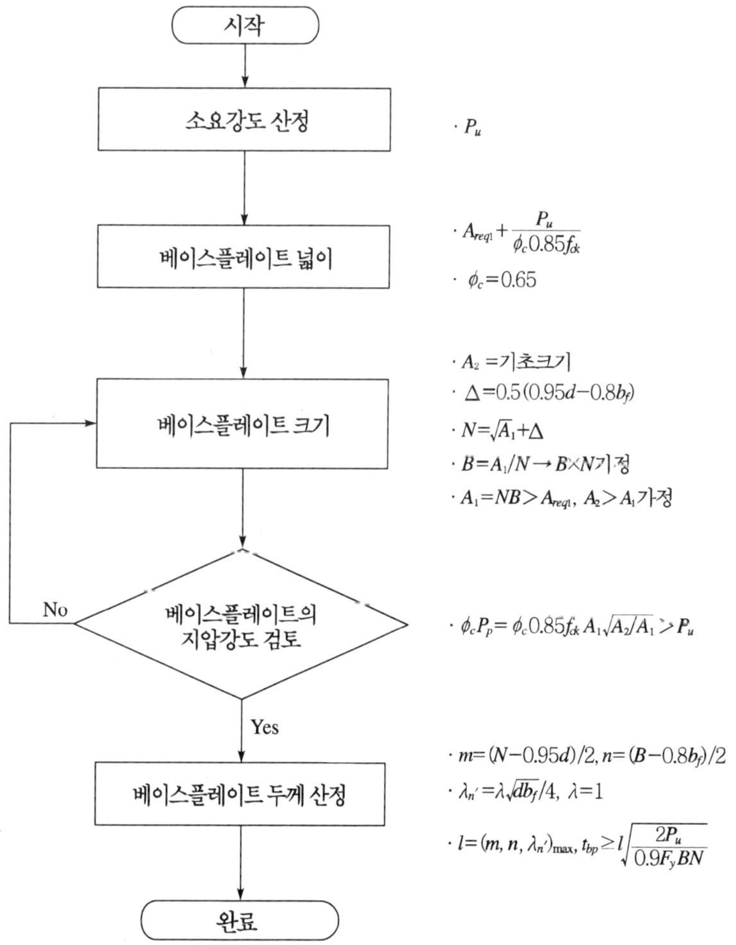


**그림 10.26** 중심축하중을 받는 주각 설계흐름도

**예제 10.10 주각부 설계**

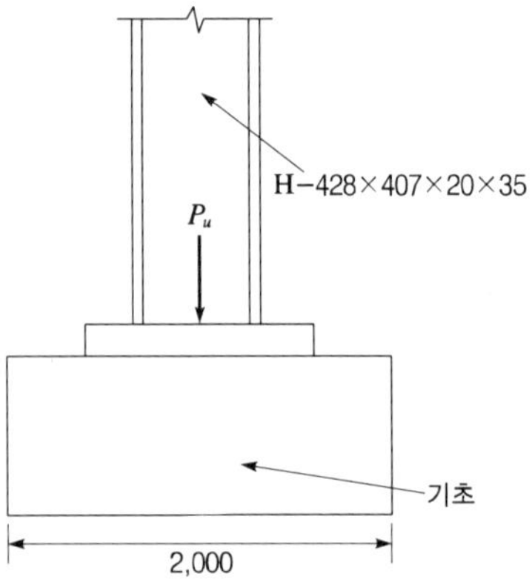


**그림 10.26** 예제 10.10

그림 10.26과 같은 주각이 중심축하중 $P_u = 5{,}000\text{kN}$을 받을 때 베이스플레이트(SM355)를 설계하시오. 콘크리트 단면의 일부분이 지압을 받는다. 기둥 H−428×407×20×35(SM355), 기초크기 2,000×2,000mm, 콘크리트 설계기준압축강도 $f_{ck} = 21\text{N/mm}^2$이다.

**풀이**

1) 베이스플레이트 크기 결정

① 최소 베이스플레이트 크기 결정

콘크리트 지지부분 최대면적($A_2$)이 베이스플레이트의 면적($A_1$)에 대하여 $\sqrt{A_2/A_1} = 2$가 되도록 가정하면

$$A_1 = \frac{P_u}{\phi_c(0.85f_{ck})\sqrt{A_2/A_1}} = \frac{5{,}000\times10^3}{0.65\times0.85\times21\times2} = 215\times10^3\text{mm}^2$$

$\sqrt{A_2\ /\ A_1} = 2$ 로 가정하였으므로,

$A_2 = 4A_1 = 4\times215\times10^3 = 860\times10^3\text{mm}^2$

기초 면적 $= 2{,}000\times2{,}000 = 4{,}000\times10^3\text{mm}^2 > A_2$ O.K

베이스플레이트는 기둥보다 커야 하므로,

$A_1 > d\,b_f$

$215\times10^3\text{mm}^2 > (428\times407 = 174.2\times10^3\text{mm}^2)$ O.K

∴ 최소 베이스플레이트 면적을 $A_1 = 215\times10^3\text{mm}^2$ 으로 가정함.

② 최적 베이스플레이트 크기 결정

$$\Delta = \frac{0.95d - 0.8b_f}{2} = \frac{0.95\times428 - 0.8\times407}{2} = 40.5\text{mm}$$

$N = \sqrt{A_1} + \Delta = \sqrt{215\times10^3} + 40.5 = 504\text{mm} \rightarrow 600\text{mm}$ (10.33)

$B = A_1/N = 215\times10^3/600 = 358\text{mm} \rightarrow 500\text{mm}$

$B\times N = 500\text{mm}\times600\text{mm} = 300\times10^3\text{mm}^2 > 215\times10^3\text{mm}^2$ O.K

∴ 최적 베이스플레이트 크기를 $B\times N = 500\text{mm}\times600\text{mm}$로 결정함.

2) 베이스플레이트의 설계지압강도 검토

콘크리트 지지부분 최대면적을 기초 면적으로 가정하면,

$\sqrt{A_2/\ A_1} = \sqrt{(2{,}000\times2{,}000)\,/\,(500\times600)}$

$= \sqrt{(4\times10^6)\,/\,(300\times10^3)} = 3.65 > 2$ N.G.

따라서, 콘크리트 지지부분 최대면적은 기초 면적보다 작아야 하며, $\sqrt{A_2/\ A_1} = 2$를 만족해야 한다.

$\phi_c P_p = \phi_c 0.85 f_{ck} A_1 \sqrt{A_2/A_1}$ (10.32)

$= 0.65\times0.85\times21\times500\times600\times2\times10^{-3}$

$= 6{,}962\text{kN} > 5{,}000\text{kN}$ O.K

3) 베이스플레이트의 소요판 두께 산정

$$m=\frac{N-0.95d}{2}=\frac{600-0.95\times 428}{2}=96.7\,\mathrm{mm} \quad (10.36)$$

$$n=\frac{B-0.8b_f}{2}=\frac{500-0.8\times 407}{2}=87\,\mathrm{mm} \quad (10.37)$$

$$X=\frac{4db_f}{(d+b_f)^2}\frac{P_u}{\phi_c P_p}=\frac{4\times 428\times 407}{(428+407)^2}\times\frac{5{,}000}{6{,}962}=0.718 \quad (10.40)$$

$$\lambda=\frac{2\sqrt{X}}{1+\sqrt{1-X}}=\frac{2\sqrt{0.718}}{1+\sqrt{1-0.718}}=1.107>1.0\rightarrow\lambda=1.0 \quad (10.39)$$

$$\lambda_n'=\frac{\lambda\sqrt{db_f}}{4}=\frac{1.0\sqrt{428\times 407}}{4}=104.3\,\mathrm{mm} \quad (10.38)$$

$l$은 $m$, $n$, $\lambda_n'$ 값 중 최댓값 104.3mm이다(식(10.35)).

$$t_{bp}\geq l\sqrt{\frac{2P_u}{0.9F_yBN}} \quad (10.34)$$

$$=104.3\sqrt{\frac{2\times 5{,}000{,}000}{0.9\times 345\times 500\times 600}}=34.2\,\mathrm{mm}\rightarrow 35\,\mathrm{mm}$$

∴ 베이스플레이트 PL－35×500×600 사용

## 연습문제

1) 그림 10.27과 같이 압연H형강보 H$-600 \times 300 \times 12 \times 20$(SM275)의 이음부를 존재응력설계법으로 설계하는 경우, 플랜지 이음판에 대해 검토하시오. 이음부의 계수하중에 의한 휨모멘트 $M_u = 350\text{kN}\cdot\text{m}$, 전단력 $V_u = 300\text{kN}$이다. 고장력볼트는 M22(F10T, 표준구멍)를 사용하며 마찰접합으로 설계한다. 마찰면은 블라스트 후 페인트하지 않았고, 필러를 사용하지 않았다.

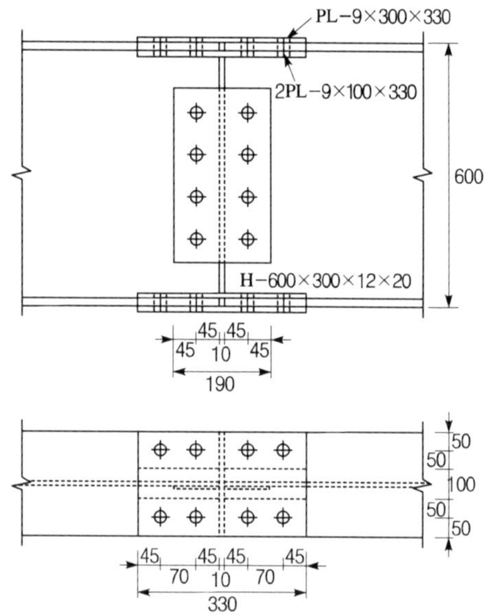


**그림 10.27** 연습문제 1)

[답] 안전하지 않음

2) 그림 10.28과 같이 압연H형강 H$-400 \times 400 \times 13 \times 21$을 사용한 기둥의 이음부를 소요강도에 따른 미끄럼이 일어나지 않도록 마찰접합으로 설계하는 경우 플랜지 이음판에 대해 검토하시오. 이음부의 계수하중에 의한 소요강도는 $M_u = 200\text{kN}\cdot\text{m}$, $V_u = 250\text{kN}$, $P_u = 3{,}000\text{kN}$이고, 강재는 SM355이며, 고장력볼트는 M20(F10T, 표준구멍)이다. 또한 이음부 단부의 면을 절삭마감하여 밀착되는 경우로 하며, 계수하중에 의한 소요강도의 1/2은 접촉면에 의해 직접 응력이 전달되는 것(메탈터치 50%)으로 설계한다.

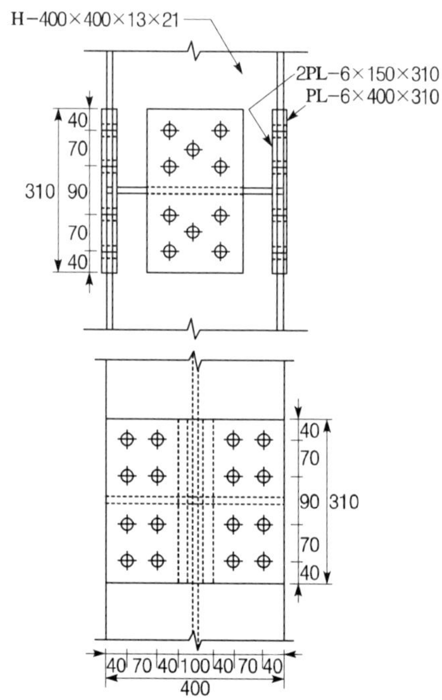


**그림 10.28** 연습문제 2)

[답] 안전함

**3)** 그림 10.29와 같이 $2L-175\times175\times12$(SM275)에 고장력볼트 마찰접합된 큰 보와 작은 보 $H-450\times200\times8\times12$(SM275)에 소요전단력 $V_u=250\,\mathrm{kN}$이 작용하고 있을 때 다음의 접합부를 검토하시오. 고장력볼트 M22(F10T)을 사용하고, 고장력볼트 설계볼트장력 $T_0=200\,\mathrm{kN}$이다. 표준구멍을 사용하고, ㄱ형강 접합부재는 안전하다고 가정한다.

가) 고장력볼트의 설계미끄럼강도

나) 보 웨브의 설계전단항복강도

다) 보 웨브의 설계전단파단강도

라) 보 웨브의 설계블록전단파단강도

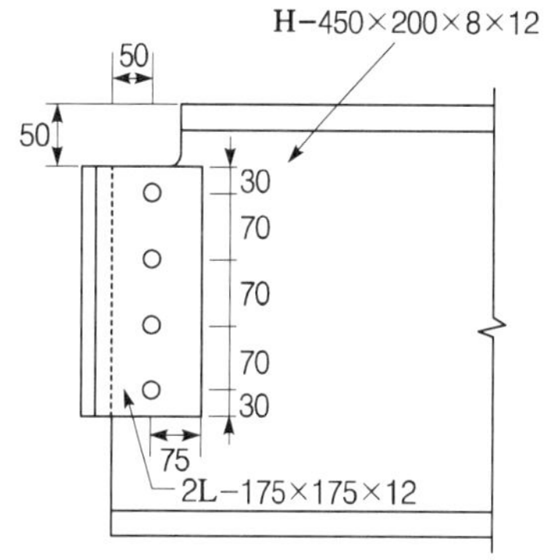


**그림 10.29** 연습문제 3)

[답] 모두 안전함

**4)** 그림 10.30과 같이 두께 8mm 웨브 이음판에 고장력볼트 마찰접합된 큰 보 $H-446\times199\times8\times12$(SM275)과 작은 보 $H-400\times200\times8\times13$(SM275)에 소요전단력 $V_u=200\,\mathrm{kN}$이 작용하고 있을 때 다음의 접합부를 검토하시오. 고장력볼트 M22(F10T)을 사용하고, 고장력볼트 설계볼트장력 $T_0=200\,\mathrm{kN}$이다. 표준구멍을 사용한다.

가) 고장력볼트의 설계미끄럼강도

나) 보 웨브의 설계전단항복강도

다) 보 웨브의 실계진단파단강도

라) 웨브 이음판의 설계선난항복강도

마) 웨브 이음판의 설계전단파단강도

바) 웨브 이음판의 설계블록전단파단강도

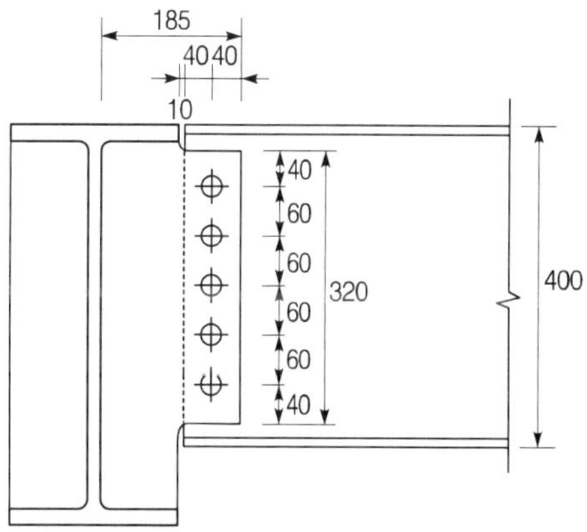


**그림 10.30** 연습문제 4)

[답] 모두 안전함

5) 그림 10.31과 같은 주각이 중심축하중 $P_u = 4{,}000\mathrm{kN}$을 받을 때 베이스플레이트(SM355)를 설계하시오. 기둥 H−350×350×12×19 (SM355), 기초크기 2,000×2,000mm, 콘크리트 압축강도 $f_{ck} = 21\mathrm{N/mm^2}$이다.

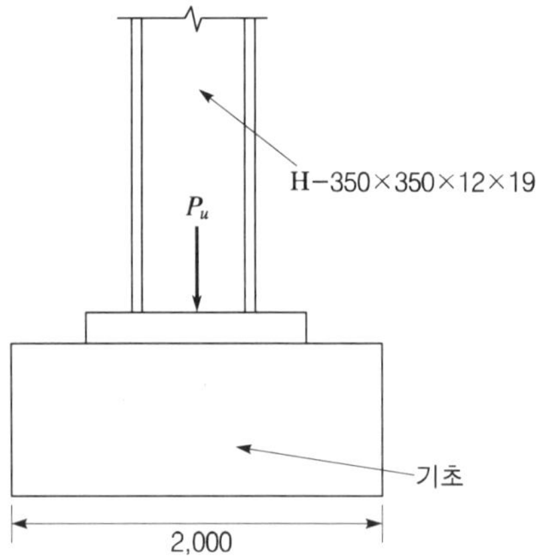


그림 10.31 연습문제 5)

[답] PL−37×500×500 사용

## 참고문헌


10.1 한국강구조학회 (2014). "하중저항계수설계법에 의한 강구조설계기준".

10.2 국토교통부 건축구조기준 (2019). "건축물 강구조 설계기준 KDS 41 31 00 : 2019", 국가건설기준센터.

10.3 국토교통부 건축구조기준 (2019). "강구조 공사 KCS 14 31 00 : 2019", 국가건설기준센터.

10.4 한국강구조학회 (2010). "강구조용어사전".

10.5 AISC (2009). "Detailing for Steel Construction", 3rd ed., AISC.

10.6 AISC (2016). "Specification for Structural Steel Buildings", AISC.

10.7 Bjorhovde, R. 외 2인 (1995). "Connections in Steel StructuresⅢ", BPC Wheatons Ltd.

10.8 Gaylord E. H. (1992). "Steel Structures", 3rd ed., McGraw-Hill.

10.9 McCormac, J. (1995). "Structural Steel Design LRFD method", 2nd ed., Harper Collins.

10.10 Owens, G.W, Knowles, P.R. and Dowling, P.J. (1994). "Steel Designer's Manual", Blackwell Scientific Publications.

10.11 Salmon, C. G. Johnson, E.J. and Malhas F.A. (2009). "Steel Structures Design and Behavior", 5th ed., Prentice Hall.

10.12 Segui, W. T. (2013). "LRFD Steel Design", 5th ed., Cengage.

10.13 Tamboli, A. R. (1997). "Steel Design Handbook LRFD Method", McGraw-Hill.

Design of Steel Structures

# 제11장 트러스

## 11.1 개요

트러스는 직선 부재를 삼각형의 형태로 구성하여 안정적인 거동을 유도하는 구조체이다. 플랜지가 휨응력을 전담하는 형강보와는 달리, 트러스에 작용하는 휨모멘트는 모든 구성부재에 축압축력이나 축인장력의 형태로 전달되기 때문에 구조체가 경량화될 수 있다. 이런 장점으로 인해 휨모멘트가 지배적인 장스팬 건물이나 교량 등에 트러스가 널리 사용되고 있다. 또한 트러스의 개방된 웨브공간으로 전기배선이나 덕트 등과 같은 설비배관의 설치가 가능하여 건물의 층고를 저감시키는 방법으로도 이용된다.

트러스는 부재의 배열에 따라 다양한 건축적 표현이 가능하므로 건축물의 내·외부 공간에 노출시켜 디자인적 요소로 활용될 수 있을 뿐만 아니라, 별도의 가공이 필요한 형강부재와는 달리 직선 부재의 분절에 따라 건물의 곡면이나 곡선의 구현이 용이하기 때문에 비정형 건축물의 구조체에도 사용될 수 있다.

개별부재에 축방향력이 작용하는 트러스는 부재의 단면에 휨모멘트와 전단력이 동시에 작용하는 형강보에 비하여, 응력해석이나 부재 설계가 상대적으로 단순하다. 다만, 부정정차수가 낮은 트러스의 경우에는 일부 부재나 접합부의 파괴가 트러스의 붕괴를 야기할 수 있으므로 부재의 배열과 접합부 설계에 주의할 필요가 있다. 또한 트러스는 압축력에 의한 부재의 좌굴과 트러스 전체의 횡좌굴에 대해 검토하여야 하며, 구조계획 단계에서 가공비와 설치비가 많이 소요되는 접합부의 개수를 최소화할 수 있는 트러스의 형태와 스팬을 선택하여야 한다.

이 장에서는 건축물에 사용되는 트러스의 일반적인 형태와 트러스의 구조계획에 관한 사항과 함께 평면 트러스의 부재 및 접합부 그리고 중도리 설계에 적용되는 설계기준의 주요 내용을 살펴보고자 한다.

## 11.2 트러스의 형태

그림 11.1은 트러스의 기본적인 구성요소들을 보여주고 있다. 트러스의 상부와 하부 경계에 배치되는 현재는, 형강보의 플랜지와 유사하게, 트러스에 작용하는 휨모멘트에 의하여 발생하는 압축력과 인장력에 저항하며, 일반적으로 상현재는 압축력을 하현재는 인장력을 받는다. 트러스 내부에 배치되는 웨브재는 부재의 방향에 따라 수직재와 사재로 구분되며, 트러스에 작용하는 전단력을 축압축력과 축인장력의 형태로 분담한다. 절점은 트러스의 부재들이 교차하는 점이고, 격간은 트러스를 구성하는 단위 모듈의 길이이다. 트러스의 높이는 하현재로부터 트러스의 정점까지의 거리로 정의되며, 박공형 트러스의 경우에는 지붕의 물매와 트러스의 스팬에 따라 달라진다.

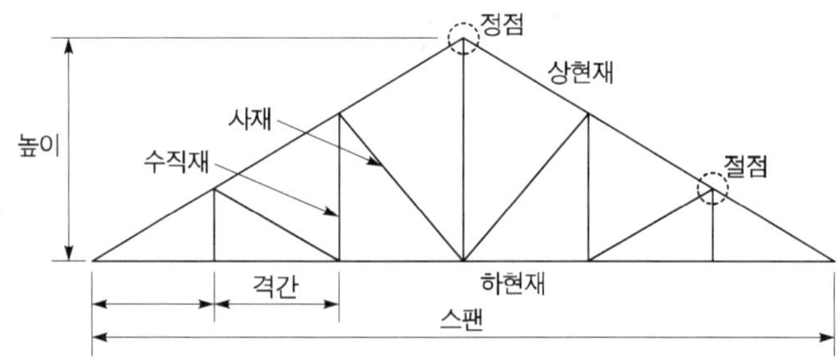


**그림 11.1** 트러스의 구성요소

트러스는 용도에 따라 지붕용의 지붕트러스(pitched truss)와 지붕 또는 장스팬 지지보의 역할을 하는 트러스보(flat truss)로 크게 분류할 수 있다. 또한 부재력을 전달하는 방식에 따라 작용하중과 부재의 배열이 동일한 평면 내에서 이루어지는 평면트러스와 3차원적으로 이루어지는 입체트러스로 구분된다. 대부분의 지붕트러스와 트러스보는 평면트러스에 속하며, 입체트러스는 송전탑과 같이 기둥형태로 하중에 저항하는 것과 메로시스템(mero system) 등과 같이 대공간 지붕에 적용되는 형태가 있다. 트러스 상부의 콘크리트 슬래브와 트러스의 합성효과를 고려하여 트러스의 강성을 증가시킬 수 있다.

그림 11.2는 건축물에 많이 사용되는 주요 평면트러스의 형태를 나타낸 것이다. 하우 트러스와 프랫 트러스는 중간 정도의 물매를 갖는 박공지붕에 적당하며 물매가 급경사를 이루는 경우에는 대부분의 부재가 인장력을 받고 압축재의 길이가 짧은 핑크 트러스를 사용하는 것이 경제적이다. 와렌 트러스는 수직재를 설치하지 않아도 되기 때문에 웨브의 개방되는 공간이 커서 대형 설비배관을 통과시키는데 유리하다. 하우 트러스는 길이가 긴 사재가 압축력을 받기 때문에 세장한 부재를 사용하는 강구조의 경우 불리하다. 반면에 프랫 트러스는 길이가 짧은 수직재가 압축력을 받고 긴 사재가 인장력을 받기 때문에 좌굴에 유리하다.

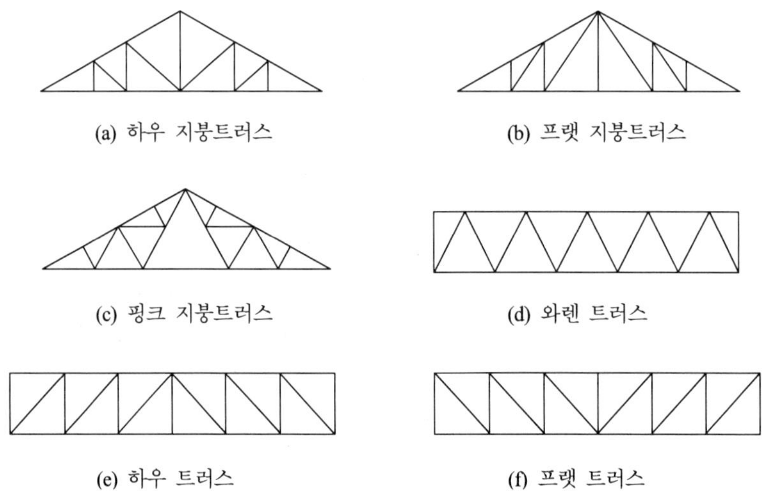


**그림 11.2** 트러스의 형태

## 11.3 트러스의 부재설계

트러스 높이는 트러스의 성능과 물량에 직접적인 영향을 줄 뿐만 아니라 건물의 층고와도 밀접한 관련이 있다. 트러스의 높이가 증가하게 되면 상하부의 현재에 작용하는 부재력이 감소하여 요구되는 단면적이 줄어들지만, 웨브재의 경우에는 부재가 길어짐에 따라 좌굴내력이 감소되어 오히려 압축재의 단면적이 커질 수도 있다. 일반적으로 경량의 지붕이나 바닥을 지지하는 트러스의 경우에는 스팬의 1/20 내외, 콘크리트 슬래브와 같은 중량의 바닥을 지지하는 트러스의 경우에는 스팬의 1/10 내외, 그리고 건물 상부로부터의 기둥하중을 지지하는 전이트러스의 경우에는 스팬의 1/4~1/5에 해당하는 치수를 트러스의 높이로 가정할 수 있다.

트러스 사재는 접합부의 시공성을 고려하여 현재와 30~60° 사이의 경사각을 이루도록 배열하는 것이 일반적이다. 경사각이 클 경우에는 웨브재의 개수가 증가할 뿐만 아니라 접합부의 개수도 함께 증가한다. 반대로, 경사각이 작을 경우에는 웨브재와 접합부의 개수를 감소시킬 수 있지만, 웨브재에 작용하는 부재력이 증가하여 부재의 단면이 커지게 된다.

평면 트러스가 충분히 횡지지 되어 있지 않다면 부재의 좌굴뿐만 아니라 트러스의 전체적인 횡좌굴이 발생할 수 있다. 일반적으로 트러스 상현재에 연결되는 바닥 슬래브나 중도리가 트러스를 횡지지할 수 있지만, 이러한 횡지지 요소가 없거나 충분하지 않을 경우에는 그림 11.3과 같이 횡지지를 위해 트러스를 교차하여 설치하기도 한다.

트러스의 절점은 핀접합되어 있는 것으로 가정하여 부재력 산정을 위한 구조해석을 수행하는 것이 일반적이다. 거셋플레이트나 편심 등에 의해 발생하는 2차 응력을 고려하여 설계하는 경우에는 접합부를 강접합으로 모델링하기도 한다. 이 경우에는 트러스 부재에 축력뿐만 아니라 휨모멘트도 작용하므로 적절한 유효좌굴길이계수를 사용하여 조합력에 대해 부재설계를 해야 한다.

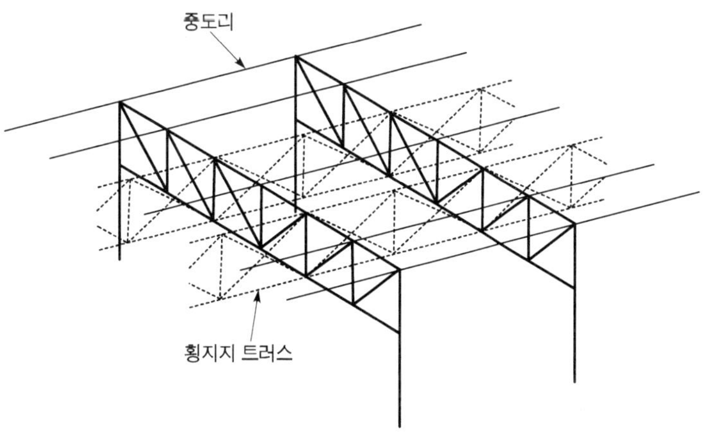


**그림 11.3** 트러스의 횡지지

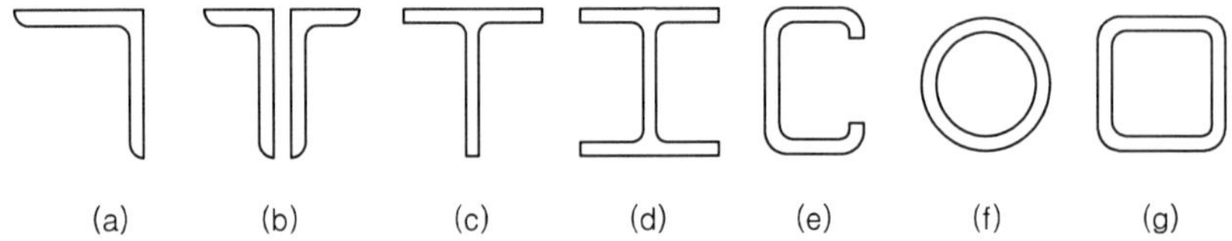


**그림 11.4** 부재의 단면

그림 11.4는 트러스 부재에 주로 사용되는 단면들을 보여주고 있다. 스팬이 비교적 짧고 가벼운 하중을 지지하는 트러스의 현재는 그림 11.4(a), (b)와 같이 단일ㄱ형강이나 쌍ㄱ형강을 사용하고, 큰 하중을 지지하는 장스팬 트러스의 경우에는 그림 11.4(c)와 같은 T형 단면이나 그림 11.4(d)와 같은 H형 단면 등을 사용한다. 자중을 줄이기 위해 경량의 부재를 사용할 경우는 그림 11.4(e)와 같은 립ㄷ형강을 사용하기도 한다. 그림 11.4(f), (g)와 같은 강관은 좌굴이나 비틀림에 대한 저항성능뿐만 아니라 미관상으로도 우수하다. 트러스의 웨브재로는 ㄱ형강이나 ㄷ형강, H형강 등이 주로 사용된다.

트러스를 구성하는 개별 부재는 부재력의 크기에 따라 서로 다른 단면으로 설계하기보다는 제작과 시공의 편의를 고려하여 부재 단면의 종류를 최소화하는 것이 일반적이다. 인장력이 작용하는 트러스의 하현재는 가급적 이음이 없는 연속재를 사용하는 것이 유리하므로 부재의 운반이나 시공 상 필요한 경우에만 이음을 하도록 한다.

일반적으로 트러스는 절점에 집중하중이 작용하는 것으로 해석하여 순수한 축방향력에 대해 설계한다. 이러한 경우 부재의 단면은 5장 인장재와 6장 압축재의 설계방법에 따라 설계할 수 있다. 즉, 인장을 받는 부재는 유효순단면의 파단, 총단면의 항복, 블록전단파단 및 핀의 투영면적에 대한 지압을 고려하여 설계하며, 압축을 받는 부재는 단면의 폭두께비, 세장비에 따라 설계강도를 산정한다.

그림 11.5와 같이 중도리가 절점이 아닌 부재의 내부에 위치하거나 지붕재가 직접 상현재에 부착되는 경우에는 상현재의 단면에는 트러스 거동에 의한 축압축력과 부재 내에 작용하는 하중에 의한 휨모멘트가 동시에 발생한다. 또한, 천장이나 설비배관이 하현재에 설치되는 경우에는 축인장력과 휨모멘트가 하현재 단면에 작용하게 된다. 이러한 경우에는 8장의 조합력을 받는 부재의 설계방법에 따라 부재단면을 설계한다.

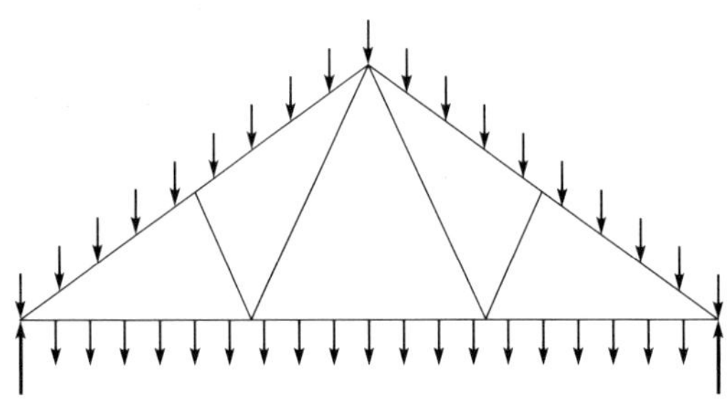

**그림 11.5** 부재 내에 작용하는 하중

## 11.4 트러스의 접합부 설계

트러스의 현재와 웨브재의 접합은 고장력볼트 또는 용접을 이용한다. 현재와 웨브재의 접합은 부재의 중심선이 한 절점에 모이도록 하여 편심모멘트가 발생되지 않도록 해야 한다.

비교적 작은 트러스는 그림 11.6(a)와 같이 현재와 웨브재 모두 ㄱ형강을 사용하는 경우가 많고, 부재간의 접합은 고장력볼트를 주로 사용한다. 이때, 웨브재를 접합하기 위한 충분한 면적을 확보하기 위하여 거셋플레이트를 설치한다. 그림 11.6(b)는 현재가 T형 단면을 갖는 트러스의 접합으로 접합부의 길이를 확보하기 위해 거셋플레이트 대신 스템이 큰 T형강을 현재로 사용한 경우이다. 그러나 실제로는 그림 11.6(c)와 같이 T형강에 직접 용접하는 경우가 많으며, 용접길이가 부족한 경우에는 그림 11.6(d)와 같이 거셋플레이트를 용접한 현재에 웨브재를 용접하기도 한다.

트러스의 규모가 큰 경우에는 부재가 지지해야 할 축력이 크므로 그림 11.6(e)와 같이 현재와 사재에 H형강을 사용하며, 이때의 접합은 현재를 스티프너로 보강하고 용접접합을 한다. 미적인 측면을 강조하고 자중을 줄이기 위해 그림 11.6(f)와 같이 트러스에 원형강관이나 각형강관 부재를 사용하기도 한다.

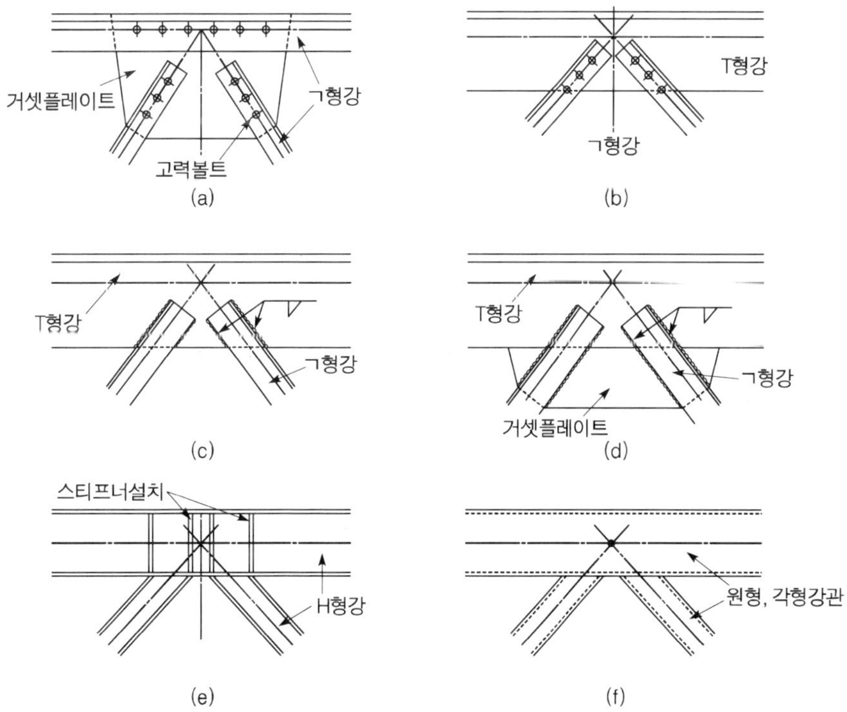


그림 11.6 트러스의 접합

### 11.4.1 고장력볼트에 의한 접합

고장력볼트로 접합부를 구성하는 경우, 고장력볼트의 크기와 개수의 산정은 4장에서 소개된 설계식을 사용하며, 고장력볼트의 배치는 가능한 부재의 중심선과 일치하도록 해야 한다.

접합부의 설계는 구조해석에 의해 산정한 부재력으로 설계한다.

**예제 11.1**

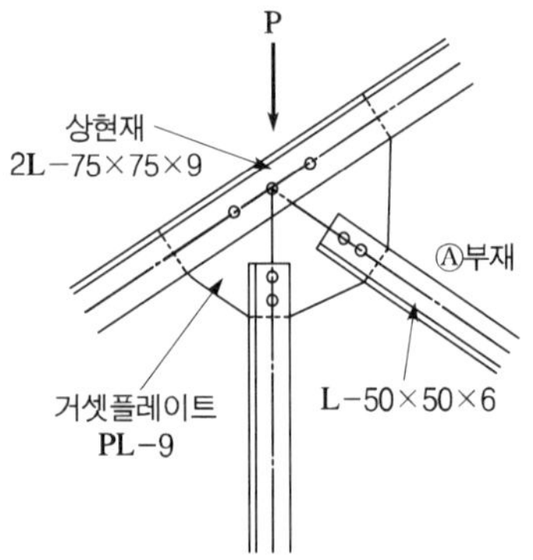


**그림 11.7** 예제 11.1

그림 11.7과 같이 접합부에 연결된 Ⓐ부재에 축인장력이 60kN(고정하중)이 작용할 때 고장력볼트접합(마찰접합)으로 설계하시오. 강재는 SM275이고, 고장력볼트는 M20(F10T), 설계볼트장력 $T_0 = 165\text{kN}$이다(표준구멍 사용, 표면 블라스트 처리 후 페인트 하지 않고, 이음부 플레이트는 안전한 것으로 가정).

**풀이**

마찰접합에 의한 고장력볼트 1개의 설계미끄럼강도 산정

$$\phi R_n = 1.0(\mu h_f T_0 N_s) = 1.0 \times 0.5 \times 1.0 \times 165 \times 1 = 82.5\text{kN}$$

필요 고장력볼트 개수

$$n = \frac{P_u}{\phi R_n} = \frac{1.4 \times 60}{82.5} = 1.02 \quad \rightarrow \quad 2\text{개}$$

∴ 2−M20(F10T) 사용

### 11.4.2 용접에 의한 접합

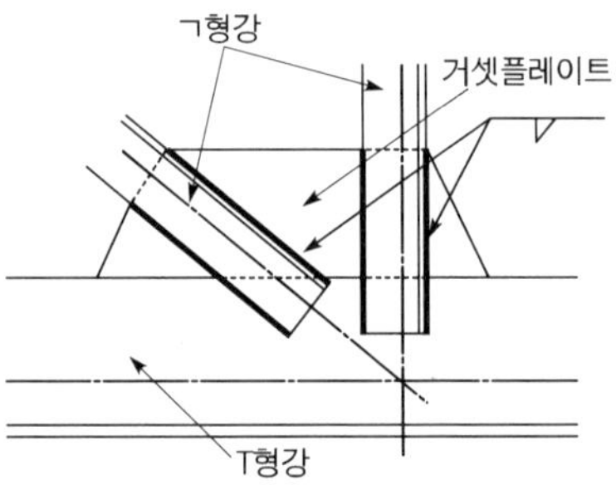


**그림 11.8** 거셋플레이트의 설치

트러스 접합에는 주로 필릿용접이 사용되나, 부분적으로 플러그용접이나 슬롯용접을 사용하는 경우가 있다. 용접접합도 고장력볼트접합과 마찬가지로 부재의 중심선과 용접부 응력의 중심이 가능한 일치하도록 하여 편심모멘트가 발생하지 않도록 해야 한다.

트러스의 현재로 쌍ㄱ형강을 사용하는 경우에는 보통 고장력볼트접합을 하나, T형강을 현재로 사용하는 경우에는 그림 11.8과 같이 용접에 의한 접합을 적용하는 경우가 많다. 그러나 T형강의 스템이 사재를 접합하기에 용접길이가 부족한 경우에는 거셋플레이트를 스템에 용접하여 접합한 후 사재를 용접하여 접합한다.

**예제 11.2**

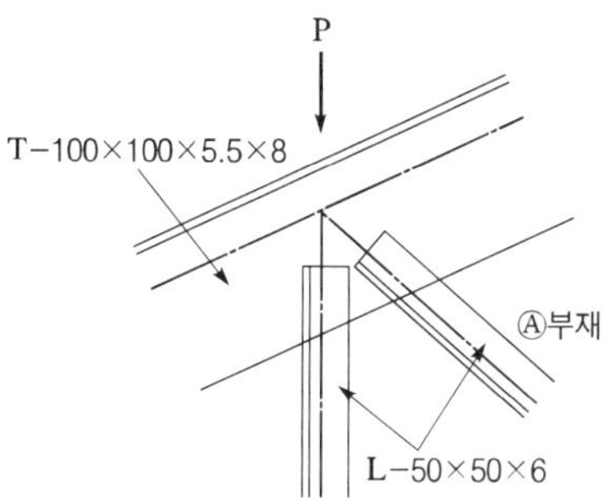


**그림 11.9** 예제 11.2(a)

예제 11.1의 트러스에서 상현재로 T−100×100×5.5×8을 사용하고 Ⓐ부재 L−50×50×6($c_x = 14.4$mm)를 필릿용접 접합하고자 한다(그림 11.9). 용접재 강도만을 고려하여 용접부를 설계하시오. 사용강재는 SM275이고 용접재의 인장강도는 $F_w = 420\text{N/mm}^2$이다.

**풀이**

Ⓐ부재의 소요축하중

$$P_u = 1.4D$$
$$= 1.4 \times 60 = 84\text{kN}$$

힐과 토우부분에 작용하는 하중은 도심선에 작용하는 모멘트 합이 0이라는 조건하에 다음과 같이 산정한다.

힐 : $P_1 = 84 \times 35.6/50 = 59.8\text{kN}$

토우 : $P_2 = 84 \times 14.4/50 = 24.2\text{kN}$

용접길이

필릿사이즈는 ㄱ형강의 두께를 고려하여 $s = 5$mm로 가정한다.

$$l_1 = \frac{P_1}{0.7s(\phi_w F_w)} + 2s$$
$$= \frac{59.8 \times 10^3}{0.7 \times 5 \times (0.75 \times 0.6 \times 420)} + 2 \times 5$$
$$= 100.4\text{mm} \rightarrow 110\text{mm}$$
$$l_2 = \frac{24.2 \times 10^3}{0.7 \times 5 \times (0.75 \times 0.6 \times 420)} + 2 \times 5$$
$$= 46.58\text{mm} \rightarrow 50\text{mm}$$

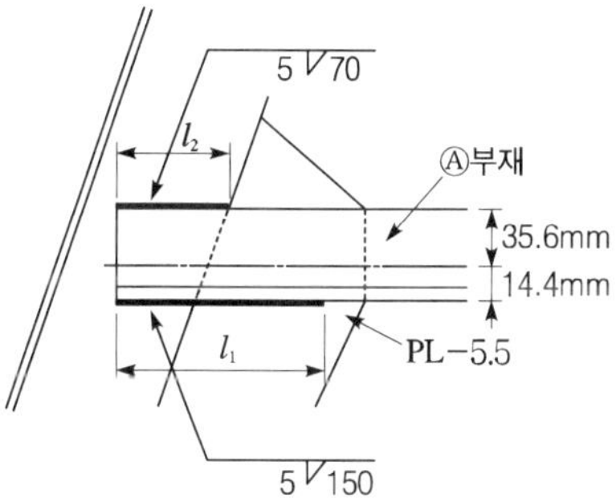


**그림 11.10** 예제 11.2(b)

∴ A부재를 T형강에 용접접합하기 위한 접합길이가 부족하여 그림 11.10과 같이 거셋플레이트를 이용하여 필릿용접접합을 한다.

### 11.4.3 거셋플레이트

충분한 접합을 확보하기 위해 설치하는 거셋플레이트는 주로 고장력볼트의 개수, 또는 용접길이에 따라 크기가 결정되며, 두께는 보통 8~15mm 정도의 강판을 사용한다. 거셋플레이트의 설계는 응력분포를 이론적으로 정확히 해석하기 어렵기 때문에 보통 경험적으로 설계하는 경우가 많다. 거셋플레이트의 안전 여부를 검토할 필요가 있을 경우에는 블록전단강도에 대해서 검토하거나, 인장항복에 대해서 검토한다. 부재가 축방향력을 받는 경우의 블록전단강도에 대한 검토는 5.5를 참조한다.

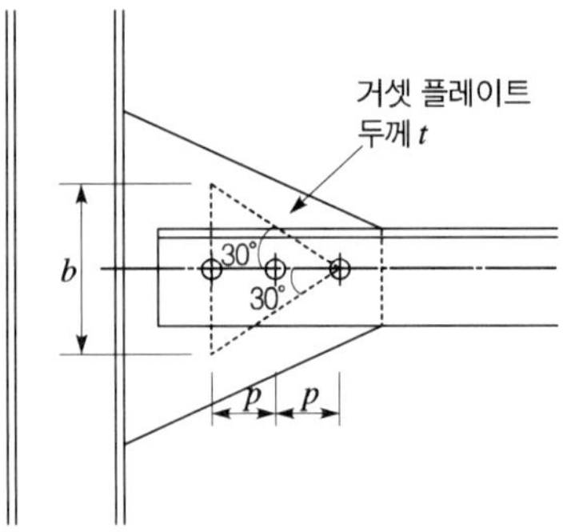


**그림 11.11** 거셋플레이트의 유효폭

인장항복에 대한 검토는 그림 11.11과 같이 접합된 부재의 첫 번째 고장력볼트에서 양쪽으로 30° 각도로 응력이 분포된다고 가정하여, 마지막 고장력볼트의 위치까지 분포된 길이를 거셋플레이트의 유효폭 $b$로 하며 검토식은 다음식과 같다.

인장항복: $P_u \leq 0.9(bt)F_y$ **11.1**

인장파단: $P_u \leq 0.75(b-d)t \cdot F_u$ **11.2**

여기서, $t$ : 거셋플레이트 두께(mm)
$b$ : 거셋플레이트 유효폭(mm)
$d$ : 구멍의 직경(mm)

**예제 11.3**

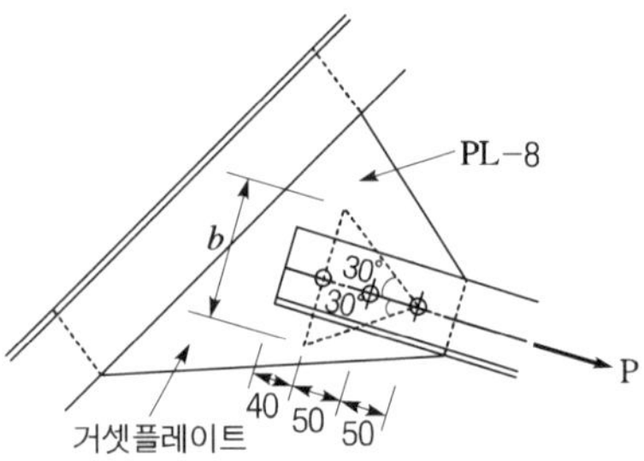


**그림 11.12** 예제 11.3

그림 11.12와 같이 거셋플레이트 접합부에 고장력볼트 M20(F10T)로 접합되어 있는 사재에 인장력 $P_D = 120\text{kN}$이 작용하고 있을 때, 이 접합부의 안전을 검토하시오. 단, 사재에 사용된 ㄱ형강은 L−65×65×6, 거셋플레이트의 두께는 8mm, 사용된 강재는 SM275이다.

**풀이**

(1) 거셋플레이트 유효폭

$b = (100\tan 30°) \times 2 = 115.5\text{mm}$

(2) 거셋플레이트의 검토

인장항복

$\phi_t P_n = 0.9(A_g F_y)$

$= 0.9 \times 8 \times 115.5 \times 275 \times 10^{-3} = 229\text{kN} > 1.4 \times 120 = 168\text{kN}$ O.K

인장파단

$\phi_t P_n = 0.75(A_n F_u) = 0.75 \times (115.5 - 22) \times 8 \times 410 \times 10^{-3}$

$= 230\text{kN} > 168\text{kN}$ O.K

∴ 거셋플레이트는 안전함.

### 11.4.4 강관 트러스 접합부

강관 트러스는 구조적인 측면뿐만 아니라 미관적인 측면에서도 우수하기 때문에 구조체가 노출되는 건축물에 많이 사용되고 있다. 강관 트러스 접합부는 하중전달 방법에 따라 그림 11.13과 같이 Y(T 포함), K(N 포함), X-이음으로 분류된다. Y-이음은 지관의 뚫림하중이 주관의 보 전단력 및 축력과 평형을 이루며, 지관과 주관이 수직으로 만나는 T-이음은 보의 전단력과 평형을 이룬다. K-이음은 지관의 뚫림하중이 다른 지관의 하중과 평형을 이루며, 하나의 지관이 주관에 대하여 수직이면 N-이음이 된다. X-이음은 뚫림하중이 주관을 관통하고 반대편 지관에 의하여 평형을 이룬다.

강관 트러스 접합부의 설계한계상태에는 그림 11.14에 나타난 것처럼 주관의 소성화, 주관의 뚫림전단파괴, 인장지관에서 비균일한 응력분포에 의한 용접부의 파괴, 압축지관에서 비균일한 응력분포에 의한 국부좌굴, 갭이음부에서 주관의 전단항복, 주관의 측벽파괴가 있다. 강관 트러스 접합부의 설계는 이런 한계상태에 대한 설계강도가 접합부의 요구강도를 만족해야 한다.

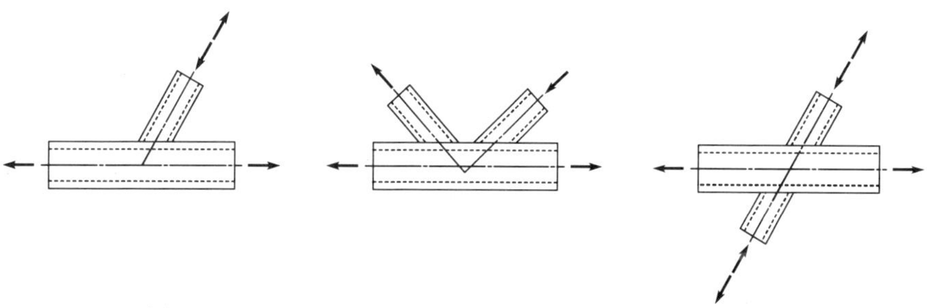

**그림 11.13** 강관 트러스 접합부

(a) Y이음 (b) K이음 (c) X이음

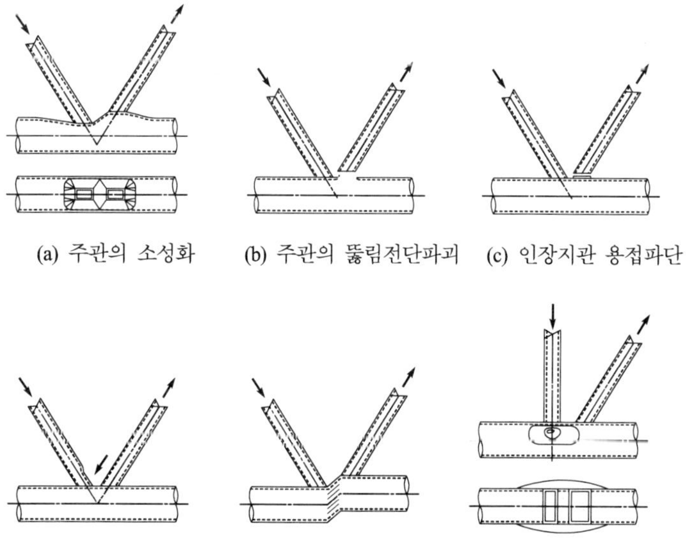

**그림 11.14** 접합부의 한계상태

(a) 주관의 소성화 (b) 주관의 뚫림전단파괴 (c) 인장지관 용접파단
(d) 압축지관의 국부좌굴 (e) 주관의 전단항복 (f) 주관의 측면파괴

## 11.5 중도리

지붕트러스 위에 지붕의 외부 마감을 위하여 마감재를 설치한다. 마감은 트러스 위에 직접 설치하기에는 간격도 크고 접합의 어려움이 있으므로, 그림 11.15와 같이 트러스의 상현재 위에 중도리(purlin)를 설치한 후 그 위에 마감을 한다.

지붕 하중을 트러스에 전달하게 되는 중도리의 간격은 트러스 간격과 지붕의 마감재에 따라 달라진다. 중도리로 많이 사용되는 강재는 립ㄷ형강을 사용하거나, ㄱ형강, H형강 등을 사용하기도 한다. 중도리는 경사면에 설치되어 단면의 축에 대해 2방향모멘트를 받게 되며, 비대칭 단면 부재를 사용할 경우에는 하중이 전단 중심을 통과하지 않으므로 비틀림모멘트까지 일으키는 경우가 있으나, 일반적으로 중도리 설계에서는 비틀림의 영향은 무시한다.

최근에는 중도리를 사용하지 않고, 주 트러스의 횡좌굴을 지지하는 가새에 직접 마감재를 설치함으로써 건설비를 절감하는 방법을 사용하기도 한다.

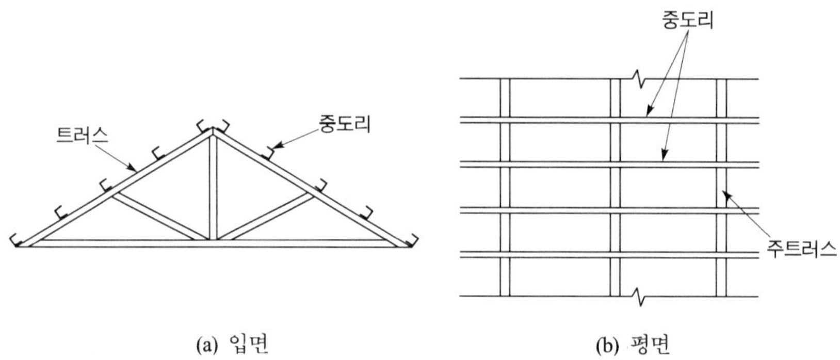


**그림 11.15** 중도리의 설치

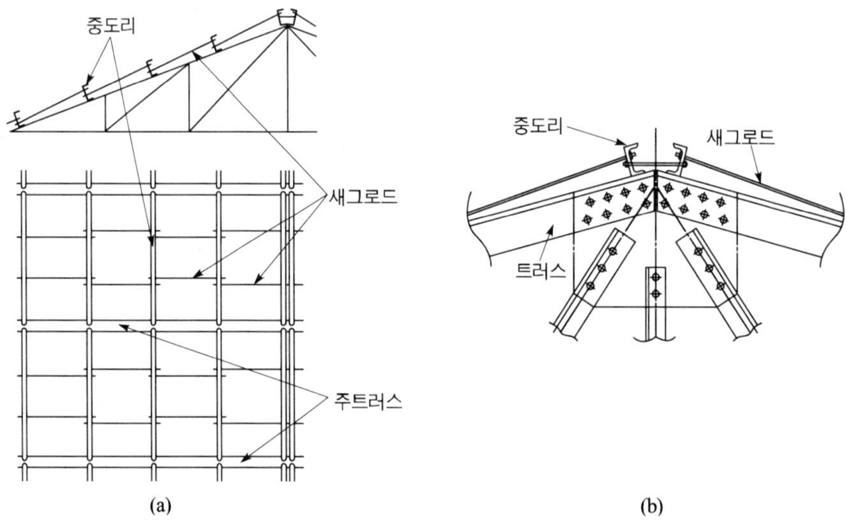


**그림 11.16** 새그로드의 설치

경사도가 급한 지붕에서는 중도리의 약축방향 모멘트가 커지게 되는데 대개의 경우 중도리 단면의 약축 방향의 휨강성이 매우 작기 때문에 이를 보완하기 위해 새그로드(sag rod)를 그림 11.16과 같이 설치한다. 새그로드를 설치하면, 중도리가 약축 방향으로 부재의 길이가 짧아진 연속보 형태가 되어 최대모멘트와 최대처짐이 감소되는 효과를 얻을 수 있다. 새그로드는 끝부분을 조일 수 있도록 나사로 가공한 강봉이나 철근을 사용한다. 중도리의 단면설계 방법은 7장 휨재를 따른다.

## 연습문제

**1)** 그림 11.17과 같은 트러스 접합부에 계수인장력 $P=300\text{kN}$이 작용할 때, 용접길이 $l_1$, $l_2$를 구하시오. 사재는 $\text{L}-120\times120\times8$(SM275)을 사용하고, 필릿사이즈는 8mm로 한다. 용접부는 용접재 강도만을 고려하여 설계한다.(용접재 인장강도, $F_w=420\text{N/mm}^2$)

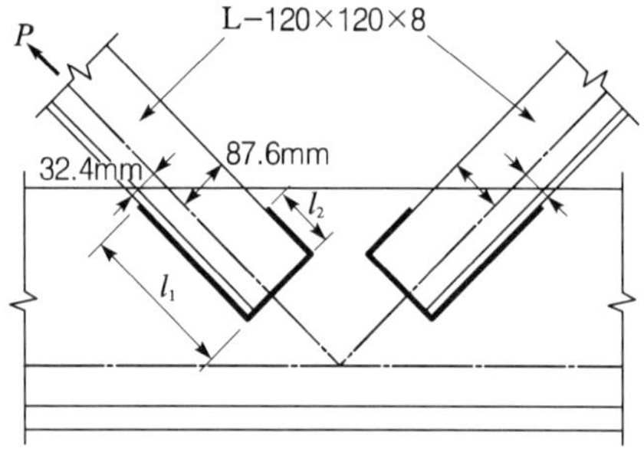


**그림 11.17** 연습문제 1)

[답] $l_1=230\text{mm}$, $l_2=100\text{mm}$

**2)** 그림 11.18과 같은 트러스 접합부에 계수축방향력 $P_1=190\text{kN}$, $P_2=300\text{kN}$이 작용할 때, 사재 ①, ②의 고장력볼트접합부를 설계하시오. 나사부가 전단면에 포함되지 않는다고 가정한다. 거셋플레이트 두께는 10mm, 사용되는 고장력볼트는 M16(F10T)이며 사용된 강재는 SM275이다.

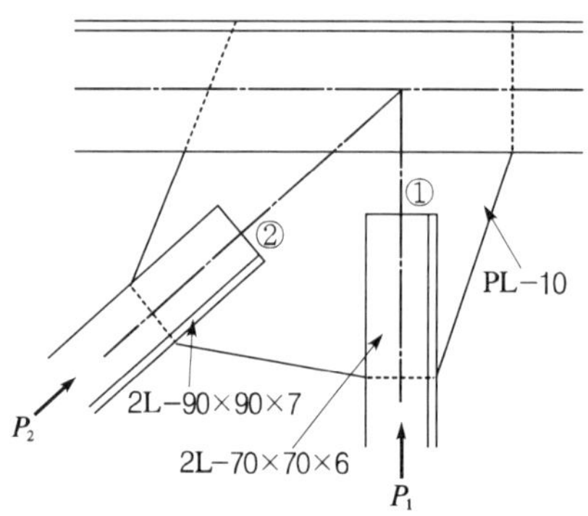


**그림 11.18** 연습문제 2)

[답] 사재 ① : 2−M16(F10T)
사재 ② : 3−M16(F10T)

**3)** 그림 11.19와 같은 접합에서 거셋플레이트가 받을 수 있는 계수 인장력 $P_u$을 구하시오. 거셋플레이트의 두께는 9mm, 사용된 강재는 SM275, 고장력볼트는 M16(F10T)이다.

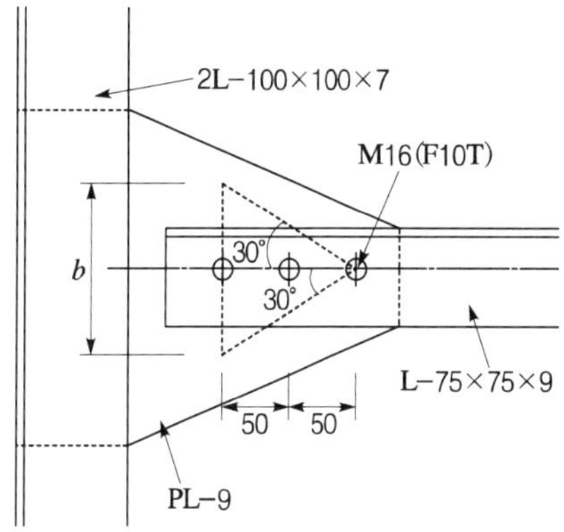


**그림 11.19** 연습문제 3)

[답] 257.3kN

## 참고문헌


11.1 국토교통부 건축구조기준 (2019). "건축물 강구조 설계기준 KDS 41 31 00 : 2019", 국가건설기준센터

11.2 국토교통부 건축구조기준 (2017, 2018). "강구조설계(하중저항계수설계법) KDS 14 31 05~60 : 2017, 2018", 국가건설기준센터

11.3 한국강구조학회 (2010). "강구조용어사전"

11.4 AISC (2011). "Steel Construction Manual".

11.5 AISC (2002). "Detailing for Steel Construction", 2nd ed.

11.6 BSI (1992). "Eurocode 3: Design of steel structures", British Standards Institution.

11.7 Ambrose, J. (1994). "Design of Building Trusses", John Wiley & Sons.

11.8 Astanch-Asl, A. (2008). "Behavior and Design of Steel and Composite Structures".

11.9 Graham, W. O., Brian D. C. (1989). "Structural Steelwork Connections", Butterworth & Co.

11.10 Engel, H. (1997). "Structure Systems", Verlag Gerd Hatje.

11.11 Kassimali, A. (2005). "Structural Analysis", 3rd ed., Thomson.

11.12 Lam, D. Ang, T. C., Chiew, S. P. (2004). "Structural Steelwork - design to limit state theory", Butterworth-Heinemann Publications.

11.13 McCormac, J. C. (1981). "Structural Steel Design", 3rd ed., Harper & Row Publishers.

11.14 Packer, J. A., Henderson, J. E. (1992). "Design Guide for Hollow Structural Section Connections", 1st ed., Canadian Institute of Steel Construction.

11.15 Schodek, D. L. (2004). "Structures", 5th ed., Pearson Prentice Hall.

11.16 Segui, W. T. (2003). "LRFD Steel Design", 3rd ed., Thomson Brooks/Cole.

11.17 Trebilcock, P., Lawson, M. (2004). "Architectural Design in Steel", Spon Press.

11.18 Veltkamp, M. (2007). "Free From Structural Design", IOS Press.

11.19 Viest, I.M, Colaco, J. P., Furlong, R. W., Griffis, L. G., Leon, R. T., Wyllie, Jr. L. A. (1997). "Composite Construction Design for Buildings", ASCE.

Design of Steel Structures

# 부록 부재 일람표 및 각종 제원

# 부 1 부재 일람표

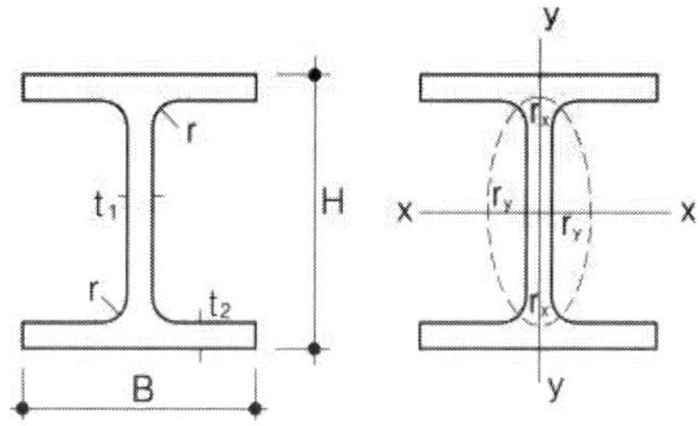


**부 표 1.1** H형강의 표준치수와 단면성능

| 치수(mm) | | | | | 단면적 (mm²) | 단위중량 (N/mm) | 단면2차모멘트 (mm⁴) | | 단면2차반경 (mm) | | 단면계수 (mm³) | |
|---|---|---|---|---|---|---|---|---|---|---|---|---|
| 공칭치수 | $H \times B$ | $t_1$ | $t_2$ | $r$ | | | $I_x$ | $I_y$ | $r_x$ | $r_y$ | $S_x$ | $S_y$ |
| 100×50 | 100×50 | 5 | 7 | 8 | $1.1850\times10^{3}$ | $9.11\times10^{-2}$ | $1.87\times10^{6}$ | $1.48\times10^{5}$ | $3.96\times10^{1}$ | $1.12\times10^{1}$ | $3.75\times10^{4}$ | $5.92\times10^{3}$ |
| 100×100 | 100×100 | 6 | 8 | 10 | $2.1900\times10^{3}$ | $1.69\times10^{-1}$ | $3.83\times10^{6}$ | $1.34\times10^{6}$ | $4.18\times10^{1}$ | $2.47\times10^{1}$ | $7.65\times10^{4}$ | $2.67\times10^{4}$ |
| 125×60 | 125×60 | 6 | 8 | 9 | $1.6840\times10^{3}$ | $1.29\times10^{-1}$ | $4.13\times10^{6}$ | $2.92\times10^{5}$ | $4.95\times10^{1}$ | $1.32\times10^{1}$ | $6.61\times10^{4}$ | $9.73\times10^{3}$ |
| 125×125 | 125×125 | 6.5 | 9 | 10 | $3.0310\times10^{3}$ | $2.33\times10^{-1}$ | $8.47\times10^{6}$ | $2.93\times10^{6}$ | $5.29\times10^{1}$ | $3.11\times10^{1}$ | $1.36\times10^{5}$ | $4.70\times10^{4}$ |
| 150×75 | 150×75 | 5 | 7 | 8 | $1.7850\times10^{3}$ | $1.37\times10^{-1}$ | $6.66\times10^{6}$ | $4.95\times10^{5}$ | $6.11\times10^{1}$ | $1.66\times10^{1}$ | $8.88\times10^{4}$ | $1.32\times10^{4}$ |
| 150×100 | 148×100 | 6 | 9 | 11 | $2.6840\times10^{3}$ | $2.07\times10^{-1}$ | $1.02\times10^{7}$ | $1.51\times10^{6}$ | $6.17\times10^{1}$ | $2.37\times10^{1}$ | $1.38\times10^{5}$ | $3.01\times10^{4}$ |
| 150×150 | 150×150 | 7 | 10 | 11 | $4.0140\times10^{3}$ | $3.09\times10^{-1}$ | $1.64\times10^{7}$ | $5.63\times10^{6}$ | $6.39\times10^{1}$ | $3.75\times10^{1}$ | $2.19\times10^{5}$ | $7.51\times10^{4}$ |
| 175×90 | 175×90 | 5 | 8 | 9 | $2.3040\times10^{3}$ | $1.77\times10^{-1}$ | $1.21\times10^{7}$ | $9.75\times10^{5}$ | $7.26\times10^{1}$ | $2.06\times10^{1}$ | $1.39\times10^{5}$ | $2.17\times10^{4}$ |
| 175×175 | 175×175 | 7.5 | 11 | 12 | $5.1210\times10^{3}$ | $3.94\times10^{-1}$ | $2.88\times10^{7}$ | $9.84\times10^{6}$ | $7.50\times10^{1}$ | $4.38\times10^{1}$ | $3.30\times10^{5}$ | $1.12\times10^{5}$ |
| 200×100 | 198×99 | 4.5 | 7 | 11 | $2.3180\times10^{3}$ | $1.78\times10^{-1}$ | $1.58\times10^{7}$ | $1.14\times10^{6}$ | $8.26\times10^{1}$ | $2.21\times10^{1}$ | $1.60\times10^{5}$ | $2.30\times10^{4}$ |
| | 200×100 | 5.5 | 8 | 11 | $2.7160\times10^{3}$ | $2.09\times10^{-1}$ | $1.84\times10^{7}$ | $1.34\times10^{6}$ | $8.24\times10^{1}$ | $2.22\times10^{1}$ | $1.84\times10^{5}$ | $2.68\times10^{4}$ |
| 200×150 | 194×150 | 6 | 9 | 13 | $3.9010\times10^{3}$ | $3.00\times10^{-1}$ | $2.69\times10^{7}$ | $5.07\times10^{6}$ | $8.30\times10^{1}$ | $3.61\times10^{1}$ | $2.77\times10^{5}$ | $6.76\times10^{4}$ |
| 200×200 | 200×200 | 8 | 12 | 13 | $6.3530\times10^{3}$ | $4.89\times10^{-1}$ | $4.72\times10^{7}$ | $1.60\times10^{7}$ | $8.62\times10^{1}$ | $5.02\times10^{1}$ | $4.72\times10^{5}$ | $1.60\times10^{5}$ |
| | 200×204 | 12 | 12 | 13 | $7.1530\times10^{3}$ | $5.51\times10^{-1}$ | $4.98\times10^{7}$ | $1.70\times10^{7}$ | $8.35\times10^{1}$ | $4.88\times10^{1}$ | $4.98\times10^{5}$ | $1.67\times10^{5}$ |
| 250×125 | 248×124 | 5 | 8 | 12 | $3.2680\times10^{3}$ | $2.52\times10^{-1}$ | $3.54\times10^{7}$ | $2.55\times10^{6}$ | $1.04\times10^{2}$ | $2.79\times10^{1}$ | $2.85\times10^{5}$ | $4.11\times10^{4}$ |
| | 250×125 | 6 | 9 | 12 | $3.7660\times10^{3}$ | $2.90\times10^{-1}$ | $4.05\times10^{7}$ | $2.94\times10^{6}$ | $1.04\times10^{2}$ | $2.79\times10^{1}$ | $3.24\times10^{5}$ | $4.70\times10^{4}$ |
| 250×175 | 244×175 | 7 | 11 | 16 | $5.6240\times10^{3}$ | $4.32\times10^{-1}$ | $6.12\times10^{7}$ | $9.84\times10^{6}$ | $1.04\times10^{2}$ | $4.18\times10^{1}$ | $5.02\times10^{5}$ | $1.13\times10^{5}$ |
| 250×250 | 250×250 | 9 | 14 | 16 | $9.2180\times10^{3}$ | $7.10\times10^{-1}$ | $1.08\times10^{8}$ | $3.65\times10^{7}$ | $1.08\times10^{2}$ | $6.29\times10^{1}$ | $8.67\times10^{5}$ | $2.92\times10^{5}$ |
| | 250×255 | 14 | 14 | 16 | $1.0470\times10^{4}$ | $8.06\times10^{-1}$ | $1.15\times10^{8}$ | $3.88\times10^{7}$ | $1.05\times10^{2}$ | $6.09\times10^{1}$ | $9.19\times10^{5}$ | $3.04\times10^{5}$ |
| 300×150 | 298×149 | 5.5 | 8 | 13 | $4.0800\times10^{3}$ | $3.14\times10^{-1}$ | $6.32\times10^{7}$ | $4.42\times10^{6}$ | $1.24\times10^{2}$ | $3.29\times10^{1}$ | $4.24\times10^{5}$ | $5.93\times10^{4}$ |
| | 300×150 | 6.5 | 9 | 13 | $4.6780\times10^{3}$ | $3.60\times10^{-1}$ | $7.21\times10^{7}$ | $5.08\times10^{6}$ | $1.24\times10^{2}$ | $3.29\times10^{1}$ | $4.81\times10^{5}$ | $6.77\times10^{4}$ |
| 300×200 | 294×200 | 8 | 12 | 18 | $7.2400\times10^{3}$ | $5.57\times10^{-1}$ | $1.13\times10^{8}$ | $1.60\times10^{7}$ | $1.25\times10^{2}$ | $4.71\times10^{1}$ | $7.71\times10^{5}$ | $1.60\times10^{5}$ |
| 300×300 | 294×302 | 12 | 12 | 18 | $1.0770\times10^{4}$ | $8.28\times10^{-1}$ | $1.69\times10^{8}$ | $5.52\times10^{7}$ | $1.25\times10^{2}$ | $7.16\times10^{1}$ | $1.15\times10^{6}$ | $3.65\times10^{5}$ |
| | 300×300 | 10 | 15 | 18 | $1.1980\times10^{4}$ | $9.21\times10^{-1}$ | $2.04\times10^{8}$ | $6.75\times10^{7}$ | $1.31\times10^{2}$ | $7.51\times10^{1}$ | $1.36\times10^{6}$ | $4.50\times10^{5}$ |
| | 300×305 | 15 | 15 | 18 | $1.3480\times10^{4}$ | $1.04\times10^{0}$ | $2.15\times10^{8}$ | $7.10\times10^{7}$ | $1.26\times10^{2}$ | $7.26\times10^{1}$ | $1.44\times10^{6}$ | $4.66\times10^{5}$ |
| 350×175 | 346×174 | 6 | 9 | 14 | $5.2680\times10^{3}$ | $4.06\times10^{-1}$ | $1.11\times10^{8}$ | $7.92\times10^{6}$ | $1.45\times10^{2}$ | $3.88\times10^{1}$ | $6.41\times10^{5}$ | $9.10\times10^{4}$ |
| | 350×175 | 7 | 11 | 14 | $6.3140\times10^{3}$ | $4.86\times10^{-1}$ | $1.36\times10^{8}$ | $9.84\times10^{6}$ | $1.47\times10^{2}$ | $3.95\times10^{1}$ | $7.75\times10^{5}$ | $1.12\times10^{5}$ |
| 350×250 | 340×250 | 9 | 14 | 20 | $1.0150\times10^{4}$ | $7.81\times10^{-1}$ | $2.17\times10^{8}$ | $3.65\times10^{7}$ | $1.46\times10^{2}$ | $6.00\times10^{1}$ | $1.28\times10^{6}$ | $2.92\times10^{5}$ |

**부 표 1.1** H형강의 표준치수와 단면성능(계속)

| 치수(mm) | | | | | 소성단면계수 (mm³) | | 뒤틀림 상수 $C_w$ (mm⁶) | 비틀림 상수 $J$ (mm⁴) | 휨단면 성능 $r_{ts}$ (mm) | 소성한계 비지지길이 $Lp$ (식(7.17) 적용) (mm) | | 비탄성한계 비지지길이 $L_r$ (식(7.20) 적용) (mm) | |
|---|---|---|---|---|---|---|---|---|---|---|---|---|---|
| | | | | | | | | | | $t_2 \le 16$ | | | |
| 공칭치수 | $H \times B$ | $t_1$ | $t_2$ | $r$ | $Z_x$ | $Z_y$ | | | | $F_y = 275\,\mathrm{MPa}$ | $F_y = 355\,\mathrm{MPa}$ | $F_y = 275\,\mathrm{MPa}$ | $F_y = 355\,\mathrm{MPa}$ |
| 100×50 | 100×50 | 5 | 7 | 8 | $4.41 \times 10^4$ | $9.52 \times 10^3$ | $3.20 \times 10^8$ | $1.50 \times 10^4$ | 13.6 | 544.72 | 479.43 | 2777.72 | 2194.62 |
| 100×100 | 100×100 | 6 | 8 | 10 | $8.76 \times 10^4$ | $4.12 \times 10^4$ | $2.84 \times 10^9$ | $4.02 \times 10^4$ | 28.4 | 1201.30 | 1057.32 | 6590.72 | 5169.15 |
| 125×60 | 125×60 | 6 | 8 | 9 | $7.76 \times 10^4$ | $1.57 \times 10^4$ | $9.99 \times 10^8$ | $2.83 \times 10^4$ | 16.1 | 641.99 | 565.04 | 3068.37 | 2437.41 |
| 125×125 | 125×125 | 6.5 | 9 | 10 | $1.54 \times 10^5$ | $7.19 \times 10^4$ | $9.86 \times 10^9$ | $7.05 \times 10^4$ | 35.4 | 1512.57 | 1331.28 | 7352.78 | 5802.62 |
| 150×75 | 150×75 | 5 | 7 | 8 | $1.02 \times 10^5$ | $2.08 \times 10^4$ | $2.53 \times 10^9$ | $2.28 \times 10^4$ | 20.0 | 807.35 | 710.59 | 2941.33 | 2412.40 |
| 150×100 | 148×100 | 6 | 9 | 11 | $1.57 \times 10^5$ | $4.67 \times 10^4$ | $7.30 \times 10^9$ | $5.80 \times 10^4$ | 27.6 | 1152.67 | 1014.51 | 4867.75 | 3895.90 |
| 150×150 | 150×150 | 7 | 10 | 11 | $2.46 \times 10^5$ | $1.15 \times 10^5$ | $2.76 \times 10^{10}$ | $1.15 \times 10^5$ | 42.4 | 1823.84 | 1605.24 | 8165.03 | 6480.29 |
| 175×90 | 175×90 | 5 | 8 | 9 | $1.57 \times 10^5$ | $3.37 \times 10^4$ | $6.80 \times 10^9$ | $3.73 \times 10^4$ | 24.2 | 1001.90 | 881.81 | 3446.19 | 2841.73 |
| 175×175 | 175×175 | 7.5 | 11 | 12 | $3.69 \times 10^5$ | $1.71 \times 10^5$ | $6.62 \times 10^{10}$ | $1.77 \times 10^5$ | 49.5 | 2130.25 | 1874.92 | 9007.49 | 7185.95 |
| 200×100 | 198×99 | 4.5 | 7 | 11 | $1.80 \times 10^5$ | $3.57 \times 10^4$ | $1.04 \times 10^{10}$ | $2.82 \times 10^4$ | 26.1 | 1074.85 | 946.02 | 3274.62 | 2765.65 |
| | 200×100 | 5.5 | 8 | 11 | $2.10 \times 10^5$ | $4.19 \times 10^4$ | $1.23 \times 10^{10}$ | $4.43 \times 10^4$ | 26.4 | 1079.71 | 950.30 | 3528.28 | 2943.01 |
| 200×150 | 194×150 | 6 | 9 | 13 | $3.09 \times 10^5$ | $1.04 \times 10^5$ | $4.34 \times 10^{10}$ | $8.56 \times 10^4$ | 41.2 | 1755.75 | 1545.31 | 5931.88 | 4882.29 |
| 200×200 | 200×200 | 8 | 12 | 13 | $5.26 \times 10^5$ | $2.44 \times 10^5$ | $1.41 \times 10^{11}$ | $2.60 \times 10^5$ | 56.4 | 2441.52 | 2148.88 | 9825.76 | 7874.61 |
| | 200×204 | 12 | 12 | 13 | $5.66 \times 10^5$ | $2.57 \times 10^5$ | $1.50 \times 10^{11}$ | $3.36 \times 10^5$ | 56.6 | 2373.43 | 2088.95 | 10699.64 | 8505.49 |
| 250×125 | 248×124 | 5 | 8 | 12 | $3.19 \times 10^5$ | $6.36 \times 10^4$ | $3.67 \times 10^{10}$ | $5.20 \times 10^4$ | 32.8 | 1356.94 | 1194.30 | 3985.02 | 3388.18 |
| | 250×125 | 6 | 9 | 12 | $3.66 \times 10^5$ | $7.31 \times 10^4$ | $4.27 \times 10^{10}$ | $7.75 \times 10^4$ | 33.1 | 1356.94 | 1194.30 | 4209.63 | 3545.56 |
| 250×175 | 244×175 | 7 | 11 | 16 | $5.58 \times 10^5$ | $1.73 \times 10^5$ | $1.34 \times 10^{11}$ | $1.81 \times 10^5$ | 47.8 | 2032.98 | 1789.31 | 6736.57 | 5565.00 |
| 250×250 | 250×250 | 9 | 14 | 16 | $9.61 \times 10^5$ | $4.44 \times 10^5$ | $5.08 \times 10^{11}$ | $5.11 \times 10^5$ | 70.5 | 3059.19 | 2692.52 | 11567.90 | 9337.62 |
| | 250×255 | 14 | 14 | 16 | $1.04 \times 10^6$ | $4.68 \times 10^5$ | $5.40 \times 10^{11}$ | $6.70 \times 10^5$ | 70.6 | 2961.92 | 2606.91 | 12557.28 | 10041.20 |
| 300×150 | 298×149 | 5.5 | 8 | 13 | $4.75 \times 10^5$ | $9.18 \times 10^4$ | $9.29 \times 10^{10}$ | $6.65 \times 10^4$ | 38.9 | 1162.40 | 1023.07 | 4520.92 | 3880.56 |
| | 300×150 | 6.5 | 9 | 13 | $5.42 \times 10^5$ | $1.05 \times 10^5$ | $1.08 \times 10^{11}$ | $9.87 \times 10^4$ | 39.2 | 1600.12 | 1408.33 | 4710.27 | 4014.18 |
| 300×200 | 294×200 | 8 | 12 | 18 | $8.59 \times 10^5$ | $2.47 \times 10^5$ | $3.18 \times 10^{11}$ | $2.77 \times 10^5$ | 54.1 | 2290.75 | 2016.18 | 7257.23 | 6049.15 |
| 300×300 | 294×302 | 12 | 12 | 18 | $1.28 \times 10^6$ | $5.60 \times 10^5$ | $1.10 \times 10^{12}$ | $5.03 \times 10^5$ | 82.3 | 3482.32 | 3064.93 | 11606.03 | 9586.55 |
| | 300×300 | 10 | 15 | 18 | $1.50 \times 10^6$ | $6.84 \times 10^5$ | $1.37 \times 10^{12}$ | $7.65 \times 10^5$ | 84.1 | 3652.55 | 3214.76 | 12736.32 | 10397.74 |
| | 300×305 | 15 | 15 | 18 | $1.61 \times 10^6$ | $7.16 \times 10^5$ | $1.44 \times 10^{12}$ | $9.90 \times 10^5$ | 83.8 | 3530.96 | 3107.74 | 13580.22 | 10979.81 |
| 350×175 | 346×174 | 6 | 9 | 14 | $7.16 \times 10^5$ | $1.40 \times 10^5$ | $2.25 \times 10^{11}$ | $1.08 \times 10^5$ | 45.6 | 1887.07 | 1660.89 | 5255.39 | 4519.24 |
| | 350×175 | 7 | 11 | 14 | $8.68 \times 10^5$ | $1.74 \times 10^5$ | $2.83 \times 10^{11}$ | $1.93 \times 10^5$ | 46.4 | 1921.11 | 1690.85 | 5608.51 | 4773.68 |
| 350×250 | 340×250 | 9 | 14 | 20 | $1.41 \times 10^6$ | $4.47 \times 10^5$ | $9.70 \times 10^{11}$ | $5.33 \times 10^5$ | 68.2 | 2918.15 | 2568.38 | 9154.26 | 7629.51 |

**부 표 1.1** H형강의 표준치수와 단면성능(계속)

| 치수(mm) | | | | | 단면적 ($mm^2$) | 단위중량 (N/mm) | 단면2차모멘트 ($mm^4$) | | 단면2차반경 (mm) | | 단면계수 ($mm^3$) | |
|---|---|---|---|---|---|---|---|---|---|---|---|---|
| 공칭치수 | $H\times B$ | $t_1$ | $t_2$ | $r$ | | | $I_x$ | $I_y$ | $r_x$ | $r_y$ | $S_x$ | $S_y$ |
| 350×350 | 344×348 | 10 | 16 | 20 | $1.4600\times10^{4}$ | $1.13\times10^{0}$ | $3.33\times10^{8}$ | $1.12\times10^{8}$ | $1.51\times10^{2}$ | $8.78\times10^{1}$ | $1.94\times10^{6}$ | $6.46\times10^{5}$ |
| | 350×350 | 12 | 19 | 20 | $1.7390\times10^{4}$ | $1.34\times10^{0}$ | $4.03\times10^{8}$ | $1.36\times10^{8}$ | $1.52\times10^{2}$ | $8.84\times10^{1}$ | $2.30\times10^{6}$ | $7.76\times10^{5}$ |
| 400×200 | 396×199 | 7 | 11 | 16 | $7.2160\times10^{3}$ | $5.55\times10^{-1}$ | $2.00\times10^{8}$ | $1.45\times10^{7}$ | $1.67\times10^{2}$ | $4.48\times10^{1}$ | $1.01\times10^{6}$ | $1.45\times10^{5}$ |
| | 400×200 | 8 | 13 | 16 | $8.4120\times10^{3}$ | $6.47\times10^{-1}$ | $2.37\times10^{8}$ | $1.74\times10^{7}$ | $1.68\times10^{2}$ | $4.54\times10^{1}$ | $1.19\times10^{6}$ | $1.74\times10^{5}$ |
| 400×300 | 390×300 | 10 | 16 | 22 | $1.3600\times10^{4}$ | $1.05\times10^{0}$ | $3.87\times10^{8}$ | $7.21\times10^{7}$ | $1.69\times10^{2}$ | $7.28\times10^{1}$ | $1.98\times10^{6}$ | $4.81\times10^{5}$ |
| | 388×402 | 15 | 15 | 22 | $1.7850\times10^{4}$ | $1.37\times10^{0}$ | $4.90\times10^{8}$ | $1.63\times10^{8}$ | $1.66\times10^{2}$ | $9.54\times10^{1}$ | $2.52\times10^{6}$ | $8.09\times10^{5}$ |
| | 394×398 | 11 | 18 | 22 | $1.8680\times10^{4}$ | $1.44\times10^{0}$ | $5.61\times10^{8}$ | $1.89\times10^{8}$ | $1.73\times10^{2}$ | $1.01\times10^{2}$ | $2.85\times10^{6}$ | $9.51\times10^{5}$ |
| | 400×400 | 13 | 21 | 22 | $2.1870\times10^{4}$ | $1.69\times10^{0}$ | $6.66\times10^{8}$ | $2.24\times10^{8}$ | $1.75\times10^{2}$ | $1.01\times10^{2}$ | $3.33\times10^{6}$ | $1.12\times10^{6}$ |
| | 400×408 | 21 | 21 | 22 | $2.5070\times10^{4}$ | $1.93\times10^{0}$ | $7.09\times10^{8}$ | $2.38\times10^{8}$ | $1.68\times10^{2}$ | $9.75\times10^{1}$ | $3.54\times10^{6}$ | $1.17\times10^{6}$ |
| 400×400 | 414×405 | 18 | 28 | 22 | $2.9540\times10^{4}$ | $2.27\times10^{0}$ | $9.28\times10^{8}$ | $3.10\times10^{8}$ | $1.77\times10^{2}$ | $1.02\times10^{2}$ | $4.48\times10^{6}$ | $1.53\times10^{6}$ |
| | 428×407 | 20 | 35 | 22 | $3.6070\times10^{4}$ | $2.77\times10^{0}$ | $1.19\times10^{9}$ | $3.94\times10^{8}$ | $1.82\times10^{2}$ | $1.04\times10^{2}$ | $5.57\times10^{6}$ | $1.93\times10^{6}$ |
| | 458×417 | 30 | 50 | 22 | $5.2860\times10^{4}$ | $4.07\times10^{0}$ | $1.87\times10^{9}$ | $6.05\times10^{8}$ | $1.88\times10^{2}$ | $1.07\times10^{2}$ | $8.17\times10^{6}$ | $2.90\times10^{6}$ |
| | 498×432 | 45 | 70 | 22 | $7.7010\times10^{4}$ | $5.93\times10^{0}$ | $2.98\times10^{9}$ | $9.44\times10^{8}$ | $1.97\times10^{2}$ | $1.11\times10^{2}$ | $1.20\times10^{6}$ | $4.37\times10^{6}$ |
| 450×200 | 446×199 | 8 | 12 | 18 | $8.4300\times10^{3}$ | $6.49\times10^{-1}$ | $2.87\times10^{8}$ | $1.58\times10^{7}$ | $1.85\times10^{2}$ | $4.33\times10^{1}$ | $1.29\times10^{6}$ | $1.59\times10^{5}$ |
| | 450×200 | 9 | 14 | 18 | $9.6760\times10^{3}$ | $7.45\times10^{-1}$ | $3.35\times10^{8}$ | $1.87\times10^{7}$ | $1.86\times10^{2}$ | $4.40\times10^{1}$ | $1.49\times10^{6}$ | $1.87\times10^{5}$ |
| 450×300 | 440×300 | 11 | 18 | 24 | $1.5740\times10^{4}$ | $1.22\times10^{0}$ | $5.61\times10^{8}$ | $8.11\times10^{7}$ | $1.89\times10^{2}$ | $7.18\times10^{1}$ | $2.55\times10^{6}$ | $5.41\times10^{5}$ |
| 500×200 | 496×199 | 9 | 14 | 20 | $1.0130\times10^{4}$ | $7.79\times10^{-1}$ | $4.19\times10^{8}$ | $1.84\times10^{7}$ | $2.03\times10^{2}$ | $4.27\times10^{1}$ | $1.69\times10^{6}$ | $1.85\times10^{5}$ |
| | 500×200 | 10 | 16 | 20 | $1.1420\times10^{4}$ | $8.78\times10^{-1}$ | $4.78\times10^{8}$ | $2.14\times10^{7}$ | $2.05\times10^{2}$ | $4.33\times10^{1}$ | $1.91\times10^{6}$ | $2.14\times10^{5}$ |
| | 506×201 | 11 | 19 | 20 | $1.3130\times10^{4}$ | $1.01\times10^{0}$ | $5.65\times10^{8}$ | $2.58\times10^{7}$ | $2.07\times10^{2}$ | $4.43\times10^{1}$ | $2.23\times10^{6}$ | $2.57\times10^{5}$ |
| 500×300 | 482×300 | 11 | 15 | 26 | $1.4550\times10^{4}$ | $1.12\times10^{0}$ | $6.04\times10^{8}$ | $6.76\times10^{7}$ | $2.04\times10^{2}$ | $6.82\times10^{1}$ | $2.50\times10^{6}$ | $4.51\times10^{5}$ |
| | 488×300 | 11 | 18 | 26 | $1.6350\times10^{4}$ | $1.25\times10^{0}$ | $7.10\times10^{8}$ | $8.11\times10^{7}$ | $2.08\times10^{2}$ | $7.04\times10^{1}$ | $2.91\times10^{6}$ | $5.41\times10^{5}$ |
| 600×200 | 596×199 | 10 | 15 | 22 | $1.2050\times10^{4}$ | $9.27\times10^{-1}$ | $6.87\times10^{8}$ | $1.98\times10^{7}$ | $2.39\times10^{2}$ | $4.05\times10^{1}$ | $2.31\times10^{6}$ | $1.00\times10^{5}$ |
| | 600×200 | 11 | 17 | 22 | $1.3440\times10^{4}$ | $1.04\times10^{0}$ | $7.76\times10^{8}$ | $2.28\times10^{7}$ | $2.40\times10^{2}$ | $4.12\times10^{1}$ | $2.59\times10^{6}$ | $2.28\times10^{5}$ |
| | 606×201 | 12 | 20 | 22 | $1.5250\times10^{4}$ | $1.18\times10^{0}$ | $9.04\times10^{8}$ | $2.72\times10^{7}$ | $2.43\times10^{2}$ | $4.22\times10^{1}$ | $2.98\times10^{6}$ | $2.71\times10^{5}$ |
| 600×300 | 582×300 | 12 | 17 | 28 | $1.7450\times10^{4}$ | $1.34\times10^{0}$ | $1.03\times10^{9}$ | $7.67\times10^{7}$ | $2.43\times10^{2}$ | $6.63\times10^{1}$ | $3.53\times10^{6}$ | $5.11\times10^{5}$ |
| | 588×300 | 12 | 20 | 28 | $1.9250\times10^{4}$ | $1.48\times10^{0}$ | $1.18\times10^{9}$ | $9.02\times10^{7}$ | $2.48\times10^{2}$ | $6.85\times10^{1}$ | $4.02\times10^{6}$ | $6.01\times10^{5}$ |
| | 594×302 | 14 | 23 | 28 | $2.2240\times10^{4}$ | $1.72\times10^{0}$ | $1.37\times10^{9}$ | $1.06\times10^{8}$ | $2.49\times10^{2}$ | $6.90\times10^{1}$ | $4.62\times10^{6}$ | $7.01\times10^{5}$ |
| 700×300 | 692×300 | 13 | 20 | 28 | $2.1150\times10^{4}$ | $1.63\times10^{0}$ | $1.72\times10^{9}$ | $9.02\times10^{7}$ | $2.86\times10^{2}$ | $6.53\times10^{1}$ | $4.98\times10^{6}$ | $6.02\times10^{5}$ |
| | 700×300 | 13 | 24 | 28 | $2.3550\times10^{4}$ | $1.81\times10^{0}$ | $2.01\times10^{9}$ | $1.08\times10^{8}$ | $2.93\times10^{2}$ | $6.78\times10^{1}$ | $5.76\times10^{6}$ | $7.22\times10^{5}$ |
| 800×300 | 792×300 | 14 | 22 | 28 | $2.4340\times10^{4}$ | $1.87\times10^{0}$ | $2.54\times10^{9}$ | $9.93\times10^{7}$ | $3.22\times10^{2}$ | $6.39\times10^{1}$ | $6.41\times10^{6}$ | $6.62\times10^{5}$ |
| | 800×300 | 14 | 26 | 28 | $2.6740\times10^{4}$ | $2.06\times10^{0}$ | $2.92\times10^{9}$ | $1.17\times10^{8}$ | $3.30\times10^{2}$ | $6.62\times10^{1}$ | $7.29\times10^{6}$ | $7.82\times10^{5}$ |
| 900×300 | 890×299 | 15 | 23 | 28 | $2.7090\times10^{4}$ | $2.09\times10^{0}$ | $3.45\times10^{9}$ | $1.03\times10^{8}$ | $3.57\times10^{2}$ | $6.16\times10^{1}$ | $7.76\times10^{6}$ | $6.88\times10^{5}$ |
| | 900×300 | 16 | 28 | 28 | $3.0980\times10^{4}$ | $2.38\times10^{0}$ | $4.11\times10^{9}$ | $1.26\times10^{8}$ | $3.64\times10^{2}$ | $6.39\times10^{1}$ | $9.14\times10^{6}$ | $8.43\times10^{5}$ |
| | 912×302 | 18 | 34 | 28 | $3.6400\times10^{4}$ | $2.80\times1^{0}$ | $4.98\times10^{9}$ | $1.57\times10^{8}$ | $3.70\times10^{2}$ | $6.56\times10^{1}$ | $1.09\times10^{7}$ | $1.04\times10^{6}$ |

**부 표 1.1** H형강의 표준치수와 단면성능 (계속)

| 치수(mm) | | | | | 소성단면계수 (mm³) | | 뒤틀림 상수 $C_w$ (mm⁶) | 비틀림 상수 $J$ (mm⁴) | 휨단면 성능 $r_{ts}$ (mm) | 소성한계 비지지길이 $Lp$ (식(7.17) 적용) (mm) | | 비탄성한계 비지지길이 $L_r$ (식(7.20) 적용) (mm) | |
|---|---|---|---|---|---|---|---|---|---|---|---|---|---|
| 공칭치수 | $H \times B$ | $t_1$ | $t_2$ | $r$ | $Z_x$ | $Z_y$ | | | | $t_2 \le 16$, $F_y = 275$MPa<br>$16 < t_2 \le 40$, $F_y = 265$MPa<br>$40 < t_2 \le 75$ $F_y = 255$MPa | $t_2 \le 16$, $F_y = 355$MPa<br>$16 < t_2 \le 40$, $F_y = 345$MPa<br>$40 < t_2 \le 75$ $F_y = 335$MPa | $t_2 \le 16$, $F_y = 275$MPa<br>$16 < t_2 \le 40$, $F_y = 265$MPa<br>$40 < t_2 \le 75$ $F_y = 255$MPa | $t_2 \le 16$, $F_y = 355$MPa<br>$16 < t_2 \le 40$, $F_y = 345$MPa<br>$40 < t_2 \le 75$ $F_y = 335$MPa |
| 350×350 | 344×348 | 10 | 16 | 20 | $2.12\times10^6$ | $9.80\times10^5$ | $3.01\times10^{12}$ | $1.05\times10^6$ | 97.3 | 4270.22 | 3758.40 | 13960.17 | 11496.85 |
| | 350×350 | 12 | 19 | 20 | $2.55\times10^6$ | $1.18\times10^6$ | $3.73\times10^{12}$ | $1.78\times10^6$ | 99.0 | 4379.77 | 3838.53 | 16377.21 | 13147.24 |
| 400×200 | 396×199 | 7 | 11 | 16 | $1.13\times10^6$ | $2.24\times10^5$ | $5.37\times10^{11}$ | $2.19\times10^5$ | 52.6 | 2178.88 | 1917.72 | 6141.14 | 5266.05 |
| | 400×200 | 8 | 13 | 16 | $1.33\times10^6$ | $2.68\times10^5$ | $6.51\times10^{11}$ | $3.57\times10^5$ | 53.2 | 2208.06 | 1943.41 | 6482.85 | 5508.44 |
| 400×300 | 390×300 | 10 | 16 | 22 | $2.19\times10^6$ | $7.33\times10^5$ | $2.52\times10^{12}$ | $9.39\times10^5$ | 82.5 | 3540.69 | 3116.30 | 11054.67 | 9216.37 |
| | 388×402 | 15 | 15 | 22 | $2.80\times10^6$ | $1.24\times10^6$ | $5.67\times10^{12}$ | $1.31\times10^6$ | 109.8 | 4639.85 | 4083.73 | 15055.30 | 12498.20 |
| | 394×398 | 11 | 18 | 22 | $3.12\times10^6$ | $1.44\times10^6$ | $6.68\times10^{12}$ | $1.71\times10^6$ | 111.7 | 5004.04 | 4385.65 | 16342.27 | 13372.70 |
| | 400×400 | 13 | 21 | 22 | $3.67\times10^6$ | $1.70\times10^6$ | $8.04\times10^{12}$ | $2.73\times10^6$ | 112.9 | 5004.04 | 4385.65 | 18175.27 | 14646.69 |
| | 400×408 | 21 | 21 | 22 | $3.99\times10^6$ | $1.79\times10^6$ | $8.55\times10^{12}$ | $3.62\times10^6$ | 112.9 | 4830.63 | 4233.67 | 19689.98 | 15699.84 |
| 400×400 | 414×405 | 18 | 28 | 22 | $5.03\times10^6$ | $2.33\times10^6$ | $1.15\times10^{13}$ | $6.62\times10^6$ | 115.5 | 5053.58 | 4429.07 | 23218.46 | 18252.41 |
| | 428×407 | 20 | 35 | 22 | $6.31\times10^6$ | $2.94\times10^6$ | $1.52\times10^{13}$ | $1.26\times10^7$ | 117.9 | 5152.67 | 4515.92 | 28455.63 | 22119.86 |
| | 458×417 | 30 | 50 | 22 | $9.54\times10^6$ | $4.44\times10^6$ | $2.52\times10^{13}$ | $3.80\times10^7$ | 122.9 | 5404.26 | 4715.02 | 42770.60 | 32663.83 |
| | 498×432 | 45 | 70 | 22 | $1.45\times10^7$ | $6.72\times10^6$ | $4.32\times10^{13}$ | $1.10\times10^8$ | 410.2 | 5398.57 | 4751.50 | 571116.07 | 442418.42 |
| 450×200 | 448×199 | 8 | 12 | 18 | $1.45\times10^6$ | $2.47\times10^5$ | $7.44\times10^{11}$ | $3.01\times10^5$ | 51.6 | 2105.93 | 1853.51 | 5992.99 | 5144.85 |
| | 450×200 | 9 | 14 | 18 | $1.69\times10^6$ | $2.91\times10^5$ | $8.89\times10^{11}$ | $4.68\times10^5$ | 52.3 | 2139.97 | 1883.48 | 6303.66 | 5368.60 |
| 450×300 | 440×300 | 11 | 18 | 24 | $2.82\times10^6$ | $8.28\times10^5$ | $3.61\times10^{12}$ | $1.35\times10^6$ | 81.9 | 3557.33 | 3117.72 | 11249.51 | 9312.89 |
| 500×200 | 496×199 | 9 | 14 | 20 | $1.91\times10^6$ | $2.90\times10^5$ | $1.07\times10^{12}$ | $4.78\times10^5$ | 51.2 | 2076.75 | 1827.83 | 6006.53 | 5145.25 |
| | 500×200 | 10 | 16 | 20 | $2.18\times10^6$ | $3.35\times10^5$ | $1.25\times10^{12}$ | $7.02\times10^5$ | 52.0 | 2105.93 | 1853.51 | 6316.64 | 5370.78 |
| | 506×201 | 11 | 19 | 20 | $2.54\times10^6$ | $4.01\times10^5$ | $1.53\times10^{12}$ | $1.13\times10^6$ | 53.1 | 2194.84 | 1923.61 | 6995.91 | 5839.63 |
| 500×300 | 482×300 | 11 | 15 | 26 | $2.79\times10^6$ | $6.95\times10^5$ | $3.69\times10^{12}$ | $8.76\times10^5$ | 79.5 | 3316.96 | 2919.39 | 9639.70 | 8199.37 |
| | 488×300 | 11 | 18 | 26 | $3.23\times10^6$ | $8.30\times10^5$ | $4.48\times10^{12}$ | $1.37\times10^6$ | 80.9 | 3487.96 | 3056.93 | 10576.55 | 8842.42 |
| 600×200 | 596×199 | 10 | 15 | 22 | $2.65\times10^6$ | $3.15\times10^5$ | $1.67\times10^{12}$ | $6.36\times10^5$ | 49.9 | 1969.75 | 1733.66 | 5720.21 | 4924.74 |
| | 600×200 | 11 | 17 | 22 | $2.98\times10^6$ | $3.61\times10^5$ | $1.94\times10^{12}$ | $9.06\times10^5$ | 50.7 | 2041.25 | 1789.00 | 6103.39 | 5193.60 |
| | 606×201 | 12 | 20 | 22 | $3.43\times10^6$ | $4.29\times10^5$ | $2.34\times10^{12}$ | $1.40\times10^6$ | 51.7 | 2090.80 | 1832.42 | 6490.66 | 5472.81 |
| 600×300 | 582×300 | 12 | 17 | 28 | $3.96\times10^6$ | $7.93\times10^5$ | $6.12\times10^{12}$ | $1.30\times10^6$ | 78.3 | 3284.83 | 2878.90 | 9529.05 | 8089.18 |
| | 588×300 | 12 | 20 | 28 | $4.49\times10^6$ | $9.28\times10^5$ | $7.28\times10^{12}$ | $1.92\times10^6$ | 79.8 | 3393.83 | 2974.43 | 10099.22 | 8500.90 |
| | 594×302 | 14 | 23 | 28 | $5.20\times10^6$ | $1.08\times10^6$ | $8.64\times10^{12}$ | $2.95\times10^6$ | 80.9 | 3418.60 | 2996.14 | 10823.10 | 9006.39 |
| 700×300 | 692×300 | 13 | 20 | 28 | $5.63\times10^6$ | $9.36\times10^5$ | $1.02\times10^{13}$ | $2.08\times10^6$ | 78.0 | 3235.29 | 2835.48 | 9432.44 | 8018.38 |
| | 700×300 | 13 | 24 | 28 | $6.46\times10^6$ | $1.12\times10^6$ | $1.23\times10^{13}$ | $3.24\times10^6$ | 79.6 | 3359.15 | 2944.03 | 10055.86 | 8467.64 |
| 800×300 | 792×300 | 14 | 22 | 28 | $7.29\times10^6$ | $1.04\times10^6$ | $1.47\times10^{13}$ | $2.81\times10^6$ | 77.2 | 3165.92 | 2774.68 | 9233.54 | 7868.47 |
| | 800×300 | 14 | 26 | 28 | $8.24\times10^6$ | $1.22\times10^6$ | $1.75\times10^{13}$ | $4.20\times10^6$ | 78.8 | 3279.88 | 2874.56 | 9776.56 | 8264.45 |
| 900×300 | 890×299 | 15 | 23 | 28 | $8.91\times10^6$ | $1.08\times10^6$ | $1.94\times10^{13}$ | $3.37\times10^6$ | 75.9 | 3051.97 | 2674.81 | 8947.31 | 7649.33 |
| | 900×300 | 16 | 28 | 28 | $1.05\times10^7$ | $1.32\times10^6$ | $2.40\times10^{13}$ | $5.54\times10^6$ | 77.6 | 3165.92 | 2774.68 | 9529.66 | 8073.68 |
| | 912×302 | 18 | 34 | 28 | $1.25\times10^7$ | $1.63\times10^6$ | $3.03\times10^{13}$ | $9.55\times10^6$ | 79.6 | 3250.15 | 2848.50 | 10398.72 | 8695.10 |

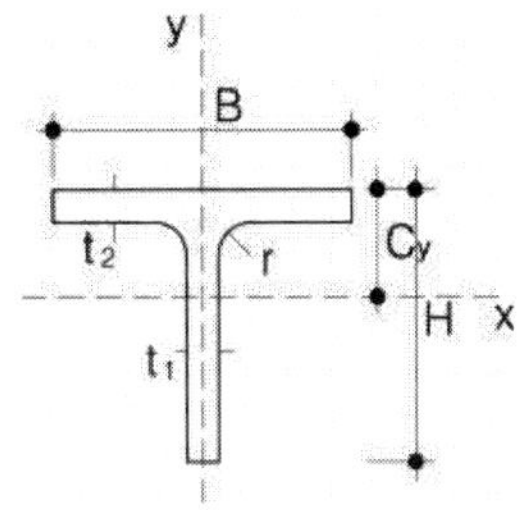


**부 표 1.2** T형강의 표준치수와 단면성능

| 치 수 (mm) | | | | 단면적 ($mm^2$) | 단위중량 (N/mm) | 단면2차모멘트 ($mm^4$) | | 단면2차반경 (mm) | | 단면계수 ($mm^3$) | | 도심 (mm) |
|---|---|---|---|---|---|---|---|---|---|---|---|---|
| $H$ | $B$ | $t_1$ | $t_2$ | | | $I_x$ | $I_y$ | $r_x$ | $r_y$ | $S_x$ | $S_y$ | $C_y$ |
| 50 | 100 | 6 | 8 | $1.1000\times10^{3}$ | $8.43\times10^{-2}$ | $1.61\times10^{5}$ | $6.69\times10^{5}$ | $1.21\times10^{1}$ | $2.47\times10^{1}$ | $4.03\times10^{3}$ | $1.34\times10^{4}$ | 10.0 |
| 62.5 | 125 | 6.5 | 9 | $1.5200\times10^{3}$ | $1.17\times10^{-1}$ | $3.50\times10^{5}$ | $1.47\times10^{6}$ | $1.52\times10^{1}$ | $3.11\times10^{1}$ | $6.91\times10^{3}$ | $2.35\times10^{4}$ | 11.9 |
| 75 | 75 | 5 | 7 | $8.9300\times10^{2}$ | $6.87\times10^{-2}$ | $4.26\times10^{5}$ | $2.47\times10^{5}$ | $2.18\times10^{1}$ | $1.66\times10^{1}$ | $7.46\times10^{3}$ | $6.59\times10^{3}$ | 17.9 |
| 75 | 100 | 6 | 9 | $1.3400\times10^{3}$ | $1.03\times10^{-1}$ | $5.17\times10^{5}$ | $7.53\times10^{5}$ | $1.96\times10^{1}$ | $2.37\times10^{1}$ | $8.84\times10^{3}$ | $1.51\times10^{4}$ | 15.5 |
| 100 | 100 | 5.5 | 8 | $1.3600\times10^{3}$ | $1.05\times10^{-1}$ | $1.14\times10^{6}$ | $6.70\times10^{5}$ | $2.90\times10^{1}$ | $2.22\times10^{1}$ | $1.48\times10^{4}$ | $1.34\times10^{4}$ | 22.9 |
| 97 | 150 | 6 | 9 | $1.9500\times10^{3}$ | $1.50\times10^{-1}$ | $1.25\times10^{6}$ | $2.54\times10^{6}$ | $2.53\times10^{1}$ | $3.61\times10^{1}$ | $1.58\times10^{4}$ | $3.38\times10^{4}$ | 17.9 |
| 100 | 200 | 8 | 12 | $3.1800\times10^{3}$ | $2.44\times10^{-1}$ | $1.84\times10^{6}$ | $8.01\times10^{6}$ | $2.41\times10^{1}$ | $5.02\times10^{1}$ | $2.23\times10^{4}$ | $8.01\times10^{4}$ | 17.3 |
| 100 | 204 | 12 | 12 | $3.5800\times10^{3}$ | $2.75\times10^{-1}$ | $2.56\times10^{6}$ | $8.51\times10^{6}$ | $2.67\times10^{1}$ | $4.88\times10^{1}$ | $3.24\times10^{4}$ | $8.34\times10^{4}$ | 20.9 |
| 104 | 202 | 10 | 16 | $4.1900\times10^{3}$ | $3.21\times10^{-1}$ | $2.51\times10^{6}$ | $1.10\times10^{7}$ | $2.45\times10^{1}$ | $5.13\times10^{1}$ | $2.95\times10^{4}$ | $1.09\times10^{5}$ | 19.1 |
| 124 | 124 | 5 | 8 | $1.6300\times10^{3}$ | $1.25\times10^{-1}$ | $2.08\times10^{6}$ | $1.27\times10^{6}$ | $3.57\times10^{1}$ | $2.79\times10^{1}$ | $2.13\times10^{4}$ | $2.05\times10^{4}$ | 26.3 |
| 125 | 125 | 6 | 9 | $1.8800\times10^{3}$ | $1.25\times10^{-1}$ | $2.48\times10^{6}$ | $1.47\times10^{6}$ | $3.63\times10^{1}$ | $2.79\times10^{1}$ | $2.56\times10^{4}$ | $2.35\times10^{4}$ | 27.8 |
| 122 | 175 | 7 | 11 | $2.8100\times10^{3}$ | $2.17\times10^{-1}$ | $2.89\times10^{6}$ | $4.92\times10^{6}$ | $3.20\times10^{1}$ | $4.18\times10^{1}$ | $2.91\times10^{4}$ | $5.63\times10^{4}$ | 22.7 |
| 122 | 252 | 11 | 11 | $4.1000\times10^{3}$ | $3.16\times10^{-1}$ | $4.45\times10^{6}$ | $1.47\times10^{7}$ | $3.29\times10^{1}$ | $5.98\times10^{1}$ | $4.53\times10^{4}$ | $1.17\times10^{5}$ | 23.9 |
| 124 | 249 | 8 | 13 | $4.2400\times10^{3}$ | $3.25\times10^{-1}$ | $3.64\times10^{6}$ | $1.67\times10^{7}$ | $2.93\times10^{1}$ | $6.29\times10^{1}$ | $3.49\times10^{4}$ | $1.34\times10^{5}$ | 19.8 |
| 125 | 250 | 9 | 14 | $4.6100\times10^{3}$ | $3.55\times10^{-1}$ | $4.12\times10^{6}$ | $1.82\times10^{7}$ | $2.99\times10^{1}$ | $6.29\times10^{1}$ | $3.95\times10^{4}$ | $1.46\times10^{5}$ | 20.8 |
| 125 | 255 | 14 | 14 | $5.2300\times10^{3}$ | $4.03\times10^{-1}$ | $5.89\times10^{6}$ | $1.94\times10^{7}$ | $3.36\times10^{1}$ | $6.09\times10^{1}$ | $5.94\times10^{4}$ | $1.52\times10^{5}$ | 25.8 |
| 149 | 149 | 5.5 | 8 | $2.0400\times10^{3}$ | $1.57\times10^{-1}$ | $3.93\times10^{6}$ | $2.21\times10^{6}$ | $4.39\times10^{1}$ | $3.29\times10^{1}$ | $3.38\times10^{4}$ | $2.97\times10^{4}$ | 32.6 |
| 150 | 150 | 6.5 | 9 | $2.3400\times10^{3}$ | $1.80\times10^{-1}$ | $4.64\times10^{6}$ | $2.54\times10^{6}$ | $4.45\times10^{1}$ | $3.29\times10^{1}$ | $4.00\times10^{4}$ | $3.38\times10^{4}$ | 34.1 |
| 147 | 200 | 8 | 12 | $3.6200\times10^{3}$ | $2.78\times10^{-1}$ | $5.72\times10^{6}$ | $8.02\times10^{6}$ | $3.97\times10^{1}$ | $4.71\times10^{1}$ | $4.82\times10^{4}$ | $8.02\times10^{4}$ | 28.3 |
| 149 | 201 | 9 | 14 | $4.1700\times10^{3}$ | $3.20\times10^{-1}$ | $6.62\times10^{6}$ | $9.49\times10^{6}$ | $3.99\times10^{1}$ | $4.71\times10^{1}$ | $5.52\times10^{4}$ | $9.44\times10^{4}$ | 29.1 |
| 147 | 302 | 12 | 12 | $5.3800\times10^{3}$ | $4.15\times10^{-1}$ | $8.58\times10^{6}$ | $2.76\times10^{7}$ | $3.99\times10^{1}$ | $7.16\times10^{1}$ | $7.23\times10^{4}$ | $1.83\times10^{5}$ | 28.4 |
| 149 | 299 | 9 | 14 | $5.5400\times10^{3}$ | $4.26\times10^{-1}$ | $7.15\times10^{6}$ | $3.12\times10^{7}$ | $3.59\times10^{1}$ | $7.51\times10^{1}$ | $5.70\times10^{4}$ | $2.09\times10^{5}$ | 23.6 |
| 150 | 300 | 10 | 15 | $5.0000\times10^{3}$ | $4.61\times10^{-1}$ | $7.98\times10^{6}$ | $3.38\times10^{7}$ | $3.65\times10^{1}$ | $7.51\times10^{1}$ | $6.37\times10^{4}$ | $2.25\times10^{5}$ | 24.7 |
| 150 | 305 | 15 | 15 | $6.7400\times10^{3}$ | $5.18\times10^{-1}$ | $4.11\times10^{7}$ | $3.55\times10^{7}$ | $4.05\times10^{1}$ | $7.26\times10^{1}$ | $9.25\times10^{4}$ | $2.33\times10^{5}$ | 30.3 |
| 152 | 301 | 11 | 17 | $6.7400\times10^{3}$ | $5.18\times10^{-1}$ | $9.03\times10^{6}$ | $3.87\times10^{7}$ | $3.66\times10^{1}$ | $7.57\times10^{1}$ | $7.14\times10^{4}$ | $2.57\times10^{5}$ | 25.5 |
| 173 | 174 | 6 | 9 | $2.6300\times10^{3}$ | $2.03\times10^{-1}$ | $6.79\times10^{6}$ | $3.96\times10^{6}$ | $5.08\times10^{1}$ | $3.88\times10^{1}$ | $5.00\times10^{4}$ | $4.55\times10^{4}$ | 37.1 |
| 175 | 175 | 7 | 11 | $3.1600\times10^{3}$ | $2.43\times10^{-1}$ | $8.15\times10^{6}$ | $4.92\times10^{6}$ | $5.08\times10^{1}$ | $3.95\times10^{1}$ | $5.93\times10^{4}$ | $5.62\times10^{4}$ | 37.5 |
| 168 | 249 | 8 | 12 | $4.4100\times10^{3}$ | $3.39\times10^{-1}$ | $8.81\times10^{6}$ | $1.54\times10^{7}$ | $4.47\times10^{1}$ | $5.92\times10^{1}$ | $6.40\times10^{4}$ | $1.24\times10^{5}$ | 30.2 |
| 170 | 250 | 9 | 14 | $5.0800\times10^{3}$ | $3.90\times10^{-1}$ | $1.02\times10^{7}$ | $1.83\times10^{7}$ | $4.48\times10^{1}$ | $6.00\times10^{1}$ | $7.31\times10^{4}$ | $1.46\times10^{5}$ | 30.9 |
| 172 | 348 | 10 | 16 | $7.3000\times10^{3}$ | $5.62\times10^{-1}$ | $1.23\times10^{7}$ | $5.62\times10^{7}$ | $4.11\times10^{1}$ | $8.70\times10^{1}$ | $8.47\times10^{4}$ | $3.23\times10^{5}$ | 26.7 |
| 172 | 354 | 16 | 16 | $8.3300\times10^{3}$ | $6.41\times10^{-1}$ | $1.80\times10^{7}$ | $5.92\times10^{7}$ | $4.65\times10^{1}$ | $8.43\times10^{1}$ | $1.31\times10^{5}$ | $3.35\times10^{5}$ | 34.0 |
| 175 | 350 | 12 | 19 | $8.6900\times10^{3}$ | $6.68\times10^{-1}$ | $1.52\times10^{7}$ | $6.79\times10^{7}$ | $4.18\times10^{1}$ | $8.84\times10^{1}$ | $1.04\times10^{5}$ | $3.88\times10^{5}$ | 28.6 |
| 198 | 199 | 7 | 11 | $3.6100\times10^{3}$ | $2.77\times10^{-1}$ | $1.19\times10^{7}$ | $7.23\times10^{6}$ | $5.76\times10^{1}$ | $4.48\times10^{1}$ | $7.64\times10^{4}$ | $7.27\times10^{4}$ | 41.7 |
| 200 | 200 | 8 | 13 | $4.2100\times10^{3}$ | $3.23\times10^{-1}$ | $1.40\times10^{7}$ | $8.68\times10^{6}$ | $5.76\times10^{1}$ | $4.54\times10^{1}$ | $8.86\times10^{4}$ | $8.68\times10^{4}$ | 42.3 |
| 193 | 299 | 9 | 14 | $6.0100\times10^{3}$ | $4.62\times10^{-1}$ | $1.53\times10^{7}$ | $3.12\times10^{7}$ | $5.04\times10^{1}$ | $7.21\times10^{1}$ | $9.55\times10^{4}$ | $2.09\times10^{5}$ | 33.3 |
| 195 | 300 | 10 | 16 | $6.8000\times10^{3}$ | $5.23\times10^{-1}$ | $1.73\times10^{7}$ | $3.60\times10^{7}$ | $5.05\times10^{1}$ | $7.28\times10^{1}$ | $1.08\times10^{5}$ | $2.40\times10^{5}$ | 34.1 |
| 223 | 199 | 8 | 12 | $4.2200\times10^{3}$ | $3.24\times10^{-1}$ | $1.88\times10^{7}$ | $7.90\times10^{6}$ | $6.67\times10^{1}$ | $4.33\times10^{1}$ | $1.09\times10^{5}$ | $7.94\times10^{4}$ | 51.0 |
| 225 | 200 | 9 | 14 | $4.8400\times10^{3}$ | $3.72\times10^{-1}$ | $2.16\times10^{7}$ | $9.36\times10^{6}$ | $6.68\times10^{1}$ | $4.40\times10^{1}$ | $1.24\times10^{5}$ | $9.36\times10^{4}$ | 51.5 |
| 217 | 299 | 10 | 15 | $6.7500\times10^{3}$ | $5.19\times10^{-1}$ | $2.35\times10^{7}$ | $3.35\times10^{7}$ | $5.89\times10^{1}$ | $7.04\times10^{1}$ | $1.33\times10^{5}$ | $2.24\times10^{5}$ | 40.4 |
| 220 | 300 | 11 | 18 | $7.8700\times10^{3}$ | $6.06\times10^{-1}$ | $2.68\times10^{7}$ | $4.06\times10^{7}$ | $5.84\times10^{1}$ | $7.68\times10^{1}$ | $1.49\times10^{5}$ | $2.70\times10^{5}$ | 40.5 |
| 248 | 199 | 9 | 14 | $5.0600\times10^{3}$ | $3.89\times10^{-1}$ | $2.84\times10^{7}$ | $9.22\times10^{6}$ | $7.49\times10^{1}$ | $4.27\times10^{1}$ | $1.50\times10^{5}$ | $9.26\times10^{4}$ | 59.0 |
| 250 | 200 | 10 | 16 | $5.7100\times10^{3}$ | $4.39\times10^{-1}$ | $3.21\times10^{7}$ | $1.07\times10^{7}$ | $7.50\times10^{1}$ | $4.33\times10^{1}$ | $1.69\times10^{5}$ | $1.07\times10^{5}$ | 59.6 |
| 253 | 201 | 11 | 19 | $6.5700\times10^{3}$ | $5.05\times10^{-1}$ | $3.67\times10^{7}$ | $1.29\times10^{7}$ | $7.48\times10^{1}$ | $4.43\times10^{1}$ | $1.90\times10^{5}$ | $1.28\times10^{5}$ | 59.5 |
| 241 | 300 | 11 | 15 | $7.2800\times10^{3}$ | $5.60\times10^{-1}$ | $3.42\times10^{7}$ | $3.38\times10^{7}$ | $6.85\times10^{1}$ | $6.82\times10^{1}$ | $1.78\times10^{5}$ | $2.25\times10^{5}$ | 49.2 |
| 244 | 300 | 11 | 18 | $8.1800\times10^{3}$ | $6.29\times10^{-1}$ | $3.62\times10^{7}$ | $4.06\times10^{7}$ | $6.66\times10^{1}$ | $7.07\times10^{1}$ | $1.84\times10^{5}$ | $2.70\times10^{5}$ | 46.6 |
| 298 | 199 | 10 | 15 | $6.0200\times10^{3}$ | $4.64\times10^{-1}$ | $5.19\times10^{7}$ | $9.89\times10^{6}$ | $9.29\times10^{1}$ | $4.05\times10^{1}$ | $2.36\times10^{5}$ | $9.94\times10^{4}$ | 77.9 |
| 300 | 200 | 11 | 17 | $6.7200\times10^{3}$ | $5.17\times10^{-1}$ | $5.81\times10^{7}$ | $1.14\times10^{7}$ | $9.30\times10^{1}$ | $4.12\times10^{1}$ | $2.62\times10^{5}$ | $1.14\times10^{5}$ | 78.4 |
| 303 | 201 | 12 | 20 | $7.6200\times10^{3}$ | $5.86\times10^{-1}$ | $6.57\times10^{7}$ | $1.36\times10^{7}$ | $9.28\times10^{1}$ | $4.22\times10^{1}$ | $2.92\times10^{5}$ | $1.35\times10^{5}$ | 77.9 |
| 306 | 202 | 13 | 23 | $8.5300\times10^{3}$ | $6.57\times10^{-1}$ | $7.34\times10^{7}$ | $1.59\times10^{7}$ | $9.27\times10^{1}$ | $4.31\times10^{1}$ | $3.22\times10^{5}$ | $1.57\times10^{5}$ | 77.9 |

**부 표 1.2** T형강의 표준치수와 단면성능(계속)

| 치수(mm) | | | | $y_p$ (mm) | 소성단면계수 (mm$^3$) | | 뒤틀림 상수 $C_w$ (mm$^6$) | 비틀림 상수 $J$ (mm$^4$) | $y_o$ (mm) |
|---|---|---|---|---|---|---|---|---|---|
| $H$ | $B$ | $t_1$ | $t_2$ | | $Z_x$ | $Z_y$ | | | |
| 50 | 100 | 6 | 8 | $5.30\times10^{0}$ | $7.10\times10^{3}$ | $2.04\times10^{4}$ | $4.14\times10^{6}$ | $2.04\times10^{4}$ | 6.0 |
| 62.5 | 125 | 6.5 | 9 | $5.90\times10^{0}$ | $1.21\times10^{4}$ | $3.57\times10^{4}$ | $1.14\times10^{7}$ | $3.57\times10^{4}$ | 7.4 |
| 75 | 75 | 5 | 7 | $5.80\times10^{0}$ | $1.29\times10^{4}$ | $1.03\times10^{4}$ | $2.27\times10^{6}$ | $1.16\times10^{4}$ | 14.4 |
| 75 | 100 | 6 | 9 | $6.50\times10^{0}$ | $1.55\times10^{4}$ | $2.31\times10^{4}$ | $7.16\times10^{6}$ | $2.94\times10^{4}$ | 11.0 |
| 100 | 100 | 5.5 | 8 | $6.50\times10^{0}$ | $2.55\times10^{4}$ | $2.07\times10^{4}$ | $7.64\times10^{6}$ | $2.24\times10^{4}$ | 18.9 |
| 97 | 150 | 6 | 9 | $6.30\times10^{0}$ | $2.67\times10^{4}$ | $5.14\times10^{4}$ | $2.18\times10^{7}$ | $4.31\times10^{4}$ | 13.4 |
| 100 | 200 | 8 | 12 | $7.80\times10^{0}$ | $3.88\times10^{4}$ | $1.21\times10^{5}$ | $1.08\times10^{8}$ | $1.31\times10^{5}$ | 11.3 |
| 100 | 204 | 12 | 12 | $8.60\times10^{0}$ | $5.52\times10^{4}$ | $1.28\times10^{5}$ | $1.42\times10^{8}$ | $1.72\times10^{5}$ | 14.9 |
| 104 | 202 | 10 | 16 | $1.02\times10^{1}$ | $5.26\times10^{4}$ | $1.65\times10^{5}$ | $2.59\times10^{8}$ | $3.08\times10^{5}$ | 11.1 |
| 124 | 124 | 5 | 8 | $6.30\times10^{0}$ | $3.63\times10^{4}$ | $3.15\times10^{4}$ | $1.28\times10^{7}$ | $2.62\times10^{4}$ | 22.3 |
| 125 | 125 | 6 | 9 | $7.30\times10^{0}$ | $4.39\times10^{4}$ | $3.62\times10^{4}$ | $2.04\times10^{7}$ | $3.91\times10^{4}$ | 23.3 |
| 122 | 175 | 7 | 11 | $7.70\times10^{0}$ | $4.93\times10^{4}$ | $8.56\times10^{4}$ | $6.46\times10^{7}$ | $9.10\times10^{4}$ | 17.2 |
| 122 | 252 | 11 | 11 | $7.90\times10^{0}$ | $7.69\times10^{4}$ | $1.78\times10^{5}$ | $2.06\times10^{8}$ | $1.64\times10^{5}$ | 18.4 |
| 124 | 249 | 8 | 13 | $8.30\times10^{0}$ | $6.06\times10^{4}$ | $2.03\times10^{5}$ | $2.59\times10^{8}$ | $2.02\times10^{5}$ | 13.3 |
| 125 | 250 | 9 | 14 | $9.00\times10^{0}$ | $6.87\times10^{4}$ | $2.21\times10^{5}$ | $3.31\times10^{8}$ | $2.57\times10^{5}$ | 13.8 |
| 125 | 255 | 14 | 14 | $1.00\times10^{1}$ | $1.01\times10^{5}$ | $2.33\times10^{5}$ | $4.41\times10^{8}$ | $3.41\times10^{5}$ | 18.8 |
| 149 | 149 | 5.5 | 8 | $6.60\times10^{0}$ | $5.81\times10^{4}$ | $4.55\times10^{4}$ | $2.59\times10^{7}$ | $3.35\times10^{4}$ | 28.6 |
| 150 | 150 | 6.5 | 9 | $7.60\times10^{0}$ | $6.91\times10^{4}$ | $5.21\times10^{4}$ | $4.06\times10^{7}$ | $4.98\times10^{4}$ | 29.6 |
| 147 | 200 | 8 | 12 | $8.70\times10^{0}$ | $8.16\times10^{4}$ | $1.22\times10^{5}$ | $1.36\times10^{8}$ | $1.39\times10^{5}$ | 22.3 |
| 149 | 201 | 9 | 14 | $1.00\times10^{1}$ | $9.37\times10^{4}$ | $1.44\times10^{5}$ | $2.13\times10^{8}$ | $2.18\times10^{5}$ | 22.1 |
| 147 | 302 | 12 | 12 | $8.70\times10^{0}$ | $1.22\times10^{5}$ | $2.78\times10^{5}$ | $4.65\times10^{8}$ | $2.55\times10^{5}$ | 22.4 |
| 149 | 299 | 9 | 14 | $9.00\times10^{0}$ | $9.79\times10^{4}$ | $3.16\times10^{5}$ | $5.67\times10^{8}$ | $3.08\times10^{5}$ | 16.6 |
| 150 | 300 | 10 | 15 | $9.80\times10^{0}$ | $1.10\times10^{5}$ | $3.41\times10^{5}$ | $7.13\times10^{8}$ | $3.85\times10^{5}$ | 17.2 |
| 150 | 305 | 15 | 15 | $1.08\times10^{1}$ | $1.57\times10^{5}$ | $3.56\times10^{5}$ | $9.36\times10^{8}$ | $5.03\times10^{5}$ | 22.8 |
| 152 | 301 | 11 | 17 | $1.10\times10^{1}$ | $1.24\times10^{5}$ | $3.89\times10^{5}$ | $1.04\times10^{9}$ | $5.57\times10^{5}$ | 17.0 |
| 173 | 174 | 6 | 9 | $7.30\times10^{0}$ | $8.56\times10^{4}$ | $6.96\times10^{4}$ | $5.54\times10^{7}$ | $5.44\times10^{4}$ | 32.6 |
| 175 | 175 | 7 | 11 | $8.80\times10^{0}$ | $1.01\times10^{5}$ | $8.62\times10^{4}$ | $9.59\times10^{7}$ | $9.70\times10^{4}$ | 32.0 |
| 168 | 249 | 8 | 12 | $8.50\times10^{0}$ | $1.08\times10^{5}$ | $1.89\times10^{5}$ | $2.46\times10^{8}$ | $1.71\times10^{5}$ | 24.2 |
| 170 | 250 | 9 | 14 | $9.80\times10^{0}$ | $1.24\times10^{5}$ | $2.21\times10^{5}$ | $3.85\times10^{8}$ | $2.68\times10^{5}$ | 23.9 |
| 172 | 348 | 10 | 16 | $1.02\times10^{1}$ | $1.46\times10^{5}$ | $4.88\times10^{5}$ | $1.32\times10^{9}$ | $5.30\times10^{5}$ | 18.7 |
| 172 | 354 | 16 | 16 | $1.15\times10^{1}$ | $2.22\times10^{5}$ | $5.11\times10^{5}$ | $1.76\times10^{9}$ | $7.07\times10^{5}$ | 26.0 |
| 175 | 350 | 12 | 19 | $1.22\times10^{1}$ | $1.80\times10^{5}$ | $5.87\times10^{5}$ | $2.26\times10^{9}$ | $8.96\times10^{5}$ | 19.1 |
| 198 | 199 | 7 | 11 | $8.80\times10^{0}$ | $1.31\times10^{5}$ | $1.11\times10^{5}$ | $1.41\times10^{8}$ | $1.10\times10^{5}$ | 36.2 |
| 200 | 200 | 8 | 13 | $1.02\times10^{1}$ | $1.51\times10^{5}$ | $1.33\times10^{5}$ | $2.25\times10^{8}$ | $1.80\times10^{5}$ | 35.8 |
| 193 | 299 | 9 | 14 | $9.70\times10^{0}$ | $1.61\times10^{5}$ | $3.17\times10^{5}$ | $6.40\times10^{8}$ | $3.19\times10^{5}$ | 26.3 |
| 195 | 300 | 10 | 16 | $1.10\times10^{1}$ | $1.82\times10^{5}$ | $3.64\times10^{5}$ | $9.50\times10^{8}$ | $4.72\times10^{5}$ | 26.1 |
| 223 | 199 | 8 | 12 | $1.02\times10^{1}$ | $1.89\times10^{5}$ | $1.22\times10^{5}$ | $2.40\times10^{8}$ | $1.52\times10^{5}$ | 45.0 |
| 225 | 200 | 9 | 14 | $1.17\times10^{1}$ | $2.15\times10^{5}$ | $1.44\times10^{5}$ | $3.62\times10^{8}$ | $2.36\times10^{5}$ | 44.5 |
| 217 | 299 | 10 | 15 | $1.09\times10^{1}$ | $2.24\times10^{5}$ | $3.40\times10^{5}$ | $8.82\times10^{8}$ | $4.06\times10^{5}$ | 32.9 |
| 220 | 300 | 11 | 18 | $1.27\times10^{1}$ | $2.53\times10^{5}$ | $4.11\times10^{5}$ | $1.44\times10^{9}$ | $6.77\times10^{5}$ | 31.5 |
| 248 | 199 | 9 | 14 | $1.23\times10^{1}$ | $2.62\times10^{5}$ | $1.43\times10^{5}$ | $4.34\times10^{8}$ | $2.41\times10^{5}$ | 52.0 |
| 250 | 200 | 10 | 16 | $1.39\times10^{1}$ | $2.93\times10^{5}$ | $1.66\times10^{5}$ | $6.21\times10^{8}$ | $3.54\times10^{5}$ | 51.6 |
| 253 | 201 | 11 | 19 | $1.59\times10^{1}$ | $3.28\times10^{5}$ | $1.99\times10^{5}$ | $9.21\times10^{8}$ | $5.68\times10^{5}$ | 50.0 |
| 241 | 300 | 11 | 15 | $1.16\times10^{1}$ | $3.03\times10^{5}$ | $3.44\times10^{5}$ | $1.10\times10^{9}$ | $4.41\times10^{5}$ | 41.7 |
| 244 | 300 | 11 | 18 | $1.31\times10^{1}$ | $3.10\times10^{5}$ | $4.12\times10^{5}$ | $1.57\times10^{9}$ | $6.88\times10^{5}$ | 37.6 |
| 298 | 199 | 10 | 15 | $1.46\times10^{1}$ | $4.22\times10^{5}$ | $1.56\times10^{5}$ | $8.66\times10^{8}$ | $3.20\times10^{5}$ | 70.4 |
| 300 | 200 | 11 | 17 | $1.63\times10^{1}$ | $4.67\times10^{5}$ | $1.79\times10^{5}$ | $1.19\times10^{9}$ | $4.60\times10^{5}$ | 69.9 |
| 303 | 201 | 12 | 20 | $1.84\times10^{1}$ | $5.15\times10^{5}$ | $2.12\times10^{5}$ | $1.66\times10^{9}$ | $7.05\times10^{5}$ | 67.9 |
| 306 | 202 | 13 | 23 | $2.06\times10^{1}$ | $5.64\times10^{5}$ | $2.47\times10^{5}$ | $2.26\times10^{9}$ | $1.03\times10^{6}$ | 66.4 |

[주] $y_o$: 단면의 도심에서 전단중심까지의 거리

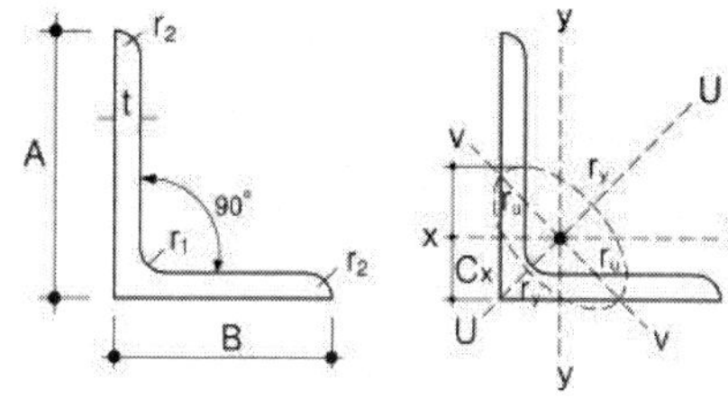


**부 표 1.3** 등변ㄱ형강의 표준치수와 단면성능

| 치수(mm) | | | | 단면적 (mm²) | 단위중량 (Nf/mm) | 단면2차모멘트 (mm⁴) | | | 단면2차반경 (mm) | | | 단면계수 (mm³) | 도심 (mm) |
|---|---|---|---|---|---|---|---|---|---|---|---|---|---|
| $A\times B$ | $t$ | $r_1$ | $r_2$ | | | $I_x=I_y$ | $I_u$ | $I_v$ | $r_x=r_y$ | $r_u$ | $r_v$ | $S_x=S_y$ | $C_x=C_y$ |
| 40×40 | 3 | 4,5 | 2 | $2,3360\times10^{2}$ | $1,79\times10^{-2}$ | $3,53\times10^{4}$ | $5,60\times10^{4}$ | $1,45\times10^{4}$ | $1,23\times10^{1}$ | $1,55\times10^{1}$ | $7,90\times10^{0}$ | $1,21\times10^{3}$ | 10,9 |
| 40×40 | 5 | 4,5 | 3 | $3,7550\times10^{2}$ | $2,89\times10^{-2}$ | $5,42\times10^{4}$ | $8,59\times10^{4}$ | $2,25\times10^{4}$ | $1,20\times10^{1}$ | $1,51\times10^{1}$ | $7,70\times10^{0}$ | $1,91\times10^{3}$ | 11,7 |
| 45×45 | 4 | 6,5 | 3 | $3,4920\times10^{2}$ | $2,69\times10^{-2}$ | $6,50\times10^{4}$ | $1,03\times10^{5}$ | $2,69\times10^{4}$ | $1,36\times10^{1}$ | $1,72\times10^{1}$ | $8,80\times10^{0}$ | $2,00\times10^{3}$ | 12,4 |
| 50×50 | 4 | 6,5 | 3 | $3,8920\times10^{2}$ | $3,00\times10^{-2}$ | $9,06\times10^{4}$ | $1,44\times10^{5}$ | $3,74\times10^{4}$ | $1,53\times10^{1}$ | $1,92\times10^{1}$ | $9,80\times10^{0}$ | $2,49\times10^{3}$ | 13,7 |
| 50×50 | 6 | 6,5 | 4,5 | $5,6440\times10^{2}$ | $4,34\times10^{-2}$ | $1,26\times10^{5}$ | $2,00\times10^{5}$ | $5,24\times10^{4}$ | $1,50\times10^{1}$ | $1,88\times10^{1}$ | $9,60\times10^{0}$ | $3,55\times10^{3}$ | 14,4 |
| 60×60 | 4 | 6,5 | 3 | $4,6920\times10^{2}$ | $3,61\times10^{-2}$ | $1,60\times10^{5}$ | $2,54\times10^{5}$ | $6,62\times10^{4}$ | $1,85\times10^{1}$ | $2,33\times10^{1}$ | $1,19\times10^{1}$ | $3,66\times10^{3}$ | 16,1 |
| 60×60 | 5 | 6,5 | 3 | $5,8020\times10^{2}$ | $4,46\times10^{-2}$ | $1,96\times10^{5}$ | $3,12\times10^{5}$ | $8,06\times10^{4}$ | $1,84\times10^{1}$ | $2,32\times10^{1}$ | $1,18\times10^{1}$ | $4,52\times10^{3}$ | 16,6 |
| 65×65 | 6 | 8,5 | 4 | $7,5270\times10^{2}$ | $5,79\times10^{-2}$ | $2,94\times10^{5}$ | $4,66\times10^{5}$ | $1,21\times10^{5}$ | $1,98\times10^{1}$ | $2,49\times10^{1}$ | $1,27\times10^{1}$ | $6,27\times10^{3}$ | 18,1 |
| 65×65 | 8 | 8,5 | 6 | $9,7610\times10^{2}$ | $7,51\times10^{-2}$ | $3,68\times10^{5}$ | $5,83\times10^{5}$ | $1,53\times10^{5}$ | $1,94\times10^{1}$ | $2,44\times10^{1}$ | $1,25\times10^{1}$ | $7,97\times10^{3}$ | 18,8 |
| 70×70 | 6 | 8,5 | 4 | $8,1270\times10^{2}$ | $6,25\times10^{-2}$ | $3,71\times10^{5}$ | $5,89\times10^{5}$ | $1,53\times10^{5}$ | $2,14\times10^{1}$ | $2,69\times10^{1}$ | $1,37\times10^{1}$ | $7,33\times10^{3}$ | 19,4 |
| 75×75 | 6 | 8,5 | 4 | $8,7270\times10^{2}$ | $6,71\times10^{-2}$ | $4,61\times10^{5}$ | $7,32\times10^{5}$ | $1,90\times10^{5}$ | $2,30\times10^{1}$ | $2,90\times10^{1}$ | $1,47\times10^{1}$ | $8,47\times10^{3}$ | 20,6 |
| 75×75 | 9 | 8,5 | 6 | $1,2690\times10^{3}$ | $9,76\times10^{-2}$ | $6,44\times10^{5}$ | $1,02\times10^{6}$ | $2,67\times10^{5}$ | $2,25\times10^{1}$ | $2,84\times10^{1}$ | $1,45\times10^{1}$ | $1,21\times10^{4}$ | 21,7 |
| 75×75 | 12 | 8,5 | 6 | $1,6560\times10^{3}$ | $1,27\times10^{-1}$ | $8,19\times10^{5}$ | $1,29\times10^{6}$ | $3,45\times10^{5}$ | $2,22\times10^{1}$ | $2,79\times10^{1}$ | $1,44\times10^{1}$ | $1,57\times10^{4}$ | 22,9 |
| 80×80 | 6 | 8,5 | 4 | $9,3270\times10^{2}$ | $7,17\times10^{-2}$ | $5,64\times10^{5}$ | $8,96\times10^{5}$ | $2,32\times10^{5}$ | $2,46\times10^{1}$ | $3,10\times10^{1}$ | $1,58\times10^{1}$ | $9,70\times10^{3}$ | 21,9 |
| 90×90 | 6 | 10 | 5 | $1,0550\times10^{3}$ | $8,11\times10^{-2}$ | $8,07\times10^{5}$ | $1,29\times10^{6}$ | $3,23\times10^{5}$ | $2,77\times10^{1}$ | $3,50\times10^{1}$ | $1,75\times10^{1}$ | $1,23\times10^{4}$ | 24,2 |
| 90×90 | 7 | 10 | 5 | $1,2220\times10^{3}$ | $9,40\times10^{-2}$ | $9,30\times10^{5}$ | $1,48\times10^{6}$ | $3,83\times10^{5}$ | $2,76\times10^{1}$ | $3,48\times10^{1}$ | $1,77\times10^{1}$ | $1,42\times10^{4}$ | 24,6 |
| 90×90 | 10 | 10 | 7 | $1,7000\times10^{3}$ | $1,30\times10^{-1}$ | $1,25\times10^{6}$ | $1,99\times10^{6}$ | $5,16\times10^{5}$ | $2,71\times10^{1}$ | $3,42\times10^{1}$ | $1,74\times10^{1}$ | $1,95\times10^{4}$ | 25,8 |
| 90×90 | 13 | 10 | 7 | $2,1710\times10^{3}$ | $1,67\times10^{-1}$ | $1,56\times10^{6}$ | $2,48\times10^{6}$ | $6,53\times10^{5}$ | $2,68\times10^{1}$ | $3,38\times10^{1}$ | $1,73\times10^{1}$ | $2,48\times10^{4}$ | 20,9 |
| 100×100 | 7 | 10 | 5 | $1,3620\times10^{3}$ | $1,05\times10^{-1}$ | $1,29\times10^{6}$ | $2,05\times10^{6}$ | $5,31\times10^{5}$ | $3,08\times10^{1}$ | $3,88\times10^{1}$ | $1,97\times10^{1}$ | $1,77\times10^{4}$ | 27,1 |
| 100×100 | 10 | 10 | 7 | $1,9000\times10^{3}$ | $1,46\times10^{-1}$ | $1,75\times10^{6}$ | $2,78\times10^{6}$ | $7,19\times10^{5}$ | $3,03\times10^{1}$ | $3,83\times10^{1}$ | $1,95\times10^{1}$ | $2,44\times10^{4}$ | 28,3 |
| 100×100 | 13 | 10 | 7 | $2,4310\times10^{3}$ | $1,87\times10^{-1}$ | $2,20\times10^{6}$ | $3,48\times10^{6}$ | $9,10\times10^{5}$ | $3,00\times10^{1}$ | $3,78\times10^{1}$ | $1,93\times10^{1}$ | $3,11\times10^{4}$ | 29,4 |
| 120×120 | 8 | 12 | 5 | $1,8760\times10^{3}$ | $1,44\times10^{-1}$ | $2,58\times10^{6}$ | $4,10\times10^{6}$ | $1,00\times10^{6}$ | $3,71\times10^{1}$ | $4,68\times10^{1}$ | $2,38\times10^{1}$ | $2,95\times10^{4}$ | 32,4 |
| 130×130 | 9 | 12 | 6 | $2,2740\times10^{3}$ | $1,75\times10^{-1}$ | $3,66\times10^{6}$ | $5,83\times10^{6}$ | $1,50\times10^{6}$ | $4,01\times10^{1}$ | $5,06\times10^{1}$ | $2,57\times10^{1}$ | $3,87\times10^{4}$ | 35,3 |
| 130×130 | 12 | 12 | 8,5 | $2,9760\times10^{3}$ | $2,29\times10^{-1}$ | $4,67\times10^{6}$ | $7,43\times10^{6}$ | $1,92\times10^{6}$ | $3,96\times10^{1}$ | $5,00\times10^{1}$ | $2,54\times10^{1}$ | $4,99\times10^{4}$ | 36,4 |
| 130×130 | 15 | 12 | 8,5 | $3,6750\times10^{3}$ | $2,82\times10^{-1}$ | $5,68\times10^{6}$ | $9,02\times10^{6}$ | $2,34\times10^{6}$ | $3,93\times10^{1}$ | $4,95\times10^{1}$ | $2,53\times10^{1}$ | $6,15\times10^{4}$ | 37,6 |
| 150×150 | 12 | 14 | 7 | $3,4770\times10^{3}$ | $2,68\times10^{-1}$ | $7,40\times10^{6}$ | $1,18\times10^{7}$ | $3,04\times10^{6}$ | $4,61\times10^{1}$ | $5,82\times10^{1}$ | $2,96\times10^{1}$ | $6,82\times10^{4}$ | 41,4 |
| 150×150 | 15 | 14 | 10 | $4,2740\times10^{3}$ | $3,29\times10^{-1}$ | $8,88\times10^{6}$ | $1,41\times10^{7}$ | $3,65\times10^{6}$ | $4,56\times10^{1}$ | $5,75\times10^{1}$ | $2,92\times10^{1}$ | $8,26\times10^{4}$ | 42,4 |
| 150×150 | 19 | 14 | 10 | $5,3380\times10^{3}$ | $4,11\times10^{-1}$ | $1,09\times10^{7}$ | $1,73\times10^{7}$ | $4,51\times10^{6}$ | $4,52\times10^{1}$ | $5,69\times10^{1}$ | $2,91\times10^{1}$ | $1,03\times10^{5}$ | 44,0 |
| 175×175 | 12 | 15 | 11 | $4,0520\times10^{3}$ | $3,12\times10^{-1}$ | $1,17\times10^{7}$ | $1,86\times10^{7}$ | $4,79\times10^{6}$ | $5,37\times10^{1}$ | $6,78\times10^{1}$ | $3,44\times10^{1}$ | $9,16\times10^{4}$ | 47,3 |
| 175×175 | 15 | 15 | 11 | $5,0210\times10^{3}$ | $3,86\times10^{-1}$ | $1,44\times10^{7}$ | $2,29\times10^{7}$ | $5,88\times10^{6}$ | $5,35\times10^{1}$ | $6,75\times10^{1}$ | $3,42\times10^{1}$ | $1,14\times10^{5}$ | 48,5 |
| 200×200 | 15 | 17 | 12 | $5,7750\times10^{3}$ | $4,44\times10^{-1}$ | $2,18\times10^{7}$ | $3,47\times10^{7}$ | $8,91\times10^{6}$ | $6,14\times10^{1}$ | $7,75\times10^{1}$ | $3,93\times10^{1}$ | $1,50\times10^{5}$ | 54,7 |
| 200×200 | 20 | 17 | 12 | $7,6000\times10^{3}$ | $5,85\times10^{-1}$ | $2,82\times10^{7}$ | $4,49\times10^{7}$ | $1,16\times10^{7}$ | $6,09\times10^{1}$ | $7,68\times10^{1}$ | $3,90\times10^{1}$ | $1,97\times10^{5}$ | 56,7 |
| 200×200 | 25 | 17 | 12 | $9,3750\times10^{3}$ | $7,21\times10^{-1}$ | $3,42\times10^{7}$ | $5,42\times10^{7}$ | $1,41\times10^{7}$ | $6,04\times10^{1}$ | $7,61\times10^{1}$ | $3,88\times10^{1}$ | $2,42\times10^{5}$ | 58,7 |
| 250×250 | 25 | 24 | 12 | $1,1940\times10^{4}$ | $9,18\times10^{-1}$ | $6,95\times10^{7}$ | $1,10\times10^{8}$ | $2,86\times10^{7}$ | $7,63\times10^{1}$ | $9,62\times10^{1}$ | $4,89\times10^{1}$ | $3,88\times10^{5}$ | 71,0 |
| 250×250 | 35 | 24 | 18 | $1,6260\times10^{4}$ | $1,25\times10^{0}$ | $9,11\times10^{7}$ | $1,44\times10^{8}$ | $3,79\times10^{7}$ | $7,48\times10^{1}$ | $9,42\times10^{1}$ | $4,83\times10^{1}$ | $5,19\times10^{5}$ | 74,5 |

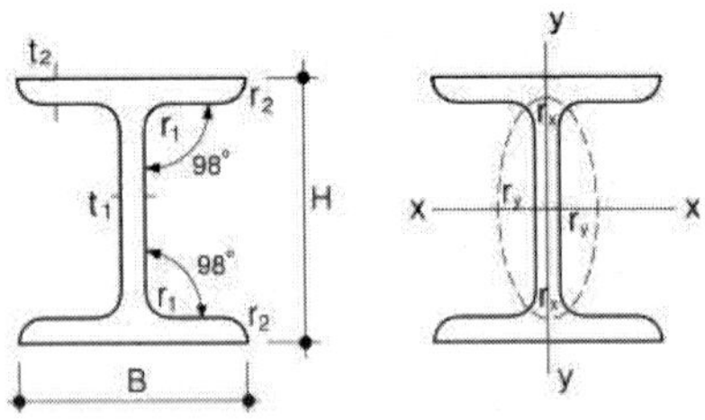


**부 표 1.4** 형강의 표준치수와 단면성능

| 치 수 (mm) | | | | | 단면적 ($mm^2$) | 단위중량 (N/mm) | 단면2차모멘트 ($mm^4$) | | 단면2차반경 (mm) | | 단면계수 ($mm^3$) | |
|---|---|---|---|---|---|---|---|---|---|---|---|---|
| $H \times B$ | $t_1$ | $t_2$ | $r_1$ | $r_2$ | | | $I_x$ | $I_y$ | $r_x$ | $r_y$ | $S_x$ | $S_y$ |
| 100×75 | 5 | 8 | 7 | 3.5 | $1.6430\times10^3$ | $1.26\times10^{-1}$ | $2.83\times10^6$ | $4.83\times10^5$ | $4.15\times10^1$ | $1.72\times10^1$ | $5.65\times10^4$ | $1.29\times10^4$ |
| 125×75 | 5.5 | 9.5 | 9 | 4.5 | $2.0450\times10^3$ | $1.58\times10^{-1}$ | $5.40\times10^6$ | $5.90\times10^5$ | $5.14\times10^1$ | $1.70\times10^1$ | $8.64\times10^4$ | $1.57\times10^4$ |
| 150×75 | 5.5 | 9.5 | 9 | 4.5 | $2.1830\times10^3$ | $1.68\times10^{-1}$ | $8.20\times10^6$ | $5.91\times10^5$ | $6.13\times10^1$ | $1.65\times10^1$ | $1.09\times10^5$ | $1.58\times10^4$ |
| 150×125 | 8.5 | 14 | 13 | 6.5 | $4.6150\times10^3$ | $3.55\times10^{-1}$ | $1.78\times10^7$ | $3.95\times10^6$ | $6.21\times10^1$ | $2.92\times10^1$ | $2.37\times10^5$ | $6.31\times10^4$ |
| 180×100 | 6 | 10 | 10 | 5 | $3.0060\times10^3$ | $2.31\times10^{-1}$ | $1.67\times10^7$ | $1.41\times10^6$ | $7.46\times10^1$ | $2.17\times10^1$ | $1.86\times10^5$ | $2.82\times10^4$ |
| 200×100 | 7 | 10 | 10 | 5 | $3.3060\times10^3$ | $2.55\times10^{-1}$ | $2.18\times10^7$ | $1.42\times10^6$ | $8.11\times10^1$ | $2.07\times10^1$ | $2.18\times10^5$ | $2.84\times10^4$ |
| 200×150 | 9 | 16 | 15 | 7.5 | $6.4160\times10^3$ | $4.94\times10^{-1}$ | $4.49\times10^7$ | $7.71\times10^6$ | $8.37\times10^1$ | $3.47\times10^1$ | $4.49\times10^5$ | $1.03\times10^5$ |
| 250×125 | 7.5 | 12.5 | 12 | 6 | $4.8790\times10^3$ | $3.75\times10^{-1}$ | $5.19\times10^7$ | $3.45\times10^6$ | $1.03\times10^2$ | $2.66\times10^1$ | $4.15\times10^5$ | $5.52\times10^4$ |
| 250×125 | 10 | 19 | 21 | 10.5 | $7.0730\times10^3$ | $5.44\times10^{-1}$ | $7.34\times10^7$ | $5.60\times10^6$ | $1.02\times10^2$ | $3.81\times10^1$ | $5.87\times10^5$ | $8.96\times10^4$ |
| 300×150 | 8 | 13 | 12 | 6 | $6.1580\times10^3$ | $4.73\times10^{-1}$ | $9.50\times10^7$ | $6.00\times10^6$ | $1.24\times10^2$ | $3.12\times10^1$ | $6.33\times10^5$ | $8.00\times10^4$ |
| 300×150 | 10 | 18.5 | 19 | 9.5 | $8.3470\times10^3$ | $6.42\times10^{-1}$ | $1.27\times10^8$ | $8.86\times10^6$ | $1.24\times10^2$ | $3.26\times10^1$ | $8.49\times10^5$ | $1.18\times10^5$ |
| 300×150 | 11.5 | 22 | 23 | 11.5 | $9.7880\times10^3$ | $7.53\times10^{-1}$ | $1.47\times10^8$ | $1.12\times10^7$ | $1.23\times10^2$ | $3.38\times10^1$ | $9.81\times10^5$ | $1.49\times10^5$ |
| 350×150 | 9 | 15 | 13 | 6.5 | $7.4580\times10^3$ | $5.73\times10^{-1}$ | $1.52\times10^8$ | $7.15\times10^6$ | $1.43\times10^2$ | $3.10\times10^1$ | $8.71\times10^5$ | $9.54\times10^4$ |
| 350×150 | 12 | 24 | 25 | 12.5 | $1.1110\times10^4$ | $8.55\times10^{-1}$ | $2.25\times10^8$ | $1.23\times10^7$ | $1.42\times10^2$ | $3.33\times10^1$ | $1.28\times10^6$ | $1.64\times10^5$ |
| 400×150 | 10 | 18 | 17 | 8.5 | $9.1730\times10^3$ | $7.06\times10^{-1}$ | $2.40\times10^8$ | $8.87\times10^6$ | $1.62\times10^2$ | $3.11\times10^1$ | $1.20\times10^6$ | $1.18\times10^5$ |
| 400×150 | 12.5 | 25 | 27 | 13.5 | $1.2210\times10^4$ | $9.39\times10^{-1}$ | $3.17\times10^8$ | $1.29\times10^7$ | $1.61\times10^2$ | $3.25\times10^1$ | $1.58\times10^6$ | $1.72\times10^5$ |
| 450×175 | 11 | 20 | 19 | 9.5 | $1.1680\times10^4$ | $8.99\times10^{-1}$ | $3.92\times10^8$ | $1.55\times10^7$ | $1.83\times10^2$ | $3.64\times10^1$ | $1.74\times10^6$ | $1.77\times10^5$ |
| 450×175 | 13 | 26 | 27 | 13.5 | $1.4610\times10^4$ | $1.13\times10^0$ | $4.88\times10^8$ | $2.10\times10^7$ | $1.83\times10^2$ | $3.79\times10^1$ | $2.17\times10^6$ | $2.40\times10^5$ |
| 600×190 | 13 | 25 | 25 | 12.5 | $1.6940\times10^4$ | $1.30\times10^0$ | $9.32\times10^8$ | $2.54\times10^7$ | $2.41\times10^2$ | $3.87\times10^1$ | $3.27\times10^6$ | $2.67\times10^5$ |
| 600×190 | 16 | 35 | 38 | 19 | $2.2450\times10^4$ | $1.72\times10^0$ | $1.30\times10^9$ | $3.70\times10^7$ | $2.40\times10^2$ | $4.06\times10^1$ | $4.33\times10^6$ | $3.90\times10^5$ |

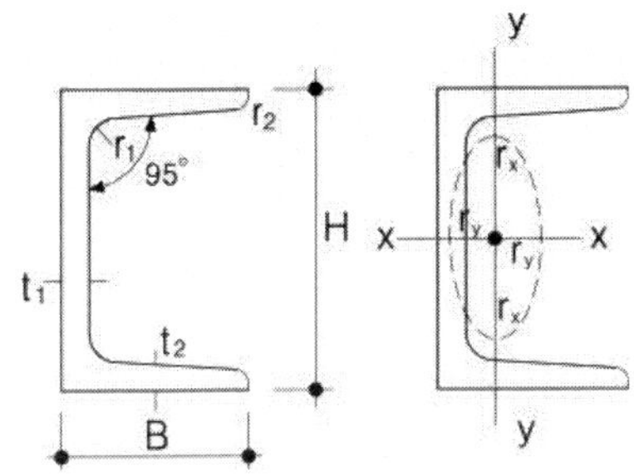


**부 표 1.5** ㄷ형강의 표준치수와 단면성능

| 치 수 (mm) | | | | | 단면적 (mm²) | 단위중량 (N/mm) | 단면 2차모멘트 (mm⁴) | | 단면2차반경 (mm) | | 단면계수 (mm³) | | 도심 (mm) |
|---|---|---|---|---|---|---|---|---|---|---|---|---|---|
| $H \times B$ | $t_1$ | $t_2$ | $r_1$ | $r_2$ | | | $I_x$ | $I_y$ | $r_x$ | $r_y$ | $S_x$ | $S_y$ | $C_y$ |
| 75×40 | 5 | 7 | 8 | 4 | $8.8180\times10^{2}$ | $6.78\times10^{-2}$ | $7.59\times10^{5}$ | $1.24\times10^{5}$ | $2.93\times10^{1}$ | $1.19\times10^{1}$ | $2.02\times10^{4}$ | $4.54\times10^{3}$ | 12.7 |
| 100×50 | 5 | 7.5 | 8 | 4 | $1.1920\times10^{3}$ | $9.17\times10^{-2}$ | $1.89\times10^{6}$ | $2.69\times10^{5}$ | $3.98\times10^{1}$ | $1.50\times10^{1}$ | $3.78\times10^{4}$ | $7.82\times10^{3}$ | 15.5 |
| 125×65 | 6 | 8 | 8 | 4 | $1.7110\times10^{3}$ | $1.31\times10^{-1}$ | $4.25\times10^{6}$ | $6.55\times10^{5}$ | $4.99\times10^{1}$ | $1.96\times10^{1}$ | $6.80\times10^{4}$ | $1.44\times10^{4}$ | 19.4 |
| 150×75 | 6.5 | 10 | 10 | 5 | $2.3710\times10^{3}$ | $1.82\times10^{-1}$ | $8.64\times10^{6}$ | $1.22\times10^{6}$ | $6.04\times10^{1}$ | $2.27\times10^{1}$ | $1.15\times10^{5}$ | $2.36\times10^{4}$ | 23.1 |
| 150×75 | 9 | 12.5 | 15 | 7.5 | $3.0590\times10^{3}$ | $2.35\times10^{-1}$ | $1.05\times10^{7}$ | $1.47\times10^{6}$ | $5.86\times10^{1}$ | $2.19\times10^{1}$ | $1.40\times10^{5}$ | $2.83\times10^{4}$ | 23.1 |
| 180×75 | 7 | 10.5 | 11 | 5.5 | $2.7200\times10^{3}$ | $2.10\times10^{-1}$ | $1.38\times10^{7}$ | $1.37\times10^{6}$ | $7.73\times10^{1}$ | $2.24\times10^{1}$ | $1.54\times10^{5}$ | $2.55\times10^{4}$ | 21.5 |
| 200×70 | 7 | 10 | 11 | 5.5 | $2.6920\times10^{3}$ | $2.07\times10^{-1}$ | $6.12\times10^{7}$ | $1.13\times10^{6}$ | $7.77\times10^{1}$ | $2.04\times10^{1}$ | $1.62\times10^{5}$ | $2.18\times10^{4}$ | 18.5 |
| 200×80 | 7.5 | 11 | 12 | 6 | $3.1330\times10^{3}$ | $2.41\times10^{-1}$ | $1.95\times10^{7}$ | $1.77\times10^{6}$ | $7.89\times10^{1}$ | $2.38\times10^{1}$ | $1.95\times10^{5}$ | $3.08\times10^{4}$ | 22.4 |
| 200×90 | 8 | 13.5 | 14 | 7 | $3.8650\times10^{3}$ | $2.97\times10^{-1}$ | $2.49\times10^{7}$ | $2.86\times10^{6}$ | $8.03\times10^{1}$ | $2.72\times10^{1}$ | $2.49\times10^{5}$ | $4.59\times10^{4}$ | 27.7 |
| 250×90 | 9 | 13 | 14 | 7 | $4.4070\times10^{3}$ | $3.39\times10^{-1}$ | $4.18\times10^{7}$ | $3.06\times10^{6}$ | $9.74\times10^{1}$ | $2.64\times10^{1}$ | $3.35\times10^{5}$ | $4.65\times10^{4}$ | 24.2 |
| 250×90 | 11 | 14.5 | 17 | 8.5 | $5.1170\times10^{3}$ | $3.94\times10^{-1}$ | $4.69\times10^{7}$ | $3.42\times10^{6}$ | $9.57\times10^{1}$ | $2.58\times10^{1}$ | $3.75\times10^{5}$ | $5.17\times10^{4}$ | 23.9 |
| 300×90 | 9 | 13 | 14 | 7 | $4.8570\times10^{3}$ | $3.73\times10^{-1}$ | $6.44\times10^{7}$ | $3.25\times10^{6}$ | $1.15\times10^{2}$ | $2.59\times10^{1}$ | $4.29\times10^{5}$ | $4.80\times10^{4}$ | 22.3 |
| 300×90 | 10 | 15.5 | 19 | 9.5 | $5.5740\times10^{3}$ | $4.29\times10^{-1}$ | $7.40\times10^{7}$ | $3.73\times10^{6}$ | $1.15\times10^{2}$ | $2.59\times10^{1}$ | $4.94\times10^{5}$ | $5.60\times10^{4}$ | 23.3 |
| 300×90 | 12 | 16 | 19 | 9.5 | $6.1900\times10^{3}$ | $4.76\times10^{-1}$ | $7.87\times10^{7}$ | $3.91\times10^{6}$ | $1.13\times10^{2}$ | $2.51\times10^{1}$ | $5.25\times10^{5}$ | $5.79\times10^{4}$ | 22.5 |
| 330×100 | 10.5 | 16 | 18 | 9 | $6.9390\times10^{3}$ | $5.34\times10^{-1}$ | $1.45\times10^{8}$ | $5.57\times10^{6}$ | $1.45\times10^{2}$ | $2.83\times10^{1}$ | $7.62\times10^{5}$ | $7.33\times10^{4}$ | 24.1 |
| 380×100 | 13 | 16.5 | 18 | 9 | $7.8960\times10^{3}$ | $6.08\times10^{-1}$ | $1.56\times10^{8}$ | $5.84\times10^{6}$ | $1.41\times10^{2}$ | $2.72\times10^{1}$ | $8.22\times10^{5}$ | $7.58\times10^{4}$ | 22.9 |
| 380×100 | 13 | 20 | 24 | 10 | $8.5710\times10^{3}$ | $6.60\times10^{-1}$ | $1.76\times10^{8}$ | $6.71\times10^{6}$ | $1.43\times10^{2}$ | $2.80\times10^{1}$ | $9.24\times10^{5}$ | $8.95\times10^{4}$ | 26.0 |

**부 표 1.6** 일반구조용 탄소강 강관의 표준치수와 단면성능

| 바깥지름(mm) | 두께(mm) | 중량(N/mm) | 단면적($mm^2$) | 단면2차모멘트($mm^4$) | 단면계수($mm^3$) | 단면2차반경(mm) |
|---|---|---|---|---|---|---|
| 21.7 | 2.0 | $9.53\times10^{-3}$ | $1.2380\times10^{2}$ | $6.07\times10^{3}$ | $5.60\times10^{2}$ | $7.00\times10^{0}$ |
| 27.2 | 2.0 | $1.22\times10^{-2}$ | $1.5830\times10^{2}$ | $1.26\times10^{4}$ | $9.30\times10^{2}$ | $8.90\times10^{0}$ |
| | 2.3 | $1.38\times10^{-2}$ | $1.7990\times10^{2}$ | $1.41\times10^{4}$ | $1.03\times10^{3}$ | $8.80\times10^{0}$ |
| 34.0 | 2.3 | $1.76\times10^{-2}$ | $2.2910\times10^{2}$ | $2.89\times10^{4}$ | $1.70\times10^{3}$ | $1.12\times10^{1}$ |
| 42.7 | 2.3 | $2.24\times10^{-2}$ | $2.9190\times10^{2}$ | $5.97\times10^{4}$ | $2.80\times10^{3}$ | $1.43\times10^{1}$ |
| | 2.8 | $2.70\times10^{-2}$ | $3.5100\times10^{2}$ | $7.02\times10^{4}$ | $3.29\times10^{3}$ | $1.41\times10^{1}$ |
| 48.6 | 2.3 | $2.58\times10^{-2}$ | $3.3450\times10^{2}$ | $8.99\times10^{4}$ | $3.70\times10^{3}$ | $1.64\times10^{1}$ |
| | 2.8 | $3.10\times10^{-2}$ | $4.0290\times10^{2}$ | $1.06\times10^{5}$ | $4.36\times10^{3}$ | $1.62\times10^{1}$ |
| | 3.2 | $3.51\times10^{-2}$ | $4.5640\times10^{2}$ | $1.18\times10^{5}$ | $4.86\times10^{3}$ | $1.61\times10^{1}$ |
| 60.5 | 2.3 | $3.23\times10^{-2}$ | $4.2050\times10^{2}$ | $1.78\times10^{5}$ | $5.90\times10^{3}$ | $2.06\times10^{1}$ |
| | 3.2 | $4.43\times10^{-2}$ | $5.7600\times10^{2}$ | $2.37\times10^{5}$ | $7.84\times10^{3}$ | $2.03\times10^{1}$ |
| | 4.0 | $5.46\times10^{-2}$ | $7.1000\times10^{2}$ | $2.85\times10^{5}$ | $9.41\times10^{3}$ | $2.00\times10^{1}$ |
| 76.3 | 2.8 | $4.98\times10^{-2}$ | $6.4650\times10^{2}$ | $4.37\times10^{5}$ | $1.15\times10^{4}$ | $2.60\times10^{1}$ |
| | 3.2 | $5.65\times10^{-2}$ | $7.3490\times10^{2}$ | $4.92\times10^{5}$ | $1.29\times10^{4}$ | $2.59\times10^{1}$ |
| | 4.0 | $6.99\times10^{-2}$ | $9.0850\times10^{2}$ | $5.95\times10^{5}$ | $1.56\times10^{4}$ | $2.56\times10^{1}$ |
| 89.1 | 2.8 | $5.84\times10^{-2}$ | $7.5910\times10^{2}$ | $7.07\times10^{5}$ | $1.59\times10^{4}$ | $3.05\times10^{1}$ |
| | 3.2 | $6.64\times10^{-2}$ | $8.6360\times10^{2}$ | $7.98\times10^{5}$ | $1.79\times10^{4}$ | $3.04\times10^{1}$ |
| | 4.0 | $8.22\times10^{-2}$ | $1.0690\times10^{3}$ | $9.70\times10^{5}$ | $2.18\times10^{4}$ | $3.01\times10^{1}$ |
| 101.6 | 3.2 | $7.60\times10^{-2}$ | $9.8920\times10^{2}$ | $1.20\times10^{6}$ | $2.36\times10^{4}$ | $3.48\times10^{1}$ |
| | 4.0 | $9.44\times10^{-2}$ | $1.2260\times10^{3}$ | $1.46\times10^{6}$ | $2.38\times10^{4}$ | $3.45\times10^{1}$ |
| | 5.0 | $1.17\times10^{-1}$ | $1.5170\times10^{3}$ | $1.77\times10^{6}$ | $3.49\times10^{4}$ | $3.42\times10^{1}$ |
| 114.3 | 3.2 | $8.59\times10^{-2}$ | $1.1170\times10^{3}$ | $1.72\times10^{6}$ | $3.02\times10^{4}$ | $3.93\times10^{1}$ |
| | 3.6 | $9.63\times10^{-2}$ | $1.2520\times10^{3}$ | $1.92\times10^{6}$ | $3.36\times10^{4}$ | $3.92\times10^{1}$ |
| | 4.5 | $1.20\times10^{-1}$ | $1.5520\times10^{3}$ | $2.34\times10^{6}$ | $4.10\times10^{4}$ | $3.89\times10^{1}$ |
| | 5.6 | $1.47\times10^{-1}$ | $1.9120\times10^{3}$ | $2.83\times10^{6}$ | $4.96\times10^{4}$ | $3.85\times10^{1}$ |
| 139.8 | 3.6 | $1.19\times10^{-1}$ | $1.5400\times10^{3}$ | $3.57\times10^{6}$ | $5.11\times10^{4}$ | $4.82\times10^{1}$ |
| | 4.0 | $1.31\times10^{-1}$ | $1.7070\times10^{3}$ | $3.94\times10^{6}$ | $5.63\times10^{4}$ | $4.80\times10^{1}$ |
| | 4.5 | $1.47\times10^{-1}$ | $1.9130\times10^{3}$ | $4.38\times10^{6}$ | $6.27\times10^{4}$ | $4.79\times10^{1}$ |
| | 6.0 | $1.94\times10^{-1}$ | $2.5220\times10^{3}$ | $5.66\times10^{6}$ | $8.09\times10^{4}$ | $4.74\times10^{1}$ |
| 165.2 | 4.5 | $1.74\times10^{-1}$ | $2.2720\times10^{3}$ | $7.34\times10^{6}$ | $8.89\times10^{4}$ | $5.68\times10^{1}$ |
| | 5.0 | $1.94\times10^{-1}$ | $2.5160\times10^{3}$ | $8.08\times10^{6}$ | $9.78\times10^{4}$ | $5.67\times10^{1}$ |
| | 6.0 | $2.31\times10^{-1}$ | $3.0010\times10^{3}$ | $9.52\times10^{6}$ | $1.15\times10^{5}$ | $5.63\times10^{1}$ |
| | 7.0 | $2.68\times10^{-1}$ | $3.4790\times10^{3}$ | $1.09\times10^{7}$ | $1.32\times10^{5}$ | $5.60\times10^{1}$ |
| 190.7 | 4.5 | $2.03\times10^{-1}$ | $2.6320\times10^{3}$ | $1.14\times10^{7}$ | $1.20\times10^{5}$ | $6.59\times10^{1}$ |
| | 5.0 | $2.24\times10^{-1}$ | $2.9170\times10^{3}$ | $1.26\times10^{7}$ | $1.32\times10^{5}$ | $6.57\times10^{1}$ |
| | 6.0 | $2.68\times10^{-1}$ | $3.4820\times10^{3}$ | $1.49\times10^{7}$ | $1.56\times10^{5}$ | $6.53\times10^{1}$ |
| | 7.0 | $3.11\times10^{-1}$ | $4.0400\times10^{3}$ | $1.71\times10^{7}$ | $1.79\times10^{5}$ | $6.50\times10^{1}$ |
| 216.3 | 4.5 | $2.30\times10^{-1}$ | $2.9940\times10^{3}$ | $1.68\times10^{7}$ | $1.55\times10^{5}$ | $7.49\times10^{1}$ |
| | 6.0 | $3.05\times10^{-1}$ | $3.9610\times10^{3}$ | $2.19\times10^{7}$ | $2.03\times10^{5}$ | $7.44\times10^{1}$ |
| | 7.0 | $3.54\times10^{-1}$ | $4.6030\times10^{3}$ | $2.52\times10^{7}$ | $2.33\times10^{5}$ | $7.40\times10^{1}$ |
| | 8.0 | $4.03\times10^{-1}$ | $5.2350\times10^{3}$ | $2.84\times10^{7}$ | $2.63\times10^{5}$ | $7.37\times10^{1}$ |
| 267.4 | 6.0 | $3.79\times10^{-1}$ | $4.9270\times10^{3}$ | $4.21\times10^{7}$ | $3.15\times10^{5}$ | $9.24\times10^{1}$ |
| | 7.0 | $4.41\times10^{-1}$ | $5.7270\times10^{3}$ | $4.86\times10^{7}$ | $3.63\times10^{5}$ | $9.21\times10^{1}$ |
| | 8.0 | $5.02\times10^{-1}$ | $6.5190\times10^{3}$ | $5.49\times10^{7}$ | $4.11\times10^{5}$ | $9.18\times10^{1}$ |
| | 9.0 | $5.63\times10^{-1}$ | $7.3060\times10^{3}$ | $6.11\times10^{7}$ | $4.57\times10^{5}$ | $9.14\times10^{1}$ |
| 318.5 | 6.0 | $4.53\times10^{-1}$ | $5.8910\times10^{3}$ | $7.19\times10^{7}$ | $4.52\times10^{5}$ | $1.11\times10^{2}$ |
| | 7.0 | $5.27\times10^{-1}$ | $6.8500\times10^{3}$ | $8.31\times10^{7}$ | $5.52\times10^{5}$ | $1.10\times10^{2}$ |
| | 8.0 | $6.01\times10^{-1}$ | $7.8040\times10^{3}$ | $9.41\times10^{7}$ | $5.91\times10^{5}$ | $1.10\times10^{2}$ |
| | 9.0 | $6.73\times10^{-1}$ | $8.7510\times10^{3}$ | $1.05\times10^{8}$ | $6.59\times10^{5}$ | $1.09\times10^{2}$ |
| 355.6 | 6.3 | $5.32\times10^{-1}$ | $6.9130\times10^{3}$ | $1.05\times10^{8}$ | $5.93\times10^{5}$ | $1.24\times10^{2}$ |
| | 8.0 | $6.72\times10^{-1}$ | $8.7360\times10^{3}$ | $1.32\times10^{8}$ | $7.42\times10^{5}$ | $1.23\times10^{2}$ |
| | 9.0 | $7.54\times10^{-1}$ | $9.8000\times10^{3}$ | $1.47\times10^{8}$ | $8.28\times10^{5}$ | $1.23\times10^{2}$ |
| | 12.0 | $1.00\times10^{0}$ | $1.1240\times10^{4}$ | $1.91\times10^{8}$ | $1.08\times10^{6}$ | $1.22\times10^{2}$ |
| 405.4 | 9.0 | $8.64\times10^{-1}$ | $1.1240\times10^{4}$ | $2.22\times10^{8}$ | $1.09\times10^{6}$ | $1.41\times10^{2}$ |
| | 12.0 | $1.15\times10^{0}$ | $1.4870\times10^{4}$ | $2.89\times10^{8}$ | $1.42\times10^{6}$ | $1.40\times10^{2}$ |
| | 16.0 | $1.51\times10^{0}$ | $1.9620\times10^{4}$ | $3.74\times10^{8}$ | $1.84\times10^{6}$ | $1.38\times10^{2}$ |
| | 19.0 | $1.78\times10^{0}$ | $2.3120\times10^{4}$ | $4.35\times10^{8}$ | $2.14\times10^{6}$ | $1.37\times10^{2}$ |

**부 표 1.6** 일반구조용 탄소강 강관의 표준치수와 단면성능(계속)

| 바깥지름(mm) | 두께(mm) | 중량(N/mm) | 단면적($mm^2$) | 단면2차모멘트($mm^4$) | 단면계수($mm^3$) | 단면2차반경(mm) |
|---|---|---|---|---|---|---|
| 457.2 | 9.0 | $9.75\times10^{-1}$ | $1.2670\times10^{4}$ | $3.18\times10^{8}$ | $1.40\times10^{6}$ | $1.58\times10^{2}$ |
| | 12.0 | $1.29\times10^{0}$ | $1.6780\times10^{4}$ | $4.16\times10^{8}$ | $1.82\times10^{6}$ | $1.57\times10^{2}$ |
| | 16.0 | $1.71\times10^{0}$ | $2.2180\times10^{4}$ | $5.40\times10^{8}$ | $2.36\times10^{6}$ | $1.56\times10^{2}$ |
| | 19.0 | $2.01\times10^{0}$ | $2.6160\times10^{4}$ | $6.29\times10^{8}$ | $2.75\times10^{6}$ | $1.55\times10^{2}$ |
| 500 | 9.0 | $1.07\times10^{0}$ | $1.3880\times10^{4}$ | $4.18\times10^{8}$ | $1.67\times10^{6}$ | $1.74\times10^{2}$ |
| | 12.0 | $1.41\times10^{0}$ | $1.8400\times10^{4}$ | $5.48\times10^{8}$ | $2.19\times10^{6}$ | $1.73\times10^{2}$ |
| | 14.0 | $1.65\times10^{0}$ | $2.1380\times10^{4}$ | $6.32\times10^{8}$ | $2.53\times10^{6}$ | $1.72\times10^{2}$ |
| 508.0 | 9.0 | $1.09\times10^{0}$ | $1.4110\times10^{4}$ | $4.39\times10^{8}$ | $1.73\times10^{6}$ | $1.76\times10^{2}$ |
| | 12.0 | $1.44\times10^{0}$ | $1.8700\times10^{4}$ | $5.75\times10^{8}$ | $2.26\times10^{6}$ | $1.75\times10^{2}$ |
| | 14.0 | $1.68\times10^{0}$ | $2.1730\times10^{4}$ | $6.63\times10^{8}$ | $2.61\times10^{6}$ | $1.75\times10^{2}$ |
| | 16.0 | $1.90\times10^{0}$ | $2.4730\times10^{4}$ | $7.49\times10^{8}$ | $2.95\times10^{6}$ | $1.74\times10^{2}$ |
| | 19.0 | $2.24\times10^{0}$ | $2.9190\times10^{4}$ | $8.74\times10^{8}$ | $3.44\times10^{6}$ | $1.73\times10^{2}$ |
| | 22.0 | $2.59\times10^{0}$ | $3.3590\times10^{4}$ | $9.94\times10^{8}$ | $3.91\times10^{6}$ | $1.72\times10^{2}$ |
| 558.8 | 9.0 | $1.20\times10^{0}$ | $1.5550\times10^{4}$ | $5.88\times10^{8}$ | $2.10\times10^{6}$ | $1.94\times10^{2}$ |
| | 12.0 | $1.59\times10^{0}$ | $2.0610\times10^{4}$ | $7.71\times10^{8}$ | $2.76\times10^{6}$ | $1.93\times10^{2}$ |
| | 16.0 | $2.10\times10^{0}$ | $2.7280\times10^{4}$ | $1.01\times10^{9}$ | $3.60\times10^{6}$ | $1.92\times10^{2}$ |
| | 19.0 | $2.48\times10^{0}$ | $3.2220\times10^{4}$ | $1.18\times10^{9}$ | $4.21\times10^{6}$ | $1.91\times10^{2}$ |
| | 22.0 | $2.85\times10^{0}$ | $3.7100\times10^{4}$ | $1.34\times10^{9}$ | $4.79\times10^{6}$ | $1.90\times10^{2}$ |
| 600 | 9.0 | $1.28\times10^{0}$ | $1.6710\times10^{4}$ | $7.30\times10^{8}$ | $2.43\times10^{6}$ | $2.09\times10^{2}$ |
| | 12.0 | $1.71\times10^{0}$ | $2.2170\times10^{4}$ | $9.58\times10^{8}$ | $3.20\times10^{6}$ | $2.08\times10^{2}$ |
| | 14.0 | $1.98\times10^{0}$ | $2.5770\times10^{4}$ | $1.11\times10^{9}$ | $3.69\times10^{6}$ | $2.07\times10^{2}$ |
| | 16.0 | $2.25\times10^{0}$ | $2.9360\times10^{4}$ | $1.25\times10^{9}$ | $4.18\times10^{6}$ | $2.07\times10^{2}$ |
| 609.6 | 9.0 | $1.30\times10^{0}$ | $1.6980\times10^{4}$ | $7.66\times10^{8}$ | $2.51\times10^{6}$ | $2.12\times10^{2}$ |
| | 12.0 | $1.73\times10^{0}$ | $2.2530\times10^{4}$ | $1.01\times10^{9}$ | $3.30\times10^{6}$ | $2.11\times10^{2}$ |
| | 14.0 | $2.02\times10^{0}$ | $2.6200\times10^{4}$ | $1.16\times10^{9}$ | $3.81\times10^{6}$ | $2.11\times10^{2}$ |
| | 16.0 | $2.29\times10^{0}$ | $2.9840\times10^{4}$ | $1.32\times10^{9}$ | $4.32\times10^{6}$ | $2.10\times10^{2}$ |
| | 19.0 | $2.71\times10^{0}$ | $3.2550\times10^{4}$ | $1.54\times10^{9}$ | $5.05\times10^{6}$ | $2.09\times10^{2}$ |
| | 22.0 | $3.13\times10^{0}$ | $4.0610\times10^{4}$ | $1.76\times10^{9}$ | $5.76\times10^{6}$ | $2.08\times10^{2}$ |
| 700 | 9.0 | $1.50\times10^{0}$ | $1.9540\times10^{4}$ | $1.17\times10^{9}$ | $3.33\times10^{6}$ | $2.44\times10^{2}$ |
| | 12.0 | $2.00\times10^{0}$ | $2.5940\times10^{4}$ | $1.54\times10^{9}$ | $4.39\times10^{6}$ | $2.43\times10^{2}$ |
| | 14.0 | $2.32\times10^{0}$ | $3.0170\times10^{4}$ | $1.78\times10^{9}$ | $5.07\times10^{6}$ | $2.43\times10^{2}$ |
| | 16.0 | $2.65\times10^{0}$ | $3.4380\times10^{4}$ | $2.01\times10^{9}$ | $5.75\times10^{6}$ | $2.42\times10^{2}$ |
| 711.2 | 9.0 | $1.53\times10^{0}$ | $1.9850\times10^{4}$ | $1.22\times10^{9}$ | $3.44\times10^{6}$ | $2.48\times10^{2}$ |
| | 12.0 | $2.03\times10^{0}$ | $2.6360\times10^{4}$ | $1.61\times10^{9}$ | $4.53\times10^{6}$ | $2.47\times10^{2}$ |
| | 14.0 | $2.36\times10^{0}$ | $3.0660\times10^{4}$ | $1.86\times10^{9}$ | $5.24\times10^{6}$ | $2.47\times10^{2}$ |
| | 16.0 | $2.69\times10^{0}$ | $3.4940\times10^{4}$ | $2.12\times10^{9}$ | $5.94\times10^{6}$ | $2.46\times10^{2}$ |
| | 19.0 | $3.18\times10^{0}$ | $4.1320\times10^{4}$ | $2.40\times10^{9}$ | $6.96\times10^{6}$ | $2.45\times10^{2}$ |
| | 22.0 | $3.67\times10^{0}$ | $4.7630\times10^{4}$ | $2.83\times10^{9}$ | $7.96\times10^{6}$ | $2.44\times10^{2}$ |
| 812.8 | 9.0 | $1.74\times10^{0}$ | $2.2730\times10^{4}$ | $1.84\times10^{9}$ | $4.52\times10^{6}$ | $2.84\times10^{2}$ |
| | 12.0 | $2.32\times10^{0}$ | $3.0190\times10^{4}$ | $2.42\times10^{9}$ | $5.96\times10^{6}$ | $2.83\times10^{2}$ |
| | 14.0 | $2.70\times10^{0}$ | $3.5130\times10^{4}$ | $2.80\times10^{9}$ | $6.90\times10^{6}$ | $2.82\times10^{2}$ |
| | 16.0 | $3.08\times10^{0}$ | $4.0050\times10^{4}$ | $3.18\times10^{9}$ | $7.82\times10^{6}$ | $2.82\times10^{2}$ |
| | 19.0 | $3.65\times10^{0}$ | $4.7380\times10^{4}$ | $3.73\times10^{9}$ | $9.19\times10^{6}$ | $2.81\times10^{2}$ |
| | 22.0 | $4.20\times10^{0}$ | $5.4660\times10^{4}$ | $4.28\times10^{9}$ | $1.05\times10^{7}$ | $2.80\times10^{2}$ |
| 914.4 | 12.0 | $2.62\times10^{0}$ | $3.4020\times10^{4}$ | $3.46\times10^{9}$ | $7.58\times10^{6}$ | $3.19\times10^{2}$ |
| | 14.0 | $3.05\times10^{0}$ | $3.9600\times10^{4}$ | $4.01\times10^{9}$ | $8.78\times10^{6}$ | $3.18\times10^{2}$ |
| | 16.0 | $3.47\times10^{0}$ | $4.5160\times10^{4}$ | $4.56\times10^{9}$ | $9.97\times10^{6}$ | $3.18\times10^{2}$ |
| | 19.0 | $4.12\times10^{0}$ | $5.3450\times10^{4}$ | $5.36\times10^{9}$ | $1.17\times10^{7}$ | $3.17\times10^{2}$ |
| | 22.0 | $4.74\times10^{0}$ | $6.1650\times10^{4}$ | $6.14\times10^{9}$ | $1.34\times10^{7}$ | $3.15\times10^{2}$ |
| 1016.0 | 12.0 | $2.91\times10^{0}$ | $3.7850\times10^{4}$ | $4.77\times10^{9}$ | $9.39\times10^{6}$ | $3.55\times10^{2}$ |
| | 14.0 | $3.39\times10^{0}$ | $4.4070\times10^{4}$ | $5.53\times10^{9}$ | $1.09\times10^{7}$ | $3.54\times10^{2}$ |
| | 16.0 | $3.87\times10^{0}$ | $5.0270\times10^{4}$ | $6.28\times10^{9}$ | $1.24\times10^{7}$ | $3.54\times10^{2}$ |
| | 19.0 | $4.58\times10^{0}$ | $5.9510\times10^{4}$ | $7.40\times10^{9}$ | $1.46\times10^{7}$ | $3.52\times10^{2}$ |
| | 22.0 | $5.28\times10^{0}$ | $6.8700\times10^{4}$ | $8.49\times10^{9}$ | $1.67\times10^{7}$ | $3.52\times10^{2}$ |

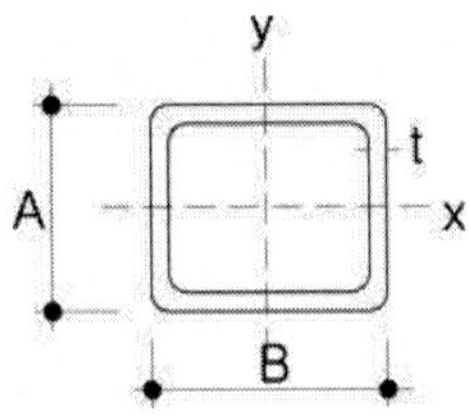


**부 표 1.7** 건축구조용 냉간 롤 성형 각형강관 표준치수와 단면성능
(모서리 곡률 반지름 R=2.5t로 계산)

| 치 수(mm) | | 단면적 ($mm^2$) | 단위중량 (N/mm) | 단면2차모멘트 ($mm^4$) | 단면계수 ($mm^3$) | 단면2차반경 (mm) |
|---|---|---|---|---|---|---|
| 변의길이 $A \times B$ | 두께 $t$ | | | | | |
| 200×200 | 4.5 | $3.47\times10^{-3}$ | 0.267 | $21.9\times10^{6}$ | $0.219\times10^{3}$ | 79.5 |
| 200×200 | 5 | $4.56\times10^{-3}$ | 0.351 | $28.3\times10^{6}$ | $0.283\times10^{3}$ | 78.8 |
| 200×200 | 6 | $4.53\times10^{-3}$ | 0.349 | $28.0\times10^{6}$ | $0.280\times10^{3}$ | 78.6 |
| 200×200 | 8 | $5.92\times10^{-3}$ | 0.456 | $35.7\times10^{6}$ | $0.357\times10^{3}$ | 77.6 |
| 200×200 | 9 | $6.60\times10^{-3}$ | 0.508 | $39.2\times10^{6}$ | $0.392\times10^{3}$ | 77.1 |
| 200×200 | 12 | $8.53\times10^{-3}$ | 0.657 | $48.6\times10^{6}$ | $0.486\times10^{3}$ | 75.5 |
| 250×250 | 6 | $5.73\times10^{-3}$ | 0.441 | $56.2\times10^{6}$ | $0.450\times10^{3}$ | 99.0 |
| 250×250 | 8 | $7.52\times10^{-3}$ | 0.580 | $72.3\times10^{6}$ | $0.578\times10^{3}$ | 98.0 |
| 250×250 | 9 | $8.40\times10^{-3}$ | 0.646 | $79.8\times10^{6}$ | $0.639\times10^{3}$ | 97.5 |
| 250×250 | 12 | $10.9\times10^{-3}$ | 0.842 | $101.0\times10^{6}$ | $0.805\times10^{3}$ | 95.9 |
| 250×250 | 14 | $12.5\times10^{-3}$ | 0.966 | $113.0\times10^{6}$ | $0.903\times10^{3}$ | 94.9 |
| 250×250 | 16 | $14.1\times10^{-3}$ | 1.089 | $124.0\times10^{6}$ | $0.992\times10^{3}$ | 93.8 |
| 300×300 | 6 | $6.93\times10^{-3}$ | 0.534 | $98.9\times10^{6}$ | $0.660\times10^{3}$ | 119 |
| 300×300 | 8 | $9.12\times10^{-3}$ | 0.702 | $128.0\times10^{6}$ | $0.853\times10^{3}$ | 118 |
| 300×300 | 9 | $10.2\times10^{-3}$ | 0.786 | $142.0\times10^{6}$ | $0.946\times10^{3}$ | 118 |
| 300×300 | 12 | $13.3\times10^{-3}$ | 1.030 | $181.0\times10^{6}$ | $1.20\times10^{3}$ | 116 |
| 300×300 | 14 | $15.3\times10^{-3}$ | 1.177 | $204.0\times10^{6}$ | $1.36\times10^{3}$ | 115 |
| 300×300 | 16 | $17.3\times10^{-3}$ | 1.334 | $226.0\times10^{6}$ | $1.51\times10^{3}$ | 114 |
| 300×300 | 19 | $20.1\times10^{-3}$ | 1.550 | $255.0\times10^{6}$ | $1.70\times10^{3}$ | 113 |
| 350×350 | 9 | $12.0\times10^{-3}$ | 0.924 | $230.0\times10^{6}$ | $1.31\times10^{3}$ | 138 |
| 350×350 | 12 | $15.7\times10^{-3}$ | 1.207 | $294.0\times10^{6}$ | $1.68\times10^{3}$ | 137 |
| 350×350 | 14 | $18.1\times10^{-3}$ | 1.393 | $334.0\times10^{6}$ | $1.91\times10^{3}$ | 136 |
| 350×350 | 16 | $20.5\times10^{-3}$ | 1.579 | $372.0\times10^{6}$ | $2.13\times10^{3}$ | 135 |
| 350×350 | 19 | $23.9\times10^{-3}$ | 1.844 | $424.0\times10^{6}$ | $2.42\times10^{3}$ | 133 |
| 350×350 | 22 | $27.2\times10^{-3}$ | 2.099 | $471.0\times10^{6}$ | $2.69\times10^{3}$ | 132 |
| 400×400 | 9 | $13.8\times10^{-3}$ | 1.059 | $348.0\times10^{6}$ | $1.74\times10^{3}$ | 159 |
| 400×400 | 12 | $18.1\times10^{-3}$ | 1.393 | $448.0\times10^{6}$ | $2.24\times10^{3}$ | 157 |
| 400×400 | 14 | $20.9\times10^{-3}$ | 1.609 | $511.0\times10^{6}$ | $2.56\times10^{3}$ | 156 |
| 400×400 | 16 | $23.7\times10^{-3}$ | 1.825 | $571.0\times10^{6}$ | $2.85\times10^{3}$ | 155 |
| 400×400 | 19 | $27.7\times10^{-3}$ | 2.139 | $654.0\times10^{6}$ | $3.27\times10^{3}$ | 154 |
| 400×400 | 22 | $31.6\times10^{-3}$ | 2.433 | $730.0\times10^{6}$ | $3.65\times10^{3}$ | 152 |

**부 표 1.7** 건축구조용 냉간 롤 성형 각형강관 표준치수와 단면성능(계속)
(모서리 곡률 반지름 R=2.5t로 계산)

| 치 수(mm) | | 단면적 | 단위중량 | 단면2차모멘트 | 단면계수 | 단면2차반경 |
|---|---|---|---|---|---|---|
| 변의길이 *A*×*B* | 두께 *t* | (mm²) | (N/mm) | (mm⁴) | (mm³) | (mm) |
| 450×450 | 9 | 15.6x10⁻³ | 1.197 | 501.0x10⁶ | 2.23x10³ | 179 |
| 450×450 | 12 | 20.5x10⁻³ | 1.579 | 648.0x10⁶ | 2.88x10³ | 178 |
| 450×450 | 14 | 23.7x10⁻³ | 1.825 | 741.0x10⁶ | 3.29x10³ | 177 |
| 450×450 | 16 | 26.9x10⁻³ | 2.070 | 829.0x10⁶ | 3.69x10³ | 176 |
| 450×450 | 19 | 31.5x10⁻³ | 2.423 | 955.0x10⁶ | 4.24x10³ | 174 |
| 450×450 | 22 | 36.0x10⁻³ | 2.776 | 1070.0x10⁶ | 4.76x10³ | 172 |
| 500×500 | 9 | 17.4x10⁻³ | 1.344 | 693.0x10⁶ | 2.77x10³ | 200 |
| 500×500 | 12 | 22.9x10⁻³ | 1.766 | 900.0x10⁶ | 3.60x10³ | 198 |
| 500×500 | 14 | 26.5x10⁻³ | 2.040 | 1030.0x10⁶ | 4.12x10³ | 197 |
| 500×500 | 16 | 30.1x10⁻³ | 2.315 | 1160.0x10⁶ | 4.63x10³ | 196 |
| 500×500 | 19 | 35.3x10⁻³ | 2.717 | 1340.0x10⁶ | 5.34x10³ | 194 |
| 500×500 | 22 | 40.4x10⁻³ | 3.110 | 1500.0x10⁶ | 6.01x10³ | 193 |
| 550×550 | 12 | 25.3x10⁻³ | 1.952 | 1210.0x10⁶ | 4.40x10³ | 219 |
| 550×550 | 14 | 29.3x10⁻³ | 2.256 | 1390.0x10⁶ | 5.05x10³ | 217 |
| 550×550 | 16 | 33.3x10⁻³ | 2.560 | 1560.0x10⁶ | 5.67x10³ | 216 |
| 550×550 | 19 | 39.1x10⁻³ | 3.012 | 1810.0x10⁶ | 6.57x10³ | 215 |
| 550×550 | 22 | 44.8x10⁻³ | 3.453 | 2040.0x10⁶ | 7.42x10³ | 213 |

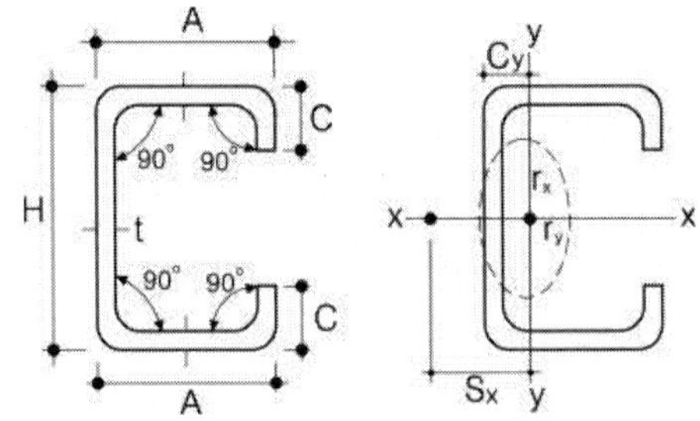


**부 표 1.8** 립ㄷ형강의 표준치수와 단면성능

| 치 수 (mm) | | 단면적 (mm²) | 단위중량 (N/mm) | 중심위치 (mm) | | 단면2차모멘트 (mm⁴) | | 단면2차반경 (mm) | | 단면계수 (mm³) | | 전단중심 (mm) | |
|---|---|---|---|---|---|---|---|---|---|---|---|---|---|
| $H\times A\times C$ | $t$ | | | $C_x$ | $C_y$ | $I_x$ | $I_y$ | $r_x$ | $r_y$ | $S_x$ | $S_y$ | $\overline{S_x}$ | $\overline{S_y}$ |
| 250×75×25 | 4.5 | $1.8920\times10^{3}$ | $1.46\times10^{-1}$ | 0 | 20.7 | $1.69\times10^{7}$ | $1.29\times10^{6}$ | $9.44\times10^{1}$ | $2.62\times10^{1}$ | $1.35\times10^{5}$ | $2.38\times10^{4}$ | 51.0 | 0 |
| 200×75×25 | 4.5 | $1.6670\times10^{3}$ | $1.28\times10^{-1}$ | 0 | 23.2 | $9.90\times10^{6}$ | $1.21\times10^{6}$ | $7.61\times10^{1}$ | $2.69\times10^{1}$ | $9.90\times10^{4}$ | $2.33\times10^{4}$ | 56.0 | 0 |
| | 4.0 | $1.4950\times10^{3}$ | $1.15\times10^{-1}$ | 0 | 23.2 | $8.95\times10^{6}$ | $1.10\times10^{6}$ | $7.74\times10^{1}$ | $2.72\times10^{1}$ | $8.95\times10^{4}$ | $2.13\times10^{4}$ | 57.0 | 0 |
| | 3.2 | $1.2130\times10^{3}$ | $9.33\times10^{-2}$ | 0 | 23.3 | $7.36\times10^{6}$ | $9.23\times10^{5}$ | $7.70\times10^{1}$ | $2.76\times10^{1}$ | $7.36\times10^{4}$ | $1.78\times10^{4}$ | 57.0 | 0 |
| 200×75×20 | 4.5 | $1.6220\times10^{3}$ | $1.24\times10^{-1}$ | 0 | 21.9 | $9.63\times10^{6}$ | $1.09\times10^{6}$ | $7.71\times10^{1}$ | $2.60\times10^{1}$ | $9.63\times10^{4}$ | $2.06\times10^{4}$ | 53.0 | 0 |
| | 4.0 | $1.4555\times10^{3}$ | $1.12\times10^{-1}$ | 0 | 21.9 | $8.71\times10^{6}$ | $1.00\times10^{6}$ | $7.74\times10^{1}$ | $2.62\times10^{1}$ | $8.71\times10^{4}$ | $1.89\times10^{4}$ | 53.0 | 0 |
| | 3.2 | $1.1810\times10^{3}$ | $9.08\times10^{-2}$ | 0 | 21.9 | $7.16\times10^{6}$ | $8.41\times10^{5}$ | $7.79\times10^{1}$ | $2.67\times10^{1}$ | $7.16\times10^{4}$ | $1.58\times10^{4}$ | 54.0 | 0 |
| 150×75×25 | 4.5 | $1.4420\times10^{3}$ | $1.11\times10^{-1}$ | 0 | 26.5 | $5.01\times10^{6}$ | $1.09\times10^{6}$ | $5.90\times10^{1}$ | $2.75\times10^{1}$ | $6.69\times10^{4}$ | $2.25\times10^{4}$ | 63.0 | 0 |
| | 4.0 | $1.2950\times10^{3}$ | $1.00\times10^{-1}$ | 0 | 26.5 | $4.55\times10^{6}$ | $9.98\times10^{5}$ | $5.93\times10^{1}$ | $2.78\times10^{1}$ | $6.06\times10^{4}$ | $2.06\times10^{4}$ | 63.0 | 0 |
| | 3.2 | $1.0530\times10^{3}$ | $8.10\times10^{-2}$ | 0 | 26.6 | $3.75\times10^{6}$ | $8.36\times10^{5}$ | $5.97\times10^{1}$ | $2.82\times10^{1}$ | $5.00\times10^{4}$ | $1.73\times10^{4}$ | 64.0 | 0 |
| 150×75×20 | 4.5 | $1.3970\times10^{3}$ | $1.08\times10^{-1}$ | 0 | 25.0 | $4.89\times10^{6}$ | $9.92\times10^{5}$ | $5.92\times10^{1}$ | $2.66\times10^{1}$ | $6.52\times10^{4}$ | $1.98\times10^{4}$ | 60.0 | 0 |
| | 4.0 | $1.2550\times10^{3}$ | $9.65\times10^{-2}$ | 0 | 25.1 | $4.45\times10^{6}$ | $9.10\times10^{5}$ | $5.95\times10^{1}$ | $2.69\times10^{1}$ | $5.93\times10^{4}$ | $1.82\times10^{4}$ | 58.0 | 0 |
| | 3.2 | $1.0210\times10^{3}$ | $7.85\times10^{-2}$ | 0 | 25.1 | $3.66\times10^{6}$ | $7.64\times10^{5}$ | $5.99\times10^{1}$ | $2.74\times10^{1}$ | $4.89\times10^{4}$ | $1.53\times10^{4}$ | 51.0 | 0 |
| 150×65×20 | 4.0 | $1.1750\times10^{3}$ | $9.04\times10^{-2}$ | 0 | 21.1 | $4.01\times10^{6}$ | $6.37\times10^{5}$ | $5.84\times10^{1}$ | $2.33\times10^{1}$ | $5.35\times10^{4}$ | $1.45\times10^{4}$ | 50.0 | 0 |
| | 3.2 | $9.5670\times10^{2}$ | $7.36\times10^{-2}$ | 0 | 21.1 | $3.32\times10^{6}$ | $5.38\times10^{5}$ | $5.89\times10^{1}$ | $2.37\times10^{1}$ | $4.43\times10^{4}$ | $1.22\times10^{4}$ | 51.0 | 0 |
| | 2.3 | $7.0120\times10^{2}$ | $5.39\times10^{-2}$ | 0 | 21.2 | $2.48\times10^{6}$ | $4.11\times10^{5}$ | $5.94\times10^{1}$ | $2.42\times10^{1}$ | $3.30\times10^{4}$ | $9.37\times10^{3}$ | 52.0 | 0 |
| 150×50×20 | 4.5 | $1.1720\times10^{3}$ | $9.02\times10^{-2}$ | 0 | 15.4 | $3.68\times10^{6}$ | $3.57\times10^{5}$ | $5.60\times10^{1}$ | $1.75\times10^{1}$ | $4.90\times10^{4}$ | $1.05\times10^{4}$ | 37.0 | 0 |
| | 3.2 | $8.6070\times10^{2}$ | $6.62\times10^{-2}$ | 0 | 15.4 | $2.80\times10^{6}$ | $2.83\times10^{5}$ | $5.71\times10^{1}$ | $1.81\times10^{1}$ | $3.74\times10^{4}$ | $8.19\times10^{3}$ | 38.0 | 0 |
| | 2.3 | $6.3220\times10^{2}$ | $4.86\times10^{-2}$ | 0 | 15.5 | $2.10\times10^{6}$ | $2.19\times10^{5}$ | $5.77\times10^{1}$ | $1.86\times10^{1}$ | $2.80\times10^{4}$ | $6.33\times10^{3}$ | 38.0 | 0 |
| 125×50×20 | 4.5 | $1.0590\times10^{3}$ | $8.15\times10^{-2}$ | 0 | 16.8 | $2.38\times10^{6}$ | $3.35\times10^{5}$ | $4.74\times10^{1}$ | $1.78\times10^{1}$ | $3.80\times10^{4}$ | $1.00\times10^{4}$ | 40.0 | 0 |
| | 4.0 | $9.5480\times10^{2}$ | $7.35\times10^{-2}$ | 0 | 16.8 | $2.17\times10^{6}$ | $3.31\times10^{5}$ | $4.77\times10^{1}$ | $1.81\times10^{1}$ | $3.47\times10^{4}$ | $9.38\times10^{3}$ | 40.0 | 0 |
| | 3.2 | $7.8070\times10^{2}$ | $6.01\times10^{-2}$ | 0 | 16.8 | $1.81\times10^{6}$ | $2.66\times10^{5}$ | $4.82\times10^{1}$ | $1.85\times10^{1}$ | $2.90\times10^{4}$ | $8.02\times10^{3}$ | 40.0 | 0 |
| | 2.3 | $5.7470\times10^{2}$ | $4.42\times10^{-2}$ | 0 | 16.9 | $1.37\times10^{6}$ | $2.06\times10^{5}$ | $4.88\times10^{1}$ | $1.89\times10^{1}$ | $2.19\times10^{4}$ | $6.22\times10^{3}$ | 41.0 | 0 |

**부 표 1.8** 립ㄷ형강의 표준치수와 단면성능(계속)

| 치 수 (mm) | | 단면적 ($mm^2$) | 단위중량 (N/mm) | 중심위치 (mm) | | 단면2차모멘트 ($mm^4$) | | 단면2차반경 (mm) | | 단면계수 ($mm^3$) | | 전단중심 (mm) | |
|---|---|---|---|---|---|---|---|---|---|---|---|---|---|
| $H\times A\times C$ | $t$ | | | $C_x$ | $C_y$ | $I_x$ | $I_y$ | $r_x$ | $r_y$ | $S_x$ | $S_y$ | $\overline{S_x}$ | $\overline{S_y}$ |
| 120×60×25 | 4.5 | $1.1720\times10^{3}$ | $9.02\times10^{-2}$ | 0 | 22.5 | $2.52\times10^{6}$ | $5.80\times10^{5}$ | $4.63\times10^{1}$ | $2.22\times10^{1}$ | $4.19\times10^{4}$ | $1.55\times10^{4}$ | 53.0 | 0 |
| 120×60×20 | 3.2 | $8.2870\times10^{2}$ | $6.38\times10^{-2}$ | 0 | 21.2 | $1.86\times10^{6}$ | $4.09\times10^{5}$ | $4.74\times10^{1}$ | $2.22\times10^{1}$ | $3.10\times10^{4}$ | $1.05\times10^{4}$ | 49.0 | 0 |
| | 2.3 | $6.0920\times10^{2}$ | $4.68\times10^{-2}$ | 0 | 21.3 | $1.40\times10^{6}$ | $3.13\times10^{5}$ | $4.79\times10^{1}$ | $2.27\times10^{1}$ | $2.33\times10^{4}$ | $8.10\times10^{3}$ | 51.0 | 0 |
| 120×40×20 | 3.2 | $7.0070\times10^{2}$ | $5.39\times10^{-2}$ | 0 | 13.2 | $1.44\times10^{6}$ | $1.53\times10^{5}$ | $4.53\times10^{1}$ | $1.48\times10^{1}$ | $2.40\times10^{4}$ | $5.71\times10^{3}$ | 34.0 | 0 |
| 100×50×20 | 4.5 | $9.4690\times10^{2}$ | $7.28\times10^{-2}$ | 0 | 18.6 | $1.39\times10^{6}$ | $3.09\times10^{5}$ | $3.82\times10^{1}$ | $1.81\times10^{1}$ | $2.77\times10^{4}$ | $9.82\times10^{3}$ | 43.0 | 0 |
| | 4.0 | $8.5480\times10^{2}$ | $6.58\times10^{-2}$ | 0 | 18.6 | $1.27\times10^{6}$ | $2.87\times10^{5}$ | $3.85\times10^{1}$ | $1.83\times10^{1}$ | $2.54\times10^{4}$ | $9.13\times10^{3}$ | 43.0 | 0 |
| | 3.2 | $7.0070\times10^{2}$ | $5.39\times10^{-2}$ | 0 | 18.6 | $1.07\times10^{6}$ | $2.45\times10^{5}$ | $3.90\times10^{1}$ | $1.87\times10^{1}$ | $2.13\times10^{4}$ | $7.81\times10^{3}$ | 44.0 | 0 |
| | 2.8 | $6.2050\times10^{2}$ | $4.77\times10^{-2}$ | 0 | 18.6 | $9.98\times10^{5}$ | $2.32\times10^{5}$ | $3.96\times10^{1}$ | $1.91\times10^{1}$ | $2.00\times10^{4}$ | $7.44\times10^{3}$ | 43.0 | 0 |
| | 2.3 | $5.1720\times10^{2}$ | $3.98\times10^{-2}$ | 0 | 18.6 | $8.07\times10^{5}$ | $1.90\times10^{5}$ | $3.95\times10^{1}$ | $1.92\times10^{1}$ | $1.61\times10^{4}$ | $6.06\times10^{3}$ | 44.0 | 0 |
| | 2.0 | $4.5370\times10^{2}$ | $3.49\times10^{-2}$ | 0 | 18.6 | $7.14\times10^{5}$ | $1.69\times10^{5}$ | $3.97\times10^{1}$ | $1.93\times10^{1}$ | $1.43\times10^{4}$ | $5.40\times10^{3}$ | 44.0 | 0 |
| | 1.0 | $3.6720\times10^{2}$ | $2.82\times10^{-2}$ | 0 | 18.7 | $5.84\times10^{5}$ | $1.40\times10^{5}$ | $3.99\times10^{1}$ | $1.95\times10^{1}$ | $1.17\times10^{4}$ | $4.47\times10^{3}$ | 45.0 | 0 |
| 90×45×20 | 3.2 | $6.3670\times10^{2}$ | $4.90\times10^{-2}$ | 0 | 17.2 | $7.69\times10^{6}$ | $1.83\times10^{5}$ | $3.48\times10^{1}$ | $1.69\times10^{1}$ | $1.71\times10^{4}$ | $6.57\times10^{3}$ | 41.0 | 0 |
| | 2.3 | $4.7120\times10^{2}$ | $3.63\times10^{-2}$ | 0 | 17.3 | $5.86\times10^{5}$ | $1.42\times10^{5}$ | $3.53\times10^{1}$ | $1.74\times10^{1}$ | $1.30\times10^{4}$ | $5.14\times10^{3}$ | 41.0 | 0 |
| | 1.6 | $3.3520\times10^{2}$ | $2.58\times10^{-2}$ | 0 | 17.3 | $4.26\times10^{5}$ | $1.05\times10^{5}$ | $3.56\times10^{1}$ | $1.77\times10^{1}$ | $9.46\times10^{3}$ | $5.80\times10^{3}$ | 42.0 | 0 |
| 75×45×15 | 2.3 | $4.1370\times10^{2}$ | $3.19\times10^{-2}$ | 0 | 17.2 | $3.71\times10^{5}$ | $1.18\times10^{5}$ | $3.00\times10^{1}$ | $1.69\times10^{1}$ | $9.90\times10^{3}$ | $4.24\times10^{3}$ | 40.0 | 0 |
| | 2.0 | $3.6370\times10^{2}$ | $2.80\times10^{-2}$ | 0 | 17.2 | $3.30\times10^{5}$ | $1.05\times10^{5}$ | $3.01\times10^{1}$ | $1.70\times10^{1}$ | $8.79\times10^{3}$ | $3.76\times10^{3}$ | 40.0 | 0 |
| | 1.6 | $2.9520\times10^{2}$ | $2.27\times10^{-2}$ | 0 | 17.2 | $2.71\times10^{5}$ | $8.71\times10^{4}$ | $3.03\times10^{1}$ | $1.72\times10^{1}$ | $7.24\times10^{3}$ | $3.13\times10^{3}$ | 41.0 | 0 |
| 75×35×15 | 2.3 | $3.6770\times10^{2}$ | $2.83\times10^{-2}$ | 0 | 12.9 | $3.10\times10^{5}$ | $6.58\times10^{4}$ | $2.91\times10^{1}$ | $1.34\times10^{1}$ | $8.28\times10^{3}$ | $2.98\times10^{3}$ | 31.0 | 0 |
| 70×40×25 | 1.6 | $3.0320\times10^{2}$ | $2.33\times10^{-2}$ | 0 | 18.0 | $2.20\times10^{5}$ | $8.00\times10^{4}$ | $2.69\times10^{1}$ | $1.62\times10^{1}$ | $6.29\times10^{3}$ | $3.64\times10^{3}$ | 44.0 | 0 |
| 60×30×10 | 2.3 | $2.8720\times10^{2}$ | $2.21\times10^{-2}$ | 0 | 10.6 | $1.56\times10^{5}$ | $3.32\times10^{4}$ | $2.33\times10^{1}$ | $1.07\times10^{1}$ | $5.20\times10^{3}$ | $1.71\times10^{3}$ | 25.0 | 0 |
| | 2.0 | $2.5370\times10^{2}$ | $1.95\times10^{-2}$ | 0 | 10.6 | $1.40\times10^{5}$ | $3.01\times10^{4}$ | $2.35\times10^{1}$ | $1.09\times10^{1}$ | $4.65\times10^{3}$ | $1.55\times10^{3}$ | 25.0 | 0 |
| | 1.6 | $2.0720\times10^{2}$ | $1.60\times10^{-2}$ | 0 | 10.6 | $1.16\times10^{5}$ | $2.56\times10^{4}$ | $2.37\times10^{1}$ | $1.11\times10^{1}$ | $3.88\times10^{3}$ | $1.32\times10^{3}$ | 25.0 | 0 |

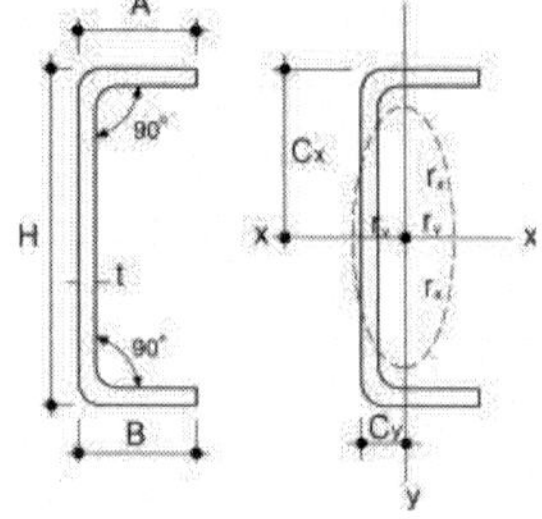


**부 표 1.9** 경ㄷ형강의 표준치수와 단면성능

| 치수(mm) | | 단면적 (mm²) | 단위중량 (N/mm) | 중심위치 (mm) | | 단면2차모멘트 (mm⁴) | | 단면2차반경 (mm) | | 단면계수 (mm³) | | 전단중심 (mm) | |
|---|---|---|---|---|---|---|---|---|---|---|---|---|---|
| H×A×B | t | | | $C_x$ | $C_y$ | $I_x$ | $I_y$ | $r_x$ | $r_y$ | $S_x$ | $S_y$ | $\overline{S_x}$ | $\overline{S_y}$ |
| 450×75×75 | 6.0 | $3.4820\times10^{3}$ | $2.68\times10^{-1}$ | 0 | $1.19\times10^{1}$ | $8.40\times10^{7}$ | $1.22\times10^{6}$ | $1.55\times10^{2}$ | $1.87\times10^{1}$ | $3.74\times10^{5}$ | $1.94\times10^{4}$ | $2.70\times10^{1}$ | 0 |
| | 4.5 | $2.6330\times10^{3}$ | $2.03\times10^{-1}$ | 0 | $1.13\times10^{1}$ | $6.43\times10^{7}$ | $9.43\times10^{5}$ | $1.56\times10^{2}$ | $1.89\times10^{1}$ | $2.86\times10^{5}$ | $1.48\times10^{4}$ | $2.70\times10^{1}$ | 0 |
| 400×75×75 | 6.0 | $3.1820\times10^{3}$ | $2.45\times10^{-1}$ | 0 | $1.28\times10^{1}$ | $6.23\times10^{7}$ | $1.20\times10^{6}$ | $1.40\times10^{2}$ | $1.94\times10^{1}$ | $3.12\times10^{5}$ | $1.92\times10^{4}$ | $2.90\times10^{1}$ | 0 |
| | 4.5 | $2.4080\times10^{3}$ | $1.85\times10^{-1}$ | 0 | $1.21\times10^{1}$ | $4.78\times10^{7}$ | $9.22\times10^{5}$ | $1.41\times10^{2}$ | $1.96\times10^{1}$ | $2.39\times10^{5}$ | $1.47\times10^{4}$ | $2.90\times10^{1}$ | 0 |
| 350×50×50 | 4.5 | $1.9580\times10^{3}$ | $1.51\times10^{-1}$ | 0 | $7.50\times10^{0}$ | $2.75\times10^{7}$ | $2.75\times10^{5}$ | $1.19\times10^{2}$ | $1.19\times10^{1}$ | $1.57\times10^{5}$ | $6.48\times10^{3}$ | $1.60\times10^{1}$ | 0 |
| | 4.0 | $1.7470\times10^{3}$ | $1.34\times10^{-1}$ | 0 | $7.30\times10^{0}$ | $2.47\times10^{7}$ | $2.48\times10^{5}$ | $1.19\times10^{2}$ | $1.19\times10^{1}$ | $1.41\times10^{5}$ | $5.81\times10^{3}$ | $1.60\times10^{1}$ | 0 |
| 300×50×50 | 4.5 | $1.7330\times10^{3}$ | $1.33\times10^{-1}$ | 0 | $8.20\times10^{0}$ | $1.85\times10^{7}$ | $2.68\times10^{5}$ | $1.03\times10^{2}$ | $1.24\times10^{1}$ | $1.23\times10^{5}$ | $6.41\times10^{3}$ | $1.80\times10^{1}$ | 0 |
| | 4.0 | $1.5470\times10^{3}$ | $1.19\times10^{-1}$ | 0 | $8.00\times10^{0}$ | $1.66\times10^{7}$ | $2.41\times10^{5}$ | $1.04\times10^{2}$ | $1.25\times10^{1}$ | $1.11\times10^{5}$ | $5.74\times10^{3}$ | $1.80\times10^{1}$ | 0 |
| 250×75×75 | 6.0 | $2.2820\times10^{3}$ | $1.75\times10^{-1}$ | 0 | $1.66\times10^{1}$ | $1.94\times10^{7}$ | $1.07\times10^{6}$ | $9.23\times10^{1}$ | $2.71\times10^{1}$ | $1.55\times10^{5}$ | $1.84\times10^{4}$ | $3.70\times10^{1}$ | 0 |
| 250×50×50 | 4.5 | $1.5080\times10^{3}$ | $1.16\times10^{-1}$ | 0 | $9.10\times10^{0}$ | $1.16\times10^{7}$ | $2.59\times10^{5}$ | $8.78\times10^{1}$ | $1.31\times10^{1}$ | $9.30\times10^{4}$ | $6.31\times10^{3}$ | $2.00\times10^{1}$ | 0 |
| | 4.0 | $1.3470\times10^{3}$ | $1.04\times10^{-1}$ | 0 | $8.80\times10^{0}$ | $1.05\times10^{7}$ | $2.33\times10^{5}$ | $8.81\times10^{1}$ | $1.32\times10^{1}$ | $8.37\times10^{4}$ | $5.66\times10^{3}$ | $2.00\times10^{1}$ | 0 |
| 200×75×75 | 6.0 | $1.9820\times10^{3}$ | $1.53\times10^{-1}$ | 0 | $1.87\times10^{1}$ | $1.13\times10^{7}$ | $1.01\times10^{6}$ | $7.56\times10^{1}$ | $2.25\times10^{1}$ | $1.13\times10^{5}$ | $1.79\times10^{4}$ | $4.10\times10^{1}$ | 0 |
| 200×50×50 | 4.5 | $1.2830\times10^{3}$ | $9.90\times10^{-2}$ | 0 | $1.03\times10^{1}$ | $6.66\times10^{6}$ | $2.46\times10^{5}$ | $7.20\times10^{1}$ | $1.38\times10^{1}$ | $6.66\times10^{4}$ | $6.19\times10^{3}$ | $2.20\times10^{1}$ | 0 |
| | 4.0 | $1.1470\times10^{3}$ | $8.82\times10^{-2}$ | 0 | $1.00\times10^{1}$ | $6.00\times10^{6}$ | $2.22\times10^{5}$ | $7.23\times10^{1}$ | $1.39\times10^{1}$ | $6.00\times10^{4}$ | $5.55\times10^{3}$ | $2.20\times10^{1}$ | 0 |
| | 3.2 | $9.6230\times10^{2}$ | $7.12\times10^{-2}$ | 0 | $9.70\times10^{0}$ | $4.90\times10^{6}$ | $1.82\times10^{5}$ | $7.28\times10^{1}$ | $1.40\times10^{1}$ | $4.90\times10^{4}$ | $4.51\times10^{3}$ | $2.30\times10^{1}$ | 0 |
| 150×75×75 | 6.0 | $1.6820\times10^{3}$ | $1.29\times10^{-1}$ | 0 | $2.15\times10^{1}$ | $5.73\times10^{6}$ | $9.19\times10^{5}$ | $5.84\times10^{1}$ | $2.34\times10^{1}$ | $7.64\times10^{4}$ | $1.72\times10^{4}$ | $4.60\times10^{1}$ | 0 |
| | 4.5 | $1.2830\times10^{3}$ | $9.90\times10^{-2}$ | 0 | $2.08\times10^{1}$ | $4.48\times10^{6}$ | $7.14\times10^{5}$ | $5.91\times10^{1}$ | $2.36\times10^{1}$ | $5.98\times10^{4}$ | $1.32\times10^{4}$ | $4.60\times10^{1}$ | 0 |
| | 4.0 | $1.1470\times10^{3}$ | $8.82\times10^{-2}$ | 0 | $2.06\times10^{1}$ | $4.04\times10^{6}$ | $6.42\times10^{5}$ | $5.93\times10^{1}$ | $2.36\times10^{1}$ | $5.39\times10^{4}$ | $1.18\times10^{4}$ | $4.60\times10^{1}$ | 0 |
| 150×50×50 | 4.5 | $1.5080\times10^{3}$ | $8.14\times10^{-2}$ | 0 | $1.20\times10^{1}$ | $3.29\times10^{6}$ | $2.28\times10^{5}$ | $5.58\times10^{1}$ | $1.47\times10^{1}$ | $4.39\times10^{4}$ | $5.99\times10^{3}$ | $2.60\times10^{1}$ | 0 |
| | 3.2 | $7.6630\times10^{2}$ | $5.90\times10^{-2}$ | 0 | $1.14\times10^{1}$ | $2.44\times10^{6}$ | $1.69\times10^{5}$ | $5.64\times10^{1}$ | $1.48\times10^{1}$ | $3.25\times10^{4}$ | $4.37\times10^{3}$ | $2.60\times10^{1}$ | 0 |
| | 2.3 | $5.5760\times10^{2}$ | $4.29\times10^{-2}$ | 0 | $1.10\times10^{1}$ | $1.81\times10^{6}$ | $1.25\times10^{5}$ | $5.69\times10^{1}$ | $1.50\times10^{1}$ | $2.41\times10^{4}$ | $3.20\times10^{3}$ | $2.60\times10^{1}$ | 0 |
| 120×40×40 | 3.2 | $6.0630\times10^{2}$ | $4.66\times10^{-2}$ | 0 | $9.40\times10^{0}$ | $1.22\times10^{6}$ | $8.43\times10^{4}$ | $4.48\times10^{1}$ | $1.18\times10^{1}$ | $2.03\times10^{4}$ | $2.75\times10^{3}$ | $2.10\times10^{1}$ | 0 |
| 100×50×50 | 3.2 | $6.0630\times10^{2}$ | $4.66\times10^{-2}$ | 0 | $1.40\times10^{1}$ | $9.36\times10^{5}$ | $1.49\times10^{5}$ | $3.93\times10^{1}$ | $1.57\times10^{1}$ | $1.87\times10^{4}$ | $4.15\times10^{3}$ | $3.10\times10^{1}$ | 0 |
| | 2.3 | $4.4260\times10^{2}$ | $3.40\times10^{-2}$ | 0 | $1.36\times10^{1}$ | $6.99\times10^{5}$ | $1.11\times10^{5}$ | $3.97\times10^{1}$ | $1.58\times10^{1}$ | $1.40\times10^{4}$ | $3.04\times10^{3}$ | $3.10\times10^{1}$ | 0 |
| 100×40×40 | 3.2 | $5.4230\times10^{2}$ | $4.17\times10^{-2}$ | 0 | $1.03\times10^{1}$ | $7.86\times10^{5}$ | $7.99\times10^{4}$ | $3.81\times10^{1}$ | $1.21\times10^{1}$ | $1.57\times10^{4}$ | $2.69\times10^{3}$ | $2.20\times10^{1}$ | 0 |
| | 2.3 | $3.9660\times10^{2}$ | $3.05\times10^{-2}$ | 0 | $9.90\times10^{0}$ | $5.89\times10^{5}$ | $5.96\times10^{4}$ | $3.85\times10^{1}$ | $1.23\times10^{1}$ | $1.18\times10^{4}$ | $1.98\times10^{3}$ | $2.20\times10^{1}$ | 0 |
| 80×40×40 | 2.3 | $3.5060\times10^{2}$ | $2.70\times10^{-2}$ | 0 | $1.11\times10^{1}$ | $3.49\times10^{5}$ | $5.56\times10^{4}$ | $3.16\times10^{1}$ | $1.26\times10^{1}$ | $8.73\times10^{3}$ | $1.92\times10^{3}$ | $2.40\times10^{1}$ | 0 |
| 60×30×30 | 2.3 | $2.5860\times10^{2}$ | $1.99\times10^{-2}$ | 0 | $8.60\times10^{0}$ | $1.42\times10^{5}$ | $2.27\times10^{4}$ | $2.34\times10^{1}$ | $9.40\times10^{0}$ | $4.72\times10^{3}$ | $1.06\times10^{3}$ | $1.80\times10^{1}$ | 0 |
| | 1.6 | $1.8360\times10^{2}$ | $1.41\times10^{-2}$ | 0 | $8.20\times10^{0}$ | $1.03\times10^{5}$ | $1.64\times10^{4}$ | $2.37\times10^{1}$ | $9.50\times10^{0}$ | $3.45\times10^{3}$ | $7.50\times10^{2}$ | $1.80\times10^{1}$ | 0 |
| 40×40×40 | 3.2 | $3.5030\times10^{2}$ | $2.70\times10^{-2}$ | 0 | $1.51\times10^{1}$ | $9.21\times10^{4}$ | $5.72\times10^{4}$ | $1.62\times10^{1}$ | $1.28\times10^{1}$ | $4.60\times10^{3}$ | $2.30\times10^{3}$ | $3.00\times10^{1}$ | 0 |
| | 2.3 | $2.5860\times10^{2}$ | $1.99\times10^{-2}$ | 0 | $1.46\times10^{1}$ | $7.13\times10^{4}$ | $3.54\times10^{4}$ | $1.66\times10^{1}$ | $1.17\times10^{1}$ | $3.57\times10^{3}$ | $1.39\times10^{3}$ | $3.00\times10^{1}$ | 0 |
| 38×15×15 | 1.6 | $1.0040\times10^{2}$ | $7.72\times10^{-3}$ | 0 | $4.00\times10^{0}$ | $2.04\times10^{4}$ | $2.00\times10^{3}$ | $1.42\times10^{1}$ | $4.50\times10^{0}$ | $1.07\times10^{3}$ | $1.80\times10^{2}$ | $8.00\times10^{0}$ | 0 |
| 19×12×12 | 1.6 | $6.0390\times10^{1}$ | $4.65\times10^{-3}$ | 0 | $4.10\times10^{0}$ | $3.20\times10^{3}$ | $8.00\times10^{2}$ | $7.20\times10^{0}$ | $3.70\times10^{0}$ | $3.30\times10^{2}$ | $1.10\times10^{2}$ | $8.00\times10^{0}$ | 0 |
| 150×75×30 | 6.0 | $1.4120\times10^{3}$ | $1.09\times10^{-1}$ | $6.33\times10^{1}$ | $1.56\times10^{1}$ | $4.06\times10^{4}$ | $5.64\times10^{5}$ | $5.36\times10^{1}$ | $2.00\times10^{1}$ | $4.69\times10^{4}$ | $9.49\times10^{3}$ | $2.20\times10^{1}$ | $4.50\times10^{1}$ |
| 100×50×15 | 2.3 | $3.6210\times10^{2}$ | $2.78\times10^{-2}$ | $3.91\times10^{1}$ | $9.40\times10^{0}$ | $4.64\times10^{5}$ | $4.96\times10^{4}$ | $3.58\times10^{1}$ | $1.17\times10^{1}$ | $7.62\times10^{3}$ | $1.22\times10^{3}$ | $1.20\times10^{1}$ | $3.00\times10^{1}$ |
| 75×40×15 | 3.2 | $3.8230\times10^{2}$ | $2.94\times10^{-2}$ | $3.91\times10^{1}$ | $8.00\times10^{0}$ | $2.10\times10^{5}$ | $3.93\times10^{4}$ | $2.34\times10^{1}$ | $1.01\times10^{1}$ | $4.68\times10^{3}$ | $1.23\times10^{3}$ | $1.20\times10^{1}$ | $2.10\times10^{1}$ |
| | 2.3 | $2.8160\times10^{2}$ | $2.17\times10^{-2}$ | $3.01\times10^{1}$ | $8.10\times10^{0}$ | $2.08\times10^{5}$ | $3.12\times10^{4}$ | $2.72\times10^{1}$ | $1.05\times10^{1}$ | $4.63\times10^{3}$ | $9.80\times10^{2}$ | $1.20\times10^{1}$ | $2.10\times10^{1}$ |
| 50×25×10 | 2.3 | $1.7810\times10^{2}$ | $1.37\times10^{-2}$ | $1.97\times10^{1}$ | $5.40\times10^{0}$ | $5.59\times10^{4}$ | $7.90\times10^{3}$ | $1.77\times10^{1}$ | $6.70\times10^{0}$ | $1.84\times10^{3}$ | $4.00\times10^{2}$ | $7.00\times10^{0}$ | $1.50\times10^{1}$ |
| 40×40×15 | 3.2 | $2.7030\times10^{2}$ | $2.08\times10^{-2}$ | $1.46\times10^{1}$ | $1.14\times10^{1}$ | $5.71\times10^{4}$ | $3.68\times10^{4}$ | $1.45\times10^{1}$ | $1.17\times10^{1}$ | $2.24\times10^{3}$ | $1.29\times10^{3}$ | $1.40\times10^{1}$ | $1.20\times10^{1}$ |

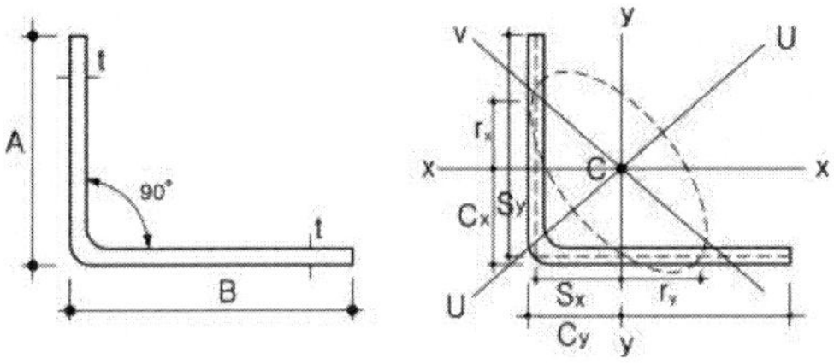


**부 표 1.10** 경ㄱ형강의 표준치수와 단면성능

| 치 수 (mm) | | 단면적 (mm²) | 단위중량 (N/mm) | 중심위치 (mm) | | 단면2차모멘트 (mm⁴) | | | | 단면2차반경 (mm) | | | |
|---|---|---|---|---|---|---|---|---|---|---|---|---|---|
| $A \times B$ | $t$ | | | $C_x$ | $C_y$ | $I_x$ | $I_y$ | $I_u$ | $I_v$ | $r_x$ | $r_y$ | $r_u$ | $r_v$ |
| 60×60 | 3.2 | $3.6720\times10^{2}$ | $2.82\times10^{-2}$ | $1.65\times10^{1}$ | $1.65\times10^{1}$ | $1.31\times10^{5}$ | $1.31\times10^{5}$ | $2.13\times10^{5}$ | $5.03\times10^{4}$ | $1.89\times10^{1}$ | $1.89\times10^{1}$ | $2.41\times10^{1}$ | $1.17\times10^{1}$ |
| 50×50 | 3.2 | $3.0320\times10^{2}$ | $2.33\times10^{-2}$ | $1.40\times10^{1}$ | $1.40\times10^{1}$ | $7.47\times10^{4}$ | $7.47\times10^{4}$ | $2.11\times10^{5}$ | $2.83\times10^{4}$ | $1.57\times10^{1}$ | $1.57\times10^{1}$ | $2.00\times10^{1}$ | $9.70\times10^{0}$ |
| | 3.2 | $2.2130\times10^{2}$ | $1.71\times10^{-2}$ | $1.36\times10^{1}$ | $1.36\times10^{1}$ | $5.54\times10^{4}$ | $5.54\times10^{4}$ | $8.94\times10^{4}$ | $2.13\times10^{4}$ | $1.58\times10^{1}$ | $1.58\times10^{1}$ | $2.01\times10^{1}$ | $9.80\times10^{0}$ |
| 40×40 | 3.2 | $2.3920\times10^{2}$ | $1.84\times10^{-2}$ | $1.15\times10^{1}$ | $1.15\times10^{1}$ | $3.72\times10^{4}$ | $3.72\times10^{4}$ | $6.04\times10^{4}$ | $1.39\times10^{4}$ | $1.25\times10^{1}$ | $1.25\times10^{1}$ | $1.59\times10^{1}$ | $7.60\times10^{0}$ |
| 30×30 | 3.2 | $1.7520\times10^{2}$ | $1.35\times10^{-2}$ | $9.00\times10^{0}$ | $9.00\times10^{0}$ | $1.50\times10^{4}$ | $1.50\times10^{4}$ | $2.45\times10^{4}$ | $5.40\times10^{3}$ | $9.20\times10^{0}$ | $9.20\times10^{0}$ | $1.18\times10^{1}$ | $5.60\times10^{0}$ |
| 75×30 | 3.2 | $3.1920\times10^{2}$ | $2.46\times10^{-2}$ | $2.86\times10^{1}$ | $2.86\times10^{0}$ | $1.89\times10^{5}$ | $1.94\times10^{4}$ | $1.96\times10^{5}$ | $1.47\times10^{4}$ | $2.43\times10^{1}$ | $7.80\times10^{0}$ | $2.48\times10^{1}$ | $6.20\times10^{0}$ |

| 치 수 (mm) | | 단면적 (mm²) | 단위중량 (N/mm) | tanα | 단면계수 (mm³) | | 전단중심 (mm) | |
|---|---|---|---|---|---|---|---|---|
| $A \times B$ | $t$ | | | | $S_x$ | $S_y$ | $\overline{S_x}$ | $\overline{S_y}$ |
| 60×60 | 3.2 | $3.6720\times10^{2}$ | $2.82\times10^{-2}$ | 1.00 | $3.02\times10^{3}$ | $3.02\times10^{3}$ | $1.49\times10^{1}$ | $1.49\times10^{1}$ |
| 50×50 | 3.2 | $3.0320\times10^{2}$ | $2.33\times10^{-2}$ | 1.00 | $2.07\times10^{3}$ | $2.07\times10^{3}$ | $1.24\times10^{1}$ | $1.24\times10^{1}$ |
| | 3.2 | $2.2130\times10^{2}$ | $1.71\times10^{-2}$ | 1.00 | $1.52\times10^{3}$ | $1.52\times10^{3}$ | $1.24\times10^{1}$ | $1.24\times10^{1}$ |
| 40×40 | 3.2 | $2.3920\times10^{2}$ | $1.84\times10^{-2}$ | 1.00 | $1.30\times10^{3}$ | $1.30\times10^{3}$ | $9.90\times10^{0}$ | $9.90\times10^{0}$ |
| 30×30 | 3.2 | $1.7520\times10^{2}$ | $1.35\times10^{-2}$ | 1.00 | $7.10\times10^{2}$ | $7.10\times10^{2}$ | $7.40\times10^{0}$ | $7.40\times10^{0}$ |
| 75×30 | 3.2 | $3.1610\times10^{2}$ | $2.46\times10^{-2}$ | 0.198 | $4.07\times10^{3}$ | $8.00\times10^{2}$ | $4.10\times10^{0}$ | $2.70\times10^{1}$ |

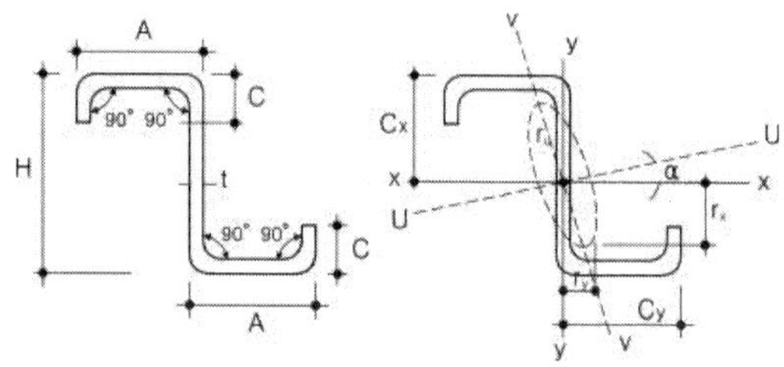


**부 표 1.11** 립Z 형강의 표준치수와 단면성능

| 치수 (mm) | | 단면적 ($mm^2$) | 단위중량 (N/mm) | 중심위치 (mm) | | 단면2차모멘트 ($mm^4$) | | | | 단면2차반경 (mm) | | | |
|---|---|---|---|---|---|---|---|---|---|---|---|---|---|
| $H\times A\times C$ | $t$ | | | $C_x$ | $C_y$ | $I_x$ | $I_y$ | $I_u$ | $I_v$ | $r_x$ | $r_y$ | $r_u$ | $r_v$ |
| 100×50×50 | 3,2 | $6,0630\times10^{2}$ | $4,66\times10^{-2}$ | $5,00\times10^{1}$ | $4,84\times10^{1}$ | $9,36\times10^{5}$ | $2,42\times10^{5}$ | $1,09\times10^{6}$ | $8,70\times10^{4}$ | $3,93\times10^{1}$ | $2,00\times10^{1}$ | $4,24\times10^{1}$ | $1,20\times10^{1}$ |
| | 2,3 | $4,4260\times10^{2}$ | $3,40\times10^{-2}$ | $5,00\times10^{1}$ | $4,88\times10^{1}$ | $6,99\times10^{5}$ | $1,79\times10^{5}$ | $8,12\times10^{5}$ | $6,53\times10^{4}$ | $3,97\times10^{1}$ | $2,01\times10^{1}$ | $4,28\times10^{1}$ | $1,21\times10^{1}$ |
| 75×30×30 | 3,2 | $3,9830\times10^{2}$ | $3,07\times10^{-2}$ | $3,75\times10^{1}$ | $2,84\times10^{1}$ | $3,16\times10^{5}$ | $4,91\times10^{4}$ | $3,45\times10^{5}$ | $2,00\times10^{4}$ | $2,82\times10^{1}$ | $1,11\times10^{1}$ | $2,94\times10^{1}$ | $7,10\times10^{0}$ |
| 60×30×30 | 2,3 | $2,5860\times10^{2}$ | $1,99\times10^{-2}$ | $3,00\times10^{1}$ | $2,88\times10^{1}$ | $1,42\times10^{5}$ | $3,69\times10^{4}$ | $1,65\times10^{5}$ | $1,31\times10^{4}$ | $2,34\times10^{1}$ | $1,19\times10^{1}$ | $2,53\times10^{1}$ | $7,10\times10^{0}$ |
| 40×20×20 | 2,3 | $1,6660\times10^{2}$ | $1,28\times10^{-2}$ | $2,00\times10^{1}$ | $1,88\times10^{1}$ | $3,86\times10^{4}$ | $1,03\times10^{4}$ | $4,54\times10^{4}$ | $3,50\times10^{3}$ | $1,52\times10^{1}$ | $7,90\times10^{0}$ | $1,65\times10^{1}$ | $4,60\times10^{0}$ |
| 75×40×30 | 2,3 | $3,1610\times10^{2}$ | $2,43\times10^{-2}$ | $3,49\times10^{1}$ | $3,13\times10^{1}$ | $2,68\times10^{5}$ | $6,15\times10^{4}$ | $3,06\times10^{5}$ | $2,39\times10^{4}$ | $2,91\times10^{1}$ | $1,40\times10^{1}$ | $3,11\times10^{1}$ | $8,65\times10^{0}$ |
| 75×30×20 | 2,3 | $2,7010\times10^{2}$ | $2,08\times10^{-2}$ | $3,44\times10^{1}$ | $2,09\times10^{1}$ | $2,07\times10^{5}$ | $2,25\times10^{4}$ | $2,19\times10^{5}$ | $1,08\times10^{4}$ | $2,77\times10^{1}$ | $9,13\times10^{0}$ | $2,85\times10^{1}$ | $6,31\times10^{0}$ |

| 치수 (mm) | | 단면적 ($mm^2$) | 단위중량 (N/mm) | $\tan\alpha$ | 단면계수 ($mm^3$) | | 전단중심 (mm) | |
|---|---|---|---|---|---|---|---|---|
| $H\times A\times C$ | $t$ | | | | $S_x$ | $S_y$ | $\overline{S_x}$ | $\overline{S_y}$ |
| 100×50×50 | 3,2 | $6,0630\times10^{2}$ | $4,66\times10^{-2}$ | 0,427 | $1,87\times10^{4}$ | $5,00\times10^{3}$ | 0 | 0 |
| | 2,3 | $4,4260\times10^{2}$ | $3,40\times10^{-2}$ | 0,423 | $1,40\times10^{4}$ | $3,66\times10^{3}$ | 0 | 0 |
| 75×30×30 | 3,2 | $3,9830\times10^{2}$ | $3,07\times10^{-2}$ | 0,313 | $8,42\times10^{3}$ | $1,73\times10^{3}$ | 0 | 0 |
| 60×30×30 | 2,3 | $2,5860\times10^{2}$ | $1,99\times10^{-2}$ | 0,430 | $4,72\times10^{3}$ | $1,28\times10^{3}$ | 0 | 0 |
| 40×20×20 | 2,3 | $1,6660\times10^{2}$ | $1,28\times10^{-2}$ | 0,443 | $1,93\times10^{3}$ | $5,50\times10^{2}$ | 0 | 0 |
| 75×40×30 | 2,3 | $3,1610\times10^{2}$ | $2,43\times10^{-2}$ | 0,394 | $6,68\times10^{3}$ | $1,69\times10^{3}$ | $5,00\times10^{-1}$ | $1,38\times10^{1}$ |
| 75×30×20 | 2,3 | $2,7010\times10^{2}$ | $2,08\times10^{-2}$ | 0,245 | $5,10\times10^{3}$ | $8,39\times10^{2}$ | $3,00\times10^{-1}$ | $1,86\times10^{1}$ |

# 부 2 압축재 휨좌굴강도

**부 표 2.1** 압축재의 휨좌굴강도(N/mm²) ($F_y = 275\text{N/mm}^2$, $\phi_c = 0.9$)

| $\frac{KL}{r}$ | $\phi_c F_{cr}$ | $\frac{KL}{r}$ | $\phi_c F_{cr}$ | $\frac{KL}{r}$ | $\phi_c F_{cr}$ | $\frac{KL}{r}$ | $\phi_c F_{cr}$ | $\frac{KL}{r}$ | $\phi_c F_{cr}$ |
|---|---|---|---|---|---|---|---|---|---|
| 1 | 247 | 41 | 225 | 81 | 172 | 121 | 110 | 161 | 63 |
| 2 | 247 | 42 | 224 | 82 | 170 | 122 | 108 | 162 | 62 |
| 3 | 247 | 43 | 223 | 83 | 169 | 123 | 107 | 163 | 62 |
| 4 | 247 | 44 | 222 | 84 | 167 | 124 | 105 | 164 | 61 |
| 5 | 247 | 45 | 221 | 85 | 166 | 125 | 104 | 165 | 60 |
| 6 | 247 | 46 | 220 | 86 | 164 | 126 | 102 | 166 | 59 |
| 7 | 247 | 47 | 219 | 87 | 163 | 127 | 101 | 167 | 59 |
| 8 | 247 | 48 | 218 | 88 | 161 | 128 | 100 | 168 | 58 |
| 9 | 246 | 49 | 217 | 89 | 159 | 129 | 98 | 169 | 57 |
| 10 | 246 | 50 | 215 | 90 | 158 | 130 | 97 | 170 | 57 |
| 11 | 246 | 51 | 214 | 91 | 156 | 131 | 95 | 171 | 56 |
| 12 | 246 | 52 | 213 | 92 | 155 | 132 | 94 | 172 | 55 |
| 13 | 245 | 53 | 212 | 93 | 153 | 133 | 92 | 173 | 55 |
| 14 | 245 | 54 | 210 | 94 | 152 | 134 | 91 | 174 | 54 |
| 15 | 244 | 55 | 209 | 95 | 150 | 135 | 90 | 175 | 53 |
| 16 | 244 | 56 | 208 | 96 | 148 | 136 | 88 | 176 | 53 |
| 17 | 244 | 57 | 207 | 97 | 147 | 137 | 87 | 177 | 52 |
| 18 | 243 | 58 | 205 | 98 | 145 | 138 | 86 | 178 | 52 |
| 19 | 243 | 59 | 204 | 99 | 144 | 139 | 85 | 179 | 51 |
| 20 | 242 | 60 | 203 | 100 | 142 | 140 | 83 | 180 | 50 |
| 21 | 242 | 61 | 201 | 101 | 140 | 141 | 82 | 181 | 50 |
| 22 | 241 | 62 | 200 | 102 | 139 | 142 | 81 | 182 | 49 |
| 23 | 240 | 63 | 199 | 103 | 137 | 143 | 80 | 183 | 49 |
| 24 | 240 | 64 | 197 | 104 | 136 | 144 | 79 | 184 | 48 |
| 25 | 239 | 65 | 196 | 105 | 134 | 145 | 78 | 185 | 48 |
| 26 | 238 | 66 | 194 | 106 | 133 | 146 | 77 | 186 | 47 |
| 27 | 238 | 67 | 193 | 107 | 131 | 147 | 76 | 187 | 47 |
| 28 | 237 | 68 | 191 | 108 | 129 | 148 | 75 | 188 | 46 |
| 29 | 236 | 69 | 190 | 109 | 128 | 149 | 74 | 189 | 46 |
| 30 | 235 | 70 | 189 | 110 | 126 | 150 | 73 | 190 | 45 |
| 31 | 235 | 71 | 187 | 111 | 125 | 151 | 72 | 191 | 45 |
| 32 | 234 | 72 | 186 | 112 | 123 | 152 | 71 | 192 | 44 |
| 33 | 233 | 73 | 184 | 113 | 122 | 153 | 70 | 193 | 44 |
| 34 | 232 | 74 | 183 | 114 | 120 | 154 | 69 | 194 | 43 |
| 35 | 231 | 75 | 181 | 115 | 119 | 155 | 68 | 195 | 43 |
| 36 | 230 | 76 | 180 | 116 | 117 | 156 | 67 | 196 | 43 |
| 37 | 229 | 77 | 178 | 117 | 116 | 157 | 66 | 197 | 42 |
| 38 | 228 | 78 | 177 | 118 | 114 | 158 | 66 | 198 | 42 |
| 39 | 227 | 79 | 175 | 119 | 113 | 159 | 65 | 199 | 41 |
| 40 | 226 | 80 | 173 | 120 | 111 | 160 | 64 | 200 | 41 |

**부 표 2.2** 압축재의 휨좌굴강도$(\mathrm{N/mm^2})$ $(F_y = 355\mathrm{N/mm^2},\ \phi_c = 0.9)$

| $\frac{KL}{r}$ | $\phi_c F_{cr}$ | $\frac{KL}{r}$ | $\phi_c F_{cr}$ | $\frac{KL}{r}$ | $\phi_c F_{cr}$ | $\frac{KL}{r}$ | $\phi_c F_{cr}$ | $\frac{KL}{r}$ | $\phi_c F_{cr}$ |
|---|---|---|---|---|---|---|---|---|---|
| 1 | 319 | 41 | 283 | 81 | 200 | 121 | 112 | 161 | 63 |
| 2 | 319 | 42 | 282 | 82 | 197 | 122 | 110 | 162 | 62 |
| 3 | 319 | 43 | 280 | 83 | 195 | 123 | 108 | 163 | 62 |
| 4 | 319 | 44 | 278 | 84 | 193 | 124 | 106 | 164 | 61 |
| 5 | 319 | 45 | 276 | 85 | 190 | 125 | 105 | 165 | 60 |
| 6 | 319 | 46 | 275 | 86 | 188 | 126 | 103 | 166 | 59 |
| 7 | 318 | 47 | 273 | 87 | 186 | 127 | 101 | 167 | 59 |
| 8 | 318 | 48 | 271 | 88 | 183 | 128 | 100 | 168 | 58 |
| 9 | 318 | 49 | 269 | 89 | 181 | 129 | 98 | 169 | 57 |
| 10 | 317 | 50 | 267 | 90 | 179 | 130 | 97 | 170 | 57 |
| 11 | 317 | 51 | 265 | 91 | 176 | 131 | 95 | 171 | 56 |
| 12 | 316 | 52 | 263 | 92 | 174 | 132 | 94 | 172 | 55 |
| 13 | 316 | 53 | 261 | 93 | 172 | 133 | 92 | 173 | 55 |
| 14 | 315 | 54 | 259 | 94 | 170 | 134 | 91 | 174 | 54 |
| 15 | 314 | 55 | 257 | 95 | 167 | 135 | 90 | 175 | 53 |
| 16 | 314 | 56 | 255 | 96 | 165 | 136 | 88 | 176 | 53 |
| 17 | 313 | 57 | 253 | 97 | 163 | 137 | 87 | 177 | 52 |
| 18 | 312 | 58 | 251 | 98 | 160 | 138 | 86 | 178 | 52 |
| 19 | 311 | 59 | 249 | 99 | 158 | 139 | 85 | 179 | 51 |
| 20 | 310 | 60 | 247 | 100 | 156 | 140 | 83 | 180 | 50 |
| 21 | 310 | 61 | 245 | 101 | 154 | 141 | 82 | 181 | 50 |
| 22 | 309 | 62 | 243 | 102 | 152 | 142 | 81 | 182 | 49 |
| 23 | 308 | 63 | 240 | 103 | 149 | 143 | 80 | 183 | 49 |
| 24 | 307 | 64 | 238 | 104 | 147 | 144 | 79 | 184 | 48 |
| 25 | 306 | 65 | 236 | 105 | 145 | 145 | 78 | 185 | 48 |
| 26 | 304 | 66 | 234 | 106 | 143 | 146 | 77 | 186 | 47 |
| 27 | 303 | 67 | 232 | 107 | 141 | 147 | 76 | 187 | 47 |
| 28 | 302 | 68 | 229 | 108 | 138 | 148 | 75 | 188 | 46 |
| 29 | 301 | 69 | 227 | 109 | 136 | 149 | 74 | 189 | 46 |
| 30 | 300 | 70 | 225 | 110 | 134 | 150 | 73 | 190 | 45 |
| 31 | 298 | 71 | 223 | 111 | 132 | 151 | 72 | 191 | 45 |
| 32 | 297 | 72 | 220 | 112 | 130 | 152 | 71 | 192 | 44 |
| 33 | 296 | 73 | 218 | 113 | 128 | 153 | 70 | 193 | 44 |
| 34 | 294 | 74 | 216 | 114 | 126 | 154 | 69 | 194 | 43 |
| 35 | 293 | 75 | 213 | 115 | 124 | 155 | 68 | 195 | 43 |
| 36 | 291 | 76 | 211 | 116 | 122 | 156 | 67 | 196 | 43 |
| 37 | 290 | 77 | 209 | 117 | 120 | 157 | 66 | 197 | 42 |
| 38 | 288 | 78 | 207 | 118 | 117 | 158 | 66 | 198 | 42 |
| 39 | 286 | 79 | 204 | 119 | 116 | 159 | 65 | 199 | 41 |
| 40 | 285 | 80 | 202 | 120 | 114 | 160 | 64 | 200 | 41 |

# 부 3 H형강의 한계 비지지길이

| 치수(mm) | | | | $L_p$ | 식(7.17) | $L_r$ | 식(7.20) |
|---|---|---|---|---|---|---|---|
| 공칭치수 | H×B | t1 | t2 | $F_y = 275\text{MPa}$ | $F_y = 355\text{MPa}$ | $F_y = 275\text{MPa}$ | $F_y = 355\text{MPa}$ |
| 100×50 | 100×50 | 5 | 7 | 544.72 | 479.43 | 2777.72 | 2194.62 |
| 100×100 | 100×100 | 6 | 8 | 1201.30 | 1057.32 | 6590.72 | 5169.15 |
| 125×60 | 125×60 | 6 | 8 | 641.99 | 565.04 | 3068.37 | 2437.41 |
| 125×125 | 125×125 | 6.5 | 9 | 1512.57 | 1331.28 | 7352.78 | 5802.62 |
| 150×75 | 150×75 | 5 | 7 | 807.35 | 710.59 | 2941.33 | 2412.40 |
| 150×100 | 148×100 | 6 | 9 | 1152.67 | 1014.51 | 4867.75 | 3895.90 |
| 150×150 | 150×150 | 7 | 10 | 1823.84 | 1605.24 | 8165.03 | 6480.29 |
| 175×90 | 175×90 | 5 | 8 | 1001.90 | 881.81 | 3446.19 | 2841.73 |
| 175×175 | 175×175 | 7.5 | 11 | 2130.25 | 1874.92 | 9007.49 | 7185.95 |
| 200×100 | 198×99 | 4.5 | 7 | 1074.85 | 946.02 | 3274.62 | 2765.65 |
| | 200×100 | 5.5 | 8 | 1079.71 | 950.30 | 3528.28 | 2943.01 |
| 200×150 | 194×150 | 6 | 9 | 1755.75 | 1545.31 | 5931.88 | 4882.29 |
| 200×200 | 200×200 | 8 | 12 | 2441.52 | 2148.88 | 9825.76 | 7874.61 |
| | 200×204 | 12 | 12 | 2373.43 | 2088.95 | 10699.64 | 8505.49 |
| 250×125 | 248×124 | 5 | 8 | 1356.94 | 1194.30 | 3985.02 | 3388.18 |
| | 250×125 | 6 | 9 | 1356.94 | 1194.30 | 4209.63 | 3545.56 |
| 250×175 | 244×175 | 7 | 11 | 2032.98 | 1789.31 | 6736.57 | 5565.00 |
| 250×250 | 250×250 | 9 | 14 | 3059.19 | 2692.52 | 11567.90 | 9337.62 |
| | 250×255 | 14 | 14 | 2961.92 | 2606.91 | 12557.28 | 10041.20 |
| 300×150 | 298×149 | 5.5 | 8 | 1162.40 | 1023.07 | 4520.92 | 3880.56 |
| | 300×150 | 6.5 | 9 | 1600.12 | 1408.33 | 4710.27 | 4014.18 |
| 300×200 | 294×200 | 8 | 12 | 2290.75 | 2016.18 | 7257.23 | 6049.15 |
| 300×300 | 294×302 | 12 | 12 | 3482.32 | 3064.93 | 11606.03 | 9586.55 |
| | 300×300 | 10 | 15 | 3652.55 | 3214.76 | 12736.32 | 10397.74 |
| | 300×305 | 15 | 15 | 3530.96 | 3107.74 | 13580.22 | 10979.81 |
| 350×175 | 345×174 | 6 | 9 | 1887.07 | 1660.89 | 5255.39 | 4519.24 |
| | 350×175 | 7 | 11 | 1921.11 | 1690.85 | 5608.51 | 4773.68 |
| 350×250 | 340×250 | 9 | 14 | 2918.15 | 2568.38 | 9154.26 | 7629.51 |
| 350×350 | 344×348 | 10 | 16 | 4270.22 | 3758.40 | 13960.17 | 11496.85 |
| | 350×350 | 12 | 19 | 4379.77 | 3838.53 | 16377.21 | 13147.24 |

| 치수(mm) | | | | $L_p$ | 식(7.17) | $L_r$ | 식(7.20) |
|---|---|---|---|---|---|---|---|
| 공칭치수 | H×B | t1 | t2 | $F_y = 275\text{MPa}$ | $F_y = 355\text{MPa}$ | $F_y = 275\text{MPa}$ | $F_y = 355\text{MPa}$ |
| 400×200 | 396×199 | 7 | 11 | 2178.88 | 1917.72 | 6141.14 | 5266.05 |
| | 400×200 | 8 | 13 | 2208.06 | 1943.41 | 6482.85 | 5508.44 |
| 400×300 | 390×300 | 10 | 16 | 3540.69 | 3116.30 | 11054.67 | 9216.37 |
| | 388×402 | 15 | 15 | 4639.85 | 4083.73 | 15055.30 | 12498.20 |
| | 394×398 | 11 | 18 | 5004.04 | 4385.65 | 16342.27 | 13372.70 |
| | 400×400 | 13 | 21 | 5004.04 | 4385.65 | 18175.27 | 14646.69 |
| | 400×408 | 21 | 21 | 4830.63 | 4233.67 | 19689.98 | 15699.84 |
| 400×400 | 414×405 | 18 | 28 | 5053.58 | 4429.07 | 23218.46 | 18252.41 |
| | 428×407 | 20 | 35 | 5152.67 | 4515.92 | 28455.63 | 22119.86 |
| | 458×417 | 30 | 50 | 5404.26 | 4715.02 | 42770.60 | 32663.83 |
| | 498×432 | 45 | 70 | 5606.29 | 4891.28 | 615908.16 | 468830.14 |
| 450×200 | 446×199 | 8 | 12 | 2105.93 | 1853.51 | 5992.99 | 5144.85 |
| | 450×200 | 9 | 14 | 2139.97 | 1883.48 | 6303.66 | 5368.60 |
| 450×300 | 440×300 | 11 | 18 | 3557.33 | 3117.72 | 11249.51 | 9312.89 |
| 500×200 | 496×199 | 9 | 14 | 2076.75 | 1827.83 | 6006.53 | 5145.25 |
| | 500×200 | 10 | 16 | 2105.93 | 1853.51 | 6316.64 | 5370.78 |
| | 506×201 | 11 | 19 | 2194.84 | 1923.61 | 6995.91 | 5839.63 |
| 500×300 | 482×300 | 11 | 15 | 3316.96 | 2919.39 | 9639.70 | 8199.37 |
| | 488×300 | 11 | 18 | 3487.96 | 3056.93 | 10576.55 | 8842.42 |
| 600×200 | 596×199 | 10 | 15 | 1969.75 | 1733.66 | 5720.21 | 4924.74 |
| | 600×200 | 11 | 17 | 2041.25 | 1789.00 | 6103.39 | 5193.60 |
| | 606×201 | 12 | 20 | 2090.80 | 1832.42 | 6490.66 | 5472.81 |
| 600×300 | 582×300 | 12 | 17 | 3284.83 | 2878.90 | 9529.05 | 8089.18 |
| | 588×300 | 12 | 20 | 3393.83 | 2974.43 | 10099.22 | 8500.90 |
| | 594×302 | 14 | 23 | 3418.60 | 2996.14 | 10823.10 | 9006.39 |
| 700×300 | 692×300 | 13 | 20 | 3235.29 | 2835.48 | 9432.44 | 8018.38 |
| | 700×300 | 13 | 24 | 3359.15 | 2944.03 | 10055.86 | 8467.64 |
| 800×300 | 792×300 | 14 | 22 | 3165.92 | 2774.68 | 9233.54 | 7868.47 |
| | 800×300 | 14 | 26 | 3279.88 | 2874.56 | 9776.56 | 8264.45 |
| 900×300 | 890×299 | 15 | 23 | 3051.97 | 2674.81 | 8947.31 | 7649.33 |
| | 900×300 | 16 | 28 | 3165.92 | 2774.68 | 9529.66 | 8073.68 |
| | 912×302 | 18 | 34 | 3250.15 | 2848.50 | 10398.72 | 8695.10 |

# 부 4 고장력볼트와 볼트의 설계강도, 게이지 및 피치

부 표 4.1 지압접합된 볼트 및 고장력볼트의 설계강도

| 종류 | 볼트 호칭지름 (mm) | 볼트 축지름 (mm) | 볼트 구멍지름 (mm) | 공칭 단면적 ($mm^2$) | 설계인장 강도 (N) | 설계전단강도(N) | | | |
|---|---|---|---|---|---|---|---|---|---|
| | | | | | | 1면전단 | | 2면전단 | |
| | | | | | | 나사부가 전단면에 포함된 경우 | 나사부가 전단면에 포함되지 않은 경우 | 나사부가 전단면에 포함된 경우 | 나사부가 전단면에 포함되지 않은 경우 |
| F13T | M16 | 16 | 18 | $2.01\times10^{2}$ | $1.47\times10^{5}$ | $7.84\times10^{4}$ | $9.80\times10^{4}$ | $1.57\times10^{5}$ | $1.96\times10^{5}$ |
| | M20 | 20 | 22 | $3.14\times10^{2}$ | $2.30\times10^{5}$ | $1.22\times10^{5}$ | $1.53\times10^{5}$ | $2.45\times10^{5}$ | $3.06\times10^{5}$ |
| | M22 | 22 | 24 | $3.80\times10^{2}$ | $2.78\times10^{5}$ | $1.48\times10^{5}$ | $1.85\times10^{5}$ | $2.96\times10^{5}$ | $3.71\times10^{5}$ |
| | M24 | 24 | 26 | $4.52\times10^{2}$ | $3.31\times10^{5}$ | $1.76\times10^{5}$ | $2.20\times10^{5}$ | $3.53\times10^{5}$ | $4.41\times10^{5}$ |
| F10T | M16 | 16 | 18 | $2.01\times10^{2}$ | $1.13\times10^{5}$ | $6.03\times10^{4}$ | $7.54\times10^{4}$ | $1.21\times10^{5}$ | $1.51\times10^{5}$ |
| | M20 | 20 | 22 | $3.14\times10^{2}$ | $1.77\times10^{5}$ | $9.42\times10^{4}$ | $1.18\times10^{5}$ | $1.88\times10^{5}$ | $2.36\times10^{5}$ |
| | M22 | 22 | 24 | $3.80\times10^{2}$ | $2.14\times10^{5}$ | $1.14\times10^{5}$ | $1.43\times10^{5}$ | $2.28\times10^{5}$ | $2.85\times10^{5}$ |
| | M24 | 24 | 26 | $4.52\times10^{2}$ | $2.54\times10^{5}$ | $1.36\times10^{5}$ | $1.70\times10^{5}$ | $2.71\times10^{5}$ | $3.39\times10^{5}$ |
| F8T | M16 | 16 | 18 | $2.01\times10^{2}$ | $9.05\times10^{4}$ | $4.82\times10^{4}$ | $6.03\times10^{4}$ | $9.65\times10^{4}$ | $1.21\times10^{5}$ |
| | M20 | 20 | 22 | $3.14\times10^{2}$ | $1.41\times10^{5}$ | $7.54\times10^{4}$ | $9.42\times10^{4}$ | $1.51\times10^{5}$ | $1.88\times10^{5}$ |
| | M22 | 22 | 24 | $3.80\times10^{2}$ | $1.71\times10^{5}$ | $9.12\times10^{4}$ | $1.14\times10^{5}$ | $1.82\times10^{5}$ | $2.28\times10^{5}$ |
| | M24 | 24 | 26 | $4.52\times10^{2}$ | $2.03\times10^{5}$ | $1.08\times10^{5}$ | $1.36\times10^{5}$ | $2.17\times10^{5}$ | $2.71\times10^{5}$ |
| SS400 SM400 | M16 | 16 | 지름+0.5 | $2.01\times10^{2}$ | $4.52\times10^{4}$ | $2.41\times10^{4}$ | | $4.82\times10^{4}$ | |
| | M20 | 20 | | $3.14\times10^{2}$ | $7.07\times10^{4}$ | $3.77\times10^{4}$ | | $7.54\times10^{4}$ | |
| | M22 | 22 | | $3.80\times10^{2}$ | $8.56\times10^{4}$ | $4.56\times10^{4}$ | | $9.12\times10^{4}$ | |
| | M24 | 24 | | $4.52\times10^{2}$ | $1.02\times10^{5}$ | $5.42\times10^{4}$ | | $1.08\times10^{5}$ | |

**부 표 4.2** 계수하중에 대한 고장력볼트의 설계미끄럼강도(블라스트 후 페인트칠하지 않은 표준구멍일 경우)

| 볼트의 등급 | 볼트의 호칭 | 공칭단면적 ($mm^2$) | 설계볼트장력 $T_0$(kN) | 설계미끄럼강도(kN) | |
|---|---|---|---|---|---|
| | | | | 1면 전단 | 2면전단 |
| F8T | M 16 | 201 | 84 | 35.7 | 71.4 |
| | M 20 | 314 | 132 | 56.1 | 112.2 |
| | M 22 | 380 | 160 | 68.0 | 136.0 |
| | M 24 | 452 | 190 | 80.8 | 161.5 |
| F10T | M 16 | 201 | 106 | 45.1 | 90.1 |
| | M 20 | 314 | 165 | 70.1 | 140.3 |
| | M 22 | 380 | 200 | 85.0 | 170.0 |
| | M 24 | 452 | 237 | 100.7 | 201.5 |
| F13T | M 16 | 201 | 137 | 58.2 | 116.5 |
| | M 20 | 314 | 214 | 91.0 | 181.9 |
| | M 22 | 380 | 259 | 110.1 | 220.2 |
| | M 24 | 452 | 308 | 130.9 | 261.8 |

| 볼트의 등급 | 볼트의 호칭 | 공칭단면적 ($mm^2$) | 설계볼트장력 $T_0$(kN) | 표준볼트장력 $1.1T_0$(kN) |
|---|---|---|---|---|
| F8T | M 16 | 201 | 84 | 93 |
| | M 20 | 314 | 132 | 146 |
| | M 22 | 380 | 160 | 176 |
| | M 24 | 452 | 190 | 209 |
| F10T | M 16 | 201 | 106 | 117 |
| | M 20 | 314 | 165 | 182 |
| | M 22 | 380 | 200 | 220 |
| | M 24 | 452 | 237 | 261 |
| F13T | M 16 | 201 | 137 | 151 |
| | M 20 | 314 | 214 | 236 |
| | M 22 | 380 | 259 | 285 |
| | M 24 | 452 | 308 | 339 |

설계볼트장력은 볼트의 인장강도의 0.7배에 볼트의 유효단면적을 곱한 값
볼트의 유효단면적은 공칭단면적의 0.75배

| 볼트 호칭지름 (mm) | 볼트 축지름 (mm) | 볼트구멍지름 (mm) | 볼트의 축단면적 ($mm^2$) | 허용전단력(N) | |
|---|---|---|---|---|---|
| | | | | 1면 전단 | 2면 전단 |
| M12 | 12 | 12.5 | $1.13\times10^2$ | $1.00\times10^4$ | $1.99\times10^4$ |
| M16 | 16 | 16.5 | $2.01\times10^2$ | $1.77\times10^4$ | $3.55\times10^4$ |
| M20 | 20 | 20.5 | $3.14\times10^2$ | $2.77\times10^4$ | $5.54\times10^4$ |
| M22 | 22 | 22.5 | $3.80\times10^2$ | $3.35\times10^4$ | $6.70\times10^4$ |
| M24 | 24 | 24.5 | $4.52\times10^2$ | $3.99\times10^4$ | $7.98\times10^4$ |

**부 표 4.3** 고장력볼트 및 볼트의 피치, 게이지(mm)

(a) 게이지 (mm)

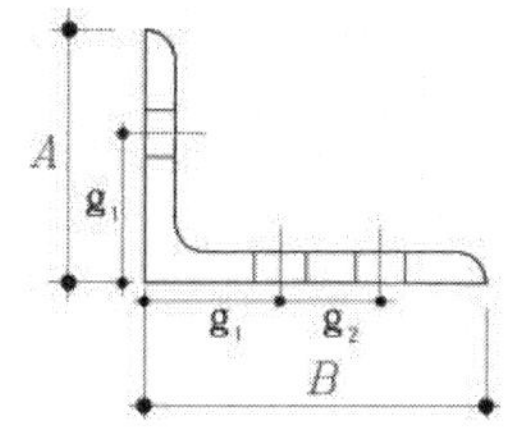


| A 및 B | $g_1$ | $g_2$ | 최대축지름 |
|---|---|---|---|
| 40 | 22 | | 10 |
| 45 | 25 | | 12 |
| 50[2] | 30 | | 16 |
| 60 | 35 | | 16 |
| 65 | 35 | | 20 |
| 70 | 40 | | 20 |
| 75 | 40 | | 22 |
| 80 | 45 | | 22 |
| 90 | 50 | | 24 |
| 100 | 55 | | 24 |
| 125 | 50 | 35 | 24 |
| 130 | 50 | 40 | 24 |
| 150 | 55 | 55 | 24 |
| 175 | 60 | 70 | 24 |
| 200 | 60 | 90 | 24 |

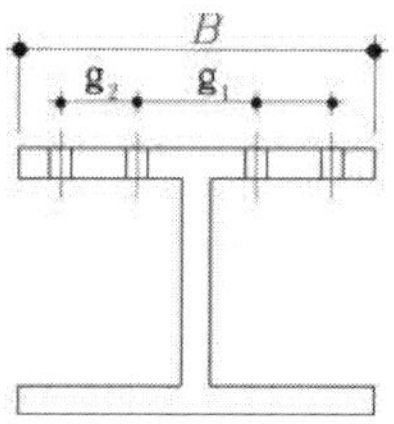


| B | $g_1$ | $g_2$ | 최대축지름 |
|---|---|---|---|
| 100[2] | 60 | | 16 |
| 125 | 75 | | 16 |
| 150 | 90 | | 22 |
| 175 | 105 | | 22 |
| 200 | 120 | | 24 |
| 250 | 150 | | 24 |
| 300[1] | 150 | 40 | 24 |
| 350 | 140 | 70 | 24 |
| 400 | 140 | 90 | 24 |

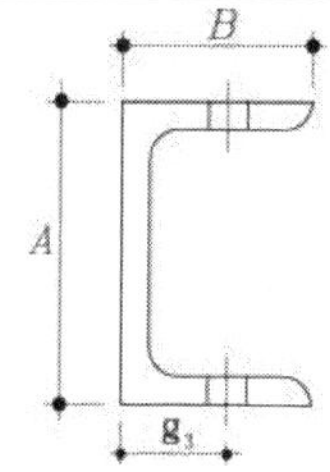


| B | $g_3$ | 최대축지름 |
|---|---|---|
| 40 | 24 | 10 |
| 50 | 30 | 12 |
| 65 | 35 | 20 |
| 70 | 40 | 20 |
| 75 | 40 | 22 |
| 80 | 45 | 22 |
| 90 | 50 | 24 |
| 100 | 55 | 24 |

1) B = 300은 엇모배치로 한다.

2) g 및 최대축지름의 값은 강도상 지장이 없을 때 최소연단거리의 규정에 불구하고 사용할 수 있다.

(b) 피치 (mm)

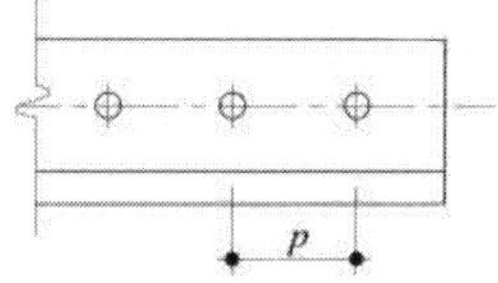


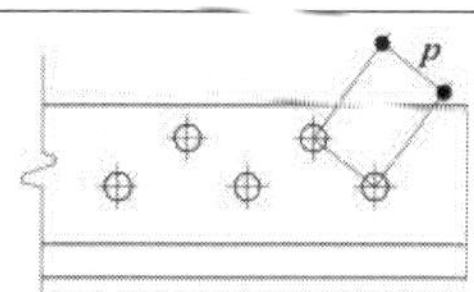


| 축지름 $d$ | | 10 | 12 | 16 | 20 | 22 | 24 | 28 |
|---|---|---|---|---|---|---|---|---|
| 피치 $P$ | 표준 | 40 | 50 | 60 | 70 | 80 | 90 | 100 |
| | 최소 | 25 | 30 | 40 | 50 | 55 | 60 | 70 |

(c) 엇모배치의 게이지와 피치 (mm)

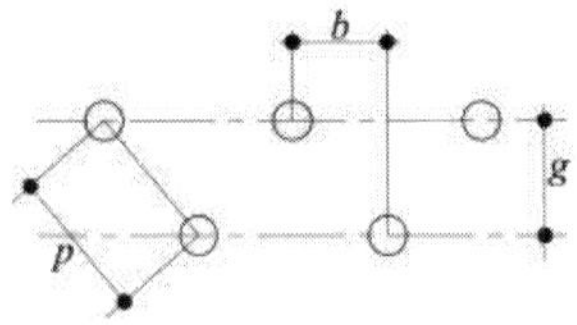


| g | b | | |
|---|---|---|---|
| | 축 지 름 | | |
| | 16 | 20 | 22 |
| | $p$ = 48 | $p$ = 60 | $p$ = 66 |
| 35 | 33 | 49 | 56 |
| 40 | 27 | 45 | 53 |
| 45 | 17 | 40 | 48 |
| 50 | | 33 | 43 |
| 55 | | 25 | 37 |
| 60 | | | 26 |
| 65 | | | 12 |

(d) 형강에 대한 엇모배치 (mm)

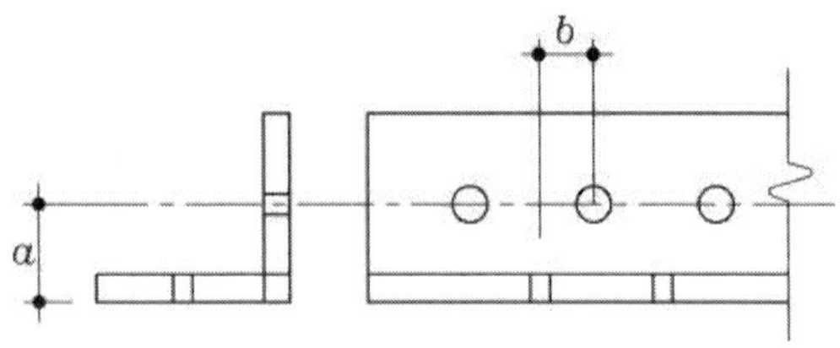


| $a$ | $b$ | | | $a$ | $b$ | | |
|---|---|---|---|---|---|---|---|
| | 축지름 | | | | 축지름 | | |
| | 16 | 20 | 22 | | 16 | 20 | 22 |
| 21 | 25 | 30 | 36 | 32 | 8 | 19 | 26 |
| 22 | 25 | 30 | 35 | 33 | | 17 | 25 |
| 23 | 24 | 29 | 35 | 34 | | 15 | 24 |
| 24 | 23 | 28 | 34 | 35 | | 12 | 22 |
| 25 | 22 | 27 | 33 | 36 | | 9 | 21 |
| 26 | 20 | 26 | 32 | 37 | | | 19 |
| 27 | 19 | 25 | 32 | 38 | | | 17 |
| 28 | 17 | 24 | 31 | 39 | | | 14 |
| 29 | 16 | 23 | 30 | 40 | | | 11 |
| 30 | 14 | 22 | 29 | 41 | | | 6 |
| 31 | 11 | 20 | 28 | 42 | | | |

# 부 5 용접기호

**부 표 5.1** 용접기본기호(KS B 0052 : 2007)

| 용접부의 모양 | 기본기호 | 비 고 |
|---|---|---|
| 에지 플랜지형 |  | – |
| 한쪽 플랜지형 |  | – |
| I 형 |  | 업셋용접, 플래시용접, 마찰용접 등을 포함한다. |
| V형,<br>양면 V형(X형) |  | X형은 설명선의 기선(이하 기선이라 한다)에 대칭으로 이 기호를 기재한다.<br>업셋용접, 플래시용접, 마찰용접 등을 포함한다. |
| 일면 개선형(베벨)형,<br>K형 |  | K형은 기선에 대칭으로 이 기호를 기재한다. 세로선은 왼쪽에 쓴다.<br>업셋용접, 플래시용접, 마찰용접 등을 포함한다. |
| J형, 양면J형 |  | 양면J형은 기선에 대칭으로 이 기호를 기재한다. 기호의 세로선은 왼쪽에 쓴다. |
| U형,<br>암면U형(H형) |  | H형은 기선에 대칭으로 이 기호를 기재한다. |
| 플래어V형,<br>플래어X형 |  | 플래어 X형은 기선에 대칭으로 이 기호를 기재한다. |
| 플래어V형,<br>플래어K형 |  | 플래어 K형은 기선에 대칭으로 이 기호를 기재한다.<br>기호의 세로선은 왼쪽에 쓴다. |
| 필 릿 |  | 기호의 세로선은 왼쪽에 쓴다. 병렬용접일 경우에는 기선에 대칭으로 이 기호를 기재한다. 지그재그(엇모) 용접일 경우에는 오른쪽의 기호를 사용할 수 있다. 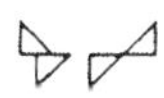 |
| 플러그, 슬롯 |  | – |
| 점, 심 | 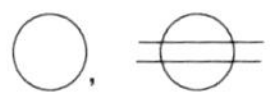 | 겹치기 이음의 저항용접, 아크용접, 전자 빔용접 등에 의한 용접부를 나타낸다.<br>다만, 필렛용접은 제외한다. 심 용접일 경우에는 이 기호를 2개 나열하여 기재한다. |

**부 표 5.2** 용접보조기호

| 구분 | | | 보조기호 | 비고 |
|---|---|---|---|---|
| 용접부의 표면모양 | 평 탄 | |   | |
| | 볼 록 | |  | 기선의 바깥쪽을 향하여 볼록하다. |
| | 오 목 | |  | 기선의 바깥쪽을 향하여 오목하다. |
| 용접부의 다듬질 방법 | 치 핑 | | C | 그라인더 다듬질일 경우<br>기계 다듬질의 경우<br>다듬질 방법을 지정하지 않을 경우 |
| | 연 삭 | | G | |
| | 절 삭 | | M | |
| | 지정하지 않음 | | F | |
| 현장용접 | | |  | 전체 둘레 용접이 분명할 때는 생략하여도 좋다. |
| 전체 둘레 용접 | | |  | |
| 전체 둘레 현장 용접 | | |  | |
| 비파괴 시험방법 | 방사선 투과시험 | 일 반 | RT | 일반적으로는 용접부에 방사선 투과시험 등 각 시험방법을 표시할 뿐 내용을 표시하지 않을 경우, 각 기호 이외의 시험에 대하여는 필요에 따라 적당한 표시를 할 수 있다.<br>(보기)<br>누설시험 LT<br>변형 측정시험 ST<br>육안시험 VT<br>어코스틱 에미션 시험 AET<br>와류 탐상시험 ET |
| | | 2중벽 촬영 | RT-W | |
| | 초음파 탐상시험 | 일 반 | UT | |
| | | 수직탐상 | UT-N | |
| | | 경사각탐상 | UT-A | |
| | 자기분말 탐상시험 | 일 반 | MT | |
| | | 형광탐상 | MT-F | |
| | 침투탐상 시험 | 일 반 | PT | |
| | | 형광탐상 | PT-F | |
| | | 비형광탐상 | PT-D | |
| | 전체선 시험 | | ○ | 각 시험의 기호 뒤에 붙인다. |
| | 부분시험(샘플링시험) | | △ | |

# 부 6 국외 구조용 강재의 규격

**부 표 6.1** 미국 ASTM규격

| 강종 | | $F_y$ (MPa) | $F_u$ (MPa) | 두께($t$), (mm) |
|---|---|---|---|---|
| A36 | | 220<br>250 | 400–550<br>400–550 | $t \geq 200$<br>$t < 200$ |
| A53 | Grade B | 240 | 415 | |
| A242 | | 290<br>315<br>345 | 435<br>460<br>480 | $40 < t \leq 100$<br>$20 < t \leq 40$<br>$t \leq 20$ |
| A500 | Grade A<br>Grade B<br>Grade C | 228<br>290<br>317 | 310<br>400<br>427 | Round<br>Round<br>Round |
| | Grade A<br>Grade B<br>Grade C | 269<br>317<br>345 | 310<br>400<br>427 | Shaped<br>Shaped<br>Shaped |
| A514 | | 620<br>690 | 690–895<br>760–895 | $65 < t \leq 150$<br>$t \leq 65$ |
| A529 | Grade 42<br>Grade 50 | 290<br>345 | 415–585<br>485–690 | $t \leq 13$<br>$t \leq 25$ |
| A570 | Grade 40<br>Grade 45<br>Grade 50 | 275<br>310<br>345 | 380<br>415<br>450 | |
| A572 | Grade 42<br>Grade 50<br>Grade 60<br>Grade 65 | 290<br>345<br>415<br>450 | 415<br>450<br>520<br>550 | $t \leq 150$<br>$t \leq 100$<br>$t \leq 32$<br>$t \leq 32$ |
| A588 | | 290<br>315<br>345 | 435<br>460<br>485 | $125 < t \leq 200$<br>$100 < t \leq 125$<br>$t \leq 100$ |
| A606 | | 310<br>345 | 450<br>480 | |
| A607 | Grade 45<br>Grade 50<br>Grade 55<br>Grade 60<br>Grade 65<br>Grade 70 | 310<br>340<br>380<br>410<br>450<br>480 | 410<br>450<br>480<br>520<br>550<br>590 | |
| A611 | Grade C<br>Grade D<br>Grade E | 230<br>275<br>550 | 330<br>360<br>565 | |
| A618 | Grade Ⅰ & Ⅱ<br>Grade Ⅲ | 345<br>345 | 485<br>450 | $t \leq 19$ (walls) |
| A709 | Grade 36<br>Grade 50<br>Grade 50W<br>Grade 70W<br>Grade 100 & 100W<br>Grade 100& 100W | 250<br>345<br>345<br>485<br>620<br>690 | 400–550<br>450<br>485<br>620–760<br>690–895<br>760–895 | $t \leq 100$<br>$t \leq 100$<br>$t \leq 100$<br>$t \leq 100$<br>$64 < t \leq 102$<br>$t \leq 64$ |
| A852 | | 485 | 620–760 | $t \leq 100$ |
| A913 | Grade 60<br>Grade 65<br>Grade 70 | 415<br>450<br>485 | 520<br>520<br>620 | |

**부 표 6.2** 유럽 EN규격

| 강 종 | | $F_y$ (MPa) | | | | | | $F_u$ (MPa) | |
|---|---|---|---|---|---|---|---|---|---|
| | | 두께($t$), (mm) | | | | | | 두께($t$), (mm) | |
| | | $t \le 16$ | $16 < t \le 40$ | $40 < t \le 63$ | $63 < t \le 80$ | $80 < t \le 100$ | $100 < t \le 125$ | $3 \le t \le 100$ | $100 \le t \le 125$ |
| EN 10025 | S235JR<br>S235J0<br>S235J2 | 235 | 225 | 215 | | | 195 | 360–510 | 350–500 |
| | S275JR<br>S275J0<br>S275J2 | 275 | 265 | 255 | 245 | 235 | 225 | 410–560 | 400–540 |
| | S355JR<br>S355J0<br>S355J2<br>S355K2 | 355 | 345 | 335 | 325 | 315 | 295 | 470–630 | 450–630 |
| | S450J0 | 450 | 430 | 410 | 390 | 380 | 380 | 550–720 | 530–700 |

# 기 호

$A$ : 단면적($mm^2$)

$A_1$ : 베이스플레이트의 면적($mm^2$)

$A_2$ : 베이스플레이트와 닮은꼴의 콘크리트 지지부분의 최대면적($mm^2$)

$A_B$ : 콘크리트의 재하면적($mm^2$)

$A_{BM}$ : 모재의 단면적($mm^2$)

$A_b$ : 고장력볼트의 공칭단면적($mm^2$)

$A_c$ : 콘크리트의 단면적($mm^2$)

$A_e$ : 유효순단면적($mm^2$)

$A_f$ : 플랜지의 단면적($mm^2$)

$A_g$ : 총단면적($mm^2$)

$A_{gt}$ : 인장저항 총단면적($mm^2$)

$A_{gv}$ : 전단저항 총단면적($mm^2$)

$A_n$ : 순단면적($mm^2$)

$A_{nt}$ : 인장저항 순단면적($mm^2$)

$A_{nv}$ : 전단저항 순단면적($mm^2$)

$A_{pb}$ : 투영된 지압면적($mm^2$)

$A_r$ : 슬래브의 유효폭 내에 있는 보강철근 단년적($mm^2$)

$A_o$ : 강재의 단면적, 철근의 단면적($mm^2$)

$A_{sa}$ : 스터드앵커의 딘면적($mm^2$)

$A_{sr}$ : 연속길이방향철근의 단면적($mm^2$)

$A_t$ : 영향면적($mm^2$)

$A_w$ : 용접유효면적, 웨브 단면적($mm^2$)

$a$ : 그루브용접 또는 필릿용접의 유효목두께, 접합재 사이의 길이(mm)

$a/r_i$ : 각 개재의 최대기둥세장비

$a/r_{ib}$ : 좌굴의 부재축과 평행한 중심축에 대한 각 개재의 기둥세장비

$B$ : 베이스플레이트 폭(mm)

$B_1$ : 부재효과에 의한 증폭계수

$B_2$ : 골조효과에 의한 증폭계수

$b$ : 거셋 플레이트 유효폭(mm)

$b_e$ : 콘크리트 슬래브 유효폭

$b_{e1}$ : 보의 외측슬래브부터 연속슬래브 중심까지 거리(mm)

$b_{e2}$ : 양측 슬래브의 중심사이거리(mm)

$b_f$ : 기둥플랜지의 폭(mm)
$C$ : 활하중저감계수
$C_b$ : 횡좌굴모멘트수정계수
$C_f$ : 완전합성보에서 슬래브의 유효압축력의 최솟값(N)
$C_v$ : 전단좌굴감소계수
$C_w$ : 뒤틀림상수($mm^6$)
$c$ : 개재의 중심간 거리(mm)

$D$ : 고정하중(N)
$d$ : 볼트 공칭직경, 보의 춤(mm)
$d_0$ : 파스너 구멍의 직경(mm)
$d_1$ : 고장력볼트 축부의 공칭직경(mm)
$d_b$ : 부재 전체 춤(mm)
$d_c$ : 기둥의 춤(mm)
$d_m$ : 보 플랜지 중심간 거리(mm)
$d_s$ : 스터드앵커 지름(mm)

$E$ : 탄성계수($N/mm^2$), 지진하중(N)
$E_c$ : 콘크리트의 탄성계수($N/mm^2$)
$EI_{eff}$ : 합성단면의 유효강성($N \cdot mm^2$)
$E_s$ : 강재의 탄성계수($N/mm^2$)
$E_{sr}$ : 철근의 탄성계수($N/mm^2$, 교재에서는 200,000N/mm2를 사용)
$E_t$ : 접선계수

$F$ : 수압, 경사지붕의 물매
$F_{BM}$ : 모재의 공칭강도($N/mm^2$)
$F_{cr}$ : 휨좌굴강도($N/mm^2$)
$F_e$ : 탄성좌굴강도($N/mm^2$)
$F_{nt}$ : 공칭인장강도($N/mm^2$)
$F_{nt}'$ : 전단응력의 효과를 고려한 공칭인장강도($N/mm^2$)
$F_{nv}$ : 공칭전단강도($N/mm^2$)
$F_u$ : 인장강도($N/mm^2$)
$F_w$ : 용접재의 공칭강도($N/mm^2$)
$F_y$ : 강재의 항복강도($N/mm^2$)
$F_{yr}$ : 철근의 항복강도($N/mm^2$)
$F_{yw}$ : 기둥 웨브의 항복강도($N/mm^2$)
$f_v$ : 소요전단응력($N/mm^2$)

$f_{ck}$ : 콘크리트의 설계기준강도(N/mm$^2$)

$G$ : 전단탄성계수(N/mm$^2$), 상대강성계수
$g$ : 구멍열사이의 간격, 연결재(파스너) 게이지선 사이의 응력 수직방향 중심간 거리(mm), 중력가속도

$H$ : 토압
$h$ : 좌굴의 부재축에 수직인 각 요소의 중심간 거리(mm)
$h_0$ : 상하부플랜지간 중심거리(mm)
$h_f$ : 필러계수
$h_{sc}$ : 구멍의 종류
$h_r$ : 공칭리브의 춤(mm)

$I$ : 단면2차모멘트(mm$^4$)
$I_c$ : 균열 단면2차모멘트, 콘크리트단면의 단면2차모멘트(mm$^4$)
$I_d$ : 처짐의 계산에 사용되는 단면2차모멘트(mm$^4$)
$I_r$ : 철근단면의 단면2차모멘트(mm$^4$)
$I_s$ : 강재단면의 단면2차모멘트(mm$^4$)
$I_{sr}$ : 철근단면의 단면2차모멘트(mm$^4$)
$I_{tr}$ : 완전합성보의 환산 단면2차모멘트(mm$^4$)
$I_u$ : 비균열 단면2차모멘트(mm$^4$)

$J$ : 비틀림 상수(mm$^4$)

$K$ : 유효좌굴길이계수
$K_y$ : 기둥의 횡변위 좌굴모드를 고려하여 휨평면에서 산정된 유효좌굴길이계수
$K_z$ : 비틀림좌굴에 대한 유효좌굴길이계수
$KL$ : 압축재의 유효좌굴길이(mm)
$KL/r$ : 세장비
$k$ : 토크계수값

$L$ : 부재길이(mm), 활하중(N), 층고
$L_b$ : 보의 비지지길이(mm)
$L_c$ : 하중방향 순간격, 구멍의 끝과 피접합재의 끝 또는 인접구멍의 끝까지의 거리(mm)
$L_p$ : 완전소성휨성능에 대한 한계비지지길이(mm)
$L_{pd}$ : 소성설계 한계비지지길이(mm)
$L_r$ : 지붕의 활하중(N/mm$^2$), 탄성횡좌굴 한계비지지길이(mm)

$M_A$ : 비지지구간에서 1/4지점의 모멘트 절대값(N·mm)
$M_B$ : 비지지구간에서 중앙부 모멘트 절대값(N·mm)
$M_C$ : 비지지구간에서 3/4지점의 모멘트 절대값(N·mm)
$M_c$ : 연속된 길이방향 철근의 최소철근비
$M_{cr}$ : 횡좌굴모멘트(N·mm)
$M_{cx}$ : 강축에 대한 휨비틀림 좌굴강도(N·mm)
$M_{lt}$ : 골조의 횡변위를 허용한 조건의 1차모멘트(N·mm)
$M_n$ : 공칭휨강도(N·mm)
$M_{nt}$ : 골조의 횡변위가 구속된 조건의 1차모멘트(N·mm)
$M_o$ : 1차 해석에서 얻어진 최대모멘트
$M_p$ : 소성모멘트, 합성단면의 소성모멘트(N·mm)
$M_r$ : 2차 효과가 고려된 소요휨강도(N·mm)
$M_u$ : 소요휨강도(N·mm)
$M_y$ : 항복모멘트(N·mm)
$m$, $n$ : 베이스플레이트 돌출길이(mm)

$N$ : 고장력볼트의 장력(N), 베이스플레이트 높이(mm), 하중반복횟수
$N_b$ : 인장력을 받는 볼트의 수
$N_s$ : 전단면의 수
$n$ : 인장력에 의한 파단선상에 있는 구멍의 수

$P$ : 작용 축하중(N)
$P_{co}$ : 면외휨에 대한 압축강도(N)
$P_{cr}$ : 탄성좌굴하중, 오일러좌굴하중(N)
$P_e$ : 보-기둥 부재의 오일러좌굴하중(N), 단면의 탄성좌굴에 해당하는 강도
$P_{e1}$ : 골조의 횡변위를 구속한 조건의 휨평면 내 탄성임계좌굴강도(N)
$P_{lt}$ : 골조의 횡변위를 허용한 조건의 1차축력(N)
$P_n$ : 공칭강도(N)
$P_{no}$ : 세장효과를 고려하지 않은 공칭압축강도(N)
$P_{nt}$ : 골조의 횡변위가 구속된 조건의 1차축력(N)
$P_o$ : 각 요소의 극한강도 합
$P_r$ : P-$\Delta$ 2차 효과가 고려된 소요축강도(N)
$P_u$ : 소요인장강도
$P_{uf}$ : 보 플랜지에 분해된 힘(N)
$P_y$ : 강재보 전체단면의 항복축력(=$A_sF_y$)(N)
$P_{yw}$ : 강재보 웨브단면의 항복축력[=$(d-2t_f)t_wF_y$](N)

$Q_i$ : 하중효과
$Q_n$ : 스터드의 공칭강도

$R$ : 강우하중(N), 구조물의 저항능력 확률변수
$R_g$, $R_p$ : 감소계수
$R_m$ : 단면형상계수
$R_n$ : 공칭강도
$R_u$ : 소요강도
$r$ : 단면2차반경(mm)
$r_i$ : 각 개재의 최소 단면2차반경(mm), 하중계수
$r_{ib}$ : 좌굴의 부재축과 평행한 중심축에 대한 각 개재의 단면2차반경(mm)
$r_{ts}$ : 뒤틀림회전반경(mm)
$\overline{r_0}$ : 전단중심에 대한 극2차반경(mm)

$S$ : 단면계수, 단면1차모멘트($mm^3$), 응력범위, 적설하중(N)
$S_t$ : 임의의 점 바깥부분단면의 중립축에 대한 단면1차모멘트($mm^3$)
$S_{tr}$ : 강재단면의 인장플랜지에 관련되는 완전합성 비균열 등가단면의 단면계수($mm^3$)
$S_u$ : 접합부 소요강도(N)
$s$ : 필릿 사이즈(mm), 인접한 2개 구멍의 응력방향 중심간격(mm)

$T$ : 초기변형도에 의한 하중(N)
$T_0$ : 설계볼트장력(N)
$T_s$ : 비틀림 모멘트(N · mm)
$T_u$ : 소요인장강도(N)
$t$ : 피접합재의 누께(mm), 기셋 플레이트 두께(mm), 판두께(mm)
$t_c$ : 콘크리트 슬래브의 유효두께(mm)
$t_f$ : 플랜지 두께(mm)
$t_w$ : 웨브의 두께(mm)

$U$ : 전단지연계수

$V'$ : 기둥에 작용하는 전단력(N)
$V_n$ : 공칭전단강도(N)
$V_s$ : 완전합성보에서 슬래브의 유효압축력(N)
$V_u$ : 소요전단강도(N)
$v$ : 전단응력($N/mm^2$)

$W$ : 풍하중(N), 보 또는 조이스트 패널과 큰보 패널의 무게
$w_r$ : 데크플레이트 리브 또는 헌치의 평균 폭(mm)

$x$ : 강축휨을 나타내는 아래첨자
$x_0$, $y_0$ : 단면중심에 대한 전단중심의 좌표(mm)
$\overline{x}$ : 두 축사이의 거리
$y$ : 약축휨을 나타내는 아래첨자
$Z$ : 소성단면계수($mm^3$)

$\alpha$ : 선팽창계수
$\alpha_p$ : 최대가속도
$\gamma$ : 변형각
$\gamma$, $\gamma_i$ : 하중계수
$\varDelta_H$ : 횡력에 대한 1차 해석에서 얻어진 층간변위
$\varDelta_j$ : 보 또는 조이스트가 지지하는 무게에 의한 처짐
$\varDelta_g$ : 큰보가 지지하는 무게에 의한 처짐
$\delta$ : 횡방향처짐
$\lambda$ : 판폭두께비
$\lambda_n'$ : 축력이 작용하는 유효 H형강 단면의 돌출길이(mm)
$\lambda_p$ : 콤팩트(조밀)단면의 한계판폭두께비
$\lambda_r$ : 비콤팩트(비조밀)단면의 한계판폭두께비
$\mu$ : 미끄럼계수
$\nu$ : 포아송비
$\rho_{sr}$ : 길이방향철근의 최소
$\Sigma H$ : $\varDelta_H$ 산정에 사용된 횡력이 유발한 층전단력의 합
$\sigma$ : 수직응력
$\tau_a$ : 강성감소계수
$\phi$ : 저항계수
$\phi_b$ : 휨강도저항계수
$\phi_c$ : 압축강도저항계수
$\phi_t$ : 인장강도저항계수
$\phi_v$ : 전단강도저항계수
$\varPsi$ : 증폭계수

# 찾아보기

## 집필진

(가나다순)

| 구분 | 성명 | 소속 |
|---|---|---|
| 집필위원장 | 오 상 훈 | 부산대학교 교수 |
| 집 필 간 사 | 김 태 수 | 한밭대학교 교수 |
| | 김 희 동 | 인하공업전문대학 교수 |
| 집 필 위 원 | 김 형 준 | 서울시립대학교 교수 |
| | 유 정 한 | 서울과학기술대학교 교수 |
| | 이 강 민 | 충남대학교 교수 |
| | 이 경 구 | 단국대학교 교수 |
| | 주 영 규 | 고려대학교 교수 |
| | 최 인 락 | 호서대학교 교수 |
| 감 수 위 원 | 김 우 범 | 공주대학교 교수 |
| | 신 경 재 | 경북대학교 교수 |
| | 이 철 호 | 서울대학교 교수 |
| | 이 명 재 | 중앙대학교 명예교수 |
| | 최 문 식 | 단국대학교 명예교수 |
| 검 토 위 원 | 강 주 원 | 영남대학교 교수 |
| | 강 현 식 | 경남과학기술대학교 교수 |
| | 김 동 건 | 동아대학교 교수 |
| | 김 보 영 | 제주국제대학교 교수 |
| | 김 상 섭 | 한국기술교육대 교수 |
| | 김 선 웅 | 영산대학교 교수 |
| | 김 성 용 | 청원대학교 교수 |
| | 김 순 철 | 동신대학교 교수 |
| | 김 주 우 | 세명대학교 교수 |
| | 김 철 환 | 경북대학교 교수 |
| | 김 호 수 | 청주대학교 교수 |
| | 김 희 철 | 경희대학교 교수 |
| | 박 일 민 | 순천대학교 교수 |
| | 서 성 연 | 한라대학교 교수 |
| | 서 일 교 | 제주대학교 교수 |
| | 송 화 철 | 한국해양대학교 교수 |
| | 신 진 원 | 가톨릭관동대 교수 |
| | 신 태 송 | 동명대학교 교수 |
| | 양 재 근 | 인하대학교 교수 |

| | |
|---|---|
| 양 회 진 | 호남대학교 교수 |
| 엄 철 환 | 위덕대학교 교수 |
| 염 환 석 | 광주대학교 교수 |
| 오 영 석 | 대전대학교 교수 |
| 유 영 찬 | 안동대학교 교수 |
| 윤 성 원 | 서울과학기술대학교 교수 |
| 이 동 규 | 세종대학교 교수 |
| 이 수 헌 | 경북대학교 교수 |
| 이 승 재 | 한국기술교육대 교수 |
| 이 은 택 | 중앙대학교 교수 |
| 이 재 홍 | 세종대학교 교수 |
| 이 창 환 | 부경대학교 교수 |
| 이 홍 우 | 서원대학교 교수 |
| 임 홍 철 | 연세대학교 교수 |
| 전 호 민 | 초당대학교 교수 |
| 정 환 목 | 경동대학교 교수 |
| 조 봉 호 | 아주대학교 교수 |
| 최 병 정 | 경기대학교 교수 |
| 최 성 모 | 서울시립대학교 교수 |
| 최 재 혁 | 조선대학교 교수 |
| 최 현 식 | 계명대학교 교수 |
| 하 성 진 | 한국교통대학교 교수 |
| 하 영 철 | 금오공과대학교 교수 |
| 황 재 승 | 전남대학교 교수 |

KDS 41 31 00 : 2019에 따른
강구조설계 정가 25,000원

저 자 : (사)한국강구조학회

발행인 : 임해진
발행처 : 도서출판 구미서관

발행 : 2000년 7월 1일 초 판
2004년 3월 5일 개정판
2006년 2월 15일 개정판
2009년 2월 20일 개정판
2011년 2월 25일 개정판
2018년 2월 19일 개정판
2021년 2월 12일 개정판 1쇄
2022년 1월 10일 개정판 2쇄
2023년 2월 13일 개정판 3쇄

등록 : 1979년 6월 29일 No.9-6호
주소 : 서울시 마포구 신촌로 2길 5-15 구미빌딩
전화 : 02-333-1101
팩스 : 02-335-2201
**http://www.goomibook.com**

ISBN 979-11-6257-147-7 (93540)